맥스웰의 전자기학

A Treatise on Electricity and Magnetism vol. II
by James Clerk Maxwell

Published by Acanet, Korea, 2023

한국연구재단총서 학술명저번역 643
Academic Library of NRF

맥스웰의 전자기학 ❷

A Treatise on Electricity and Magnetism

제임스 클러크 맥스웰 지음 | **차동우** 옮김

아카넷

일러두기

1. 이 책은 제임스 클러크 맥스웰의 *A Treatise on Electricity and Magnetism vol. II* (Oxford: Clarendon Press, 1881)를 완역한 것이다.

2. 미주는 원서의 주석이고 각주는 옮긴이가 붙인 것이다.

3. 본문에서 볼드체는 원서의 강조이다.

차례

393. 이 책에서는 북쪽을 가리키는 자석의 끝을 북쪽 끝, 그리고 남쪽을 가리키는 자석의 끝을 남쪽 끝이라고 한다. 보리얼(Boreal) 자기는 지구의 북극 근처에 존재하고 자석의 남쪽 끝에 존재한다고 믿는 물질이다. 오스트럴(Austral) 자기는 지구의 남극에 속하고 자석의 북쪽 끝에 속하는 물질이다. 오스트럴 자기가 양(陽)이라고 (0보다 크다고) 생각한다 • 681

394. 자기력의 방향은 오스트럴 자기가 움직이려는 방향, 즉 남쪽에서 북쪽을 향하는 방향으로 자기력선의 양 방향이다. 자석은 자석의 남쪽 끝에서 북쪽 끝으로 자기화된다고 말한다 • 681

2장 자기력과 자기 유도

3장 자기 솔레노이드와 자기 껍질

9장 전자기장에 대한 일반 방정식

3부
자기학

1장
자기학의 기본 이론

371. 예를 들어 자철광이라 부르는 철광석이나 지구 자체, 그리고 특별히 처리한 강철 조각과 같은 일부 물체들은 다음과 같은 성질을 가지며, 자석이라고 부른다.

지자극(地磁極)만 제외하고, 지구 표면 가까이는 어디서든지, 자석을 수직축 주위로 자유롭게 회전하도록 매달아 놓으면, 자석은 일반적으로 어떤 방위각을 가리키며, 그 위치에서 약간 밀면 그 위치를 중심으로 진동한다. 자기화되지 않은 물체는 그런 경향을 보이지 않고, 모든 방위각에서 똑같이 평형을 이룬다.

372. 물체에 작용하는 힘이 그 물체에서 자석 축이라고 부르는 선을 만들고, 그 선이 공간에서 자기력 방향이라고 부르는 선과 평행하게 만들려고 한다는 것이 발견되었다.

자석을 한 고정점 주위의 모든 방향으로 자유롭게 회전할 수 있도록 매단다고 하자. 그 자석 무게의 작용을 제거하기 위해, 이 점을 자석의 무게 중이라고 가정해도 좋다. 자석에 두 점을 표시하고, 공간에서 그 점을 기억하

자. 그다음에 자석이 새로운 평형 위치에 놓이도록 하고, 자석에 표시한 두 점이 공간에서 어떤 위치에 있는지 보자.

자석 축은 두 위치 모두에서 자기력의 방향과 일치하기 때문에, 자석을 움직이기 전과 후에 공간에서 같은 위치를 차지하는 자석에 그려진 선을 찾아야 한다. 바뀌지 않는 형태를 갖는 물체의 운동에 대한 이론으로부터 그런 선은 항상 존재하며, 실제 운동에 해당하는 운동이 그 선 주위의 간단한 회전으로 발생하는 것처럼 보인다.

그 선을 찾으려면, 표시한 점들마다 각각 처음 위치와 나중 위치를 연결하는 두 선을 그리고, 그 두 선을 각각 수직으로 자르는 두 평면을 그린다. 두 평면이 교차하는 선이 찾는 선인데, 그 선은 자석 축의 방향을 가리키고 공간에서 자기력의 방향을 가리킨다.

방금 설명한 방법은 그런 방향을 실제로 정하는 데는 편리하지 않다. 이 주제는 자기(磁氣) 측정을 다룰 때 다시 고려하자.

자기력의 방향은 지구 표면의 다른 부분에서는 서로 다른 것이 알려져 있다. 북쪽을 향하는 자석 축의 끝을 표시해 놓으면, 자석 축이 저절로 놓이는 방향은 대개 실제 자오선과 매우 크게 벗어나며, 표시된 끝은 전체적으로 북반구에서는 아래쪽을, 남반구에서는 위쪽을 가리킨다는 것이 알려져 있다.

진짜 북쪽으로부터 서쪽을 향한 방향으로 측정된 자기력 방향의 방위각을 자기편차*라고 부른다. 자기력과 수평면 사이의 각을 자기복각**이라고 부른다. 이 두 각이 자기력의 방향을 결정하며, 자기장의 세기도 역시 알면 자기력은 완벽히 정해진다. 지구 표면의 서로 다른 부분에서 이런 세 요소의 값을 정하고, 관찰 장소와 시간에 따라 이런 세 요소가 어떻게 변하는

---

* 자기편차 또는 자기편각이라고 부르는 이 각을 영어로는 magnetic declination 또는 variation 이라고 한다.
** 자기복각 또는 자기 경사각이라고 부르는 이 각을 영어로는 magnetic dip이라고 한다.

지에 대한 논의, 그리고 자기력의 원인과 자기력이 어떻게 변하는지에 관한 연구가 지자기학(地磁氣學)의 내용이 된다.

373. 이제 몇 개의 자석의 축이 정해지고, 자석마다 북쪽을 향하는 끝을 표시했다고 하자. 그러면, 자석 중 하나를 줄에 매달아 자유롭게 움직이도록 하고, 다른 자석 하나를 그 자석에 가까이 가져가면, 두 표시된 두 끝은 서로 밀어내고, 표시된 끝과 표시되지 않은 끝은 서로 잡아당기며, 서로 표시되지 않은 두 끝은 서로 밀어내는 것이 알려져 있다.

자석이 긴 막대 모양이거나 긴 선 모양이고 균일하고 세로로 자기화되어 있으면, 아래 384절에 자세히 나와 있듯이, 한 자석의 끝이 다른 자석의 끝 가까이 놓일 때 힘이 가장 크게 나타나며, 이 현상은 자석의 같은 종류 끝은 서로 밀어내고, 다른 끝은 서로 잡아당기며, 자석의 중간 부분은 감지할 만큼의 상호작용을 하지 않는다고 가정하면 설명될 수 있음이 알려졌다.

길고 가느다란 자석의 두 끝을 흔히 자석의 극, 즉 자극이라고 부른다. 길이를 따라 모든 부분이 균일하게 자기화된 아주 가느다란 자석의 경우에, 두 끝은 힘의 중심으로 작용하고 자석의 나머지 부분에서는 자기적 작용이 없는 것처럼 보인다. 모든 실제 자석에서는 자기화가 균일하지 않으며, 그래서 어떤 한 점을 자극으로 취급할 수는 없다. 그런데 쿨롱은 신중히 자기화한 길고 가느다란 막대를 이용하여 두 자극 사이에 작용하는 힘의 법칙을 수립하는 데 성공하였다.[1]

두 자극 사이의 척력은 두 자극을 잇는 선 방향으로 작용하고, 그 크기를 숫자로 나타내면 두 자극의 세기의 곱을 자극 사이 거리의 제곱으로 나눈 것과 같다.

374. 물론 이 법칙은 각 자극의 세기가 어떤 단위로 측정되고, 그 세기의

크기는 법칙에 속한 항들로부터 구할 수 있다고 가정한다.

단위 자극은 북쪽을 향하고, 다른 단위 자극과 단위 거리만큼 떨어져 있을 때 단위 힘으로 서로를 밀어내는 자극인데, 단위 힘은 6절에 정의되어 있다. 남쪽을 향하는 그런 자극은 음(陰)의 자극이라고 생각한다.

두 자극의 세기가 m_1과 m_2이고, 그들 사이의 거리가 l이고 밀어내는 힘이 f이며, 모두 숫자로 표시되었다면

$$f = \frac{m_1 m_2}{l^2}$$

이다.

그런데 자극과 길이 그리고 힘의 단위를 $[m]$, $[L]$, $[F]$라고 표시하면

$$f[F] = \left[\frac{m}{L}\right]^2 \frac{m_1 m_2}{l^2}$$

이 되며, 그러므로

$$[m^2] = [L^2 F] = \left[L^2 \frac{ML}{T^2}\right]$$

즉

$$[m] = \left[L^{\frac{3}{2}} T^{-1} M^{\frac{1}{2}}\right]$$

가 된다. 그러므로 단위 자극의 차원은 길이에 대해서는 $\frac{3}{2}$, 시간에 대해서는 -1, 그리고 질량에 대해서는 $\frac{1}{2}$이다. 이 차원들은 전기의 정전 단위의 차원과 같으며, 전기의 정전 단위는 41절과 42절에서 정확히 똑같은 방법으로 규정된다.

375. 이 법칙이 얼마나 정확한지는 비틀림 진자를 이용한 쿨롱의 실험으로 확고해졌고, 가우스와 웨버의 실험, 그리고 자기 현상에 대한 관측소에서 근무하는 모든 관찰자에 의해서 확인되었는데, 그 관찰자들은 매일 자기 현상과 연관된 양들을 측정하고, 만일 이 힘의 법칙이 잘못 가정되었다면 서로 부합하지 않을 결과를 얻는다. 이 법칙은 전자기 현상들에 대한 법

칙들과 부합한다는 점에서도 추가로 뒷받침된다.

376. 지금까지 자극의 세기라고 부른 양을 또한 '자기(磁氣)'의 양이라고 불러도 좋은데, 단 '자기'에 자극에서 관찰된 성질 이외에는 다른 성질을 부여하지 않는다는 조건 아래서만 그렇다.

자기의 주어진 양들 사이의 힘의 법칙에 대한 표현이 같은 숫자 값을 갖는 '전기(電氣)'의 양들 사이의 힘의 법칙과 수학적으로 정확히 같게 표현되기 때문에, 자기에 대한 수학적 논의의 대부분은 전기에 대한 수학적 논의와 비슷해야 한다. 그렇지만 자석에는 반드시 기억해야 하는 다른 성질들도 존재하며, 그 다른 성질들은 물체의 전기적 성질을 설명하는 데도 도움이 된다.

자극들 사이의 관계

377. 한쪽 자극에서 자기의 양은 항상 다른 쪽 자극에서 자기의 양과 크기가 같고 부호가 반대인데, 좀 더 일반적으로 말하면

모든 자석에서 자기의 총량은 (대수적으로 계산해서) **0이다.**

그래서 자석이 점유한 공간 전체에서 균일하고 평행한 힘의 장 안에서, 자석의 표시된 자극에 작용하는 힘은 정확히 똑같으며, 표시되지 않은 자극에 작용하는 힘과 방향이 반대이고 평행하여, 그 결과로 두 힘의 합력은 정적인 쌍을 이루며, 자석의 축은 정해진 방향을 향하도록 하지만, 자석 전체를 어떤 방향으로도 이동시키지는 않는다.

자기의 총량이 0임은 자석을 작은 용기에 넣어 물에 띄우면 쉽게 증명될 수 있다. 그 용기는 자석의 축이 가능한 한 지자기력의 방향과 가까워지도록 어떤 방향으로 회전하지만, 그 용기 전체가 어떤 방향으로건 조금도 이동하지 않아서, 남쪽을 향해서보다 북쪽을 향해서 추가로 힘이 작용하지

않고 그 반대도 똑같이 성립한다. 자기의 총량은 0임은 쇳조각을 자기화시키더라도 그 쇳조각의 무게는 바뀌지 않는다는 사실로부터도 또한 증명될 수 있다. 자기가 위도(緯度)에 따라 무게 중심을 북쪽을 향해 자석의 축을 따라 이동시켜서 겉보기 위치를 바꾼다. 그러나 회전 현상으로 정해지는 관성의 중심은 변하지 않고 그대로이다.

378. 길고 가느다란 자석의 중간 부분을 조사하면, 그 부분은 어떤 자기(磁氣) 성질도 갖지 않음을 발견하지만, 그 위치에서 자석을 둘로 자르면, 잘린 두 부분 하나하나가 모두 잘린 위치에 자극을 갖는 것을 알게 되고, 이렇게 새로 생긴 자극은 그 부분에 속한 다른 자극과 정확하게 크기가 갖고 부호가 반대이다. 자기화시키거나, 자석을 자르거나, 또는 다른 어떤 방법으로도, 자극이 같지 않은 자석을 만들기는 불가능하다.

길고 가느다란 자석을 여러 개의 짧은 조각으로 자르면 하나하나가 모두 원래 긴 자석의 자극과 거의 같은 세기의 자극을 같는 여러 개의 짧은 자석을 얻는다. 이렇게 자극의 수가 많아진다고 해서 반드시 에너지가 창출되는 것은 아닌데, 그 이유는 자석을 자른 다음에는 각 부분을 떼어놓으려면 두 부분이 서로 잡아당기는 힘의 결과로 반드시 일해야 한다는 점을 기억하면 알 수 있다.

379. 이제 자른 자석들 모두를 처음과 같아지도록 한데 모으자. 잇는 각 점마다 정확히 크기가 같고 부호가 반대인 두 자극이 접촉하며 존재하며, 그래서 어떤 다른 자극에 대해 접촉한 두 자극의 통합된 작용은 없다. 그러므로 이처럼 다시 만들어진 자석은 처음 자석과 같은 성질을 갖는데, 다시 말하면 크기가 같고 부호가 반대인 자극이 양쪽 끝에 있고, 두 자극 사이의 부분은 어떤 자기 작용도 나타내지 않는다.

이 경우에, 긴 자석은 작은 짧은 자석들로 이루어져 있음을 알기 때문에,

그리고 이 현상은 잘리지 않은 원래 자석 경우의 현상과 같아서, 잘리기 전의 자석도 역시 두 개의 크기가 같고 부호가 반대인 자극을 갖는 작은 입자들이 모여 구성되었다고 생각해도 좋다. 자석들은 모두 다 그런 입자들이 모여 만들어졌다고 가정하면, 입자마다 자기의 대수 합은 0이므로, 전체 자석에 대한 자기의 대수 합 역시 0이어야 한다는 것은, 즉 다른 말로는 전체 자석의 자극은 세기가 같고 부호가 반대여야 한다는 것은 명백하다.

자성 '물질'에 대한 이론

380. 자기 활동에 대한 법칙의 형태가 전기 활동에 대한 법칙의 형태와 똑같아서, 전기 현상이 한 '유체' 또는 두 '유체'의 작용 때문에 생겼다는 똑같은 이유를 한 가지 종류의 자성(磁性) 물질 또는 두 가지 종류의 자성 물질로 유체 또는 다른 것이 존재한다는 데도 역시 긍정적으로 이용될 수 있다. 실제로, 순수하게 수학적인 의미로 사용하면 자성 물질이 존재한다는 이론은 실제 사실을 설명하는 데 새로운 법칙을 자유롭게 도입할 수만 있다면 관찰된 현상을 설명하는 데 결코 실패할 수 없다.

그런 새로운 이론 중 하나는 자성 유체는 자석을 구성하는 한 분자 또는 한 입자로부터 다른 분자 또는 입자로 전달될 수 없지만, 자기화(磁氣化) 과정은 한 입자 내에서 어느 정도는 두 유체를 분리해서, 한 종류의 유체는 입자의 한쪽 끝에 좀 더 농축되어 있고 다른 유체는 입자의 다른 쪽 끝에 좀 더 농축되어 있다는 내용을 포함해야 한다. 이것은 푸아송이 말한 이론이다.

이 이론에 따르면, 자기화가 가능한 물체에 속한 입자는 전하가 대전되지 않은 작은 절연된 도체와 유사한데, 두 유체 이론에 따르면 대전되지 않은 절연된 도체에는 크기는 무한히 크고 또한 정확하게 같은 양의 두 종류의 전하를 포함한다. 이 도체에 기전력이 작용하면, 기전력은 두 종류의 전하를 분리해서 도체의 반대편에 존재하게 만든다. 비슷한 방식으로, 이 이론에 따르면 자기화시키는 힘이 원래는 중화된 상태에 있던 두 종류의 자하(磁荷)를 분리하고 자기화된 입자의 반대편에 나타나도록 한다.

연철(軟鐵)과 영구히 자기화시킬 수 없는 자성 물질과 같은 물질에서는, 도체를 대전시키는 것과 유사한 이런 자성(磁性) 조건이, 그렇게 만드는 힘을 제거하면 없어진다. 강철과 같은 다른 물질에서는 자성 조건이 간신히 생겨나지만, 일단 생기면 그렇게 만드는 힘을 제거하더라도 그대로 남아 있다.

이것은 후자의 경우, 자석의 능력이 더 커지거나 더 작아지기 전에, 자기화의 변경을 억제하려는 강제적인 힘이 존재한다는 식으로 말하는 것으로 표현된다. 전기를 띤 물체의 경우 이것은 일종의 전기저항에 대응하지만, 금속에서 관찰되는 저항과는 다르게, 이것은 어떤 값 아래서는 기전력이 완벽히 차단되는 것에 해당한다.

자기에 대한 이 이론은, 전기에 대한 대응하는 이론처럼, 사실에 비해 너무 큰 것이 분명하며, 인위적인 조건으로 제한할 필요가 있다. 왜냐하면 두 종류의 유체 중 하나를 더 갖는 이유만으로 한 물체가 다른 물체와 달라야 하는 까닭을 이 이론은 제공하지 못하지만, 한 가지 종류의 자성(磁性) 유체를 초과해서 포함하는 물체의 성질은 어떨지 이 이론이 말할 수 있게 해주기 때문이다. 왜 그런 물체는 존재할 수 없는지에 대한 한 가지 이유가 알려진 것은 사실이지만, 이 이유는 이 특정한 사실을 설명하기 위해 단순히 나중에 생각해서 도입한 것일 뿐이다. 이 설명은 이론으로부터 얻은 것이 아니다.

381. 그러므로 너무 많은 것을 표현할 수 있지 않고, 새로운 사실로부터 전개되는 새로운 생각을 도입할 여지를 남겨두는 표현 방식을 찾아야 한다. 자석의 입자가 편극되어 있다고 말하는 것으로 시작하면 이것이 가능할 것이라고 나는 생각한다.

'편극'이라는 용어의 의미

물체에 속한 입자가 물체에 그린 선이나 방향과 연관된 성질을 갖고, 이 성질을 계속 유지하며 물체가 회전해서 그 방향이 반대 방향을 향하게 될 때, 다른 물체들에 대해 그 입자의 그런 성질도 반대 방향을 향하면, 그런 성질과 관계된 입자는 편극되어 있다고 말하고, 그 성질은 특별한 종류의 편극을 형성한다고 말한다.

그래서 한 축을 중심으로 물체의 회전은 일종의 편극을 구성한다고 말해도 좋은데, 회전이 계속되는 동안에 축의 방향이 거꾸로 뒤집히면, 그 물체는 공간에 대해 반대 방향으로 회전하는 것이 되기 때문이다.

전류가 존재하는 전도성 입자는 편극되어 있다고 말해도 좋은데, 그 입자를 한 바퀴 돌려도 전류는 그 입자에 대해 똑같은 방향으로 흐르면, 공간에 대한 그 방향은 거꾸로 된 것이기 때문이다.

요약하면, 어떤 수학적 양 또는 물리적 양이 11절에서 정의된 것과 같은 벡터의 성질을 가지면, 이렇게 방향성을 갖는 양, 즉 벡터가 속한 어떤 물체 또는 입자가 편극되어 있다[2]고 말할 수 있는데, 그 입자 또는 물체는 두 서로 반대되는 방향에서 반대되는 성질, 즉 방향성을 갖는 양의 극을 갖기 때문이다.

예를 들어 지구의 북극과 남극은 지구의 회전과 관계 있고, 그래서 다른 이름을 갖는다.

'자기 편극'이라는 용어의 의미

382. 자석에 속한 입자의 상태를 자기 편극이라고 말하면, 그 자석을 나눌 수 있는 가장 작은 부분 하나하나가 그 입자를 지나가는 자기화 축이라고 부를 수 있는 정해진 방향과 관련된 어떤 성질을 갖고 있으며, 그 축의 한쪽 끝

과 관계된 성질은 다른 쪽 끝과 관계된 성질과 부호가 반대임을 의미한다.

그 입자에 부여된 성질들은 전체 자석에서 관찰한 성질과 같은 종류이며, 그 입자들이 그런 성질을 갖는다고 가정하면서 우리는 단지 자석을 작은 조각들로 쪼갠 뒤에야 증명할 수 있는 것만 주장할 뿐인데, 왜냐하면 그것들 하나하나도 자석임이 알려져 있기 때문이다.

자기화된 입자의 성질

383. 자석에 속한 한 입자가 요소 $dx\,dy\,dz$ 라고 하고, 그 입자의 자기적 성질은 양극(陽極)의 세기가 m 이고 길이가 ds 인 자석의 성질이라고 가정하자. 그러면 P가 공간에서 양극(陽極)으로부터 거리가 r 이고 음극(陰極)으로부터 거리는 r' 인 임의의 점이고, P에서 양극에 의한 자기(磁氣) 퍼텐셜은 $\frac{m}{r}$ 이고, 음극에 의한 자기 퍼텐셜은 $-\frac{m}{r'}$ 이어서, P에서 자기 퍼텐셜은

$$V = \frac{m}{rr'}(r' - r) \tag{1}$$

이 된다.

두 극 사이의 거리 ds가 매우 작으면

$$r' - r = ds \cos \epsilon \tag{2}$$

라고 놓을 수 있는데, 여기서 ϵ은 자석의 축과 자석에서 P까지 그린 벡터 사이의 각이어서

$$V = \frac{m\,ds}{r^2} \cos \epsilon \tag{3}$$

이 된다.

자기 모멘트

384. 균일하게 그리고 세로로 자기화된 막대자석의 길이를 양극(陽極)의 세기로 곱한 것을 막대자석의 자기 모멘트라고 부른다.

자기화의 세기

자성을 갖는 입자의 자기화(磁氣化) 세기는 자기 모멘트를 입자의 부피로 나눈 비이다. 앞으로 자기화 세기를 I로 표시하자.

자석의 임의의 점에서 자기화는 세기와 방향으로 정의될 수 있다. 자기화의 방향은 자기화의 방향-코사인 λ, μ, ν로 정의될 수 있다.

자기화의 성분

자석의 한 점에서 (벡터이거나 또는 방향을 갖는 양인) 자기화는 좌표축에 대한 세 성분에 의해 표현될 수 있다. 그 세 성분을 A, B, C라고 부르면

$$A = I\lambda, \qquad B = I\mu, \qquad C = I\nu \tag{4}$$

이고 I의 숫자 값은 다음 식

$$I^2 = A^2 + B^2 + C^2 \tag{5}$$

에 의해 주어진다.

385. 고려 중인 자석의 부분 중에서 부피가 미분 요소인 $dx\,dy\,dz$이고, 이 요소의 자기화 세기를 I라고 표시하면, 이 요소의 자기 모멘트는 $I\,dx\,dy\,dz$이다. 식 (3)의 $m\,ds$ 대신 이것을 대입하고, ξ, η, ζ는 점 (x, y, z)에서 시작하여 그린 벡터 r의 끝의 좌표라고 할 때

$$r\cos\epsilon = \lambda(\xi - x) + \mu(\eta - y) + \nu(\zeta - z) \tag{6}$$

임을 기억하면, (x, y, z)에 놓인 자기화된 요소가 점 (ξ, η, ζ)에 만드는 퍼텐셜은

$$\delta V = \{A(\xi - x) + B(\eta - y) + C(\zeta - z)\}\frac{1}{r^3}dx\,dy\,dz \tag{7}$$

임을 알게 된다.

유한한 크기의 자석이 점 (ξ, η, ζ)에 만드는 퍼텐셜을 구하려면, 그 자석이 차지하고 있는 공간 내에 포함된 모든 부피 요소에 대해 이 표현, 즉 (7)식을 적분해야 하며

$$V = \iiint \{A(\xi-x) + B(\eta-y) + C(\zeta-z)\}\frac{1}{r^3}dx\,dy\,dz \qquad (8)$$

이 된다.

이것은 부분 적분을 이용하면

$$V = \iint A\frac{1}{r}dy\,dz + \iint B\frac{1}{r}dz\,dx + \iint C\frac{1}{r}dx\,dy$$
$$- \iiint \frac{1}{r}\left(\frac{dA}{dx} + \frac{dB}{dy} + \frac{dC}{dz}\right)dx\,dy\,dz$$

가 되는데, 여기서 이중 적분인 처음 세 항은 자석의 표면에서 적분하고, 삼중 적분인 네 번째 항은 자석 내부 공간에서 적분한다.

넓이 요소 dS에서 밖으로 그린 법선의 방향 코사인을 l, m, n이라고 표시하면, 21절에서와 같이, 처음 세 항의 합을

$$\iint (lA + mB + nC)\frac{1}{r}dS$$

라고 쓸 수 있는데, 여기서 적분은 자석의 전체 표면에 대해 수행된다.

이제 다음 식

$$\sigma = lA + mB + nC$$
$$\rho = -\left(\frac{dA}{dx} + \frac{dB}{dy} + \frac{dC}{dz}\right)$$

로 정의되는 새 기호 σ와 ρ를 도입하면 퍼텐셜에 대한 표현을

$$V = \iint \frac{\sigma}{r}dS + \iiint \frac{\rho}{r}dx\,dy\,dz$$

라고 쓸 수도 있다.

386. 이 표현은 표면의 면전하 밀도가 σ이고, 물체 내부에 부피 전하 밀도

가 ρ로 대전된 물체가 원인인 전기 퍼텐셜에 대한 표현과 똑같다. 그래서 우리가 '자기 물질'이라고 부른 가상 물질의 표면 밀도와 부피 밀도가 각각 σ와 ρ라고 가정하면, 이런 가상적인 분포가 원인인 퍼텐셜도 자석의 모든 요소의 실제 자기화가 원인인 퍼텐셜과 똑같아질 것이다.

표면 밀도 σ는 자기화 I의 세기가 표면에서 바깥쪽을 향해 그린 법선의 방향으로 분해된 부분이며, 부피 밀도 ρ는 자석의 주어진 점에서 자기화의 '컨버전스'이다(컨버전스는 25절에 정의되어 있다).

'자기 물질'의 분포에 의한 것으로 자석의 활동을 대표하는 이런 방법은 매우 편리하지만, 이것은 단지 편극된 입자들 시스템의 활동을 대표하는 인위적인 방법임을 항상 기억해야 한다.

한 자기 분자가 다른 자기 분자에 작용하는 것에 대하여

387. 구면 조화함수에 대한 9장의 129절에서와 같이 축 h에 대한 방향-코사인이 l, m, n일 때

$$\frac{d}{dh} = l\frac{d}{dx} + m\frac{d}{dy} + n\frac{d}{dz} \tag{1}$$

라고 놓으면, 원점에 놓인 축이 h_1에 평행인 자기(磁氣) 분자가 원인인 퍼텐셜은

$$V_1 = -\frac{d}{dh_1}\frac{m_1}{r} = \frac{m_1}{r^2}\lambda_1 \tag{2}$$

인데, 여기서 λ_1은 h_1과 r 사이의 사잇각의 코사인이다.

또한 모멘트가 m_2이고 축이 h_2에 평행인 두 번째 자기 분자가 반지름 벡터 r의 끝에 놓여 있을 때, 한 자석이 다른 자석에 미치는 작용이 원인인 퍼텐셜 에너지는

$$W = -m_2\frac{dV_1}{dh_2} = m_1 m_2\frac{d^2}{dh_1 dh_2}\left(\frac{1}{r}\right) \tag{3}$$

$$= \frac{m_1 m_2}{r^3} \left(\mu_{12} - 3\lambda_1 \lambda_2 \right) \tag{4}$$

인데, 여기서 μ_{12}는 두 축이 서로 상대 축에 만드는 각의 코사인이고, λ_1과 λ_2는 두 축이 r와 만드는 각의 코사인이다.

다음으로 첫 번째 자석이 두 번째 자석을 그 중심 주위로 회전시키는 한 커플의 모멘트를 구하자.

두 번째 자석이 세 번째 축 h_3에 수직인 평면에서 각 $d\phi$만큼 회전했다고 가정하면, 자기력에 거스르면서 한 일은 $\dfrac{dW}{d\phi}d\phi$이고, 이 평면에서 자석에 대한 힘들의 모멘트는

$$-\frac{dW}{d\phi} = -\frac{m_1 m_2}{r^3} \left(\frac{d\mu_{12}}{d\phi} - 3\lambda_1 \frac{d\lambda_2}{d\phi} \right) \tag{5}$$

가 된다.

그러므로 두 번째 자석에 작용하는 실제 모멘트는 두 커플의 모멘트의 합이라고 생각해도 좋다. 이때 첫 번째 커플은 두 자석의 축 모두에 평행인 평면에서 작용하며 모멘트가

$$\frac{m_1 m_2}{r^3} \sin (h_1 h_2) \tag{6}$$

와 같은 힘으로 두 자석 사이의 각을 **증가**시키려 하며, 반면에 두 번째 커플은 r와 두 번째 자석의 축을 통과하는 평면에서 작용하며

$$\frac{3 m_1 m_2}{r^3} \cos (rh_1) \sin (rh_2) \tag{7}$$

인 힘으로 r와 두 번째 자석의 축 사이의 각을 **감소**시키려 하는데, 여기서 (rh_1), (rh_2), $(h_1 h_2)$는 세 선들 r, h_1, h_2 사이의 사잇각을 표시한다.

선 h_3에 평행한 방향으로 두 번째 자석에 작용하는 힘을 구하기 위해서는

$$\frac{dW}{dh_3} = m_1 m_2 \frac{d^3}{dh_1 dh_2 dh_3} \left(\frac{1}{r} \right) \tag{8}$$

$$= 3\frac{m_1 m_2}{r^4}\left\{\lambda_1 \mu_{23} + \lambda_2 \mu_{31} + \lambda_3 \mu_{12} - 5\lambda_1 \lambda_2 \lambda_3\right\} \tag{9}$$

$$= 3\lambda_3 \frac{m_1 m_2}{r^4}\left(\mu_{12} - 5\lambda_1 \lambda_2\right) + 3\mu_{13}\frac{m_1 m_2}{r^4}\lambda_2 + 3\mu_{23}\frac{m_1 m_2}{r^4}\lambda_1 \tag{10}$$

을 계산해야 한다.

실제 힘은 각각 r, h_1, 그리고 h_2 방향을 향하는 세 힘들 R, H_1, H_2가 혼합되어 있다고 가정하면, h_3 방향을 향하는 힘은

$$\lambda_3 R + \mu_{13} H_1 + \mu_{23} H_2 \tag{11}$$

이다.

그런데 h_3 방향은 임의이므로, 반드시

$$\left.\begin{aligned} R &= \frac{3m_1 m_2}{r^4}\left(\mu_{12} - 5\lambda_1 \lambda_2\right) \\ H_1 &= \frac{3m_1 m_2}{r^4}\lambda_2, \quad H_2 = \frac{3m_1 m_2}{r^4}\lambda_1 \end{aligned}\right\} \tag{12}$$

이어야 한다.

힘 R는 r를 증가시키려고 하는 척력이고, H_1과 H_2는 두 번째 자석에 작용하는데, 각각 첫 번째 자석의 축 방향과 두 번째 자석의 축 방향으로 작용한다.

두 작은 자석들 사이에 작용하는 힘에 대한 이런 분석은 테이트 교수가 최초로 *Quarterly Math. Journ.*(1860년 1월호)에서 4원수 분석의 관점에서 내놓았다. 또한 414절에서 4원수에 대한 테이트 교수의 연구 내용을 보라.

특별한 위치들

388. (1) 만일 λ_1과 λ_2가 각기 모두 1과 같아서, 두 자석의 축들이 한 직선 위에 같은 방향으로 놓여서 $\mu_{12} = 1$이면, 두 자석 사이에 작용하는 힘은 척력으로

$$R + H_1 + H_2 = -\frac{6m_1m_2}{r^4} \tag{13}$$

이다. 여기서 마이너스 부호는 이 힘이 인력임을 가리킨다.

(2) 만일 λ_1과 λ_2가 0이고 μ_{12}는 `이어서, 두 자석의 축들이 서로 평행하고 r에 수직이면, 힘은 척력으로

$$\frac{3m_1m_2}{r^4} \tag{14}$$

이다. 이 둘 중 어느 경우도 커플이 존재하지 않는다.

(3) 만일

$$\lambda_1 = 1 \text{이고} \quad \lambda_2 = 0 \text{이면,} \quad \mu_{12} = 0 \tag{15}$$

이다.

두 번째 자석에 작용하는 힘은 그 자석의 축 방향을 향하는 $\frac{3m_1m_2}{r^4}$ 이고, 커플은 첫 번째 자석에 평행하도록 두 번째 자석을 회전시키려고 하는 $\frac{2m_1m_2}{r^3}$ 이다. 이 커플은 두 번째 자석의 축의 방향에 평행하게 작용하며 m_2로부터 두 번째 자석의 길이의 3분의 2가 되는 점에서 r를 자르는 하나의 힘 $\frac{3m_1m_2}{r^4}$ 에 대응한다.

그래서 그림 1에서 두 자석이 물 위에 떠 있는데, m_2는 m_1의 축 방향을 향하지만 m_2의 축은 m_1축과 수직이다. 각각 m_1과 m_2와 단단하게 연결된 두 점 A와 B가 줄 T에 의해 연결되어 있다면, T가 선 m_1m_2를 m_1에서 m_2까지 거리의 3분의 1이 되는 점에서 수직으로 자른다면 이 시스템은 평형을 이룬다.

(4) 두 번째 자석이 안정된 평형의 위치에 도달할 때까지 그 중심 주위로

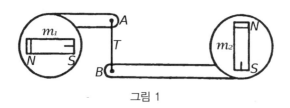

그림 1

자유롭게 회전할 수 있도록 허용하면, W는 h_2에 대해 최소가 되고, 그러므로 m_2가 원인인 힘의 h_1의 방향으로 취한 분해된 부분은 최대가 된다. 그래서 중심의 위치가 알려진 자석을 이용하여 주어진 점에서 주어진 방향으로 가능한 가장 큰 자기력을 만들려면, 이런 효과를 만드는 두 자석의 축들이 향해야 하는 알맞은 방향을 정하기 위하여, 자석

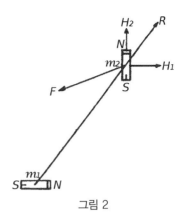

그림 2

을 주어진 점에 주어진 방향으로 놓고, 그다음에 두 번째 자석의 중심을 다른 주어진 점들의 각각에 놓을 때 두 번째 자석의 축이 안정 평형일 때 방향을 관찰하기만 하면 된다. 그러면 두 번째 자석의 축이 가리키는 방향으로 두 자석의 축이 놓이도록 두 자석을 놓아야 한다.

물론, 이 실험을 수행하면서 존재할 수도 있는 지자기(地磁氣)를 고려해야 한다.

두 번째 자석이 안정된 평형 위치에 있도록 방향을 조절하면, 두 번째 자석에 작용하는 커플이 0이 되기 때문에, 두 번째 자석의 축은 첫 번째 자석의 축과 같은 평면에 놓여야 한다. 그러면

$$(h_1 h_2) = (h_1 r) + (r h_2) \tag{16}$$

이고, 커플은

$$\frac{m_1 m_2}{r^3}\left(\sin(h_1 h_2) - 3\cos(h_1 r)\sin(r h_2)\right) \tag{17}$$

이며, 이 커플이 0일 때

$$\tan(h_1 r) = 2\tan(r h_2) \tag{18}$$

또는

$$\tan H_1 m_2 R = 2\tan R m_2 H_2 \tag{19}$$

임을 알 수 있다.

이 위치에 두 번째 자석이 놓일 때 W 값은

$$-m_2 \frac{dV}{dh_2}$$

가 되는데, 여기서 h_2는 m_1이 m_2에 작용하는 힘의 선의 방향이다. 그래서

$$W = -m_2 \sqrt{\left.\frac{dV}{dx}\right|^2 + \left.\frac{dV}{dy}\right|^2 + \left.\frac{dV}{dz}\right|^2} \tag{20}$$

이 된다. 그러므로 두 번째 자석은 합력이 더 큰 쪽을 향해서 움직이려는 경향이 있다.

두 번째 자석에 작용하는 힘은 이 경우에 항상 첫 번째 자석을 향한 인력인 R과 첫 번째 자석이 쭉에 평행인 방향으로 작용하는 힘 H_1으로 분해될 수 있는데, 여기서

$$R = -3\frac{m_1 m_2}{r^4}\frac{4\lambda_1^2 + 1}{\sqrt{3\lambda_1^2 + 1}}, \qquad H_1 = 3\frac{m_1 m_2}{r^4}\frac{\lambda_1}{\sqrt{3\lambda_1^2 + 1}} \tag{21}$$

이다.

제2권의 마지막에 수록된 그림 XIV*에는 2차원에서 힘의 선과 등전위 표면이 그려져 있다. 그것들을 만드는 두 자석은 두 개의 원통형 긴 막대이며, 그 막대의 단면은 원형 빈 공간으로 대표되고, 두 막대는 화살표 방향인 가로로 자기화된다고 가정한다.

힘의 선을 따라서 장력이 존재한다는 것을 기억하면, 각 자석은 시곗바늘이 움직이는 방향으로 회전하려고 하는 것을 이해하는 것은 어렵지 않다.

오른편에 있는 것도 역시 전체적으로 페이지의 위를 향해 움직이려고 하고, 왼편에 있는 것은 페이지의 아래를 향해 움직이려고 한다.

---

* 원본의 본문에는 여기에 그림 XVII이라고 되어 있는데, 제2권 뒤에 388절 관련 수록된 것은 그림 XIV이다.

자기장에 놓인 자석의 퍼텐셜 에너지에 대하여

389. 고려하는 대상이 되는 자석에 작용하는 자석들로 이루어진 시스템에 의한 자기 퍼텐셜을 V라고 하자. 그래서 V를 외부 자기력의 퍼텐셜이라고 부르자.

퍼텐셜이 V인 점에 세기가 m이고 길이가 ds인 작은 자석의 양극(陽極)이 놓여 있고, 퍼텐셜이 V'인 점에는 이 자석의 음극(陰極)이 놓여 있다면, 이 자석의 퍼텐셜 에너지는 $m(V-V')$이거나, 또는 ds가 음극에서 양극으로 측정된 거리이면

$$m\frac{dV}{ds}ds \tag{1}$$

가 된다.

자기화의 세기가 I이고, 이 자기화의 방향 코사인이 λ, μ, ν이면,

$$m\,ds = I\,dx\,dy\,dz$$

그리고

$$\frac{dV}{ds} = \lambda\frac{dV}{dx} + \mu\frac{dV}{dy} + \nu\frac{dV}{dz}$$

라고 쓸 수 있고, 마지막으로, 자기화의 성분들이 A, B, C이면

$$A = \lambda I, \qquad B = \mu I, \qquad C = \nu I$$

이어서, 이 자석 요소의 퍼텐셜 에너지에 대한 표현인 (1) 식은

$$\left(A\frac{dV}{dx} + B\frac{dV}{dy} + C\frac{dV}{dz}\right)dx\,dy\,dz \tag{2}$$

가 된다.

크기가 유한한 자석의 퍼텐셜 에너지를 구하려면, 그 자석의 모든 요소에 대해 이 표현을 적분해야 한다. 그래서 이 자석이 놓인 자기장에 대한 퍼텐셜 에너지 값으로

$$W = \iiint \left(A\frac{dV}{dx} + B\frac{dV}{dy} + C\frac{dV}{dz}\right)dx\,dy\,dz \tag{3}$$

을 얻는다.

여기서 퍼텐셜 에너지는 자기화의 성분과 외부 원인으로부터 발생하는 자기력의 성분에 의해 표현된다.

부분 적분을 이용하면 퍼텐셜 에너지를 자기 물질의 분포와 자기 퍼텐셜로

$$W = \iint (Al + Bm + Cn)\, V dS - \iiint V\left(\frac{dA}{dx} + \frac{dB}{dy} + \frac{dC}{dz}\right) dx\, dy\, dz \qquad (4)$$

와 같이 표현할 수 있는데, 여기서 l, m, n은 표면 요소 dS에서 법선의 방향 코사인이다. 이 식에서 자기 물질의 표면 밀도와 부피 밀도에 대한 표현에 386절에서 구한 것을 대입하면, 이 표현은

$$W = \iint V\sigma\, dS + \iiint V\rho\, dV \qquad (5)$$

가 된다.

식 (3)은

$$W = -\iiint (A\alpha + B\beta + C\gamma)\, dx\, dy\, dz \qquad (6)$$

의 형태로도 쓸 수 있는데, 여기서 α, β, γ는 외부 자기력의 성분들이다.

자기 모멘트와 자석의 축에 대하여

390. 자석이 차지한 전체 공간에 대해 외부 자기력이 방향과 크기에서 모두 균일하다면, 세 성분 α, β, γ는 상수인 양이고,

$$\iiint A\, dx\, dy\, dz = lK, \quad \iiint B\, dx\, dy\, dz = mK, \quad \iiint C\, dx\, dy\, dz = nK \qquad (7)$$

라고 쓰고 적분은 자석을 만드는 전체 물질에 대해 수행하면, W 값을

$$W = -K(l\alpha + m\beta + n\gamma) \qquad (8)$$

라고 쓸 수 있다.

이 표현에서 l, m, n은 자석의 축의 방향 코사인이고, K는 자석의 자기 모

멘트이다. 자석의 축이 자기력 $\mathfrak{H}$의 방향과 만드는 각을 ϵ라 하면, W의 값을

$$W = -K\mathfrak{H}\cos\epsilon \tag{9}$$

라고 쓸 수도 있다.

자석을 보통 나침반 바늘의 경우와 같이 연직 축 주위로 자유롭게 회전할 수 있도록 매달고, 자석의 축의 방위각을 ϕ라고 하고, 자석의 축이 수평면에 대해 θ만큼 경사져 있다고 하자. 그리고 지자기 힘은 방위각이 δ이고 복각이 ζ인 방향을 향한다고 하면,

$$\alpha = \mathfrak{H}\cos\zeta\cos\delta, \qquad \beta = \mathfrak{H}\cos\zeta\sin\delta, \qquad \gamma = \mathfrak{H}\sin\zeta \tag{10}$$

$$l = \cos\theta\cos\phi, \qquad m = \cos\theta\sin\phi, \qquad n = \sin\theta \tag{11}$$

이며, 그래서

$$W = -K\mathfrak{H}(\cos\zeta\cos(\phi-\delta) + \sin\zeta\sin\theta) \tag{12}$$

가 된다.

자석을 연직축 주위로 회전시켜서 ϕ를 증가시키려는 힘의 모멘트는

$$-\frac{dW}{d\phi} = -K\mathfrak{H}\cos\zeta\cos\theta\sin(\phi-\delta) \tag{13}$$

이다.

자석의 퍼텐셜을 고체 조화함수로 전개하는 것에 대하여

391. 점 (ξ, η, ζ)에 놓인 단위 극이 만드는 퍼텐셜을 V라고 하자. 점 x, y, z에서 V의 값은

$$V = \{(\xi-x)^2 + (\eta-y)^2 + (\zeta-z)^2\}^{-\frac{1}{2}} \tag{1}$$

이다.

이 표면은 중심이 원점인 구면 조화함수로 전개할 수 있다. 그렇게 전개하면

$$V = V_0 + V_1 + V_2 + \text{등등} \tag{2}$$

이 되며, 원점에서 (ξ, η, ζ)까지 거리를 r라고 할 때

$$V_0 = \frac{1}{r} \tag{3}$$

$$V_1 = \frac{\xi x + \eta y + \zeta z}{r^3} \tag{4}$$

$$V_2 = \frac{3(\xi x + \eta y + \zeta z)^2 - (x^2 + y^2 + z^2)(\xi^2 + \eta^2 + \zeta^2)}{2r^5} \tag{5}$$

등등

이다.

자석이 이 퍼텐셜로 표현된 힘의 장에 놓여 있을 때 퍼텐셜 에너지의 값을 구하기 위하여, 389절의 식 (3)의 W에 대한 표현을 x, y, z에 대해 적분하는데, ξ, η, ζ, r는 상수라고 생각한다.

만일 V_0, V_1, V_2에 의해 도입된 항들만 고려한다면, 결과는 다음 부피 적분

$$lK = \iiint A\,dx\,dy\,dz, \quad mK = \iiint B\,dx\,dy\,dz, \quad nK = \iiint C\,dx\,dy\,dz \tag{6}$$

$$L = \iiint Ax\,dx\,dy\,dz, \quad M = \iiint By\,dx\,dy\,dz, \quad N = \iiint Cz\,dx\,dy\,dz \tag{7}$$

$$P = \iiint (Bz + Cy)\,dx\,dy\,dz, \quad Q = \iiint (Cx + Az)\,dx\,dy\,dz,$$

$$R = \iiint (Ay + Bx)\,dx\,dy\,dz \tag{8}$$

에 의존하게 된다.

이처럼 점 (ξ, η, ζ)에 놓인 단위 극이 존재하는 데 놓인 자석의 퍼텐셜 에너지 값이

$$W = K\frac{l\xi + m\eta + n\zeta}{r^3}$$

$$+ \frac{\xi^2(2L - M - N) + \eta^2(2M - N - L) + \zeta^2(2N - L - M) + 3(P\eta\zeta + Q\zeta\xi + R\xi\eta)}{r^5}$$

$$\tag{9}$$

임을 알게 된다.

이 표현은 자석이 존재하는 데 놓인 단위 극의 퍼텐셜 에너지라고 생각해도 좋고, 또는 좀 더 간단히 자석 때문에 점 ξ, η, ζ에서 구한 퍼텐셜이라고 생각해도 좋다.

자석의 중심과 자석의 주축과 2차 축에 대하여

392. 좌표축의 방향과 원점의 위치를 바꾸면 이 표현을 더 간단하게 만들 수도 있다. 첫째로, x 축의 방향을 자석의 축과 평행하게 만들자. 그것은

$$l = 1, \qquad m = 0, \qquad n = 0 \tag{10}$$

로 만드는 것과 같다.

좌표축의 방향은 그대로 유지하면서 좌표의 원점을 점 (x', y', z') 로 바꾸면, 부피 적분 lK, mK, nK는 변하지 않고 그대로지만 다른 것들은

$$L' = L - lKx', \qquad M' = M - mKy', \qquad N' = N - nKz' \tag{11}$$

$$P' = P - K(mz' + ny'), \qquad Q' = Q - K(nx' + lz'),$$
$$R' = R - K(ly' + mx') \tag{12}$$

이렇게 바뀐다.

이제 x 축의 방향을 자석의 축에 평행하게 바꾸고

$$x' = \frac{2L - M - N}{2K}, \qquad y' = \frac{R}{K}, \qquad z' = \frac{Q}{K} \tag{13}$$

라고 놓으면, 새 축에 대해서도 M과 N 값은 바뀌지 않고 L' 값은 $\frac{1}{2}(M + N)$이 된다. P는 그대로 남아 있고, Q와 R는 0이 된다. 그러므로 퍼텐셜을

$$K\frac{\xi}{r^3} + \frac{\frac{3}{2}(\eta^2 - \zeta^2)(M - N) + 3P\eta\zeta}{r} \tag{14}$$

라고 쓸 수 있다.

이처럼 자석에 대해서는 고정되어 있으나, 좌표계의 원점으로 취하면 퍼텐셜의 두 번째 항이 가장 간단한 형태를 취하는 그런 점을 찾았다. 그러므로 이 점을 자석의 중심이라고 정의하며, 이 점을 지나면서 종전에 자석의 축 방향으로 정의된 방향을 통과하는 축을 자석의 주축이라고 정의하는 것이 좋다.

이 결과를 더 간단히 만들려면, x 축 주위로 y 축과 z 축을 회전시키면 되

는데, 이때 회전시킬 각은 탄젠트 값이 $\dfrac{P}{M-N}$인 각의 절반으로 한다. 그렇게 하면 P가 0이 되고, 퍼텐셜의 마지막 형태를

$$K\frac{\xi}{r^3} + \frac{3}{2}\frac{(\eta^2 - \zeta^2)(M-N)}{r^5} \tag{15}$$

라고 쓸 수 있다.

이것이 자석의 퍼텐셜에 대한 처음 두 항의 가장 간단한 형태이다. 이렇게 y 축과 z 축을 정하면, 그 축들을 자석의 2차 축이라고 부른다.

퍼텐셜의 두 번째 항을 제곱하여 반지름이 1인 구의 표면에 대해 면적분한 것이 최소가 되는 좌표 원점의 위치를 찾아서 그 점을 자석의 중심으로 정해도 좋다.

최소로 만들 양은 141절에 의하면

$$4(L^2 + M^2 + N^2 - MN - NL - LM) + 3(P^2 + Q^2 + R^2) \tag{16}$$

이다.

원점의 위치를 바꿔서 이 양의 값이 얼마나 바뀌는지는 (11) 식과 (12) 식으로 알아낼 수 있다. 최소가 될 조건들은

$$\left.\begin{aligned}
2l(2L - M - N) + 3nQ + 3mR &= 0 \\
2m(2M - N - L) + 3lR + 3nP &= 0 \\
2n(2N - L - M) + 3mP + 3lQ &= 0
\end{aligned}\right\} \tag{17}$$

이다.

만일 $l = 1$, $m = 0$, $n = 0$라고 가정하면, 이 조건들은

$$2L - M - N = 0, \qquad Q = 0, \qquad R = 0 \tag{18}$$

이 되며, 이것이 이전 연구의 결과를 이용하여 만든 조건들이다.

이 연구 결과는 중력이 작용하는 물질로 된 시스템의 퍼텐셜이 더 커진 경우의 연구 결과와 비교될 수 있다. 후자(後者)의 경우에, 원점으로 삼을 가장 편리한 점은 계의 무게 중심이며, 가장 편리한 축은 그 점을 통과하는 관성에 대한 주축들이다.

자석의 경우에, 무게 중심에 대응하는 점은 그 축의 방향을 따라서 무한히 먼 거리에 있으며, 자석의 중심이라고 부르는 점은 무게 중심이 갖는 성질과는 다른 성질을 갖는 점이다. 세 양들 L, M, N은 관성 모멘트에 대응하고, P, Q, R는 물질로 된 물체의 관성 곱에 대응하는데, 다른 점은 L, M, N이 반드시 0보다 큰 양이어야 할 필요는 없다는 것이다.

자석의 중심을 원점으로 취한 때는, 2차 구면 조화함수가 축이 자석의 축과 일치하는 단면 형태이며, 이것은 어떤 다른 점에서도 성립하지 않는다.

자석이, 회전체 그림의 경우처럼, 이 축의 모든 옆면에서 대칭 형태이면, 2차 조화함수로 표현되는 항은 모두 사라진다.

393. 극 지역의 일부 부분을 제외한, 지구 표면의 모든 부분에서, 자석의 한쪽 끝은 북쪽을 가리키거나 적어도 북쪽을 향하는 방향을 가리키고, 다른 쪽 끝은 남쪽을 향하는 방향을 가리킨다. 자석의 끝을 말할 때, 북쪽을 향하는 끝을 자석의 북쪽 끝이라고 부르는 대중적인 방법을 택하자. 그렇지만 자성(磁性) 유체 이론의 언어로 말할 때는 보리얼(Boreal)과 오스트럴(Ausstral)이라는 단어를 사용하려 한다. 보리얼 자기(磁氣)는 지구의 북반구에 가장 풍부하다고 가정한 종류의 가상 물질이며, 오스트럴 자기는 지구의 남반구에 만연해 있는 가상의 자성 물질이다. 자석의 북쪽 끝의 자기는 오스트럴이며, 자석의 남쪽 끝의 자기는 보리얼이다. 그러므로 자석의 북쪽 끝과 남쪽 끝을 부를 때 자석을 큰 자석인 지구와 비교하지 않고, 단지 자석이 자유롭게 움직일 때 취하려고 애쓰는 위치를 표현한다. 반면에 자석에서 가상적인 자기 유체의 분포를 지구에 포함된 자기 유체와 비교하려고 원할 때는, 보리얼 자기와 오스트럴 자기라는 좀 더 격식을 차린 단어를 사용한다.

394. 자기력의 장(場)에 대해 말할 때는 힘의 장에 놓인 나침반 바늘의 북쪽

끝이 가리키는 방향을 나타내기 위해 자북(磁北)이라는 용어를 사용한다.

자기력의 선에 대해 말할 때는 선을 항상 자남(磁南)에서 자북으로 추적한다고 가정하고 그 방향을 플러스 방향이라고 부른다. 같은 방법으로 자석의 자기화의 방향도 자석의 남쪽 끝에서부터 북쪽 끝을 향하여 나타내며, 북쪽을 가리키는 자석의 끝을 플러스 끝으로 생각한다.

또한 오스트럴 자기를, 다시 말하면 북쪽을 가리키는 자석의 끝의 자기를 0보다 크다고 간주한다. 그 자기의 값을 m으로 표시하면, 자기 퍼텐셜

$$V = \sum \left(\frac{m}{r} \right)$$

과 힘의 선의 플러스 방향이 V가 줄어드는 방향이다.

2장
자기력과 자기 유도

395. 우리는 이미 (386절에서) 물질 내부의 모든 점에서 자기화(磁氣化)를 알고 있는 자석이 주어진 점에 만드는 자기(磁氣) 퍼텐셜을 구했고, 그 수학적 결과는 자석의 모든 요소에 존재하는 실제 자기화에 의해 표현되거나, 또는 부분적으로는 자석의 표면에 응축되어 있고 부분적으로는 자석을 이루는 물질 전체에 퍼져 있는 '자기 물질'의 가상 분포에 의해서도 표현될 수 있음을 보였다.

그렇게 정의된 자기 퍼텐셜은 주어진 점이 자석 외부에 있거나 자석 내부에 있거나 모두 똑같은 수학적 과정을 거쳐서 구한다. 자석 바깥의 임의의 점에 놓인 단위 자극(磁極)에 작용하는 힘은, 대응하는 전기 현상에 대한 문제에서 퍼텐셜을 미분해서 구하는 것과 똑같은 과정을 거쳐서 구한다. 이 힘의 세 성분이 α, β, γ이면

$$\alpha = -\frac{dV}{dx}, \qquad \beta = -\frac{dV}{dy}, \qquad \gamma = -\frac{dV}{dz} \qquad (1)$$

이다.

자석 내부의 한 점에서 자기력을 실험으로 구하려면, 자기화된 물질의 일부를 제거하는 것으로부터 시작해야 하며, 그래야 자극을 넣어놓을 동공

(洞空)을 만들 수 있다. 이 자극에 작용하는 힘은 일반적으로 이 동공의 형태에 의존하며, 동공의 벽이 자기화 방향과 만드는 경사각에 의존한다. 그래서 자석 내부에서 자기력에 관해 이야기할 때 애매함을 피하려고, 그 힘이 측정되는 동공의 형태와 위치를 확실하게 지정하는 것이 필요하다. 동공의 형태와 위치가 지정되면 그 동공 내부에 자극이 놓일 점은 자석을 구성하는 물질 내부에 있다고 더는 생각하지 못하는 것은 명백하며, 그래서 힘을 구하는 보통 방법을 즉시 적용하는 것이 가능해진다.

396. 이제 자석에서 자기화(磁氣化)의 방향과 세기가 균일한 부분을 생각하자. 이 부분 내부에 원통의 형태로 속을 파내어 동공을 만들고, 그 원통의 축이 자기화 방향과 평행하며, 그 축의 중간 점에 단위 세기의 자극(磁極)을 놓자.

이 원통을 발생시키는 선이 자기화 방향과 같으므로, 원통의 곡면에는 자기화의 표면 분포가 존재하지 않으며, 원통의 원형 끝은 자기화 방향과 수직이므로, 그 끝에는 균일한 표면 분포가 존재하며, 음의 끝에서는 그 표면 밀도가 I이고 양의 끝에서는 $-I$가 된다.

그 원통의 축의 길이가 $2b$라고 하고, 원통 단면의 반지름은 a라고 하자. 그러면 이 표면 분포로부터 축의 중간 점에 놓인 자극에 작용하는 힘은 양(陽)의 쪽 끝의 원판이 작용하는 인력과 음(陰)의 쪽 끝의 원판이 작용하는 척력에 의한 힘이다. 이 두 힘은 크기가 같고 방향도 같으므로, 두 힘의 합은

$$R = 4\pi I\left(1 - \frac{b}{\sqrt{a^2+b^2}}\right) \qquad (2)$$

이다.

이 표현으로부터 이 힘은 동공의 절대적인 크기에 의존하지는 않고 단지 길이와 원통의 지름 사이의 비에만 의존하는 것처럼 보인다. 그래서 동공을 아무리 작게 만들더라도 동공의 벽에 생기는 표면 분포로부터 발생하는

힘은 일반적으로 유한하게 유지된다.

397. 우리는 지금까지 자석에서 원통을 파낸 부분 전체는 자기화가 균일하고 같은 방향을 향한다고 가정하였다. 자기화가 그렇게 제한되지 않을 때는, 일반적으로 자석을 이루는 물질 전체에 걸쳐서 가상의 자기(磁氣) 물질의 분포가 존재한다. 원통형으로 파내는 것은 이 분포의 일부를 제거하는 것이지만, 비슷한 고체 도형에서 대응하는 점들에 작용하는 힘은 그 도형의 선형 크기에 비례하며, 자기 물질의 부피 밀도 때문에 자극에 작용하는 힘의 변화는 동공의 크기가 줄어들수록 한없이 줄어들지만, 동공의 벽에 분포된 표면 밀도 때문에 생기는 효과는 일반적으로 유한하게 유지된다.

그러므로 원통의 크기가 아주 작아서 제거된 부분의 자기화가 모든 곳에서 원통의 축에 평행하고 일정한 크기 I라고 간주하는 것이 가능하다고 가정하면, 원통형 구멍의 축의 중간 점에 놓인 자극에 작용하는 힘에는 두 힘이 혼합되어 있다. 두 힘 중 첫 번째는 자석의 바깥쪽 표면과 자석 내부에서 잘라낸 부분을 제외한 전체의 자기 물질 분포에 의한 힘이다. 이 힘의 성분은 식 (1)에 의해 퍼텐셜로부터 유도되는 α, β, γ이다. 두 힘 중 두 번째는 자기화 방향으로 원통의 축을 따라 작용하는 힘 R이다. 이 힘의 값은 원통형 동공의 길이와 단면 지름 사이의 비에 의존한다.

398. 사례 I

이 비가 매우 커서 원통 단면의 지름이 원통의 길이에 비해 작다고 하자. 힘 R에 대한 표현을 $\dfrac{a}{b}$에 의해 전개하면

$$R = 4\pi I \left\{ \frac{1}{2}\frac{a^2}{b^2} - \frac{3}{8}\frac{a^4}{b^4} + \text{등등} \right\} \tag{3}$$

이 되는데, 이것은 $\dfrac{b}{a}$가 무한대가 되면 0이 되는 양이다. 그래서 동공이 자기화 방향과 평행인 축을 갖는 매우 가는 원통이면, 동공 내부에서 자기력

은 원통 양쪽 끝의 표면 분포에 의해서는 영향을 받지 않으며, 이 힘의 세 성분은 단순히 α, β, γ로

$$\alpha = -\frac{dV}{dx}, \qquad \beta = -\frac{dV}{dy}, \qquad \gamma = -\frac{dV}{dz} \qquad (4)$$

이다.

동공 내부에서 이런 형태로 주어진 힘을 자석 내에서 자기력이라고 정의한다. 윌리엄 톰슨 경은 이것을 자기력에 대한 극(極) 정의라고 불렀다. 이 힘을 벡터로 고려할 필요가 생길 때, 이 힘을 $\mathfrak{H}$로 표시할 예정이다.

399. 사례 II

원통의 길이가 원통 단면의 지름에 비해 매우 작아서, 원통은 얇은 원반이 된다고 하자. 힘 R에 대한 표현을 $\frac{b}{a}$에 대해 전개하면

$$R = 4\pi I \left\{ 1 - \frac{b}{a} + \frac{1}{2} \frac{b^3}{a^3} - \text{등등} \right\} \qquad (5)$$

가 되며, 비 $\frac{a}{b}$가 무한대인 극한값은 $4\pi I$이다.

그래서 동공이 얇은 원반 형태이고 원반이 놓인 평면이 자기화 방향에 수직이면, 축의 중간에 놓인 단위 자극은 원반의 원형 표면의 얇은 자기에서 발생한 자기화 방향으로 세기가 $4\pi I$인 힘을 경험한다.[3]

자기화 I의 세 성분이 A, B, C이므로, 이 힘의 세 성분은 $4\pi A$, $4\pi B$, $4\pi C$이다. 이 힘이 세 성분이 α, β, γ인 힘과 혼합되어야 한다.

400. 단위 극(極)에 작용하는 실제 힘을 벡터 $\mathfrak{B}$로, 그리고 그 세 성분을 a, b, c로 표시하면

$$\left. \begin{aligned} a &= \alpha + 4\pi A \\ b &= \beta + 4\pi B \\ c &= \gamma + 4\pi C \end{aligned} \right\} \qquad (6)$$

가 된다.

평면으로 된 옆면이 자기화에 수직인 속이 빈 원반 내부의 힘을 자석 내

의 자기 유도라고 정의하자. 윌리엄 톰슨 경은 이것을 자기력의 전자기 정의라고 불렀다.

자기화 $\mathfrak{J}$와 자기력 $\mathfrak{H}$ 그리고 자기 유도 $\mathfrak{B}$의 세 벡터는 벡터 방정식

$$\mathfrak{B} = \mathfrak{H} + 4\pi\mathfrak{J} \tag{7}$$

에 의해 연결된다.

자기력에 대한 선적분

401. 앞의 398절에서 정의된 자기력이, 자석 표면과 내부의 자유 자기*의 분포가 원인인 힘이고, 동공의 표면 자기에 의해서는 영향을 받지 않기 때문에, 자석의 퍼텐셜에 대한 표현으로부터 자기력을 직접 유도할 수 있으며, 점 A에서 점 B까지 그린 임의의 곡선을 따라 취한 자기력의 선적분은

$$\int_A^B \left(\alpha \frac{dx}{ds} + \beta \frac{dy}{ds} + \gamma \frac{dz}{ds} \right) ds = V_A - V_B \tag{8}$$

인데, 여기서 V_A와 V_B는 각각 A와 B에서 퍼텐셜을 표시한다.

자기 유도의 면적분

402. 표면 S를 통과하는 자기 유도는 적분 값

$$Q = \iint \mathfrak{B} \cos \epsilon \, dS \tag{9}$$

로 정의되는데, 여기서 $\mathfrak{B}$는 넓이 요소 dS에서 자기(磁氣) 유도의 크기를 표시하고, ϵ은 자기 유도의 방향과 넓이 요소의 법선 사이의 각을 표시하며, 적분은 폐곡면 또는 경계가 폐곡선인 전체 표면에 대해 수행된다.

---

* 자유 자기(free magnetism)는 물질에 속박되지 않은 자기를 말한다.

자기 유도의 세 성분을 a, b, c라고 표시하고, 면적 요소의 법선의 방향 코사인을 l, m, n이라고 표시하면, 면적분을

$$Q = \iint (la + mb + nc)dS \qquad (10)$$

라고 쓸 수 있다.

자기 유도의 세 성분 자리에 자기력의 세 성분과 400절에서 구한 자기화로 주어지는 값을 대입하면

$$Q = \iint (l\alpha + m\beta + n\gamma)dS + 4\pi \iint (lA + mB + nC)dS \qquad (11)$$

를 얻는다.

이제 적분을 수행하는 표면이 폐곡면이라고 가정하고, 이 식의 우변의 두 항의 값을 조사하자.

자기력과 자유 자기 사이의 관계에 대한 수학적 형태가 전기력과 자유 전기 사이의 수학적 형태와 똑같으므로, 77절에 나오는 전기력의 성분 X, Y, Z 자리에 자기력의 성분 α, β, γ를 대입하고, 자유 전기의 대수 합인 e 자리에 자유 자기의 대수 합인 M을 대입하는 식으로, 77절에서 구한 결과를 Q의 값에서 첫 번째 항에 적용할 수 있다.

그렇게 해서 다음 식

$$\iint (l\alpha + m\beta + n\gamma)dS = 4\pi M \qquad (12)$$

을 얻는다.

모든 자기 입자는 입자마다 숫자 값의 크기는 같고 부호는 반대인 두 극을 가지므로, 입자의 자기의 대수 합은 0이다. 그래서 폐곡면 S 내부에 완벽히 포함된 입자들은 S 내부의 자기의 대수 합에 조금도 이바지할 수 없다. 그러므로 M의 값은 표면 S에 의해 쪼개진 자기 입자들의 자기에만 의존한다.

길이가 s이고 가로 단면의 넓이가 k^2이며 길이 방향으로 자기화되어서 극의 세기가 m인 자석의 작은 요소를 보자. 이 작은 자석의 모멘트는 ms이

고 자기 모멘트와 부피 사이의 비인 이 자석의 자기화 세기는

$$I = \frac{m}{k^2} \tag{13}$$

이다.

표면 S로 이 작은 자석을 잘라서 자기화의 방향이 이 표면에서 밖으로 그린 법선과 각 ϵ'을 만들도록 하면, dS가 단면의 넓이일 때

$$k^2 = dS \cos \epsilon' \tag{14}$$

이다. 이 자석의 음극 $-m$은 표면 S 내부에 놓인다.

그래서 이 작은 자석이 이바지한 자유 자기 중 S 내부에 포함된 부분을 dM이라고 표시하면

$$\begin{aligned} dM &= -m = -Ik^2 \\ &= -I\cos\epsilon'\, dS \end{aligned} \tag{15}$$

가 된다.

폐곡면 S 내부에 포함된 자유 자기의 대수 합인 M을 구하려면, 이 표현을 폐곡면에 대해 적분해야 하며, 그러면

$$M = -\iint I\cos\epsilon'\, dS$$

가 되며, 또는 자기화의 성분을 A, B, C라고 쓰고, 바깥쪽을 향하는 법선의 방향 코사인을 l, m, n이라고 쓰면

$$M = -\iint (lA + mB + nc)\, dS \tag{16}$$

가 된다. 이것은 식 (11)의 두 번째 항에서 적분값에 해당한다. 그러므로 그 식에서 Q의 값은 두 식 (12)와 (16)에 의해 구할 수 있으며

$$Q = 4\pi M - 4\pi M = 0 \tag{17}$$

이고, 즉 임의의 폐곡면에 대한 자기 유도의 면적분은 0이다.

403. 부피의 미분 요소 $dx\,dy\,dz$의 표면을 폐곡면으로 취하면 다음 식

$$\frac{da}{dx} + \frac{db}{dy} + \frac{dc}{dz} = 0 \tag{18}$$

을 얻는다.

이것은 솔레노이드형 조건*으로 자기 유도의 성분들은 이 조건을 항상 만족한다.

자기 유도의 분포는 솔레노이드형이기 때문에, 경계가 폐곡선인 임의의 표면을 통과하는 유도는 오직 폐곡선의 형태와 위치에만 의존하며, 그 표면 자체의 형태에는 의존하지 않는다.

404. 표면의 모든 점에서

$$la + mb + nc = 0 \tag{19}$$

이 성립하면 그 표면을 유도가 없는 표면이라고 부르고, 그런 표면 두 개가 교차하는 선을 유도선이라고 부른다. 곡선 s 가 유도선일 조건은

$$\frac{1}{a}\frac{dx}{ds} = \frac{1}{b}\frac{dy}{ds} = \frac{1}{c}\frac{dz}{ds} \tag{20}$$

이다.

폐곡선의 모든 점을 통과하여 그린 유도선들의 시스템은 유도관이라고 불리는 관의 표면을 형성한다.

그런 유도관을 가로지르는 임의의 단면을 지나가는 유도는 모두 똑같다. 그렇게 구한 유도가 1인 유도관을 단위 유도관이라고 부른다.

자기 유도의 선과 관으로 이해한다면 패러데이가 자기력선과 자기 스폰딜로이드**에 대해 이야기한 모든 것4)은 수학적으로 옳다.

자석 외부에서는 자기력과 자기 유도가 일치하지만, 자석을 이루는 물질 내부에서는 그 둘이 신중하게 구별되어야 한다. 휘지 않고 균일하게 자기

---

*   솔레노이드형 조건에 대해서는 제1권 21절에 소개되어 있다.

**   스폰딜로이드(sphondyloid)는 솔레노이드와 같은 의미로 유도관을 가리킨다.

화된 막대에서 자석 자체 때문에 생긴 자기력은, 자석의 내부에서나 그리고 자석 외부의 공간에서나 똑같이, 양극(陽極)이라고 부르는 북쪽을 가리키는 끝에서 음극이라고 부르는 남쪽을 가리키는 끝을 향한다.

반면에, 자기 유도는 자석 바깥에서는 양극에서 음극을 향하고, 자석 내부에서는 음극에서 양극을 향해서, 유도선과 유도관은 다시 들어가는 그래서 순환하는 모양이다.

물리량으로서 자기 유도가 얼마나 중요한지는 전자기 현상을 공부할 때 더 분명하게 보게 된다. 패러데이의 *Exp. Res.* 3076에서처럼, 움직이는 도선이 자기장을 경험할 때, 도선에 의해 직접 측정되는 것은 자기력이 아니고 자기 유도이다.

자기 유도의 벡터 퍼텐셜

405. 앞의 403절에서 보인 것처럼, 경계가 폐곡선인 표면을 통과하는 자기 유도는 폐곡선에만 의존하고 그 폐곡선으로 둘러싸인 표면의 형태에는 의존하지 않기 때문에, 그 곡선의 가로막을 형성하는 표면을 어떻게 만드는지에는 관계하지 않고 오직 그 곡선이 무엇이냐에만 의존하는 과정에 의해서 폐곡선을 통과하는 유도를 구하는 것이 가능해야 한다.

그것은 자기 유도 $\mathfrak{B}$와 관계되는 벡터 $\mathfrak{A}$를 찾으면 가능할 수 있는데, 폐곡선을 따라 적분한 $\mathfrak{A}$의 선적분이 그 폐곡선으로 둘러싸인 면에 대해 적분한 $\mathfrak{B}$의 면적분과 같다는 조건으로 찾는다.

이제 24절에서 한 것처럼, $\mathfrak{A}$의 성분들을 F, G, H라고 쓰고, $\mathfrak{B}$의 성분들은 a, b, c라고 쓰면, 이 성분들 사이의 관계는

$$a = \frac{dH}{dy} - \frac{dG}{dz}, \qquad b = \frac{dF}{dz} - \frac{dH}{dx}, \qquad c = \frac{dG}{dx} - \frac{dF}{dy} \tag{21}$$

이다.

성분이 F, G, H인 벡터 $\mathfrak{A}$를 자기 유도의 벡터 퍼텐셜이라고 부른다. 원점에 놓인 자기화된 입자가 주어진 점에 만드는 벡터 퍼텐셜 크기의 숫자 값은 그 입자의 자기 모멘트를 반지름 벡터의 제곱으로 나누고 자기화 축과 반지름 벡터 사이의 각의 사인을 곱한 것과 같고, 벡터 퍼텐셜의 방향은 자기화 축과 반지름 벡터가 만드는 평면에 수직인 방향인데, 자기화 축을 따라 양(陽)의 방향으로 바라보는 눈에는 시곗바늘이 회전하는 방향으로 벡터 퍼텐셜을 그린다.

그래서 내부의 한 점 x, y, z에서 자기화의 성분이 A, B, C인 임의 형태인 자석이 점 ξ, η, ζ에 만드는 벡터 퍼텐셜의 성분은

$$
\left.
\begin{aligned}
F &= \iiint \left(B\frac{dp}{dz} - C\frac{dp}{dy} \right) dx\,dy\,dz \\
G &= \iiint \left(C\frac{dp}{dx} - A\frac{dp}{dz} \right) dx\,dy\,dz \\
H &= \iiint \left(A\frac{dp}{dy} - B\frac{dp}{dx} \right) dx\,dy\,dz
\end{aligned}
\right\}
\tag{22}
$$

이며, 여기서 p는 간결하게 표현하기 위해 두 점 (ξ, η, ζ)와 (x, y, z) 사이의 거리의 역수를 표시하고, 적분은 자석이 차지한 공간에 대해 수행한다.

406. 자기력에 대한 스칼라 퍼텐셜 또는 보통 퍼텐셜은 386절에서 같은 표기법으로 표현하면

$$
V = \iiint \left(A\frac{dp}{dx} + B\frac{dp}{dy} + C\frac{dp}{dz} \right) dx\,dy\,dz
\tag{23}
$$

가 된다.

이제 $\dfrac{dp}{dx} = -\dfrac{dp}{d\xi}$ 임을 기억하고, 다음 적분

$$
\iiint A \left(\frac{d^2p}{dx^2} + \frac{d^2p}{dy^2} + \frac{d^2p}{dz^2} \right) dx\,dy\,dz
$$

의 값은, (A)가 점 (ξ, η, ζ)에서 A의 값일 때, 점 (ξ, η, ζ)가 적분 한계 내에 포함되면 $-4\pi(A)$이고, 포함되지 않으면 0임을 기억하면, 자기 유도의 x

성분 값은

$$a = \frac{dH}{d\eta} - \frac{dG}{d\zeta}$$

$$= \iiint \left\{ A\left(\frac{d^2p}{dy\,d\eta} + \frac{d^2p}{dz\,d\zeta} \right) - B\frac{d^2p}{dx\,d\eta} - C\frac{d^2p}{dx\,d\zeta} \right\} dx\,dy\,dz$$

$$= -\frac{d}{d\xi} \iiint \left\{ A\frac{dp}{dx} + B\frac{dp}{dy} + C\frac{dp}{dz} \right\} dx\,dy\,dz$$

$$- \iiint A\left(\frac{d^2p}{dx^2} + \frac{d^2p}{dy^2} + \frac{d^2p}{dz^2} \right) dx\,dy\,dz \tag{24}$$

가 된다.

이 표현의 첫 번째 항은 명백하게 $-\dfrac{dV}{d\xi}$, 즉 자기력의 성분인 a이다.

두 번째 항에서 적분 기호와 함께 쓴 양은 점 (ξ, η, ζ)가 포함된 부피만 제외하면, 부피의 모든 요소에 대해 0이다. 점 (ξ, η, ζ)에서 A 값이 (A)라면, 두 번째 항의 값은 $4\pi(A)$이며, 여기서 (A)는 자석 외부의 모든 점에 대해 0임이 분명하다.

이제 자기 유도의 x 성분 값은

$$a = \alpha + 4\pi(A) \tag{25}$$

라고 쓸 수 있는데, 이 식은 400절에서 구한 식 중 첫 번째 식과 똑같다. 또한 b와 c에 대한 식도 400절에서 구한 것과 일치한다.

우리는 이미 자기력 $\mathfrak{H}$는 해밀턴 연산자 ∇를 스칼라 자기(磁氣) 퍼텐셜 V에 적용하여 유도할 수 있고, 그래서 17절에서처럼

$$\mathfrak{H} = -\nabla V \tag{26}$$

라고 쓸 수 있고, 이 식은 자석의 외부와 내부 모두에서 성립하는 것을 보았다.

지금까지 조사한 것에 따르면 자기 유도 $\mathfrak{B}$도 벡터 퍼텐셜 $\mathfrak{A}$에 똑같은 연산자를 적용하여 유도하며, 그 결과는 자석 외부에서는 물론 자석 내부에서도 여전히 성립하는 것처럼 보인다.

이 연산자를 벡터 함수에 적용하면 일반적으로 벡터양과 스칼라양을 만

든다. 그렇지만 벡터 함수의 컨버전스라고 부르는 스칼라 부분은 벡터 함수가 솔레노이드 조건

$$\frac{dF}{d\xi} + \frac{dG}{d\eta} + \frac{dH}{d\zeta} = 0 \tag{27}$$

을 만족하면 0이 된다. 식 (22)에서 F, G, H에 대한 표현을 미분하면, 이 양들에 의해 이 식이 만족되는 것을 알게 된다.

그러므로 자기 유도와 자기 유도의 벡터 퍼텐셜 사이의 관계를

$$\mathfrak{B} = \nabla \mathfrak{A}$$

라고 써도 좋은데, 이것을 말로 표현하면 '자기 유도는 자기 유도의 벡터 퍼텐셜의 컬(curl)이다'가 된다. 25절을 보라.

3장
자기 솔레노이드와 자기 껍질[5]

자석의 특별한 형태에 대해

407. 도선과 같이 자기화 물질로 된 길고 가느다란 필라멘트가 모든 위치에서 세로 방향으로 자기화되어 있다면, 필라멘트의 임의의 가로 단면의 넓이와 그 단면을 가로지르는 자기화 세기의 평균을 곱한 것을 그 단면에서 자석의 세기라고 부른다. 자기화는 그대로 두고 필라멘트를 그 단면에서 둘로 자르면, 두 표면은 분리될 때 크기는 같고 부호는 반대인 표면 자기화를 갖게 되며, 각각이 모두 그 단면에서 자석의 세기와 숫자 값이 같다.

자기(磁氣) 물질로 만든 필라멘트가 자기화되어서 길이의 어디서 단면을 만들든지 자석의 세기가 모두 같으면, 그런 필라멘트를 자기 솔레노이드라고 부른다.

솔레노이드의 세기가 m이고, 어떤 부분에서 길이 요소가 ds이며, 주어진 점에서 그 길이 요소까지 거리가 r이고, r가 그 요소의 자기화 축과 만드는 각이 ϵ이면, 주어진 점에서 그 요소가 만드는 퍼텐셜은

$$\frac{m\,ds\cos\epsilon}{r^2} = \frac{m}{r^2}\frac{dr}{ds}ds$$

이다.

솔레노이드의 모든 요소를 다 포함하기 위해, 이 표현을 s에 대해 적분하면, 퍼텐셜은

$$V = m\left(\frac{1}{r_1} - \frac{1}{r_2}\right)$$

이 되는데, 여기서 r_1과 r_2는 각각 퍼텐셜이 존재하는 점으로부터 솔레노이드의 양(陽)의 끝까지 거리와 음(陰)의 끝까지 거리이다.

그래시 솔레노이드에 의한 퍼텐셜은, 그리고 결과석으로 솔레노이드의 모든 자기 효과는, 오직 솔레노이드의 세기와 솔레노이드 양쪽 끝의 위치에만 의존하고, 이 두 점 사이에서 솔레노이드의 형태, 즉 솔레노이드가 똑바른지 구부러졌는지에는 전혀 의존하지 않는다.

그래서 솔레노이드의 양쪽 끝은 엄격한 의미에서 솔레노이드의 극이라고 불러도 좋다.

솔레노이드가 폐곡선을 이루고 있으면, 그 솔레노이드에 의한 퍼텐셜은 모든 점에서 0이고, 결과적으로 그러한 솔레노이드는 어떤 자기 작용도 행할 수 없을 뿐 아니라, 솔레노이드를 어떤 점에서 쪼개어 두 끝을 분리하지 않고서는 그 솔레노이드의 자기화가 발견될 수도 없다.

만일 자석이 솔레노이드들로 나뉠 수 있어서, 그렇게 나눈 솔레노이드가 모두 폐곡선을 이루든가 또는 양쪽 끝이 자석의 바깥쪽 표면에 있다면, 이 자기화는 솔레노이드형이라고 말하고, 자석의 작용은 전적으로 솔레노이드의 끝에만 의존하므로, 가상의 자기 물질은 전적으로 표면에만 분포될 것이다.

그래서 자기화가 솔레노이드형이 될 수 있는 조건은

$$\frac{dA}{dx} + \frac{dB}{dy} + \frac{dC}{dz} = 0$$

인데, 여기서 A, B, C는 자석의 임의의 점에서 자기화의 성분들이다.

408. 길이의 서로 다른 부분에서는 세기가 다르게 세로로 자기화된 필라멘트는 한 묶음의 서로 다른 길이의 솔레노이드 다발로 구성된다고 생각할 수 있으며, 그러면 주어진 단면을 지나는 모든 솔레노이드의 세기의 합이 그 단면에서 필라멘트의 자기 세기가 된다. 그래서 어떤 세로로 자기화된 필라멘트든지 복잡한 솔레노이드라고 부를 수 있다.

임의의 단면에서 복잡한 솔레노이드의 세기가 m 이라면, 그 솔레노이드의 작용에 의한 퍼텐셜은, m 이 변화할 수 있다는 조건 아래

$$V = \int \frac{m}{r^2} \frac{dr}{ds} ds = \frac{m_1}{r_1} - \frac{m_2}{r_2} - \int \frac{1}{r} \frac{dm}{ds} ds$$

이다.

이것은, 이 경우에 세기가 다를 수도 있는 두 끝의 작용을 제외하고는, 필라멘트를 따라서 선 밀도가

$$\lambda = -\frac{dm}{ds}$$

인 가상적인 자기 물질의 분포가 원인인 작용이 존재한다는 것을 보여준다.

자기 껍질

409. 자기(磁氣) 물질로 된 얇은 껍질이 어디서나 표면에 수직인 방향으로 자기화되어 있다면, 임의의 장소에서 자기화의 세기에 그 장소에서 껍질의 두께를 곱한 것을 그 장소에서 자기 껍질의 세기라고 부른다.

어디서나 껍질의 세기가 똑같으면, 그 껍질을 단순한 자기 껍질이라고 부르며, 껍질의 세기가 위치마다 변하면, 그 껍질은 많은 수의 단순한 껍질들이 서로 겹쳐서 중첩되어 구성되었다고 생각할 수 있다. 그런 경우의 껍질을 복잡한 자기 껍질이라고 부른다.

껍질 표면의 Q에 놓인 넓이 요소를 dS라고 하고, 껍질의 세기가 Φ라고 하면, 임의의 점 P에서 껍질의 이 요소에 의한 퍼텐셜은

$$dV = \Phi \frac{1}{r^2} dS \cos \epsilon$$

인데, 여기서 ϵ은 벡터 QP, 즉 r과 껍질의 양(陽) 쪽 면으로부터 그린 법선 사이의 각이다.

그런데 점 P에서 dS가 마주 보는 고체각이 $d\omega$면

$$r^2 d\omega = dS \cos \epsilon$$

이므로

$$dV = \Phi \, d\omega$$

이며, 그러므로 단순한 자기 껍질의 경우에

$$V = \Phi\omega$$

여서, 임의의 점에서 자기 껍질에 의한 퍼텐셜은 그 껍질의 세기와 주어진 점에서 그 껍질의 가장자리가 마주 보는 고체각의 곱이다.[6]

410. 임의의 자기력 장에 놓인 자기 껍질을 가정하고 껍질의 위치에 의한 퍼텐셜 에너지를 구하는 것과 같은 다른 방법으로도 똑같은 결과를 얻을 수 있다.

넓이 요소 dS에서 퍼텐셜이 V라면, 이 요소에 의한 에너지는

$$\Phi\left(l\frac{dV}{dx} + m\frac{dV}{dy} + n\frac{dV}{dz}\right)dS$$

로, 이것은 껍질의 세기와 껍질에서 요소 dS에 의한 V의 면적분 중 일부의 곱이다.

그래서 그런 모든 요소에 대해 적분하면, 자기력 장 내에서 껍질의 위치에 의한 에너지는 껍질의 세기와 껍질의 표면에 대해 취한 자기 유도의 면적분의 곱과 같다.

이 면적분은 경계가 되는 가장자리가 같고 사이에 어떤 힘의 중심도 포함하지 않는 임의의 두 표면에 대해서도 똑같아서, 자기 껍질의 작용은 오직 이 가장자리의 형태에만 의존한다.

이제 힘의 장이 세기가 m인 자극에 의한 것이라고 가정하자. 우리는 앞에서 (76절의 따름 정리에서) 주어진 가장자리가 경계인 표면에 대한 면적분은 극의 세기와 극에서 가장자리를 마주 보는 고체각의 곱임을 보았다. 그래서 극과 껍질의 상호 작용에 의한 에너지는

$$\Phi m \omega$$

이며 이것은 (100절의 그린 정리에 의해) 극의 세기와 극에서 껍질에 의한 퍼텐셜의 곱과 같다. 껍질에 의한 퍼텐셜은 그러므로 $\Phi\omega$이다.

411. 자극 m이 자기 껍질의 음(陰)의 표면 위의 한 점에서 시작하여 공간의 임의의 경로를 따라 여행하고 가장자리를 돌아서 껍질의 양(陽)의 표면 위의 처음 시작한 점과 가까운 점에 도달한다면, 고체각은 연속적으로 변하며, 이 과정 동안에 4π만큼 증가하게 된다. 이 극이 한 일은 $4\pi\Phi m$이고, 껍질의 양(陽) 쪽 임의의 점에서 퍼텐셜은 음(陰) 쪽의 이웃하는 점에서 퍼텐셜보다 $4\pi\Phi$만큼 더 크다.

자기 껍질이 폐곡면을 만들면, 껍질 바깥에서는 퍼텐셜이 어디서나 0이며, 껍질 안쪽에서는 퍼텐셜이 어디서나 $4\pi\Phi$이고, 껍질이 양(陽) 쪽이 안을 향하면 이 퍼텐셜 값이 0보다 더 크다. 그래서 그런 껍질은 자석을 껍질 안쪽에 놓거나 바깥쪽에 놓거나 자석에 어떤 작용도 미치지 못한다.

412. 자석을 단순한 자기 껍질들로 나눌 수 있다면, 그 자기 껍질들이 폐곡면을 이루거나 또는 가장자리가 자석이 표면과 일치하건 간에, 자기 분포가 라멜라*라고 부른다. 주진 점에서 출발하여 자석 내부에 그린 선을 따라 점 x, y, z까지 횡단하는 데 지나간 모든 껍질의 세기의 합이 ϕ이면, 라멜

---

* 라멜라(Lamellar)는 판상(板狀)이라고 번역할 수 있으며 얇은 판들이 겹쳐 있는 모습을 의미한다.

라 자기화의 조건은

$$A = \frac{d\phi}{dx}, \qquad B = \frac{d\phi}{dy}, \qquad C = \frac{d\phi}{dz}$$

이다.

임의의 점에서 자기화를 이처럼 완벽히 정하는 양 ϕ를 자기화의 퍼텐셜이라고 불러도 좋다. 자기화의 퍼텐셜은 자기 퍼텐셜과 조심스럽게 구분해야 한다.

413. 복잡한 자기 껍질로 나뉠 수 있는 자석을 자기화의 복잡한 라멜라 분포를 한다고 말한다. 그런 분포의 조건은 자기화(磁氣化) 선을 수직으로 자르는 일련의 표면들을 그릴 수 있어야 한다는 것이다. 이 조건은 잘 알려진 식인

$$A\left(\frac{dC}{dy} - \frac{dB}{dz}\right) + B\left(\frac{dA}{dz} - \frac{dC}{dx}\right) + C\left(\frac{dB}{dx} - \frac{dA}{dy}\right) = 0$$

에 의해 표현된다.

솔레노이드형 자석과 라멜라형 자석의 퍼텐셜 형태

414. 자석의 스칼라 퍼텐셜에 대한 일반적인 표현은

$$V = \iiint \left(A\frac{dp}{dx} + B\frac{dp}{dy} + C\frac{dp}{dz}\right) dx\, dy\, dz$$

인데, 여기서 p는 ξ, η, ζ에 놓인 단위 자극이 (x, y, z)에 만드는 퍼텐셜을 표시하며, 이것이 다른 말로는 퍼텐셜이 측정되는 점인 (ξ, η, ζ)에서 퍼텐셜의 원인인 자석의 요소의 위치인 (x, y, z)까지 거리의 역수이다.

이 양은, 96절과 386절에서처럼, 부분 적분을 이용해서 적분할 수 있어서

$$V = \iint p(Al + Bm + Cn)\, dS - \iiint p\left(\frac{dA}{dx} + \frac{dB}{dy} + \frac{dC}{dz}\right) dx\, dy\, dz$$

인데, 여기서 l, m, n은 자석 표면의 넓이 요소인 dS에서 바깥쪽으로 그린

법선의 방향 코사인이다.

자석이 솔레노이드형이면 두 번째 항에서 적분 기호 아래 써진 표현은 자석 내부의 모든 점에서 0이며, 그래서 삼중 적분은 0이고, 임의의 점에서 스칼라 퍼텐셜은, 자석의 외부인지 내부인지에 상관없이, 첫 번째 항의 면적분으로 주어진다.

그러므로 솔레노이드형 자석의 스칼라 퍼텐셜은 자석 표면 위의 모든 점에서 자기화의 법선 성분을 알면 완벽히 정해지며, 그 스칼라 퍼텐셜은 자석 내부의 솔레노이드의 형태에 의존하지 않는다.

415. 라멜라 자석의 경우에, 자기화는 자기화의 퍼텐셜인 ϕ에 의해 정해져서

$$A = \frac{d\phi}{dx}, \quad B = \frac{d\phi}{dy}, \quad C = \frac{d\phi}{dz}$$

이다.

그러므로 V에 대한 표현을

$$V = \iiint \left(\frac{d\phi}{dx} \frac{dp}{dx} + \frac{d\phi}{dy} \frac{dp}{dy} + \frac{d\phi}{dz} \frac{dp}{dz} \right) dx\,dy\,dz$$

와 같이 쓸 수 있다.

이 표현을 부분 적분으로 적분하면

$$V = \iint \phi \left(l\frac{dp}{dx} + m\frac{dp}{dy} + n\frac{dp}{dz} \right) dS - \iiint \phi \left(\frac{d^2p}{dx^2} + \frac{d^2p}{dy^2} + \frac{d^2p}{dz^2} \right) dx\,dy\,dz$$

가 된다.

두 번째 항은 점 (ξ, η, ζ)가 자석에 포함되지 않는 한 0이며, 자석에 포함될 때는 두 번째 항이 $4\pi(\phi)$로 되는데, 여기서 (ϕ)는 점 ξ, η, ζ에서 ϕ의 값이다. 면적분은 (x, y, z)에서 (ξ, η, ζ)까지 그린 선인 r와 이 선이 dS에서 밖으로 그린 법선이 만드는 각인 θ에 의해 표현될 수 있고, 그래서 퍼텐셜을

$$V = \iint \frac{1}{r^2} \phi \cos\theta \, dS + 4\pi(\phi)$$

라고 쓸 수도 있으며, 여기서 두 번째 항은 점 (ξ, η, ζ)가 자석의 물질 내부에 포함되지 않으면 물론 0이다.

이 식으로 표현된 퍼텐셜 V는 심지어 ϕ가 갑자기 0이 되는 자석의 표면에서도 연속인데, 그렇게 되는 이유를 보기 위해

$$\Omega = \iint \frac{1}{r^2} \phi \cos\theta \, dS$$

라고 쓰고, Ω_1는 그 표면 바로 안쪽 점에서 Ω의 값이라고 하고, Ω_2를 처음 점과 가깝지만 그 표면 바깥쪽에 있는 점이라고 하면

$$\Omega_2 = \Omega_1 + 4\pi(\phi)$$

이고, 그래서

$$V_2 = V_1$$

이 된다. 그러나 Ω라는 양은 자석의 표면에서 연속이지 않다.

자기 유도의 성분들은 다음 식

$$a = -\frac{d\Omega}{dx}, \quad b = -\frac{d\Omega}{dy}, \quad c = -\frac{d\Omega}{dz}$$

에 의해서 Ω와 연관된다.

416. 자기가 라멜라 분포로 되어 있는 경우에도 역시 자기 유도의 벡터 퍼텐셜을 간단하게 만들 수 있다.

자기 유도의 벡터 퍼텐셜의 x-성분을

$$F = \iiint \left(\frac{d\phi}{dy} \frac{dp}{dz} - \frac{d\phi}{dz} \frac{dp}{dy} \right) dx \, dy \, dz$$

라고 쓸 수 있다.

부분 적분을 이용하면 이것을 면적분의 형태로

$$F = \iint \phi \left(m \frac{dp}{dz} - n \frac{dp}{dy} \right) dS$$

또는

$$F = \iint p\left(m\frac{d\phi}{dz} - n\frac{d\phi}{dy}\right)dS$$

로 놓을 수 있다.

벡터 퍼텐셜의 다른 성분들도 이 표현에 적당한 대입을 통해서 구할 수 있다.

고체각에 대하여

417. 자기 껍질이 임의의 점 P에 만드는 퍼텐셜은 껍질의 가장자리가 마주 보는 고체각에 껍질의 세기를 곱한 것과 같다는 것은 앞에서 이미 증명하였다. 전류에 대한 이론을 다룰 때 고체각에 대해 논의할 기회가 있을 것이므로, 지금은 고체각을 어떻게 측정하는지만 설명하려고 한다.

정의

주어진 점에서 폐곡선이 마주 보는 고체각은 중심이 주어진 점이고 반지름이 1인 구 표면에 그린 부분의 넓이로 측정되는데, 그 부분의 윤곽은 반지름 벡터가 폐곡선을 따라가면서 반지름이 1인 구와 교차하는 선이다. 이 넓이가 양(陽)인지 또는 음(陰)인지는 주어진 점에서 볼 때 반지름 벡터의 왼손 경로인지 또는 오른손 경로인지로 결정된다.

주어진 점이 (ξ, η, ζ)이고 폐곡선 위의 한 점을 (x, y, z)라고 하자. 세 좌표 x, y, z는 주어진 점에서 계산한 곡선의 길이 s의 함수이다. 이 세 좌표는 s에 대한 주기 함수로, s가 폐곡선 전체의 길이만큼 증가할 때마다 반복된다.

고체각 ω는 이렇게 정의한 것으로부터 직접 계산할 수 있다. 중심이 (ξ, η, ζ)인 구좌표를 사용하고,

$$x - \xi = r\sin\theta\cos\phi, \qquad y - \eta = r\sin\theta\sin\phi, \qquad z - \zeta = r\cos\theta$$

라고 놓으면, 구에 임의로 그린 곡선의 넓이는 다음 적분

$$\omega = \int (1 - \cos\theta) d\phi$$

로 구할 수 있고, 직각 좌표를 이용하면

$$\omega = \int d\phi - \int_0^s \frac{z - \zeta}{r^3} \left[(x - \xi) \frac{dy}{ds} - (y - \eta) \frac{dx}{ds} \right] ds$$

가 되는데, 적분은 곡선 s를 따라서 수행된다.

z 축이 폐곡선을 통해 한 번 통과하면 첫 번째 항의 값은 2π이다. z 축이 폐곡선을 통과하지 않으면 이 항의 값은 0이다.

418. 고체각을 계산하는 이 방법은 축을 어떻게 정할지에 따라 결과가 달라질 수 있는데, 축을 정하는 것은 폐곡선과 무관하게 어느 정도 마음대로 할 수 있다. 그래서 기하학적 성질을 파악하기 위하여, 표면을 미리 그릴 필요가 없는 다음과 같은 방법을 사용할 수 있다.

주어진 점에서 그린 반지름 벡터가 폐곡선을 따라가면서, 주어진 점을 지나가는 평면이 폐곡선에서 각 점마다 그 점에서 폐곡선에 접하도록 연달아 구부러진다고 하자. 주어진 점에서 이 평면에 수직이고 길이가 1인 선을 그리자. 이 평면이 폐곡선을 따라 굴러가면서, 수직으로 그린 선의 끝은 두 번째 폐곡선을 그린다. 두 번째 폐곡선의 길이가 σ이면, 첫 번째 폐곡선이 마주 보는 고체각은

$$\omega = 2\pi - \sigma$$

이다.

이것은 반지름이 1인 구 표면에 그린 폐곡선으로 둘러싸인 넓이에 극 곡선(polar curve)의 둘레를 합한 값은 그 구의 대원의 둘레와 값이 같다는 유명한 정리의 결과이다.

이렇게 해석하는 것이 때로는 직선으로 된 물체가 마주 보는 고체각을 계산하는 데 편리하다. 물리 현상에 대해 분명한 생각을 형성하려는 우리 자신의 목적으로는, 문제의 물리적 자료로부터 어떤 종류의 해석도 사용하

지 않는 다음 방법이 더 선호된다.

419. 공간에 폐곡선 s가 주어져 있으며, 주어진 점 P에서 s를 마주 보는 고체각을 구하는 것이 목표이다.

세기가 1인 자기 껍질의 가장자리가 이 폐곡선과 일치할 때, 이 자기 껍질의 퍼텐셜인 고체각을 고려하면, 단위 자극(磁極)이 무한히 먼 거리로부터 점 P까지 움직이는 동안 자기력에 거스르며 이 자극이 한 일을 퍼텐셜이라고 정의한다. 그래서 자극이 점 P에 다가오면서 거친 경로를 σ라고 하면, 퍼텐셜은 이 경로를 따라서 선적분한 결과가 된다. 이것은 또한 폐곡선 s를 따라 수행한 선적분의 결과이기도 하다. 그러므로 고체각에 대한 표현의 제대로 된 형태는 두 곡선 s와 σ에 대한 이중 적분으로 된 표현이어야 한다.

주어진 점 P가 무한히 먼 거리에 있을 때는 고체각이 0임을 바로 알 수 있다. 점 P가 다가오면, 움직이고 있는 점에서 보기에 폐곡선은 점점 더 크게 열리는 것으로 보이며, 전체 고체각은 움직이는 점이 가까이 다가오면서 폐곡선의 서로 다른 요소들의 겉보기 움직임에 의해 발생한다고 생각할 수 있다.

점 P가 요소 $d\sigma$를 따라 P에서 P'로 움직이면서, ds라고 표시한, 폐곡선의 요소 QQ'는 P에 대한 상대적 위치를 바꾸며, 반지름이 1인 구의 표면에 그린 QQ'에 대응하는 선은 구의 표면 위에서

$$d\omega = \Pi\, ds\, d\sigma$$

라고 쓸 수 있는 면적을 쓸고 지나간다.

이제 Π를 구하기 위하여, 폐곡선이 자신에게 평행하게 PP'와 같은 거리지만 반대 방향으로 $d\sigma$만큼 이동하는 동안, P는 고정되어 있다고 가정하자. 점 P의 상대적인 움직임은 실제 경우와 똑같을 것이다.

이렇게 움직이는 동안에 요소 QQ'는 두 변이 QQ'와 PP'에 평행하고

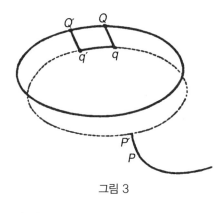

길이는 같은 평행 사변형의 형태로 넓이를 발생시키게 된다. 이 평행 사변형을 밑면으로 하고 꼭 짓점이 P인 피라미드를 만들면, 이 피라미드의 고체각은 우리가 찾는 증가량 $d\omega$가 된다.

그림 3

이 고체각의 값을 구하기 위해, θ와 θ'가 각각 ds와 $d\sigma$가 PQ와 만드는 각이라고 하고, ϕ는 이 두 각의 평면 사이의 각이라고 하면, 평행 사변형 $ds \cdot d\sigma$를 PQ 또는 r에 수직인 평면에 투사한 넓이는

$$ds\, d\sigma \sin\theta \sin\theta' \sin\phi$$

이며, 이것이 $r^2 d\omega$와 같아서

$$d\omega = \Pi ds\, d\sigma = \frac{1}{r^2} \sin\theta \sin\theta' \sin\phi\, ds\, d\sigma \qquad (2)^*$$

가 된다.

그래서

$$\Pi = \frac{1}{r^2} \sin\theta \sin\theta' \sin\phi \qquad (3)$$

이다.

420. 세 각 θ, θ', ϕ를 r와, 그리고 s와 σ에 대한 r의 미분 계수로 표현할 수 있어서

$$\cos\theta = \frac{dr}{ds}, \quad \cos\theta' = \frac{dr}{d\sigma}, \quad \text{그리고} \quad \sin\theta \sin\theta' \cos\phi = r \frac{d^2 r}{ds\, d\sigma} \qquad (4)$$

가 된다.

그래서 Π^2의 값이

---

*   원문에 (1) 식이 없고 (2) 식부터 시작한다.

$$\Pi^2 = \frac{1}{r^4}\left[1-\left(\frac{dr}{ds}\right)^2\right]\left[1-\left(\frac{dr}{d\sigma}\right)^2\right]-\frac{1}{r^2}\left(\frac{d^2r}{ds\,d\sigma}\right)^2 \tag{5}$$

이 된다.

직각 좌표를 이용해 Π를 구한 세 번째 표현은 고체각이 $d\omega$이고 축이 r인 피라미드의 부피가

$$\frac{1}{3}r^3 d\omega = \frac{1}{3}r^3 \Pi ds\, d\sigma$$

라는 정보로부터 유추할 수 있다.

그런데 이 피라미드의 부피는 또한 세 축 x, y, z에 대한 r, ds, $d\sigma$에 대한 투영에 의해 그런 아홉 개의 투영들로 구한 행렬식으로 표현될 수도 있으며, 이것이 우리의 세 번째 부분이 된다. 그렇게 구한 Π 값은

$$\Pi = \frac{1}{r^3}\begin{vmatrix} \xi-x, \eta-y, \zeta-z \\ \dfrac{d\xi}{d\sigma}, \dfrac{d\eta}{d\sigma}, \dfrac{d\zeta}{d\sigma} \\ \dfrac{dx}{ds}, \dfrac{dy}{ds}, \dfrac{dz}{ds} \end{vmatrix} \tag{6}$$

이다. 이 표현은 식 (5)에 도입된 부호의 애매함 문제가 없는 Π 값을 제공한다.

421. 점 P에서 폐곡선을 바라보는 고체각 ω의 값을 이제

$$\omega = \iint \Pi ds\, d\sigma + \omega_0 \tag{7}$$

라고 쓸 수 있는데, 여기서 s에 관한 적분은 폐곡선을 완벽히 돌면서 수행되고, σ에 관한 적분은 폐곡선 위의 한 점인 A에서 점 P까지 수행된다. 상수 ω_0는 점 A에서 고체각 값이다. 만일 A가 폐곡선으로부터 무한히 멀리 있으면 ω_0는 0이다.

임의의 점 P에서 ω 값은 폐곡선이 자기 껍질 자체를 통과하지 않는다는 조건이 성립하면 A와 P 사이의 곡선의 형태와 무관하다. 자기 껍질이 무한히 얇다면, 그리고 P와 P'가 가까이 있는 두 점이지만 P는 껍질의 양(陽)

의 쪽에 그리고 P'는 음(陰)의 쪽에 있다면, 두 곡선 AP와 AP'는 껍질 가장자리의 반대쪽 면에 놓여야 하며, 그래서 PAP'는 무한히 짧은 선 $P'P$와 함께 그 가장자리를 감싸는 폐회로를 만드는 선이다. P에서 ω의 값은 P'에서 ω 값보다 4π가 더 큰데, 즉 반지름이 1인 구의 표면만큼 더 크다.

그래서, 껍질을 한 번 통과하도록 폐곡선을 그리면, 또는 다른 말로는, 그 선이 껍질의 가장자리와 한 번 연결되면, 두 곡선 모두에 대해 수행된 적분 $\iint \Pi ds\, d\sigma$의 값은 4π이다.

그러므로 단지 폐곡선 s와 임의의 곡선 AP에만 의존한다고 간주하는 이 적분은 다중(多重) 값을 갖는 함수의 예로서, 서로 다른 경로를 따라 A에서 P로 가면, 이 적분은 곡선 AP가 곡선 s를 휘어 감는 수에 따라서 다른 값을 갖는다.

두 점 A와 P 사이의 곡선의 한 형태가 곡선 s와 교차하지 않으면서 연속적인 움직임에 의해서 다른 형태의 곡선으로 변환될 수 있으면, 이 적분은 두 형태의 곡선 모두에 대해 같은 값을 갖지만, 변환하는 동안 그 곡선이 폐곡선과 n번 교차하면, 적분 값은 $4\pi n$만큼 차이가 난다.

공간에서 임의의 두 폐곡선을 s와 σ라고 하면, 그 두 폐곡선이 함께 연결되지 않으면, 두 곡선 모두를 한 번 돌아가면서 수행한 적분은 0이다.

두 곡선이 같은 방향으로 n번 엮여 있으면 적분 값은 $4\pi n$이다. 그렇지만 두 곡선이 반대 방향으로 교대로 엮여 있으면, 적분 값이 0이더라도 두 곡선은 분리할 수 없도록 서로 연결되어 있다. 그림 4를 보라.

그림 4

가우스는 폐회로에 흐르는 전류와 함께 존재하는 폐곡선에 관해 기술하고 두 폐곡선 사이에 기하학적 연결이 존재함을 지적하는 중에, 자극(磁極)에 작용한 일을 표현한 바로 이 적분을 발견한 다음에, 라이프니츠, 오일러,*

방데르몽드* 시대 이후로 위치에 대한 기하학에 이렇게도 발전이 없었는지 한탄하였다. 그렇지만 이제는 주로 리만,** 헬름홀츠, 리스팅의 공로에 힘입어 어느 정도 발전되었다고 말할 수 있다.

422. 이제 폐곡선 주위로 s에 대해 적분한 결과를 조사하자.

식 (7)에서 Π의 항 중 하나는

$$\frac{\xi-x}{r^3}\frac{d\eta}{d\sigma}\frac{dz}{ds} = \frac{d\eta}{d\sigma}\frac{d}{d\xi}\left(\frac{1}{r}\frac{dz}{ds}\right) \tag{8}$$

이다.

이제 줄여서 간단히

$$F=\int \frac{1}{r}\frac{dx}{ds}ds, \qquad G=\int \frac{1}{r}\frac{dy}{ds}ds, \qquad H=\int \frac{1}{r}\frac{dz}{ds}ds \tag{9}$$

라고 쓰고, 적분은 폐곡면 s 주위로 한 번만 취하면, Π에 대한 이 항을

$$\frac{d\eta}{d\sigma}\frac{d^2 H}{d\xi ds}$$

라고 쓸 수 있으며 $\int \Pi ds$에서 대응하는 항은

$$\frac{d\eta}{d\sigma}\frac{dH}{d\xi}$$

가 된다.

이제 Π에 대한 모든 항을 모으면

$$-\frac{d\omega}{d\sigma} = -\int \Pi ds$$
$$= \left(\frac{dH}{d\eta}-\frac{dG}{d\zeta}\right)\frac{d\xi}{d\sigma} + \left(\frac{dF}{d\zeta}-\frac{dH}{d\eta}\right)\frac{d\eta}{d\sigma} + \left(\frac{dG}{d\xi}-\frac{dF}{d\eta}\right)\frac{d\zeta}{d\sigma} \tag{10}$$

---

*   오일러(Leonhard Euler, 1707-1783)는 스위스에서 출생한 러시아 수학자이자 물리학자로서 미적분학, 위상수학, 해석학 등 수학의 여러 분야에서 많은 업적을 남겼다.

*   방데르몽드(Alexandre-Théophile Vandermonde, 1735-1796)는 프랑스의 바이올리니스트로서, 35세 이후에 수학에 관심을 두고 수학자로 이바지하였고 그의 이름을 딴 방데르몽드 행렬로 유명하다.

** 리만(Bernhard Riemann, 1826-1866)은 독일의 천재 수학자로서 해석학, 미분 기하학에 혁신적인 업적을 남겼다. 40세의 나이에 이탈리아를 여행하다가 폐결핵에 걸려서 사망하였다.

라고 쓸 수 있다.

이 양은 곡선 σ를 따라 지나가면서 자기 퍼텐셜인 ω가 감소하는 비율로, 다른 말로는 $d\sigma$의 방향으로 작용하는 자기력임이 분명하다.

세 축인 x, y, z 축 방향을 따라 연속적으로 $d\sigma$를 취하면, 자기력의 각 축 방향 성분 값

$$\left.\begin{array}{l} \alpha = -\dfrac{d\omega}{d\xi} = \dfrac{dH}{d\eta} - \dfrac{dG}{d\zeta} \\[2mm] \beta = -\dfrac{d\omega}{d\eta} = \dfrac{dF}{d\zeta} - \dfrac{dH}{d\xi} \\[2mm] \gamma = -\dfrac{d\omega}{d\zeta} = \dfrac{dG}{d\xi} - \dfrac{dF}{d\eta} \end{array}\right\} \tag{11}$$

를 얻는다.

세 양 F, G, H는 세기가 1이고 가장자리가 곡선 s인 자기 껍질의 벡터 퍼텐셜의 세 성분이다. 이러한 세 양은 스칼라 퍼텐셜 ω처럼 일련의 몇 값들을 갖는 함수가 아니라 공간의 모든 점에 대해 완벽히 확정된다.

폐곡선이 경계인 자기 껍질이 점 P에 만드는 벡터 퍼텐셜은 다음과 같은 기하학적인 구성으로 구할 수 있다.

점 Q가 P로부터 거리가 숫자 값인 속도로 폐곡선을 따라 빙 돌아서 움직이는데, A에서 출발한 두 번째 점 R가 항상 Q의 방향과 평행인 방향이지만 크기는 1인 속도로 움직인다고 하자. Q가 폐곡선을 한 번 돌고 AR와 결합하면, 선 AR인 방향과 숫자 값인 크기에서 P에 놓인 폐곡선이 원인인 벡터 퍼텐셜을 대표한다.

자기장에 놓인 자기 껍질의 퍼텐셜 에너지

423. 우리는 410절에서 이미 퍼텐셜이 V인 자기장에 놓인 세기가 ϕ인 껍질의 퍼텐셜 에너지는

$$M = \phi \iint \left(l\dfrac{dV}{dx} + m\dfrac{dV}{dy} + n\dfrac{dV}{dz} \right) dS \tag{12}$$

임을 보았는데, 여기서 l, m, n은 껍질에서 양(陽)의 쪽으로 그린 법선의 방향 코사인이고, 면적분은 껍질에 대해 수행된다.

이제 이 면적분을 자기장의 벡터 퍼텐셜을 이용하여 선적분으로 변환시킬 수 있는데, 먼저

$$M = -\phi \int \left(F\frac{dx}{ds} + G\frac{dy}{ds} + H\frac{dz}{ds} \right) ds \tag{13}$$

라고 쓰자. 여기서 적분은 자기 껍질의 가장자리를 형성하는 폐곡선 s를 따라 한 번 회전하면서 수행되며, ds의 방향은 껍질의 양의 쪽에서 바라볼 때 시곗바늘의 회전 방향과 반대 방향이다.

이제 자기장이 세기가 ϕ'인 두 번째 자기 껍질에 의해 생긴 것이라고 가정하면, F, G, H의 값은

$$F = \phi' \int \frac{1}{r}\frac{ds}{ds'}ds', \quad G = \phi' \int \frac{1}{r}\frac{dy}{ds'}ds', \quad H = \phi' \int \frac{1}{r}\frac{dz}{ds'}ds' \tag{14}$$

가 되며, 여기서 적분은 이 껍질의 가장자리를 형성하는 곡선 s'를 한 번 돌아가면서 수행된다.

이 값들을 M에 대한 표현에 대입하면

$$M = -\phi\phi' \iint \frac{1}{r} \left(\frac{dx}{ds}\frac{dx}{ds'} + \frac{dy}{ds}\frac{dy}{ds'} + \frac{dz}{ds}\frac{dz}{ds'} \right) ds\, ds' \tag{15}$$

를 얻는데, 여기서 적분은 한 번은 s를 돌면서 그리고 다른 한 번은 s'를 돌면서 수행된다. 이 표현은 두 껍질의 상호 작용이 원인인 퍼텐셜 에너지를 주며, 당연히 그래야 하는 것처럼, s와 s'를 교환하더라도 결과는 같다. 각 껍질의 세기가 1일 때, 부호를 바꾼 이 표현을 두 폐곡선 s와 s'의 퍼텐셜이라고 부른다. 이것은 전류 이론에서 매우 중요한 양이다. 두 요소 ds와 ds'의 방향들 사이의 각을 ϵ이라고 쓰면, s와 s'의 퍼텐셜을

$$\iint \frac{\cos\epsilon}{r} ds\, ds' \tag{16}$$

라고 써도 좋다. 이것은 차원이 선인 양임이 분명하다.

4장

유도 자기화

424. 지금까지는 연구 중인 자료에 구체적으로 제공된 자석에서 자기화 (磁氣化)의 실제 분포를 고려하였다. 자석이 작은 부분들로 쪼개지거나 어떤 부분의 자기화도 변경시키지 않으면서 자석의 작은 부분을 제거한다고 가정한 추론 부분을 제외하고는, 우리는 이 자기화가 영구적인지 또는 일시적인지에 대해 어떤 가정도 하지 않았다.

이제 자기화가 만들어질 수 있거나 변화될 수 있는 방식과 관련하여 물체의 자기화를 고려할 예정이다. 지자기력(地磁氣力) 방향과 평행하게 놓인 철 막대기는 자기(磁氣)를 갖게 되는데, 철 막대기의 극은 지구의 극과 반대로 되며, 평형 상태의 나침반 바늘의 극과는 똑같이 된다.

자기장에 놓인 연철 조각은 자기 성질을 갖는 것을 알 수 있다. 철 조각을, 말굽자석의 극 사이처럼, 자기력이 큰 곳의 장(場)의 일부에 놓는다면, 철의 자기는 매우 세어진다. 그 철을 자기장으로부터 꺼내면, 철의 자기 성질은 크게 약해지거나 완벽히 사라진다. 철의 자기 성질이 그 철을 놓은 위치의 장(場)에 의한 자기력에 전적으로 의존하고, 그 철을 장에서 꺼낼 때 자기 성질이 모두 사라지면, 그 철을 연철이라고 부른다. 자기적 의미에서 연한 철은 일반적인 의미로도 역시 연하다. 연철은 구부러뜨리기가 쉽고 영구적인 변형을 남기기가 쉬우며, 부러뜨리는 것은 어렵다.

자기장에서 꺼내더라도 자기적 성질을 유지하는 철을 강철이라고 부른다. 그런 철은 자기적 상태를 연철처럼 아주 쉽게 받아들이지 않는다. 망치로 치거나 어떤 다른 흔들림도 자기력의 작용 아래 놓인 강철이 자기 상태를 좀 더 쉽게 받아들이게 하고, 자기화시키는 힘이 제거되면 좀 더 쉽게 자기 상태에서 벗어나게 한다. 자기적으로 단단한 철은 또는 구부리기가 더 어려우며 좀 더 잘 쪼개진다.

망치로 치거나, 굴리거나, 철사로 뽑거나, 갑작스럽게 냉각시키는 과정은 철을 강하게 만들며 가열시키는 과정은 철을 연하게 만든다.

단단한 성질과 연한 성질의 강철 사이에 존재하는 역학적 차이는 물론 자기적 차이가 강한 철과 연한 철 사이의 그런 차이보다 훨씬 더 크다.* 연한 강철은 철과 거의 마찬가지로 쉽게 자기화되고 자기가 없어지는 데 반하여, 가장 강한 강철은 우리가 원하는 영구자석과 같은 자석을 만드는 데 가장 좋은 물질이다.

주철**은 비록 강철보다 탄소 함량이 더 많지만, 자기화를 오랫동안 간직하지 못한다.

자기화의 분포가 가까이 가져온 어떤 자기력에 의해서도 바뀌지 않도록 자석이 제작되면, 그런 자석을 단단하게 자기화된 물체라고 불러도 좋다. 이런 조건을 만족한다고 알려진 물체만 전도성 회로가 되는데, 그 주위로 일정한 전류가 흐르게 된다.

---

* 　철(iron)은 흔히 쇠라고 부르는 원자번호가 26이고 원소기호가 Fe이며 라틴어 명칭은 Ferrum 인 원소이고, 강철(steel)은 철에 탄소(carbon)를 몇 퍼센트쯤 혼합하여 만든 합금으로 철에 비해 훨씬 더 단단하고 잘 깨어지지 않는다.
** 　주철(鑄鐵, cast iron)은 탄소의 함량이 3.0 - 3.6퍼센트인 철과 탄소의 합금으로, 주물을 만드는 데 이용된다.

그런 회로는 자기 성질을 나타내며, 그러므로 전자석이라고 불릴 수 있지만, 그런 자기 성질은 장(場)에 존재하는 다른 자기력에 의해서 영향을 받지는 않는다. 이 주제에 대해서는 4부에서 다시 다룰 예정이다.

모든 실제 자석들은, 강화된 철로 만들었든 자철광으로 만들었든, 가까이에서 작용하는 자기력의 영향을 받는 것이 알려졌다.

과학적 목적으로, 영구 자기화와 일시적 자기화를 구분하는 것이 편리하며, 영구 자기화는 자기력과 무관하게 존재하는 자기화이고, 일시적 자기화는 자기력에 의존하는 자기화라고 정의한다. 그렇지만 이렇게 구분하는 것은 자기화가 가능한 물질의 은밀한 성질에 기초한 것이 아님을 인지해야 할 것이다. 그것은 단순히 현상과 관련된 계산을 수행할 목적으로 도입된 가설을 표현한 것일 뿐이다. 자기화에 대한 물리적 이론에 대해서는 6장에서 다시 다룰 예정이다.

425. 현재로는 물질에 속한 임의 입자의 자기화는 오직 그 입자에 작용하는 자기력에만 의존한다고 가정하고 조사할 예정이다. 이 자기력이 부분적으로는 외부 원인에 의해서 발생할 수 있고, 부분적으로는 주위 입자들의 일시적 자기화에 의해서 발생할 수도 있다.

그래서 자기력이 작용한 결과로 자기화된 물체를 유도 때문에 자기화되었다고 말하며, 그런 자기화는 자기화시키는 힘으로 유도된다고 말한다.

주어진 자기화시키는 힘으로 유도된 자기화는 대상 물질이 다르면 자기화된 정도도 다르다. 그런 자기화는 가장 순수하고 가장 연한 철에서 최대인데, 그 경우 자기화와 자기력 사이의 비의 값은 32까지 올라갈 수도 있고, 또는 심지어 45까지 올라갈 수도 있다.[7]

금속인 니켈이나 코발트 같은 다른 물질은 더 낮은 등급의 자기화를 할 수 있으며, 충분히 강한 자기력을 받으면 모든 물질이 극성(極性)을 갖는 것이 발견된다.

철, 니켈, 코발트 등과 같이 자기화가 자기력과 같은 방향이면, 그런 물질을 상자성체, 강자성체, 또는 좀 더 간단히 자성체라고 부른다. 비스무트 등에서와 같이 유도된 자기화가 자기력과는 반대 방향일 때, 그런 물질을 반자성체라고 부른다.

이 모든 물질에서, 자기화와 그 자기화를 발생시키는 자기력 사이의 비는 아주 적은데, 가장 높은 반자성 물질이라고 알려진 비스무트 경우에도 그 비는 단지 약 $-\dfrac{1}{400,000}$ 이다.

결정을 이루거나, 압력을 받고 있거나, 여러 물질이 모여 이루어진 물질에서는 자기화의 방향이 그 자기화를 발생시키는 자기력의 방향과 항상 일치하지는 않는다. 물체에 고정된 축을 기준으로 본 자기화의 세 성분 사이의 관계를 일련의 세 선형 방정식들로 표현할 수 있다. 이 식들에 포함된 아홉 개의 계수 중에서 단 여섯 개만 독립임을 보일 수 있다. 이런 종류의 물체들이 보이는 현상은 자기 결정체 현상이라는 이름 아래 속한다.

자기력 장(場) 아래 놓이면, 결정체는 가장 큰 강자성 유도 또는 가장 작은 반자성 유도가 자기력선에 평행하도록 스스로 정렬하는 경향이 있다. 435절을 보라.

연철에서, 자기화의 방향은 자기화가 놓인 점에서 자기력의 방향과 일치하며, 자기력 값이 작을 때는 자기화가 자기력에 거의 비례한다. 그렇지만 자기력이 증가하면서, 자기화는 좀 더 천천히 증가하며, 6장에서 설명한 실험에서 알 수 있는 것처럼, 자기력의 값이 무엇이든 간에 자기화의 한곗값이 존재해서 자기화가 그보다 더 커지지는 않는다.

유도 자기 이론에 대한 다음 개요에서, 자기화가 자기력에 비례하고 자기화의 방향이 자기력의 방향과 같다고 가정하고 시작할 예정이다.

유도 자기화 계수의 정의

426. 398절에서 정의한 물체의 임의의 점에서 자기력을 $\mathfrak{H}$라고 하고, $\mathfrak{J}$를 그 점에서 자기화라고 하면, $\mathfrak{J}$와 $\mathfrak{H}$ 사이의 비를 유도 자기화 계수라고 한다.

이 계수를 κ라고 표시하면, 유도 자기에 대한 기본 식은

$$\mathfrak{J} = \kappa \mathfrak{H} \tag{1}$$

이다.

계수 κ가 철과 상자성 물질에 대해서는 0보다 더 크고 비스무드와 반자성 물질에 대해서는 0보다 더 작다. κ의 값은 철에서 32까지 도달하며, 니켈과 코발트의 경우에는 그 값이 크다고 말하지만, 다른 모든 경우에는 κ는 매우 작은 양이어서 0.00001보다 더 크지 않다.

힘 $\mathfrak{H}$는 부분적으로는 유도로 자기화된 물체의 외부에 놓인 자석의 작용으로 발생하며, 부분적으로는 물체 자체의 유도 자기화로부터 발생한다. 두 부분 모두 퍼텐셜을 갖는다는 조건을 만족한다.

427. 물체 외부의 자기가 원인인 퍼텐셜을 V라고 하고, 유도 자기화가 원인인 퍼텐셜을 Ω라고 하면, 두 원인 모두에 의한 실제 퍼텐셜이 U일 때

$$U = V + \Omega \tag{2}$$

이다.

자기력 $\mathfrak{H}$를 x, y, z 방향으로 분해한 성분을 α, β, γ라고 하고, 자기화 $\mathfrak{J}$의 성분을 A, B, C라고 하면, (1) 식에 의해

$$\left. \begin{array}{l} A = \kappa\alpha \\ B = \kappa\beta \\ C = \kappa\gamma \end{array} \right\} \tag{3}$$

가 된다.

이 식들을 각각 dx, dy, dz로 곱한 다음 모두 더하면

$$Adx + Bdy + Cdz = \kappa(\alpha\,dx + \beta\,dy + \gamma\,dz)$$

가 됨을 알 수 있다.

그러나 α, β, γ는 퍼텐셜 U에서 유도되므로, 두 번째 변을 $-\kappa\,dU$라고 쓸 수 있다.

그래서, κ가 물질 전체에 걸쳐서 변하지 않는 상수라면, 첫 번째 변 또한 ϕ라고 부르는 x, y, z의 함수의 전미분이 되고, 그 식은

$$d\phi = -\kappa\,dU \tag{4}$$

가 되는데, 여기서

$$A = \frac{d\phi}{dx}, \qquad B = \frac{d\phi}{dy}, \qquad C = \frac{d\phi}{dz} \tag{5}$$

이다. 그러므로 이 자기화는 412절에서 정의된 것처럼 라멜라 형이다.

자유 자기(磁氣)의 부피 밀도가 ρ이면 386절에서 보인 대로

$$\rho = -\left(\frac{dA}{dx} + \frac{dB}{dy} + \frac{dC}{dz}\right)$$

이고, 이것은 식 (3)에 의해

$$\rho = -k\left(\frac{d\alpha}{dx} + \frac{d\beta}{dy} + \frac{d\gamma}{dz}\right)$$

가 된다.

그러나 77절에 의해

$$\frac{d\alpha}{dx} + \frac{d\beta}{dy} + \frac{d\gamma}{dz} = 4\pi\rho$$

이다.

그래서

$$(1 + 4\pi\kappa)\rho = 0$$

이고, 그러므로 물질 전체에 걸쳐서

$$\rho = 0 \tag{6}$$

이며, 그러므로 이 자기화는 솔레노이드형임과 동시에 라멜라 형이다. 407절을 보라.

그러므로 물체의 경계가 되는 표면을 제외하고는 자유 자기(磁氣)는 존재하지 않는다. 물체의 경계가 되는 표면에서 안으로 들어가는 법선을 ν라고 하면, 자기 면 밀도는

$$\sigma = -\frac{d\phi}{d\nu} \tag{7}$$

이다.

그러므로 임의의 점에서 이 자기화가 원인인 퍼텐셜 Ω는 다음 면적분에 의해

$$\Omega = \iint \frac{\sigma}{r} dS \tag{8}$$

와 같이 구할 수 있다.

퍼텐셜 Ω 값은 어디서나 유한하고 연속이며, 그 표면 내부와 외부의 모든 점에서 라플라스 방정식을 만족한다. 그 표면 바깥에서 Ω의 값을 악센트($'$)로 구분하면, ν'가 바깥쪽으로 그린 법선이라고 할 때, 표면에서는

$$\Omega' = \Omega \tag{9}$$

가 성립하고, 78절에 의해

$$\frac{d\Omega}{d\nu} + \frac{d\Omega'}{d\nu'} = -4\pi\sigma$$

이며, 식 (7)에 의해

$$= 4\pi \frac{d\phi}{d\nu}$$

이고, 식 (4)에 의해

$$= -4\pi\kappa \frac{dU}{d\nu}$$

이고, 식 (2)에 의해

$$= -4\pi\kappa \left(\frac{dV}{d\nu} + \frac{d\Omega}{d\nu} \right)$$

가 된다.

그러므로 표면 조건을

$$(1 + 4\pi\kappa)\frac{d\Omega}{d\nu} + \frac{d\Omega'}{d\nu'} + 4\pi\kappa \frac{dV}{d\nu} = 0 \tag{10}$$

이라고 쓸 수 있다.

그래서 표면 S가 경계이고, 균질이고 등방성인 물체가 퍼텐셜이 V인 외부 자기력의 작용을 받을 때 이 물체에 유도된 자기를 정하는 것은 다음과 같은 수학 문제로 귀결될 수 있다.

목표는 다음 조건을 만족하는 두 함수 Ω와 Ω'를 구하는 것이다.

표면 S 내부에서, Ω는 유한하고 연속이어야 하고 라플라스 방정식을 만족해야 한다.

표면 S 외부에서, Ω'는 유한하고 연속이어야 하고, 무한히 먼 곳에서 0이 되어야 하며, 라플라스 방정식을 만족해야 한다.

표면 자체의 모든 점에서 $\Omega = \Omega'$이며, Ω, Ω' 그리고 V의 법선에 대한 도함수가 식 (10)을 만족해야 한다.

유도 자기에 대한 문제를 이렇게 취급하는 방법은 푸아송이 만들었다. 푸아송이 그의 회고록에 쓴 k라는 양은 κ와 같지 않고 둘 사이에는

$$4\pi\kappa(k-1) + 3k = 0 \tag{11}$$

와 같이 관계된다. 여기서 사용된 계수 κ는 J. 노이만이 도입하였다.

428. 유도된 자기에 대한 문제는 패러데이와 함께 자기 유도라고 부른 양을 도입하여 다른 방법으로도 취급될 수 있다.

자기 유도 $\mathfrak{B}$와 자기력 $\mathfrak{H}$ 그리고 자기화 $\mathfrak{J}$는 다음 식

$$\mathfrak{B} = \mathfrak{H} + 4\pi\mathfrak{J} \tag{12}$$

에 의해 표현된다.

자기력을 이용해 유도된 자기화를 표현하는 식은

$$\mathfrak{J} = \kappa\mathfrak{H} \tag{13}$$

이다.

그래서 $\mathfrak{J}$를 소거하면 자기 유도와 자기력에 의해 자기화가 유도된 물질에서 자기력 사이의 관계로

$$\mathfrak{B} = (1 + 4\pi\kappa)\mathfrak{H} \tag{14}$$

를 얻는다.

일반적으로 대부분 κ는 물질에 포함된 점의 위치에 의존하는 함수일 뿐 아니라 벡터 $\mathfrak{H}$에도 의존하는 함수이지만, 지금 고려하고 있는 이 경우에 κ는 숫자로 된 양이다.

다음으로

$$\mu = 1 + 4\pi\kappa \tag{15}$$

라고 놓으면, μ를 자기 유도와 자기력 사이의 비로 정의할 수 있고, 이 비를 물질의 자기 유도 용량이라고 부를 수도 있어서, 이것을 유도 자기화 계수인 K와 구별한다.

외부 원인에서 생긴 퍼텐셜 V와 유도된 자기화에서 생긴 퍼텐셜 Ω를 합해서 자기 퍼텐셜의 총량 U라고 쓰면, 자기 유도의 성분들 a, b, c와 자기력의 성분들 α, β, γ를

$$\left.\begin{aligned} a = \mu\alpha = -\mu\frac{dU}{dx} \\ b = \mu\beta = -\mu\frac{dU}{dy} \\ c = \mu\gamma = -\mu\frac{dU}{dz} \end{aligned}\right\} \tag{16}$$

라고 표현할 수 있다.

세 성분 a, b, c는 솔레노이드 조건

$$\frac{da}{dx} + \frac{db}{dy} + \frac{dc}{dz} = 0 \tag{17}$$

을 만족한다.

그래서 퍼텐셜 U는 μ가 상수인 모든 점에서, 다시 말하면, 균질인 물질 내부 어디서나, 또는 빈 공간 어디서나, 라플라스 방정식

$$\frac{d^2U}{dx^2} + \frac{d^2U}{dy^2} + \frac{d^2U}{dz^2} = 0 \tag{18}$$

을 만족해야 한다.

표면 자체에서는, ν가 자기 물질을 향해서 안쪽으로 그린 법선이고, 그리고 ν'는 바깥쪽으로 그린 법선이라면, 그리고 물질 바깥쪽을 대표하는 양을 표시하는 기호는 악센트로 구분된다면, 자기 유도가 연속일 조건은

$$a\frac{d\nu}{dx}+b\frac{d\nu}{dy}+c\frac{d\nu}{dz}+a'\frac{d\nu'}{dx}+b'\frac{d\nu'}{dy}+c'\frac{d\nu'}{dz}=0 \tag{19}$$

또는 식 (16)에 의해

$$\mu\frac{dU}{d\nu}+\mu'\frac{dU'}{d\nu'}=0 \tag{20}$$

이다.

자석 바깥에서 유도 계수인 μ'는 주위의 매질이 자성체 또는 반자성체가 아니면 1이 된다.

만일 U 대신 V와 Ω로 그 값을 대입하면, 그리고 μ 대신 κ로 그 값을 대입하면, 푸아송 방법에 의해 도달했던 같은 식 (10)을 얻는다.

유도 자기의 문제는, 자기 유도와 자기력 사이의 관계에 관하여 고려할 때, 309절에서 다룬 이질적인 매질을 통한 전류의 전도 문제와 정확하게 대응한다.

자기력은 마치 전기력이 전기 퍼텐셜로 유도되는 것과 정확히 같은 방법으로 자기 퍼텐셜로부터 유도된다.

자기 유도는 선속(線束)의 성질을 같은 양이며 전류가 만족하는 것과 똑같은 연속 조건을 만족한다.

등방성 매질에서 자기 유도가 자기력에 의존하는 방식이 전류가 기전력에 의존하는 방식과 정확히 대응한다.

한 문제에서 비(非)자기 유도 용량은 다른 문제에서 비(非)전도도에 대응한다. 그래서 톰슨은 자신의 저서 *Theory of Induced Magnetism*(Reprint, 1872, p.484)에서 이 양을 매질의 **투자율**이라고 불렀다.

이제 우리도 패러데이 관점에서 생각한 방법으로 자기 유도 이론을 고려

할 준비가 되었다.

자기력이 자성체이거나 반자성체이거나 또는 중립이거나 어떤 매질에 든지 작용할 때, 그 물질 내에 자기 유도라고 불리는 현상을 발생시킨다.

자기 유도는 선속의 성질을 갖는 방향을 갖는 양이며, 전류와 그리고 다른 종류의 선속과 마찬가지로 같은 연속 조건을 만족한다.

등방성 매질에서 자기력과 자기 유도는 같은 방향을 향하며, 자기 유도는 자기력을 유도 계수라고 부르는 양에 곱한 것으로, 그것을 μ라고 표현했다.

빈 공간에서 유도 계수는 1이다. 유도된 자기화가 가능한 물체에서, 유도 계수는 $1 + 4\pi\kappa = \mu$로, 여기서 κ는 이미 앞에서 유도된 자기화 계수라고 정의된 양이다.

429. 두 매질을 나누는 표면의 반대쪽에서 μ의 값을 μ, μ'라고 하면, 두 매질에서 퍼텐셜이 V, V'일 때, 두 매질에서 표면을 향하여 작용하는 자기력은 $\dfrac{dV}{d\nu}$와 $\dfrac{dV'}{d\nu'}$이다.

표면의 넓이 요소 dS를 통과하는 자기 유도의 양은 dS를 향하여 계산할 때 두 매질에서 각각 $\mu\dfrac{dV}{d\nu}dS$와 $\mu'\dfrac{dV'}{d\nu'}dS$이다.

넓이 요소 dS를 향하는 총(總)선속은 0이므로

$$\mu\frac{dV}{d\nu} + \mu'\frac{dV'}{d\nu'} = 0$$

이 성립한다.

그러나 면 밀도가 σ인 표면 근처에서 퍼텐셜 이론에 의해

$$\frac{dV}{d\nu} + \frac{dV'}{d\nu'} + 4\pi\sigma = 0$$

이다.

그래서

$$\frac{dV}{d\nu}\left(1 - \frac{\mu}{\mu'}\right) + 4\pi\sigma = 0$$

이다.

계수가 μ인 첫 번째 매질에서 표면 자기화와 수직력 사이의 비가 κ_1이면,

$$4\pi\kappa_1 = \frac{\mu - \mu'}{\mu'}$$

가 성립한다.

그래서 μ가 μ'보다 더 큰지 또는 더 작은지에 따라 k_1이 0보다 더 클 수도 있고 더 작을 수도 있다. 이제 $\mu = 4\pi\kappa + 1$ 그리고 $\mu' = 4\pi\kappa' + 1$이라고 놓으면

$$\kappa_1 = \frac{k - k'}{4\pi\kappa' + 1}$$

가 된다.

이 표현에서 κ와 κ'는 공기 중에서 수행된 실험으로 구한 첫 번째 매질과 두 번째 매질의 유도 자기화 계수이며, κ_1은 두 번째 매질로 둘러싸인 첫 번째 매질의 유도 자기화 계수이다.

만일 κ'가 κ보다 더 크면, κ_1은 음수인데, 즉 첫 번째 매질의 겉보기 자기화가 자기화시키는 힘과 반대 방향이다.

그래서 철의 상자성 염의 약한 수용액을 포함한 용기가 같은 염의 더 강한 수용액에 떠 있는데 자석의 영향 아래 놓이면, 용기는 마치 자석 자체가 같은 장소에 떠 있으면 자기화시켰을 방향과 반대 방향으로 자기화된 것처럼 움직인다.

이것은 용기에 담긴 용액이 실제로는 자기력과 같은 방향으로 자기화되지만, 용기를 둘러싼 용액이 같은 방향으로 더 강하게 자기화된다는 가설을 세우면 설명된다. 그래서 용기는 모두 같은 방향으로 자기화된 두 개의 강한 자석 사이에 놓인 약한 자석과 같아서, 서로 반대인 극들이 접촉되어 있다. 약한 자석의 북극이 더 강한 두 자석의 북극과 같은 방향을 향하지만, 약한 자석의 북극이 강한 자석이 남극과 접촉하고 있어서, 약한 자석의 북극 부근에는 여분의 남극 자기가 존재하며, 그것이 작은 자석이 거꾸로 자기화된 것처럼 보이게 만든다.

그렇지만, 일부 물질에서는 진공이라고 부른 곳에 떠 있을 때도 겉보기 자기화가 음(陰)이다.

진공에 대해 $\kappa = 0$이라고 가정하면, 이런 물질들에 대해서는 κ가 0보다 더 작다. 그렇지만 어떤 물질도 절댓값이 $\frac{1}{4\pi}$ 보다 더 큰 0보다 작은 값을 갖는 경우는 발견되지 않았으며, 그러므로 모든 알려진 물질에 대해 μ는 0보다 더 크다.

물질 중에서 κ가 음수여서 결과적으로 μ가 1보다 더 작은 것을 반자성(反磁性) 물질이라고 부른다. 물질 중에서 κ가 양수여서 μ가 1보다 더 큰 것을 상자성(相磁性), 강자성(强磁性) 또는 간단히 자성 물질이라고 부른다.

앞으로 전자기 현상을 다루게 되는 831-845절에서 반자성과 상자성 성질에 대한 이론을 논의할 것이다.

430. 푸아송이 최초로 자기 유도에 관한 수학적 이론을 수립하였다.[8] 푸아송이 그의 이론을 세우는 데 이용한 물리적 가설은 두 유체 이론이었는데, 그 가설은 두 전기 유체 이론과 똑같은 수학적 이점과 물리적 어려움을 가지고 있었다. 그렇지만 한 조각의 연철이 유도에 의해 자기화될 수 있지만 그 연철 조각이 두 종류의 자기를 다른 양만큼 가질 수는 없다는 사실을 설명하기 위해서, 푸아송은 일반적인 물질은 이런 유체들을 전달하지는 않지만, 물질 중 단지 작은 일부만 작용 받은 힘을 만족하기 위해 자유롭게 움직일 수 있는 상황에서만 유체를 포함한다고 가정한다. 이렇게 작은 물질의 자기적 요소가 두 유체를 정확히 같은 양만큼 포함하며, 각 요소 내부에서만 그 유체들은 완벽하게 자유롭게 움직이지만, 유체들은 결코 하나의 자기적 요소에서 다른 자기적 요소로 건너갈 수 없다.

그러므로 이 문제는 유전체로 된 절연 매질을 통해 전기가 퍼지는 많은 작은 도체들과 관련된 문제와 같은 종류이다. 여기서 도체들은 작고 서로 접촉하지 않기만 하면 어떤 형태이건 좋다.

작은 도체들이 모두 다 같은 일반적인 방향을 향하거나, 또는 어떤 다른 방향보다 한 방향이 더 붐비도록 채워져 있다면, 푸아송 자신이 보인 것처럼, 매질은 등방성이지 않게 된다. 그래서 푸아송은, 불필요한 복잡함을 피하고자, 각각의 자기적 요소가 구형이고, 각 요소는 축과는 관계없이 퍼져나가는 경우만 조사한다. 그는 단위 부피의 물질에 포함된 모든 자기적 요소들의 전체 부피가 k라고 가정한다.

우리는 이미 314절에서 다른 매질로 된 작은 구들이 분포된 매질의 전기 전도도에 대해 논의했다.

매질의 전도도가 μ_1이고, 구의 전도도가 μ_2이면, 복합 시스템의 전도도는

$$\mu = m_1 \frac{2\mu_1 + \mu_2 + 2k(\mu_2 - \mu_1)}{2\mu_1 + m_2 - k(\mu_2 - \mu_1)}$$

임을 구했다.

이 식에서 $\mu_1 = 1$ 그리고 $\mu_2 = \infty$을 대입하면

$$\mu = \frac{1 + 2k}{1 - k}$$

가 된다.

이 양 μ는 전도도가 1인 매질을 통하여 퍼져 나간 완전 도체 구들로 구성된 매질의 전기 전도도인데, 부피 단위로 이 구들의 총부피는 k이다.

기호 μ는 또한 투자율이 1인 매질을 통하여 퍼져나간 투자율이 무한대인 구들로 구성된 매질의 자기 유도 계수도 대표한다.

푸아송의 자기 계수라고 부르는 기호 k는 자기적 요소들의 부피와 매질의 총부피 사이의 비를 대표한다.

기호 κ는 유도에 의한 자기화의 노이만 계수로 알려져 있다. 이 기호가 푸아송의 기호보다 더 편리하다.

앞으로 기호 μ를 자기 유도 계수라고 부르자. 이 기호의 이점(利點)은 자기 관련 문제를 전기와 열 관련 문제로 변환하는 것을 가능하게 한다는 점이다.

이 세 가지 기호 사이의 관계는 다음과 같다.

$$k = \frac{4\pi\kappa}{4\pi\kappa + 3}, \qquad k = \frac{\mu - 1}{\mu + 2}$$

$$\kappa = \frac{\mu - 2}{4\pi}, \qquad \kappa = \frac{3k}{4\pi(1 - k)}$$

$$\mu = \frac{1 + 2k}{1 - k}, \qquad \mu = 4\pi\kappa + 1$$

연철에 대한 탈렌*의 실험에서 구한 값인 $\kappa = 32$를 대입하면 $k = \frac{134}{135}$가 된다. 이 값은, 푸아송의 이론에 따르면, 자기적 분자의 부피와 철 전체의 부피 사이의 비이다. 같은 구로 공간을 빽빽하게 채워서 공들의 부피와 전체 공간의 부피 사이의 비가 거의 1과 같게 만드는 것은 불가능하며, 그래서 철의 부피 중 그렇게 큰 비율이 그 형태가 어떻게 되었든 고체인 분자들로 채워진다는 것이 지극히 있을 것 같지 않다. 이것이 푸아송 가설을 포기해야 하는 한 가지 이유이다. 다른 이유는 6장에 설명되어 있다. 물론 푸아송의 수학적 연구는 그의 가설에 근거하는 것이 아니고 유도 자기화에 대한 실험 사실에 근거하므로, 그 연구의 값어치는 손상되지 않고 그대로 남아 있다.

---

* 탈렌(Robert Thalén, 1827-1905)은 스웨덴의 물리학자로서, 지자기(地磁氣)와 스펙트럼 분석에 크게 이바지했다.

5장

자기 유도에서 특별한 문제들

속이 빈 구 껍질

431. 자기 유도 분야에서 완전한 풀이를 구한 첫 번째 예가 되는 문제는 속이 빈 구 껍질이 임의의 자기력을 받는 경우로, 푸아송이 풀이를 제공하였다.

문제를 간단히 하기 위해 자기력의 원인은 구 껍질 바깥 공간에 있다고 가정한다.

외부 자기 시스템이 원인인 퍼텐셜을 V라고 하면, V를 다음 형태의 고체 조화함수급수로

$$V = C_0 S_0 + C_1 S_1 r + \text{등등} + C_i S_i r^i \tag{1}$$

과 같이 전개할 수 있으며, 여기서 r는 구 껍질의 중심으로부터 거리이고, S_i는 차수가 i인 구면 조화함수이고, C_i는 계수이다.

이 급수는 r가 이 퍼텐셜을 발생시키는 시스템에 포함된 가장 가까운 자석까지 거리보다 가깝다면 수렴한다. 그래서, 속이 빈 구 껍질과 그 내부 공

간의 경우에, 이 급수는 수렴한다.

구 껍질의 바깥쪽 반지름을 a_2, 안쪽 반지름을 a_1이라고 하고, 구 껍질의 유도된 자기화에 의한 퍼텐셜을 Ω라고 하자. 함수 Ω의 형태는 구 껍질 안쪽 빈 공간에서, 껍질을 구성하는 물질 내부에서, 그리고 껍질 바깥 공간에서 일반적으로 다르게 된다. 그런 다른 함수들을 조화함수 급수로 전개하면, 그리고 구면 조화함수 S_i를 갖는 항들만 취하면, 구 껍질 내부 공간에 대응하는 함수를 Ω_1이라고 할 때, 반지름이 a_1인 구 껍질 내부에서 퍼텐셜이 무한대가 되어서는 안 되기 때문에, Ω_1에 대한 전개는 $A_1 S_i r^i$ 형태의 양(陽)의 조화함수*여야 한다.

구 껍질을 만드는 물질 내부에서는 r가 a_1과 a_2 사이의 값을 갖는데, 급수는

$$A_2 S_i r^i + B_2 S_i r^{-(i+1)}$$

의 형태로, r의 양의 멱수와 음의 멱수 모두 가능하다.

구 껍질 외부에서는 r는 a_2보다 더 크고, r가 얼마나 크든 급수가 수렴해야 하므로, 함수에는 단지 r에 대한 음수 멱수만으로

$$B_3 S_i r^{-(i+1)}$$

인 형태만 가질 수 있다.

함수 Ω가 만족해야 하는 조건들로는, Ω가 (1) 유한하고, (2) 연속이며, (3) 무한히 먼 거리에서는 0이 되어야 하고, (4) 모든 곳에서 라플라스 방정식을 만족해야 한다.

조건 (1) 때문에 $B_1 = 0$이다.

조건 (2) 때문에 $r = a_1$에서

$$(A_1 - A_2)a_1^{2i+1} - B_2 = 0 \tag{2}$$

---

* 양(陽)의 조화함수란 $i > 0$인 조화함수를 말한다.

이며, $r = a_2$에서

$$(A_2 - A_3)a_2^{2i+1} + B_2 - B_3 = 0 \tag{3}$$

이다.

조건 (3) 때문에 $A_3 = 0$이고, 이 함수들은 조화함수들이기 때문에 조건 (4)는 모든 곳에서 만족한다.

그러나 이것들 외에도, 427절의 식 (10)에 의해 안쪽 표면과 바깥쪽 표면에서 만족해야 하는 다른 조건들이 존재한다.

안쪽 표면에서는 $r = a_1$이고

$$(1 + 4\pi\kappa)\frac{d\Omega_2}{dr} - \frac{d\Omega_1}{dr} + 4\pi\kappa\frac{dV}{dr} = 0 \tag{4}$$

이 되며, $r = a_2$인 바깥쪽 표면에서는

$$-(1 + 4\pi\kappa)\frac{d\Omega_2}{dr} + \frac{d\Omega_3}{dr} - 4\pi\kappa\frac{dV}{dr} = 0 \tag{5}$$

이다.

이 조건들로부터 다음 식

$$(1 + 4\pi\kappa)(iA_2a_1^{2i+1} - (i+1)B_2) - iA_1a_1^{2i+1} + 4\pi\kappa i C_i a_1^{2i+1} = 0 \tag{6}$$

$$(1 + 4\pi\kappa)(iA_2a_2^{2i+1} - (i+1)B_2) + (i+1)B_3 + 4\pi\kappa i C_i a_2^{2i+1} = 0 \tag{7}$$

을 얻고,

$$N_i = \frac{1}{(1 + 4\pi\kappa)(2i+1)^2 + (4\pi\kappa)^2 i(i+1)\left(1 - \left(\dfrac{a_1}{a_2}\right)^{2i+1}\right)} \tag{8}$$

이라고 놓으면

$$A_1 = -(4\pi\kappa)^2 i(i+1)\left(1 - \left(\frac{a_1}{a_2}\right)^{2i+1}\right)N_i C_i \tag{9}$$

$$A_2 = -4\pi\kappa i\left[2i+1 + 4\pi\kappa(i+1)\left(1 - \left(\frac{a_1}{a_2}\right)^{2i+1}\right)\right]N_i C_i \tag{10}$$

$$B_2 = 4\pi\kappa i(2i+1)a_1^{2i+1}N_i C_i \tag{11}$$

$$B_3 = 4\pi\kappa i(2i+1 + 4\pi\kappa(i+1))(a_2^{2i+1} - a_1^{2i+1})N_i C_i \tag{12}$$

를 얻는다.

이 양들을 조화함수 급수에 대입하면 구 껍질의 자기화가 원인인 퍼텐셜 일부가 된다. 한편 $1+4\pi\kappa$는 결코 음수가 될 수 없으므로 N_i라는 양은 항상 양수이다. 그래서 A_1은 항상 0보다 더 작은데, 다른 말로는, 자기화된 구 껍질이 구 껍질 내부의 한 점에 미치는 작용이, 구 껍질이 상자성이건 또는 반자성이건 관계없이, 항상 외부 자기력의 작용과 반대라는 것이다. 그 결과로 껍질 내부에서 얻는 퍼텐셜의 실제 값은

$$(C_i+A_1)S_i r^i \qquad \text{또는} \qquad (1+4\pi\kappa)(2i+1)^2 N_i C_i r \tag{13}$$

이다.

432. 연철의 경우가 그런 것처럼 κ가 큰 수일 때, 껍질이 매우 얇지 않다면, 그 내부에서 자기력은 외부 힘의 단지 작은 일부일 뿐이다.

이런 방법으로 W. 톰슨 경이 그가 배에서 사용한 검류계를 연철 관으로 에워싸서 외부 자기력의 영향을 받지 않도록 만들었다.

433. 실제로 사용하는 데 가장 중요한 경우가 $i=1$일 때이다. 이 경우에

$$N_1 = \frac{1}{9(1+4\pi\kappa)+2(4\pi\kappa)^2\left(1-\left(\dfrac{a_1}{a_2}\right)^3\right)} \tag{14}$$

$$\left.\begin{aligned} A_1 &= -2(4\pi\kappa)^2\left(1-\left(\frac{a_1}{a_2}\right)^3\right)N_1 C_1 \\ A_2 &= -4\pi\kappa\left[3+8\pi\kappa\left(1-\left(\frac{a_1}{a_2}\right)^3\right)\right]N_1 C_1 \\ B_2 &= 12\pi\kappa\, a_1^3 N_1 C_1 \\ B_3 &= 4\pi\kappa(3+8\pi\kappa)(a_2^3-a_1^3)N_1 C_1 \end{aligned}\right\} \tag{15}$$

이 된다.

속이 빈 구 껍질 내부에서 자기력은 이 경우에 균일하며

$$C_1+A_1 = \frac{9(1+4\pi\kappa)}{9(1+4\pi\kappa)+2(4\pi\kappa)^2\left(1-\left(\dfrac{a_1}{a_2}\right)^3\right)}C_1 \tag{16}$$

과 같다.

속이 빈 구 껍질 내부에서 자기력을 측정하고, 그것을 외부 자기력과 비교하여 κ를 계산하려고 하면, 껍질 두께의 가장 좋은 값은 다음 식

$$1 - \frac{a_1^3}{a_2^3} = \frac{9}{2} \frac{1+4\pi\kappa}{(4\pi\kappa)^2} \tag{17}$$

에서 구할 수 있다. 그러면 껍질 내부에서 자기력은 껍질 바깥에서 그 값의 절반이다.

철의 경우에, κ는 20과 30 사이의 수이므로, 껍질 두께는 구 껍질의 반지름의 약 100분의 1 정도여야 한다. 이 방법은 κ 값이 클 때만 적용할 수 있다. 그 값이 매우 작을 때는 A_1 값이 κ의 제곱에 의존하기 때문에 A_1은 감지할 수 없을 정도가 된다.

빈 구형 구멍이 아주 작고 거의 고체인 구에 대해서는

$$\left. \begin{array}{l} A_1 = -\dfrac{2(4\pi\kappa)^2}{(3+4\pi\kappa)(3+8\pi\kappa)} C_1 \\[2mm] A_2 = -\dfrac{4\pi\kappa}{3+4\pi\kappa} C_1 \\[2mm] B_3 = \dfrac{4\pi\kappa}{3+4\pi\kappa} C_1 a_2^3 \end{array} \right\} \tag{18}$$

이 된다.

이 연구의 모든 부분이 312절에 나온 구 껍질을 통한 전도(傳導)에 관한 연구에서 직접 구할 수 있는데, 전도 문제에서 A_1과 A_2가 자기 유도 문제에서 $C_1 + A_1$과 $C_1 + A_2$에 대응하는 것을 기억하고, 거기서 나오는 표현에 $k_1 = (1+4\pi\kappa)k_2$를 대입하면 된다.

434. 2차원에서 대응하는 풀이가 이 책의 끝에 실린 그림 XV에 그래프로 나와 있다. 그림의 중앙에서 먼 곳은 거의 수평인 유도선들은 가로로 자기화되어 있고 안정된 평형 위치에 놓인 원통형 막대로 방해받는 것으로 대표된다. 이 시스템을 수직으로 자르는 선들은 등전위 면을 대표하며, 그중

에서 하나가 원통이다. 점선으로 된 큰 원은 상자성 물질로 된 원통의 단면을 대표하며, 큰 원 안에 그린 점선으로 된 수평 방향 직선들은 외부 유도선들과 연결되어 있는데, 물질 내의 유도선들을 대표한다. 점선으로 된 수직선들은 내부 등전위 면을 대표하며, 외부 시스템과 연속된다. 유도선들은 물질 내부에서는 더 가까이 모여서 그려져 있고, 등전위 면들은 상자성 원통에 의해서 더 멀리 분리된 것을 관찰할 수 있는데, 패러데이의 말을 빌리면, 주위 매질보다 유도선들을 더 잘 전도한다.

수직선들의 시스템을 유도선이라고 간주하고, 수평선들의 시스템을 등전위 면이라고 간주하면, 첫 번째로는 가로로 자기화된 원통의 경우가 되는데, 이 원통이 자신이 흩어지게 만든 힘 선들 중에서 불안정한 평형의 위치로 놓여 있다. 두 번째로는, 점선으로 된 큰 원을 반자성 원통의 단면이라고 간주하면, 그 내부의 점선으로 된 직선들은 그 외부의 선들과 함께 반자성 물질의 효과를 대표하여, 유도선들은 분리하고 등전위 면들은 더 가까이 끌어들여서, 그런 물질은 주위 매질에 비해 자기 유도의 더 나쁜 전도체가 된다.

다른 방향에서는 자기화 계수가 다른 구의 사례

435. 임의의 점에서 자기력의 세 성분이 α, β, γ이고, 자기화의 세 성분이 A, B, C라고 하면, 이 양들 사이의 가장 일반적인 선형 관계는 다음 식

$$\left.\begin{array}{l} A = r_1\alpha + p_3\beta + q_2\gamma \\ B = q_3\alpha + r_2\beta + p_1\gamma \\ C = p_2\alpha + q_1\beta + r_3\gamma \end{array}\right\} \tag{1}$$

로 주어지며, 여기서 계수들 r, p, q는 자기화의 아홉 계수이다.

이제 이 식들이 반지름이 a인 구 내부의 자기화의 조건들이고, 물질의 모든 점에서 자기화는 균일하고 같은 방향이며, 자기화의 세 성분은 A, B, C

라고 가정하자.

또한 외부의 자기력 또한 균일하며 한 방향으로 평행하고 세 성분이 X, Y, Z라고 가정하자.

그러므로 V의 값은

$$V = -(Xx + Yy + Zz) \qquad (2)$$

이며, 구 외부의 자기화의 퍼텐셜 Ω'의 값은

$$\Omega' = (Ax + By + Cz)\frac{4\pi a^3}{3r^3} \qquad (3)$$

이다.

구 내부에서 자기화의 퍼텐셜 Ω의 값은

$$\Omega = \frac{4\pi}{3}(Ax + By + Cz) \qquad (4)$$

이다.

구 내부에서 실제 퍼텐셜은 $V + \Omega$이며, 그래서 구 내부에서 자기력의 성분들은

$$\left.\begin{aligned}
\alpha &= X - \frac{4}{3}\pi A \\
\beta &= Y - \frac{4}{3}\pi B \\
\gamma &= Z - \frac{4}{3}\pi C
\end{aligned}\right\} \qquad (5)$$

이다.

그러므로

$$\left.\begin{aligned}
\left(1 + \frac{4}{3}\pi r_1\right)A + \frac{4}{3}\pi p_3 B + \frac{4}{3}\pi q_2 C &= r_1 X + p_3 Y + q_2 Z \\
\frac{4}{3}\pi q_3 A + \left(1 + \frac{4}{3}\pi r_2\right)B + \frac{4}{3}\pi p_1 C &= q_3 X + r_2 Y + p_1 Z \\
\frac{4}{3}\pi p_2 A + \frac{4}{3}\pi q_1 B + \left(1 + \frac{4}{3}\pi r_3\right)C &= p_2 X + q_1 Y + r_3 Z
\end{aligned}\right\} \qquad (6)$$

이다.

이 식들을 풀면

$$A = r_1{}' X + p_3{}' Y + q_2{}' Z$$
$$B = q_3{}' X + r_2{}' Y + p_1{}' Z \tag{7}$$
$$C = p_2{}' X + q_1{}' Y + r_3{}' Z$$

를 얻는데, 여기서

$$D'r_1{}' = r_1 + \frac{4}{3}\pi(r_3 r_1 - p_2 q_2 + r_1 r_2 - p_3 q_3) + \left(\frac{4}{3}\pi\right)^2 D$$

$$D'p_1{}' = p_1 - \frac{4}{3}\pi(q_2 q_3 - p_1 r_1) \tag{8}$$

$$D'q_1{}' = q_1 - \frac{4}{3}\pi(p_2 p_3 - q_1 r_1)$$

등등

이고, 여기서 D는 식 (6)의 우변의 계수들로 된 행렬식이고, D'는 좌변의 계수들로 된 행렬식이다.

계수들 p', q', r' 의 새로운 시스템은 이전 시스템 p, q, r가 대칭일 때, 다시 말하면, 형태 p의 계수들이 형태 q의 대응하는 계수들과 같을 때만, 대칭이다.

436. 구를 x 축을 중심으로 y 축으로부터 z 축을 향하여 회전시키려는 커플의 모멘트는

$$L = \frac{4}{3}\pi a^3 (ZB - YC)$$
$$= \frac{4}{3}\pi a^3 \{ p_1{}' Z^2 - q_1{}' Y^2 + (r_2{}' - r_3{}') YZ + X(q_3{}' Z - p_2{}' Y) \} \tag{9}$$

이다.

만일

$$X = 0, \qquad Y = F\cos\theta, \qquad Z = F\sin\theta$$

라고 놓으면, 이것은 yz 평면에서 y에 대해 각도 θ만큼 경사진 자기력 F에 대응한다. 이제 이 힘은 일정하게 유지하면서 구를 회전시키면, 구를 회전시키는데 한 일은 한 바퀴 다 돌 때마다 $\int_0^{2\pi} L\,d\theta$이다. 그런데 이 일은

$$\frac{2}{3}\pi a^3 F^2 (p_1{}' - q_1{}') \tag{10}$$

와 같다.

그래서, 회전하는 구가 무궁무진한 에너지 공급원이 되지 않으려면 $p_1' = q_1'$여야 하고, 비슷하게 $p_2' = q_2'$여야 하고 또한 $p_3' = q_3'$여야 한다.

이 조건들은 원래 식들에서 세 번째 식에 나오는 B의 계수가 두 번째 식에 나오는 C의 계수와 같고, 그런 식으로 계속됨을 보여준다. 그래서 식들의 시스템이 대칭적이고 자기화의 주축들에 대해 언급될 때는 식들이

$$\left.\begin{aligned} A &= \frac{r_1}{1+\frac{4}{3}\pi r_1}X \\[2mm] B &= \frac{r_2}{1+\frac{4}{3}\pi r_2}Y \\[2mm] C &= \frac{r_3}{1+\frac{4}{3}\pi r_3 Z} \end{aligned}\right\} \tag{11}$$

가 된다.

구를 x 축 주위로 회전시키려 하는 커플의 모멘트는

$$L = \frac{4}{3}\pi a^3 \frac{r_2 - r_3}{\left(1+\frac{4}{3}\pi r_2\right)\left(1+\frac{4}{3}\pi r_3\right)} YZ \tag{12}$$

이다.

대부분 경우에 서로 다른 방향에서 자기화의 계수들 사이의 차이는 매우 작아서,

$$L = \frac{4}{3}\pi a^3 \frac{r_2 - r_3}{\left(1+\frac{4}{3}\pi r\right)^2} F^2 \sin 2\theta \tag{13}$$

라고 놓아도 좋다.

이것은 크리스털 구조를 갖는 구를 x 축을 중심으로 y 축에서 z 축을 향하여 회전시키려고 하는 힘이다. 이 힘은 항상 가장 큰 자기 계수의 축을 (또는 가장 작은 반자성 계수 축을) 자기력선에 평행하게 놓으려고 한다.

2차원에서 이에 대응하는 경우가 그림 XVI에 나와 있다.

그림의 위쪽이 북쪽을 향한다고 가정하면, 이 그림은 북극 면을 동쪽을 향하게 놓고 가로로 자기화된 원통이 방해한 자기력선과 등전위 면을 대표한다. 그 결과로 얻은 힘은 원통을 동쪽에서 북쪽으로 돌리려고 한다. 점선으로 된 큰 원은 크리스털 구조를 갖는 물질로 된 원통의 단면을 대표하는데, 그 원통은 북동쪽에서 남서쪽을 향하는 축을 따라서 생긴 유도 계수가 북서쪽에서 남동쪽을 향하는 축을 따라서 생긴 유도 계수보다 더 크다. 그 원 내부의 점선으로 된 선들은 유도선들과 등전위 면들을 대표하며, 이 경우에는 두 종류의 선이 서로 직각을 이루지 않는다. 그 결과로 원통에 작용하는 힘은 분명히 원통을 동쪽에서 북쪽으로 회전시키려 한다.

437. 푸아송은 균일하고 평행한 자기력 장에 놓인 타원체의 사례를 매우 독창적인 방법으로 풀었다.

균일한 밀도 ρ를 갖는 임의의 형태인 물체의 중력에 의해 점 (x, y, z)에 생긴 퍼텐셜이 V라면, 세기가 $I = \rho$이고 x 방향으로 균일하게 자기화된 같은 물체의 자기(磁氣) 퍼텐셜은 $-\dfrac{dV}{dx}$ 이다.

그것은 임의의 점에서 $-\dfrac{dV}{dx}\delta x$의 값은 그 물체의 퍼텐셜인 V의 값이, 그 물체가 x 방향으로 $-\delta x$만큼 이동할 때 퍼텐셜 값인 V'보다 더 많은 초과 분이기 때문이다.

물체가 거리 $-\delta x$만큼 이동하고, 물체의 밀도가 ρ에서 $-\rho$로 바뀐다고 (말하자면 인력인 물질 대신 척력인 물질로 바뀐다고) 가정하면, $-\dfrac{dV}{dx}\delta x$ 가 두 물체가 원인인 퍼텐셜이 된다.

이제 부피 δv를 포함하는 물체의 임의의 기본적인 부분을 생각하자. 그 부분의 양은 $\rho\delta v$이고, 이에 대응해서 거리가 $-\delta x$인 곳에 양이 $-\rho\delta v$인 이동된 물체의 요소가 존재한다. 이 두 요소의 효과는 세기가 $\rho\delta r$이고 길이가 δx인 자석의 효과와 맞먹는다. 자기화의 세기는 요소의 자기 모멘트를 그 부피로 나누어 구한다. 그 결과는 $\rho\delta x$이다.

그래서 $-\dfrac{dV}{dx}\delta x$는 x 방향으로 세기가 $\rho\delta x$로 자기화된 물체의 자기 퍼텐셜이며, $-\dfrac{dV}{dx}$는 세기가 ρ로 자기화된 물체의 자기 퍼텐셜이다.

이 퍼텐셜을 다른 또한 다른 관점에서 고려할 수도 있다. 물체는 거리 $-\delta x$만큼 이동하였고 밀도가 $-\rho$이다. 물체가 두 위치에 있을 때 공간에서 겹치는 부분의 밀도는 0이며, 그것은 인력에 관한 한 두 서로 같고 부호가 반대인 밀도들은 서로 상쇄되어 없어지기 때문이다. 그러므로 남는 것은 한쪽에 양(陽)의 물질과 다른 쪽에 음(陰)의 물질이며, 이 둘이 원인인 결과로 만들어진 퍼텐셜이라고 생각할 수 있다. 이 껍질에서 바깥쪽으로 그린 법선과 x 축 사이의 각이 ϵ인 점에서 껍질의 두께는 $\delta x \cos\epsilon$이고, 껍질의 밀도는 ρ이다. 그러므로 껍질의 면 밀도는 $\rho\delta x \cos\epsilon$이고, 퍼텐셜이 $-\dfrac{dV}{dx}$인 경우의 면 밀도는 $\rho\cos\epsilon$이다.

이런 방법으로 주어진 방향과 평행하게 균일한 값으로 자기화된 임의 물체의 자기 퍼텐셜을 구할 수 있다. 이제 이런 균일한 자기화가 자기 유도에 의해 생긴 것이라면, 물체 내부의 모든 점에서 자기화시키는 힘도 역시 균일하고 평행해야 한다.

이 힘은 두 부분으로 이루어지는데, 한 부분은 외부 원인에 의해 생기고, 다른 부분은 물체의 자기화가 원인으로 생긴다. 그러므로 외부 자기력이 균일하고 평행하면, 자기화가 원인인 자기력도 또한 물체 내부 모든 점에서 균일하고 평행해야 한다.

그래서 이 방법에 따라서 자기(磁氣) 유도 문제의 풀이를 구할 수 있으려면, $\dfrac{dV}{dx}$는 물체 내부에서 좌표들 x, y, z에 대한 선형함수여야 하고, 그러므로 V는 이 좌표들에 대한 2차 함수여야 한다.

이제 물체 내부에서 V가 좌표들에 대해 2차 함수이면서 우리가 알고 있는 유일한 사례는 물체가 2차의 완전 표면으로 둘러싸인 경우인데, 그중에서 물체가 유한한 크기인 유일한 경우는 2차 완전 표면이 타원체인 경우이다. 그러므로 이 방법을 타원체의 경우에 적용하려고 한다.

타원체 식이

$$\frac{x^2}{a^2}+\frac{y^2}{b^2}+\frac{z^2}{c^2}=1 \tag{1}$$

이고, Φ_0가 정적분

$$\int_0^\infty \frac{d(\phi^2)}{\sqrt{(a^2+\phi^2)(b^2+\phi^2)(c^2+\phi^2)}}{}^{9)} \tag{2}$$

을 표시한다고 하자.

그리고

$$L=2\pi abc\frac{d\Phi_0}{d(a^2)}, \qquad M=2\pi abc\frac{d\Phi_0}{d(b^2)}, \qquad N=2\pi abc\frac{d\Phi_0}{dc^2} \tag{3}$$

이라고 놓으면, 타원체 내부에서 퍼텐셜 값은

$$V_0=-\frac{\rho}{2}(Lx^2+My^2+Nz^2)+\text{상수} \tag{4}$$

가 된다.

타원체가 x, y, z 축과 코사인이 l, m, n인 각을 만드는 방향으로 균일한 세기 I로 자기화되어서 자기화의 성분들이

$$A=Il, \qquad B=Im, \qquad C=In$$

이면, 타원체 내부의 이 자기화가 원인인 퍼텐셜은

$$\Omega=-I(Llx+Mmy+Nnz) \tag{5}$$

가 된다.

이제 외부에서 자기화시키는 힘이 $\mathfrak{H}$이고, 그 힘의 성분들은 α, β, γ이면, 그 힘의 퍼텐셜은

$$V=Xx+Yy+Zz \tag{6}$$

가 된다.

물체 내부의 임의의 점에서 실제 자기화시키는 힘의 성분들은 그러므로

$$X-AL, \qquad Y-BM, \qquad Z-CN \tag{7}$$

이다.

자기화와 자기화시키는 힘 사이의 가장 일반적인 관계는 아홉 개의 계수들이 연관된 세 개의 선형 방정식들에 의해 주어진다. 그런데 에너지 보존조건을 만족하기 위하여, 자기 유도의 경우에 그 아홉 개 식 중에서 세 개는 각각 다른 세 개와 같아야 하며, 그래서

$$\left.\begin{array}{l} A = K_1(X-AL) + K_3{}'(Y-BM) + K_2{}'(Z-CN) \\ B = K_3{}'(X-AL) + K_2(Y-BM) + K_1{}'(Z-CN) \\ C = K_2{}'(X-AL) + K_1{}'(Y-BM) + K_3(Z-CN) \end{array}\right\} \tag{8}$$

을 얻는다.

이 세 식으로부터 X, Y, Z로 표현된 A, B, C를 정할 수 있으며, 그렇게 하면 이 문제의 가장 일반적인 풀이를 구한 것이 된다.

타원체 바깥에서 퍼텐셜은 그러면 타원체의 자기화와 함께 외부 자기력이 원인인 퍼텐셜이 된다.

438. 실제로 적용되는 경우는

$$\kappa_1{}' = \kappa_2{}' = \kappa_3{}' = 0 \tag{9}$$

이 유일하다.

이 경우에는

$$\left.\begin{array}{l} A = \dfrac{\kappa_1}{1+\kappa_1 L}X \\[2mm] B = \dfrac{\kappa_2}{1+\kappa_2 M}Y \\[2mm] C = \dfrac{\kappa_3}{1+\kappa_3 N}Z \end{array}\right\} \tag{10}$$

를 얻는다.

타원체의 두 축이 같으면, 그 타원체는 행성의 형태 즉 납작해진 형태로

$$b = c = \frac{a}{\sqrt{1-e^2}} \tag{11}$$

$$L = 4\pi\left(\frac{1}{e^2} - \frac{\sqrt{1-e^2}}{e^3}\sin^{-1}e\right)$$
$$M = N = 2\pi\left(\frac{\sqrt{1-e^2}}{e^3}\sin^{-1}e - \frac{1-e^2}{e^2}\right) \tag{12}$$

이 된다.

타원체가 달걀 모양, 즉 가늘고 길게 늘어진 형태이면

$$a = b = \sqrt{1-e^2}\,c \tag{13}$$

$$L = M = 2\pi\left(\frac{1}{e^2} - \frac{1-e^2}{2e^3}\log\frac{1+e}{1-e}\right)$$
$$N = 4\pi\left(\frac{1}{e^2} - 1\right)\left(\frac{1}{2e}\log\frac{1+e}{1-e} - 1\right) \tag{14}$$

이 된다.

구의 경우에는 $e = 0$이고

$$L = M = N = \frac{4}{3}\pi \tag{15}$$

가 된다.

매우 납작한 미행성의 경우에 L은 극한값으로 4π와 같아지고 M과 N은 $\pi^2\frac{a}{c}$가 된다.

아주 길쭉해진 달걀형의 경우에 L과 M은 2π라는 값에 가까워지고, N은 근사적으로

$$4\pi\frac{a^2}{c^2}\left(\log\frac{2c}{a} - 1\right)$$

인 형태가 되며 $e = 1$일 때 0이 된다.

이 결과들로부터 다음과 같은 것들을 알 수 있다.

(1) 자기화 계수인 κ가 매우 작으면, 양수이건 음수이건 상관없이, 유도된 자기화는 자기화 힘에 κ를 곱한 것과 거의 같으며 물체의 형태에는 거의 의존하지 않는다.

(2) κ가 큰 양수(陽數)이면, 자기화는 원칙적으로 물체의 형태에 의존하

며, κ의 정확한 값에는 거의 무관한데, 아주 길어져서 비록 κ는 크더라도 $N\kappa$는 작은 양인 달걀형 물체에 새로 힘이 작용하는 경우에만 그렇지 않다.

(3) 혹시 κ 값이 음수이며 $\dfrac{1}{4\pi}$와 같을 수 있으면, 자기화 힘이 평평한 판 또는 원반에 수직으로 작용할 때 자기화 값이 무한대일 수 있다. 이 결과가 터무니없다는 사실이 428절에서 설명된 것을 확인한다.

그래서 모든 반자성 문제들과 철, 니켈, 코발트를 제외한 모든 자성(磁性) 물체들이 그런 경우에 속하는데, κ 값이 매우 작다면, κ 값을 정하려는 실험을 어떤 형태의 물체를 대상으로 하건 상관이 없다.

그렇지만 철의 경우와 같이 κ가 큰 값이면, 구 또는 납작한 형태의 물체에 대한 실험은 κ를 정하는 데 적당하지 않다. 예를 들어 구의 경우에 몇 종류의 철에서 그렇듯이 $\kappa = 30$이면 자기화와 자기화시키는 힘 사이의 비가 1 대 4.22인데, κ가 무한대라고 하더라도 그 비율은 1 대 4.19여서, 결과적으로 자기화를 결정하는 데 아주 작은 오차라도 있으면 κ 값에는 매우 큰 오차를 발생시킬 수 있다.

그러나 매우 길게 늘인 달걀 형태로 된 철 조각을 이용하면, $N\kappa$ 값이 1과 견주어 중간 정도의 값이기만 하면, 자기화 값을 정하면 그로부터 κ 값을 구할 수 있으며, N 값이 더 작으면 작을수록, κ 값이 더 정확하게 된다.

실제로, $N\kappa$가 매우 작으면 N 값 자체의 작은 오차가 아주 큰 오차를 불러일으키지는 않아서, 달걀 모양 대신에 도선이나 긴 막대와 같이 어떤 길쭉한 물체라도 사용할 수 있다.

그런데 오직 N과 κ의 곱 $N\kappa$가 1에 비해 작은 때만 그렇게 대입하는 것이 허용됨을 기억해야 한다. 실제로 끝이 평평한 긴 원통의 자기화 분포는 길쭉한 달걀 모양 물체의 자기화 분포와 닮지 않은데, 왜냐하면 자유 자기가 원통에서는 끝에 아주 밀하게 집중되어 있지만 길쭉한 달걀 모양 물체의 경우에는 자유 자기가 적도에서부터 거리에 정비례하기 때문이다.

그런데 원통에서 전기(電氣)의 분포는 152절에서 이미 본 것처럼 길쭉한 달걀 모양에서 전기의 분포와 실제로 견줄 만하다.

이 결과들은 또한 영구자석의 자기 모멘트를 자석이 길쭉한 모양일 때 훨씬 더 크게 만들 수 있는지를 이해할 수 있게 해 준다. 만일 원반을 그 표면에 수직인 방향으로 세기 I까지 자기화하고 그대로 두면, 내부 입자들은 끊임없이 $4\pi I$와 같은 세기의 자기 소거력을 받게 되는데, 이 힘이 자기화 일부를 스스로 없애기에는 충분하지 않더라도, 곧 진동이나 온도 변화의 도움으로 그렇게 할 수 있게 된다.

그런데 원통을 가로로 자기화한다면 자기 소거력은 단지 $2\pi I$에 지나지 않는다.

자석이 구 모양이면 자기 소거력은 $\frac{4}{3}\pi I$가 된다.

가로로 자기화된 원반에서, 자기 소거력은 $\pi^2 \dfrac{a}{c} I$이며, 세로로 자기화된 길쭉한 달걀 모양에서 자기 소거력은 $4\pi \dfrac{a^2}{c^2} I \log \dfrac{2c}{a}$로 가장 작다.

그래서 길쭉한 자석이 짧고 두꺼운 자석에 비해 자기를 훨씬 덜 잃어버린다.

세 축에 대해 서로 다른 자기 계수를 갖는 타원체에 작용하고 이 타원체를 x 축 주위로 회전시키려는 힘의 모멘트는

$$\frac{4}{3}\pi abc(BZ-CY) = \frac{4}{3}\pi abc\, YZ \frac{\kappa_3 - \kappa_2 + \kappa_2\kappa_3(M-N)}{(1-\kappa_2 M)(1-\kappa_3 N)}$$

이다.

그래서, κ_2와 κ_3가 작으면, 이 힘은 주로 물체가 얼마나 좋은 결정 구조를 갖느냐에 의존하고 각 축 방향 크기가 아주 크게 다르지 않다면 그 형태에는 의존하지 않지만, 철의 경우처럼 κ_2와 κ_3가 무시할 수 없을 정도로 크다면, 이 힘은 주로 물체의 형태에 의존하며 그래서 이 힘이 물체의 더 긴 축이 힘 선에 평행하도록 물체를 회전시킨다.

균일하면서도 충분히 센 자기력 장을 구할 수 있다면, 길쭉하며 등방성인 반자성 물체도 또한 자신의 가장 긴 쪽이 자기력선과 평행하게 오도록

한다.

439. 임의의 자기력을 받는 타원 회전체의 자기화 분포에 대한 문제를 J. 노이만이 연구하였다.[10] 키르히호프는 임의의 힘을 받는 길이가 무한히 긴 원통의 경우로 그 방법을 확장하였다.[11]

그린은 그의 에세이*의 17번째 절에서 유한한 길이의 원통이 그 축과 평행하고 균일한 외부 힘의 작용을 받을 때 그 원통의 자기 분포에 관한 연구를 설명했다. 비록 그의 연구에서 몇 단계가 아주 엄격하게 진행되지는 않았다고 할지라도, 거기서 얻은 결과가 이 아주 중요한 경우의 실제 자기화를 개략적으로 대표할 개연성이 크다. 그의 연구가 κ가 매우 큰 수인 원통의 경우에서 κ가 매우 작은 수인 원통의 경우로 이행되는 것을 매우 타당하게 표현한 것은 분명하지만, 반자성 물체와 같이 κ가 음수였으면 그의 연구가 전혀 다루지 못한다.

그린은 반지름이 a이고 길이가 2ℓ인 원통의 중앙으로부터 거리가 x인 곳의 자유 자기의 선밀도가

$$\lambda = \pi \kappa X p a \frac{e^{\frac{px}{a}} - e^{-\frac{px}{a}}}{e^{\frac{pl}{a}} + e^{-\frac{pl}{a}}}$$

임을 발견했는데, 여기서 p는 다음 식

$$0.231863 - 2\log_e p + 2p = \frac{1}{\pi \kappa p^2}$$

에서 구해야 하는 숫자로 된 양이다. 다음 표는 몇 가지 서로 대응하는 p 값과 κ 값을 보여준다.

---

* 그린(George Green)은 1828년 유명한 "An Essay on the Application of Mathematical Analysis to the Theories of Electricity and Magnetism"을 발표하였다.

κ	p	κ	p
∞	0	11.802	0.07
336.4	0.01	9.137	0.08
62.02	0.02	7.517	0.09
48.416	0.03	6.319	0.10
29.475	0.04	0.1427	1.00
20.185	0.05	0.0002	10.00
14.794	0.06	0.0000	∞
		negative	imaginary

원통의 길이가 그 원통의 반지름에 비해 길면, 원통 중앙에서 양쪽 모두의 전체 자유 자기의 양은, 당연히 그래야 하지만,

$$M = \pi^2 a \kappa x$$

이다.

이 중에서 $\frac{1}{2}pM$은 원통의 평평한 끝에 존재하며, 원통의 끝에서부터 전체 양 M의 무게 중심까지 거리는 $\frac{a}{p}$이다.

κ가 매우 작을 때 p는 크며, 전체 자유 자기 중에서 거의 모두는 원통의 양쪽 끝에 존재한다. κ가 점점 더 커지면 p는 점점 더 감소하며, 자유 자기는 양쪽 끝으로부터 더 먼 거리에 걸쳐서 퍼진다. κ가 무한대이면 원통의 임의의 점에서 자유 자기는 원통의 중앙에서부터 거리에 단순 비례하며, 그 분포는 균일한 힘 장에 놓인 도체에서 자유 전기의 분포와 비슷하다.

440. 철과 니켈 그리고 코발트를 제외한 모든 물질에서, 자기화(磁氣化) 계수는 아주 작아서 물체의 유도 자기화는 자기장 아래서 힘을 단지 약간만 변화시킨다. 그러므로 첫 번째 근사로, 물체 내부에서 실제 자기력은 마치 물체가 거기 없는 것과 똑같다고 가정할 수 있다. 그러므로 물체의 표면 자기화는, 첫 번째 근사로, $\kappa \frac{dV}{d\nu}$인데, 여기서 $\frac{dV}{d\nu}$는 외부 자석이 원인인 자기 퍼텐셜이 안쪽으로 그린 표면의 법선 방향을 따라 증가하는 비율이다. 이

제 이 표면 분포가 원인인 퍼텐셜을 계산하면, 그 결과를 두 번째 근사로 진행하는 데 사용할 수 있다.

이 첫 번째 근사에서 자기화 분포가 원인인 역학적 에너지를 구하려면 물체의 표면 전체에 대해 적분한 면적분

$$E = \iint \kappa V \frac{dV}{d\nu} dS$$

를 계산해야 한다. 그런데 100절에서 이 면적분은 물체가 차지하고 있는 전체 공간에 대해 적분한 부피 적분

$$E = -\iiint \kappa \left(\overline{\left| \frac{dV}{dx} \right|}^2 + \overline{\left| \frac{dV}{dy} \right|}^2 + \overline{\left| \frac{dV}{dz} \right|}^2 \right) dx\, dy\, dz$$

와 같음을 보였으며, 이것은 R가 결과로 얻은 자기력이면

$$E = -\iiint \kappa R^2 dx\, dy\, dz$$

이다.

이제 물체가 δx만큼 이동하는 동안 물체에 작용하는 자기력이 한 일은, X가 x 방향으로 작용하는 역학적 힘이라고 할 때 $X\delta x$이고,

$$\int X\delta x + E = 일정$$

이므로

$$X = -\frac{dE}{dx} = \frac{d}{dx} \iiint \kappa R^2 dx\, dy\, dz = \iiint \kappa \frac{d \cdot R^2}{dx} dx\, dy\, dz$$

인데, 이것은 물체에 작용하는 힘이 마치 물체의 모든 부분이 R^2이 더 작은 위치로부터 R^2이 더 큰 위치로 움직이려고 하는데, 각 단위 부피마다

$$\kappa \frac{d \cdot R^2}{dx}$$

의 힘이 작용하는 것과 같다.

만일 반자성 물체에서처럼 κ가 0보다 더 작으면, 이 힘은, 패러데이가 최초로 보였는데, 자기장이 더 센 부분에서 더 약한 부분으로 작용한다. 반자성 물체의 경우에 관찰된 대부분의 작용은 이 성질에 의존한다.

선박에서 자기

441. 자기(磁氣)에 관한 학문의 거의 모든 부분은 항해에 이용된다. 나침반 바늘이 방향을 표시하게 만드는 지자기(地磁氣)의 작용은 태양과 별이 보이지 않을 때 선박의 경로를 확실하게 해주는 유일한 방법이다. 나침반 바늘의 방향이 실제 자오선에서 벗어나는 것이 처음에는 나침반을 항해술에 적용하는 데 장애가 되는 것처럼 보였으나, 이 어려움이 자기도(磁氣圖)의 구축으로 해결되자, 나침반 바늘의 편위(偏位) 자체는 선원이 자신의 배의 위치를 정하는 데 도움이 되는 것처럼 보였다.

항해술에서 가장 큰 난제는 항상 경도를 알아내는 것이었다. 그런데 같은 위도선 위에서도 위치가 다르면 편위가 다르다는 것을 이용하면, 편위를 측정하고 위도에 대한 지식을 함께 이용해서 선원이 자기도(magnetic chart)에서 자신의 위치를 찾아낼 수 있다.

그러나 최근에는 선박 건조에 철이 너무 광범위하게 이용되어서, 자성체로서 나침반의 바늘에 작용하는 선박의 영향을 고려하지 않고서는 나침반의 사용이 불가능하게 되었다.

지자기 힘의 영향을 받는 임의의 형태인 철의 질량 내에서 자기의 분포를 정하기는, 비록 역학적 변형 또는 다른 방해를 받지 않아도, 우리가 본 것처럼, 매우 어려운 문제이다.

그렇지만 이 경우에 다음과 같은 것들을 고려하면 문제가 간단해진다.

나침반은 선박의 고정된 점에 중심을 맞추어 놓아야 하며, 지금까지는 어떤 철에서도 나침반 바늘의 자기가 선박에 어떤 인지할 만한 자기도 유도하지 않는다. 나침반의 바늘은 매우 작아서 바늘의 어떤 위치에서도 자기력이 같다고 생각할 수 있어야 한다.

선박을 만든 철은 단 두 종류뿐이라고 생각된다.

(1) 일정한 방식으로 자기화된 강철

(2) 자기화가 지구 또는 다른 자석으로부터 유도되는 연철

엄격하게는 가장 강한 철은 유도만 가능한 것이 아니라 소위 영구 자기화 중 일부를 다양한 방법으로 잃을 수도 있음을 인정해야 한다.

연철은 소위 잔여 자기화라고 부르는 것을 유지하는 것이 가능하다. 위에서 정의한 강철과 연철이 혼합되어 있다고 가정하는 것만으로 철의 실제 성질을 정확하게 대표할 수는 없다. 그러나 선박에 단지 지자기에 의한 힘만 작용하고 기후에 의한 어떤 비정상적인 압박도 받지 않을 때는, 선박의 자기가 일부는 영구 자기화 그리고 일부는 유도로 만들어졌다고 가정하면 나침반의 교정에 적용할 때 충분히 정확한 결과를 얻을 수 있음이 발견되었다.

푸아송은 그의 저서 *Mémoires de l'Institut*(1824, 533쪽)의 제5권에 나침반의 변화에 대한 이론의 기초가 된 식들을 적어놓았다.

이 식들과 연관되어 있으며 유도 자기와 관련된 유일한 가정은, 외부 자기에 의한 자기력 X가 선박의 철에 유도 자기화를 발생시킨다면, 그리고 그런 유도 자기화가 나침반 바늘에 방해하는 성분이 X', Y', Z'인 힘을 작용한다면, 외부 자기력이 주어진 비만큼 바뀔 때 방해하는 힘의 성분들도 같은 비로 바뀐다는 것이다.

철에 작용하는 자기력이 매우 강할 때 유도 자기화는 외부 자기력에 더는 비례하지 않고, 이러한 비례성의 결여는 지구의 작용이 원인인 자기력 크기 정도의 자기력에 대해서 상당히 무감각하다는 것은 사실이다.

그래서, 실제로 값이 1인 자기력이 선박의 철의 개입을 통하여 나침반 바늘에 방해하는 힘을 발생시키는데, 그 힘의 성분들은 x 방향으로 a, y 방향으로 d, 그리고 z 방향으로 g라면, 힘 X에 의해 발생한 방해하는 힘의 성분들은 x 방향으로 aX, y 방향으로 dX, z 방향으로 gX라고 가정할 수 있다.

그러므로 x는 선박의 머리 쪽을 향하고, y는 우현 쪽을 향하며, z는 선박의 용골 쪽을 향한다는 식으로 선박의 축들이 고정되어 있다고 가정하면,

그리고 X, Y, Z는 이 방향을 따라 작용하는 지자기(地磁氣) 힘의 성분들이고 X', Y', Z'는 나침반 바늘에 작용하는 자기력과 지자기 힘의 합력 성분들이라면,

$$\left.\begin{array}{l} X' = X + aX + bY + cZ + P \\ Y' = Y + dX + eY + fZ + Q \\ Z' = Z + gX + hY + kZ + R \end{array}\right\} \qquad (1)$$

이 된다.

이 식들에서 a, b, c, d, e, f, g, h, k는 선박의 연철 양과 배열과 유도 용량에 의존하는 아홉 개의 상수 계수들이다.

P, Q, R는 선박의 영구 자기화에 의존하는 상수 양들이다.

만일 자기 유도가 자기력에 대한 선형함수이면, 이 식들은 충분히 일반적인 것이 분명한데, 왜냐하면 그 식들이 한 벡터를 다른 벡터의 선형함수로 나타낸 가장 일반적인 표현에서 더도 아니고 덜도 아니기 때문이다.

이 식들이 너무 일반적이지는 않음도 역시 보일 수 있는데, 왜냐하면, 철을 적당하게 배열시키면, 계수 중 어떤 하나라도 다른 계수들과는 무관하게 만들 수 있기 때문이다.

그래서, 세로로 작용하는 자기력 아래 놓인 길고 가느다란 철 막대에는 두 극이 생기는데, 각 극의 세기의 숫자 값은 막대 단면의 넓이에 자기화시키는 힘과 유도 자기화 계수를 곱한 것과 같다. 막대의 가로 방향으로 작용하는 자기력은 훨씬 약한 자기화를 발생시키며, 그 자기화의 효과는 단면의 지름의 몇 배만 가도 거의 감지하지 못할 정도이다.

철로 만든 긴 막대가 한쪽 끝이 이물에서 고물 쪽으로, 나침반 바늘에서 선박의 머리 쪽을 향하여 거리가 x인 곳에 놓여 있다면, 막대의 단면의 넓이가 A이고, 막대의 자기화 계수가 κ일 때, 막대의 극의 세기는 $A\kappa X$이고, $A = \dfrac{ax^2}{\kappa}$라면, 이 극이 나침반 바늘에 작용하는 힘은 aX가 된다. 막대가 아주 길어서 막대의 다른 쪽 끝이 나침반에 미치는 영향은 무시할 수 있다고 가정할 수도 있다.

이처럼 계수 a에 어떤 요구된 값이라도 부여할 수 있는 방법을 찾았다.

이제 단면의 넓이가 B이고 한쪽 끝이 나침반에서 뱃머리 쪽으로 거리가 x인 같은 점에 있도록 다른 막대를 가져다 놓고, 나침반에 어떤 감지할 수 있는 효과도 발생시키지 않을 충분히 먼 거리만큼 다른 쪽 극을 우현 쪽으로 향하게 하면, 이 막대가 만드는 방해하는 힘은 x 방향을 향하고, 크기는 $\dfrac{B\kappa Y}{x^2}$와 같아서, $B = \dfrac{bx^2}{\kappa}$이면 그 힘은 bY가 된다.

그러므로 이 막대는 계수 b를 결정한다.

같은 점에서 아래쪽으로 연장된 세 번째 막대가 계수 c를 결정한다.

계수들 d, e, f도 나침반의 우현 쪽 한 점에서 뱃머리 쪽, 우현 쪽, 그리고 아래로 연장한 세 막대로 결정할 수 있고, g, h, k도 나침반 아래쪽 점에서 평행한 방향들로 연장한 세 막대를 이용하여 결정할 수 있다.

그래서 적당한 장소에 가져다 놓은 철 막대를 이용하여 아홉 개의 계수들 하나하나를 개별적으로 바꿀 수 있다.

세 양 P, Q, R는 단순히 선박의 영구 자기화로부터 발생하고, 또한 이 영구 자기화의 작용에 의해 유도된 자기화로부터 발생한 부분이 나침반에 작용하는 힘의 성분들일 뿐이다.

아치볼드 스미스는 *Maual of the Deviation of the Compass*에 식 (1)과, 그리고 선박의 실제 자기 경로와 나침반이 가리키는 경로 사이의 관계에 대한 완벽한 논의를 실었다.

그 안내서에는 그 문제를 조사하는 귀중한 그래프를 이용한 방법이 나와 있다. 한 고정된 점을 원점으로 정하고, 그 점에서 나침반 바늘에 작용하는 실제 자기력의 수평 성분 부분 크기와 방향을 대표하는 선을 그린다. 뱃머리가 서로 다른 방위각을 향하도록 선박이 계속 방향을 바꾸면, 이 선의 끝은 곡선을 그리는데, 그 곡선의 각 점은 특정한 방위각에 대응한다.

선박의 자기 경로를 이용하여 나침반에 작용하는 힘의 방향과 크기를 알려주는 그런 곡선을 다이고그램(Dygogram)이라고 부른다.

다이고그램에는 두 가지 종류가 있다. 첫 번째에서는, 선박이 회전하는 동안 공간에 고정된 평면에 추적되는 곡선을 그린다. 두 번째 종류에서는, 선박에 고정된 평면에 곡선이 추적된다.

첫 번째 종류의 다이고그램은 파스칼의 리마송(달팽이 꼴)이고, 두 번째 종류의 다이고그램은 타원이다. 이런 곡선을 그리기와 이용에 대해서는, 그리고 수학자들에게 흥미롭기도 하고 항해자들에게 중요하기도 한 많은 정리에 대해서는, 독자들에게 해군성에서 발행한 *Manual of the Deviation of the Compass*를 추천한다.

6장
유도된 자기에 대한 베버 이론

442. 푸아송은 철의 자기화(磁氣化)가 각각의 자기 분자 내부에서 자기 유체가 분리된 것으로 이루어진다고 가정한 것을 알았다. 자기 유체가 존재한다는 가정을 피하고 싶으면, 똑같은 이론을 철의 분자 하나하나는 자기화시키는 힘을 받으면 자석으로 바뀐다고 말하는 식으로, 다른 형태로 말할 수도 있다.

베버 이론은 철의 분자가 자기화시키는 힘을 작용 받기 전이라고 할지로도 항상 자석이지만, 보통 철에서는 분자들의 자기 축들이 모든 방향으로 차별 없이 회전되어 있어서, 철 전체로는 자기 성질을 띠지 않는다고 가정하는 데서 위의 이론과 다르다.

자기력이 철에 작용할 때, 그 힘은 분자들의 축을 모두 한 방향으로 회전시키려고 하고, 그래서 철이 전체적으로 자석으로 바뀌는 원인이 된다.

모든 분자의 축들이 서로 평행하게 되면, 철은 가능한 한 최대 세기의 자기화를 드러낸다. 그래서 베버 이론은 자기화 세기의 한곗값이 존재함을 함축하며, 그러므로 이 이론이 성립하기 위해서는 그런 한계가 존재한다는 실험적 증거가 요구된다. 줄[12]*과 J. 뮐러[13]가 자기화의 한곗값에 접근하는 것을 보여주는 실험을 수행하였다.

자기력의 작용 아래 침전된 전기판 철에 대한 비츠[14]의 실험이 그러한 한곗값에 대한 가장 완벽한 증거를 제공한다.

은 도선에 광택제를 발랐고, 광택제에 세로로 미세하게 긁어서 그 금속에 벗겨진 선을 만들었다. 그다음 이 도선을 철염 용액에 담갔는데, 도선에 그은 선이 자기력선의 방향을 향하도록 했다. 용액을 통과하는 전류의 음극이 도선이 되도록 만들어서, 도선의 노출된 좁은 표면에 철이 분자 하나씩 침전되었다. 이렇게 형성된 철 필라멘트가 다음에 자기적으로 조사되었다. 질량이 아주 작은 철 필라멘트의 자기 모멘트가 매우 크다는 것이 발견되었으며, 강력한 자기화시키는 힘이 같은 방향으로 작용하도록 할 때, 일시적인 자기화 증가가 매우 작고, 영구 자기화는 바뀌지 않는 것이 관찰되었다. 자기화시키는 힘을 반대 방향으로 작용하면 즉시 필라멘트가 보통 방법으로 자기화된 철의 조건으로 돌아가게 했다.

이 경우에 자기화시키는 힘이 작용하자마자 각 분자의 축을 같은 방향으로 만든다고 가정한 베버 이론은 관찰된 것과 아주 잘 일치한다.

비츠는 자기화시키는 힘이 작용하면서 전기 분해가 계속될 때 차후에 침전되는 철의 자기화 세기는 감소하는 것을 발견하였다. 분자들이 먼저 침전된 분자들과 나란히 놓여 있게 되었을 때, 분자들의 축들이 아마도 자기화시키는 힘 선에서 벗어나서, 단지 철이 매우 가느다란 필라멘트인 경우에만 유사성의 근사를 얻을 수 있다.

베버가 가정한 것처럼, 만일 철 분자들이 이미 자석이라면, 전기 분해에서 그 분자들이 침전되면서 분자들의 축을 평행하게 만들기에 충분한 자기력이면 침전된 필라멘트에서 최대 자기화 세기를 발생시키기에 충분할 것

---

* 줄(James Prescott Joule, 1818-1889)은 영국의 물리학자로서 에너지 보존법칙을 발견한 사람 중 하나이고, 열의 일당량을 직접 실험으로 구했다.

이다.

　반면에, 만일 철 분자들이 자석이 아니라 단지 자기화되는 것만 가능한 것이라면, 침전된 필라멘트의 자기화는, 연철이 일반적으로 자기화시키는 힘에 의존하는 것과 같은 방법으로, 자기화시키는 힘에 의존할 것이다. 비츠 실험은 두 번째 가정이 성립할 여지를 남기지 않는다.

443. 베버가 그랬던 것처럼, 이제 단위 부피의 철마다, n개의 자기 분자가 존재하고, 각 분자의 자기 모멘트가 m이라고 가정하자. 만일 모든 분자의 축들이 다 서로 평행하게 놓인다면, 단위 부피의 자기 모멘트는

$$M = nm$$

이고, 이것이 철에서 가능한 최대 자기화 세기이다.

　베버는 보통 철의 자기화되지 않은 상태에서는 분자의 축들이 모든 방향으로 구분 없이 놓여 있다고 가정한다.

　이것을 표현하기 위해, 구를 그려서 그 구의 중심으로부터 n개의 분자 각각의 축의 방향과 평행하게 반지름을 그린다고 가정한다. 이 반지름들의 끝의 분포가 분자들의 축의 끝을 표현한다. 보통 철의 경우에는, 이 n개의 점들이 구 표면의 모든 부분에 균일하게 분포되어서, 분자의 축이 x 축과 만드는 각이 α보다 더 작은 분자들의 수는

$$\frac{n}{2}(1 - \cos\alpha)$$

이며, 그러므로 축이 x 축과 만드는 각이 α에서 $\alpha + d\alpha$ 사이인 분자들의 수는

$$\frac{n}{2}\sin\alpha \, d\alpha$$

이다. 이것이 한 조각의 철에 포함된 절대로 자기화될 수 없는 분자들의 배열이다.

　이제 자기력 X가 철에 x 축 방향으로 작용하도록 했다고 가정하고, 처음에는 축이 x 축과 각 α를 이루도록 경사진 분자를 생각하자.

이 분자가 회전하는 것이 완벽히 자유롭다면, 이 분자는 자신의 축을 x축과 평행하도록 놓을 것이고, 모든 분자가 다 그렇게 한다면, 아주 작은 자기화시키는 힘으로도 충분히 바로 최고 수준의 자기화를 달성하게 될 것이다. 그렇지만 실제로는 그렇지 못하다.

이 분자가 축이 x에 평행하도록 회전하지 못하는데, 그것은 각 분자에 분자의 원래 방향을 그대로 유지하는 힘이 작용하거나 아니면 분자들의 전체 시스템의 상호 작용에 의해서 그에 대응하는 효과가 발생하기 때문이다.

베버는 두 가정 중에서 가장 간단한 것으로 전자(前者)를 채택하고, 각 분자는 방향이 바뀔 때 그 분자는 자신의 축의 원래 방향으로 작용하는 자기력 D가 발생시키는 것과 같은 힘으로, 그 분자의 원래 자세로 돌아가려 한다고 가정한다.

그러므로 실체로 취하는 축의 자세는 X와 D의 합력의 방향이다.

APB가 구의 단면을 대표하는데, 그 단면의 반지름은 어떤 정해진 스케일로 힘 D를 대표한다.

반지름 OP는 원래 자세에 있는 어떤 특정한 분자의 축과 평행하다고 하자.

SO는 같은 규모에서 자기화시키는 힘 X를 대표하는데, 이 힘은 S에서 O를 향해 작용한다고 가정한다. 그러면, 힘 X가 SO 방향으로 그 분자에 작용한다면, 그리고 힘 D가 그 분자 축의 원래 방향인 OP에 평행하게 그 분자에 작용한다면, 분자의 축은 X와 D의 합력의 방향인 SP 방향으로 스스로 위치시키게 된다.

분자들의 축들은 원래 모든 방향을 향하므로, P는 구의 어느 점에나 차별 없이 똑같이 존재할 수 있다. X가 D보다 더 작은 그림 5에서, 축의 마지막 위치인 SP는 어떤 방향인지 불문하고 어디나 존재할 수 있지만 모두 다 차별 없이 똑같지는 않은데, 그 이유는 분자 중에서 더 많은 수의 축이 B를 향하기보다 A를 향하도록 회전할 것이기 때문이다. X가 D보다 더 큰 그

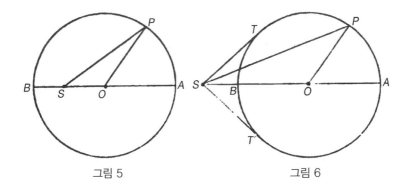

| 그림 5 | 그림 6 |

림 6에서는, 분자들의 축들이 모두 구를 접촉하는 원뿔 STT' 내부에 포함 되어 있게 된다.

그래서 X가 D보다 더 작은지 또는 큰지에 따라 서로 다른 두 경우가 존재한다.

이제 다음과 같이 정하자.

$\alpha = AOP$, 분자 축의 x 축에 대한 원래 경사

$\theta = ASP$, 힘 X에 의해 휘어졌을 때 축의 경사

$\beta = SPO$, 휘어진 각

$SO = X$, 자기화 힘

$OP = D$, 원래 위치를 향하여 변화시키려는 힘

$SP = R$, X와 D의 합력

m =분자의 자기(磁氣) 모멘트

그러면 각 θ를 줄이려고 하는 힘 X에 의한 정적(靜的) 커플의 모멘트는

$$mL = mX\sin\theta$$

이고, θ를 증가시키려는 D에 의한 커플의 모멘트는

$$mL = mD\sin\beta$$

이다.

이 값들을 같다고 놓고, $\beta = \alpha - \theta$인 것을 기억하면

$$\tan\theta = \frac{D\sin\alpha}{X + D\cos\alpha} \tag{1}$$

를 얻으며, 이것이 휘어진 다음 축의 방향을 결정한다.

다음으로 힘 X에 의해 질량에 발생한 자기화의 세기를 구해야 하는데, 그런 목적으로 모든 분자에 대해 x 방향을 향하는 자기 모멘트를 분해하고 그렇게 분해된 부분을 모두 더해야 한다.

분자의 모멘트 중에서 x 방향으로 분해된 부분은

$$m\cos\theta$$

이다.

원래 경사가 α와 $\alpha + d\alpha$ 사이에 놓인 분자들의 수는

$$\frac{n}{2}\sin\alpha\, d\alpha$$

이다.

그러므로 θ는 α의 함수임을 기억하면서 다음 적분

$$I = \int_0^\pi \frac{mn}{2}\cos\theta \sin\alpha\, d\alpha \tag{2}$$

를 구해야 한다.

다음으로 θ와 α를 모두 R로 표현할 수 있는데, 그렇게 하면 적분할 표현은

$$\frac{mn}{4X^2 D}\left(R^2 + X^2 - D^2\right) dR \tag{3}$$

가 되고 이것을 일반적으로 적분한 결과는

$$\frac{mnR}{12X^2 D}\left(R^2 + 3X^2 - 3D^2\right) + C \tag{4}$$

이다.

X가 D보다 더 작은 첫 번째 경우에, 적분 구간은 $R = D + X$와 $R = D - X$이다. X가 D보다 더 큰 두 번째 경우에, 적분 구간은 $R = X + D$와 $R = X - D$이다. 결과는 다음과 같다.

X가 D보다 더 작으면,

$$I = \frac{2}{3}\frac{mn}{D}x \tag{5}$$

이다.

X가 D와 같으면

$$I = \frac{2}{3}mn \tag{6}$$

이다.

X가 D보다 더 크면

$$I = mn\left(1 - \frac{1}{3}\frac{D^2}{X^2}\right) \tag{7}$$

이며 X가 무한대가 되면

$$I = mn \tag{8}$$

이다.

베버가 취한 것[15]인 이론의 이런 형태로부터, 자기화시키는 힘이 0에서 D까지 증가하면서 자기화도 같은 비율로 증가한다. 자기화시키는 힘이 값 D를 얻을 때, 자기화는 이 한곗값의 3분의 2이다. 자기화시키는 힘이 더 증가하면, 자기화는 계속 끝없이 증가하는 대신 유한한 값을 향하여 수렴한다.

자기화에 대한 법칙이 그림 7에 표현되어 있는데, 여기서 자기화를 시키는 힘은 O로부터 오른쪽을 향해 계산되고, 자기화는 수직으로 그린 세로 좌표로 표현된다. 베버 자신의 실험은 이 법칙과 만족할 만큼 일치하는 결과를 준다. 그렇지만 D의 값이 같은 조각의 철에 속한 모든 분자에게 다 같지는 않는 것도 상당히 가능할 수 있어서, O에서 E까지 직선에서 E 다음의 곡선으로 전이(轉移)가 이 그림에 표현된 것처럼 그렇게 급작스럽지 않

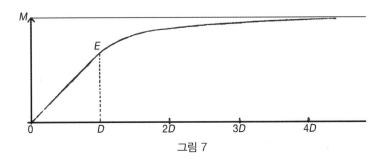

그림 7

을 수도 있다.

444. 이런 형태의 이론은 자기화시키는 힘이 제거된 뒤에도 존재한다고 밝혀진 잔여 자기화를 설명하지 못한다. 그러므로 나는 분자의 평형 자세가 영구히 바뀔지도 모른다는 조건과 관계된 추가 가정을 도입한 결과를 검토해 보는 것이 바람직하다고 생각했다.

자기(磁氣) 분자의 축이, 만일 β_0보다는 작은 임의의 각 β만큼 방향을 바꾼다면, 그렇게 방향을 바꾼 힘이 제거될 때 원래 위치로 돌아오지만, 만일 꺾인 각 β가 β_0보다 더 크다면, 그렇게 방향을 바꾼 힘이 제거될 때 축은 원래 위치로 돌아오지 않고 각 $\beta - \beta_0$로 영구히 방향을 바꾼다고 가정하자. 이 각 $\beta - \beta_0$를 분자의 영구 **세트**(set)라고 불러도 좋다.

분자 편향의 법칙에 관한 이런 가정은 물체의 내밀한 구조에 대해 어떤 정확한 지식에도 근거한 것이 아님을 분명히 하는데, 그러나 이 경우의 진정한 상태에 대해 알지 못하면서도 베버가 제안한 가설을 추진하는 데 필요한 상상력을 돕기 위해 이런 가정을 채택한 것이다.

이제

$$L = D\sin\beta_0 \qquad (9)$$

이라고 하면, 분자에 작용하는 커플의 모멘트가 mL보다 더 작으면, 영구 편향은 존재하지 않지만, 만일 그 모멘트가 mL을 초과하면 분자의 평형 자세에 영구히 남는 변화가 존재하게 된다.

이런 가정의 결과를 추적하기 위해, 중심이 O이고 반지름이 $OL = L$인 구를 그리자.

X가 L보다 더 작은 한, 모든 것이 이미 고려한 경우와 똑같을 것이지만, X가 L을 초과하면 그 순간 분자 중에서 일부에서 영구적인 편향이 발생하기 시작할 것이다.

그림 8에 보인 사례를 살펴보자. 거기서는 X가 L보다는 더 크지만 D보

다는 더 작다. 꼭짓점인 S를 통해서 구 L과 접하는 이중 원뿔을 그리자. 이 원뿔이 구 D와 만나는 점이 P와 Q라고 하자. 그러면 원래 자세에 있는 분자의 축이 OA와 OP 사이에 놓인다면, 또는 OB와 OQ 사이에 놓인다면, 그 축은 β_0보다 더 작은 각만큼 편향되며 영구히 편향되지 않는다. 그러나 원래 자세에 있는 분자의 축이 OP와 OQ 사이에 놓인다면, 모멘트가 L보다 더 큰 커플이 그 분자의 축에 작용하여 위치 SP로 편향시키고, 힘 X가 작용하기를 멈출 때도 그 축은 원래 방향으로 돌아오지 않고 OP 방향이 영구히 남아 있게 된다.

이제

$$\theta = PSA \text{ 또는 } QSB \text{ 일 때, } L = X\sin\theta_0$$

이라고 놓으면, 예전 가설에 따르면 각 θ가 θ_0와 $\pi - \theta_0$ 사이인 값을 갖는 축이 속한 모든 분자는 힘 X가 작용하는 동안 값 θ_0를 갖게 된다.

그러므로 힘 X가 작용하는 동안에, 편향된 다음에 축이 반수직각이 θ_0인 이중 원뿔 중 어느 하나의 겉면 내부에 놓인 분자들은 이전 경우와 마찬가지로 배열되지만, 예전 이론에서 축이 그 겉면 외부에 놓인 분자들은 영구적으로 편향되어서, 그 분자들의 축은 A 쪽을 향해 놓인 원뿔의 겉면 주위에 밀도가 높은 둘레를 형성하게 된다.

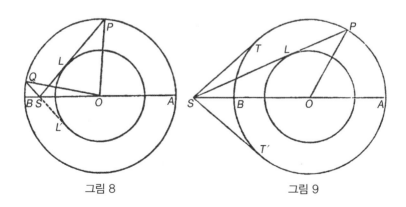

그림 8 그림 9

X가 증가하면, B 주위의 원뿔에 속한 분자들의 수는 계속해서 감소하고, X가 D와 같아질 때 모든 분자가 이전의 평형 위치로부터 떨어져 나가서 A 주위의 원뿔의 둘레로 강제로 보내지며, 그래서 X가 D보다 더 커질 때는 모든 분자가 A 주위의 원뿔의 부분 즉 그 둘레를 형성한다.

힘 X가 제거되었을 때는, X가 L보다 더 작은 경우에 모든 것이 자신의 최초 상태로 돌아간다. X가 L과 D 사이일 때는, A 주위에 원뿔이 존재하는데, 그 원뿔의 각은

$$AOP = \theta_0 + \beta_0$$

이고, B 주위의 다른 원뿔의 각은

$$BOQ = \theta_0 - \beta_0$$

이다. 이 두 원뿔의 내부에 분자들의 축들이 균일하게 분포된다. 그러나 원래 축의 방향이 이 두 원뿔 바깥에 놓인 모든 분자는 그들 최초 위치로부터 내보내져서 A 주위의 원뿔을 둘러싸며 둘레를 형성한다.

X가 D보다 더 크면, B 주위의 원뿔은 완벽히 흩어지고, 그 원뿔을 형성했던 분자들 모두는 A 주위 둘레로 전환되고 각이 $\theta_0 + \beta_0$인 경사를 만든다.

445. 이 사례를 전과 마찬가지로 다루면, 전에는 결코 자기화된 적이 없었던 철에 작용한다고 가정된 힘 X가 작용하는 동안 일시적으로 생기는 자기화의 세기를 구하는데, 그 결과는 다음과 같다.

X가 L보다 더 작으면, $I = \dfrac{2}{3} M \dfrac{X}{D}$이다.

X가 L과 같으면, $I = \dfrac{2}{3} M \dfrac{L}{D}$이다.

X가 L과 D 사이이면,

$$I = M \left\{ \frac{2}{3} \frac{X}{D} + \left(1 - \frac{L^2}{X^2} \right) \left[\sqrt{1 - \frac{L^2}{D^2}} - \frac{2}{3} \sqrt{\frac{X^2}{D^2} - \frac{L^2}{D^2}} \right. \right.$$ 이다.

X가 D와 같으면, $I = M\left\{\dfrac{2}{3} + \dfrac{1}{3}\left(1 - \dfrac{L^2}{D^2}\right)^{\frac{3}{2}}\right\}$이다.

X가 D보다 더 크면,

$$I = M\left\{\dfrac{1}{3}\dfrac{X}{D} + \dfrac{1}{2} - \dfrac{1}{6}\dfrac{D}{X} + \dfrac{(D^2 - L^2)^{\frac{3}{2}}}{6X^2 D} - \dfrac{\sqrt{X^2 - L^2}}{6X^2 D}(2X^2 - 3XD + L^2)\right\}$$

이다.

X가 무한대이면, $I = M$이다.

X가 L보다 더 작으면 자기화는 이전 법칙을 따르며, 자기화시키는 힘에 비례한다. X가 L을 초과하면 즉시 자기화는 더 빠른 비율로 증가하기 시작하는데, 그것은 분자들이 한 원뿔에서 다른 원뿔로 이동을 시작하기 때문이다. 그렇지만 이런 급격한 증가는 음(陰)인 원뿔을 형성하는 분자들의 수가 줄어들면서 곧 끝나고, 마지막에 자기화는 한곗값인 M에 도달한다.

서로 다른 분자들마다 L 값과 D 값이 다르다고 가정하면, 자기화의 서로 다른 단계들이 그렇게 분명하게 표시되지 않는 결과를 얻게 된다.

자기화시키는 힘 X가 발생시키고 그 힘이 제거된 뒤에도 관찰되는 잔여 자기화 I'는 다음과 같다.

X가 L보다 더 작으면, 잔여 자기화가 없다.

X가 L과 D 사이이면, $I' = M\left(1 - \dfrac{L^2}{D^2}\right)\left(1 - \dfrac{L^2}{X^2}\right)$이다.

X가 D와 같으면, $I' = M\left(1 - \dfrac{L^2}{D^2}\right)^2$이다.

X가 D보다 더 크면, $I' = \dfrac{1}{4}M\left\{1 - \dfrac{L^2}{XD} + \sqrt{1 - \dfrac{L^2}{D^2}}\sqrt{1 - \dfrac{L^2}{X^2}}\right\}^2$이다.

X가 무한대이면, $I' = \dfrac{1}{4}M\left\{1 + \sqrt{1 - \dfrac{L^2}{D^2}}\right\}^2$이다.

만일 $M = 1{,}000$, $L = 3$, $D = 5$라면 얻는 임시 자기화 값과 잔여 자기화 값은 다음과 같다.

Magnetizing Force	Temporary Magnetization	Residual Magnetization
X	I	I'
0	0	0
1	133	0
2	267	0
3	400	0
4	729	280
5	837	410
6	864	485
7	882	537
8	897	574
∞	1000	810

이 결과는 그림 10에 그려져 있다.

임시 자기화에 대한 곡선은 처음에는 $X = 0$에서 $X = L$까지 직선이다. 이 곡선이 다음에는 $X = D$까지 더 급격하게 증가하며, X가 증가하면 이 곡선은 수평 방향의 점근선에 접근한다.

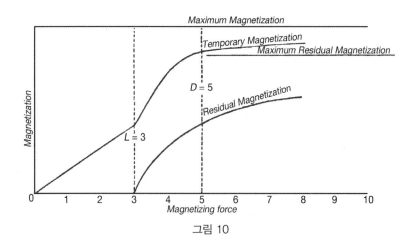

그림 10

잔여 자기화에 대한 곡선은 $X = L$에서 시작하고, 거리$= .81M$에서 접근
선에 접근한다.

이렇게 구한 잔여 자기화는, 외부 힘이 제거된 때, 물체 자체의 자기 분포
로부터 발생하는 자기를 소거시키는 힘이 존재하지 않을 때와 대응한다는
것을 기억해야 한다. 그러므로 이 계산은 오직 세로로 자기화된 매우 길이
가 긴 물체에만 적용할 수 있다. 짧고 두꺼운 물체의 경우에, 잔여 자기는,
마치 외부의 반대 방향으로 자기화시키는 힘이 작용한 것과 똑같은 방법으
로, 자유 자기의 반작용 때문에 감소하게 된다.

446. 이런 종류의 이론에서는 아주 많은 가정들을 세웠고, 아주 많은 조절
이 가능한 상수들을 도입했으므로, 단순히 몇 가지 세트의 실험과 그 결과
가 숫자상으로 일치했다는 점만으로 이런 이론의 과학적 가치를 판단할 수
없다. 만일 이런 이론이 약간이라도 유용하다면 그것은 우리가 철 조각에
자기화가 진행되는 동안 무슨 일이 벌어지는 것인지에 대해 상상할 수 있
게 해주기 때문일 뿐이다. 이 이론이 옳은지 확인하기 위해서는 철 조각에
자기화시키는 힘 X_0를 작용한 다음에 다시 또 자기화시키는 힘 X_1을 작용
한 사례에 이론을 적용해 보아야 한다.

새로운 힘 X_1이, 앞으로 양(陽)의 방향이라고 부를, X_0가 작용했던 방향
과 같은 방향으로 작용한다면, 만일 X_1이 X_0보다 더 작으면, X_1은 분자에
어떤 영구적인 변화도 만들지 못하고, X_1이 제거될 때는 잔여 자기화는 X_0
가 만든 잔여 자기화와 같다. 만일 X_1이 X_0보다 더 크면, X_1은 X_0가 작용하
지 않았다면 생겼을 효과와 정확히 같은 효과를 만든다.

그러나 이번에는 X_1이 음(陰)의 방향으로 작용한다고 가정하고

$$X_0 = L \operatorname{cosec} \theta_0 \quad \text{그리고} \quad X_1 = -L \operatorname{cosec} \theta_1$$

이라고 가정하자.

X_1의 숫자 값이 커지면, θ_1은 줄어든다. X_1이 가장 먼저 영구적인 편향을

만들 분자들은 A 주위의 원뿔에 둘레를 형성하는 분자들이며, 이 분자들은 편향되지 않을 때 경사각이 $\theta_0 + \beta_0$이다.

$\theta_1 - \beta_0$가 $\theta_0 + \beta_0$보다 더 작아지면 즉시 자기화(磁氣化) 소거가 시작된다. 이 순간에는 $\theta_1 = \theta_0 + 2\beta_0$이기 때문에, 자기화의 소거를 시작하는 데 필요한 힘인 X_1은 자기화를 만드는 힘인 X_0보다 더 작다.

모든 분자에 대해 D 값과 L 값이 같다면, X_1이 조금만 더 커져도 축의 경사가 $\theta_0 + \beta_0$인 분자들로 이루어진 둘레 전체를 음(陰)의 축 OB를 향해 축의 경사가 $\theta_1 + \beta_0$인 위치로 비튼다.

비록 자기화의 소거가 이것처럼 갑작스러운 방식으로 일어나지는 않지만, 그 소거가 아주 급격히 일어나서 이런 방식으로 과정을 설명하는 것을 어느 정도 확인할 수 있다.

이제 반대쪽으로 향하는 힘 X_1에 적당한 값을 부여하여 철 조각의 자기화를 정확하게 소거했다고 가정하자.

이제 분자들의 축들은, 전에 전혀 자기화되지 않았던 철 조각처럼, 모든 방향에 대해 차별 없이 배열되지 않고, 세 그룹을 형성한다.

(1) 양극을 둘러싸는 반 꼭지각이 $\theta_1 - \beta_0$인 원뿔 내부에서, 분자들의 축은 원래 위치를 유지한다.

(2) 음극을 둘러싸는 반 꼭지각이 $\theta_0 - \beta_0$인 원뿔 내부 경우도 똑같다.

(3) 다른 모든 분자들의 축 방향은 음극을 둘러싸는 원뿔면을 형성하고 원뿔면의 경사는 $\theta_1 + \beta_0$이다.

X_0과 D보다 더 크면 두 번째 그룹이 존재하지 않는다. X_1이 D보다 더 크면 첫 번째 그룹도 역시 존재하지 않는다.

그러므로 철의 상태는, 비록 겉보기로는 반자성일 때지만, 전에 절대로 자기화되지 않았던 철 조각의 상태와는 다른 상태에 있다.

이것을 보이기 위해, 양의 방향을 따라서 작용하거나 음의 방향을 따라서 작용하는 자기화시키는 힘 X_2의 효과를 고려하자. 그런 힘의 첫 번째 영구적인 효과는 분자들의 세 번째 그룹에 존재하는데, 이 분자들의 축은 음의 축과 각$= \theta_1 + \beta_0$를 만든다.

힘 X_2가 음의 방향으로 작용한다면, 그 힘은 $\theta_2 + \beta_0$가 $\theta_1 + \beta_0$보다 더 작아지는 즉시 영구적인 효과를 만들기 시작하는데, 그것은 X_2가 X_1보다 더 커지면 즉시 그렇게 됨을 의미한다. 그런데 X_2가 양의 방향으로 작용한다면 X_2는 $\theta_2 - \beta$가 $\theta_1 + \beta_0$보다 더 작아지면 즉시 다시 자기화시키기 시작하는데, 그것은 $\theta_2 = \theta_1 + 2\beta_0$일 때, 또는 X_2가 여전히 X_1보다 훨씬 더 작을 때이다.

그러므로 우리 가설로부터 다음과 같은 것이 성립하는 것처럼 보인다.

철 조각이 힘 X_0에 의해 자기화될 때, 이 철 조각의 자기는 X_0보다 더 큰 힘의 적용이 없다면 증가될 수 없다. X_0보다 더 작은 반대 힘은 철 조각의 자기화를 줄이기에 충분하다.

철이 반대 방향으로 작용하는 힘 X_1에 의해 정확히 자기화가 소거된다면, X_1보다 더 큰 힘을 작용하지 않으면 그 철 조각을 반대 방향으로 자기화시킬 수 없으나, X_1보다 더 작은 양(陽)의 힘이면 그 철 조각의 원래 방향으로 다시 자기화시키기에 충분하다.

이 결과들은 리치,[16] 야코비,[17] 마리아니니,[18] 줄[19]에 의해 실제로 관찰되었다.

비데만은 자신의 저서 *Galvanismus**에서 철과 강철의 자기화가 자기력과 갖는 관계, 그리고 역학적 변형과 갖는 관계에 대해 매우 완벽한 설명을 하였다. 자기화의 효과를 비틀림의 효과와 상세하게 비교하여, 비데만은 도선의 일시적인 비틀림과 영구 비틀림에 대한 실험으로부터 우리가 유도

---

*   비데만(Gustav Heinrich Wiedemann)이 1861년에 초판을 발표하고 사망 직전 제4판을 발표한 저명한 저서로, 간단히 *Galvanismus*라고 부르는 책의 원 제목은 *Lehre von Galvanismus und Elektromagnetismus*이다.

한 가소성(可塑性)에 대한 아이디어와 전기에 대한 아이디어를 똑같은 적절성으로 철과 강철의 일시적인 자기화와 영구 자기화에 적용할 수 있음을 보였다.

447. 마테우치[20]*는 자기화 힘을 작용하면서 강철 막대의 길이를 연장하면 그 막대의 일시적인 자기가 증가하는 것을 발견하였다. 이 결과는 베르트하임에 의해서도 확인되었다. 연한 막대의 경우에는 연장과 함께 자기가 감소한다.

막대의 영구 자기는 막대가 연장될 때 증가하고, 축소될 때 감소한다.

그래서 철 조각을 처음에 한 방향으로 자기화하고, 그다음에 다른 방향으로 연장하면, 자기화 방향은 연장 방향으로 접근하려는 경향을 보인다. 막대가 축소되면, 자기화 방향은 축소 방향에 수직인 방향으로 되려는 경향을 보인다.

이것이 비데만 실험의 결과를 설명한다. 수직으로 놓인 도선을 통하여 전류가 흐른다. 전류가 흐르는 동안 또는 전류가 흐르기를 멈춘 뒤 가리지 않고 도선은 오른나사 방향으로 감겨 있으며, 더 아래쪽 끝이 북극이 된다.

여기서 아래쪽으로 흐르는 전류는 도선의 모든 부분을 알파벳 대문자 NS로 표시된 접선 방향으로 자기화한다.

오른손 나사 방향으로 감은 도선은 $ABCD$ 부분이 대각선 AC를 따라서 연장되도록 만들며 대각선 BD를 따라서 수축하도록 만든다. 그러므로 자기화 방향은 AC로 접근하고 BD로부터 멀어지려는 경향이 있으며, 그래서 아래쪽 끝이 북극이 되고 위쪽 끝은 남극이 된다.

---

* 마테우치(Carlo Matteucci, 1811-1868)는 이탈리아의 물리학자이자 생리학자로서 생체 전기 연구의 선구자이다.

자석의 크기에 따른 자기화의 효과

448. 줄[21]은 1842년에 철 막대는 그 막대에 감은 코일에 흐르는 전류에 의해서 자석이 되면 길이가 길어지는 것을 발견하였다. 그는 나중에 그 막대를 유리관 내의 물속에 넣어서 철 막대의 부피가 이런 자기화에 의해서 늘어나지 않음을 보였고, 철 막대의 가로 크기가 수축했다고 결론지었다.[22]

마지막으로, 줄은 철로 만든 관의 축을 통하여 전류를 흘려보내고, 그리고 관의 바깥쪽 뒤를 통해서도 전류를 흘려보냈으며, 그래서 관이 닫힌 자기(磁氣) 솔레노이드로 만들었다. 이 관의 축은 이 경우에 줄어든 것이 발견되었다.

줄은 세로로 압력을 가한 철 막대는 자기화된 때에도 역시 늘어나는 것을 발견하였다. 그렇지만 그 막대에 세로로 상당한 크기의 장력이 작용할 때는 자기화의 효과가 그 막대를 수축하였다.

이것은 지름이 4분의 1인치인 도선에 걸리는 장력이 600파운드의 무게를 초과할 때 사례였다.

강철 도선의 경우에는 도선에 늘리려는 장력이 작용하건 줄이려는 압력이 작용하건, 자기화시키는 힘의 효과는 모든 경우에 도선의 길이를 짧게

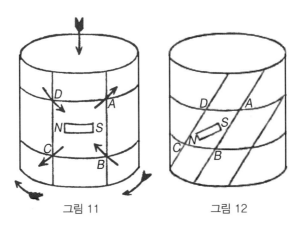

그림 11   그림 12

만들었다. 길이 변화는 자기화시키는 힘이 작용하고 있는 동안에만 계속되었고, 강철의 영구 자기화로 인한 길이의 변화는 관찰되지 않았다.

줄은 철 도선의 늘어난 길이가 실제 자기화의 제곱에 거의 비례하며, 그래서 자기를 소거하는 전류의 첫 번째 효과는 도선의 길이를 수축하는 것임을 발견하였다.

반면에, 그는 압력 아래서 도선과 그리고 강철이 줄어드는 효과는 자기화와 자기화하는 전류의 곱에 따라 변하는 것을 발견하였다.

비데만은 수직으로 세운 도선이 가장 높은 곳을 북극으로 자기화되면, 그리고 전류가 도선을 통해 아래로 흐르면, 도선의 아래쪽 끝은, 자유롭게 움직일 수 있을 때, 위에서 봤을 때 시계 방향이 움직이는 방향으로 회전하는 것을, 즉 다시 말하면 오른손 나사처럼 돌아가는 것을 발견하였다.

이 경우에 이전부터 존재하는 자기화에 대한 전류의 작용 때문에 생기는 자기화는 도선 주위에 왼손 나사 방향이다. 그래서 그렇게 돌아가는 것은 철이 자기화될 때 철은 자기화 방향으로 수축하며 자기화에 수직인 방향으로 팽창함을 가리킨다. 그런데 이것이 줄의 결과와 일치하는 것처럼 보이지는 않는다.

자기화 이론의 추가적인 발전 상황에 대해서는 832-845절을 보라.

7장
자기 현상의 측정

449. 자기(磁氣) 현상에 대한 측정 중에서 중요한 것은 자기의 축을 정하고 자석의 자기 모멘트를 정하고, 주어진 장소에서 자기력의 방향과 세기를 정하는 것이다.

이런 측정은 지표면 근처에서 이루어지므로, 자석에는 항상 중력뿐 아니라 지자기력도 작용하며, 자석의 재료는 강철이므로, 자석의 자기가 부분적으로는 영구적인 것이고 부분적으로는 유도된 것이다. 영구 자기는 온도 변화로, 강한 자기 유도로, 그리고 강한 충격으로 바뀐다. 유도된 자기는 외부 자기력이 조금이라도 변하면 바뀐다.

자석에 작용하는 힘을 관찰하는 가장 편리한 방법은 자석이 수직축을 중심으로 회전하도록 만드는 것이다. 보통 보는 나침반이 그렇게 되어 있는데, 수직으로 된 중심축에 균형을 이루는 자석을 올려놓은 것이다. 중심축의 끝점이 더 작을수록, 자기력의 작용을 방해하는 마찰의 모멘트가 더 작다. 관찰을 좀 더 개선하기 위해서는, 명주실 한 가닥 또는 한 가닥을 필요한 만큼 많은 수로 접은 것을 꼬이지 않게 만든 평행한 두 줄에 자석을 매다는데, 가능한 한 각 줄에 걸리는 무게가 거의 같게 한다. 그런 줄이 비틀리는

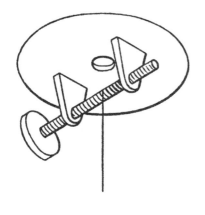

힘은 명주로 만든 줄이 같은 강도의 금속 줄보다 훨씬 더 작으며, 자석이 가리키는 방향을 관찰한 방위각을 이용하여 그 힘을 계산할 수 있는데, 자석을 축 위에 올려놓아 끝점의 마찰 때문에 발생하는 힘의 경우에는 그렇게 할 수 없다.

고정된 암나사에서 작동하는 수평으로 놓인 수나사를 회전하는 방법으로 자석을 매단 줄을 올리거나 내릴 수 있다. 줄은 나사의 홈을 따라 감겨서, 나사를 회전할 때 줄은 항상 같은 수직선을 따라 내려온다.

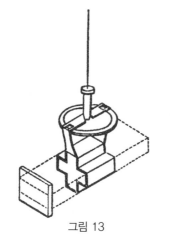

그림 13

늘어뜨린 줄에는 비틀림 원이라고 불리는 수평으로 놓인 작은 구분된 원과, 색인이 달린 등자가 연결되어 있는데, 그 등자는 비틀림 원의 어떤 정해진 부분과도 만난다. 등자에는 축이 수평 방향인 자석의 네 면이 어느 것이나 모두 딱 맞게 들어갈 수 있는 형태이다.

비틀림의 영점을 확인하기 위하여, 자석과 무게가 같으나 자석이 아닌 물체를 등자에 놓고 평형이 될 때 비틀림 원의 위치를 알아낸다.

자석 자체는 단단하게 제련한 강철 조각이다. 가우스와 베버에 따르면, 자석이 길이는 최대 가로 크기의 적어도 8배가 되어야 한다. 자석 내부에서 자기의 축 방향이 변하지 않아야 하는 것이 가장 중요한 고려사항이면 이것이 꼭 필요하다. 반면에 자석이 반응하여 신속하게 움직이는 것이 요구되면, 자석은 더 짧아야 하며, 자기력이 갑자기 변하는 것을 관찰하려면 심지어 가로로 자기화된 자석을 길이가 긴 쪽이 수직이 되도록 매달아 이용하는 것이 더 바람직할 수도 있다.[23]

450. 자석은 각도를 확인하도록 배치될 수 있다. 보통 목적으로는 자석의 두 끝이 표시되어 있고, 각 끝의 아래는 구분된 원이 놓여 있어서, 매달린 줄과 바늘 끝을 통과하는 면에 놓인 눈에 의해서 두 끝의 위치를 읽어낸다.

좀 더 정확하게 관찰하기 위해서는 자석에 평면거울을 고정하고, 거울의 법선이 가능한 한 자기화 축과 일치시킨다. 가우스와 베버가 이 방법을 이용한다.

다른 방법으로 자석의 한쪽 끝에 렌즈를 붙이고 다른 쪽 끝에는 유리에 홈을 판 자를 붙이는데, 자로부터 렌즈까지 거리는 렌즈의 주 초점거리와 같게 한다. 자의 0점과 렌즈의 광학 중심을 잇는 직선은 가능한 한 자기 축과 가깝게 일치해야 한다.

줄에 매단 장치가 가리키는 각의 위치를 알아내는 이런 광학적 방법이 물리 현상에 대한 많은 연구에서 대단히 중요하므로, 여기서 그런 방법들과 관련된 수학적 이론의 완결판을 고려하려고 한다.

거울 방법의 이론

각의 위치를 정하려는 장치가 수직축 주위로 회전할 수 있다고 가정하자. 이 축은 일반적으로 그 장치가 매달린 줄 또는 철사이다. 거울은 엄밀한 평면이어야 하며, 그래서 거울로부터 거리가 몇 미터 정도 떨어진 곳에서 반사로 밀리미터 정도의 크기를 분명하게 볼 수 있어야 한다.

거울의 중앙을 통과하는 법선은 내려뜨린 줄의 축을 통과하고 정확하게 수평을 이뤄야 한다. 이 법선을 장치의 조준선(照準線)이라고 부르자.

수행할 예정인 실험 동안에 조준선의 평균 방향을 대강 확인한 다음에, 거울 앞 적당한 거리에 거울의 높이보다 약간 높도록 망원경을 세운다.

망원경은 수직면 상에서 움직일 수 있으며, 거울 바로 위에 매달린 줄 방향을 향하고, 시선을 따라서 대물렌즈로부터 수평 거리가 대물렌즈에서 거울까지 거리의 2배인 곳에 고정된 표식을 세운다. 가능하다면 이 표시가 벽또는 다른 고정 대상이 되도록 장치를 배열한다. 망원경을 통하여 이 표식과 매달린 줄을 동시에 보기 위하여, 수직 지름을 따라 틈이 나 있는 대물렌즈 위에 뚜껑을 얹을 수도 있다. 이 뚜껑은 다른 관찰에서는 제거해야 한다. 그다음에 표식이 망원경의 초점에 수직으로 세운 철사와 일치하는 것이 분명하게 보이도록 망원경을 조정한다. 그리고 나서 추선(錘線)이 대물렌즈의 광학 중심 앞을 가까이 지나서 망원경 아래까지 걸리도록 조정한다. 망원경 아래 그리고 추선 바로 뒤에는 똑같은 간격을 새긴 자를 놓고 표식과 매달린 줄 그리고 추선을 지나는 평면이 그 자를 수직으로 지나며 이등분한다. 자의 높이와 대물렌즈의 높이를 더한 합이 바닥에서 거울까지 높이의 2배와 같아야 한다. 이제 거울을 향하는 망원경은 그 안에서 자의 반사된 모습을 보게 된다. 자에서 추선이 지나가는 부분이 망원경의 수직 철사와 일치하여 보이면, 거울의 조준선이 표식과 대물렌즈의 광학 중심을 지나는 평면과 일치한다. 그 수직 철사가 자의 어떤 다른 부분과 일치하면, 조준선의 각을 표시하는 위치를 다음과 같이 구한다.

종이 면이 수평으로 놓이게 하고, 여러 점을 이 면 위에 투사시키자. 망원경 대물렌즈의 중심이 O이고, 고정된 표식이 P이며, P와 망원경의 수직철사가 대물렌즈에 대해 켤레를 이루는 초점들이라고 하자. 그리고 OP가 거울 면을 지나가는 점을 M이라고 하자. 거울의 법선을 MN이라고 하면, $OMN = \theta$는 조준선이 고정된 평면과 만드는 각이다. MS가 OM과 MN이 만드는 평면에 그린 선으로 $NMS = OMN$이라면, S는 망원경의 수직 철사와 일치하도록 반사로 보이게 될 자의 부분이다. 이제, MN이 수평으로 놓

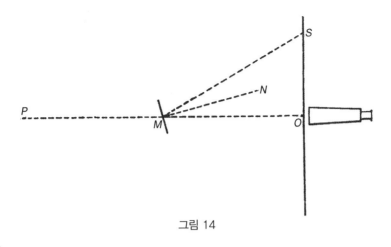

그림 14

여 있으므로, 그림에서 투사된 두 각 OMN과 NMS는 같고, 결과적으로 $OMS = 2\theta$이다. 그래서 $OS = OM\tan2\theta$이다.

그러므로 자의 구분으로 OM을 측정해야 하며, 그러면 s_0가 추선과 일치하는 자의 분할이고, s가 관찰된 분할이면

$$s - s_0 = OM\tan2\theta$$

이며, 이렇게 θ를 구할 수 있다. OM을 측정하면서 거울이 뒷면에 은을 바른 유리이면, 반사하는 표면의 허상은 유리의 앞쪽 표면 뒤 거리가 $= \dfrac{t}{\mu}$인 곳에 생기는 것을 기억해야 한다. 여기서 t는 유리의 두께이고, μ는 유리의 굴절률이다.

매달린 줄이 반사 점을 지나가지 않으면, M의 위치는 θ와 함께 변하는 것도 또한 기억해야 한다. 그래서, 가능하다면, 거울의 중심이 매달린 줄과 일치하게 만드는 것이 바람직하다.

특히 커다란 각도의 움직임을 관찰할 때는, 매달린 줄이 축인 오목한 원통의 표면 행태로 자를 만드는 것도 역시 바람직하다. 그러면 탄젠트 표를 참고하지 않고서도 원형 측정에서 원하는 각을 즉시 관찰하게 된다. 자는 신중하게 조정되어서, 원통의 축이 매달린 줄과 일치해야 한다. 자에 새긴

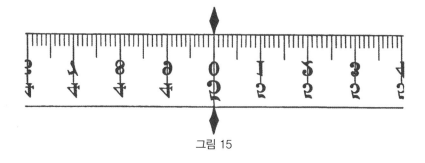

그림 15

눈금 숫자는 한쪽 끝에서 다른 쪽 끝으로 점점 더 큰 숫자가 될 때 반드시 한 방향으로만 증가해서 0보다 작은 값을 읽지 않도록 해야 한다. 그림 15는 거울과 그리고 상을 뒤집는 망원경과 함께 사용하는 자의 중간 부분을 보여준다.

움직임이 빠르지 않을 때는 이런 방법으로 관찰하는 것이 가장 좋다. 관찰자는 망원경 앞에 앉아서 망원경의 수직 철사를 오른쪽 또는 왼쪽으로 지나가는 자의 상을 본다. 옆에 시계를 놓아두면, 관찰자는 자에서 정해진 눈금이 철사를 지나가는 순간이나 시계에 표시한 눈금을 지나갈 때 자의 위치를 확인할 수 있고, 관찰자는 또한 진동마다 한곗값을 기록할 수 있다.

움직임이 더 빨라지면 진동의 끝에서 정지하는 순간을 제외하고는 자의 눈금을 읽기가 불가능해진다. 자의 알려진 눈금에 잘 보이는 표시를 해서 그 표시를 통과하는 순간을 확인할 수 있다.

장치가 매우 가볍고, 힘들은 변하면, 움직임이 아주 즉각적이고 신속하게 일어나서 망원경을 통한 측정은 소용이 없을 수도 있다. 이런 경우에 관찰자는 자를 직접 보고, 램프에 의해 자에 드리워진 수직 철사 그림자의 운동을 측정한다.

거울에 반사되고 대물렌즈에 굴절된 자의 상이 수직 철사와 일치하기 때문에, 충분히 밝게 비추면 수직 철사가 자와 일치하게 될 것은 명백하다. 이렇게 측정하기 위하여 실험실을 어둡게 하고 램프의 집중된 광선을 대물렌즈를 향해 수직 철사에 비춘다. 자 위에는 철사의 그림자와 교차된 빛의 밝은 패치(patch)가 보인다. 그 패치의 움직임을 눈으로 따라갈 수 있으며, 패치가 정지하게 되는 부분의 자의 눈금을 눈으로 확인하고 그것을 느긋하게 읽을 수도 있다. 자에서 정해진 점을 밝은 점이 지나가는 순간을 읽어야 한다면, 핀 또는 밝은 색의 금속 철사를 그곳에 놓아서 통과하는 순간에 번득이게 만든다.

십자로 된 철사를 가로막에 뚫린 작은 구멍으로 대체하면 상(像)은 자에서 오른쪽 또는 왼쪽으로 움직이는 밝은 작은 점이 되며, 태엽 장치로 수평축 주위로 회전하고 겉면은 인화지로 덮은 원통으로 자를 대신하면, 광점(光點)이 나중에 눈에 보이게 만들 수 있는 곡선으로 된 흔적을 남긴다. 이 곡선의 각 가로 좌표는 시간에 대응하며, 세로 좌표는 그 시간에 거울의 각 위치를 가리킨다. 이런 방법으로 큐 천문대*와 다른 천문대들에서 지자기(地磁氣)의 모든 요소를 연속적으로 기록하는 자동 시스템이 구축되었다.

때에 따라서는 망원경을 설치하지 않고 수직 철사를 그 뒤에 놓은 램프로 비추며, 오목 거울을 사용하고 자에는 철사의 상(像)이 빛 패치를 지나는 검은 선의 형태가 된다.

451. 큐 천문대의 운반이 가능한 휴대용 장치에서는 관의 형태로 만든 자석의 한쪽 끝이 렌즈이고 다른 쪽 끝은 유리 자로 렌즈의 주 초점이 위치한 자리에 놓이도록 조절된다. 자 뒤쪽에서 자석으로 들어온 빛은 렌즈를 통과한 뒤에 그 빛을 망원경으로 바라본다.

자가 렌즈의 주 초점에 놓이기 때문에, 자의 어떤 눈금에서 출발한 광선이라도 모두 렌즈를 지난 다음에는 평행하게 진행하며 망원경을 지상의 물

---

* 큐 천문대(Kew observatory)는 영국의 왕 조지 3세가 1769년에 런던 리치먼드의 큐 지구에 세운 천문대로, 현재는 개인 소유로 이름도 King's observatory라고 바뀌었다.

체에 조준하면, 자가 망원경의 수직 철사와 광학적으로 일치하여 보인다. 자의 한 눈금이 수직 철사의 교차점과 일치하면, 그 눈금과 렌즈의 광학 중심을 잇는 선은 망원경의 조준선과 평행하게 된다. 자석을 고정하고 망원경을 움직여서 자의 그 눈금에 대한 각도 값을 알아낼 수 있으며, 그러면 자석이 매달려 있고 망원경의 위치를 알 때, 수직 철사와 일치하는 자의 눈금을 읽는 방법으로 어떤 순간에서든지 자석의 위치를 구할 수 있다.

중심이 늘어뜨린 줄이 그리는 선에 중심이 놓인 팔걸이 위에 놓인 망원경의 위치는 장치의 방위환에 설치된 버니어를 이용하여 읽는다.

이런 배치는 소규모 휴대용 자기계(磁氣計)에 적합하며, 여기서는 전체 장비가 하나의 삼각대 위에 올려져 있고, 이 삼각대에서는 돌발적으로 일어나는 움직임에 의한 진동은 빠르게 잦아든다.

자석 축 방향과 지자기 방향의 결정

452. 자석에 기준계의 축으로 이용할 선을 그리는데, 자석이 평행 육면체의 막대라고 할 때, 막대의 길이 방향을 z 축, 그리고 막대의 옆면에 수직인 방향으로 x 축과 y 축이라고 하자.

이 축들과 자기 축들이 만드는 각을 각각 l, m, n, 그리고 조준선이 만드는 각을 각각 λ, μ, ν라고 하자.

자석의 자기 모멘트는 M, 지자기의 수평 성분은 H, 지자기의 수직성분은 Z라 하고, 북쪽에서 서쪽을 향하는 방향을 기준으로 H가 작용하는 방위각이 δ라고 하자.

관찰된 조준선의 방위각은 ζ라 하고, 등자의 방위각은 α, 그리고 비틀림 원의 색인 눈금이 β라고 하면, $\alpha - \beta$는 늘어뜨린 줄의 아래쪽 끝의 방위각이다.

비틀림이 없을 때 $\alpha - \beta$ 값을 γ라고 하면, α로 줄어들려고 하는 비틀림

힘의 모멘트는

$$\tau(\alpha - \beta - \gamma)$$

가 되는데, 여기서 τ는 줄을 무엇으로 만들었느냐에 따라 정해지는 비틀림 계수이다.

이제 λ를 구하기 위해, 등자를 고정해서 y는 수직으로 위를 향하게 하고, z는 북쪽을, x는 서쪽을 향하게 한 다음, 조준선의 방위각 ζ를 측정하자. 그 다음에 자석을 꺼내서 z 축 주위로 각 π만큼 돌린 다음 거꾸로 뒤집은 위치로 다시 장착하고, y는 아래쪽 그리고 x는 동쪽일 때 방위각 ζ'를 측정하면

$$\zeta = \alpha + \frac{\pi}{2} - \lambda \tag{1}$$

$$\zeta' = \alpha - \frac{\pi}{2} + \lambda \tag{2}$$

가 된다.

그래서

$$\lambda = \frac{\pi}{2} + \frac{1}{2}(\zeta' - \zeta) \tag{3}$$

이다.

다음으로, 등자를 늘어뜨린 줄에 연결하고, 등자에 자석을 설치해서 y가 수직으로 위쪽을 향할 수 있도록 조심스럽게 조정하면, α를 증가시키려는 힘의 모멘트는

$$MH \sin m \sin\left(\delta - \alpha - \frac{\pi}{2} + l\right) - \tau(\alpha - \beta - \gamma) \tag{4}$$

이다.

그러나 ζ가 측정된 조준선의 방위각

$$\zeta = \alpha + \frac{\pi}{2} - \lambda \tag{5}$$

이면 그 힘을

$$MH \sin m \sin(\delta - \zeta + l - \lambda) - \tau\left(\zeta + \lambda - \frac{\pi}{2} - \beta - \gamma\right) \tag{6}$$

라고 쓸 수도 있다.

장치가 평형을 이루면 이 양은 특정한 ζ 값에 대해 0이다.

장치가 좀처럼 정지하지 않고 흔들거리는 상태에서 측정이 이루어져야 하면, 평형 위치에 대응하는 ζ 값을 나중에 735절에서 설명될 방법을 이용하여 계산할 수 있다.

비틀림 힘이 자기력의 모멘트와 비교해 작을 때는, 그 각의 사인을 $\delta - \zeta + l - \lambda$라고 놓을 수 있다.

비틀림 원에서 구한 눈금의 두 값 β_1과 β_2를 β라고 놓고, 그 두 값에 대응하는 ζ 값이 ζ_1과 ζ_2라면,

$$MH\sin m\,(\zeta_1 - \zeta_2) = \tau(\zeta_1 - \zeta_2 - \beta_1 + \beta_2) \tag{7}$$

가 되며, 또는

$$\frac{\zeta_1 - \zeta_2}{\zeta_1 - \zeta_2 - \beta_1 + \beta_2} = \tau' \quad \text{이어서} \quad \tau = MH\sin m\,\tau' \tag{8}$$

라고 놓으면, (7) 식은 $MH\sin m$으로 나눈 다음에

$$\delta - \zeta + l - \lambda - \tau'\left(\zeta + \lambda - \frac{\pi}{2} - \beta - \gamma\right) = 0 \tag{9}$$

이 된다.

이제 자석을 뒤집어서 아래쪽인 y가 정확하게 수직이 될 때까지 장치를 조정하면, 그리고 ζ'가 방위각의 새로운 값이고, δ'가 이에 대응하는 복각이면

$$\delta' - \zeta' - l + \lambda - \tau'\left(\zeta' - \lambda + \frac{\pi}{2} - \beta - \gamma\right) = 0 \tag{10}$$

이어서

$$\frac{\delta + \delta'}{2} = \frac{1}{2}(\zeta + \zeta') + \frac{1}{2}\tau'(\zeta + \zeta' - 2(\beta + \gamma)) \tag{11}$$

가 된다.

이제 τ' 계수가 거의 0에 가깝도록 비틀림 원의 눈금을 조정해야 한다. 그런 목적으로는 비틀림이 없을 때 $\alpha - \beta$ 값인 γ를 정해야 한다. 한 가지 방법은 자석과 무게가 같지만 자기를 띠지 않는 막대를 등자에 넣고, 평형을 이룰 때 $\alpha - \beta$ 값을 정하는 것이다. τ'가 작아서 큰 정확도가 요구되지는 않는

다. 다른 방법으로 자석과 같은 무게의 비틀림 막대를 이용하는데, 막대 속에 자기 모멘트가 원래 자석의 $\frac{1}{n}$인 아주 작은 자석을 넣는다. τ는 전과 같은 채로 유지되므로, τ'는 $n\tau'$가 되고, 비틀림 막대로 구한 ζ 값이 ζ_1과 ζ_1'라면,

$$\delta = \frac{1}{2}\left(\zeta_1 + \zeta_1'\right) + \frac{1}{2}n\tau'\left(\zeta_1 + \zeta_1' - 2(\beta + \gamma)\right) \tag{12}$$

가 된다.

(11) 식에서 이 식을 빼면

$$2(n-1)(\beta+\gamma) = \left(n + \frac{1}{\tau'}\right)(\zeta_1 + \zeta_1') - \left(1 + \frac{1}{\tau'}\right)(\zeta + \zeta') \tag{13}$$

를 얻는다.

이런 방법으로 $\beta + \gamma$ 값을 구하면, 비틀림 원의 눈금값인 β는 장치의 평소 위치에서

$$\zeta + \zeta' - 2(\beta + \gamma) = 0 \tag{14}$$

과 최대한 가까이 될 때까지 바뀌어야 한다.

그러면, τ'는 아주 작은 값을 갖는 양이므로, 그리고 그 양의 계수가 매우 작으므로, δ에 대한 표현에서 두 번째 항의 값은 정확하게 측정하기가 가장 어려운 τ'와 γ 값에 작은 오차가 있다고 하더라도 크게 변하지는 않는다.

자기(磁氣) 편위인 δ의 값은 실험하는 동안 변하지 않고 일정하게 유지되어서 $\delta' = \delta$라고 가정할 수만 있다면, 이런 방법으로 상당히 정확하게 구할 수 있다.

아주 좋은 정확도가 요구될 때는 실험하는 동안 δ가 어떻게 변하는지도 헤아려야 할 필요가 있다. 그런 목적으로는 서로 다른 ζ 값들이 측정되는 같은 순간에 또 다른 매달린 자석을 측정해야 하며, η와 η'가 각각 ζ와 ζ'에 대응하여 두 번째 자석에서 측정한 방위각이라면, 그리고 대응하는 δ 값들이 각각 δ와 δ'라면,

$$\delta' - \delta = \eta' - \eta \tag{15}$$

가 된다.

그래서, δ 값을 구하기 위해 (11) 식에 보정 값

$$\frac{1}{2}(\eta - \eta')$$

를 더해야 한다. 그러므로 첫 번째 측정할 때 편위는

$$\delta = \frac{1}{2}(\zeta + \zeta' + \eta - \eta') + \frac{1}{2}\tau'(\zeta + \zeta' - 2\beta - 2\gamma) \qquad (16)$$

가 된다.

자석에서 자기 축 방향을 구하기 위해 (9) 식에서 (10) 식을 빼고 (15) 식을 더하면

$$l = \lambda + \frac{1}{2}(\zeta - \zeta') - \frac{1}{2}(\eta - \eta') + \frac{1}{2}\tau'(\zeta - \zeta' + 2\lambda - \pi) \qquad (17)$$

를 얻는다.

막대의 두 모서리로도 실험을 반복해서, x 축이 수직 방향으로 위 그리고 아래이면, m의 값을 구할 수 있다. 조정이 가능하다면 조준 축은 가능한한 자기 축과 가장 가까이 일치하도록 만들어야 하며, 그러면 자석을 정확하게 거꾸로 뒤집지 못해서 발생하는 오차가 최소가 된다.[24]

자기력 측정에 대하여

453. 자기력 측정에서는 자석의 자기 모멘트인 M을 정하고 지자기의 수평 성분 세기인 H를 정하기 위한 측정이 가장 중요하다. 이것은 일반적으로 두 실험의 결과를 결합하여 이루어지는데, 그중 하나는 이 두 양(量)의 비를 정하는 것이고, 다른 하나는 이 두 양의 곱을 정하는 것이다.

자석의 중심에서 자석의 플러스 x 축 방향으로 거리가 r인 점에 놓인 자기 모멘트가 M인 무한히 작은 자석에 의한 자기력의 세기는

$$R = 2\frac{M}{r^3} \qquad (1)$$

이며 r의 방향을 향한다. 자석의 크기가 유한하나 구형(球形)이고, 자석의 축 방향으로 균일하게 자기화되어 있으면, 이렇게 표현한 힘의 값은 여전히 정확하게 성립한다. 자석이 길이가 $2L$인 솔레노이드형의 막대자석이면

$$R = 2\frac{M}{r^3}\left(1 + 2\frac{L^2}{r^2} + 3\frac{L^4}{r^4} + \text{등등}\right) \tag{2}$$

이다.

자석이 크기는 r와 비교하여 아주 작으나 임의의 형태라면

$$R = 2\frac{M}{r^3}\left(1 + A_1\frac{1}{r} + A_2\frac{1}{r^2}\right) + \text{등등} \tag{3}$$

이 되는데, A_1, A_2 등등은 막대에 자기화가 어떻게 분포되는지에 따라 정해지는 계수들이다.

임의의 장소에서 지자기의 수평 부분의 세기가 H라고 하자. H는 자북(磁北)을 향한다. r를 자석으로 측정한 서쪽을 향해 측정한다면, r의 끝에서 자기력은 북쪽을 향해서는 H이고 서쪽을 향해서는 R이다. 그 합력은 자석으로 정한 자오선과 서쪽을 향해 측정해서 각 θ를 이루며, 그 세기는

$$R = H\tan\theta \tag{4}$$

이다.

자북(磁北) 방향이 확실히 정해지고, 크기가 너무 크지 않은 자석을 이전 실험에서처럼 매달아 놓으며, 방향을 바꾸게 만드는 자석 M을, 같은 수평면 위에서 매달린 자석의 중심으로부터 자석으로 정한 동쪽을 향해 거리가 r인 곳에 그 중심이 오도록 갖다 놓는다.

M의 축을 조심스럽게 조정해서 수평을 놓고 r의 방향을 향하도록 한다.

M을 가까이 가져오기 전에 매달린 자석을 측정하고, M을 제 위치에 놓은 뒤에도 또 매달린 자석을 측정한다. θ가 측정된 편침이면, 근사 공식 (1)을 이용하면

$$\frac{M}{H} = \frac{r^3}{2}\tan\theta \tag{5}$$

를 얻고, 공식 (3)을 이용하면

$$\frac{1}{2}\frac{H}{M}r^3\tan\theta = 1 + A_1\frac{1}{r} + A_2\frac{1}{r^2} + 등등 \tag{6}$$

을 얻는다.

여기서 비록 편침 θ는 매우 정확하게 측정될 수 있지만, 두 자석이 중심 사이의 거리 r는, 두 자석 모두 고정되고 두 자석의 중심을 표시해 두지 않는 이상, 정확하게 측정될 수 없다는 사실을 잊지 말아야 한다.

이런 어려움은 다음과 같이 극복된다.

자석 M을 매달린 자석의 양쪽인 동쪽과 서쪽으로 연장된 양팔 저울 위에 올려놓는다. M의 양쪽 끝의 중간 점을 자석의 중심이라고 생각한다. 자석에서 이 점을 표시하고, 저울 위에서 측정된 이 점의 위치 또는 자석 양 끝의 위치를 측정하고 산술 평균을 계산한다. 그 산술 평균을 s_1이라고 하고, 매달린 자석을 매단 줄의 선이 기울어졌을 때, 선이 저울을 s_0에서 만난다면, $r_1 = s_1 - s_0$인데 여기서 s_1은 정확히 알며 s_0는 근사적으로 안다. M이 이 위치에서 측정된 편위를 θ_1이라고 하자.

이제 M을 뒤집어 놓으면, 즉 저울 위에 자석의 두 끝을 반대로 돌려서 놓으면, r_1은 전과 같지만, M과 A_1, A_3 등등은 부호가 반대로 바뀌는데, 그래서 θ_2가 편위이면

$$-\frac{1}{2}\frac{H}{M}r_1^3\tan\theta_2 = 1 - A_1\frac{1}{r_1} + A_2\frac{1}{r_1^2} - 등등 \tag{7}$$

이 된다.

(6) 식과 (7) 식의 산술 평균을 취하면

$$\frac{1}{4}\frac{H}{M}r_1^3(\tan\theta_1 - \tan\theta_2) = 1 + A_2\frac{1}{r_1^2} + A_4\frac{1}{r_1^4} + 등등 \tag{8}$$

이다.

이제 M을 매달린 자석의 서쪽 편으로 옮겨서, 저울에 $2s_0 - s$라고 표시된 점에 M의 중심을 가져다 놓는다. 축이 처음 위치에 있을 때 편위를 θ_3라 하고, 두 번째 위치에 있을 때 편위를 θ_4라고 하자. 그러면 전과 마찬가지로

$$\frac{1}{4}\frac{H}{M}r_2^3(\tan\theta_3 - \tan\theta_4) = 1 + A_2\frac{1}{r_2^2} + A_4\frac{1}{r_2^4} + \text{등등} \tag{9}$$

이다.

이제 매달린 자석의 중심의 실제 위치가 s_0가 아니라 $s_0+\sigma$라고 하자. 그러면

$$r_1 = r - \sigma, \qquad r_2 = r + \sigma \tag{10}$$

이고

$$\frac{1}{2}\left(r_1^n + r_2^n\right) = r^n\left(1 + \frac{n(n-1)}{2}\frac{\sigma^2}{r^2} + \text{등등}\right) \tag{11}$$

이며, 조심스럽게 측정했다면 $\frac{\sigma^2}{r^2}$은 무시할 수 있으므로, r^n 값으로 r_1^n과 r_2^n의 산술 평균을 취해도 되리라고 확신한다.

그래서, (8) 식과 (9) 식의 산술 평균을 취하면

$$\frac{1}{8}\frac{H}{M}r^3(\tan\theta_1 - \tan\theta_2 + \tan\theta_3 - \tan\theta_4) = 1 + A_2\frac{1}{r^2} + \text{등등} \tag{12}$$

이거나

$$\frac{1}{4}\left(\tan\theta_1 - \tan\theta_2 + \tan\theta_3 - \tan\theta_4\right) = D \tag{13}$$

라고 놓으면

$$\frac{1}{2}\frac{H}{M}Dr^3 = 1 + A_2\frac{1}{r^2} + \text{등등}$$

이 된다.

454. 이제 D와 r를 정확히 정할 수 있다고 생각해도 된다.

자석 길이의 절반이 L이라면, 어떤 경우에도 A_2라는 양은 $2L^2$을 초과할 수 없어서, r가 L과 비견할 정도의 크기이면 A_2항을 무시할 수 있으며 H를 M으로 나눈 비를 즉시 정할 수 있다. 그렇지만 A_2가 $2L^2$과 같다고 가정할 수는 없는데, 왜냐하면 A_2는 더 작을 수도 있으며, 자석의 가장 긴 길이가 축에 수직이면 심지어 A_2가 음수일 수도 있기 때문이다. A_4 항과 그보다 더 높은 차수의 항들은 모두 무시하더라도 안전하다.

A_2를 소거하려면, 거리 r_1, r_2, r_3 등등을 이용하여 실험을 반복하고 대응하는 D 값이 각각 D_1, D_2, D_3 등등이라고 하면

$$D_1 = \frac{2M}{H}\left(\frac{1}{r_1^3} + \frac{A_2}{r_1^5}\right)$$

$$D_2 = \frac{2M}{H}\left(\frac{1}{r_2^3} + \frac{A_2}{r_2^5}\right)$$

등등   등등

이 된다.

이 식들 하나하나에 있을 수 있는 오차가 모두 같다고 가정하면, 실제 오차가 단지 D 하나를 정하는 것에만 의존하면 그런 가정이 성립하는데, 그리고 r에 대해서는 불확실한 점이 전혀 없다면, 각 식의 있을 수 있는 오차가 같다고 가정된 때 실수할 수 있는 측정의 조합 이론에 나오는 일반적인 규칙에 따라, 각 식을 r^{-3}으로 곱하고 그 결과를 모두 합해서 식 하나를 얻고, 각 식을 r^{-5}으로 곱하고 그 결과를 모두 합해서 다른 식 하나를 얻는다.

이제

$$D_1 r_1^{-3} + D_2 r_2^{-3} + D_3 r_3^{-3} + 등등 \qquad 대신 \qquad \sum\left(Dr^{-3}\right)$$

이라고 쓰고 다른 그룹의 기호들의 합에 대해서도 비슷한 표현을 이용하면, 앞에서 말한 두 경우의 결과 식을

$$\sum\left(Dr^{-3}\right) = \frac{2M}{H}\left(\sum\left(r^{-6}\right) + A_2\sum\left(r^{-8}\right)\right)$$

$$\sum\left(Dr^{-5}\right) = \frac{2M}{H}\left(\sum\left(r^{-8}\right) + A_2\sum\left(r^{-10}\right)\right)$$

이라고 쓸 수 있으며, 그래서

$$\frac{2M}{H}\left\{\sum\left(r^{-6}\right)\sum\left(r^{-10}\right) - \left[\sum\left(r^{-8}\right)\right]^2\right\}$$
$$= \sum\left(Dr^{-3}\right)\sum\left(r^{-10}\right) - \sum\left(Dr^{-5}\right)\sum\left(r^{-8}\right)$$

그리고

$$A_2\left\{\sum\left(Dr^{-3}\right)\sum\left(r^{-10}\right) - \sum\left(Dr^{-5}\right)\sum\left(r^{-8}\right)\right\}$$
$$= \sum\left(Dr^{-6}\right) - \sum\left(Dr^{-3}\right)\sum\left(r^{-8}\right)$$

이 된다.

이 식들로부터 유도된 A_2의 값은 자석 M의 길이 제곱의 절반보다 더 작아야 한다. 만일 그렇지 않으면 측정에 어떤 오차가 있다고 의심해도 좋다. 이렇게 측정하고 환산하는 방법은 가우스의 "First Report of the Magnetic Association"에 나와 있다.

관찰자가 거리 r_1에서 한 번, r_2에서 한 번으로 단 두 번만 일련의 실험을 수행할 수 있다면, 이 실험으로부터 유도하는 $\frac{2M}{H}$ 값은

$$Q = \frac{2M}{H} = \frac{D_1 r_1^5 - D_2 r_2^5}{r_1^2 - r_2^2}, \qquad A_2 = \frac{D_2 r_2^3 - D_1 r_1^3}{r_1^2 - r_2^2} r_1^2 r_2^2$$

이다.

측정된 편위 D_1과 D_2의 실제 오차가 δD_1과 δD_2라면, 계산된 결과 Q의 실제 오차는

$$\delta Q = \frac{r_1^5 \delta D_1 - r_2^5 \delta D_2}{r_1^2 - r_2^2}$$

이다.

두 오차 δD_1과 δD_2가 서로 독립이고, 둘 중 하나의 있을 법한 값이 δD라고 가정하면, 계산된 값 Q의 오차의 있을 법한 값이 δQ로 여기서

$$(\delta Q)^2 = \frac{r_1^{10} + r_2^{10}}{(r_1^2 - r_2^2)^2} (\delta D)^2$$

이 된다.

두 거리 중에서 하나가, 말하자면 작은 거리가, 주어져 있다고 가정하면, δQ가 최소로 만들도록 더 큰 거리를 정할 수 있다. 이 조건은 r_1^2의 5차 식을 만드는데, 이 식의 유일한 실수 풀이는 r_2^2보다 더 크다. 이렇게 찾은 r_1에 대한 최적값은 $r_1 = 1.3189 r_2$임이 알려졌다.[25]

단 한 번만 측정한다면 최적 거리는

$$\frac{\delta D}{D} = \sqrt{3}\, \frac{\delta r}{r}$$

일 때이며, 여기서 δD는 편위 측정에 대한 있을 수 있는 오차이며, δr는 거

리 측정에 대한 있을 수 있는 오차이다.

사인(sines) 방법

455. 방금 설명한 방법은 편위의 탄젠트가 자기력에 대한 측정이므로 탄젠트 방법이라고 불러도 좋다.

동쪽 또는 서쪽이 측정되는 대신, 선 r_1이 회전된 자석의 축과 수직을 이룰 때까지 조정된다면, R는 전과 같지만, 매달린 자석이 r와 수직인 채로 유지되기 위해서는 힘 H 중에서 r 방향으로 분해된 성분은 R와 크기는 같고 방향은 반대여야 한다. 그래서 θ가 편위이면 $R = H\sin\theta$이다.

이 방법을 사인 방법이라고 부른다. 이 방법은 R가 H보다 더 작을 때만 적용할 수 있다.

큐 천문대의 휴대용 장치에서 이 방법이 이용된다. 매달린 자석은 장치 중에서 망원경과 회전시키는 자석의 팔을 따라 돌아가는 부분에 연결되어 있으며, 전체 회전을 방위환(azimuth circle) 위에서 측정한다.

이 장치는 망원경의 축이 원래 상태의 자석이 갖는 조준선의 평균 위치와 일치하도록 1차로 조정된다. 혹시 자석이 흔들리면, 자북(磁北)의 실제 방위각은 투명한 자에서 진동의 끝부분을 측정하고 방위환 눈금의 적절한 보정을 통해서 구한다.

그다음에 회전시키는 자석을 망원경의 축과 수직으로 놓인 회전하는 장치의 축을 통과하는 곧은 막대 위에 놓고, 회전시키는 자석의 축이 매달린 자석의 중심을 통과해 지나가는 선에 오도록 조정한다.

그러면 회전하는 장치 전체는 매달린 자석의 조준선이 망원경의 축과 다시 일치할 때까지 이동하며, 필요하면 진동의 끝부분에 대한 자 눈금의 평균을 이용하여 방위각을 새로운 눈금으로 고친다.

수정된 방위각들의 차이가 편위인데, 그다음에 탄젠트 방법에 따라 D에 대한 표현을 제외하고 $\tan\theta$ 대신 $\sin\theta$를 대입한다.

이 방법에서는 줄과 망원경과 자석의 상대적 위치가 측정할 때마다 똑같이 유지되므로, 매달린 줄의 비틀림에 대한 보정은 필요 없다.

이 방법에서는 두 자석 각각의 축이 항상 수직을 유지하며, 그래서 길이에 대한 보정을 더 정확하게 할 수 있다.

456. 회전시키는 자석의 모멘트와 지자기의 수평 성분 사이의 비를 이처럼 측정한 다음, 같은 자석의 축이 자기 자오선에서 벗어날 때 지자기(地磁氣)가 그 자석을 회전시키려는 커플의 모멘트를 정하는 방법으로, 이 두 양의 곱을 구해야 한다.

그런 측정을 하는 데에는 동적인 방법과 정적인 방법 두 가지가 있는데, 동적인 방법에서는 지자기의 작용을 받는 자석이 진동하는 시간을 측정하고, 정적인 방법에서는 자석이 측정할 수 있는 정적(靜的) 커플과 자기력 사이에서 평형을 유지한다.

동적 방법에서는 더 간단한 장치를 이용하고 절대적 측정은 더 정확하지만, 시간이 오래 걸리며, 정적 방법에서는 거의 즉각적인 측정이 가능하고 그래서 자기력의 세기가 변하는 것을 추적하는 데 유용하지만, 이 방법은 더 민감한 장치가 필요하고 절대적 측정은 덜 정확하다.

진동 방법

자석을 자기 축이 수평을 이루도록 매달고 약간 흔들거리도록 한다. 이미 설명한 방법 중 어느 것을 이용해서든 진동을 측정한다.

자에서 진동이 그리는 원호(圓弧)의 중간에 해당하는 점을 고른다. 자에서 이 점을 양의 방향으로 통과하는 순간을 측정한다. 자석이 처음 같은 점으로 돌아오기까지 충분한 시간이 있다면, 그 점을 음의 방향으로 통과하는 순간도 역시 측정하고, 이런 과정을 양의 방향으로 $n+1$번 그리고 음의 방향으로 n번 반복해서 관찰할 때까지 계속한다. 혹시 진동이 너무 빨라서 통과할 때마다 매번 측정하기가 어려우면, 세 번 또는 다섯 번 통과할 때마다 측정하는데, 양의 방향과 음의 방향으로 번갈아 통과하는 것을 측정하도록 주의해야 한다.

관찰된 통과 시간이 T_1, T_2, T_{2n+1} 라고 하고,

$$\frac{1}{n}\left(\frac{1}{2}T_1 + T_3 + T_5 + 등등 + T_{2n-1} + \frac{1}{2}T_{2n+1}\right) = T_{n+1}$$
$$\frac{1}{2}(T_2 + T_4 + 등등 \qquad\qquad + T_{2n}) = T_{n+1}{}'$$

라면, T_{n+1}은 양의 통과에 대한 평균 시간이고, 측정 지점을 적절하게 골랐다면 음의 통과에 대한 평균 시간인 $T_{n+1}{}'$와 같아야 한다. 이 결과의 평균을 중간을 통과하는 시간의 평균으로 삼는다.

많은 수의 진동이 일어난 뒤에, 그렇지만 진동이 더는 분명하고 규칙적이지 않게 되기 전에, 관찰자는 일련의 다른 측정을 수행하며, 그 결과로부터 관찰자는 두 번째 측정에서 중간 통과에 대한 평균 시간을 추정한다.

첫 번째 일련의 측정을 이용하거나 두 번째 일련의 측정을 이용해서 진동의 주기를 계산하여, 관찰자는 두 번의 측정에서 중간 통과 순간 사이의 시간 간격 동안 일어난 전체 진동의 수를 확정지을 수 있어야 한다. 두 번의 측정에서 중간을 통과하는 평균 순간 사이의 시간 간격을 이 진동의 수로 나누어 진동의 평균 시간을 구한다.

그러면 진자 측정에서 사용되었던 것과 같은 종류의 공식에 의해서 측정된 진동 시간은 무한히 작은 원호들에서 진동 시간으로 바뀌며, 진동의 진폭이 급격히 줄어드는 것이 관찰되면, 저항에 대한 또 다른 보정이 존재하는데, 740절을 보라. 그렇지만 자석이 줄에 매달려 있을 때, 그리고 진동하는 원호가 겨우 몇 도 정도일 때, 이 보정들은 매우 작다.

자석에 대한 운동 방정식은

$$A\frac{d^2\theta}{dt^2} + MH\sin\theta + MH\tau'(\theta-\gamma) = 0$$

이며 여기서 θ는 자기 축과 힘 H의 방향 사이의 각이며, A는 자석과 매달린 장치의 관성 모멘트이고, M은 자석의 자기 모멘트이며, H는 수평 자기력의 세기이고, 비틀림 계수 $MH\tau'$에서 τ'는 452절에서처럼 정하고 매우 작은 양이다. 평형에 대한 θ 값은

$$\theta_0 = \frac{\tau'\gamma}{1+\tau'} \qquad \text{매우 작은 각}$$

이고 진폭 C가 작은 값일 때 이 식의 풀이는

$$\theta = C\cos\left(2\pi\frac{t}{T}+\alpha\right)+\theta_0$$

이며 여기서 T는 주기이고, C는 진폭이며

$$T^2 = \frac{4\pi^2 A}{MH(1+\tau')}$$

인데, 그래서 MH의 값은

$$MH = \frac{4\pi^2 A}{T^2(1+\tau')}$$

이다.

여기서 T는 측정으로 구한 한 번 진동하는 데 걸리는 시간이다. 관성 모멘트인 A는 만일 자석이 반듯한 모양이면 무게를 재고 측정으로 구하거나, 또는 관성 모멘트가 알려진 물체와 동적인 과정으로 비교하여, 그 자석에 대해 한 번만 구하면 된다.

MH에 대한 이 값과 앞에서 구한 $\dfrac{M}{H}$ 값을 결합하면

$$M^2 = (MH)\left(\frac{M}{H}\right) = \frac{2\pi^2 A}{T^2(1+\tau')}Dr^3$$

그리고

$$H^2 = (MH)\left(\frac{H}{M}\right) = \frac{8\pi^2 A}{T^2(1+\tau')Dr^3}$$

를 얻는다.

457. 지금까지 두 번의 일련의 실험 과정에서 H와 M은 계속해서 일정한 값을 갖는다고 가정했다. H의 변동은 방금 설명한 두 가닥 자기계(磁氣計)로 동시 측정하면 알아낼 수 있으며, 자석을 상당한 기간에 걸쳐서 사용했다면, 그리고 실험하는 동안 온도 변화나 또는 충격에 노출되지 않았다면, M 중에서 영구 자기에 의존하는 부분은 일정하게 유지된다고 가정해도 된다. 그렇지만 강철로 만든 자석은 모두 다 외부 자기력의 작용에 의존하는 유도 자기의 성질을 가질 수 있다.

이제 편침 실험에 사용되는 자석을 그 축이 동쪽과 서쪽을 향하도록 놓으면, 지자기의 작용이 자석에 가로 방향이어서 M을 증가시키거나 감소시키지 않는다. 자석이 움직이도록 허용하면, 자석의 축은 북쪽과 서쪽이어서, 지자기의 작용이 자석을 축의 방향으로 자기화시키려고 하며, 그러므로 자석의 자기 모멘트를 kH라는 양만큼 증가시키는데, 여기서 k는 자석에 대한 실험에서 구하는 계수이다.

자석이 다른 자석을 움직이기 위해 사용하거나 그 자석이 흔들리거나 같은 조건에 있도록 배열된 실험에서는, 직접 k를 계산하지 않고서도 이런 오차의 원인을 피할 수 있는 두 가지 방법이 있다.

흔들게 만드는 자석은 매단 자석의 중심으로부터 거리가 r인 곳에, 축을 북쪽을 향하고, 선 r가 자기 자오선과 코사인이 $\sqrt{\dfrac{1}{3}}$ 인 각을 만들도록 놓을 수 있다. 그러면 매단 자석에 흔들게 만드는 자석의 작용은 자석 자신의 방향과 수직이며

$$R = \sqrt{2}\,\frac{M}{r^3}$$

과 같다.

여기서 M은 진동 실험에서처럼 축이 북쪽을 향할 때 자기 모멘트이어서, 유도에 대해서는 보정을 하지 않아도 된다.

그렇지만 흔들게 만드는 자석을 약간만 이동해도 큰 오차가 발생하기 때문에, 이 방법은 지극히 어려우며, 흔들게 만드는 자석을 거꾸로 뒤집어서

구하는 보정이 여기서는 적용할 수 없으므로, 목표가 유도 계수를 정할 때를 제외하면 이 방법을 따를 필요가 없다.

흔들거리는 동안 지자기의 유도 작용을 받지 않는 다음 방법은 J. P. 줄 박사가 고안한 것이다.[26]

자기 모멘트가 가능한 한 거의 같은 자석 두 개를 준비한다. 편위 실험에서 이 두 자석은 따로 이용되거나, 또는 두 자석을 더 큰 편위를 발생시키기 위해 매달린 자석의 반대쪽에 동시에 놓을 수도 있다. 이 실험들에서 지자기의 유도력은 자석 축에 대해 가로 방향이다.

두 자석 중 하나를 매달고, 다른 하나는 중심이 정확하게 매단 자석의 중심 아래에 오고 평행하며 두 자석의 축이 같은 방향을 향하도록 놓는다. 고정된 자석이 매단 자석에 작용하는 힘은 지자기의 힘의 방향과 반대 방향을 향한다. 고정된 자석을 매단 자석에 서서히 더 가깝게 가져가면, 어떤 점에서 평형이 더는 안정적이지 않을 때까지, 진동 시간은 증가하며, 이 점을 지나면 매단 자석은 반대 위치에서 진동하게 된다. 이런 방법으로 실험하여, 매단 자석에 지자기의 효과를 정확하게 중화시키기 위해 고정 자석을 가져다 놓을 위치를 찾는다. 실험으로 방금 찾아낸 거리에 두 자석을 같은 방향을 향하고 평행하도록 축을 돌려서 함께 묶는다. 그러면 그 두 자석을 전과 같은 방법으로 매달고 작은 원호를 통해 함께 흔들거리도록 만든다.

아래쪽 자석이 위쪽 자석에 대한 지자기 효과를 정확하게 중화시키고, 두 자석의 모멘트가 똑같으므로, 위쪽 자석은 아래쪽 자석에 대한 지구의 유도 작용을 중화시킨다.

그러므로 진동 실험에서 M 값은 편위 실험에서와 같으며, 유도에 대한 보정이 필요하지 않다.

458. 방금 설명한 방법이 수평 방향 자기력의 세기를 알아내는 가장 정확한 방법이다. 그렇지만 일련의 전체 실험을 매우 정확하게 한 시간보다 훨

씬 더 짧은 시간 내에 수행할 수는 없으며, 그래서 주기가 몇 분 정도에서 세기의 변화가 발생하면 측정을 놓치는 수가 있다. 그래서 어떤 순간에서든 자기력의 세기를 측정하는 다른 방법이 요구된다.

정적(靜的) 방법은 수평면에서 작용하는 정적 커플에 의해 자석이 흔들리도록 한다. 이 커플의 모멘트가 L이고, 자석의 자기 모멘트가 M이며, 지자기의 수평 성분이 H, 편위가 θ이면

$$MH\sin\theta = L$$

이다. 그래서 L을 θ의 함수로 알면 MH를 구할 수 있다.

커플 L은 두 방법으로 생길 수 있는데, 하나는 흔하게 보는 비틀림 진자에서처럼 철사의 비틀림 탄성에 의해 생기거나, 또는 두 줄 서스펜션에서처럼 매달린 장치의 무게에 의해 생길 수 있다.

비틀림 저울에서 자석을 수직으로 내려온 철사의 끝에 묶는데, 철사의 위쪽 끝을 돌릴 수 있고, 자석의 회전이 비틀림 원에 의해 측정될 수 있다.

그러면

$$L = r(\alpha - \alpha_0 - \theta) = MH\sin\theta$$

가 된다.

여기서 α_0는 자석의 축이 자기 자오선과 일치할 때 비틀림 원의 눈금값이며, α는 실제로 측정한 눈금값이다. 자석이 자기 자오선과 거의 수직이 되도록 비틀림 원을 돌리면

$$\theta = \frac{\pi}{2} - \theta'$$

이고, 그러면

$$\tau\left(\alpha - \alpha_0 - \frac{\pi}{2} + \theta'\right) = MH\left(1 - \frac{1}{2}\theta'^2\right)$$

이거나, 또는

$$MH = \tau\left(1 + \frac{1}{2}\theta'^2\right)\left(\alpha - \alpha_0 - \frac{\pi}{2} + \theta'\right)$$

가 된다.

평형일 때 자석의 편위인 θ'를 측정하여, r을 안다고 가정하면 MH를 계

산할 수 있다.

단지 서로 다른 시간에 H의 값만 알기 원하면, M 또는 τ를 반드시 알아야 할 필요는 없다.

같은 철사에 자기를 띠지 않은 물체를 매달고 그 물체의 진동 주기를 측정하면, τ의 절댓값을 어렵지 않게 정할 수 있으며, 그러면 이 물체의 관성 모멘트가 A이고, T가 완벽히 한 번 진동하는 시간이면

$$\tau = \frac{4\pi^2 A}{T^2}$$

이다.

비틀림 저울을 사용하는 가장 중요한 목적은 α_0의 0점 값이 변하기 쉽기 때문이다. 일정하게 계속되는 비틀림 힘 아래서, 자석이 북쪽으로 회전하려는 경향이 발생해서, 이 철사는 서서히 영구적으로 비틀어지고, 짧은 시간 간격마다 비틀림 원의 0점 눈금값을 다시 정해야 할 필요가 생긴다.

이중 서스펜션

459. 자석을 두 개의 철사 또는 줄로 매다는 방법은 가우스와 베버가 처음 사용했다. 많은 전기 도구에서 이중 서스펜션이 이용되므로, 이중 서스펜션을 더 자세히 조사해 보자. 서스펜션의 일반적인 모습은 그림 16에 그려져 있으며, 그림 17은 수평면에 철사를 투영한 것이다.

AB와 $A'B'$는 두 철사를 투영한 것이다.

AA'과 BB'는 두 철사의 위쪽 끝과 아래쪽 끝을 연결한 선들이다.

a와 b는 이 선들의 길이이다.

α와 β는 두 선의 방위각이다.

W와 W'는 철사의 장력의 수직성분이다.

Q와 Q'는 철사의 장력의 수평 성분이다.

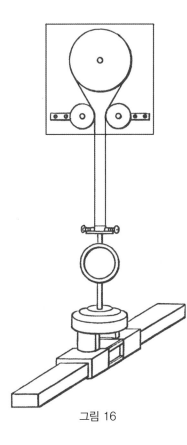

그림 16

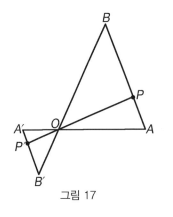

그림 17

h는 AA'와 BB' 사이의 수직 거리이다.

자석에 작용하는 힘은 — 자석의 무게, 지자기가 원인인 커플, (혹시 있다면) 철사의 비틀림, 그리고 철사의 장력이다. 이것 중에서, 자기(磁氣)와 비틀림의 효과는 커플의 성질이다. 그래서 장력들의 합력은 자석의 무게와 같은 수직 힘과 커플을 더한 것으로 구성되어야 한다. 그러므로 장력의 수직 성분의 합은 투영된 곳이 AA'와 BB'의 교점인 O를 지나가는 선을 따라 작용하며, AA'와 BB'는 모두 O에서 W' 대 W의 비율로 나뉜다.

두 장력의 수평 성분도 커플을 형성하며, 그러므로 크기가 같고 평행한 방향을 향한다. 둘 중 하나를 Q라고 부르면, 두 장력의 수평 성분이 형성하는 커플의 모멘트는

$$L = Q.PP' \qquad (1)$$

인데, 여기서 PP'는 두 평행선 AB와 $A'B'$ 사이의 거리이다.

L 값을 구하기 위해 모멘트 방정식

$$Qh = W.AB = W'.A'B' \qquad (2)$$

와 기하학에 의한 관계식

$$(AB + A'B')PP' = ab \sin(\alpha - \beta) \tag{3}$$

를 이용하면

$$L = Q \cdot PP' = \frac{ab}{h} \frac{WW'}{W + W'} \sin(\alpha - \beta) \tag{4}$$

를 얻는다.

매달린 장치의 질량이 m이고, 중력의 세기가 g이면

$$W + W' = mg \tag{5}$$

가 된다.

또한

$$W - W' = nmg \tag{6}$$

라고 쓰면

$$L = \frac{1}{4}(1 - n^2)mg\frac{ab}{h}\sin(\alpha - \beta) \tag{7}$$

를 얻는다.

그러므로 n에 따라 변하는 L 값은 n이 0일 때 최대인데, 그것은 매달린 장치의 무게를 두 철사가 똑같이 감당할 때이다.

진동의 시간을 측정하여 그 시간이 최소가 되도록 만드는 방법으로, 두 철사의 장력이 똑같아지도록 조절할 수 있거나, 또는 그림 16처럼 두 철사의 끝에 두 장력이 같을 때까지 그 축 중심으로 회전하는 도르래를 연결한 자동 조절 장치를 이용할 수도 있다.

매단 두 철사의 위쪽 끝 사이의 거리는 다른 두 개의 도르래에 의해 조정된다. 두 철사의 아래쪽 끝 사이의 거리 역시 조정이 가능하다.

이런 식으로 장력을 조정하면, 두 철사의 장력으로부터 발생하는 커플은

$$L = \frac{1}{4}\frac{ab}{h}mg\sin(\alpha - \beta)$$

가 된다.

철사의 비틀림으로부터 발생하는 커플의 모멘트는

$$\tau(\gamma - \beta)$$

의 형태로, 여기서 τ는 두 철사의 비틀림 계수들의 합이다.

$α = β$일 때 두 철사에는 비틀림이 없어야 하는데, 그러면 $γ = α$로 만들 수 있다.

수평 자기력으로부터 발생하는 커플의 모멘트는

$$MH\sin(δ-θ)$$

의 형태로, 여기서 $δ$는 자기 편향이고, $θ$는 자석 축의 방위각이다. 자석의 축이 BB'과 평행하다고, 즉 $β = θ$라고 가정한다면, 일반성을 조금도 훼손시키지 않고 불필요한 기호들을 새로 도입하지 않아도 된다.

그러면 운동 방정식은

$$A\frac{d^2θ}{dt^2} = MH\sin(δ-θ) + \frac{1}{4}\frac{ab}{h}mg\sin(α-θ) + τ(α-θ) \tag{8}$$

가 된다.

이 장치에는 세 가지 중요한 위치가 존재한다.

(1) $α$가 $δ$와 거의 같을 때. T_1이 이 위치에서 한 번 진동하는 데 걸린 시간이면

$$\frac{4π^2A}{T_1^2} = \frac{1}{4}\frac{ab}{h}mg + τ + MH \tag{9}$$

가 된다.

(2) $α$가 $δ + π$와 거의 같을 때. T_2가 이 위치에서 한 번 진동하는 데 걸린 시간이면, 자석의 북쪽 끝이 이제 남쪽을 향하게 회전되었고

$$\frac{4π^2A}{T_2^2} = \frac{1}{4}\frac{ab}{h}mg + τ - MH \tag{10}$$

가 된다.

이 식의 우변에 나온 양은 a 또는 b를 줄여서 원하는 만큼 작게 만들 수 있지만, 이 양을 0보다 더 작게 만들면 안 되는데, 그러면 자석이 불안정한 평형 상태로 된다. 이 위치에 놓인 자석은 자기력의 **방향**으로 발생한 미세 진동이 감지될 수 있는 역할을 하는 도구가 된다.

왜냐하면 $δ-θ$가 $π$와 거의 같으면, $\sin(δ-θ)$는 $θ-δ$와 거의 같고

$$\theta = \alpha - \frac{MH}{\frac{1}{4}\frac{ab}{h}mg + \tau - MH}(\delta - \alpha) \tag{11}$$

가 되기 때문이다.

마지막 항의 분수의 분모를 줄임으로써 θ의 변화가 δ의 변화에 비해서 매우 크게 만들 수 있다. 이 표현에서 δ의 계수는 음수이고, 그래서 자기력의 향하는 방향이 어떤 방향으로 회전하면, 자석이 향하는 방향은 그 반대 방향으로 회전한다.

(3) 세 번째 위치에서 매단 장치의 위쪽 부분은 자석의 축이 자기(磁氣) 자오선에 거의 수직이 되기까지 회전한다.

이제

$$\theta - \delta = \frac{\pi}{2} + \theta', \qquad \text{그리고} \qquad \alpha - \theta = \beta - \theta' \tag{12}$$

라고 놓으면, 운동 방정식을

$$A\frac{d^2\theta'}{dt^2} = MH\cos\theta' = \frac{1}{4}\frac{ab}{h}mg\sin(\beta - \theta') + \tau(\beta - \theta') \tag{13}$$

라고 쓸 수 있다.

만일 $H = H_0$이고 $\theta' = 0$일 때 평형이 존재하면

$$MH_0 + \frac{1}{4}\frac{ab}{h}mg\sin\beta + \beta\tau = 0 \tag{14}$$

이 성립하고, 만일 H가 작은 각 θ'에 대응하는 수평 힘의 값이면

$$H = H_0\left(1 - \frac{\frac{1}{4}\frac{ab}{h}mg\cos\beta + \tau}{\frac{1}{4}\frac{ab}{h}mg\sin\beta + \tau\beta}\right) \tag{15}$$

가 된다.

자석이 안정된 평형에 있으려면, 두 번째 변의 분수의 분자가 0보다 커야 하지만, 분자가 0에 가까이 가면 갈수록, 지자기의 수평 성분의 세기 값의 변화를 표시하는 데 이 도구가 더 민감해진다.

이 힘의 세기를 추산(推算)하는 정적(靜的) 방법은 힘의 서로 다른 값마다

평형 위치가 달라지는 도구의 작용에 의존한다. 그래서, 자석에 붙인 거울을 이용하고 태엽 장치로 움직이는 사진의 표면에 광점(光點)을 쪼여서, 임의의 순간에 현재로는 임의로 정할 수 있는 눈금에 의해 힘의 세기를 구하게 만드는 곡선을 그릴 수 있다.

460. 눈을 직접 이용해 관측하거나 자동 사진술로 관측하거나 편위와 세기를 지속해서 기록하는 시스템을 갖춘 천문대에서는, 자석의 자기 축 위치와 모멘트뿐 아니라 편위와 세기의 절댓값도 아주 좋은 정확도로 구할 수 있다.

왜냐하면 자침(磁針) 편위계가 끊임없는 오차의 영향을 받는 모든 순간의 편위를 제공하며, 두 가닥 자기계(磁氣計)는 모든 순간에 일정한 계수를 곱한 세기를 제공하기 때문이다. 실험에서는 δ 자리에 $\delta' + \delta_0$를 대입하는데, 여기서 δ'는 주어진 순간에 자침 편위계의 측정값이며, δ_0는 알지 못하는 상수인 오차이어서, $\delta' + \delta_0$는 그 순간에 실제 편위이다.

같은 방식으로 H에도 CH'을 대입하는데, H'는 임의로 정한 눈금을 읽은 자기계의 측정값이며, C는 측정값을 절댓값으로 환산하는 알지 못하나 일정한 승수(乘數)로, 그래서 CH'는 주어진 순간에 수평 힘이다.

이 양들의 절댓값을 정하기 위한 실험은 반드시 방위각계(方位角計)와 자기계로부터 충분히 먼 거리에서 수행되어야 하며, 그렇게 해야 다른 자석들이 서로를 감지될 정도로 방해하지 않는다. 모든 측정 시간은 반드시 확인되어야 하고 δ'와 H'에 대응하는 값들을 삽입해야 한다. 그러면 δ_0와 방위각계의 일정한 오차, 그리고 자기계의 측정값에 적용할 계수 C를 찾는데 이 식을 이용한다. 이 값들을 구하면 두 기계의 측정값을 절댓값으로 표현할 수 있다. 그런데 자석의 자기 축과 자기 모멘트가 바뀔 수도 있으므로 절대적 측정은 자주 반복해야 한다.

461. 지자기 힘의 수직성분을 정하는 방법은 같은 정도로 정확한 수준이 아직 되지 못했다. 수직 힘은 자석이 수평축 주위로 회전하도록 작용해야 한다. 이제 수평축 주위로 회전하는 물체는, 줄에 매달려서 수직축 주위로 회전하는 물체처럼, 작은 힘의 작용에 민감하게 만들 수는 없다. 그 밖에도, 자석의 무게는 자석에 작용하는 자기력보다 훨씬 더 커서 서로 같지 않은 팽창 등에 의한 관성 중심의 작은 변위가 자기력의 상당히 큰 변화보다도 자석의 위치에 더 큰 효과를 초래한다.

그래서 수직 힘의 측정, 또는 수직 힘과 수평 힘의 비교는 자기를 측정하는 시스템에서 가장 완전하지 못한 부분이다.

자기력의 수직성분은 일반적으로 전체 힘의 방향을 결정하여 수평 힘으로부터 추정한다.

전체 힘이 그 힘의 수평 성분과 만드는 각을 i라고 한다면, i를 자기복각 또는 경사도라고 부르며, H가 이미 구한 수평 힘이라면, 수직 힘은 $H \tan i$이고 전체 힘은 $H \sec i$이다.

자기복각은 복각계를 이용하여 구한다.

이론적 복각계는 자신의 관성 중심을 통과하는 축이 자침의 자기 축과 수직인 자석이다. 이 축의 양쪽 끝은 반지름이 작은 원통의 형태로 만들며, 그 원통의 축이 관성 중심을 통과하는 선과 일치한다. 이런 원통형 양 끝은 두 개의 수평면에 놓이면 그 위에서 자유롭게 구른다.

이 축이 자기 동쪽과 자기 서쪽으로 놓이면, 자침은 자기 자오선의 평면에서 자유롭게 회전하며, 이 장치가 완벽히 조정된 상태이면, 자기 축은 저절로 전체 자기 힘 방향으로 향한다.

그렇지만 비록 복각계의 관성 중심이 원래는 원통형 양쪽 끝의 구르는 단면 중심을 잇는 선 위에 있다고 하더라도, 자침이 알아차릴 수 없을 정도로 약간 휘어지거나 고르지 않게 팽창하면, 더는 그 선 위에 있지 않게 되므로, 자기 무게가 자신의 평형 위치에 영향을 주지 않도록 복각계를 조정하는 일이 실제로는 불가능하다. 게다가, 자기력과 중력 사이의 간섭 때문에 자석의 실제 관성 중심을 정하기는 매우 어려운 작업이다.

자침의 한쪽 끝과 중심축의 한쪽 끝을 표시했다고 가정하자. 자침에 실제로 그렸건 또는 가상적으로 그렸다고 생각하건, 선을 그리고 그 선을 조준선이라고 부르자. 이 선의 위치를 수직 원에서 측정한다. 이 선이 수평이라고 가정하는 0을 향하는 반지름과 만드는 각을 θ라고 하자. 자기 축이 조준선과 만드는 각을 λ라고 하면, 자침이 이 위치에 있을 때 조준선은 수평 방향과 $\theta + \lambda$만큼 경사진다.

축이 구르는 평면 위의 관성 중심에 세운 수선을 p라고 하면, 구르는 표면의 모양이 어떻든 p는 θ의 함수이다. 축의 양 끝의 구르는 두 단면 모두 원형이면

$$p = c - a \sin(\theta + \alpha) \tag{1}$$

인데, 여기서 a는 구르는 두 단면의 중심을 잇는 선으로부터 관성 중심까지 거리이고, α는 이 선이 조준선과 만드는 각이다.

자기 모멘트가 M이고, 자석의 질량이 m, 그리고 중력 힘이 g, 전체 자기력이 I, 복각이 i라면, 안정 평형이 존재할 때, 에너지 보존에 의해서

$$MI \cos(\theta + \lambda - i) - mgp \tag{2}$$

가 θ에 대해 최대이거나, 또는 축의 양 끝이 원통형이면

$$\begin{aligned} MI \sin(\theta + \lambda - i) &= -mg \frac{dp}{d}\theta \\ &= -mga \cos(\theta + \alpha) \end{aligned} \tag{3}$$

여야 한다.

또한, 평형 위치 주위로 진동하는 시간이 T라면

$$MI + mga \sin(\theta + \alpha) = \frac{4\pi^2 A}{T^2} \tag{4}$$

가 성립하는데, 여기서 A는 회전축에 대한 자침의 관성 모멘트이다.

복각을 정하는 데 자기 자오선에 서쪽을 향해 눈금을 매긴 복각 원에서

측정값을 취한다.

이 측정값이 θ_1이면,

$$MI\sin(\theta_1 + \lambda - i) = -mga\cos(\theta_1 + \alpha) \qquad (5)$$

가 된다.

이제 장치를 수직축을 중심으로 180° 회전해서 눈금이 동쪽을 향하도록 하고, 새로운 측정값이 θ_2이면

$$MI\sin(\theta_2 + \lambda - \pi + i) = -mga\cos(\theta_2 + \alpha) \qquad (6)$$

가 된다.

(5) 식에서 (6) 식을 뺀 다음에, θ_1은 i와 거의 같고, θ_2는 $\pi - i$와 거의 같으며, λ는 작은 각이어서 MI에 비해 $mga\lambda$를 무시할 수 있음을 기억하면

$$mI(\theta_1 - \theta_2 + \pi - 2i) = -2mga\cos i\cos\alpha \qquad (7)$$

가 된다.

이제 자석을 베어링에서 떼어내어 매단 자석의 편위에 의해 자신의 자기 모멘트를 가리킬 수 있도록 453절의 편위계에 장치하면,

$$M = \frac{1}{2}r^3 HD \qquad (8)$$

가 되는데, 여기서 D는 편위의 탄젠트이다.

다음으로, 자침의 자기를 정반대로 뒤집고 새로운 편위를 측정하여 자침의 새로운 자기 모멘트 M'를 정하고, 그 탄젠트를 D'라 하면

$$M' = \frac{1}{2}r^3 HD' \qquad (9)$$

가 되는데, 그래서

$$MD' = M'D \qquad (10)$$

이다.

그런 다음에 자석을 베어링에 다시 장치하고 θ_3는 거의 $\pi + i$와 같고 θ_4는 거의 $-i$와 같도록 새로운 측정값 θ_3와 θ_4를 취하면

$$M'I'\sin(\theta_3 + \lambda' - \pi - i) = mga\cos(\theta_3 + \alpha) \qquad (11)$$

$$M'I'\sin(\theta_4 + \lambda' + i) = mga\cos(\theta_4 + \alpha) \tag{12}$$

를 얻는데, 그래서 전과 마찬가지로

$$M'I(\theta_3 - \theta_4 - \pi - 2i) = 2mga\cos i \cos\alpha \tag{13}$$

가 되고, (8) 식을 더하면

$$MI(\theta_1 - \theta_2 + \pi - 2i) + M'I(\theta_3 - \theta_4 - \pi - 2i) = 0 \tag{14}$$

또는

$$D(\theta_1 - \theta_2 + \pi - 2i) + D'(\theta_3 - \theta_4 - \pi - 2i) = 0 \tag{15}$$

을 얻는데, 그래서 우리가 구한 복각은

$$i = \frac{D(\theta_1 - \theta_2 + \pi) + D'(\theta_3 - \theta_4 - \pi)}{2D + 2D'} \tag{16}$$

로, 여기서 D와 D'는 각각 첫 번째와 두 번째 자기화에서 자침이 만든 편위의 탄젠트이다.

복각 원에서 측정하면서는 자석의 축이 놓이는 평면 베어링이 모든 방위각에서 수평에 놓이도록 조심스럽게 조정한다. 끝 A가 아래로 내려가도록 자기화된 자석을 그 축이 평면 베어링에 놓이도록 장치하고, 자기 자오선에 놓인 원의 평면에서 동쪽을 향하는 원의 눈금이 있는 부분에서 측정값을 취한다. 자석의 양쪽 끝을 복각원과 동심원을 그리며 움직이는 팔에 부착된 현미경을 측정하는 방법으로 관찰한다. 현미경의 십자선은 망원경에 그린 표시의 상과 일치하도록 조정하고, 버니어를 이용하여 복각 원에서 팔의 위치를 측정한다.

이처럼 눈금이 동쪽에 있을 때 끝 A를 측정하고 끝 B도 다시 측정한다. 자석의 축이 복각 원과 동심원을 이루지 않을 때 발생하는 어떤 오차도 모두 제거하기 위해 양쪽 끝을 다 측정하는 것이 필요하다.

그다음에는 눈금이 있는 쪽이 서쪽을 가리키도록 회전하고 두 번 더 측정한다.

그다음에 자석을 회전하여 축의 양쪽 끝이 뒤바뀌도록 하고, 자석의 다른 측면을 바라보면서 네 번 더 측정한다.

그러면 자석의 자기화가 뒤집혀서 끝 B가 아래를 향하고, 자기(磁氣) 모멘트를 확인한 다음에 이 상태에서 여덟 번 측정해서, 모두 합하여 열여섯 번의 측정으로 실제 복각을 결정한다.

462. 극도로 세심하게 주의했음에도, 한 복각 원을 이용해 측정한 복각이, 같은 위치에서 다른 복각원을 이용해 측정한 값으로 구한 복각과 인지할 정도로 차이가 나는 것이 발견되었다. 브룬*은 축의 베어링의 타원률에 의한 효과 그리고 서로 다른 세기로 자기화된 자석을 이용한 측정으로 그런 효과를 어떻게 수정하는지를 언급하였다.

이 방법의 원리를 다음과 같이 말할 수 있다. 어떤 한 측정에서 발행한 오차도 1도를 초과하지 않는 작은 양이라고 가정하자. 또한 알지는 못하나 정상적으로 행동하는 어떤 힘이 자석에 작용해서 자석의 실제 위치를 알지 못하도록 방해한다고 가정하자.

이 힘의 모멘트가 L이고, 실제 복각은 θ_0이며, 측정된 복각은 θ라면

$$L = MI\sin(\theta - \theta_0) \tag{17}$$

이고 $\theta - \theta_0$가 작으므로

$$L = MI(\theta - \theta_0) \tag{18}$$

가 된다.

M이 크면 더 클수록 자침은 자신의 원래 위치로 더 가까이 접근하는 것은 명백하다. 이제 복각을 두 번 측정하는데, 첫 번째는 자침이 할 수 있는 가장 큰 값인 M_1과 같은 자기화로 측정하고, 두 번째는 훨씬 더 작은 값이지만 뚜렷하게 구분되기에 충분하고 오차도 그런대로 적당한 M_2와 같은 값

---

* 브룬(John Allan Broun, 1817-1879)은 영국 스코틀랜드 출신의 과학자로서 자기, 특히 지자기(地磁氣)와 기상학에 관심을 가졌다.

의 자기화로 측정하자. 이런 두 차례의 측정으로 구한 복각을 θ_1과 θ_2라고 하고, 측정마다 여덟 위치에 대해 알지 못하는 방해하는 힘의 평균값이 L이라고 하자. 두 측정에서 이 값은 같다고 가정한다. 그러면

$$L = M_1 I(\theta_1 - \theta_0) = M_2 I(\theta_2 - \theta_0) \tag{19}$$

이다.

그래서

$$\theta_0 = \frac{M_1\theta_1 - M_2\theta_2}{M_1 - M_2}, \qquad L = M_1 M_2 \frac{\theta_1 - \theta_2}{M_2 - M_1} \tag{20}$$

가 된다.

만일 몇 번의 실험에서 거의 같은 L 값을 구한다면, θ_0가 복각의 실제 값에 매우 가까울 것이 틀림없다고 생각해도 좋다.

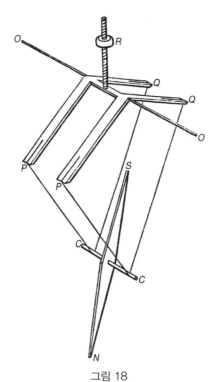

그림 18

463. 줄 박사는 최근 새로운 복각 원을 만들었는데, 그 복각 원에서 자침의 축이 마노로 만든 수평면에서 구르는 대신 두 가닥의 명주실 또는 거미줄에 매달려 있고, 두 줄의 끝은 민감한 천칭의 팔에 연결되어 있다. 그래서 자침의 축은 명주실의 두 고리에서 구르며, 줄 박사는 자침의 운동이 자유로운 정도가 자침이 마노 면에서 구를 때보다 훨씬 더 큰 것을 발견하였다.

그림 18에서 자침이 NS이고, 똑바른 원통형 철사로 된 자침의 축이 CC'이며, 자침의 축이 구르는 실이 PCQ와 $P'C'Q'$이다. POQ는

둘로 나뉜 갈래 살 사이에 수평으로 늘어져 있는 철사 OO으로 지탱된 이중으로 휜 지렛대로 구성된 천칭인데, 이 천칭에는 천칭이 OO에 대해 중립 평형에 놓이도록 나사로 올리거나 내릴 수 있는 평형 추 R가 연결되어 있다.

명주실에서 돌아가면서 자침이 중립 평형에 있기 위해서, 무게 중심이 올라가지도 또는 내려가지도 않아야 한다. 그래서 자침이 돌아가는 동안 거리 OC는 일정하게 유지되어야 한다. 이 조건은 천칭의 팔인 OP와 OQ가 같고 천칭의 팔과 명주실이 직각을 이루면 만족한다. 줄 박사는 자침의 길이가 5인치보다 더 길지 않아야 한다는 것을 발견했다. 자침의 길이가 8인치일 때, 자침이 숙이면서 겉보기 복각이 1분의 몇 분의 1로 줄어드는 경향이 있다. 자침의 축이 처음에는 추로 늘리는 동안 적열(赤熱) 상태로 만들면서 똑바로 편 철사였는데, 백금은 물론 표준금(標準金)도 매우 강해서 철사를 사용하는 것이 더는 요구되지 않는다.

천칭은 포크의 갈래 사이에 수평 방향으로 길이가 1피트만큼 펴져 있는 철사 OO에 연결되어 있다. 이 포크는 전체 장치를 지탱하는 삼각대의 꼭대기에 놓인 원에 의해 방위각으로 돌아간다. 한 시간 이내에 복각을 여섯 번 완벽히 측정할 수 있으며, 한 번 측정에서 평균 오차는 각도 1분의 몇 분의 1에 지나지 않는다.

케임브리지 대학 물리학과 실험실에서는 그림 19에 보인 것과 같이 놓인

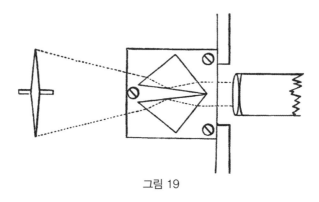

그림 19

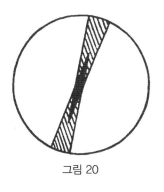

그림 20

두 개의 전반사 프리즘으로 구성되고 눈금이 수직으로 찍힌 원에 고정되어서, 반사면이 매달린 복각 자침의 축을 연결한 선과 거의 일치하는 수평축 주위로 회전할 수 있는 이중 상(像) 장치를 이용하여 복각 자침을 측정하는 것이 좋겠다고 제안되었다. 자침은 프리즘 뒤에 놓인 망원경으로 관찰되며, 자침의 두 끝은 그림 20에서처럼 함께 보인다.

프리즘을 수직원의 축 주위로 회전하는 방법으로 자침에 그린 두 선의 상이 일치될 수 있다. 자침의 경사각은 이렇게 수직원의 눈금을 읽어서 정한다.

복각의 선에서 자기력의 전체 세기 I는 이미 설명한 네 위치에서 진동시간 T_1, T_2, T_3, T_4로부터

$$I = \frac{4\pi^2 A}{2M + 2M'} \left\{ \frac{1}{T_1^2} + \frac{1}{T_2^2} + \frac{1}{T_3^2} + \frac{1}{T_4^2} \right\}$$

과 같이 정한다.

M 값과 M' 값은 앞에서 설명한 굴절과 진동 방법으로 구해야 하며, A는 자석 자신의 축에 대한 관성 모멘트이다.

줄에 매달린 자석에 의한 측정은 훨씬 더 정확해서, I가 전체 힘이고 H가 수평 힘 그리고 θ가 복각일 때, 전체 힘을 다음 식

$$I = H\sec\theta$$

를 이용하여 수평 힘으로부터 구하는 것이 보통이다.

464. 지루한 일인 복각을 구하는 과정은 자기력의 연속적인 변화를 측정하는 데는 적당하지 않다. 연속 측정에 가장 편리한 도구는 수직 힘 자기계(磁氣計)인데, 자기계는 단순히 거의 수평인 자기 축에 대해 안정된 평형을

유지하도록 칼날 위에서 균형을 유지하고 있는 자석이다.

자기력의 수직성분이 Z이고, 자기 모멘트가 M이며, 자기 축이 수평 방향과 만드는 작은 각이 θ이면

$$MZ = mga\cos(\alpha - \theta)$$

가 성립하는데, 여기서 m은 자석의 질량이고 g는 중력 힘, α는 매단 축으로부터 중력 중심까지 거리이고, a는 축과 중력 중심을 통과하는 면이 자기 축과 만드는 각이다.

그래서 수직 힘의 작은 변화량 δZ에 대해, 자석의 각 위치에 대한 변화량 $\delta\theta$가

$$M\delta Z = mga\sin(\alpha - \theta)\delta\theta$$

를 만족하도록 생긴다.

실제로 이 도구는 수직 힘의 절댓값을 구하기 위해 사용되지 않고, 단지 수직 힘의 작은 변화량을 기록하기 위해 사용된다.

그런 목적으로는 $\theta = 0$일 때 Z의 절댓값과 $\frac{dZ}{d\theta}$ 값을 아는 것으로 충분하다.

수평 힘과 복각을 알면, θ_0가 복각이고 H가 수평 힘일 때 Z값은 식 $Z = H\tan\theta_0$로부터 구한다.

Z의 주어진 변화량이 만드는 편위를 구하기 위해, 자석을 축이 동쪽과 서쪽을 향하게 하고, 편위에 대한 실험에서처럼, 방위각계로부터 동쪽 또는 서쪽으로 알려진 거리 r_1이 중심이 되도록 놓고, 편위의 탄젠트가 D_1이라고 하자.

그다음에 자석을 축이 수직이게 그리고 수직 힘 자기계의 중심에서 위 또는 아래로 거리가 r_2인 곳이 중심이 되도록 놓고, 자기계에서 발생한 편위의 탄젠트를 D_2라고 하자. 그러면, 방향을 바꾸려는 모멘트가 M일 때

$$M = Hr_1^3 D_1 = \frac{dZ}{d\theta} r_2^2 D_2$$

이다.

그래서

$$\frac{dZ}{d\theta} = H\frac{r_1^3}{r_2^3}\frac{D_1}{D_2}$$

이 된다.

임의의 순간에 수직 힘의 실제 값은

$$Z = Z_0 + \theta\frac{dZ}{d\theta}$$

로, 여기서 Z_0는 $\theta = 0$일 때 Z 값이다.

지정된 천문대에서 자기력의 변화를 연속으로 측정하기 위해서는 한 줄 방위각계, 두 줄 수평힘 자기계, 그리고 수직 힘 천칭 자기계가 가장 편리한 장치들이다.

몇몇 천문대에서 현재 태엽 장치로 구동되는 미리 준비된 종이 위에 사진 자동 기록이 진행되고 있어서, 이 세 장치가 표시하는 값들이 매 순간 연속적으로 기록된다. 이 기록들은 힘의 세 직각 성분들이 표준값에서 얼마나 변했는지를 알려준다. 방위각계는 평균 자기 서쪽을 향하는 힘을 표시하며, 두 줄 자기계는 자북(磁北)을 향하는 힘의 변화를 표시하고, 천칭 자기계는 수직 힘의 변화를 표시한다. 이 힘들의 표준값, 즉 이 장비들이 자신들의 몇 가지 0점을 가리킬 때 힘들의 값은, 절대 편위와 수평 힘 그리고 복각을 자주 측정하여 추정한다.

8장

지자기에 대하여

465. 지자기(地磁氣)에 대한 우리 지식은 어떤 한 시기에 지구 표면에서 자기력의 분포를 조사하고, 그리고 다른 시기에 그 분포에 대한 변화를 조사한 것으로부터 유추해서 얻는다.

어떤 한 장소와 시간에 자기력은 그 장소의 세 좌표를 알면 알게 된다. 그 세 좌표는 그 힘의 편위 또는 방위각, 수평 방향에 대한 복각 또는 경사도, 그리고 전체 세기의 형태로 표시될 수 있다.

그런데, 지표면에서 자기력의 일반적인 분포를 조사하는 데 가장 편리한 방법은 힘의 세 성분의 크기인

$$\left.\begin{array}{l} X = H\cos\delta, \text{ 북쪽을 향함} \\ Y = H\sin\delta, \text{ 서쪽을 향함} \\ Z = H\tan\theta, \text{ 연직 아래를 향함} \end{array}\right\} \tag{1}$$

을 고려하는 것으로, 여기서 H는 수평 힘을, δ는 편위를, θ는 복각을 표시한다.

지구 표면에서 자기 퍼텐셜이 V이면, 그리고 지구가 반지름이 a인 구라면

$$X = \frac{1}{a}\frac{dV}{dl}, \qquad Y = \frac{1}{a\cos l}\frac{dV}{d\lambda}, \qquad Z = \frac{dV}{dr} \tag{2}$$

인데, 여기서 l은 위도이고 λ는 경도이며 r은 지구 중심으로부터 거리이다.

다음과 같이 수평 힘 하나만 측정하면 지구 표면에서 V에 대한 지식을 구할 수도 있다.

실제 자북(磁北)에서 V의 값을 V_0라고 하면, 임의의 자오선에 대한 선적분을

$$V = a\int_{\frac{\pi}{2}}^{l} X dl + V_0 \tag{3}$$

와 같이 취해서 위도가 l인 자오선에서 퍼텐셜 값을 구한다.

그래서 모든 점에서 북쪽 성분인 X 값과, 자북에서 V 값을 알면, 지구 표면의 어느 점에서나 퍼텐셜을 구할 수 있다.

힘은 V의 절댓값에 의존하지 않고 그 도함수에 의존하기 때문에, V_0를 어떤 특별한 값으로 고정할 필요는 없다.

어떤 주어진 자오선을 따라 X 값을 알고, 또한 전체 표면에 대해 Y 값을 알면, 임의의 점에서 V 값을 알아낼 수 있다.

이제

$$V_l = a\int_{\frac{\pi}{2}}^{l} X dl + V_0 \tag{4}$$

라고 하자. 여기서 적분은 북극에서 위도선 l까지 주어진 자오선을 따라 수행된다. 그러면

$$V = V_l + a\int_{\lambda_0}^{\lambda} Y\cos l \, d\lambda \tag{5}$$

인데 여기서 적분은 주어진 자오선에서 요구되는 점까지 위도선 l을 따라 수행된다.

이 방법들을 보면 지구 표면에 자기가 어떻게 분포되어 있는지 완전한 조사가 이미 이루어져서 주어진 시대에 지구 표면의 모든 점에 대해 X나

Y값 또는 두 값 모두를 알고 있음을 암시한다. 우리가 실제로 알고 있는 것은 정해진 수의 기지(基地)에서 자기 성분들이다. 지구상의 문명권에서는 이러한 기지들의 수가 상대적으로 많다. 문명권이 아닌 곳에서는 지구 표면에서 그런 자료를 전혀 갖지 못한 지역이 매우 크다.

자기에 대한 실태 조사

466. 가장 먼 거리가 몇백 마일 정도인 중간 정도 크기의 국가에서, 나라 전체에 꽤 잘 분포된 상당히 많은 수의 기지에서 복각과 수평 힘에 대한 측정이 이루어졌다고 가정하자.

이 지역 내에서, V값은 다음 공식

$$V = V_0 + \alpha\left(A_1 l + A_2\lambda + \frac{1}{2}B_1 l^2 + B_2 l\lambda + \frac{1}{2}B_3\lambda^2 + 등등\right) \tag{6}$$

에 의해 매우 정확하게 대표된다고 가정할 수 있는데, 여기서

$$X = A_1 + B_1 l + B_2\lambda \tag{7}$$
$$Y\cos l = A_2 + B_2 l + B_3\lambda \tag{8}$$

이다.

기지는 모두 n개이며 각 기지의 위도는 $l_1, l_2, \cdots$ 등등이고 경도는 λ_1, λ_2 등등이라고 하고, 각 기지에 대한 X와 Y를 구했다고 하자. 이제

$$l_0 = \frac{1}{n}\sum(l) \qquad 그리고 \qquad \lambda_0 = \frac{1}{n}\sum(\lambda) \tag{9}$$

라면, l_0와 λ_0를 중앙 기지의 위도와 경도라고 부를 수 있다. 이제

$$X_0 = \frac{1}{n}\sum(X) \qquad 그리고 \qquad Y_0\cos l_0 = \frac{1}{n}\sum(Y\cos l) \tag{10}$$

라면 X_0와 Y_0는 가상적인 중앙 기지의 X값과 Y값이며, 그러면

$$X = X_0 + B_1(l - l_0) + B_2(\lambda - \lambda_0) \tag{11}$$
$$Y\cos l = Y_0\cos l_0 + B_2(l - l_0) + B_3(\lambda - \lambda_0) \tag{12}$$

이다.

(11) 식 형태의 식이 n개 있고, (12) 식 형태의 식도 n개가 있다. X를 정하는 데 있을 수 있는 오차를 ξ라고 쓰고, $Y\cos l$을 정하는 데 있을 수 있는 오차를 η라고 쓰면, 이 오차들은 H와 δ를 측정하는 데 발생하는 오차에서 유래한다는 가정 아래 ξ와 η를 계산할 수 있다.

H에서 있을 수 있는 오차를 h라고 하고 δ에서 있을 수 있는 오차를 d라고 하면,

$$dX = \cos\delta \cdot dH - H\sin\delta \cdot d\delta$$

이므로

$$\xi^2 = h^2\cos^2\delta + d^2H^2\sin^2\delta$$

가 된다.

똑같은 방법으로

$$\eta^2 = h^2\sin^2\delta + d^2H^2\cos^2\delta$$

이다.

만일 (11) 식과 (12) 식 형태의 식에 의해 구한 X와 Y의 값의 변화가 측정값에서 있을 수 있는 오차보다 훨씬 초과하면, 그것은 지역에 따른 요인 때문이라고 결론지을 수 있으며, 그러면 ξ와 η의 비 값으로 1이 아닌 다른 값을 부여할 이유가 없다.

최소 제곱 방법에 따라, (11) 식 형태의 식을 η로 곱하고, (12) 식 형태의 식을 ξ로 곱해서 그 식들의 있을 법한 오차를 똑같이 만든다. 그런 다음에 각 식을 아직 알지 못하는 양의 계수들인 B_1, B_2, B_3 중 하나로 곱하고 그 결과를 모두 합하면 세 식을 얻는데, 그로부터 B_1, B_2, B_3를 구한다. 그래서

$$P_1 = B_1b_1 + B_2b_2$$
$$(\eta^2 P_2 + \xi^2 Q_1) = B_1\eta^2 b_2 + B_2(\xi^2 b_1 + \eta^2 b_3) + B_3\xi^2 b_2$$
$$Q_2 = B_2b_2 + B_3b_3$$

가 되며, 간결하게 만들도록

$$b_1 = \sum (l^2) - nl_0^2 \qquad b_2 = \sum (l\lambda) - nl_0 \qquad b_3 = \sum (\lambda^2) - n\lambda_0^2$$

$$P_1 = \sum (lX) - nl_0 X_0 \qquad\qquad Q_1 = \sum (l\,Y\cos l) - nl_0 Y_0 \cos l_0$$

$$P_2 = \sum (\lambda) - n\lambda_0 X_0 \qquad\qquad Q_2 = \sum (\lambda\,Y\cos l) - n\lambda_0 Y_0 \cos l_0$$

라고 쓴다.

B_1, B_2, B_3를 계산하고, (11) 식과 (12) 식에 대입하면, 대부분 화성암이 그렇듯이 기지 근처의 암석이 자성(磁性)을 띤 곳에 존재한다고 알려진 지역적인 장애의 영향을 받지 않는 실태 조사의 한계 내에서, 어떤 위치에서든 X와 Y 값을 구할 수 있다.

이런 종류의 실태 조사는 오직 대단히 많은 기지에 자기 관련 장비들을 운반하고 설치하는 것이 가능한 국가들에서만 수행될 수 있다. 그렇지 않은 국가들이 속한 지역에서는 매우 먼 거리로 떨어져 있는 작은 수의 기지에서 구한 값들을 이용한 보간법에 따라서 자기 요소들의 분포를 구하는 것으로 만족해야 한다.

467. 이제 이런 종류의 과정에 의해서, 또는 그와 동급인, 자기 요소들의 값이 같은 지역을 연결한 선으로 도표를 구축하는 도표를 이용하는 과정에 의해서 지구의 전 표면에 대해서 X와 Y 값을, 그래서 그 결과로 퍼텐셜 V 값을 알게 되었다고 가정하자. 다음 단계는 구 표면 조화함수의 급수 형태로 V를 전개하는 것이다.

만일 지구 내부 전체에 걸쳐서 지구가 균일하게 같은 한 방향으로 자기화되었다면, V는 제1차 조화함수이고, 자기 자오선은 정 반대 방향의 두 자극을 통과하는 대원이고, 자기 적도도 대원이며, 수평 힘은 자기 적도의 모든 점에서 같고, H_0가 그 같은 일정한 값이면, 어떤 다른 점에서 수평 힘 값은 $H = H_0 \cos l'$가 되는데, 여기서 l'는 자기 위도이다. 어떤 점에서든 수직 힘은 $Z = 2H_0 \sin l'$이고, θ가 복각이면 $\tan \theta = 2 \tan l'$이다.

지구의 경우에, 자기 적도는 복각이 0인 선으로 정의된다. 자기 적도는 구의 대원이 아니다.

자극은 수평 힘이 0 또는 복각이 90°인 점으로 정의된다. 그런 점은 두 개가 있는데 하나는 북반구에 그리고 다른 하나는 남반구에 있지만, 그 두 점이 정반대로 되지는 않고 그 두 점을 연결하는 선이 지구의 자기 축에 평행하지도 않다.

468. 자극(磁極)은 지구 표면에서 V값이 최대이거나 최소 또는 증감하지 않는 점들이다.

퍼텐셜이 최소인 곳이면 어느 점에서나 복각 자침의 북쪽 끝이 연직 아래 방향을 향하며, 나침반 바늘을 그런 점 근처 어디에든 놓으면, 북쪽 끝은 바로 그 점을 향하게 된다.

퍼텐셜이 최대인 곳의 점에서는 복각 바늘의 남쪽 끝이 아래를 향하며, 나침반 바늘의 남쪽 끝은 그 점을 향한다.

지구 표면에 V의 최소 점들이 p개 존재하면, 복각 바늘의 북쪽 끝이 아래를 향하는 다른 점들이 $p-1$개 존재해야 하지만, 거기서 나침반 바늘은 그 점 주위의 원으로 가져갈 때 나침반 바늘의 북쪽 끝이 끊임없이 중심을 향하도록 회전하는 대신 그 반대 방향으로 회전해서, 어떤 때는 북쪽 끝이 그리고 어떤 때는 남쪽 끝이 그 점을 향하도록 방향을 바꾼다.

퍼텐셜이 최소인 곳의 점을 진짜 북극이라고 부른다면, 이 다른 점들은 나침반 바늘이 그 점들에 반응하지 않으므로 가짜 북극이라고 부를 수 있다. 진짜 북극이 p개 존재한다면 가짜 북극은 $p-1$개가 존재해야 하며, 같은 방식으로, q개의 진짜 남극이 존재한다면 가짜 남극이 $q-1$개 존재해야 한다. 같은 이름의 극의 수는 홀수여야 하며, 그래서 한때는 두 개의 북극과 두 개의 남극이 존재한다는 것은 옳지 않다는 견해가 널리 퍼져 있었다. 가우스에 따르면 실제로 지구 표면에는 단 하나의 진짜 북극과 단 하나의 진짜 남극만 존재하며, 그래서 가짜 극은 존재하지 않는다. 이 두 극을 연결하는 선이 지구의 지름은 아니며, 이 선이 지구의 자기 축과 평행하지도 않다.

469. 지구의 자기가 갖는 성질에 대한 대부분의 초기 조사는 하나 또는 그보다 더 많은 막대자석이 작용한 결과로 결정하려는 지구 자극(磁極)의 위치를 표현하는 데 노력을 집중하였다. 가우스가 지구 자기의 분포를 고체 조화함수의 급수로 전개하여 완벽하게 일반적인 방법으로 표현한 최초의 사람인데, 그는 그 급수의 처음 4차까지의 계수를 구했다. 그 계수들의 수는 모두 스물두 개인데, 1차 항의 계수가 세 개이고 2차 항의 계수가 다섯 개, 3차 항의 계수는 일곱 개, 그리고 4차 항의 계수는 아홉 개이다. 지자기의 실제 상태를 웬만큼 정확하게 대표하기 위해서는 이 모든 항을 구하는 것이 필요하다.

측정된 자기력에서
외부 원인에 의한 부분과 내부 원인에 의한 부분 찾기

470. 이제 지구 표면의 모든 점에서 수평 힘의 실제 방향과 크기에 부합하는 지구의 지자기를 구 조화함수로 전개한 급수를 구했고, 가우스는 측정된 수직 힘으로부터 자기력이 지구 표면 내에서 자기화(磁氣化) 또는 전류 같은 원인으로부터 생겼는지, 아니면 지구 표면 바깥이 직접 원인이 되는 부분이 있는지를 어떻게 결정하는지 설명했다고 가정하자.

구 조화함수의 이중 급수로 전개한 것이 실제 퍼텐셜 V라면

$$V = A_1 \frac{r}{a} + 등등 + A_i \left(\frac{r}{a} \right)^i + B_1 \left(\frac{r}{a} \right)^{-2} + 등등 + B_i \left(\frac{r}{a} \right)^{-(i+1)}$$

이 된다.

첫 번째 급수는 지구 외부 원인으로부터 기인한 퍼텐셜 부분을 대표하고, 두 번째 급수는 지구 내부의 원인으로부터 기인한 퍼텐셜 부분을 대표

한다.

수평 힘을 측정하면 지구의 반지름이 $r=a$일 때 이 급수의 합을 알게 해준다. 차수가 i인 항은

$$V_i = A_i + B_i$$

이다.

수직 힘을 측정하면

$$Z = \frac{dV}{dr}$$

를 알게 해주며 aZ에서 차수가 i인 항은

$$aZ_i = iA_i - (i+1)B_i$$

이다.

그래서 외부 원인에 기인한 부분은

$$A_i = \frac{(i+1)V_i + aZ_i}{2i+1}$$

가 되며, 지구 내부의 원인에 기인한 부분은

$$B_i = \frac{iV_i - aZ_i}{2i+1}$$

가 된다.

지금까지 V의 전개는 단지 몇 시대들의 평균값 또는 그 시대들 가까이에서의 평균값에 대해서만 계산되었다. 그런 평균값 중에서 지구 외부의 원인 때문에 생긴 것이라고 보이는 부분은 별로 없다.

471. 이 방법을 이용하여 변화 중 어떤 작은 부분이라도 외부에서 작용한 자기력에 의해 발생한 것인지 또는 아닌지를 결정하기에 충분할 정도로 V의 변화에서 태양 부분과 달 부분의 전개 급수 형태를 아직 잘 알지 못한다. 그렇지만 스토니*와 챔버스의 계산 결과가 보여주듯이, 이런 변화의 주요

---

* 스토니(George Johnstone Stoney, 1826-1911)는 영국 아일랜드 출신 물리학자로서 맥스웰 방

부분은 자기를 띤다고 가정한 태양 또는 달의 어떤 직접적인 자기 작용에 의해서도 발생할 수 없다.[27]

472. 주의 깊게 살펴본 자기력에서 주요 변화란 다음과 같은 것들이다.

I. 좀 더 규칙적인 변화

(1) 하루 중 몇 시인지 그리고 1년 중 어느 때인지에 의존하는 태양의 변화

(2) 달의 시간 각과 달의 위치에서 다른 요소들에 의존하는 달의 변화

(3) 이런 변화는 다른 해에도 똑같이 반복하지 않지만, 대략 7년 정도의 좀 더 긴 주기로 변화하는 것처럼 보인다.

(4) 이것 외에도 지자기 상태에는 오랜 기간에 걸쳐서 일어나는 변화가 있는데, 그런 변화는 자기에 관한 측정이 이루어진 다음부터 끊이지 않고 계속되었으며, 자기 요소(要素)*에서 짧은 주기에서 일어나는 어떤 변화보다도 훨씬 더 큰 크기의 변화를 발생시킨다.

II. 교란

473. 좀 더 규칙적인 변화를 제외하면, 자기 요소들은 더 큰 양 또는 더 작은 양으로 갑작스러운 교란을 일으키기가 쉽다. 이런 교란들이 여타 시대보다 어떤 한 시대에 더 강력하고 더 자주 발생하며, 교란이 작은 시대에는 뚜렷하게 보였던 규칙적인 변화 법칙이, 교란이 큰 시대에는 가려진다는

정식으로 유명한 맥스웰의 급우(級友)였으며, 전하의 기본 단위를 갖는 양으로 전자(electron)라는 용어를 1891년에 처음 도입한 것으로 가장 유명하다.

* 자기 요소(magnetic elements)란 지구 표면의 임의의 점에서 자기편위, 자기복각, 자기 세기를 말한다.

것이 발견되었다. 그래서 이런 교란에 크게 주목하게 되었는데, 비록 각 개별적인 교란은 아주 규칙적이지 않은 것처럼 보였지만, 어떤 특별한 종류의 교란이 하루의 어떤 시간에 그리고 그 시대의 어떤 계절에 정해진 간격으로 더 잘 일어난다는 것이 발견되었다. 이런 좀 더 평이한 교란들을 제외하면, 가끔 자기가 하루 또는 이틀 강력하게 교란되는 과도한 교란의 시대도 있다. 그런 것을 자기 폭풍이라고 부른다. 때로는 아주 먼 거리에 있는 기지들에서 같은 순간에 개별적인 교란들이 관측되기도 하였다.

에어리*는 그리니치에서 관측한 교란 중 상당 부분이 지구에서 가까운 곳에 설치된 전극들에 의해 수집된 전류에 해당하며, 만일 지구 전류가 자신의 실제 방향을 유지하며 자석 밑에 설치된 도선을 통해 전달된다면 그 자석에 의해 직접 발생하는 전류와 같음을 발견하였다.

교란이 최대인 시대가 11년마다 존재했고, 이것은 태양에 흑점의 수가 최대인 시대와도 일치하는 것처럼 보인다는 점도 발견되었다.

474. 지자기를 조사함에 따라 개시된 연구 분야는 규모가 광대한 것만큼이나 그 내용도 심오하다.

우리는 태양과 달이 지구 자기에 영향을 준다는 것을 알고 있다. 이 효과가 단순히 태양과 달이 자석이라고 가정하는 것만으로는 설명될 수 없음이 증명되었다. 그러므로 이 효과는 간접적이다. 태양의 경우, 그 효과 중 일부는 열작용일 수 있지만, 달의 경우는 원인을 열작용으로 돌릴 수 없다. 태양과 달에 의한 인력이 지구 내부에 압박을 유발해서 지구에 이미 존재하고 있는 자기가 변하게(447절) 만들고, 그래서 일종의 조류(潮流) 효과에 의해

---

* 에어리(George Biddell Airy, 1801-1892)는 영국 천문학자이자 지구 물리학자로서 자오선 관측 체계를 정비하고 달에 관한 수치 이론을 발전시켰으며, 진자를 이용한 중력 측정으로 지구 밀도를 추정하였다.

서 하루에 두 번 일어나는 변화의 원인이 되는 것이 가능할까?

그러나 이런 변화의 총량이 지자기의 거대한 영년(永年) 변화와 비교하면 매우 작다.

지구 외부에서 왔건 아니면 지구 내부 깊숙한 곳에서 왔건, 어떤 원인이 지구의 자극(磁極)을 시구 덩어리의 한 부분에서 다른 부분으로 천천히 이동시킬 정도로 지자기의 엄청난 변화를 만들어내는가? 지구라는 거대한 덩어리의 자기화 세기가 우리 강철 자석에서 대단히 어렵게 만들 수 있는 자기화 세기와 제법 비교할 수 있는 정도임을 고려할 때, 그렇게도 거대한 물체에서 그렇게도 어마어마한 변화가 생기는 것을 보면, 지구의 깊숙한 내부에서 벌어지는 활동의 장면들과 같이, 우리가 접근할 방법이 별로 없는 지식에 대한, 자연에서 벌어지는 현상들에 대한 가장 강력한 원인 중 하나에 대해 제대로 알고 있지 못한다고 결론 짓지 않을 수 없다.

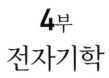

4부
전자기학

1장

전자기력

475. 많은 서로 다른 목격자들이 어떤 경우에 자침(磁針)에서 발생하거나 자침 가까운 곳에서 발생한 전기 방전으로 자침에서 자기(磁氣)가 발생하거나 소멸하는 것이 관찰되었고, 자기와 전기(電氣) 사이의 관계에 대하여 이런저런 추측들이 제안되었지만, 이런 현상들에 대한 법칙이나 그런 관계의 형태에 대해서는, 한스 크리스티안 외르스테드[1])가 코펜하겐 대학의 몇 상급반 학생들을 가르치는 한 개인적인 강의에서 볼타 배터리의 양쪽 끝을 연결하는 도선이 부근의 자석에 영향을 주는 것을 목격하기 전까지 전혀 알려지지 않은 채로 남아 있었다. 외르스테드는 이 발견을 1820년 7월 21일 자로, *Experimenta circa effectum Conflictûs Electrici in Acum Magneticam*이라는 제목의 논문으로 출판하였다.

자석과 전하가 대전된 물체 사이의 관계에 대한 실험을 시도했지만, 그런 실험들은 외르스테드가 전류에 의해 **가열된** 도선에 대한 효과를 알아내기 위해 노력하기 전까지는 어떤 결과도 얻지 못했다. 그렇지만 외르스테드는 도선의 열(熱)이 아니라 전류 자체가 그런 효과의 원인이고, '전기적 불일치는 회전하는 방식으로 작용함'을, 다시 말하면 전류를 전달하는 도선에 가까이 놓인 자석은 그 도선에 직각으로 놓이려고 움직이고, 자석을 도선 주위로 움직이면 항상 같은 끝이 앞을 향하는 것을 발견했다.

476. 그래서 전류를 전달하는 도선을 둘러싸는 공간에서는 자석에 도선의 위치와 전류의 세기에 의존하는 힘이 작용하는 것처럼 보인다. 그러므로 이런 힘이 작용하는 공간을 자기장이라고 간주할 수 있으며, 이 자기장도 자기력이 작용하는 선들을 추적하고 모든 점에서 자기력의 세기를 측정하는, 이미 보통 자석 주위의 자기장을 조사할 때 이미 사용한 것과 같은 방법으로 조사할 수 있다.

477. 전류를 나르는 무한히 긴 직선 도선의 경우부터 시작하자. 어떤 사람이 자신이 도선이 놓인 위치에 서 있다고 상상하고, 그래서 전류가 그의 머리에서 다리로 흐른다면, 그 사람 앞에 자유롭게 움직일 수 있도록 매달린 자석은 원래는 북쪽을 가리킬 자석의 끝이, 전류의 작용 아래서는, 그의 오른손 쪽을 가리킨다.

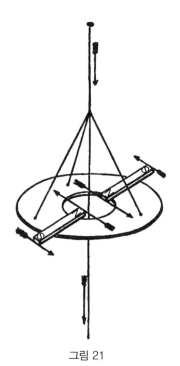

자기력선은 모든 곳에서 도선과 함께 내려온 면과 수직을 이루며, 그러므로 도선과 수직인 면에서는 원을 그리는데, 도선이 각 원의 중심을 통과한다. 북쪽을 가리키는 자석의 극을 그 원 중에서 하나를 따라 왼쪽에서 오른쪽으로 한 바퀴 돌리면, 항상 자신의 운동 방향으로 작용하는 힘을 경험하게 된다. 같은 자석의 다른 극은 그 반대 방향의 힘을 경험하게 된다.

그림 21

478. 이 힘들을 비교하기 위해, 도선이 수직으로 놓여 있고 전류가 아래로 흐른다고 하고, 도선과 일치하는 수직축 주위를 자유롭게 회전하는 장치에 자석을 놓자. 이런 상황에서 전류는 장치 전체가 축인 전류 자신 주위로 회전하게 만드는 효과는 만들지 않는 것이 발견되었다. 그래서 수직으로 흐르는 전류가 자석의 두 극에 미치는 작용은 축인 전류 주위에 대한 두 힘의 정적(靜的) 모멘트가 크기가 같고 방향이 반대인 것으로 행동한다. 두 극의 세기가 m_1과 m_2이고, 축인 도선으로부터 두 극까지 거리가 r_1과 r_2이며, 두 극에 전류가 작용하는 전기력의 세기가 각각 T_1과 T_2이면, m_1에 작용하는 힘은 $m_1 T_1$이고, 이 힘이 축과 수직이므로, 이 힘의 모멘트는 $m_1 T_1 r_1$이다. 마찬가지로 다른 극에 작용하는 힘의 모멘트는 $m_2 T_2 r_2$이며, 여기서 어떤 운동도 관찰되지 않으므로

$$m_1 T_1 r_1 + m_2 T_2 r_2 = 0$$

이다.

그런데 모든 자석에서

$$m_1 + m_2 = 0$$

임을 알고 있다.

그래서

$$T_1 r_1 = T_2 r_2$$

이므로 무한히 긴 직선 전류에 의한 전자기력은 전류에 수직이며 전류로부터 거리에 반비례해서 변한다.

479. 곱 Tr는 전류의 세기에 의존하므로, 이것을 전류를 측정하는 기준으로 이용할 수도 있다. 이런 측정 방법은 정전(靜電) 현상에서 근거한 방법과 다르며, 전류에 의해 발생한 자기(磁氣) 현상에 의존하므로, 이것을 전자기 시스템의 측정이라고 부른다. i가 전류이면 전자기 시스템에서는

$$Tr = 2i$$

이다.

480. 도선을 z 축으로 취하면, T의 직각 좌표 성분은

$$X = -2i\frac{y}{r^2}, \qquad Y = 2i\frac{x}{r^2}, \qquad Z = 0$$

이다.

여기서 $Xdx + Ydy + Zdz$는 완전 미분이며,

$$2i\tan^{-1}\frac{y}{x} + C$$

의 완전 미분이기도 하다.

그래서 장(場)에서 자기력은, 이전의 몇 가지 사례에서 보듯이 퍼텐셜 함수로부터 추정할 수 있지만, 이 경우에는 퍼텐셜이 공통된 차이 $4\pi i$를 갖는 값들의 무한급수인 함수이다. 그렇지만 퍼텐셜에 대한 좌표의 미분 계수는 모든 점에서 유한하고 하나의 값만을 갖는다.

전류와 가까운 장에 존재하는 퍼텐셜 함수는 에너지 보존 원리로부터 자명한 결과는 아닌데, 왜냐하면 모든 실제 전류에는 도선의 저항을 극복하는 데 계속 배터리의 전기 에너지 소모가 존재하므로, 이렇게 소모되는 에너지양을 정확히 알지 못하는 한 자석이 주기적으로 움직이는 데 사용되는 일의 원인으로 배터리의 에너지 중 일부가 사용될지도 모르기 때문이다. 실제로, 자극 m이 도선을 둘러싸는 폐곡선을 따라 움직이면, $4\pi mi$에 달하는 양의 일이 실제로 소비된다. 도선을 안에 포함하지 않는 폐곡선을 따라 진행할 때만 힘의 선적분이 0이 된다. 그러므로 현재로는 이미 설명된 실험적 증거에 기반을 두고서만 힘의 법칙과 퍼텐셜의 존재를 고려해야 한다.

481. 무한히 긴 직선을 둘러싸는 공간을 생각하면, 그 공간은 자신으로 돌아오므로 주기적 공간임을 알게 된다. 이제 그 직선에서 출발해서 그 직선의 한쪽으로 무한히 퍼져나가는 평면 또는 어떤 다른 표면을 상상하면, 이 표면은 주기적 공간을 비주기적인 것으로 바꾸는 가로막이라고 간주할 수

있다. 임의의 한 고정 점에서 이 가로막을 지나가지 않고 어떤 다른 점까지 선을 그리고, 그런 선 중 하나를 따라 취한 힘의 선적분으로 퍼텐셜을 정의하면, 그 퍼텐셜은 이제 어떤 점에서나 하나의 유한한 값을 갖게 된다.

이제 자기장은 이 표면과 일치하는 형태의 자기(磁氣) 껍질이, 그 껍질의 세기가 i이면, 만드는 자기장과 모든 면에서 똑같다. 이 껍질의 한쪽 가장자리는 무한히 긴 직선이 경계가 된다. 이 껍질의 다른 부분들의 경계는 고려하는 장의 부분으로부터 무한히 먼 거리에 있다.

482. 모든 실제 실험에서는 전류가 유한한 크기의 폐회로를 만든다. 그러므로 유한한 회로의 자기(磁氣) 작용을 그 회로가 경계를 이루는 가장자리인 자기 껍질의 자기 작용과 비교해야 한다.

작은 평면 회로가 회로의 크기에 비해 먼 곳에 미치는 자기 작용은, 축이 그 회로 면에 수직이고 자기 모멘트는 그 회로의 넓이에 회로에 흐르는 전류의 세기를 곱한 것과 같은 자석의 자기 작용과 같다는 것이 많은 실험을 통해 증명되었는데, 앙페르*가 그런 실험을 제일 먼저 했으며 베버의 실험이 가장 정확했다.

회로를 그 회로가 경계인 표면으로 채운다고 가정하고, 그렇게 가로막을 만들어서 그 표면과 일치하는 세기가 i인 자기 껍질을 회로에 전류 대신 가져다 놓는다면, 거리에 불문하고 어떤 점들에 대해서나 이 껍질의 자기 작용이 전류의 자기 작용과 정확하게 똑같다.

483. 여기까지는 회로의 크기가 회로의 어떤 부분으로부터든 조사하는 장까지 거리에 비해 작다고 가정하였다. 이제는 회로의 형태와 크기에 전

---

* 앙페르(André-Marie Ampère, 1755-1836)는 프랑스의 물리학자로서 근대 전자기학의 기초를 세웠으며, 전류의 단위 앙페르는 그의 이름으로부터 유래되었다.

혀 제한을 두지 않고, 전류를 전달하는 도선 자체를 제외한 어떤 점에서든지 회로의 자기 작용을 검토하자. 이런 목적을 위해 앙페르는 다음 방법을 도입했는데, 이 방법은 기하학적으로 중요하게 적용된다.

경계가 회로이면서 점 P를 통과하지 않는 임의의 표면 S를 상상하자. 이 표면에 서로 교차하는 두 부류의 선들을 그려서 표면을 기본 부분들로 나누는데, 각 부분의 크기는 그 부분에서 P까지 거리에 비해 작고, 그 표면의 곡률 반지름에 비해서도 작다고 하자.

이 기본 요소들 하나하나의 가장자리를 돌아가며 흐르는 세기가 i인 전류가 흐르는데, 모든 요소에서 전류 회전 방향은 원래 회로에서 전류 회전 방향과 같다고 상상하자.

같은 장소에서 세기가 같고 방향이 반대인 두 전류의 효과는 그 전류를 어떤 측면에서 고려하든 확실히 0이다. 그러므로 그들의 자기 효과 역시 0이다. 작게 나눈 기본 회로 중에서 이런 방법으로 효과가 없어지지 않는 유일한 부분은 원래 회로와 일치하는 것들뿐이다. 그러므로 기본 회로들의 전체 효과는 원래 회로의 효과와 동등하다.

484. 이제 각 기본 회로는 P로부터 거리가 자신의 크기에 비해 훨씬 큰 작은 평면 회로라고 생각될 수 있으므로, 각 기본 회로를 그 기본 회로의 가장자리와 일치하는 경계를 갖는 세기가 i인 기본 자기 껍질로 대체할 수 있다. 기본 껍질이 P에 미치는 자기 효과는 기본 회로가 P에 미치는 자기 효과와 똑같다. 기본 껍질들 전체는 표면 S와 일치하고 원래 회로가 경계이면서 세기가 i인 자기 껍질을 만들며, 이 전체 껍질이 P에 미치는 자기 작용은 원래 회로가 P에 미치는 자기 작용과 똑같다.

회로의 작용은 그 회로를 채우도록 그리는 표면 S의 형태를 어떻게 만들든지 그 형태와 무관하다는 것은 명백하다. 이 사실로부터 자기 껍질의 작용은 껍질 자체의 형태와는 무관하고 단지 그 껍질의 가장자리에만 의존하는 것을 알 수 있다. 이 결과는 앞의 410절에서 이미 구했지만, 그 결과를 전자기적 고려로부터 어떻게 유추할 수 있는지 보는 것도 유익하다.

그러므로 임의의 점에서 회로가 원인인 자기력은 그 점을 지나가지만 않으면 그 회로가 경계이고 껍질의 세기가 회로의 세기와 같은 값인 자기 껍질이 원인인 자기력과 크기와 방향이 모두 똑같다. 회로에서 전류가 흐르는 방향은 껍질의 자기화 방향과 연관되는데, 사람이 껍질의 양(陽) 방향에 다리를 두고 북쪽을 향하도록 서 있다면, 그 사람의 앞에서는 전류가 오른쪽에서 왼쪽으로 흐른다.

485. 그렇지만 자기 껍질을 이루는 물질 내부의 점에 대해서는, 회로의 자기 퍼텐셜이 자기 껍질의 자기 퍼텐셜과 다르다.

자기 껍질이 점 P를 대하는 고체각이 ω이고, P 다음에 오는 껍질이 양(陽)의 쪽인 남쪽을 향할 때 고체각의 부호가 양(陽)이라고 하면, 껍질 자체에 놓이지 않은 어떤 점에서든지 자기 퍼텐셜은 $\omega\phi$인데, 여기서 ϕ는 껍질의 세기이다. 껍질 자체의 물질 내부의 임의의 점에서 껍질을 두 부분으로 나누어 각 부분의 세기가 ϕ_1과 ϕ_2로 $\phi_1 + \phi_2 = \phi$이고, 이 점은 ϕ_1의 양의 쪽에 그리고 ϕ_2의 음(陰)의 쪽에 놓인다고 가정하자. 이 점에서 퍼텐셜은

$$\omega(\phi_1 + \phi_2) - 4\pi\phi_2$$

이다.

껍질의 음의 쪽에서는 이 퍼텐셜이 $\phi(\omega - 4\pi)$가 된다. 그러므로 이 경우에 퍼텐셜은 연속이고, 모든 점에서 퍼텐셜은 하나의 확정적인 값을 갖는다. 반면 전기 회로의 경우에, 전기 도선 자체에 놓이지 않은 모든 점에서 자기 퍼텐셜은 $i\omega$와 같은데, 여기서 i는 전류의 세기이고 ω는 그 점에서 회로를 대하는 고체각으로, 그 부호는 P에서 볼 때 전류가 시계 방향과 반대 방향으로 회전하면 양(陽)이라고 생각한다.

$i\omega$라는 양은 공차(公差) 값이 $4\pi i$인 무한급수를 갖는 함수이다. 그렇지만

좌표에 대한 iw의 미분 계수는 공간의 모든 점에서 하나의 확정된 값을 갖는다.

486. 길고 가늘며 유연한 솔레노이드 자석이 전기 회로 근처에 놓이면, 솔레노이드의 북쪽 끝과 남쪽 끝은 도선 주위에서 반대 방향으로 움직이려 하며, 두 끝이 자기력을 제한 없이 받을 수 있으면 그 자석이 마지막에는 도선 주위로 닫힌 코일 형태로 감기게 된다. 만일 단 하나의 극만 갖거나 두 극의 세기가 다른 자석을 구하는 것이 가능하다면, 그런 자석은 도선 주위로 한 방향으로만 계속해서 돌고 또 돌게 되겠지만, 모든 자석의 두 극의 세기는 같고 반대 부호이므로, 이런 결과는 절대로 발생하지 않는다. 그런데 패러데이가 한 극은 전류 주위를 계속 돌지만 다른 극은 돌지 않게 하는 것을 가능하게 만들어서, 어떻게 하면 자석의 한 극이 전류 주위를 계속 회전시키는지 보여주었다. 이 과정은 끝없이 반복될 수 있으며, 한 번 회전할 때마다 자석의 본체가 전류의 한쪽에서 다른 쪽으로 이동되어야 한다. 전하의 흐름을 방해하지 않으면서 이렇게 하기 위해서는 전류가 두 갈래로 갈라져서, 자석이 통과하도록 한 갈래가 열려 있을 때 전류는 다른 갈래를 통해 계속 흐른다. 패러데이는 이 목적으로 491절의 그림 23에 보인 수은이 든 원형 용기를 사용하였다. 전류는 도선 AB를 통하여 원형 용기로 들어와서, B에서 갈라지고, 두 원호 BQP와 BRP를 흐른 다음에 P에서 다시 만나며, 도선 PO를 통해 원형 용기에서 나가는데, O는 수은이 든 컵이고 O 아래 수직 도선으로 전류가 흐른다.

(그림에 보이지 않은) 자석은 O를 통과하는 수직축 주위로 회전할 수 있도록 탑재되어 있으며, 도선 OP가 자석과 함께 회전한다. 자석의 본체는 원형 용기의 구멍을 통해 지나가고, 한 극은, 그 극이 북극일 수도 있고 남극일 수도 있는데 원형 용기의 아래 있고, 다른 극은 위에 있다. 자석과 도선 OP가 수직축 주위로 회전하는 동안, 전류는 원형 용기의 앞쪽에 놓인 갈래

로부터 점차로 원형 용기의 뒤쪽에 놓인 갈래로 이동하고, 그래서 한 번 완벽히 회전할 때마다 항상 자석은 전류의 한쪽에서 다른 쪽으로 통과한다. 자석의 북극은 북 - 동 - 남 - 서 방향으로 내려오는 전류 주위로 회전하고, ω, ω'가 (부호와 관계없이) 두 극에서 원형 용기를 대하는 고체각이면, 한 번 완벽히 회전할 때 전자기력에 의해 하는 일은

$$mi(4\pi - \omega - \omega')$$

인데, 여기서 m은 두 극 중 어느 하나의 세기이고, i는 전류의 세기이다.

487. 이제 선형 전류 회로 근처에서 자기장의 상태에 대한 개념을 형성하도록 노력하자.

회로가 마주하는 고체각인 ω의 값이 공간의 모든 점에서 알려져서 ω가 상수인 표면들을 만들었다고 하자. 이 표면들은 등전위 면이다. 이 표면들 하나하나의 경계는 모두 회로이고, 임의의 두 표면 ω_1과 ω_2는 회로에서 $\frac{1}{2}(\omega_1 - \omega_2)$인 각으로 만난다.

이 책의 끝에 나오는 그림 XVIII은 원형 전류가 원인인 등전위 면의 단면을 보여준다. 작은 원은 도선의 단면을 대표하며, 그림의 맨 아래 수평으로 그린 선은 원형 전류 면에 수직이고 원형 전류의 중심을 지나는 선이다.

ω 값이 $\frac{\pi}{6}$씩 차이가 나는 것들에 대응하도록 그린 스물두 개의 등전위 면은 이 선이 공동 축인 회전면들이다. 이 면들은 분명히 축 방향으로 납작해진 편원(偏圓)형 모양이다. 이 면들은 회로를 이루는 선에서 15°의 각을 이루며 서로 만난다.

등전위 표면의 어느 점에나 놓인 자극에 작용하는 힘은 이 표면에 수직이고, 연이은 표면들 사이의 거리에 반비례해서 변한다. 그림 XVIII에 나온 도선의 단면을 둘러싸는 폐곡선들은 힘 선이다. 이 선들은 '소용돌이 운동'에 대한 톰슨 경의 논문[2]에서 그대로 따왔다. 이 내용에 대해서는 702절도 또한 보라.

임의의 자기 시스템에 대한 전류의 작용

488. 이제 우리는 자기 껍질 이론을 이용하여 전기 회로가 그 주위 임의의 자기 시스템에 어떤 작용을 하는지 추론할 수 있다. 왜냐하면 전류의 세기와 세기 값이 똑같고 가장자리의 위치가 회로의 위치와 일치하는 자기 껍질을 만들면, 그 껍질 자체는 자기 시스템의 어떤 부분도 통과하지 않을지라도, 자기 시스템에 대한 그 껍질의 작용은 전기 회로의 작용과 똑같기 때문이다.

전기 회로에 대한 자기 시스템의 반작용

489. 이로부터, 작용과 반작용은 크기는 같고 부호는 반대라는 원리를 적용하면, 자기 시스템이 전기 회로에 주는 역학적 작용은 전기 회로가 가장자리가 회로와 같은 자기 껍질에 주는 작용과 똑같다고 결론을 내린다.

퍼텐셜이 V인 자기력의 장에 놓인 세기가 ϕ인 자기 껍질의 퍼텐셜 에너지는, 410절에 의해

$$M = \phi \iint \left(l\frac{dV}{dx} + m\frac{dV}{dy} + n\frac{dV}{dz} \right) dS$$

인데, 여기서 l, m, n은 껍질의 요소 dS의 양(陽)의 쪽에 그린 법선의 방향 코사인이고, 적분은 껍질의 표면에 걸쳐서 수행된다.

이제 a, b, c가 자기 유도의 성분들일 때 면적분

$$N = \iint (la + mb + nc) dS$$

는 껍질을 통과하는 자기 유도의 양을, 그리고 패러데이의 말을 빌려 표현하면, 자기 유도선들을 대수적으로 합한 수를 대표하는데, 껍질의 음(陰)의 쪽에서 양의 쪽으로 통과하는 선들의 수에서 양의 쪽에서 음의 쪽으로 통과하는 선들의 수를 뺀 것을 말한다.

이 껍질은 퍼텐셜 V의 원인이 되는 자기 시스템에 속하지 않으며, 그러므로 자기력은 자기 유도와 같다는 것을 기억하면,

$$a = -\frac{dV}{dx}, \qquad b = -\frac{dV}{dy}, \qquad c = -\frac{dV}{dz}$$

를 얻으며, M의 값을

$$M = -\phi N$$

이라고 쓸 수 있다.

δx_1이 껍질의 임의 변위를, 그리고 X_1이 그 변위가 일어나도록 껍질에 작용하는 힘을 대표한다면, 에너지 보존 원리에 의해서

$$X_1 \delta x_1 + \delta M = 0$$

이 성립하고 따라서

$$X = \phi \frac{\delta N}{\delta x}$$

이다.

우리는 방금 껍질의 임의의 주어진 변위에 대응하는 힘이 무엇인지 정하였다. 이 힘은 변위가 그 껍질을 통과하는 유도선의 수인 N을 증가시키거나 감소시킴에 맞춰서 변위를 돕거나 저항한다.

껍질에 대응하는 전기 회로에서도 똑같다. 회로의 어떤 변위든지 회로를 양(陽)의 방향으로 통과하는 유도 수를 증가시키는지 또는 감소시키는지에 따라 도움받거나 저항받는다.

두 가지를 꼭 기억해야 하는데, 하나는 자기 유도의 양(陽) 방향은 자석의 두 극 중에서 북쪽을 향하는 극이 그 선을 따라 움직이려는 방향임을 기억해야 하고, 다른 하나는 회로에서 유리처럼 행동하는 전하의 흐름의 방향이 오른나사가 회전하는 운동이면 나사가 진행하는 방향이 유도선의 방향과 같을 때, 유도선이 회로를 양의 방향으로 통과함을 기억해야 한다. 23절을 보라.

490. 회로 전체의 어떤 변위에 대응하는 힘이든지 언제나 자기 껍질 이론

으로부터 유추할 수 있음은 명백하다. 그런데 이것이 전부가 아니다. 만일 회로의 일부가 구부러질 수 있다면, 그래서 그 일부가 회로의 나머지 부분과 무관하게 이동될 수 있다면, 껍질 표면을 구부러질 수 있는 점들로 연결되는 충분히 많은 수의 부분으로 자르는 방법으로 껍질의 가장자리도 똑같은 변위로 이동시킬 수 있다. 그래서 회로의 어떤 부분이든지 주어진 방향으로 변위가 일어나게 하여 회로를 통과하는 유도선의 수가 증가할 수 있다면, 이 변위는 회로에 작용하는 전자기력에 의해 도움을 받는다고 결론짓는다.

그러므로 회로가 자기 유도선들을 가로질러서 회로가 에워싸는 내부에 더 많은 수의 유도선을 포함하도록 회로의 모든 부분에 힘이 작용하며, 이러한 변위가 일어나는 동안 그 힘이 한 일의 값은 추가된 자기 유도선의 수에 전류의 세기를 곱한 것과 같다.

세기가 i인 전류가 흐르는 회로의 요소 ds가 공간을 통해 자신에 평행하게 δx만큼 이동해서, 변들은 평행하고 길이는 각각 ds와 δx인 평행 사변형 형태의 넓이를 쓸고 지나간다고 하자.

자기 유도를 $\mathfrak{B}$라고 쓰면, 그리고 자기 유도가 그 평행 사변형의 법선과 각 ϵ을 이룬다면, 그 변위에 대응하는 N증가량 값은 평행 사변형의 넓이에 $\mathfrak{B}\cos\epsilon$을 곱하면 나온다. 이 연산의 결과는 각 변이 크기와 방향에서 δx, ds, 그리고 $\mathfrak{B}$로 대표되는 평행 육면체의 부피에 의해 기하학적으로 대표되며, 이 결과의 방향은 방향 지시봉이 평행 육면체의 대각선 주위로 시곗바늘 방향으로 돌 때 δx, ds, 그리고 $\mathfrak{B}$의 순서로 향하면 양(陽) 방향이라고 생각한다. 이 평행 육면체의 부피는 $X\delta x$와 같다.

ds와 $\mathfrak{B}$ 사이의 각이 θ이고, 평행 사변형의 넓이가 $ds \cdot \mathfrak{B}\sin\theta$이며, 변위 δx가 이 평행 사변형의 법선과 만드는 각이 η이면, 평행 육면체의 부피는

$$ds \cdot \mathfrak{B}\sin\theta \cdot \delta x \cos\eta = \delta N$$

이다.

이제

$$X\delta x = i\delta N = ids \, . \, \mathfrak{B}\sin\theta \, \delta x \cos\eta$$

그리고

$$X = ids \, . \, \mathfrak{B}\sin\theta \cos\eta$$

가 ds를 미는 δx 방향으로 분해된 힘이다.

그러므로 이 힘의 방향은 평행 사변형에 수직이며 이 힘의 크기는 $i \, . \, ds \, . \, \mathfrak{B}\sin\theta$와 같다.

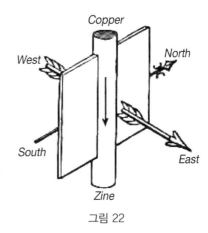

그림 22

이것은 두 변이 크기와 방향에서 ids와 $\mathfrak{B}$를 대표하는 평행 사변형의 넓이이다. 그러므로 ds에 작용하는 힘의 크기는 이 평행 사변형의 넓이에 의해 대표되며, 이 힘의 방향은 오른나사 손잡이를 전류 ids의 방향에서 자기 유도 $\mathfrak{B}$의 방향으로 돌리는 경우 오른나사가 진행하는 운동의 방향으로 평행 사변형의 면에 그린 법선의 방향이다.

이 힘의 방향과 크기 모두를 4원수 언어로 표현하면 이 힘은 전류 요소인 벡터 ids를 자기 유도인 벡터 $\mathfrak{B}$와 곱한 결과의 벡터 부분이다.

491. 이처럼 자기장에 놓인 전기 회로의 어떤 부분이든지 그 부분에 작용하는 힘을 완벽히 정하였다. 회로가 어떤 방법으로든 이동해서, 다양한 형태나 위치를 취한 뒤에, 회로가 원래 위치로 돌아온다면, 그런 이동 중에 전류의 세기는 일정하게 유지되고, 전자기력이 행한 일의 전체 양은 0이 된다. 이것은 회로의 어떤 순환 운동에 대해서도 성립하므로, 일정한 전류가 흐르는 선형 회로의 어떤 부분도 마찰의 저항 등에 대항하면서 전자기력에 의해 연속적인 회전 운동을 유지하는 것은 불가능하다.

그렇지만 전류가 흐르는 경로 중 어떤 부분에서 전류가 한 도선에서 다른 도선으로 미끄러져 들어가거나 지나간다면 회전이 연속해서 일어나게

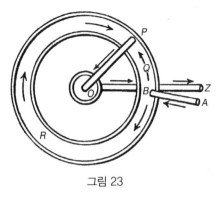

그림 23

하는 것이 가능하다.

회로 중에서 부드러운 고체나 액체의 표면 위를 도체가 미끄러지면서 접촉한다면, 이 회로를 일정한 세기를 갖는 하나의 선형 회로라고 더는 간주할 수 없고, 오히려 변할 수 있는 세기를 갖는 둘 또는 더 많은 수의 회로들로서, 그 회로 중에서 N이 증가하면 양(陽) 방향의 전류를 갖고 N이 감소하면 음(陰) 방향의 전류를 갖는다고 생각해야 한다.

이처럼, 그림 23에 보인 장치에서, OP는 이동이 가능한 도체로, 이 도체의 한쪽 끝은 컵에 담긴 수은 O 위에 정지해 있고, 다른 쪽 끝은 O와 중심이 같은 원형 용기에 담긴 수은에 담겨 있다.

전류 i는 AB를 따라 들어와서, 원형 용기에서 두 부분으로 나뉘는데, 그중 한 부분인 x는 원호 BQP로 흐르고, 다른 부분 y는 BRP를 따라 흐른다. 이 두 전류는 P에서 합류하여 이동이 가능한 도체 PO와 전극 OZ를 따라 흐른 뒤 배터리의 아연 쪽 끝으로 들어간다. 전류가 OP와 OZ를 따라 흐르는 세기는 $x+y$, 즉 i이다.

이제 여기 두 회로가 있는데, 하나는 $ABQPOZ$로 양의 방향으로 흐르는 전류 세기는 x이고, 다른 하나는 $ABRPOZ$로 음의 방향으로 흐르며 전류의 세기는 y이다.

자기 유도가 $\mathfrak{B}$인데, 위쪽을 향하고 원의 면에 수직이라고 하자.

OP가 반시계 방향으로 각 θ만큼 움직이는 동안, 첫 번째 회로의 넓이는 $\frac{1}{2}OP^2$만큼 증가하고, 두 번째 회로의 넓이는 같은 양만큼 감소한다. 첫 번째 회로의 전류의 세기는 x이므로, 첫 번째 회로가 한 일은 $\frac{1}{2}x \cdot OP^2 \cdot \theta \cdot \mathfrak{B}$이고 두 번째 회로의 전류의 세기는 $-y$이므로, 두 번째 회로가 한 일은

$\frac{1}{2}y \cdot OP^2 \cdot \theta \cdot \mathfrak{B}$이다. 그러므로 한 일은

$$\frac{1}{2}(x+y)OP^2 \cdot \theta \mathfrak{B} \qquad \text{또는} \qquad \frac{1}{2}i \cdot OP^2 \cdot \theta \mathfrak{B}$$

이며 오직 PO에 흐르는 전류의 세기에만 의존한다. 그래서 전류 i가 일정하게 유지되면, 팔 OP는 모멘트가 $\frac{1}{2}i \cdot OP^2\mathfrak{B}$인 균일한 힘으로 원을 따라 계속 이동한다. 북반구 지역에서처럼 $\mathfrak{B}$가 아래로 작용하면, 그리고 전류는 안쪽으로 흐르면, 이 회전은 음(陰) 방향, 즉 $PQBR$ 방향이 된다.

492. 이제 자석과 전류의 상호 작용으로부터 한 전류의 다른 전류에 대한 작용으로 옮겨갈 수 있다. 왜냐하면 전기 회로 C_1이 임의의 자기 시스템 M_2에 대해 갖는 자기적 성질은 가장자리가 이 회로와 일치하고 그 세기 값이 회로에 흐르는 전류 세기와 같은 자기 껍질 S_1의 성질과 똑같기 때문이다. 자기 시스템 M_2가 자기 껍질 S_2라고 하면, S_1과 S_2 사이의 상호 작용은 S_1과, S_2와 가장자리가 일치하고 세기 값이 같은 회로 C_2 사이의 상호 작용과 똑같으며, S_1과 C_2 사이의 상호 작용은 다시 C_1과 C_2 사이의 상호 작용과 똑같다.

그래서 두 회로 C_1과 C_2 사이의 상호 작용은 대응하는 자기 껍질들인 S_1과 S_2 사이의 상호 작용과 똑같다.

우리는 423절에서 이미 가장자리가 두 폐곡선 s_1과 s_2인 두 자기 껍질들 사이의 상호 작용에 대해 조사하였다. 다음과 같이

$$M = \int_0^{s_2} \int_0^{s_1} \frac{\cos\epsilon}{r} ds_1 ds_2$$

라고 쓰고, ϵ은 두 요소 ds_1의 방향과 ds_2의 방향 사이의 각이고, r는 그 두 요소 사이의 거리이고, 적분이 한 번은 s_2을 돌아가며, 그리고 한 번은 s_1을 돌아가며 수행되고, M을 두 폐곡선 s_1과 s_2의 퍼텐셜이라고 부르면, 경계가 두 회로이고 세기가 각각 i_1과 i_2인 두 자기 껍질들의 상호 작용으로 인한 퍼텐셜 에너지는

$$-i_1i_2M$$

이며, 임의의 변위 δx를 돕는 힘 X는

$$i_1i_2\frac{\delta M}{\delta x}$$

이다.

전기 회로의 어떤 부분에든지 다른 회로의 작용이 원인으로 작용하는 힘에 대한 모든 이론은 이 결과로부터 유도될 수 있다.

493. 이 장에서 이용한 방법은 모두 패러데이의 방법을 따른 것이다. 한 회로 일부가 다른 회로 일부에 직접 작용하는 것으로 시작하는 대신에, 다음 장에서는 앙페르를 따라서, 먼저 회로가 자석에 대해 자기 껍질이 내는 것과 똑같은 효과를 내는 것을 보이려고 한다. 다른 말로는, 회로가 만드는 자기장이 무엇인지를 정하려고 한다. 그다음에, 회로가 임의의 자기장에 놓일 때 자기 껍질과 똑같은 힘을 경험하는 것을 보이고자 한다. 그래서 임의의 자기장에 놓인 회로에 작용하는 힘을 정한다. 마지막으로, 두 번째 전기 회로가 원인인 자기장을 가정하고 한 회로가 다른 회로의 전체 또는 일부에 미치는 작용을 정한다.

494. 이 방법을 무한히 긴 직선 전류가 그 전류와 평행한 직선 도선의 일부에 작용할 때 적용해 보자.

첫 번째 도체의 전류 i는 수직 아래쪽으로 흐른다고 가정하자. 이 경우에 자석의 북쪽을 향하는 끝은 전류의 축으로부터 자석을 바라보는 사람의 오른쪽을 향하게 된다.

그러므로 자기 유도선들은 수평으로 놓인 원들로 그 중심에 전류가 지나가며, 양(陽)의 방향은 북쪽, 동쪽, 남쪽, 서쪽 순서이다.

이제 또 다른 하나의 수직 아래로 내려가는 전류가 첫 번째 전류의 서쪽을 향해 놓인다고 하자. 첫 번째 전류에 의한 자기 유도선들은 여기서 북쪽

을 향한다. 두 번째 전류에 작용하는 힘의 방향은 전류의 방향인 밑바닥에서 자기 유도의 방향인 북쪽을 향해서 오른나사의 손잡이를 돌려서 정한다. 그러면 나사는 동쪽을 향해서 진행하는데, 다시 말하면, 두 번째 전류에 작용하는 힘은 첫 번째 전류를 향하고, 일반적으로 이 현상은 오직 두 전류의 상대적 위치에만 의존하므로, 같은 방향을 향해 흐르는 평행한 두 전류는 서로 잡아당긴다.

같은 방법으로, 서로 반대 방향으로 흐르는 평행한 두 전류는 서로 밀어내는 방향으로 힘이 작용하는 것을 보일 수 있다.

495. 세기가 i인 직선 전류로부터 거리가 r인 곳의 자기 유도의 세기는, 479절에서 보인 것처럼

$$2\frac{i}{r}$$

이다.

그래서 첫 번째 도체와 평행이고 첫 번째 도체와 같은 방향으로 전류 i'을 나르는 두 번째 도체의 일부는

$$F = 2ii'\frac{a}{r}$$

인 힘으로 첫 번째 도체를 향해 힘을 받는데, 여기서 a는 고려한 일부의 길이이고, r는 첫 번째 도체로부터 그 일부까지 거리이다.

a와 r 사이의 비는 두 선의 어떤 것의 절댓값에도 무관한 숫자로 된 값이므로, 전자기 시스템에서 측정된 두 전류의 곱의 차원은 힘의 차원이어야 하고, 그래서 단위 전류의 차원은

$$[i] = \left[F^{\frac{1}{2}}\right] = \left[M^{\frac{1}{2}}L^{\frac{1}{2}}T^{-1}\right]$$

이다.

496. 전류에 작용하는 힘의 방향을 결정하는 또 다른 방법은 전류의 자기 작용과 다른 전류의 자기 작용 사이의 관계, 그리고 전류의 자기 작용과 자석의 자기 작용 사이의 관계를 살펴보는 것이다.

전류를 나르는 도선의 한쪽에서 그 전류가 원인인 자기 작용이 다른 전류들이 원인인 자기 작용과 같은 방향이거나 또는 거의 같은 방향이면, 그 도선의 다른 쪽에서는 이 힘들이 반대 방향이거나 또는 거의 반대 방향일 것이며, 그 도선에 작용하는 힘은 서로에게 힘을 더 강력하게 해주는 쪽에서 서로에게 힘을 맞서게 해주는 쪽으로 향하게 될 것이다.

그래서, 북쪽을 향하는 자기력 장에 아래로 내려오는 전류가 놓이면, 그 전류의 자기 작용은 서쪽에서는 북쪽을 향하고 동쪽에서는 남쪽을 향하게 된다. 그래서 서쪽에서는 힘들이 서로를 강화하고, 동쪽에서는 힘들이 서로 맞서며, 그러므로 전류에 작용하는 힘은 동쪽에서 서쪽을 향한다. 490절의 그림 22를 보라.

제2권의 끝에 실은 그림 XVII에 나오는 작은 원은 아래로 내려오는 전류를 나르며, 그림의 왼쪽을 향해 작용하는 균일한 자기력 장에 놓인 도선의 단면을 대표한다. 자기력은 도선 위에서보다 도선 아래에서 더 크다. 그러므로 도선은 그림의 아래쪽에서 위쪽으로 힘을 받는다.

497. 두 전류가 같은 평면에 놓였지만 서로 평행하지는 않다면, 이 원리를 적용할 수 있다. 도체 중 하나는 수평면이라고 가정한 종이 면에 놓인 무한히 긴 직선 도선이라고 하자. 전류의 오른쪽에서는 자기력이 아래로 작용하고 왼쪽에서는 자기력이 위로 작용한다. 같은 면에 놓인 두 번째 전류의 어떤 짧은 부분이 원인인 자기력에 대해서도 똑같이 성립한다. 두 번째 전류가 첫 번째 전류의 오른쪽에 놓였으면, 두 번째 전류의 오른쪽에서는 자기력이 서로를 더 세게 할 것이고, 왼쪽에서는 서로 맞서게 할 것이다. 그래서 두 번째 전류에는 오른쪽에서 왼쪽으로 미는 힘이 작용한다. 이 힘의 크

기는 단 두 번째 전류의 위치에만 의존하고 두 번째 전류의 방향에는 의존하지 않는다. 두 번째 전류가 첫 번째 전류의 왼쪽에 놓였으면, 두 번째 전류는 왼쪽에서 오른쪽으로 힘을 받는다.

그래서, 두 번째 전류가 첫 번째 전류와 같은 방향이면 두 번째 전류는 인력을 받으며 반대 방향이면 척력을 받고, 두 번째 전류가 첫 번째 전류와 직교하면서 더 멀어지는 방향으로 전류가 흐르면 첫 번째 전류 쪽을 향하는 힘을 받으며, 두 번째 전류가 첫 번째 전류를 향해서 흐르면 첫 번째 전류가 흐르는 방향과 반대 방향을 향하는 힘을 받는다.

두 전류의 상호 작용을 고려할 때, 오른나사를 이용하여 보여주려고 시도했던 전기와 자기 사이의 관계를 꼭 유념할 필요는 없다. 이 관계를 기억하지 못할지라도, 그 관계에 대한 두 가능한 형태 중 어느 하나라도 일관되게 이용하면 옳은 결과에 도달한다.

498. 이제 지금까지 조사한 전기 회로의 자기 현상을 종합해 보자.

전기 회로는 볼타 배터리와 그 끝을 연결하는 도선, 또는 열전기(熱電氣) 배열, 또는 양 도금과 음 도금을 도선으로 연결한 대전된 레이던병, 또는 정해진 경로를 따라 전류를 흐르게 하는 어떤 다른 배열 등으로 구성된다고 생각할 수 있다.

전류는 그 주위에 자기 현상을 발생시킨다.

아무렇게나 폐곡선을 그리고 그 폐곡선을 따라 완벽히 한 바퀴 돌면서 자기력에 대한 선적분을 취하면, 그 폐곡선이 전기 회로와 연결되지 않는다면 선적분은 0이지만, 폐곡선이 전기 회로와 연결되어서 폐곡선을 지나서 전류 i가 흐르면 선적분은 $4\pi i$인데, 폐곡선을 돌아간 적분의 방향이 전류가 흐르는 방향으로 폐곡선을 통과하는 사람이 볼 때 시계 방향과 일치하면 $4\pi i$는 0보다 더 크다. 적분하는 방향으로 폐곡선을 따라 움직이면서 전기 회로를 통과하는 사람에게, 전류 방향은 시곗바늘 방향과 같게 보인

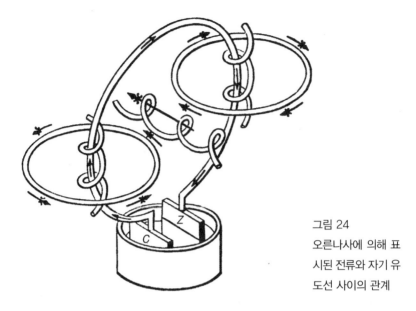

그림 24
오른나사에 의해 표
시된 전류와 자기 유
도선 사이의 관계

다. 이것을 다른 방법으로 표현할 수도 있는데, 그것은 두 폐곡선의 방향 사
이의 관계를 전기 회로를 따라 돌아가는 오른나사와 폐곡선을 따라 돌아가
는 오른나사를 설명하여 표현할 수도 있다고 말하는 것이다. 폐곡선을 따
라가면서 둘 중 어느 한 가닥이 돌아가는 방향이라도 다른 가닥이 돌아가
는 양(陽)의 방향과 일치하면 선적분은 0보다 더 크고, 그 반대 경우에는 선
적분은 0보다 더 작게 된다.

499. 주목할 점

선적분 $4\pi i$는 오로지 전류의 양 하나에만 의존하고, 무엇이 되었든 어떤
다른 것에는 의존하지 않는다. 선적분 값은 전류가 지나가는 도체를 무엇
으로 만들었는지에는, 예를 들면 도체의 재료가 금속인지 전해액인지 불완
전한 전도체인지에는 전혀 의존하지 않는다. 전도(傳導)가 제대로 일어나
지 않고 대전되거나 방전되는 동안 레이던병의 유리에서처럼 단순히 전기
변위에 변화만 존재하더라도, 전기 이동에 대한 자기적(磁氣的) 효과는 정

확하게 똑같다고 믿을 만한 이유가 있다.

다시 한 번 더, 선적분 값인 $4\pi i$는 폐곡선을 그린 매질이 무엇인지에 의존하지 않는다. 폐곡선 전체를 공기에서 그리거나 폐곡선이 자석이나 연철 또는 상자성체나 반자성체를 가리지 않고 어떤 다른 물질을 통과하더라도 선적분 값은 같다.

500. 자기장에 회로를 놓을 때, 전류와 장의 다른 구성 요소들 사이의 상호 작용은 그 회로가 경계인 표면을 통과하는 자기 유도의 면적분에 의존한다. 회로 전체 또는 일부의 어떤 운동에 의해서든지 이 면적분이 **증가**할 수 있으면, 그 도체 전부 또는 일부를 정해진 방식으로 이동시키려는 역학적 힘이 존재하게 된다.

도체의 운동 중에서 면적분을 증가시키는 종류에 속하는 운동은 전류의 방향에 수직이고 유도선을 가로지르는 운동이다.

변들이 서로 평행하고, 변의 길이는 어떤 점에서든 전류의 세기에 비례하고 또 같은 점에서 자기 유도에 비례하는 평행 사변형을 그리면, 도체의 단위길이에 작용하는 힘은 크기가 평행 사변형의 넓이와 같고, 방향은 그 평행 사변형 평면에 수직이며, 전류의 방향으로부터 자기 유도의 방향으로 오른나사의 손잡이를 돌리면 나사가 움직이는 방향을 향한다.

그래서 자기 유도선에 대한 새로운 전자기적 정의를 부여하게 된다. 자기 유도선은 도체에 작용하는 힘이 항상 수직인 선이다.

자기 유도선은 또한 그 선을 따라서 전류가 전달된다면, 그 전류를 나르는 도체는 아무런 힘도 받지 않는 그런 선으로 정의될 수도 있다.

501. 자기력 선을 가로지르는 전류를 나르는 도체에 작용하는 역학적 힘은 전류에 작용하는 것이 아니라 전류를 나르는 도체에 작용한다는 것을 신중하게 기억해야 한다. 만일 도체가 회전하는 원반이거나 또는 유체이면

그림 25
세 오른나사로 표시된
운동의 양(陽) 방향과
회전의 양 방향 사이의
관계

그 도체는 이 힘을 따라서 움직이게 되며, 이 도체의 움직임은 그 도체가 나르는 전류의 위치 변화를 수반할 수도, 수반하지 않을 수도 있다. 그러나 전류 자체가 고정된 고체인 도체를 통해서 또는 도선들의 망을 통해서 지나가는 경로를 마음대로 선택할 수 있다면, 시스템에 일정한 자기력이 작용하게 될 때 도체들을 통한 전류의 경로가 영구히 바뀌지는 않겠지만, 유도전류라고 부르는 일련의 과도현상이 잦아든 다음에는, 전류 분포가 마치 자기력이 작용하지 않았던 경우와 같아지는 것을 보게 된다.

전류에 작용하는 유일한 힘은 기전력인데, 이 기전력은 이 장의 주제인 역학적 힘과 구별되어야 한다.

2장

전류들의 상호 작용에 대한 앙페르의 조사

502. 지난 마지막 장에서는 전류가 만든 자기장이 무엇인지와 자기장에 놓인 전류를 나르는 도체에 대한 역학적 작용에 대해 논의하였다. 여기서 시작하여 두 전류 중 한 전류가 만드는 자기장이 다른 전류에 미치는 작용을 결정하는 방법으로, 한 전류가 다른 전류에 미치는 작용을 고려하였다. 그런데 한 회로의 다른 회로에 대한 작용은 앙페르가 최초로 외르스테드가 발견한 내용이 책으로 발표된 직후에 직접 방식으로 연구하였다. 그래서 다음 장에서 이 논문에서 사용한 방법을 다시 시작하면서 앙페르가 사용한 방법의 핵심 내용을 설명할 예정이다.

앙페르를 인도한 생각들은 접촉하지 않고서도 직접 작용이 일어나는 시스템에 속하며, 가우스, 베버, J. 노이만, 리만, 베티,* C. 노이만, 로렌츠를 포함한 사람들이 그런 생각들에 근거하여 새로운 사실들을 발견하고 전하에 대한 이론을 구축하는 경이로운 결과를 이룩한 놀라운 일련의 업적들을

---

* 베티(Enrico Betti, 1823-1892)는 이탈리아의 수학자로서, 토폴로지에 대한 논문과 베티 수를 제안한 사람으로 널리 알려졌다.

이루었음을 알게 될 것이다. 846-866절을 보라.

이 책에서 내가 추구하려는 생각은 매질을 통해서 한 부분에서 다른 부분에 미치는 작용에 대한 것이다. 이런 생각은 패러데이가 상당 부분 이용했으며, 이런 생각들을 수학적 형태로 발전시키고, 그 결과를 알려진 사실들과 비교하는 것이 몇몇 출판된 논문에서 나의 목표였다. 철학적 관점에서 두 방법의 최초 원리와는 너무나 완벽히 상반되는 두 방법의 결과에 대한 비교는 과학적 추측에 대한 조건을 연구하는 데 소중한 자료를 제공할 것이 틀림없다.

503. 전류의 상호 작용에 대한 앙페르 이론은 네 가지 실험 사실과 한 가지 가정에 근거한다.

앙페르의 기본 실험들은 모두 다 힘들을 비교하는 영위법이라고 부르는 것의 예이다. 214절을 보라. 물체에 운동을 전달하는 동역학적 효과에 의하거나, 또는 물체의 무게나 섬유의 탄성과 평형을 이루게 만드는 통계적 방법에 따라 힘을 측정하는 대신, 영위법에서는 같은 원인에서 발생한 두 힘을 이미 평형 상태에 놓인 한 물체에 동시에 작용하는 데 어떤 효과도 발생하지 않으면 그 두 힘이 스스로 평형인 것을 보인다. 이 방법은 서로 다른 형태의 회로를 통과하는 전류의 효과들을 비교하는 데 특히 진가를 발휘한다. 모든 도체를 하나의 연달아 연쇄적으로 연결함으로써, 전류가 지나가는 경로의 모든 점에서 전류의 세기가 똑같음을 확실하게 하며, 전류가 흐르는 전체 경로 어디서나 전류는 모두 거의 같은 순간에 출발하므로, 전류가 흐르기 시작하거나 흐름을 멈추더라도 매달린 물체가 어떤 영향도 전혀 받지 않는 것을 관찰하면, 매달린 물체에 대한 전류의 작용이 원인인 힘은 평형이 되어 있음을 증명한 것이다.

504. 앙페르의 천칭은 수직축 주위로 회전할 수 있으며, 같은 평면 또는 평

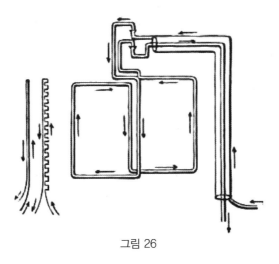

그림 26

행한 평면에 넓이가 같으며 반대 방향으로 전류가 흐르는 두 회로를 만드는 도선을 갖춘 가벼운 틀로 구성된다. 도선에 미치는 지자기 효과를 제거하려는 목적으로 이렇게 배열한다. 전기 회로가 자유롭게 움직이도록 허용하면, 회로는 가능한 한 가장 많은 수의 유도선을 포함하도록 자신의 위치를 정하려고 한다. 만일 이 선들이 지자기가 원인으로 생긴 것이면, 수직면에 놓인 회로에 대해 이 위치는 회로 면이 동쪽과 서쪽일 때 그리고 전류의 방향이 태양이 회전하는 것처럼 보이는 방향과 반대일 때가 된다.

같은 전류가 반대 방향으로 흐르는, 평행한 면에 놓인 넓이가 같은 두 회로를 단단히 연결하면, 지자기의 영향을 받지 않는 조합이 만들어지며, 그래서 이것을 무정위(無定位) 조합이라 부른다. 그림 26을 보라. 그런데 이 조합에 아주 가까이 놓인 전류나 자석이 이 조합의 두 회로에 서로 다르게 작용하는 힘을 받는다.

505. 앙페르의 첫 번째 실험은 서로 반대 방향으로 흐르는 가까이 놓인 두 같은 전류의 효과에 대한 것이다. 절연 물질을 씌운 도선을 두 줄로 포개서 무정위 천칭 회로 중 하나와 가까운 곳에 놓는다. 도선과 천칭에 전류가 흐

르게 하면, 천칭의 평형이 방해받지 않고 그대로 유지되는데, 이것은 가까이 놓인 서로 반대 방향으로 흐르는 두 전류가 서로를 상쇄시킨 것을 보여준다. 두 도선을 나란히 놓는 대신에, 절연된 한 도선을 금속관 안에 놓고 도선을 통해 흘러 들어간 전류가 관을 통해 나온다면, 관 바깥에서의 작용은 단지 근사적으로뿐 아니라 정확하게 효력이 없게 된다. 이 원리는 어떤 검류계로부터나 다른 도구로부터 그 도구까지 전류가 통과하는 동안 어떤 전자기 효과도 내지 않으면서 전류를 흐르게 할 수 있어서, 이 원리가 전기 장치를 만드는 데 매우 중요하다. 실제로 상대 도선과 서로 완벽한 절연이 유지되기만 하면 일반적으로 두 도선을 함께 묶는 것만으로 충분하지만, 장치의 민감한 부분을 지나가야 한다면 도체 중 하나를 관으로 만들고 다른 하나를 관의 내부에 넣는 것이 더 좋다. 683절을 보라.

506. 앙페르의 두 번째 실험에서는 도선 중 하나를 구부려서 모든 부분이 직선인 도선과 최대한 가까이 유지하도록 주의하면서 꾸불꾸불한 부분을 많이 만든다. 꾸불꾸불한 도선을 통해 흘러서 다시 직선 도선을 통해 돌아온 전류는 무정위 천칭에 아무런 영향을 주지 않는 것이 관찰된다. 이것이 도선의 꾸불꾸불한 부분 어디를 통과하는 전류의 효과라도, 꾸불꾸불한 부분이 직선인 부분과 멀리 떨어져 있지만 않다면, 그 꾸불꾸불한 부분의 양쪽 끝을 연결한 직선을 따라 흐르는 같은 전류의 효과와 동등함을 증명한다. 그래서 회로의 어떤 작은 요소라도 두 개 이상의 구성 요소와 동등한데, 구성 요소들과 합성 요소 사이의 관계는 구성과 합성 변위 또는 속도 사이의 관계와 같다.

507. 세 번째 실험에서는 무정위 천칭자리에 대신 단지 길이 방향으로만 움직이는 것이 가능한 도체를 삽입하고, 전류가 그 도체로 들어가 공간의 고정된 점에서 도체로부터 나오는데, 그 근처에 놓은 어떤 폐회로도 그 도

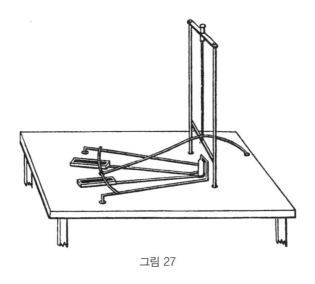

그림 27

체를 움직일 수 없음이 관찰된다.

이 실험에서 도체는 수직축 주위로 회전하는 것이 가능한 틀에 매달린 원호의 형태인 도선이다. 그 원호는 수평면 위에 놓여 있으며, 원호를 그린 원의 중심은 수직축과 일치한다. 두 개의 작은 원형 통에 수은이 담겨 있는데, 수면의 볼록한 표면이 원형 통의 높이 위까지 오도록 수은을 채운다. 두 원형 통은 원호 모양의 도선 아래 놓고 수은이 구리와 잘 합쳐진 도선에 접촉하도록 위치를 조정한다. 전류는 두 원형 통 중 하나로 들어가서 원형 통 사이의 원호 부분을 지나가고, 다른 원형 통으로 나간다. 이처럼 원호 부분의 도선에 전류가 지나가며, 이 원호 부분은 동시에 그 길이 방향으로 상당히 자유롭게 움직이는 것이 가능하다. 어떤 폐회로 전류나 자석이라도 이제 이 이동할 수 있는 도체에 그 길이 방향으로 약간의 움직이려는 경향도 전혀 발생시키지 않으면서 이 도체로 접근할 수 있다.

508. 무정위 천칭을 이용한 네 번째 실험에서는 회로 두 개가 사용되는데, 각 회로는 천칭에 포함된 회로와 비슷하지만, 그중 하나인 C는 크기가 n배

더 크며, 다른 하나인 A는 크기가 n배 더 작다. 이 두 회로는 B라고 부를 천칭 회로의 반대쪽에 놓는데, 그래서 두 회로는 B에 대해 비슷하게 위치하며, B에서 C까지 거리는 A에서 B까지 거리보다 n배가 더 크다. 전류의 방향과 세기는 A와 C에서 같다. B에서 전류의 방향은 같을 수도 있고 반대일 수도 있다. 이런 환경 아래서 세 회로의 형태가 무엇이든 또는 세 회로 사이의 거리가 무엇이든 간에, 세 회로 사이에 위에서 준 관계만 만족하면 A와 C의 작용 아래서 B는 평형임이 관찰된다.

전체로서 회로들 사이의 작용은 그 회로의 요소들 사이의 작용으로부터 말미암는다고 생각할 수 있으므로, 이러한 작용에 대한 법칙을 정하는 데 다음과 같은 방법을 이용할 수 있다.

그림 28에서 A_1, B_1, C_1이 세 회로의 대응하는 요소라고 하고, A_2, B_2, C_2도 또한 회로의 다른 부분에서 대응하는 요소라고 하자. 그러면 A_2에 대한 B_1의 상황이 B_2에 대한 C_1의 상황과 비슷하지만, C_1과 B_2의 거리와 크기는 각각 B_1과 A_2의 거리와 크기의 n배이다. 만일 전자기적 작용에 대한 법칙이 거리의 함수라면, B_1과 A_2 사이의 작용은 그 형태 또는 성질은 무엇이

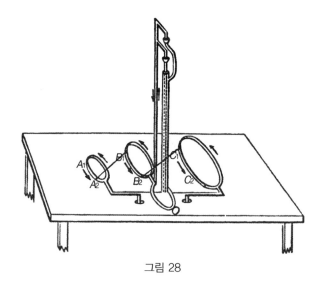

그림 28

든 간에

$$F = B_1 \cdot A_2 f(\overline{B_1 A_2}) ab$$

와 같이 쓸 수 있으며, C_1과 B_2 사이의 작용은

$$F' = C_1 \cdot B_2 f(\overline{C_1 B_2}) bc$$

와 같이 쓸 수 있는데, 여기서 a, b, c는 A, B, C에서 전류의 세기이다. 그런데 $nB_1 = C_1$, $nA_2 = B_2$, $n\overline{B_1 A_2} = \overline{C_1 B_2}$, 그리고 $a = c$이다. 그래서

$$F' = n^2 B_1 \cdot A_2 f(n\overline{B_1 A_2}) ab$$

가 되며 이것이 실험으로 같으므로

$$n^2 f(n\overline{A_2 B_1}) = f(\overline{A_2 B_1})$$

이 성립하는데, 즉 힘은 거리의 제곱에 반비례해서 변한다.

509. 이 실험들과 관련해서 모든 전류는 폐회로를 형성한다는 것을 주목할 가치가 있다. 앙페르가 사용한, 볼타 배터리로 발생시킨 전류도 물론 폐회로에서 존재하였다. 불꽃을 내면서 도체가 방전하며 발생하는 전류의 경우에, 전류가 열린 유한한 선을 형성한다고 가정할지도 모르지만, 이 책의 견해에 따르면 심지어 이런 경우까지도 폐회로의 상황에 해당한다. 닫히지 않은 전류의 상호 작용에 대한 실험은 한 번도 수행된 적이 없다. 그러므로 회로의 두 요소의 상호 작용에 대해서는 순전히 실험적 이유에만 근거해서는 어떤 말도 할 수 없다. 회로의 한 부분이 움직이게 만드는 것이 가능해서, 다른 전류가 그 부분에 작용한 것을 확인할 수는 있지만, 그런 전류는 움직일 수 있는 부분에 흐르는 전류와 함께 폐회로를 구성해야 하며, 그래서 이 실험의 궁극적 결과는 하나 또는 그보다 더 많은 수의 회로가 다른 폐회로의 전체 또는 일부에 미치는 작용일 뿐이다.

510. 그렇지만 현상에 대한 분석에서는, 폐회로가 자신의 한 요소나 다른

회로의 한 요소에 미치는 작용이, 원래 회로를 수학적 목적으로 나눈다고 상상할 수 있는 부분들에 의한 많은 수의 별개의 힘들이 합한 결과라고 간주해도 좋다.

이것은 단지 작용에 대한 수학적 분석일 뿐이며, 이 힘들이 실제로 따로 작용할 수 있는지 없는지와는 별개로 이 분석은 그래서 지극히 타당하다.

511. 이제 공간에서 회로를 대표하는 두 선 사이와 그리고 그 두 선의 기본이 되는 부분들 사이 의 순수하게 기하학적 관계를 고려하는 것으로 시작하자.

공간에 두 곡선이 존재한다고 하고, 각 곡선에서 고정점을 정해서 그 점으로부터 곡선을 따라 미리 정한 방향으로 원호를 측정한다. 그 두 점이 A와 A'라고 하자. 두 곡선의 요소는 PQ와 $P'Q'$라고 하자.

이제

$$AP = s, \quad A'P' = s'$$
$$PQ = ds, \quad P'Q' = ds' \left.\right\} \tag{1}$$

라고 놓고, 거리 PP'를 r라고 쓰자. 각 $P'PQ$는 θ라고 쓰고, 각 $PP'Q'$는 θ'라고 쓰며, 이 두 각의 평면 사이의 각을 η라고 쓰자.

두 요소의 상대 위치는 두 요소 사이의 거리 r와 세 각 θ, θ', η에 의해 충분히 잘 정의되는데, 그것은 이 양들을 알면 마치 두 요소가 같은 강체의 부분을 구성하는 것처럼 둘 사이의 상대 위치가 완벽히 결정되기 때문이다.

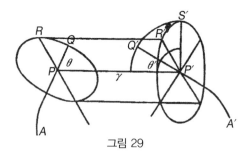

그림 29

512. 직각 좌표를 이용하고, P의 좌표는 x, y, z 그리고 P'의 좌표는 x', y', z'라면, 그리고 PQ와 $P'Q'$의 방향 코사인을 각각 l, m, n과 l', m', n'라고 하면

$$\left.\begin{array}{ccc} \dfrac{dx}{ds}=l, & \dfrac{dy}{ds}=m, & \dfrac{dz}{ds}=n, \\[2mm] \dfrac{dx'}{ds'}=l', & \dfrac{dy'}{ds'}=m', & \dfrac{dz'}{ds'}=n' \end{array}\right\} \tag{2}$$

이고

$$\left.\begin{array}{l} l(x'-x)+m(y'-y)+n(z'-z)=r\cos\theta \\[1mm] l'(x'-x)+m'(y'-y)+n'(z'-z)=-r\cos\theta' \\[1mm] ll'+mm'+nn'=\cos\epsilon \end{array}\right\} \tag{3}$$

이 성립하는데, 여기서 ϵ은 두 요소 자신들의 방향 사이의 각이며

$$\cos\epsilon = -\cos\theta\cos\theta' + \sin\theta\sin\theta'\cos\eta \tag{4}$$

가 된다.

또한

$$r^2 = (x'-x)^2 + (y'-y)^2 + (z'-z)^2 \tag{5}$$

이므로

$$\left.\begin{array}{l} r\dfrac{dr}{ds} = -(x'-x)\dfrac{dx}{ds} - (y'-y)\dfrac{dy}{ds} - (z'-z)\dfrac{dz}{ds} = -r\cos\theta \\[2mm] r\dfrac{dr}{ds'} = (x'-x)\dfrac{dx'}{ds'} + (y'-y)\dfrac{dy'}{ds'} + (z'-z)\dfrac{dz'}{ds'} = -r\cos\theta' \end{array}\right\} \tag{6}$$

가 되며 $r\dfrac{dr}{ds}$를 s'에 대해 미분하면

$$\left.\begin{array}{l} r\dfrac{d^2r}{ds\,ds'} + \dfrac{dr}{ds}\dfrac{dr}{ds'} = -\dfrac{dx}{ds}\dfrac{dx'}{ds'} - \dfrac{dy}{ds}\dfrac{dy'}{ds'} - \dfrac{dz}{ds}\dfrac{dz'}{ds'} \\[2mm] \qquad\qquad\qquad = -(ll'+mm'+nn') \\[2mm] \qquad\qquad\qquad = -\cos\epsilon \end{array}\right\} \tag{7}$$

을 얻는다.

그러므로 세 각 θ, θ', η, 그리고 보조 각 ϵ을 s와 s'로 r를 미분한 미분 계수에 의해 다음과 같이

$$\cos\theta = -\frac{dr}{ds}$$

$$\cos\theta' = -\frac{dr}{ds'}$$

$$\cos\epsilon = -r\frac{d^2r}{ds\,ds'} - \frac{dr}{ds}\frac{dr}{ds'}$$

$$\sin\theta\,\sin\theta'\cos\eta = -r\frac{d^2r}{ds\,ds'}$$

(8)

로 표현할 수 있다.

513. 다음으로 두 요소 PQ와 $P'Q'$가 서로에게 작용하는 것을 수학적으로 어떻게 상상할 수 있을지 고려하고, 그렇게 하는 과정에서 그들 사이의 상호 작용이 둘을 잇는 선 방향이어야 한다고 가정하지는 않으려고 한다.

앞에서 각 요소를 다른 요소들로 분해한다고 가정하더라도, 그렇게 분해된 요소들을 벡터의 덧셈 규칙에 따라 결합하면 그 합성된 결과가 원래 요소를 다시 만들어낸다면, 그렇게 분해해도 좋음을 알았다.

그러므로 ds는 r의 방향으로 $\cos\theta\,ds = \alpha$와 $P'PQ$ 평면에서 r에 수직인 방향으로 $\sin\theta\,ds = \beta$로 분해된다고 생각하려고 한다.

또한 ds'은 r의 방향과 반대 방향으로 $\cos\theta'\,ds' = \alpha'$와 β가 측정된 방향과 평행한 방향으로 $\sin\theta'\cos\eta\,ds' = \beta'$와 α'와 β'에 수직인 방향으로 $\sin\theta'\sin\eta\,ds' = \gamma'$로 분해된다고 생각하려고 한다

그러면 한편으로는 성분들 α와 β 사이의 작용을, 그리고 다른 한편으로는 성분들 α', β', γ' 사이의 작용을 고려하자.

(1) α와 α'는 같은 직선 위에 있다. 그러므로 그 둘 사이의 힘도 이 선 위에 있어야 한다. 그 힘이 인력으로

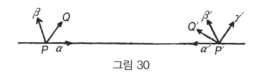

그림 30

$$= A\alpha\alpha'ii'$$

이라고 가정하자. 여기서 A는 r의 함수이고, i와 i'는 각각 ds와 ds'에 흐르는 전류의 세기이다. 이 표현은 i의 부호가 바뀌는 조건과 i'의 부호가 바뀌는 조건에 부합한다.

(2) β와 β'는 서로 평행하며 그 둘을 연결하는 선에는 수직이다. 그 둘 사이의 작용은

$$B\beta\beta'ii'$$

라고 쓸 수 있다.

이 힘은 β와 β' 모두가 놓인 평면에 있어야 하므로 분명히 β와 β'를 잇는 선 위에 있다. 만일 β와 β'를 모두 반대 방향에서 측정한다면, 이 표현의 값은 변하지 않아야 하며, 그것은 만일 이 표현이 힘을 대표한다면 그 힘은 β 방향으로는 성분을 갖지 않으며, 그러므로 r를 따르는 방향을 가리켜야 함을 보여준다. 이 표현이 0보다 더 클 때 인력을 대표한다고 가정하자.

(3) β와 γ'는 서로 수직이며 그 둘을 잇는 선과도 수직이다. 그런 관계를 갖는 요소들 사이에 가능한 유일한 작용은 축이 r와 평행인 커플뿐이다. 지금은 힘만 다루기에도 바쁘므로, 커플 문제는 고려하지 않는다.

(4) α와 β'의 작용은, 서로 상대에게 작용한다면,

$$C\alpha\beta'ii'$$

이라고 표현되어야 한다.

이 표현의 부호는 β'를 측정하는 방향을 거꾸로 하면 반대로 바뀐다. 그러므로 이 표현은 β' 방향의 힘 또는 α와 β'가 만드는 평면의 커플을 대표해야 한다. 지금은 커플을 조사하지 않으므로, 이 표현이 β'의 방향으로 α에 작용하는 힘이라고 하자.

물론 같은 힘이 β'에 반대 방향으로 작용한다.

똑같은 이유에 의해 γ'의 방향으로 α에 작용하는 힘

$$C\alpha\gamma'ii'$$

과 그 반대 방향으로 β에 작용하는 힘

$$C\beta\alpha'ii'$$

도 존재한다.

514. 우리 결과를 모두 모으면, ds에 대한 작용은 다음 힘들

$$\left.\begin{array}{ll} X = (A\alpha\alpha' + B\beta\beta')ii' & r \text{ 방향} \\ Y = C(\alpha\beta' - \alpha'\beta)ii' & \beta \text{ 방향} \\ Z = C\alpha\gamma'ii' & \gamma' \text{ 방향} \end{array}\right\} \tag{9}$$

이 복합된 것임을 알게 된다.

ds에 대한 이 작용이 r 방향으로 작용하는 $Rii'\,ds\,ds'$와 ds 방향으로 작용하는 $Sii'\,ds\,ds'$ 그리고 ds' 방향으로 작용하는 $S'ii'\,ds\,ds'$ 의 세 힘 합력이라고 가정하자. 그러면 θ와 θ' 그리고 η로 표현하면

$$\left.\begin{array}{l} R = A\cos\theta\cos\theta' + B\sin\theta\sin\theta'\cos\eta \\ S = -C\cos\theta' \\ S' = C\cos\theta \end{array}\right\} \tag{10}$$

가 된다.

이것을 r에 대한 미분 계수로 표현하면

$$\left.\begin{array}{l} R = A\dfrac{dr}{ds}\dfrac{dr}{ds'} - Br\dfrac{d^2r}{ds\,ds'} \\[2mm] S = +C\dfrac{dr}{ds'} \\[2mm] S' = -C\dfrac{dr}{ds} \end{array}\right\} \tag{11}$$

가 된다.

이것을 l, m, n과 l', m', n'로 표현하면

$$\left.\begin{array}{l} R = -(A+B)\dfrac{1}{r^2}(l\xi + m\eta + n\zeta)(l'\xi + m'\eta + n'\zeta) + B(ll' + mm' + nn') \\[2mm] S = C\dfrac{1}{r}(l'\xi + m'\eta + n'\zeta) \\[2mm] S' = C\dfrac{1}{r}(l\xi + m\eta + n\zeta) \end{array}\right\} \tag{12}$$

가 되는데, 여기서 ξ, η, ζ는 각각 $x'-x$, $y'-y$, $z'-z$를 의미한다.

515. 다음으로는 유한한 전류 s'가 유한한 전류 s에 작용하는 힘을 계산해야 한다. 전류 s는 $s=0$인 A에서 값이 s인 P까지 걸쳐 있다. 전류 s'는 $s'-0$인 A'에서 값이 s'인 P'까지 걸쳐 있다. 두 전류 모두가 지나가는 점들의 좌표는 s의 함수이거나 또는 s'의 함수이다.

F가 한 점의 위치에 대한 임의의 함수이면, P에서 값이 A에서 값보다 얼마나 많은지를 표시하는 데 아래 첨자 $_{(s,\,0)}$를 이용할 예정이다. 그래서

$$F_{(s,0)} = F_P - F_A$$

이다. 이런 함수는 회로가 닫힐 때는 당연히 0이 된다.

$A'P'$이 AA에 작용하는 전체 힘의 성분들이 $ii'X$, $ii'Y$, $ii'Z$라고 하자. 그러면 ds'이 ds에 작용하는 힘인 X에 평행한 성분은 $ii'\dfrac{d^2X}{ds\,ds'}ds\,ds'$가 된다.

그래서

$$\frac{d^2X}{ds\,ds'} = R\frac{\xi}{r} + Sl + S'l' \tag{13}$$

이다.

다음 식

$$l'\xi + m'\eta + n'\zeta = r\frac{dr}{ds'} \tag{14}$$

를 기억하면서 (12) 식으로부터 R, S, S' 값을 대입하고 l, m, n에 대해 항들을 정리하면

$$
\begin{aligned}
\frac{d^2X}{ds\,ds'} = {}& l\left\{-(A+B)\frac{1}{r^2}\frac{dr}{ds'}\xi^2 + C\frac{dr}{ds'} + (B+C)\frac{l'\xi}{r}\right\} \\
& + m\left\{-(A+B)\frac{1}{r^2}\frac{dr}{ds'}\xi\eta + C\frac{l'\eta}{r} + B\frac{m'\xi}{r}\right\} \\
& + n\left\{-(A+B)\frac{1}{r^2}\frac{dr}{ds'}\xi\zeta + Cl'\frac{\zeta}{r} + B\frac{n'\xi}{r}\right\}
\end{aligned} \tag{15}
$$

임을 알게 된다.

A, B, C는 r의 함수이므로,

$$P = \int_r^\infty (A+B) \frac{1}{r^2} dr, \qquad Q = \int_r^\infty C dr \tag{16}$$

라고 쓸 수 있고, A, B, C가 $r = \infty$에서 0이므로 적분은 r와 ∞ 사이에서 취한다.

그래서

$$(A+B)\frac{1}{r^2} = -\frac{dP}{dr}, \qquad \text{그리고} \qquad C = -\frac{dQ}{dr} \tag{17}$$

이다.

516. 이제 앙페르의 평형에 대한 세 번째 경우로부터 s'가 폐회로이면 ds에 작용하는 힘은 ds의 방향에 수직임을 안다. 다른 말로는, ds 자체의 방향에 대한 힘의 성분이 0이다. 그러므로 $l=1$, $m=0$, $n=0$이라고 놓아서 x축의 방향이 ds에 평행하다고 가정하자. 그러면 (15) 식은

$$\frac{d^2X}{ds\,ds'} = \frac{dP}{ds'}\xi^2 - \frac{dQ}{ds'}(B+C)\frac{l'\xi}{r} \tag{18}$$

가 된다.

단위길이의 ds에 작용한 힘인 $\frac{dX}{ds}$를 구하려면, 이 표현을 s'에 대해 적분해야 한다. 첫 번째 항을 부분 적분으로 적분하면

$$\frac{dX}{ds} = (P\xi^2 - Q)_{(s',0)} - \int_0^{s'} (2Pr - B - C)\frac{l'\xi}{r} ds' \tag{19}$$

가 된다.

s'가 폐회로이면 이 표현은 0이어야 한다. 이 표현의 첫 번째 항은 저절로 없어진다. 그런데 두 번째 항은 적분 기호 아래 쓴 양이 항상 0이지 않는 한 폐회로의 경우에 일반적으로 없어지지는 않는다. 그래서 앙페르 조건을 만족하려면

$$P = \frac{1}{2r}(B+C) \tag{20}$$

여야 한다.

517. 이제 P를 소거하고 $\frac{dX}{ds}$의 일반적 값을 구할 수 있는데, 그 값은

$$\frac{dX}{ds} = \left\{ \frac{B+C}{2} \frac{\xi}{r} (l\xi + m\eta + n\zeta) + Q \right\}_{(s',0)}$$
$$+ m \int_0^{s'} \frac{B-C}{2} \frac{m'\xi - l'\eta}{r} ds' - n \int_0^{s'} \frac{B-C}{2} \frac{l'\zeta - n'\xi}{r} ds' \tag{21}$$

이다.

s'가 폐회로이면 이 표현의 첫 번째 항은 없어지고, 다음과 같이

$$\left. \begin{aligned} \alpha' &= \int_0^{s'} \frac{B-C}{2} \frac{n'\eta - m'\zeta}{r} ds' \\ \beta' &= \int_0^{s'} \frac{B-C}{2} \frac{l'\zeta - n'\xi}{r} ds' \\ \gamma' &= \int_0^{s'} \frac{B-C}{2} \frac{m'\xi - l'\eta}{r} ds' \end{aligned} \right\} \tag{22}$$

라고 쓰고, 적분을 폐회로 s'에 대해 취하면, 비슷한 방법으로 다음 세 식

$$\left. \begin{aligned} \frac{dX}{ds} &= m\gamma' - n\beta' \\ \frac{dY}{ds} &= n\alpha' - l\gamma' \\ \frac{dZ}{ds} &= l\beta' - m\alpha' \end{aligned} \right\} \tag{23}$$

를 구할 수 있다.

위에서 구한 α', β', γ'를 때로는 점 P에 대한 회로 s'의 행렬식이라고 부르기도 한다. 앙페르는 이 세 양의 합을 전기동역학적 작용의 준선(準線)이라고 부른다.

이 식으로부터 성분이 $\frac{dX}{ds}$, $\frac{dY}{ds}$, $\frac{dZ}{ds}$인 힘은 ds와 이 준선 모두에 수직임이 분명하며, 이 힘의 크기는 ds와 이 준선이 두 변인 평행 사변형의 넓이로 대표된다.

4원수의 언어로 말하면, ds에 작용하는 합력은 이 준선에 ds를 곱한 것의 벡터 부분이다.

이제 준선이 회로 s'의 단위 전류에 의한 자기력과 같은 것임을 알게 되었으므로, 이제부터 준선을 회로에 의한 자기력이라고 말하기로 한다.

518. 이제 열린 회로와 닫힌 회로 모두에 대해 두 유한한 전류 사이에 작용하는 힘의 성분에 대한 계산을 끝내려고 한다.

ρ가

$$\rho = \frac{1}{2} \int_r^{\infty} (B - C) dr \tag{24}$$

로 주어지는 r의 새로운 함수라고 하자. 그러면 (17) 식과 (20) 식에 의해

$$A + B = r \frac{d^2}{dr^2}(Q + \rho) - \frac{d}{dr}(Q + \rho) \tag{25}$$

가 성립하고, (11) 식은

$$\left.\begin{array}{l} R = -\dfrac{d\rho}{dr} \cos\epsilon + r \dfrac{d^2}{ds\,ds'}(Q + \rho) \\[2mm] S = -\dfrac{dQ}{ds'} \\[2mm] S' = \dfrac{dQ}{ds} \end{array}\right\} \tag{26}$$

가 된다.

힘의 성분들 값이 이렇게 정해지면, (13) 식은

$$\begin{aligned} \frac{d^2 X}{ds\,ds'} &= -\cos\epsilon \frac{d\rho}{dr} \frac{\xi}{r} + \xi \frac{d^2}{ds\,ds'}(Q + \rho) - l \frac{dQ}{ds'} + l' \frac{dQ}{ds} \\[2mm] &= \cos\epsilon \frac{d\rho}{dx} + \frac{d^2(Q + \rho)\xi}{ds\,ds'} + l \frac{d\rho}{ds'} - l' \frac{d\rho}{ds} \end{aligned} \tag{27}$$

가 된다.

519. 다음

$$F = \int_0^s l\rho\,ds, \qquad G = \int_0^s m\rho\,ds, \qquad H = \int_0^s m\rho\,ds \tag{28}$$

$$F' = \int_0^{s'} l'\rho\,ds', \qquad G' = \int_0^{s'} m'\rho\,ds', \qquad H' = \int_0^{s'} n'\rho\,ds' \tag{29}$$

라고 하자. 공간의 어떤 점에서든지 이 양들은 정해진 값을 갖는다. 회로가 닫혀 있을 때, 이 양들은 회로의 벡터 퍼텐셜의 성분들에 대응한다.

L이

$$L = \int_0^r r(Q+\rho)dr \qquad (30)$$

로 주어진 r에 대한 새로운 함수이고, 폐회로들 사이에는 서로 상호 퍼텐셜
이 되는 이중적분 M을

$$M = \int_0^{s'} \int_0^s \rho\cos\epsilon \, ds \, ds' \qquad (31)$$

라고 하면, (27) 식을

$$\frac{d^2X}{ds\,ds'} = \frac{d^2}{ds\,ds'}\left\{ \frac{dM}{dx} - \frac{dL}{dx} + F' - F \right\} \qquad (32)$$

라고 쓸 수 있다.

520. 주어진 한곗값 사이에서 이 식을 s와 s'에 대해 적분하면

$$X = \frac{dM}{dx} - \frac{d}{dx}(L_{PP'} - L_{AP'} - L_{A'P} + L_{AA'}) + F'_P - F'_A + F_{A'} \qquad (33)$$

를 얻는데, 여기서 아래 첨자 L은 양 L이 의존하는 거리인 r를 표시하고, 두
아래 첨자 F와 F'는 그 값을 취하는 점을 표시한다.

이것으로부터 Y와 Z에 대한 표현도 쓸 수 있다. 세 성분을 각각 dx, dy,
dz로 곱하면

$$Xdx + Ydy + Zdz = DM - D(L_{PP'} - L_{AP'} + L_{AA'})$$
$$+ (F'dx + G'dy + H'dz)_{(P-A)} - (Fdx + Gdy + Hdz)_{(P'-A')} \qquad (34)$$

를 얻는데, 여기서 D는 완전 미분 기호이다.

일반적으로 $Fdx + Gdy + Hdz$가 x, y, z의 함수의 완전 미분이 될 수는 없
으므로, $Xdx + Ydy + Zdz$가 두 전류 중 어느 하나가 닫히지 않은 전류의 완
전 미분이 아니다.

521. 그렇지만 두 전류가 모두 닫혀 있으면, L, F, F, F', G', H'에 포함
된 항들이 0이 되고

$$Xdx + Ydy + Zdz = DM \qquad (35)$$

인데, 여기서 M은 단위 전류가 흐르는 두 폐회로의 상호 퍼텐셜이다. M이라는 양은 도체 회로가 무한히 먼 거리에서부터 자신에게 평행하게 실제 위치까지 이동하는 동안 두 도체 회로 중 하나에 전자기 힘이 한 일을 표현한다. 회로의 위치를 어떤 식으로 바꾸던 M이 증가하면 회로는 전자기 힘의 **도움을 받아야** 한다.

490절과 596절에서처럼, 회로의 움직임이 자신에 평행하지 않을 때도, 회로에 작용하는 힘은 여전히 한 회로의 다른 회로에 대한 퍼텐셜인 M의 변화로 정해짐을 보일 수 있다.

522. 이 조사에서 사용된 유일한 실험적 사실은 닫힌 전류가 다른 전류의 어떤 부분에든 미치는 작용은 나중 전류의 방향에 수직이라는 앙페르가 수립한 사실이다. 이 조사의 다른 모든 부분은 공간에 그린 선의 성질에 의존하는 순전히 수학적 고려사항에만 의거한다. 그래서 그런 기하학적인 관계의 생각이나 언어를 표현하는 데 특별히 조정된 수학적 방법인 해밀턴의 4원수를 사용해서 논리 전개가 훨씬 더 간결하고 적절한 형태로 제시될 수 있다.

이 방법은 테이트 교수가 1866년에 *Quarterly Mathematical Journal*에서, 그리고 앙페르의 최초 조사를 소개하기 위해 쓴 그의 논문 "Quaternions", §399에서 이용했으며, 학생들은 같은 방법을 여기 설명된 좀 더 일반적인 조사에 어렵지 않게 적용할 수 있다.

523. 지금까지는 양들 A, B, C에 대해 요소들 사이의 거리인 r의 함수임을 제외하고는 어떤 가정도 하지 않았다. 다음으로는 이 함수들의 형태를 알아내려고 하는데, 그 목적으로 508절에 나온 앙페르의 평형에 대한 네 번째 경우를 이용한다. 그 네 번째 경우에서는 두 회로 시스템에 속한 모든 선

형 크기와 거리가 같은 비율로 바뀌고 전류가 그대로 유지된다면, 두 회로 사이의 힘도 그대로 유지됨을 증명한다.

이제 단위 전류가 흐르는 회로 사이의 힘은 $\dfrac{dM}{dx}$이고, 이것은 시스템의 크기와는 무관하므로, 이 힘은 숫자로 주어진 양이어야 한다. 그래서 회로들 사이의 상호 퍼텐셜 계수인 M 자체는 길이의 차원을 갖는 양이어야 한다. (31) 식으로부터 ρ는 길이의 역수여야 함을 알 수 있으며, 그래서 (24) 식에 의해 $B - C$는 길이 제곱의 역수여야 한다. 그러나 B와 C가 모두 r의 함수이므로, $B - C$는 r의 제곱의 역수이거나 r의 제곱의 역수에 반비례해야 한다.

524. 우리가 채택하는 차수(次數)는 우리 측정 시스템이 무엇인지에 따라 다르다. 자기 측정에 대해 이미 수립된 시스템과 일치하기 때문에 그렇게 명명(命名)된 전자기 시스템을 채택한다면, M의 값은 두 회로가 경계이며 세기가 1인 두 개의 자기 껍질의 퍼텐셜 값과 일치해야 한다. 그 경우에 M의 값은, 423절에 의해,

$$M = \iint \frac{\cos\epsilon}{r} ds\, ds' \tag{36}$$

이며, 이 적분은 두 회로 모두를 양(陽) 방향으로 돌면서 취한다. 이것을 M의 수치 값으로 택하고, (31) 식과 비교하면

$$\rho = \frac{1}{r} \quad \text{그리고} \quad B - C = \frac{2}{r^2} \tag{37}$$

임을 알게 된다.

525. 이제 ds'의 작용으로부터 ds에 작용하는 힘의 성분을 실험 사실에 부합하면서 가장 일반적인 형태로 표현할 수 있다.

ds에 작용하는 힘은 인력의 복합이며

$$R = \frac{1}{r^2}\left(\frac{dr}{ds}\frac{dr}{ds'} - 2r\frac{d^2r}{ds\,ds'}\right)ii'\,ds\,ds' + r\frac{d^2Q}{ds\,ds'}ii'\,ds\,ds' \qquad r \text{ 방향}$$

$$S = -\frac{dQ}{ds'}ii'\,ds\,ds' \qquad ds \text{ 방향}$$

$$S' = \frac{dQ}{ds}ii'\,ds\,ds' \qquad ds' \text{ 방향}$$

$$\tag{38}$$

으로 주어지는데, 여기서 $Q = \int_r^\infty Cdr$이고, C는 r에 대한 알려지지 않은 함수이므로, Q는 단지 r의 어떤 함수라는 것만 안다.

526. Q라는 양은 유효 전류가 폐회로를 형성하는 실험에서 어떤 종류든 무엇인가 가정을 하지 않으면 정해질 수 없다. 만일 앙페르처럼 두 요소 ds 와 ds' 사이의 작용이 그 둘을 잇는 선 위에 있다고 가정하면, S와 S'는 0이 되어야 하며, Q는 상수이거나 0이어야 한다. 그러면 힘은 그 값이

$$R = \frac{1}{r^2}\left(\frac{dr}{ds}\frac{dr}{ds'} - 2r\frac{d^2r}{ds\,ds'}\right)ii'\,ds\,ds' \tag{39}$$

인 인력으로 귀착한다.

자기 단위 시스템이 수립되기 훨씬 전에 이 조사를 했던 앙페르는 이것의 절반 값을 갖는 공식, 즉

$$R = \frac{1}{r^2}\left(\frac{1}{2}\frac{dr}{ds}\frac{dr}{ds'} - r\frac{d^2r}{ds\,ds'}\right)jj'\,ds\,ds' \tag{40}$$

를 이용한다.

여기서 전류의 세기는 전기역학 표준이라고 부르는 단위로 측정된다. i 와 i'이 전자기 단위로 전류의 세기이고, j와 j'는 전기역학 단위로 전류의 세기라면,

$$jj' = 2ii' \qquad \text{또는} \qquad j = \sqrt{2}\,i \tag{41}$$

인 것이 명백하다.

그래서 전자기 단위에서 채택된 단위 전류는 전자기 단위에서 채택된 단위 전류보다 $\sqrt{2}$ 배 더 크다.

전기역학 단위도 고려해야 하는 유일한 명분은 그것이 전류들 사이의 작용 법칙을 발견한 사람인 앙페르가 원래 채택한 단위라는 것뿐이다. 계산할 때마다 계속해서 $\sqrt{2}$ 씩 곱하기를 반복해야 하는 것은 불편하며, 전자기 시스템은 우리의 모든 자기(磁氣) 공식의 값과 일치한다는 큰 장점이 있다. 학생이 $\sqrt{2}$ 로 곱해야 할지 나눠야 할지를 외우고 있어야 하는 것은 어려우므로, 여기서는 앞으로 베버와 대부분의 다른 저자(著者)들이 채택하는 전자기 시스템만을 사용하려고 한다.

적어도 유효 전류는 항상 폐회로를 만드는, 앞으로 수행될 어떤 실험에도, Q의 형태와 값이 영향을 주지 않을 것이므로 공식을 간단하게 만들기 위해 원한다면 Q의 어떤 값이든지 사용해도 좋다.

그래서 앙페르는 두 요소 사이의 힘이 그 두 요소를 잇는 선 위에 놓인다고 가정한다. 그러면 $Q = 0$이며

$$R = \frac{1}{r^2}\left(\frac{dr}{ds}\frac{dr}{ds'} - 2r\frac{d^2r}{ds\,ds'}\right)ii'\,ds\,ds', \qquad S = 0, \qquad S' = 0 \qquad (42)$$

이 된다.

그라스만*은 같은 직선 위의 두 요소는 어떤 상호 작용도 없다고 가정한다.[3] 그러면

$$Q = -\frac{1}{2r}, \quad R = -\frac{3}{2r}\frac{d^2r}{ds\,ds'}, \quad S = -\frac{1}{2r^2}\frac{dr}{ds'}, \quad S' = \frac{1}{2r^2}\frac{dr}{ds} \qquad (43)$$

가 된다.

원한다면 주어진 거리에 놓인 두 요소 사이의 인력이 그 두 요소 사이의 각의 코사인에 비례한다고 가정할 수도 있다. 그럴 때

$$Q = -\frac{1}{r}, \quad R = \frac{1}{r^2}\cos\epsilon, \quad S = -\frac{1}{r^2}\frac{dr}{ds'}, \quad S' = \frac{1}{r^2}\frac{dr}{ds} \qquad (44)$$

---

* 　그라스만(Hermann Grassmann, 1809-1877)은 독일의 수학자·언어학자로 그라스만 대수로 잘 알려져 있고 정역학, 동역학, 자기학, 결정학 등 물리학 분야에도 많은 업적을 남겼다.

가 된다.

마지막으로 인력과 비스듬한 방향으로 작용하는 힘은 단지 각 요소가 두 요소를 잇는 선과 만드는 각에만 의존한다고 가정할 수 있으며, 그러면

$$Q = -\frac{2}{r}, \quad R = -3\frac{1}{r^2}\frac{dr}{ds}\frac{dr}{ds'}, \quad S = -\frac{2}{r^2}\frac{dr}{ds'}, \quad S' = \frac{2}{r^2}\frac{dr}{ds} \quad (45)$$

를 얻는다.

527. 이런 네 가지 서로 다른 가정 중에서 확실히 앙페르의 가정이 가장 좋은데, 그 이유는 앙페르의 가정에서만 두 요소 사이의 힘이 단지 크기가 같고 방향이 반대일 뿐 아니라 두 요소를 잇는 직선 위에 놓이기 때문이다.

3장

전류의 유도에 대하여

528. 전류의 자기 작용에 대한 외르스테드의 발견은 전류에 의한 자기화 (磁氣化)의 자기 작용과 전류 사이의 역학적 작용에 대한 추론의 직접 과정으로 이어졌다. 그렇지만 상당히 오랫동안 자기 또는 전기의 작용으로 전류를 만들려고 노력한 패러데이가 1831년에야 비로소 전기 - 자기 유도에 대한 조건을 발견하였다. 패러데이가 자신의 연구에서 이용한 방법은 그의 생각이 옳은지 시험하는 수단으로 끊임없이 실험하고, 실험의 직접 영향 아래서 생각들을 끊임없이 함양하는 것으로 구성되었다. 출판된 그의 연구에서 그런 생각들이 초기 과학에 더 적합한 언어로 표현되어 있음을 보는데, 그것은 이미 확실히 인정받는 사고의 형태에 익숙한 물리학자들의 스타일과는 좀 동떨어지기 때문이다.

앙페르가 전류 사이의 역학적 작용에 대한 법칙을 수립하는 데 이용한 실험 연구는 과학에서 이룩한 가장 놀라운 업적 중 하나이다.

이론과 실험 전체가 마치 '전기 분야의 뉴턴'의 뇌에서 완벽히 성장하고 완벽히 무장한 채로 튀어나온 것처럼 보인다. 앙페르의 이론과 실험은 형태에서 완전하고 정확도에서 난공불락이고, 모든 현상을 도출할 수 있고 전기역학에서 항상 가장 중요한 식으로 남아 있을 공식으로 요약된다.

그렇지만 앙페르의 방법은, 형태는 귀납적이라고 할지라도, 그 방법에 이르게 한 생각들이 어떻게 형성되었는지 밝혀내는 것이 가능하지 않다. 앙페르가 설명한 실험으로서 실제로 앙페르가 작용에 대한 법칙을 발견했을 것이라고 믿기는 힘들다. 앙페르는 다른 사람에게 보여주지 않은 어떤 과정을 통해 그 법칙을 발견했지만, 나중에 그 법칙에 대한 완전한 증명을 수립한 뒤에는 실제로 그 증명에 도달하기까지 사용했던 비계의 흔적들을 하나도 남김없이 제거했다고 의심하지 않을 수 없다.[4]

그와는 대조적으로, 패러데이는 자신의 성공한 실험뿐 아니라 실패한 실험도 보여주며, 자신의 완성된 생각뿐 아니라 원래 처음 생각도 보여준다. 그렇지만 귀납적인 능력이 패러데이보다 좀 뒤떨어진 독자는 패러데이에게 찬사를 보낼 뿐 아니라 그보다 더 많은 지지도 보내서, 만일 패러데이가 기회만 차지했다면 그가 첫 발견자가 되었으리라고 믿게 된다. 그래서 학생이라면 모름지기 앙페르의 연구가 발견에 대해 발표하는 과학적 스타일의 멋진 예임을 알아야겠지만, 또한 학생은 자기 자신의 마음속에서 새로 발견된 사실과 아직 성숙하지 않은 생각 사이에 발생하는 작용과 반작용으로 과학 정신을 기르기 위해 패러데이를 공부해야 한다.

어쩌면 패러데이가 비록 공간과 시간 그리고 힘에 대한 기본 형태를 철저하게 인식하고 있었지만, 전문적 수학자는 아니었음이 과학을 위해 이득이 되었을지도 모른다. 그는 자기 발견이 수학적 형태로 제시되었더라면 그의 발견들에서 파생되는 순수 수학 분야에서 여러 흥미로운 연구에 관여하는 것에 관심을 두지 않았으며, 그는 자기 결과를 당시 수학자들의 입맛에 맞는 형태로 꾸미거나 수학자들이 도전할 수 있는 형태로 표현해야 한다는 요청을 받는다고 느끼지도 않았다. 이처럼 그는 그에게 맞는 연구를 찾아서 진행하고, 그가 찾은 사실들로 생각을 조정하며, 그 생각을 전문적이지는 않지만 자연스러운 언어로 표현하며 유유자적하였다.

나는 바로 그 생각들을 수학적 방법의 기초로 만들겠다는 희망을 품고 이 책 집필에 착수하였다.

529. 우리는 우주가 부분들이 모여 이루어져 있다고 생각하는 데 익숙하며, 수학자들은 보통 단 하나의 입자를 고려하는 것으로 시작하여 다음 단계로 그 입자와 다른 입자 사이의 관계를 상상하며, 그런 식으로 계속한다. 이것은 일반적으로 가장 자연스러운 방법이라고 생각되었다. 그렇지만 우리의 모든 인식은 크기를 갖는 물체와 관련이 있어서, 입자를 상상하기 위해서는 추상화 과정이 필요하며, 어떤 순간에 우리 의식에 존재하는 **모든 것**에 관한 생각이 모르긴 해도 임의로 고른 개별적인 아무것에 관한 생각만큼이나 원시적이다. 그래서 부분에서 전체로 가는 대신 전체에서 부분으로 가는 수학적 방법도 존재할 수 있다. 예를 들어, 유클리드는 그의 첫 번째 책*에서 선(線)은 점이 지나간 흔적이고, 면(面)은 선이 지나간 흔적이며, 입체는 표면에 의해 발생한다고 생각한다. 그러나 그는 또한 표면을 입체의 경계이고, 선은 표면의 가장자리이며, 점은 선의 끝이라고도 정의한다.

비슷한 방식으로 물질 시스템의 퍼텐셜을 장(場)에 존재하는 물체들의 질량들에 대한 어떤 적분 과정에 의해 세워지는 함수라고 생각하거나, 또는 그 질량들 자체가 퍼텐셜 ψ로부터 구한 $\frac{1}{4\pi}\nabla^2\psi$의 부피 적분이라는 것을 제외하고는 어떤 다른 수학적 의미도 갖지 않는다고 가정할 수도 있다.

전기에 관한 연구에서는 특정한 물체들의 거리와 그리고 그 물체들의 전하 또는 전류가 관계된 공식을 이용하거나, 또는 각각이 모든 공간에 연속적으로 존재하는 다른 양들과 관계된 공식을 이용할 수도 있다.

첫 번째 방법에서 취하는 수학적 과정은 선적분, 면적분, 그리고 유한한 공간에서 적분이며, 두 번째 방법에서 취하는 수학적 과정은 편미분 방정

---

*   유클리드의 유명한 저서 『기하학 원론』은 모두 열세 개의 책으로 구성된다.

식과 전 공간을 통한 적분이다.

패러데이의 방법은 문제를 취급하는 두 번째 방식과 긴밀히 관계되는 것처럼 보인다. 패러데이는 물체들이 그들 사이에 거리를 제외하고 그 거리의 함수로 한 물체가 다른 물체에 작용하는 것을 제외하고는 아무것도 존재하지 않는다고 생각한 적은 결코 없다. 그는 모든 공간이 힘의 장이며, 힘의 선들은 일반적으로 곡선이고, 어떤 물체에서든 모든 방향으로 퍼져 나가는 힘의 선들이 다른 물체의 존재 때문에 다른 모양으로 바뀐다고 생각한다. 그는 심지어 힘의 선이 물체에 속해서 어떤 의미로는 그 물체 자체의 일부이며, 그래서 물체가 멀리 떨어진 다른 물체에 작용할 때 원래 물체가 없는 위치에 작용한다고 말할 수 없다고까지 이야기한다.5) 그렇지만 이것이 패러데이의 지배적인 생각은 아니다. 나는 오히려 그가 공간의 장은 그 장에 놓인 물체들의 배열에 의존하는 배열을 하는 힘의 선들로 가득 차 있고, 각 물체에 대한 역학적 작용과 전기적 작용은 그 물체와 인접한 힘의 선들에 의해 결정된다고 말했어야 한다고 생각한다.

자기-전기 유도 현상6)

530. 1. 1차 전류의 변화에 의한 유도

1차 전기 회로와 2차 전기 회로의 두 전기 회로가 있다고 하자. 1차 회로는 볼타 배터리에 연결되어서 1차 전류를 발생시키거나 그대로 유지하거나 중지시키거나 반대 방향으로 흐르게 할 수 있다. 2차 회로는 그 회로에 형성될 수 있는 모든 전류를 표시하는 검류계를 포함한다. 이 검류계는 1차 회로의 모든 부분으로부터 충분히 먼 거리에 놓여서 1차 전류는 검류계의 표시에 어떤 감지할 만한 직접적인 영향도 미치지 않는다.

1차 회로 일부를 직선 도선으로 만들고, 2차 회로 일부도 1차 회로의 직선 도선과 평행으로 가까이 놓인 다른 직선 도선으로 만들자. 두 회로의 다른 부분은 서로 아주 멀리 분리해 놓는다.

1차 회로의 직선 도선에 전류를 보내는 순간 2차 회로의 검류계는 2차 회로의 직선 도선에 **반대** 방향으로 흐르는 전류를 표시하는 것이 관찰된다. 이 전류를 유도 전류라고 부른다. 1차 전류를 일정하게 유지하면 유도 전류는 곧 사라지며, 1차 전류는 2차 회로에 아무 효과도 만들지 않는 것처럼 보인다. 이제 1차 전류가 흐르기를 멈추면 1차 전류와 **같은** 방향으로 흐르는 2차 전류가 관찰된다. 1차 전류가 변하기만 하면 2차 회로에는 기전력이 발생한다. 1차 전류가 증가하면 기전력은 전류와 반대 방향이다. 1차 전류가 감소하면 기전력은 전류와 같은 방향이다. 1차 전류가 변하지 않으면 기전력은 생기지 않는다.

유도의 효과는 두 도선을 가까이 가져가면 증가한다. 두 도선을 서로 가까이 놓인 두 원형이거나 나선형 코일로 만들면 역시 효과가 증가하고, 코일 내부에 철 막대 또는 한 묶음의 철사를 집어넣으면 더욱 증가한다.

2. 1차 회로의 운동에 의한 유도

1차 전류가 일정하게 유지되고 움직이지 않으면 2차 전류는 신속하게 사라지는 것을 보았다.

이제 1차 전류를 일정하게 유지하면서, 1차 회로의 직선 도선을 2차 회로의 직선 도선에 가까이 가져가자. 그렇게 가져가는 동안 1차 전류와 **반대** 방향으로 2차 전류가 흐른다.

1차 회로를 2차 회로에서 멀리 가져가면, 2차 전류는 1차 전류와 **같은** 방향으로 흐른다.

3. 2차 회로의 운동에 의한 유도

2차 회로가 움직이면, 2차 도선이 1차 도선에 접근할 때는 2차 전류 방향이 1차 전류 방향과 반대 방향이고, 멀어질 때는 같은 방향이다.

모든 경우에 2차 전류의 방향은 두 도체 사이의 역학적 작용이 운동의 방향과 반대 방향이 되도록 정해져서, 두 도선이 접근하면 척력이, 그리고 멀어지면 인력이 작용한다. 이 매우 중요한 사실은 렌츠*가 확립하였다.[7]

4. 자석과 2차 회로의 상대적 운동에 의한 유도

1차 회로 자리에 가장자리가 회로와 같고, 세기의 수치상(數値上) 값이 회로의 전류와 같으며, 볼록 튀어나온 방향이 회로의 양(陽)을 가리키는 면**과 같은 자기 껍질을 가져다 놓으면, 이 껍질과 2차 회로 사이의 상대적 운동으로 발생하는 현상은 1차 회로와 2차 회로 사이의 상대적 운동의 경우에 관찰된 것과 같다.

531. 이 현상 전체를 한 가지 법칙으로 압축할 수 있다. 양(陽)의 방향으로 2차 회로를 지나가는 자기 유도선의 수가 바뀌면, 기전력이 2차 회로를 따라 작용하며, 그 기전력은 회로를 통과하는 자기 유도가 감소하는 비율로 측정된다.

---

* 렌츠(Heinrich Friedrich Emil Lenz, 1804-1865)는 러시아의 독일계 물리학자로서, 자기 유도에 대한 렌츠 법칙으로 널리 알려졌다. 인덕터의 인덕턴스를 대표하는 기호인 L은 렌츠의 이름을 딴 것이다.

** 회로에 흐르는 전류 방향으로 오른나사를 돌릴 때, 나사가 진행하는 방향이 회로의 양(陽)을 가리키는 면 방향이다.

532. 예를 들어, 철로의 두 레일을 땅과 절연시키고 검류계를 통해 한 종착역에서만 연결하고, 종착역에서 거리가 x인 곳에 있는 바퀴와 철도 차량의 축에 의해 회로가 만들어진다고 하자. 철로와 축 사이의 높이 차이를 무시하면, 2차 회로를 통한 유도는 지자기력 중에서 북반구에서는 아래쪽을 향하는 수직성분에 의한 것이다. 그래서 철로의 궤간(軌間)이 b이면, 회로의 수평 넓이는 bx이고, 평면 넓이를 통과하는 자기 유도의 면적분은 Zbx인데, 여기서 Z는 지자기력의 수직성분이다. 지자기력의 성분 Z가 아래 방향을 향하므로, 회로의 더 낮은 쪽 면을 양(陽)으로 계산하고, 회로 자체의 양 방향은 북쪽, 동쪽, 남쪽, 서쪽인데, 즉 해의 겉보기 움직임 방향이다.

이제 차량이 움직이기 시작해서 x가 바뀐다고 하자. 그러면 회로에는 값이 $-Zb\dfrac{dx}{dt}$인 기전력이 생긴다.

x가 증가하면, 즉 차량이 종착역에서 더 먼 쪽으로 움직이면, 이 기전력은 음(陰) 방향으로, 즉 북쪽, 서쪽, 남쪽, 동쪽으로 생긴다. 그래서 축을 통과하는 이 힘의 방향은 오른쪽에서 왼쪽을 향하는 방향이다. x가 감소하면 이 힘의 절대적 방향이 반대로 바뀌지만 차량 운동 방향도 역시 반대로 바뀌므로, 차량에 탄 관찰자의 얼굴 쪽이 앞으로 움직일 때 축에 대한 기전력은 여전히 오른쪽에서 왼쪽으로 생긴다. 자침의 남쪽 끝이 아래로 내려가는 남반구에서는, 움직이는 물체에 작용하는 기전력은 왼쪽에서 오른쪽으로 생긴다.

그래서 자기력 장을 통해서 움직이는 도선에 생기는 기전력을 정하는 데 다음과 같은 규칙을 얻는다. 머리와 팔이 각각 나침반 바늘의 북쪽 끝과 남쪽 끝을 가리키는 방향이라고 상상하고, 얼굴을 도선이 운동하는 앞쪽으로 돌리면, 운동에 의한 기전력은 왼쪽에서 오른쪽으로 생긴다.

533. 이 방향 관계가 중요하므로, 다른 예를 들어보자. 지구의 적도 둘레에 금속 테두리를 씌우고, 적도에서 북극까지 그리니치를 지나는 자오선을

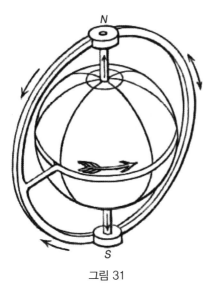

따라 금속 도선을 놓았다고 가정
하자.

거대한 사분면 금속 아치를 세
워서 한쪽 끝을 북극에 꽂고, 다른
쪽 끝은 지구의 거대한 금속 테두
리를 따라 미끄러지면서 낮에 움직
이는 태양을 쫓아가면서 적도 주
위를 이동한다고 하자. 그러면 움
직이는 사분면을 따라 북극에서
적도 쪽으로 기전력이 생긴다.

그림 31

지구는 정지해 있고 사분면이
동쪽에서 서쪽으로 움직인다고 가
정하거나, 또는 사분면은 정지해 있고 지구가 서쪽에서 동쪽으로 회전한다
고 가정하거나 생기는 기전력은 똑같다. 지구가 회전한다고 가정하면, 공
간에 고정된 회로 중에서 한쪽 끝은 북극과 남극 중 하나와 접촉하고 다른
쪽 끝은 적도와 접촉하는 부분의 형태가 어떻게 생겼든 생기는 기전력은
똑같다. 회로의 이 부분에 흐르는 전류는 극에서 적도 쪽으로 흐른다.

지구에 대해 고정된 회로의 다른 부분도 역시, 지구 내부이건 지구 바깥
이건, 어떤 형태로 되어도 좋다. 이 부분에서 전류는 적도에서 두 극 중 어느
하나로 흐른다.

534. 자기 - 전기 유도의 기전력 세기는 그 기전력이 내부에서 활동하는 도
체를 만드는 물질이 무엇인지와, 그리고 유도 전류를 나르는 도선이 무엇
으로 만들어졌는지에는 전혀 관계없이 결정된다.

이것을 증명하기 위하여, 패러데이는 서로 다른 금속으로 만든 두 도선
에 비단 피복을 입혀서 서로 절연시켰으나,[8] 함께 꼬아서 한쪽 끝을 납땜으

로 연결하였다. 두 도선의 다른 쪽 끝은 검류계로 연결되었다. 이런 방법으로 두 도선이 1차 회로에 대해 똑같은 방법으로 배치되었으나, 만일 한 도선에서보다 다른 도선에서 기전력이 더 세다면, 검류계에 전류가 흐르게 된다. 그렇지만 패러데이는 그런 배합에 유도에 의한 가장 강력한 기전력 아래 두어도 검류계에 전혀 영향을 미치지 못하는 것을 관찰하였다. 패러데이는 또한 결합한 도체의 두 갈래가 두 금속으로 구성되었든지 또는 금속과 전해액으로 구성되었든지 검류계는 여전히 영향을 받지 않음을 관찰하였다.[9]

그래서 어떤 도체에 대해서든지 기전력은 장(場)에 존재하는 전류의 세기, 형태, 그리고 운동과 함께 오직 도체의 형태와 움직임에만 의존한다.

535. 기전력의 또 다른 하나의 부정적 성질은 기전력이 오직 어떤 물체 내부의 전류를 발생시키는 원인이 될 뿐이지, 그 물체의 역학적 움직임의 원인이 되지는 전혀 않는다는 것이다.

만일 기전력이 실제로 물체에서 전류를 발생시킨다면, 그 전류 때문에 역학적 작용이 존재하게 되겠지만, 만일 전류가 형성되는 것을 미리 방지하면, 그 물체 자체에는 어떤 역학적 작용도 존재하지 않게 된다. 그렇지만 그 물체가 대전되어 있으면, 정전기학*에서 설명한 것처럼, 기전력은 물체를 움직이게 만든다.

536. 고정된 회로에서 전류 유도 법칙에 대한 실험 연구는 검류계 회로에서 기전력과 그래서 결과적으로 전류가 0이게 만드는 방법에 따라 상당히 정확하게 수행될 수 있다.

예를 들어, 코일 X에 대한 코일 A의 유도가 코일 Y에 대한 코일 B의 유

---

* 여기서 정전기학은 이 책 제1권 1부 「정전기학」을 가리킨다.

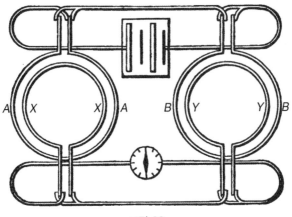

그림 32

도와 같음을 보이기를 원하면, A와 X의 첫 번째 코일 쌍을 B와 Y의 두 번째 코일 쌍에서 충분히 먼 곳에 놓는다. 그다음에 A와 B를 볼타 배터리로 연결해서, 같은 1차 전류가 A를 통해 양의 방향으로 흐른 다음에 B를 통해 음의 방향으로 흐르도록 만들 수 있다. 또한 X와 Y를 검류계로 연결하여, 만일 존재한다면 2차 전류가 직렬로 연결된 X와 Y를 통해 같은 방향으로 흐르도록 할 수 있다.

그러면, X에 대한 A의 유도가 Y에 대한 B의 유도 같은 경우에, 배터리 회로가 닫혀 있을 때나 열려 있을 때 검류계는 어떤 유도 전류도 표시하지 않는다.

이 방법의 정확도는 1차 전류의 세기와 순간 전류에 대한 검류계의 감도(感度)와 함께 증가하며, 이런 실험은 도체 자체가 정교하게 매달려 있어야 하는 전자기적 인력들 사이의 관계에 대한 실험보다 훨씬 더 쉽게 수행될 수 있다.

이런 종류의 매우 잘 고안된 매우 유익한 일련의 실험들에 대해 피사 대학의 펠리치 교수*가 설명한 것이 있다.[10]

이 책에서는 단지 이런 방법으로 증명이 가능한 법칙 중에서 일부에 대해 간단히 지적하려고 한다.

(1) 한 회로가 다른 회로에 미치는 유도에 대한 기전력은 도체 단면의 넓이와 그 도체를 만든 물질의 종류와는 관련이 없다.

왜냐하면, 회로의 형태만 같으면 결과에 전혀 바꾸지 않으면서 실험에서 회로 중 어느 하나를 다른 단면적을 갖고 다른 물질로 된 것으로 바꿀 수 있기 때문이다.

(2) 회로 X에 대한 회로 A의 유도는 회로 A에 대한 회로 X의 유도와 같다.

왜냐하면, 검류계 회로에 A를 놓고, 배터리 회로에 X를 놓더라도, 기전력의 평형은 방해받지 않기 때문이다.

(3) 유도는 유도 전류에 비례한다.

왜냐하면, X에 대한 A의 유도가 B에 대한 Y의 유도와 같다고 확인하고, 또한 Z에 대한 C의 유도와도 같다고 확인하면, 배터리 전류가 처음에는 A를 통해 흐르고, 그다음에는 전류 자체가 B와 C 사이에 어떤 비율로든 나뉠 수 있기 때문이다. 그러면 X를 반대로, 그리고 Y와 Z는 모두 직렬로 검류계와 직접 연결하면, X에서 기전력이 Y와 Z에서 기전력의 합과 평형을 이룬다.

(4) 기하학적으로 비슷한 시스템을 형성하는 한 쌍의 회로에서 유도는 그 한 쌍의 선형 크기에 비례한다.

왜냐하면, 위에서 언급한 세 쌍의 회로가 모두 비슷하지만, 첫 번째 쌍의 선형 크기가 두 번째 쌍과 세 번째 쌍의 대응하는 선형 크기의 합과 같으면, 만일 A, B, C가 배터리와 직렬로 연결된다면, 그리고 X는 검류계와 반대로, Y와 Z는 검류계와 역시 직렬로 연결된다면, 평형이 존재할 것이기 때문이다.

---

* 펠리치(Riccardo Felici, 1819-1902)는 이탈리아의 물리학자로서 전자기 유도 분야에 많은 연구 결과를 남겼다.

(5) n번 감긴 코일에 생기는 m번 감긴 코일의 전류에 의한 기전력은 곱 mn에 비례한다.

537. 지금까지 고려하고 있었던 종류의 실험에서는, 검류계가 가능한 한 가장 민감하고, 검류계 바늘은 가능한 한 가장 가벼워서 매우 작은 과도 전류를 표시할 수 있을 정도로 민감해야 한다. 운동 때문에 생기는 유도에 대한 실험은 진동 주기가 상당히 긴 바늘이 있어야 하는데, 그 이유는 바늘이 평형 위치에서 멀지 않은 동안에 도체의 특정한 움직임이 일어나게 할 시간이 존재할 수 있기 때문이다. 이전 실험에서는, 검류계 회로에서 기전력이 전체 시간 동안 내내 평형에 있어서, 검류계 코일에 전류가 통과하지 않았다. 이제 설명하려는 실험에서는, 기전력이 처음에는 한 방향으로 작용하고, 그다음에 다른 방향으로 작용해서, 검류계를 통해 반대 방향인 전류가 연이어 생기며, 이런 연이은 전류 때문에 검류계 바늘에 생기는 충격이 어떤 경우에 크기가 같고 방향이 반대인지 확인해야 한다.

검류계를 과도 전류 측정에 적용하는 이론은 748절에서 더 자세하게 다룬다. 여기서 우리 목표는 검류계 바늘이 평형 위치에 가까이 있는 한 전류의 편향력이 전류 자체에 비례하며, 전류가 작용하는 전체 시간이 바늘의 진동 주기에 비해 작으면 자석의 마지막 속도는 전류가 나르는 총전하량에 비례할 것임을 관찰하는 것으로 충분하다. 그래서 두 전류가 같은 전하량은 반대 방향으로 나르면서 신속하게 연이어서 지나가면, 바늘은 어떤 마지막 속도도 없이 남겨져 있게 된다.

이처럼, 1차 회로를 닫는 원인으로 2차 회로에 발생하는 유도 전류와 여는 원인으로 2차 회로에 발생하는 유도 전류가 그 양은 같으나 방향은 반대임을 증명하기 위하여, 1차 회로를 배터리와 연결하는 배열을 준비할 수도 있다. 그러면 열쇠에 손가락을 대면 1차 회로에 전류가 흐르고, 손가락을 떼는 것만으로 원할 때 접촉을 끊을 수 있다. 열쇠를 한참 누르면 2차 회로에 연결된 검류계는 접촉이 시작되는 순간에 과도 전류가 1차 전류의 방향과 반대 방향으로 흐르는 것을 표시한다. 접촉이 계속되면 유도 전류는 단지 지나가고 사라질 뿐이다. 이제 접촉을 떼면 2차 회로에는 전과 반대 방향으로 또 다른 하나의 과도 전류가 지나가며, 검류계 바늘은 반대 방향으로 충격량을 받는다.

그런데 만일 단지 짧은 순간 동안만 접촉하고 바로 접촉을 떼면, 검류계를 통해 두 개의 유도 전류가 연이어 너무 신속하게 지나가기 때문에, 첫 번째 전류가 작용한 바늘은 두 번째 전류에 의해 정지되기 전에 바늘의 평형 위치로부터 어떤 감지될 거리도 움직일 시간을 갖지 못하며, 이 두 과도 전류의 양이 정확히 같아서, 바늘은 꼼짝하지 않는다.

만일 바늘을 조심스럽게 관찰했다면, 바늘은 한 위치의 정지에서 첫 번째 위치와 매우 가까운 다른 위치의 정지로 갑자기 흔들리는 것으로 보인다.

이런 방법으로 접촉을 끊을 때 유도 전류에 흐르는 전하량은 접촉을 시작할 때 유도 전류에 흐르는 전하량과 정확하게 크기는 같고 부호는 반대임을 증명한다.

538. 이 방법의 또 다른 적용이 다음과 같은데, 이것은 펠리치가 그의 **연구**의 두 번째 기획물에서 발표한 것이다.

1차 코일 A에서 회로를 닫거나 열어도 2차 코일 B에서 아무런 유도 전류도 발생시키지 않는 2차 코일 B의 위치를 여러 곳 찾는 것이 언제든지 가능하다. 그럴 때 두 코일의 위치를 서로에 대해 **켤레를 이룬**다고 말한다.

B_1과 B_2가 그런 위치 중에서 두 위치라고 하자. 코일 B를 갑자기 위치 B_1에서 위치 B_2로 옮기면, 코일 B에 생기는 과도 전류의 대수 합은 정확히 0이고, 그래서 B의 운동이 끝날 때 검류계 바늘은 정지한 채로 유지된다.

이것은 코일 B가 어떤 방법으로 B_1에서 B_2로 이동하든지 성립하며, 또한 1차 코일 A에서 전류가 일정하게 계속 흐르든 B가 이동하는 동안 변하든 간에 성립한다.

그리고 또, B'가 A와 켤레를 이루지 않는 B의 어떤 다른 위치 중 하나이며, 그래서 A에서 접촉을 만들거나 끊으면 B가 위치 B'에 있을 때 유도 전류를 발생한다고 하자.

B가 켤레 위치 B_1에 있을 때 접촉한다고 하면 유도 전류는 생기지 않는다. B를 B_1'로 옮기면 이 운동 때문에 유도 전류가 생기지만, 만일 B가 신속하게 B'로 옮기면 그리고 그때 1차 회로의 접촉을 열면, 접촉을 열어서 생기는 유도 전류는 운동 때문에 생기는 유도 전류의 효과를 정확히 무효로 만들어서, 검류계 바늘은 정지한 채로 유지된다. 그래서 켤레 위치에서 어떤 다른 위치로 이동하는 것이 원인인 전류는 그다음 위치에서 접촉을 끊어서 생기는 전류와 크기가 같고 방향이 반대이다.

접촉하는 효과는 접촉을 끊는 효과와 크기는 같고 방향이 반대이어서, 코일 B가 임의의 위치 B'에 있을 때 접촉을 만드는 효과는 A를 통하여 전류가 흐르고 있는 동안 코일 B를 어떤 켤레 위치 B_1에서라도 위치 B'로 이동하면서 생기는 효과와 같다는 것이 성립한다.

코일들 사이의 상대적 위치 변화가 2차 코일 대신 1차 코일을 이동하여 생기더라도, 그 결과는 같다는 것이 관찰되었다.

539. 이 실험들에 의하면, A의 전류가 γ_1에서 γ_2로 바뀌면서 A는 A_1에서 A_2로, 그리고 B는 B_1에서 B_2로 동시에 움직이는 동안에 발생하는 B의 전체 유도 전류는 단지 처음 상태 A_1, B_1, γ_1과 마지막 상태 A_2, B_2, γ_2에만 의존하고 시스템이 지나갈 수 있는 중간 상태가 무엇인지에는 전혀 무관하다는 것이 성립한다.

그래서 전체 유도 전룻값은

$$F(A_2, B_2, \gamma_2) - F(A_1, B_1, \gamma_1)$$

의 형태로 주어져야 하는데, 여기서 F는 A, B, γ의 함수이다.

이 함수의 형태와 관련해서, 536절에 의해, 움직임이 존재하지 않아서 $A_1 = A_2$이고 $B_1 = B_2$이면 유도 전류는 1차 전류에 비례한다는 것을 안다. 그래서 γ는 단순히 곱해주는 인자로 들어오며, 다른 인자가 두 회로 A와 B의 형태와 위치의 함수이다.

또한 이 함수의 값은 A와 B 각각의 절대적인 위치가 아니라 둘 사이의 상대적인 위치에 의존해서, 이 함수는 회로를 구성한 서로 다른 요소들 사이의 거리와, 이 요소들이 서로 다른 요소와 만드는 각들이 함수로 표현되는 것이 가능해야 한다는 것도 역시 안다.

이 함수가 M이라고 하면, 전체 유도 전류를

$$C\{M_1\gamma_1 - M_2\gamma_2\}$$

라고 쓸 수 있으며, 여기서 C는 2차 회로의 전도성이고, M과 γ의 처음 값이 M_1, γ_1이고 마지막 값이 M_2, γ_2이다.

그러므로 이 실험들은 전체 유도 전류가 특정한 양 $M\gamma$에서 발생하는 변화에 의존하며, 이 변화는 1차 전류 γ의 변화로부터 발생할 수도 있고, M을 바꾸는 1차 회로나 2차 회로의 어떤 운동으로부터든 올 수 있음을 보여준다.

540. 유도 전류가 의존하는 것은 그런 양의 절대적 크기가 아니라 그런 양의 변화라는 개념은 패러데이 연구의 초기 단계에서 나왔다.[11] 패러데이는 일정한 세기로 유지되는 전기 - 자기장에 정지해 있을 때, 2차 회로는 아무런 전기적 효과를 보이지 않지만, 반면에 똑같은 전기 - 자기장이 갑자기 발생하면 2차 회로에 전류가 흐르는 것을 관찰하였다. 다시 한 번 더, 그 전기-자기장으로부터 1차 회로가 제거되면 또는 자기력이 철폐되면, 반대되는 종류의 전류가 존재한다. 그래서 패러데이는 그가 전자기장에 놓인 2차 회로에서 그가 전기긴장(電氣緊張) 상태라는 이름을 붙인 '물질의 독특한 전기적 조건'을 확인하였다. 그 후에 그는 자기력선에 근거한 고려사항들을 이용하면[12] 이 생각이 필요 없음을 발견했지만, 그의 가장 최근 연구[13]에서

도 그는 '**전기긴장** 상태라는 생각14)이 내 생각 속에 자꾸만 떠오른다'고 말한다.

패러데이의 출판된 연구에서 알 수 있는, 그의 마음속 이 생각에 대한 전체 역사를 충분히 공부할 만한 가치가 있다. 이 생각을 진지하게 적용하면서 인도되었지만, 수학적 계산의 도움은 없이 진행된 일련의 실험 과정을 통하여 패러데이는 무엇인가 존재한다는 것을 확인하기에 이르렀는데, 그것이 이제는 수학적 양이고 심지어 그것이 전자기의 이론에서 근본적인 양이라고 부를 수 있음을 알게 되었다. 그런데 패러데이는 순전히 실험만에 의한 경로로 이 개념에 이르렀기 때문에, 그는 이 개념에 물리적 실체를 부여하고 그것이 물질의 독특한 조건이라고 가정했으나, 패러데이는 그 현상을 더 친숙한 형태의 생각으로 설명할 수만 있다면 즉시 이 이론을 이제 더는 추구하지 않고 접을 마음의 준비가 되어 있었다.

그로부터 오랜 시간이 흐른 뒤 다른 연구들에서 순수하게 수학만에 의한 경로로 같은 생각에 인도되었지만, 내가 아는 한, 두 회로의 퍼텐셜이라는 세련된 수학적 개념으로 전기긴장 상태라는 패러데이의 대담한 가정을 인식하지는 못하였다. 그러므로 이 현상에 대한 법칙을 최초로 수학적 형태로 바꿔놓은 탁월한 학자들에 의해 지적된 방법으로 이 주제에 접근한 사람들은, 패러데이가 두 번에 걸쳐 발표한 **연구** 시리즈에서 그렇게나 멋진 완벽함으로 법칙들을 설명한 진술들의 과학적 정확도를 제대로 알아보기가 힘들었다.

전기긴장 상태라는 패러데이의 개념에 대한 과학적 가치는 그 변화에 실제 현상이 의존하는 어떤 양을 파악하도록 마음을 움직이는 데 있다. 패러데이가 구한 것보다 훨씬 더 높은 수준으로 발전하지 않으면, 이 개념은 그런 현상을 설명하는데 쉽게 적용될 수 없다. 이 주제에 대해서는 584절에서 다시 다룰 예정이다.

541. 패러데이의 손에서 훨씬 더 강력했던 방법이, 자석이나 전류를 볼 때는 항상 그의 마음의 눈에 있었고 쇳가루를 이용해 설명했으며, 실험학자에게는 가장 값진 지원이라고 그가 제대로 판단했던[15] 자기력선을 활용한 것이다.

패러데이는 단지 이 선들의 방향으로 자기력의 방향만 표현할 것이 아니고, 이 선들의 수와 밀도로 그 자기력의 세기도 표현할 것이라고 보았으며, 그의 나중 연구[16]에서는 단위 힘 선을 어떻게 구할지를 보인다. 나는 이 책의 여러 부분에서 패러데이가 힘 선으로부터 확인한 성질과 전자기력의 수학적 조건 사이의 관계에 대해, 그리고 특정한 제한 아래서 단위 선과 선들의 수에 관한 패러데이의 개념을 어떻게 수학적으로 정확하게 만들 수 있는지에 대해 설명하였다. 82절과 404절, 490절을 보라.

패러데이는 자신의 첫 번째 *Researches* 시리즈에서,[17] 일부가 이동할 수 있는 전도 회로의 전류 방향이 움직이는 부분이 자기력선을 자르며 지나가는 방식에 어떻게 의존하는지를 분명히 보였다.

두 번째 연구 시리즈에서 그는[18] 전류 또는 자석의 세기가 변함에 따라 발생하는 현상이, 도선이나 자석의 힘이 올라가거나 떨어지면서 힘 선의 시스템이 도선이나 자석에서 퍼져 나가거나 도선이나 자석으로 조여서 들어온다고 가정하고 어떻게 설명되는지를 보였다.

패러데이가 나중에는 그렇게나 명백하게 단언한,[19] 움직이는 도체가 힘 선을 자르면서 힘 선의 넓이 또는 단면이 원인인 작용을 훑어낸다는 생각에 대해 그 처음에는 어느 정도로 분명한 신념을 가지고 있었는지를 나는 잘 알지 못한다. 그렇지만 두 번째 연구 시리즈[20]에서 한 조사를 고려에 포함한 이후에는 이것이 이 경우에 대해 새로운 견해가 아닌 것처럼 보인다.

패러데이가 가졌던 힘 선의 연속에 대한 개념은 전에는 없었던 장소에서 힘 선이 갑자기 존재하기 시작하는 가능성을 배제한다. 그래서 전도(傳導) 회로를 통과하는 선들의 수(數)가 바뀌는 것이 가능하다면, 그것은 회로가 힘 선을 가로질러서 움직이거나, 아니면 힘 선들이 회로를 건너 이동하는 것에 의해서만 일어날 수 있다. 두 경우 어디서나 회로에서 전류가 발생한다.

언제라도 회로를 통과하는 힘 선의 수는 그 회로의 전기긴장 상태라는 패러데이의 이전 개념과 수학적으로 똑같으며, $M\gamma$라는 양으로 대표된다.

기전력이 정의고, 69절, 274절, 기전력에 대한 측정이 좀 더 정확해지자, 이제 겨우 다음과 같은 말들로 자기 - 전기 유도에 대한 옳은 법칙을 완벽히 밝힐 수 있게 되었다.

임의의 순간에 회로 주위로 작용하는 전체 기전력은 그 회로를 통과하는 자기력선의 수가 감소하는 비율로 측정된다.

시간에 대해 적분하면 이 진술은 다음과 같이 된다.

임의의 회로 주위로 작용하는 전체 기전력에 대한 시간 적분은, 그 회로를 지나가는 자기력선들의 수와 함께, 변하지 않는 양이다.

자기력선의 수(數)를 말하는 대신, 그 회로를 통과하는 자기 유도, 즉 그 회로가 경계인 임의의 표면에서 취한 자기 유도의 면적분을 말할 수도 있다.

패러데이의 이 방법에 대해서는 다시 논의할 예정이다. 그동안에 다른 고려 사항들에 의해 기초한 유도에 관한 이론들에 대해 알아보자.

렌츠 법칙

542. 1834년에 렌츠는 앙페르 공식에 의해 정의된 전류의 역학 작용에 의한 현상과 도체들의 상대적 운동에 의한 전류의 유도 사이의 다음과 같은 놀라운 관계를 밝혔다.[21] 같은 해 1월호로 발간된 *Philosophical Magazine*에 리치는 그런 관계를 진술하는 초기 시도를 발표했는데, 진술한 경우마다 유도 전류의 방향이 틀렸다. 렌츠 법칙은 다음과 같다.

1차 회로 A에 변하지 않는 전류가 흐르는데 A의 움직임에 의하거나 2차 회로 B의 움직임에 의해서 B에 전류가 유도되면, 그 유도 전류가 A에 미치는 전자기적 작용에 의해서 두 회로의 상대 운동을 거스르도록 하는 방향으로 이 유도 전류가 흐르는 방향이 정해진다.

J. 노이만은 이 법칙에 근거해서 유도에 대한 그의 수학적 이론을 세웠으며, 그 이론에서 노이만은 1차 회로 또는 2차 회로의 도체가 운동하는 것이 원인인 유도 전류에 대한 수학적 법칙22)을 수립하였다. 그는 우리가 다른 회로에 대한 한 회로의 퍼텐셜이라고 부른 양 M이, 우리가 앙페르 공식과 관련하여 이미 조사했던, 다른 회로에 대한 한 회로의 전자기적 퍼텐셜과 같음을 보였다. 그래서 앙페르가 역학적 작용에 적용했던 수학적 논의를 J. 노이만이 전류의 유도에 대해 완성했다고 생각할 수 있다.

543. 그 후 얼마 지나지 않아 헬름홀츠는 그의 *Essay on the Conservation of Force*23)에서 과학적으로 여전히 더 중요한 결과를 내놓았으며, 그보다 좀 더 나중에 헬름홀츠와는 독립적으로 W. 톰슨 경24)도 역시 한 단계 더 발전된 결과를 내놓았다. 그들은 에너지 보존 원리를 적용하여 패러데이가 발견한 전류의 유도가 외르스테드와 앙페르가 발견한 전자기적 작용으로부터 수학적으로 추론될 수 있음을 보였다.

헬름홀츠는 볼타 배열 또는 열-전기 배열에서 발생하는 기전력 A가 작용하는 저항 R가 연결된 회로의 경우를 택했다. 어떤 순간에서든지 회로에 흐르는 전류는 I이다. 헬름홀츠는 회로 주위에서 자석이 움직이며, 도체에 대한 자석의 퍼텐셜이 V라고 가정하는데, 그러면 어떤 작은 시간 간격 dt 동안이든 전자기적 작용으로 자석과 교환하는 에너지가 $I\dfrac{dV}{dt}dt$이다.

242절에서 설명한 줄의 법칙에 의하면, 회로에 열을 발생시키는 데 든 일은 $I^2R\,dt$이며, 시간 dt 동안 회로의 전류 I를 유지하기 위해 기전력 A가 사용한 일은 $AIdt$이다. 그래서 전체 한 일은 전체 사용한 일과 같아야 하므로

$$AIdt = I^2R\,dt + I\frac{dV}{dt}dt$$

가 성립하는데, 그래서 전류의 세기는

$$I = \frac{A - \dfrac{dV}{dt}}{R}$$

가 됨을 알 수 있다.

이제 A의 값은 우리가 원하는 대로 취할 수 있다. 그러므로 $A = 0$이라고 하자. 그러면

$$I = -\frac{1}{R}\frac{dV}{dt}$$

가 되는데, 기전력 $-\dfrac{dV}{dt}$에 의해 생기는 전류와 같은 전류가 자석의 운동 때문에 생긴다.

자석이 퍼텐셜이 V_1인 곳에서 퍼텐셜이 V_2인 곳까지 움직이는 동안 유도된 전체 전류는

$$\int I dt = -\frac{1}{R}\int \frac{dV}{dt}dt = \frac{1}{R}(V_1 - V_2)$$

이며, 그러므로 총전류는 자석의 속도나 경로에 의존하지 않고 단지 처음 위치와 나중 위치에만 의존한다.

헬름홀츠는 그의 최초 연구에서 전류가 도체에서 발생하는 열의 측정에 기초한 단위계를 사용하였다. 전류의 단위를 임의로 정한다고 생각하면, 저항의 단위는 이 단위 전류가 단위 시간 동안 단위 열을 발생하는 도체의 단위이다. 이 단위계에서 기전력의 단위는 단위 저항을 갖는 도체에서 전위 전류를 만드는 데 필요한 기전력이다. 이 단위계를 사용하면 관계식에 열의 단위에 해당하는 역학적 등가량 a를 도입해야 한다. 우리는 언제나 정전(靜電) 단위계 또는 전자기(電磁氣) 단위계를 사용하기 때문에, 여기서 다루는 식에는 이 인자가 포함되지 않는다.

544. 헬름홀츠도 역시 전도(傳導) 회로와 일정한 전류가 흐르는 회로 사이에 상대적으로 움직일 때 유도 전류가 존재할 것임을 추론하였다.

R_1, R_2가 저항이고, I_1, I_2가 전류이며 A_1, A_2가 외부 기전력, 그리고 각 회로에 흐르는 단위 전류가 원인으로 다른 회로에 대한 한 회로의 퍼텐셜이 V이면, 전과 마찬가지로

$$A_1 I_1 + A_2 I_2 = I_1^2 R_1 + I_2^2 R_2 + I_1 I_2 \frac{dV}{dt}$$

가 성립한다.

이제 I_1이 1차 회로의 전류이고, I_2는 I_1에 비해 아주 작아서 I_2가 유도로 I_1에서 어떤 감지할 만한 변화도 만들지 않는다고 가정하면, $I_1 = \dfrac{A_1}{R_1}$으로 놓을 수 있고, 그러면

$$I_2 = \frac{A_2 - I_1 \dfrac{dV}{dt}}{R_2}$$

가 되는데, 이 결과를 자석의 경우와 정확하게 똑같이 해석할 수 있다.

이번에는 I_2가 1차 회로의 전류이고 I_1은 I_2에 비해 아주 작다면, I_1은

$$I_1 = \frac{A_1 - I_2 \dfrac{dV}{dt}}{R_1}$$

가 된다.

이것은, 전류가 같다면 회로가 어떤 형태로 되어 있든, 2차 회로에 대한 1차 회로의 기전력은 1차 회로에 대한 2차 회로의 기전력과 같음을 보여준다.

헬름홀츠가 이 회고록에서는 1차 회로의 전류가 증가하거나 감소하기 때문에 발생한 유도나 전류가 자체에 발생시키는 유도의 경우에 대해서는 논의하지 않았다. 톰슨은 전류의 역학적 값을 정하는 데 같은 원리를 적용하고,[25] 두 일정한 전류의 상호 작용에 의해 일할 때는, 두 전류의 역학적 값이 같은 양만큼 **증가**해서, 회로의 저항에 대항해서 전류를 유지하는 데 필요한 기전력에 추가로, 일의 양을 2배로 공급해야 함을 지적하였다.[26]

545. W. 베버가 전기적 양의 측정에서 절대 단위계를 도입한 것은 과학 발전에서 가장 중요한 단계 중 하나이다. 베버는 이미 가우스와 함께 자기적

(磁氣的) 양의 측정을 1등급의 정밀 측정 방법으로 올려놓았고, 이어서 그의 *Electrodynamic Measurements*에서는 사용할 단위를 결정하는 데 이용할 원리를 확립했을 뿐 아니라, 그런 단위를 사용하여 특정한 전기적 양들을 전에는 시도하지 못했던 정확도로 결정하였다. 전자기 단위계와 정전 단위계 두 가지 모두 이런 연구들 덕분에 발전하고 실제로 적용할 수 있게 되었다.

베버는 또한 전기적 작용에 대한 일반 이론을 수립하여, 그로부터 정전기력과 전자기력 모두를 추정하였고, 그 이론으로부터 전류의 유도도 역시 추정하였다. 그 이론에 대해서는 좀 더 최근에 나온 일부 내용들과 함께 별도의 장(章)에서 논의하려고 한다. 846절을 보라.

4장
전류의 자체 유도에 대하여

546. 패러데이는 그의 *Researches* 아홉 번째 시리즈에서 전자석의 코일을 만드는 도선에 흐르는 전류에 의해 드러나는 부류의 현상에 관한 연구에 집중하였다.

젠킨은 비록 단 한 쌍의 판만으로 구성된 볼타 시스템을 직접 작용하여 감지할 만한 충격을 만들기는 불가능하지만, 전류가 전자석의 코일을 통해 지나가면, 그리고 도선의 양쪽 끝을 손으로 잡고 있으면서 접촉을 순간적으로 끊으면, 선명하게 느끼는 충격을 관찰하였다. 처음에 접촉을 시킬 때는 그런 충격을 느낄 수 없다.

패러데이는 그가 설명한 이 현상과 다른 현상들이 그가 이미 관찰했던, 전류가 주위의 도체에 행사한 것과 같은 유도(誘導) 작용에 의한 것임을 보였다. 그렇지만 이 경우에는 유도 작용을 전류가 흐르는 같은 도체에 행사하며, 그 도선 자체는 어떤 다른 전류가 흐르는 도선보다 더 가까우므로 나타나는 현상이 더 강력하다.

547. 그런데 패러데이는 '마음에 최초로 떠오르는 생각은 전기가 운동량

이나 관성과 같은 무엇을 가지고 도선을 통해 흐른다'는 것이라고 말한다.[27] 실제로 어떤 특정한 한 도선만 고려할 때는, 이 현상이 관을 꽉 채우며 계속해서 흐르는 물에 의한 현상과 정확히 대응될 만큼 똑같다. 흐름이 계속되는 동안 관의 한쪽 끝을 갑자기 막으면, 물의 운동량은 갑작스러운 압력을 발생시키며, 그 압력은 물의 머리 쪽이 원인인 압력보다 훨씬 더 커서, 관을 터뜨리기에도 충분할 수 있다.

원래 구멍이 막혀 있을 때, 물이 좁은 분출구를 통해서 빠져나갈 수 있으면, 물의 머리 쪽 속도보다 훨씬 더 큰 속도로 튀어나오며, 혹시 튀어나온 물줄기가 다른 용기로 연결하는 밸브를 통해 빠져나온다면, 그 용기의 압력이 물의 머리 쪽이 원인인 압력보다 더 크더라도, 물줄기가 그 용기로 들어간다.

양수기(揚水機)가 바로 이 원리로 제작되며, 양수기에서는 아주 많은 양의 물이 더 낮은 수위로 흘러 내려가는 방법으로 소량의 물을 아주 높은 곳까지 들어 올릴 수 있다.

548. 관에서 유체의 이런 관성 효과는 단지 관을 통해 흐르는 유체의 양과 관의 길이, 그리고 관을 지나가면서 서로 다른 부분의 단면의 넓이에만 의존한다. 그런 효과는 관의 길이가 일정하게 유지되는 한, 관의 외부의 어떤 것은 물론 관이 어떤 형태로 휘어져 있는지와 무관하다.

전류가 흐르는 도선의 경우는 이와 좀 다른데, 왜냐하면 긴 도선 두 개를 하나로 결합하면 그 효과는 매우 작지만, 그 두 부분을 서로 분리하면 효과가 더 크며, 도선을 나선형 형태의 코일로 만들면 효과는 그보다도 더 커지고, 나선형 형태의 코일로 만든 다음에 코일 내부에 연철 조각을 집어넣으면 효과가 가장 커지기 때문이다.

다시 한 번 더, 두 번째 도선을 첫 번째 도선과 겹쳐서 코일로 만들지만, 두 도선이 서로 절연되어 있으면 두 번째 도선이 폐회로를 이루지 않아도 전과 마찬가지의 현상이 나타나는데, 그렇지만 두 번째 도선이 폐회로를 이루면 두 번째 도선에 유도 전류가 형성되고, 첫 번째 도선에서 자체 유도의 효과는 지연된다.

549. 이 결과는 만일 이 효과가 운동량 때문에 나타난다면, 같은 전류를 나르는 같은 도선이 형태에 따라 다른 효과를 보여주므로, 그 운동량은 도선에 흐르는 전기의 운동량이 아닌 것은 분명함을 보여주었다. 그리고 형태가 똑같이 유지된다고 하더라도, 철조각과 같은 다른 물체나 또는 금속으로 된 폐회로가 존재한다는 것만으로 결과에 영향을 준다.

550. 그런데도, 일단 자체 유도 현상과 물질로 된 물체들의 운동에 의한 현상 사이에 유사성을 인식한 다음에는, 이러한 유사성의 도움을 전부 포기하거나 또는 그런 유사성이 전적으로 피상적이고 오해일 뿐이라고 인정하기가 쉽지 않다. 운동 때문에 운동량과 에너지를 받아들일 수 있는 물질에 대한 동역학적 기본 생각은 우리의 사고(思考) 형태와 아주 밀접하게 엮여 있어서, 자연 일부로부터 그런 사고의 한 조각이라도 포착할 때면 언제나 조만간 그 주제를 완벽히 이해하는 것으로 인도해 주는 길이 우리 앞에 펼쳐 있다고 느낀다.

551. 전류의 경우에, 기전력이 작동하면 그 기전력이 만들 수 있는 최대 전류가 즉시 흐르지 않고, 전류는 점진적으로 증가하는 것을 알게 된다. 거스르는 저항이 기전력과 균형을 유지하지 못하는 동안 기전력은 무엇을 하고 있을까? 기전력은 전류를 증가시키고 있다.

　그런데 물체가 움직이는 방향으로 작용하는 보통 힘은 물체의 운동량을 증가시키고, 물체에 운동 에너지를 건네주거나 물체의 운동 때문에 일을 할 수 있는 능력을 부여한다.

비슷한 방식으로 기전력의 저항받지 않는 부분은 전류를 증가시키는 데 사용된다. 전류가 이렇게 만들어질 때, 그 전류는 운동량이나 운동 에너지 중 하나라도 갖는가?

우리는 전류가 운동량과 매우 비슷한 무엇인지를 갖고 있는데, 전류는 갑자기 정지하기에 저항하고, 전류는 짧은 시간 동안 큰 기전력을 행사할 수 있음을 이미 보았다.

그러나 전류가 흐르는 전도(傳導) 회로는 그 전류 때문에 일하는 능력을 가지며, 그 능력이 에너지와 매우 비슷한 무엇이라고 말할 수 없는데, 그것은 그 능력이 실제로 진정한 에너지이기 때문이다.

그래서 전류를 방해하지 않으면, 전류는 회로의 저항 때문에 정지될 때까지 계속해서 회로를 순환한다. 그렇지만 정지되기 전에 전류는 정해진 양의 열을 발생시키며, 동역학적 측정에서 그런 열의 양은 전류에 원래 존재하는 에너지와 같다.

다시 한 번 더, 전류가 방해받지 않으면 자석을 움직이는 방법으로 역학적 일을 하게 만들 수도 있으며, 렌츠 법칙에 의해 이런 운동의 유도(誘導) 효과는 회로의 저항이 단독으로 존재할 때 전류를 정지시키는 것보다 더 빨리 전류를 정지시킨다. 이런 방법으로 전류가 갖는 에너지 일부가 열 대신 역학적 일로 전환될 수도 있다.

552. 그러므로 전류를 포함하는 시스템이 어떤 종류의 에너지가 존재하는 소재지인 것처럼 보인다. 그리고 운동 현상을 제외하고는 전류에 대해 어떤 다른 개념도 형성할 수 없으므로,[28] 전류의 에너지는 운동 에너지여야 하며, 즉 움직이는 물체가 그 물체의 운동 때문에 갖는 에너지여야 한다.

우리는 이 에너지를 발견할 수 있는 움직이는 물체로 도선의 전하를 고려할 수는 없음을 이미 보았다. 왜냐하면 움직이는 물체의 에너지는 그 물체 외부의 어떤 것에도 의존해서는 안 되는데, 전류 부근에 존재하는 다른 물체가 전류의 에너지를 바꾸기 때문이다.

그래서 전류가 차지하지 않으나 전류의 전자기 효과가 분명히 드러나는 도선 외부 공간에 어떤 운동이 진행될 수 있는지 묻게 된다.

나는 지금은 어떤 한 곳보다 다른 곳에서 그런 운동을 찾는 원인이나, 이런 운동을 이 종류가 아니라 저 종류라고 생각하는 원인에 대해서 논의하지 않으려 한다.

내가 지금 하라고 제안하려는 것은 전류라는 현상이 움직이는 시스템에 대한 현상이라는 가정에 대한 검토인데, 여기서 운동은 힘에 의해 시스템의 한 부분에서 다른 부분으로 전해지는 것으로, 그런 힘은 연결된 시스템에 대해서는 라그랑주*가 정한 방법에 따라서 제거할 수 있기 때문에, 그 운동이 무엇인지와 어떤 법칙의 지배를 받는지에 대해서는 우리가 아직 정의하려고 시도도 하지 못하고 있다.

이 책의 다음 다섯 개 장에서 나는, 베버를 위시한 다른 연구자들이 대담한 만큼이나 아름다운 수많은 괄목할 만한 발견과 실험 그리고 개념들에 이르게 한 경로 대신에, 이런 종류의 동역학적 가정으로부터 전기 이론의 주된 구조를 추론하자고 제안한다. 이런 현상들을 고찰하는 데에서, 내가 생각하기에 더 만족스러울 뿐 아니라, 접촉하지 않고 직접 작용한다는 가정 아래서 진행하는 방법보다 이 책의 앞부분에서 따른 것과 더 일치하는 다른 방법이 있어 보여서 이런 방법을 택하였다.

---

* 라그랑주(Joseph-Louis Lagrange, 1736-1813)는 이탈리아에서 태어났지만 프랑스와 독일에서 활동한 프랑스 수학자이자 천문학자로서, 해석학·정수론·고전역학·천체역학에 중대하게 이바지했고, 특히 뉴턴 역학을 새로운 수학적 방식으로 표현한 그의 해석 역학은 이론 물리학의 새로운 지평을 열었다는 평가를 받는다.

5장
연결된 시스템의 운동 방정식에 대하여

553. 라그랑주는 자신이 저술한 *Mécanique Analytique**의 2부 4절에서 연결된 시스템의 부분들에 대한 종전의 동역학 운동 방정식을 시스템의 자유도와 같은 수로 축소하는 방법을 내놓았다.

해밀턴은 연결된 시스템의 운동 방정식을 다른 형태로 표현했으며, 순수한 동역학의 더 높은 부분으로 크게 확장했다.[29]

전기현상을 동역학의 소관 영역으로 가져오려는 우리 노력에서 우리의 동역학적 생각을 물리적 질문들에 직접 적용하기에 알맞은 상태로 만드는 것이 필요할 것이기에, 이 5장에서는 물리적 관점에서 이런 동역학적 생각들을 상세히 설명하는 데 집중하려고 한다.

554. 라그랑주의 목표는 동역학을 해석학의 위력 아래 두려는 것이었다. 그는 동역학의 기본 관계들에 대응하는 순수한 대수적(代數的) 양(量)들 사

---

* 라그랑주가 1788년에 출판한 이 책은 뉴턴 이래로 고전역학을 가장 포괄적으로 다루었으며, 19세기 수리 물리학이 발전하는 기반을 마련했다는 평을 듣는다.

이의 관계로 표현하는 것으로 시작했으며, 그렇게 구한 식들로부터 그는 순수한 대수적 과정에 의해 그의 마지막 식들을 얻었다. 시스템을 구성하는 부분들의 운동 방정식에는 (시스템에서 물리적 연관성으로 동원된 부분들 사이의 관계를 표현하는) 몇 가지 양이 나타나며, 수학적 관점에서 본 라그랑주의 연구는 이 양들을 마지막 식에서 제거하는 방법이다.

이런 제거의 단계를 따라가는 데, 마음은 계산에서만 발휘되며, 그러므로 동역학적 생각이 끼어드는 것을 막아야 한다. 반면에 우리 목표는 동역학적 생각들을 함양하는 것이다. 그래서 우리는 수학자들의 노고를 이용하고, 그들의 결과를 해석학 언어에서 동역학 언어로 다시 번역하면, 우리 단어들이 대수적 과정이 아니라 움직이는 물체가 갖는 성질에 대한 정신적 상(像)을 소집할 수 있다.

동역학 언어는 널리 알려진 용어를 이용하여 에너지 보존 원리를 자세히 설명한 사람들에 의해 상당히 많이 확장되었으며, 다음 설명 중에서 많은 부분 특히 충격력 이론과 함께 시작하는 방법은, 톰슨과 테이트의 *Natural Philosophy**에 포함된 연구에서 제안되었음을 알게 될 것이다.

나는 전체의 운동이 의존하는 좌표나 변수를 제외하고 시스템의 어떤 부분의 운동이라도 구체적으로 고려하는 것을 피하려고 이 방법을 적용하였다. 학생이 시스템의 각 부분의 운동과 변수의 운동 사이의 관계를 추적할 수 있어야 하는 것이 중요함은 분명하지만, 그러한 관계의 특별한 형태와는 무관한 마지막 식들을 구하는 과정에서 그렇게 할 필요는 전혀 없다.

---

* 이 책은 영국 글래스고 대학 물리학과 학과장인 톰슨(켈빈 경)과 에든버러 대학 물리학과 학과장인 테이트가 영국 대학의 물리학 교과서로 저술하여 1867년에 출판했다.

변수

555. 시스템의 자유도의 수(數)는 시스템의 위치를 완벽히 정하기 위해 주어야 하는 자료의 수이다. 이 자료들에 서로 다른 형태가 부여될 수는 있으나, 그 수는 시스템 자체가 무엇이냐에 의존하며 바꿀 수 없다.

우리 생각을 확실하게 만들기 위해, 적당한 메커니즘에 의해 시스템이 몇 개의 움직일 수 있는 조각들과 연결되는데, 각 조각은 어떤 다른 운동도 아니고 오직 직선만을 따라 움직일 수 있다고 생각할 수 있다. 시스템과 이런 조각들 하나하나를 연결하는 가상의 메커니즘은 마찰이 없고, 관성이 없으며, 힘이 작용하더라도 변형될 수 없다고 가정되어야 한다. 이 메커니즘의 사용은 무엇보다도 라그랑주 연구에 나오는 순수하게 대수적인 양을 위치와 속도 그리고 운동량에 어떻게 연결할지 상상하는 데 도움이 된다.

움직일 수 있는 조각이 운동하는 선(線)에 정한 고정점으로부터 잰 거리로 정의하는 그 조각의 위치를 q로 표시하자. 서로 다른 조각에 대응하는 q 값은 아래 첨자 $_1$, $_2$ 등으로 구분한다. 단 한 조각에만 속하는 양들을 다루면 아래 첨자를 생략할 수도 있다.

모든 변수의 값 (q)가 주어지면, 움직일 수 있는 조각들 하나하나의 위치를 아는 것이며, 가상의 메커니즘의 덕분으로 전체 시스템이 배열된 형태가 정해진다.

속도

556. 시스템이 운동하는 동안에, 배열된 형태가 어떤 정해진 방식으로 변하며, 순간마다 배열된 형태는 변수들 (q)에 의해 완벽히 정의되므로, 변수들 (q)의 값과 그 변수들의 속도($\frac{dq}{dt}$ 또는 뉴턴의 표기법에 따르면 $\dot{q}$)를 알면, 시스템의 배열된 형태뿐 아니라 시스템의 각 부분의 속도도 역시 완벽

히 정의된다.

힘

557. 변수의 운동을 적절하게 조절하면, 연결된 것들의 본성에 부합하는 어떤 시스템 운동이라도 만들어낼 수 있다. 움직이는 변할 수 있는 조각의 이런 운동을 만들려면, 이 조각들에 힘을 작용해야 한다.

임의의 변수 q_r에 작용해야 하는 힘을 F_r이라고 표시하자. 힘들의 시스템 (F)는 역학적으로 (시스템이 서로 연결된 덕분으로) 그것이 무엇이든지, 운동을 실제로 만드는 힘들의 시스템과 역학적으로 동등하다.

운동량

558. 물체의 배열이 (예를 들어, 한 입자가 운동하는 선(線)을 따라서 그 입자에 작용하는 힘의 경우와 같이) 그 물체에 작용하는 힘에 대해 항상 똑같게 유지되면, 움직이게 하는 힘은 운동량이 증가하는 비율에 따라 측정된다. F가 움직이게 하는 힘이고, p가 운동량이면

$$F = \frac{dp}{dt}$$

이고, 그래서

$$p = \int F dt$$

이다.

힘에 대한 시간 적분을 힘의 충격이라고 부르며, 그래서 운동량이란 물체를 정지 상태에서 주어진 운동 상태로 옮겨오는 힘의 충격이라고 확인할 수 있다.

움직이고 있는 연결된 시스템의 경우, 그 배열이 속도들 ($\dot{q}$)에 의존하는 비율로 끊임없이 변하고 있으며, 그래서 운동량이 더는 시스템에 작용하는

힘의 시간 적분이라고 가정할 수 없다.

그러나 어떤 변수의 증분(增分) δq도, 이 증분이 생기면서 걸린 시간이 δt이고 $\dot{q}'$는 그 시간 동안에 속도의 최댓값일 때, $\dot{q}'\delta t$보다 더 클 수 없다. 항상 같은 방향을 향하는 힘의 작용 아래서 정지로부터 움직이는 시스템의 경우에는, $\dot{q}'$가 마지막 속도가 될 것임은 분명하다.

시스템의 마지막 속도와 배열이 주어지면, 매우 짧은 시간 δt 동안에 속도가 시스템에 전달될 것으로 생각할 수 있으며, 최초 배열은 마지막 배열과 δq_1, δq_2 등등의 양만큼 차이가 나는데, 그것들은 각각 $\dot{q}_1\delta t$, $\dot{q}_2\delta t$ 등등보다 더 작다.

시간의 증분 δt가 더 작다고 가정할수록, 작용한 힘은 더 커야 하지만, 각 힘에 대한 시간 적분, 즉 충격은 유한하게 유지된다. 시간이 줄어들어서 궁극적으로 0이 될 때, 충격의 극한 값을 순간 충격이라고 정의하며, 시스템을 정지 상태에서 순간적으로 운동의 주어진 상태로 가져올 때, 임의의 변수 q에 대응하는 운동량 p는 그 변수에 대응하는 충격으로 정의한다.

운동량은 정지한 시스템에 작용한 순간적 충격으로 만들어질 수 있다는 이 개념은 단지 운동량의 크기를 정의하는 방법으로만 도입되는데, 그 이유는 시스템의 운동량이 단지 시스템의 순간적인 운동 상태에만 의존할 뿐이며, 그 상태가 만들어지는 과정에는 의존하지 않기 때문이다.

연결된 시스템에서 어떤 변수에든지 대응하는 운동량은 일반적으로, 입자의 동역학에서처럼 단순히 속도에 비례하지 않고, 모든 변수의 속도에 대한 선형함수이다.

시스템의 속도들을 $\dot{q}_1$, $\dot{q}_2$ 등등에서 갑자기 $\dot{q}_1'$, $\dot{q}_2'$ 등등으로 변화시키는 데 필요한 충격은 몇 변수들의 운동량의 변화인 $p_1' - p_1$, $p_2' - p_2$과 같을 것임은 명백하다.

작은 충격이 한 일

559. 충격을 받는 동안 힘 F_1이 한 일은 힘의 공간 적분으로

$$W = \int F_1 dq_1$$
$$= \int F_1 \dot{q}_1 dt$$

이다.

힘이 작용하는 동안 속도 $\dot{q}_1$의 가장 큰 값이 $\dot{q}_1{}'$이고 가장 작은 값이 $\dot{q}_1{}''$면, W는

$$\dot{q}_1{}' \int F dt \quad \text{또는} \quad \dot{q}_1{}'(p_1{}' - p_1)$$

보다는 더 작아야 하고

$$\dot{q}_1{}'' \int F dt \quad \text{또는} \quad \dot{q}_1{}''(p_1{}' - p_1)$$

보다는 더 커야 한다.

이제 충격 $\int F dt$가 끝없이 줄어든다고 가정하면, $\dot{q}_1{}'$와 $\dot{q}_1{}''$의 값은 궁극적으로 $\dot{q}_1$과 일치하기까지 접근할 것이고, $p_1{}' - p_1 = \delta p_1$이라고 쓸 수 있으며, 그래서 한 일은 궁극적으로

$$\delta W_1 = \dot{q}_1 \delta p_1$$

즉 매우 작은 충격이 한 일은 궁극적으로 충격과 속도의 곱이다.

운동 에너지의 증분

560. 보존 시스템이 움직이도록 설정하기 위해 일을 할 때, 에너지가 그 시스템으로 들어가며, 시스템은 정지하게 되기 전까지 저항에 대항하며 같은 양의 일을 할 수 있는 능력을 갖춘다.

시스템이 운동하는 덕분으로 갖는 에너지를 그 시스템의 운동 에너지라고 부르며, 그 운동 에너지는 시스템이 운동하도록 설정하는 힘들이 하는 일의 형태로 시스템에 건네진다.

시스템의 운동 에너지가 T라면, 그리고 성분이 δp_1, δp_2 등등인 미소(微少) 충격의 작용으로 운동 에너지가 $T+\delta T$가 된다면, 이 증분 δT는 이 충격의 성분들이 한 일의 양들의 합이어야 하며, 이것을 기호로 쓰면

$$\delta T = \dot{q}_1 \delta p_1 + \dot{q}_2 \delta p_2 + 등등$$
$$= \sum (\dot{q}\,\delta p) \tag{1}$$

가 된다.

시스템의 순간적인 상태는 변수와 운동량이 정해지면 완벽히 정의된다. 그래서 시스템의 순간적인 상태에 의존하는 운동 에너지는 변수들 (q)과 운동량들 (p)에 의해 표현될 수 있다. 이것이 해밀턴이 도입한 T를 표현하는 방식이다. 이런 방법으로 T가 표현된 것을 우리는 아래 첨자 $_p$로 구분하여 T_p라고 쓰려고 한다.

T_p의 완전한 변화는

$$\delta T_p = \sum \left(\frac{dT_p}{dp} \delta p \right) + \sum \left(\frac{dT_p}{dq} \delta q \right) \tag{2}$$

이다.

마지막 항을

$$\sum \left(\frac{dT_p}{dq} \dot{q} \delta t \right)$$

라고 쓸 수도 있으며, 이것은 δt와 함께 줄어들어서 충격이 순간적으로 일어나면 이 항은 궁극적으로 0이 된다.

그래서 (1) 식과 (2) 식의 δp의 계수가 같다고 놓으면

$$\dot{q} = \frac{dT_p}{dp} \tag{3}$$

를 얻는데, 즉 변수 q에 대응하는 속도는 대응하는 운동량 p에 대해 T_p를 미분한 미분 계수이다.

우리는 충격힘을 고려하는 방법으로 이 결과에 도달하였다. 이 방법에 따라 우리는 힘이 작용하는 동안 배열의 변화를 고려하는 것을 피했다. 그러나 충격힘을 순간적으로 행사하여 시스템이 정지 상태에서 정해진 운동

상태가 되었든 또는 얼마나 점진적으로 어떤 방식에 의해 그 상태에 도달하였든 관계없이, 시스템의 순간적 상태는 모든 점에서 같다.

다르게 표현하면, 변수와 그 변수에 대응하는 속도와 운동량은 시스템의 지나간 역사에는 의존하지 않고, 주어진 순간에 시스템의 실제 운동 상태에 의존한다.

그래서 시스템의 운동 상태가 충격힘 때문에 그렇게 되었든 또는 어떤 다른 방식으로 작용하는 힘에 의해 그렇게 되었든, (3) 식은 똑같이 성립한다.

그러므로 이제 힘이 작용하는 시간과 힘이 작용되는 동안 배열의 배열에 부여된 제한과 충격힘을 고려하기를 그만둘 수 있다.

해밀턴의 운동 방정식

561. 우리는 이미

$$\frac{dT_p}{dp} = \dot{q} \tag{4}$$

임을 보였다.

이제 시스템이 그 연결된 부분들에 부여된 조건 아래서 임의의 방식으로 움직인다고 하면, p과 q의 변화는

$$\delta p = \frac{dp}{dt}\delta t, \qquad \delta q = \dot{q}\delta t \tag{5}$$

이다.

그래서

$$\begin{aligned}
\frac{dT_p}{dp}\delta p &= \frac{dp}{dt}\dot{q}\delta t \\
&= \frac{dp}{dt}\delta q
\end{aligned} \tag{6}$$

이며 T_p의 완전한 변화는

$$\delta T_p = \sum\left(\frac{dT_p}{dp}\delta p + \frac{dT_p}{dq}\delta q\right)$$

$$= \sum\left(\left(\frac{dp}{dt} + \frac{dT_p}{dq}\right)dq\right) \tag{7}$$

이다.

그러나 운동 에너지의 증분은 작용한 힘이 한 일로부터 발생해서

$$\delta T_p = \sum(F\delta q) \tag{8}$$

이다.

이 두 표현에서 변분 δq는 모두 서로에 대해 독립이며, 그래서 (7) 식과 (8) 식에서 변분들 각각의 계수가 같다고 놓아도 좋다. 그래서

$$F_r = \frac{dp_r}{dt} + \frac{dT_p}{dq_r} \tag{9}$$

를 얻는데, 여기서 운동량 p_r과 힘 F_r은 변수 q_r에 속한다.

이런 형태를 보이는 식의 수는 변수들의 수와 같다. 해밀턴이 이 식들을 구하였다. 이 식들은 어떤 변수에 대응하는 힘이라도 모두 두 부분의 합임을 보여준다. 첫 번째 부분은 그 변수의 운동량이 시간에 대해 증가하는 비율이다. 두 번째 부분은 다른 모든 변수와 운동량이 일정하게 유지될 때 그 변수의 단위 증분마다 운동 에너지가 증가하는 비율이다.

운동량과 속도로 표현한 운동 에너지

562. 어떤 순간의 운동량이 p_1, p_2 등등이고 속도는 $\dot{q}_1$, $\dot{q}_2$ 등등이고, p_1, p_2 등등과 $\dot{\mathrm{q}}_1$, $\dot{\mathrm{q}}_2$ 등등은

$$\mathrm{p}_1 = np_1, \qquad \dot{\mathrm{q}}_1 = n\dot{q}_1 \qquad 등등 \tag{10}$$

을 만족하는 운동량과 속도로 이루어진 다른 시스템이라고 하자.

만일 p, $\dot{q}$ 시스템이 서로에 대해 일관적이면, p, $\dot{\mathrm{q}}$ 시스템도 서로에 대해 일관적일 것임은 자명하다.

이제 n가 δn만큼 변한다고 하자. F_1이 한 일은

$$F_1\delta q_1 = \dot{\mathrm{q}}_1\delta \mathrm{p}_1 = \dot{q}_1 p_1 n\,\delta n \tag{11}$$

이다.

n이 0에서 1까지 증가한다고 하자. 그러면 시스템은 정지 상태에서 운동 상태($\dot{q}p$)로 바뀌며, 이 운동을 만드는 데 사용된 전체 일은

$$\left(\dot{q_1}p_1 + \dot{q_2}p_2 + \text{등등}\right)\int_0^1 n\,dn \tag{12}$$

이다.

그러나

$$\int_0^1 n\,dn = \frac{1}{2}$$

이고, 이 운동을 만드는 데 사용된 일은 운동 에너지와 같다. 그러므로

$$T_{p\dot{q}} = \frac{1}{2}\left(p_1\dot{q_1} + p_2\dot{q_2} + \text{등등}\right) \tag{13}$$

이며 여기서 $T_{p\dot{q}}$는 운동량과 속도로 표현된 운동 에너지를 표시한다. 변수들 q_1, q_2 등등은 이 표현에 들어오지 않는다.

그러므로 운동 에너지는 운동량을 그 운동량에 대응하는 속도와 곱한 것들의 합의 절반이다.

운동 에너지가 이런 방식으로 표현될 때는 그 운동 에너지를 기호 $T_{p\dot{q}}$로 표시할 예정이다. 이 운동 에너지는 단지 운동량과 속도만의 함수이며, 변수 자체는 운동 에너지에 관계하지 않는다.

563. 운동 에너지를 표현하는 세 번째 방법이 있는데, 그 방법은 일반적으로, 실제로, 기초적이라고 간주한다. (3) 식을 풀면 운동량을 속도로 표현할 수 있으며, 그러면 (13) 식에 그 값들을 도입하여 T를 단지 속도와 변수만 관계되도록 표현할 수 있다. T가 그런 형태로 표현되면, 그것을 기호 $T_{\dot{q}}$로 표시할 예정이다. 이것이 라그랑주 방정식에서 운동 에너지가 표현된 형태이다.

564. T_p, $T_{\dot{q}}$, $T_{p\dot{q}}$는 같은 내용에 대한 세 가지 서로 다른 표현이므로

$$T_p + T_q - 2T_{pq} = 0$$

즉

$$T_p + T_{\dot{q}} - p_1\dot{q}_1 - p_2\dot{q}_2 - 등등 = 0 \tag{14}$$

이 되는 것은 명백하다.

그래서 모든 양 p, q, $\dot{q}$가 변하면

$$\left(\frac{dT_p}{dp_1} - \dot{q}_1\right)\delta p_1 + \left(\frac{dT_p}{dp_2} - \dot{q}_2\right)\delta p_2 + 등등$$

$$+ \left(\frac{dT_{\dot{q}}}{d\dot{q}} - p_1\right)\delta\dot{q}_1 + \left(\frac{dT_{\dot{q}}}{d\dot{q}} - p_2\right)\delta\dot{q}_2 + 등등$$

$$+ \left(\frac{dT_p}{dq_1} + \frac{dT_{\dot{q}}}{dq_1}\right)\delta q_1 + \left(\frac{dT_p}{dq_2} + \frac{dT_{\dot{q}}}{dq_2}\right)\delta q_2 + 등등 = 0 \tag{15}$$

이다.

변분 δp는 변분 δq와 $\delta\dot{q}$와 서로 독립이지 않으며, 그래서 이 식에서 각 변분의 계수가 0이라고 즉시 주장할 수는 없다. 그러나 (3) 식으로부터

$$\frac{dT_p}{dp_1} - \dot{q}_1 = 0 \quad 등등 \tag{16}$$

임을 알고, 그래서 변분 δp와 관련된 항들은 그들끼리 0이 된다.

이제 나머지 변분들 $\delta\dot{q}$와 δq는 모두 독립이며, 그래서 $\delta\dot{q}_1$ 등등의 계수를 0과 같다고 놓아서

$$p_1 = \frac{dT_{\dot{q}}}{d\dot{q}_1}, \qquad p_2 = \frac{dT_{\dot{q}}}{d\dot{q}_2}, \qquad 등등 \tag{17}$$

이 되어서, 운동량의 성분은 대응하는 속도에 대해 $T_{\dot{q}}$를 미분한 미분 계수이다.

다시 한 번 더, δq_1 등등의 계수를 0으로 놓으면

$$\frac{dT_p}{dq_1} + \frac{dT_{\dot{q}}}{dq_1} = 0 \tag{18}$$

이 되어서, T가 운동량의 함수로 표현되는 대신 속도의 함수로 표현되면, 임의의 변수 q_1에 대해 운동 에너지를 미분한 미분 계수는 크기는 같으나 부호는 반대가 된다.

(18) 식 덕분에 운동 방정식인 (9) 식을

$$F_1 = \frac{dp_1}{dt} - \frac{dT_{\dot{q}}}{dq_1} \tag{19}$$

또는

$$F_1 = \frac{d}{dt}\frac{dT_{\dot{q}}}{d\dot{q}_1} - \frac{dT_{\dot{q}}}{dq_1} \tag{20}$$

이라고 쓸 수 있는데, 이것이 라그랑주가 운동 방정식으로 표현한 형태이다.

565. 앞의 조사에서 우리는 운동 에너지를 속도 또는 운동량으로 표현한 함수의 형태를 고려하는 것을 피했다. 우리가 운동 에너지로 부여한 구체적인 형태는 단지

$$T_{p\dot{q}} = \frac{1}{2}(p_1\dot{q}_1 + p_2\dot{q}_2 + 등등) \tag{21}$$

뿐인데, 여기서 운동 에너지는 운동량마다 대응하는 속도를 곱해서 모두 더한 합의 절반으로 표현된다.

속도를 (3) 식에서처럼 T_p를 운동량에 대해 미분한 미분 계수로 표현할 수 있어서, 운동 에너지가

$$T_p = \frac{1}{2}\left(p_1\frac{dT_p}{dp_1} + p_2\frac{dT_p}{dp_2} + 등등\right) \tag{22}$$

으로 표현된다.

이 식은 T_p가 운동량 p_1, p_2 등등에 대한 2차의 동차 함수임을 보여준다.

또한 운동량을 $T_{\dot{q}}$로 표현할 수도 있어서

$$T_{\dot{q}} = \frac{1}{2}\left(\dot{q}_1\frac{dT_{\dot{q}}}{d\dot{q}_1} + \dot{q}_2\frac{dT_{\dot{q}}}{d\dot{q}_2} + 등등\right) \tag{23}$$

을 구하는데, 이것은 $T_{\dot{q}}$가 속도 $\dot{q}_1$, $\dot{q}_2$ 등등에 대한 2차의 동차 함수임을 보여준다.

이제 다음과 같이

$$\frac{d^2T_{\dot{q}}}{d\dot{q}_1^{\,2}}은\ P_{11}으로, \qquad \frac{d^2T_{\dot{q}}}{d\dot{q}_1\dot{q}_2}는\ P_{12}로, \qquad 등등$$

으로 쓰고

$$\frac{d^2 T_p}{dp_1^2} \text{은 } Q_{11} \text{으로,} \qquad \frac{d^2 T_p}{dp_1 dp_2} \text{는 } Q_{12} \text{로,} \qquad \text{등등}$$

으로 쓰면, T_q와 T_p가 모두 각각 $\dot{q}$와 p의 2차 함수이므로, P들과 Q들이 모두 오직 변수 q만의 함수이고, 속도와 운동량에는 독립이 된다. 그래서 T에 대한 표현으로

$$2T_q = P_{11}\dot{q}_1^2 + 2P_{12}\dot{q}_1\dot{q}_2 + \text{등등} \tag{24}$$

$$2T_p = Q_{11}p_1^2 + 2Q_{12}p_1p_2 + \text{등등} \tag{25}$$

을 얻는다.

운동량은 선형 방정식

$$p_1 = P_{11}\dot{q}_1 + P_{12}\dot{q}_2 + \text{등등} \tag{26}$$

에 의해 속도로 표현되고, 속도는 선형 방정식

$$\dot{q}_1 = Q_{11}p_1 + Q_{12}p_2 + \text{등등} \tag{27}$$

에 의해 운동량으로 표현된다.

강체의 동역학에 관한 책에서는, 첨자의 숫자가 같은 P_{11}에 대응하는 계수를 관성 모멘트라고 부르고, 첨자의 숫자가 다른 P_{12}에 대응하는 계수를 비대각 관성 모멘트라고 부른다. 강체의 경우에서처럼 이 양들이 절대적인 상수가 아니고, 변수 q_1, q_2 등등의 함수인, 지금 우리가 다루는 좀 더 일반적인 문제로까지 이 이름들을 확장할 수 있다.

같은 방식으로, Q_{11}과 같은 형태의 계수를 이동도(移動度) 모멘트라고 부르고, Q_{12}와 같은 형태의 계수를 비대각 이동도 모멘트라고 부를 수 있다. 그렇지만 이동도 계수에 대해 이야기할 기회가 자주 있지는 않다.

566. 시스템의 운동 에너지는 근본적으로 0보다 작지 않은 양이다. 그래서 운동 에너지가 속도에 의해 표현되거나, 운동량에 의해 표현되거나, 변수들의 어떤 실숫값도 운동 에너지 T가 음수가 되지 않도록 계수가 정해져

야 한다.

그래서 계수 P의 값이 만족해야 하는 필요조건을 얻는다.

P_{11}, P_{22} 등등과 같은 양들과 계수들의 시스템으로부터 구성될 수 있는

$$\begin{vmatrix} P_{11} & P_{12} & P_{13} & \cdot \\ P_{12} & P_{22} & P_{23} & \cdot \\ P_{13} & P_{23} & P_{33} & \cdot \\ \cdot & \cdot & \cdot & \cdot \end{vmatrix}$$

로 대칭 행태인 모든 행렬식은 0보다 더 작지 않아야 한다. 변수들의 수가 n일 때 그런 조건들의 수는 $2^n - 1$개이다.

계수들 Q도 같은 종류의 조건을 만족한다.

567. 연결된 시스템의 동역학에 나오는 기본 원리에 대한 이 개요에서 우리는 시스템의 부분들을 연결하는 메커니즘의 관점을 제외했다. 우리는 심지어 그런 변수들의 변화에 시스템의 어떤 부분의 운동이라도 어떻게 의존하는지를 표시하는 식을 쓰지도 않았다. 우리는 변수를 대표하는 조각들에 작용하는 변수와 그 변수의 속도와 운동량, 그리고 힘으로만 우리 관심을 제한하였다. 우리가 취한 유일한 가정은 조건을 표현하는 식이 시간에 구체적으로 의존하지 않도록 시스템이 연결되고, 시스템에는 에너지 보존 원리를 적용할 수 있다는 것뿐이다.

순수한 동역학을 기술하는 그런 방법은 꼭 필요한데, 그래서 우리가 그런 방법을 이용할 수 있게 해준 라그랑주와 라그랑주를 추종하는 많은 사람이 일반적으로 그런 방법을 증명하는 데 국한하였고, 그들이 사용한 기호에 관심을 집중하기 위하여 그들은 순수한 양에 대한 것을 제외한 모든 생각을 제외하도록 노력했으며, 그래서 도표를 사용하지 않은 것은 물론이고, 심지어 최초 식에서 단 한 번만 기호로 대신한 다음에는 속도, 운동량 그리고 에너지라는 생각도 제거하였다. 이 분석의 결과를 보통 동역학 언어로 바꾸어 말할 수 있기 위하여, 우리는 이 방법의 주요 식들을 기호를 사용

하지 않고도 이해할 수 있는 언어로 다시 번역하기를 시도하였다.

동역학에 대한 수학 이론을 수립하는 방법으로 순수 수학의 새로운 생각과 방법이 발전함에 따라서, 수학에 대한 전문적 훈련이 없다면 발견될 수 없는 많은 진리가 빛을 보게 되었으며, 그래서 만일 우리가 다른 과학 분야에 대한 동역학적 이론을 세우려고 한다면 우리는 수학 이론뿐 아니라 그러한 동역학적 진리로도 마음을 채워야 한다.

전기처럼 힘과 힘의 효과를 상대하는 과학에서 그 과학 분야와 관계된 생각과 단어를 형성하려면, 기초 과학인 동역학에 적절한 생각을 끊임없이 기억하여, 그 과학의 초기 발전 단계 동안에 이미 명백해진 모순점을 피할 수 있고, 또한 우리 관점이 더 분명해질 때 우리가 사용한 언어가 장애가 되지 않고 도움이 될 수 있어야 한다.

6장
전자기의 동역학 이론

568. 우리는 552절에서 전도(傳導) 회로에 전류가 존재하면 그 회로는 어떤 양의 역학적 일을 할 수 있는 능력을 지니며, 이 능력은 전류를 유지하는 어떤 외부 기전력과도 무관함을 보았다. 그런데 일을 수행하는 능력은 그것이 발생한 방법이 무엇이든, 에너지 이외에 그 어떤 것도 아니며, 에너지는 그 형태가 아무리 달라도 다 똑같은 종류이다. 전류의 에너지는 물질의 실제 운동을 구성하는 형태이거나, 서로 상대에 대해 정해진 위치에 놓인 물체들 사이에 작용하는 힘에서 발생하는 운동을 할 수 있는 능력을 구성하는 형태 중 하나이다.

첫 번째 종류로 운동에 속한 에너지를 운동 에너지라고 부르며, 일단 이해하고 나면 운동 에너지는 어떤 다른 것으로도 분해할 가능성을 전혀 상상할 수 없을 만큼 자연의 기본적 사실로 나타난다. 두 번째 종류로 위치에 의존하는 에너지를 퍼텐셜 에너지라고 부르며, 우리가 힘이라고 부르는 것이 작용한 결과로 생기는데, 다시 말해서 상대 위치를 바꾸려는 경향이다. 이 힘들에 관해서는, 비록 그 힘의 존재는 증명된 사실로 받아들일 수 있지만, 우리는 항상 그 힘으로 물체가 운동을 시작하는 설명은 모두 다 우리 지식에 실제로 보탬이 되는 것을 느낀다.

569. 전류는 운동 현상이 아니라고는 상상할 수 없다. '전기 흐름'이라든지 '전기 유체'라는 단어를 사용하는 것이 좋겠다는 제안에 구속되지 않도록 끊임없이 마음을 열어놓는 패러데이마저도 전류가 '단지 배열일 뿐이지는 않고 진행되는 무엇'이라고 말한다.[30)]

전기 분해와 한 물체에서 다른 물체로 전하가 이동하는 것과 같은 전류의 효과는 모두 다 그 효과가 끝나기까지 시간이 필요한 점진적으로 진행되는 작용이며, 그래서 운동의 본성을 지닌다.

우리는 전류의 속도에 관해서는 아무것도 알지 못함을 이미 보였으며, 그 속도가 한 시간에 1인치의 10분의 1일 수도 있고 또는 1초에 10만 마일일 수도 있다.[31)] 어쨌든 전류의 절댓값을 알기는 아직 요원한 만큼이나, 우리가 전류의 양(陽) 방향이라고 부르는 방향이 실제 운동 방향인지 아니면 실제 운동의 반대 방향인지조차도 우리는 알지 못한다.

그렇지만 여기서 우리가 가정하는 것은 전류가 어떤 종류의 운동과 관계가 된다는 것이 전부이다. 그래서 전류의 원인이 되는 것을 기전력이라고 부른다. 이 이름은 오랫동안 매우 유익하게 사용됐으며, 과학의 언어에서 결코 어떤 불일치도 불러오지 않았다. 기전력은 항상 단지 전하에 작용하는 것이고 전하를 띤 물체에 작용하는 것은 아님이 제대로 이해되어야 한다. 기전력은 물체에만 작용하고 그 물체에 대전된 전하에는 작용하지 않는 보통 역학적 힘과 혼동된 적이 없다. 만일 언젠가 전하와 보통 물질 사이의 제대로 된 관계를 알게 된다면, 우리는 아마도 기전력과 보통 힘 사이의 관계도 알게 될 것이다.

570. 보통 힘이 물체에 작용할 때, 그리고 그 물체가 힘을 받고 움직일 때, 힘이 한 일은 힘과 물체가 움직인 양의 곱으로 측정된다. 그래서 관을 통과

하도록 힘을 받는 물의 경우에는, 임의의 단면에서 한 일은 그 단면에서 유체의 압력에 그 단면을 통과한 물의 양을 곱해서 구한다.

같은 방법으로, 기전력이 한 일은 기전력이 작용하는 도체의 단면을 지나간 전하의 양에 기전력을 곱해서 측정한다.

기전력이 한 일은 보통 힘이 한 일과 정확히 같은 종류이며, 그 두 일 모두가 같은 표준, 즉 같은 단위로 측정된다.

전도(傳導) 회로에 작용하는 기전력이 한 일 중에서 일부는 회로의 저항을 극복하는 데 사용되며, 그렇게 함으로써 일의 이 부분이 열로 전환된다. 일 중에서 다른 일부분은 앙페르가 관찰한 전자기 현상을 만드는 데 사용되며, 그 현상에서는 기전력이 도체를 움직이게 한다. 일의 나머지 부분은 전류의 운동 에너지를 증가시키는 데 사용되며, 기전력의 작용 중에서 이 부분의 효과는 패러데이가 관찰한 전류의 유도 현상으로 나타난다.

그러므로 우리는 전류를 나르는 물질 도체 시스템에서, 일부는 운동 에너지이고 일부는 퍼텐셜 에너지인 에너지가 존재하는 자리로서 동역학적 시스템을 확인하기에 충분할 정도로 전류에 대해 알고 있다.

이 시스템의 부분들이 연결되는 유형이 무엇인지는 우리가 아직 알지 못하지만, 우리는 시스템의 메커니즘에 대한 지식이 없어도 적용이 가능한 동역학적 조사 방법을 가지고 있어서, 이 경우에 그런 방법을 적용할 예정이다.

우리는 먼저 시스템의 운동 에너지를 표현하는 함수에 대한 가장 일반적인 형태를 가정한 결과를 검토하려고 한다.

571. 시스템이 많은 수의 전도(傳導) 회로로 구성된다고 하자. 그 회로들의 형태나 위치는 변수들 x_1, x_2 등등의 값에 따라 정해지고, 이 변수의 수는 시스템의 자유도의 수와 같다.

만일 시스템의 전체 운동 에너지가 이 도체들의 운동 때문에 생긴 것이

라면, 운동 에너지는

$$T = \frac{1}{2}(x_1 x_1)\dot{x}_1^2 + 등등 + (x_1 x_2)\dot{x}_1 \dot{x}_2 + 등등$$

의 형태로 표현되는데, 여기서 기호 $(x_1, x_2$ 등등$)$은 비대각 관성을 표시한다.

X'가 실제 운동을 만드는 데 필요한 좌표 x를 증가시키려고 작용한 힘이라면, 라그랑주 방정식에 따라

$$\frac{d}{dt}\frac{dT}{d\dot{x}} - \frac{dT}{dx} = X'$$

이다.

T가 단지 눈에 보이는 운동이 원인인 에너지만 표시할 때는, 거기다 아래 첨자 m을 붙여서 T_m이라고 표시할 예정이다.

그러나 전류를 나르는 도체 시스템에서는, 운동 에너지 중에서 일부가 이 전류의 존재 때문이다.

전하의 운동과 그리고 그 전하의 운동으로 운동이 지배되는 어떤 것의 운동이든, 모두 또 다른 일련의 좌표들 y_1, y_2 등등에 의해 정해진다고 하자. 그러면 T는 이 두 집단의 좌표들 모두 속도의 제곱과 속도들 사이의 곱으로 이루어진 동차(同次) 함수가 된다. 그러므로 T를 세 부분으로 나눌 수 있는데, 첫 번째인 T_m에는 좌표 x의 속도만 포함되며, 두 번째인 T_e에는 좌표 y의 속도만 포함되고, 세 번째인 T_{me}에는 각 항이 좌표 x의 속도와 좌표 y의 속도의 곱을 포함한다.

그래서 $T = T_m + T_e + T_{me}$가 되는데 여기서

$$T_m = \frac{1}{2}(x_1 x_1)\dot{x}_1^2 + 등등 + (x_1 x_2)\dot{x}_1 \dot{x}_2 + 등등$$

$$T_e = \frac{1}{2}(y_1 y_1)\dot{y}_1^2 + 등등 + (y_1 y_2)\dot{y}_1 \dot{y}_2 + 등등$$

$$T_{me} = (x_1 y_1)\dot{x}_1 \dot{y}_1 + 등등$$

이다.

572. 일반 동역학 이론에서, 각 항의 계수는 x와 y를 포함한 모든 좌표의

함수일 수 있다. 그렇지만 전류의 경우에, y와 같은 종류의 좌표는 계수에 포함되지 않는 것을 알기는 어렵지 않다.

왜냐하면, 모든 전류가 일정하게 유지되고 도체들은 정지해 있다면 장(場)의 전체 상태는 일정하게 유지될 것이기 때문이다. 그러나 이 경우에 비록 속도 $\dot{y}$는 일정할지라도, 좌표 y는 변수이다. 그래서 좌표 y는 T에 대한 표현 또는 무엇이든 실제로 발생하는 것에 대한 표현에 포함될 수 없다.

이 밖에, 연속 방정식 덕분으로, 도체들이 선형 회로의 성질을 갖는다면, 도체마다 전류의 세기를 표현하는 데 단 하나의 변수만 필요하다. 속도들 $\dot{y}_1$, $\dot{y}_2$ 등등은 몇 개의 도체에서 전류의 세기를 대표한다고 하자.

전류 대신에 구부러질 수 있는 관에 비압축성 유체가 흐른다고 하더라도 이 모든 것들이 그대로 성립한다. 이 경우에 그런 유체 흐름의 속도가 T에 대한 표현에 포함되지만, 계수는 단지 관의 형태와 위치를 정하는 변수 x에만 의존한다.

유체의 경우에, 한 관에 흐르는 유체의 운동이 어떤 다른 관이나 그 다른 관에 흐르는 유체의 흐름에 직접 영향을 주지는 않는다. 그래서 T_e의 값에는 속도 $\dot{y}$의 제곱만 포함되고 속도들의 곱은 포함되지 않으며, T_{me}에는 어떤 속도 $\dot{y}$든지 자신의 관에 속한 $\dot{x}$ 형태의 속도와만 연관된다.

전류의 경우에 이러한 제한이 성립하지 않는데, 그 이유는 서로 다른 회로의 전류가 서로 간에 작용하기 때문이다. 그래서 $\dot{y}_1 \dot{y}_2$와 같은 형태의 곱을 포함하는 항들의 존재를 인정해야 하며, 이것은 운동이 전류 $\dot{y}_1$과 $\dot{y}_2$ 모두의 세기에 의존하는 움직이는 무엇인가가 존재하는 것과 관련된다. 이런 움직이는 물질은, 그것이 무엇이든 간에, 두 전류를 나르는 도체의 내부로 제한되지 않고, 그 도체를 둘러싸는 전 공간으로 확장되는 것이 가능하다.

573. 다음으로 이 경우에 라그랑주 방정식이 어떤 형태인지 살펴보자. 전도(傳導)회로의 형태와 위치를 정하는 좌표 중 하나인 좌표 x에 대응하여

작용한 힘을 X' 라고 하자. 이것은 보통 의미로 위치를 바꾸려고 하는 힘이다. 이 힘은 다음 식

$$X' = \frac{d}{dt}\frac{dT}{d\dot{x}} - \frac{dT}{dx}$$

에 의해 정한다.

이 힘을 시스템의 운동 에너지를 나누었던 세 부분에 대응하는 세 부분의 합이라고 생각해도 좋으며, 같은 아래 첨자를 이용하여 구분해도 좋다. 그래서

$$X = X'_m + X'_e + X'_{me}$$

가 된다.

X'_m으로 표시되는 부분은 보통 동역학적으로 고려되는 것에 의존하는 것이며, 여기서는 관심을 가질 필요가 없다.

T_e는 $\dot{x}$를 포함하지 않기 때문에, X'_e에 대한 표현의 첫 번째 항은 0이며, 그 값은

$$X'_e = -\frac{dT_e}{dx}$$

가 된다.

이것은 전자기 힘과 균형을 유지하기 위해 도체에 작용해야 하는 역학적 힘에 대한 표현이며, 이것은 좌표 x의 변화가 원인인 순수한 전기-운동 에너지가 **감소**하는 비율로 측정됨을 확실하게 한다. 이러한 외부 역학적 힘이 제 역할을 하게 만드는 전자기 힘 X_e는 역학적 힘과 크기는 같고 방향은 반대이며, 그러므로 좌표 x의 증가에 대응하는 전기-운동 에너지가 **증가**하는 비율로 측정된다. X_e는 전류의 제곱과 전류들의 곱에 의존하므로, 모든 전류의 방향을 거꾸로 만들더라도 X_e의 값은 변하지 않고 그대로 유지된다.

X'의 세 번째 부분은

$$X'_{me} = \frac{d}{dt}\frac{dT_{me}}{d\dot{x}} - \frac{dT_{me}}{dx}$$

이다.

T_{me} 라는 양은 단지 $\dot{x}\dot{y}$ 형태의 곱만 포함하며, 그래서 $\dfrac{dT_{me}}{dx}$ 는 전류 $\dot{y}$ 의 세기의 선형함수이다. 그래서 첫 번째 항은 전류의 세기가 변화하는 비율에 의존하며, 도체에 역학적 힘이 작용하는 것을 알려주는데, 그 힘은 도체에 흐르는 전류가 일정하면 0이고 전류의 세기가 증가하는지 또는 감소하는지에 따라 양(陽) 방향 또는 음(陰) 방향으로 작용한다.

두 번째 항은 전류의 변화에 의존하지는 않으나 전류의 실제 세기에 의존한다. 두 번째 항은 이 전류들에 대한 선형함수이므로, 전류가 부호를 바꾸면 이 항도 부호를 바꾼다. 모든 항마다 속도 $\dot{x}$ 가 포함되어 있으므로, 도체가 정지해 있으면 이 항은 0이다.

그러므로 이 항들을 하나씩 따로따로 조사할 수 있다. 만일 도체들이 정지해 있으면, 고려할 항은 첫 번째 항뿐이다. 만일 전류가 일정하면, 두 번째 항만 다루면 된다.

574. 운동 에너지 중에서 아주 작은 일부라도 보통 속도와 전류의 세기의 곱으로 구성되는 T_{me} 의 형태인지 정하는 일은 매우 중요하므로, 이 주제에 대한 실험을 매우 조심스럽게 하는 것이 바람직하다.

빠르게 움직이는 물체에 작용하는 힘을 정하기는 어렵다. 그래서 전류 세기의 변화에 의존하는 첫 번째 항을 보자.

운동 에너지의 어떤 부분이라도 보통 속도와 전류 세기의 곱에 의존하면, 아마도 그 속도와 전류가 같은 방향이거나 또는 반대 방향일 때 운동 에너지가 가장 잘 관찰될 것이다. 그래서 수직으로 늘어뜨린 가느다란 도선에 감은 수가 대단히 많은 원형 코일을 매달면, 코일을 감은 면이 수평일 때 코일은, 수직축 주위로 코일에 흐르는 전류의 방향과 같거나 반대인 방향으로 회전할 수 있게 된다.

코일을 매단 도선을 통하여 코일에 전류가 전달되어 코일을 통과한 다음에 전류 원래 도선과 같은 선상에 있는, 한쪽 끝이 수은이 담긴 컵에 잠긴 도

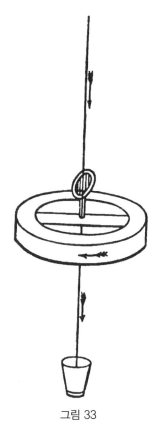

그림 33

선을 통하여 아래로 내려온다.

지자기의 수평 성분이 작용하면 전류가 흐르는 이 코일을 수평축 중심으로 회전하게 만들므로, 지자기의 수평 성분이 고정된 자석에 의해 정확히 상쇄되거나, 또는 이 실험을 자극(磁極)에서 수행한다고 가정한다. 코일에는 수직으로 놓은 거울을 부착시켜서 방위각으로 생기는 운동을 포착한다.

이제 코일에 전류가 북-동-남-서 방향으로 흐르게 하자. 만일 전하가 도선을 따라 흐르는 물과 같은 유체라면, 전류가 흐르기 시작하는 순간에, 그리고 전류의 속도가 증가하는 한, 코일을 따라 회전하는 유체의 각운동량을 만들기 위해 힘을 공급해야 하는데, 이 힘은 늘어뜨린 도선의 탄성에 의해 공급되어야 하고, 코일이 처음에는 반대 방향인 서-남-동-북 방향으로 회전하는데, 이것이 거울에 의해 측정된다. 전류가 흐르기를 멈추면 거울이 다시 움직이는데, 이때 거울이 움직이는 방향은 전류가 흐르는 방향과 같다.

이런 종류의 현상은 아직 관찰되지 않았다. 그런 작용이 존재한다면, 다음과 같은 특이한 현상에 의해 전류가 보인 이미 알려진 작용과 쉽게 구별될 수 있다.

(1) 그 현상은 접촉되거나 접촉을 끊을 때와 같이 단지 전류의 세기가 변할 때만 발생하며, 전류가 일정하면 발생하지 않는다.

전류가 보이는 모든 **역학적** 작용은 전류의 세기에 의존하지, 그 세기가 변하는 비율에 의존하지는 않는다. 유도 전류의 경우에 기전력에 의한 작용은 이러한 전자기 작용과 혼동될 수 없다.

(2) 장(場)에 존재하는 모든 전류의 방향이 거꾸로 바뀌면 이 작용의 방향
도 바뀐다.

전류가 보이는 모든 역학적 작용은 전류의 제곱과 전류들의 곱에 의존하
기 때문에, 모든 전류의 방향이 거꾸로 바뀌더라도 똑같이 유지된다.

만일 이런 종류의 작용이 발견된다면, 소위 전하의 종류 중에서 하나를,
양(陽)의 종류 또는 음(陰)의 종류를, 실제 물질로 간주할 수 있고, 그러면 우
리는 이 물질이 정한 방향으로 이동하는 것을 전류라고 기술할 수 있게 된
다. 실제로, 만일 전기적 운동이 어떤 방법으로든지 보통 물질의 운동과 비
교할 수 있다면, T_{me} 형태의 항이 존재할 것이고, 그런 항의 존재는 역학적
힘 X_{me}로 분명해질 것이다.

페히너의 가설에 의하면, 전류는 같은 도체에서 서로 반대 방향으로 흐
르는, 양전하와 음전하로 된 두 개의 같은 전류로 구성되어서, 양의 전류에
속한 각 항은 음의 전류에 속한 부호는 반대이고 크기는 같은 항을 동반하
며, 그래서 두 번째 종류인 T_{me} 항은 0이 되고, 이 항들에 의존하는 현상은
존재하지 않는다.

그런데 비록 우리가 전류와 물질 유체의 흐름 사이에 많은 유사점을 확
인하여 큰 이득을 얻었지만, 그렇더라도 실험에 의한 증거로 담보되지 않
은 어떤 가정도 하지 않도록 조심해야 하는데, 내가 보기에 아직까지는 전
류가 실제로 물질적인 실체의 흐름이거나, 이중(二重) 전류이거나, 또는 초
속 몇 피트로 측정하기에는 전류의 속도가 너무 작거나 너무 큰 것으로 보
이는 어떤 실험적 증거도 존재하지 않는 것 같다.

이런 것들에 대한 지식이 적어도 전하에 대한 완전한 동역학 이론을 시
작할 정도에 이르는데, 그 이론에서는 전기적 작용을, 이 책에서처럼, 오직
동역학의 일반적인 법칙의 지배만을 받는 어떤 알려지지 않은 원인에 의한
현상이라고 간주하기보다는, 단지 총효과와 마지막 결과뿐 아니라 전체 중

간 메커니즘과 운동의 세세한 부분을 조사 대상으로 취한, 알려진 부분의 물질에 의한 알려진 운동의 결과라고 간주해야 한다.

575. X_{me}의 두 번째 항, 즉 $\dfrac{dT_{me}}{dx}$ 에 대한 실험적 조사는 빨리 움직이는 물체에 작용하는 힘의 효과를 관찰해야 해서 더 어렵다.

내가 1861년에 제작한 그림 34에 보인 장치를 만든 목적은 그런 종류의 힘이 존재하는지 시험하기 위한 것이다.

전자석 A는 수직축 주위로 회전하는 원형 고리 내에서 수평축 BB' 주위로 회전할 수 있다.

A, B, C가 각각 코일의 축과, 수평축 BB'과 세 번째 축 CC' 에 대한 전

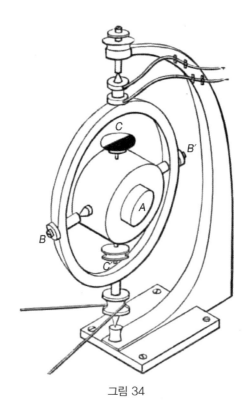

그림 34

자석의 관성 모멘트라고 하자.

θ는 CC' 가 수직 방향과 만드는 각이고, ϕ는 축 BB' 의 방위각이며, ψ는 코일에서 전하의 운동이 의존하는 변수이다.

그러면 전자석의 운동 에너지를

$$2T = A\dot{\phi}^2 \sin^2\theta + B\dot{\theta}^2 + C\dot{\phi}^2\cos^2\theta + E(\dot{\phi}\sin\theta + \dot{\psi})^2$$

이라고 쓸 수 있는데, 여기서 E는 코일에 포함된 전하의 관성 모멘트라고 부를 수 있는 양이다.

이제 Θ가 θ를 증가시키려는 방향으로 작용된 힘의 모멘트라면, 동역학 방정식에 의해

$$\Theta = B\frac{d^2\theta}{dt^2} - \left\{ (A-C)\dot{\phi}^2\sin\theta\cos\theta + E\dot{\phi}\cos\theta(\dot{\phi}\sin\theta + \dot{\psi}) \right\}$$

가 된다.

ψ를 증가시키려는 방향으로 작용된 힘인 Ψ가 0과 같다고 놓으면

$$\dot{\phi}\sin\theta + \dot{\psi} = \gamma$$

를 얻는데, 이 상수는 코일에 흐르는 전류의 세기를 대표한다고 간주할 수 있다.

만일 C가 A보다 약간 더 크다면, Θ는 0이 되고,

$$\sin\theta = \frac{E\gamma}{(C-A)\dot{\phi}}$$

일 때 BB' 축 주위로 안정 평형을 이룬다.

θ에 대한 이 값은 전류인 γ 값에 의존하며, 전류가 어떤 방향을 향하느냐에 따라 0보다 더 클 수도 있고 더 작을 수도 있다.

전류는 수직축에 설치한 금속 고리와 접촉한 용수철을 이용하는 방법으로 배터리와 연결된 B와 B' 에 위치한 베어링에 의해 코일을 따라 흐른다.

θ 값을 정하기 위해, BB' 에 평행한 지름으로 두 부분으로 나누고 한 부분은 빨간색으로 그리고 다른 부분은 초록색으로 칠한 종이로 만든 원반을

C에 놓는다.

이 장치가 움직이면 θ가 0보다 크면 C에서 빨간색 원이 보이며, 그 원의 반지름이 θ 값을 대략적으로 가리킨다. θ가 0보다 작으면 C에서 초록색 원이 보인다.

전자석과 연결된 나사에서 동작하는 암나사를 이용하여, 축 CC'가 주축이 되도록 조정해서 관성 모멘트가 축 A 주위의 관성 모멘트보다 약간 더 크게 하면, 혹시 존재할지도 모르는 힘의 작용에 매우 민감한 장치로 만든다.

이 실험에서 주된 어려움은 지구의 자기력의 방해하는 작용에서 발생했는데, 이 힘은 자석이 마치 경사침*처럼 작용하게 했다. 이런 이유로 얻은 결과는 별로 정확하지 못했지만, 더 강력한 전자석이 되도록 코일에 철심을 꽂았는데도 θ에 어떤 변화가 있다는 증거는 전혀 구할 수 없었다.

그러므로 만일 자석이 빠르게 회전하는 물질을 포함한다면, 이러한 회전의 각운동량은 우리가 측정할 수 있는 어떤 양보다도 매우 작아야 하며, 그래서 그런 힘의 역학적 작용으로부터 유래하는 T_{me} 항이 존재한다는 어떤 증거도 아직은 없다.

576. 다음으로 전류에 작용하는 힘, 즉 기전력을 고려하자.

Y가 유도로 작용하는 유효 기전력이라고 하면, 이것과 균형을 이루기 위해 외부에서 회로에 작용해야 하는 기전력은 $Y' = -Y$이고, 라그랑주 방정식에 의해

$$Y = -Y' = -\frac{d}{dt}\frac{dT}{d\dot{y}} + \frac{dT}{dy}$$

이다.

---

* 　경사침(dip needle)은 자침에 미치는 중력과 자기장에 의한 회전력이 평형 상태를 이루도록 하여 자기장의 수직성분을 측정하는 장치이다.

T에는 좌표 y와 관계되는 항은 포함되어 있지 않으므로, 두 번째 항은 0이고, Y는 첫 번째 항만으로 표현된다. 그래서 기전력은 일정한 전류가 흐르는 정지한 시스템에는 존재할 수 없다.

다시 한 번 더, Y를 T를 나누는 세 부분과 대응하는 Y_m, Y_e, Y_{me}의 세 부분으로 나누면, T_m은 $\dot{y}$를 포함하지 않으므로 $Y_m = 0$임을 알 수 있다.

우리는 또한

$$Y_e = -\frac{d}{dt}\frac{dT_e}{d\dot{y}}$$

도 안다.

여기서 $\dfrac{dT_e}{d\dot{y}}$ 는 전류의 선형함수이며, 기전력에서 이 부분은 이 함수가 변화하는 비율과 같다. 이것은 패러데이가 발견한 유도 기전력이다. 우리는 나중에 이 항에 대해 더 자세하게 고려할 것이다.

577. 속도와 전류의 곱에 의존하는 T의 부분으로부터

$$Y_{me} = -\frac{d}{dt}\frac{dT_{me}}{d\dot{y}}$$

를 구한다.

이제 $\dfrac{dT_{me}}{d\dot{y}}$ 는 도체의 속도의 선형함수이다. 그러므로 T_{me}의 어떤 항이라도 실제로 존재하면, 단순히 도체의 속도를 바꾸는 것만으로 이미 존재하는 모든 전류와는 무관하게 기전력을 만드는 것이 가능해진다. 예를 들어서, 559절의 매단 코일의 경우에, 코일이 정지해 있을 때, 그 코일을 수직축 주위로 갑자기 회전시키면, 이 운동의 가속도에 비례하는 기전력이 작용하기 시작할 것이다. 그 운동이 균일해지면 기전력은 없어지며, 운동이 느려지면 기전력은 방향이 바뀐다.

이제 검류계를 이용하여 전류가 존재하거나 존재하지 않는 것을 정하는 것보다 더 정밀한 과학적 관찰은 수행될 수 없다. 이 방법의 정교함은 물체에 작용하는 역학적 힘을 측정하는 대부분 방법보다 훨씬 더 좋다. 그래서

이런 방법으로 어떤 전류라도 만들 수 있다면 그 전류가 아무리 약해도 반드시 측정될 것이다. 다음과 같은 특성에 의해서 그 전류를 보통의 유도 전류와 구별한다.

(1) 그 전류는 전적으로 도체의 운동에 의존하며, 전류의 세기나 이미 존재하는 장(場)의 자기력에 조금도 포함되어 있지 않다.

(2) 그 전류가 도체의 속도 값에 절대적으로 의존하지는 않으나, 도체의 가속도나 속도의 제곱 또는 속도들의 곱에는 의존하며, 속도의 절댓값은 같더라도 속도가 증가하는 경우와 감소할 때는 전류의 부호는 반대로 된다.

이제 실제로 관찰된 모든 경우에서, 유도 전류는 장(場) 내의 전류의 세기와 변화 모두에 의존하며, 자기력과 전류가 없는 장에서는 생길 수 없다. 유도 전류가 도체의 운동에 의존한다고 하더라도, 그 유도 전류는 단지 속도의 값에만 의존하는 것이지 도체 운동에 의한 속도 변화에 의존하는 것은 아니다.

이처럼 T_{me} 형태의 항이 존재하는지 검출하는 세 가지 방법이 있는데, 그중 어느 것도 여태껏 긍정적인 결과를 얻지 못하였다. 나는 이 점을 더 조심스럽게 지적했는데, 그 이유는 전기에 대한 참 이론에 대해 그렇게 강력한 관계를 갖는 요지(要旨)에 도달하는 데 나는 최대의 자신감을 가져야 한다고 보기 때문이다.

그렇지만 아직은 그런 항에 대한 어떤 증거도 구하지 못했으므로, 나는 이제 그러한 증거가 존재하지 않거나 적어도 그런 증거가 어떤 감지할 만한 효과도 내지 않는다는 가정 아래, 즉 우리 동역학 이론을 상당히 간결하게 만들 가정 아래, 논의를 진행하려고 한다. 그렇지만 자기(磁氣)가 빛에 미치는 관계를 논의하면서, 빛을 구성하는 운동이 자기를 구성하는 운동과 관계된 항들에 인자(因子)로 포함될 수도 있는 경우를 다루게 될 것이다.

7장

전기 회로 이론

578. 이제 시스템의 운동 에너지가 전류의 제곱과 전류들의 곱에 의존하는 부분으로 우리 관심을 제한하자. 이것을 시스템의 전기 - 운동 에너지라고 불러도 좋다. 도체의 운동에 의존하는 부분은 보통 동역학에 속하며, 우리는 속도와 전류의 곱에 의존하는 부분은 존재하지 않음을 보였다.

서로 다른 전도(傳導) 회로를 A_1, A_2 등등으로 표시하자. 서로 다른 전도 회로들의 형태와 상대 위치를 변수 x_1, x_2 등등으로 표현하자. 그 변수들의 수는 역학적 시스템의 자유도의 수와 같다. 이 변수들을 기하학적 변수라고 부르자.

시간 t가 지난 다음 도체 A_1의 주어진 단면을 지나가는 전하의 양을 y_1으로 표시하자. 전류의 세기는 이 양의 유율(流率)*인 $\dot{y}_1$으로 표시된다.

우리는 $\dot{y}_1$을 실제 전류, 그리고 y_1을 적분 전류라고 부르려고 한다. 시스템에 존재하는 회로마다 이런 종류의 변수가 하나씩 있다.

T는 시스템의 전기 - 운동 에너지를 표시한다고 하자. T는 전류의 세기

---

* 유율(fluxion)은 뉴턴의 미적분법에서 미분 계수를 의미한다.

에 대해 2차인 동차 함수이고

$$T = \frac{1}{2} L_1 \dot{y}_1^2 + \frac{1}{2} L_2 \dot{y}_2^2 + 등등 + M_{12} \dot{y}_1 \dot{y}_2 + 등등 \tag{1}$$

의 형태이며, 여기서 계수들 L, M 등등은 기하학적 변수들 x_1, x_2 등등의 함수이다. 전기 변수들인 y_1, y_2는 이 표현에 포함되지 않는다.

L_1, L_2 등등을 회로 A_1, A_2 등등의 전기 관성 모멘트라고, 그리고 M_{12}를 두 회로 A_1과 A_2의 전기 비대각 관성 모멘트라고 부를 수 있다. 동역학 이론의 언어를 피하고 싶으면 L_1을 회로 A_1의 자체 유도 계수라고 불러도, M_{12}를 두 회로 A_1과 A_2의 상호유도 계수라고 불러도 좋다. M_{12}는 또한 회로 A_2에 대한 회로 A_1의 퍼텐셜이라고도 부른다. 이 양들은 단지 회로들의 형태와 상대적인 위치에만 의존한다. 전자기 시스템의 측정에서 이 양들은 선(線)의 차원을 갖는다는 것을 알게 된다. 627절을 보라.

T를 $\dot{y}_1$에 대해 미분하면 p_1이라는 양을 얻는데, 이것은 동역학 이론에서 y_1에 대응하는 운동량이라고 부를 수 있다. 전기 이론에서는 p_1을 회로 A_1의 전기-운동 운동량이라고 부른다. 그 값은

$$p_1 = L_1 \dot{y}_1 + M_{12} \dot{y}_2 + 등등$$

이다.

그러므로 회로 A_1의 전기-운동 운동량은 자신의 전류에 자체 유도 계수를 곱한 것과 다른 회로의 전류를 A_1과 그 다른 회로의 상호유도 계수를 곱한 것들의 합으로 구성된다.

기전력

579. 자기-전기 유도와는 무관하게 전류를 만드는 볼타 배터리 또는 열전기 배터리와 같은 어떤 원인으로 발생하는, 회로 A에 작용하는 기전력을 E라고 하자.

그 회로의 저항을 R 라고 하면, 옴의 법칙에 의해, 저항을 극복하기 위해 기전력 $R\dot{y}$가 요구되고, 회로의 운동량을 변화시키는 데 사용할 수 있는 기전력 $E - R\dot{y}$가 남는다. 이 힘을 Y'라고 부르면, 일반 방정식에 의해

$$Y' = \frac{dp}{dt} - \frac{dT}{dy}$$

가 되지만, T가 y를 포함하지 않으므로, 마지막 항은 0이 된다.

그래서 기전력에 대한 식은

$$E - R\dot{y} = Y' = \frac{dp}{dt}$$

또는

$$E = R\dot{y} + \frac{dp}{dt}$$

이다.

그러므로 작용한 기전력 E는 두 부분의 합이다. 첫 번째 부분인 $R\dot{y}$는 저항 R에 대항해서 전류 $\dot{y}$를 유지하는 데 요구된다. 두 번째 부분은 전자기 운동량 p를 증가시키는 데 요구된다. 이것이 자기 - 전기 유도와는 무관하게 공급원으로부터 제공되어야 하는 기전력이다. 자기 - 전기 유도만으로 발생하는 기전력은 명백하게 $-\frac{dp}{dt}$, 즉 회로의 **전기-운동 운동량**이 감소하는 비율이다.

전자기 힘

580. 외부 원인에서 발생하여 변수 x가 증가하도록 작용한 역학적 힘을 X'이라고 하자. 일반 방정식에 의해

$$X' = \frac{d}{dt}\frac{dT}{d\dot{x}} - \frac{dT}{dx}$$

이다.

전기 - 운동 에너지에 대한 표현은 속도 ($\dot{x}$)를 포함하지 않으므로, 우변의 첫 번째 항은 0이 되고

$$X' = -\frac{dT}{dx}$$

를 얻는다.

여기서 X'는 전기적 원인에서 발생하는 힘과 균형을 이루도록 요구되
는 외부 힘이다. 이 힘은 우리가 앞으로 X라고 부를 전자기 힘에 대항하는
반작용이라고 생각하는 것이 보통이며, 그래서 이 힘은 X'와 크기는 같고
방향이 반대이다.

그래서

$$X = \frac{dT}{dx}$$

즉 임의의 변수를 증가시키려는 전자기 힘은, 전류를 일정하게 유지하면서,
임의의 변수를 단위만큼 증가시키는 동안에 전기-운동 에너지가 증가하는
비율과 같다.

기전력이 한 일이 W인 변위가 일어나는 동안 배터리에 의해 전류가 일
정하게 유지된다면, 동시에 시스템의 전기-운동 에너지는 W만큼 증가하
게 된다. 그래서 회로에 열을 발생시키는 데 소모되는 에너지에 추가로 배
터리에서는 에너지가 이중(二重)으로, 즉 $2W$만큼 빠져나간다. W. 톰슨 경
이 이것을 최초로 지적하였다.[32]

두 회로의 경우

581. A_1을 1차 회로라고 부르고 A_2를 2차 회로라고 부르자. 시스템의 전
기-운동 에너지를

$$T = \frac{1}{2}L\dot{y}_1^2 + M\dot{y}_1\dot{y}_2 + N\dot{y}_2^2$$

라고 쓸 수 있는데, 여기서 L과 N은 각각 1차 회로와 2차 회로의 자체 유도
계수이고, M은 두 회로의 상호유도 계수이다.

1차 회로의 유도가 원인인 것을 제외하면 2차 회로에는 기전력이 작용하지 않는다고 가정하자. 그러면

$$E_2 = R_2 \dot{y}_2 + \frac{d}{dt}(M\dot{y}_1 + N\dot{y}_2) = 0$$

이 된다.

이 식을 t에 대해 적분하면

$$Ry_2 + My_1 + N\dot{y}_2 = C, \text{ 상수}$$

를 얻는데, 여기서 y_2는 2차 회로의 적분 전류이다.

짧은 시간 동안의 적분 전류를 측정하는 방법을 748절에서 설명할 예정이며, 대부분 경우에 2차 전류가 흐르는 시간이 매우 짧도록 보장하는 일은 어렵지 않다.

시간 t가 흐른 다음 식에 나오는 변하는 양들의 값에는 강조 표시(')를 붙이자. 그러면 y_2가 적분 전류 즉 시간 t 동안에 2차 회로의 단면을 통과하여 흐른 전하의 전체 양이라면,

$$R_2 y_2 = M\dot{y}_1 + N\dot{y}_2 - (M'\dot{y}_1' + N'\dot{y}_2')$$

이다.

만일 2차 전류가 전적으로 유도로 발생했다면, 1차 전류가 변하지 않고 시간 t가 시작하기 전에는 도체들이 움직이지 않았을 때, 2차 전류의 초기값 $\dot{y}_2$는 0이어야 한다.

만일 2차 전류가 점점 작아져서 없어질 수 있을 정도로 시간 t가 매우 길다면, 2차 전류의 마지막 값인 $\dot{y}_2'$도 역시 0이고, 그래서 방정식은

$$R_2 y_2 = M\dot{y}_1 - M'\dot{y}_1'$$

이 된다.

이 경우 2차 회로의 적분 전류는 $M\dot{y}_1$의 처음 값과 마지막 값에 의존한다.

유도 전류

582. 1차 회로가 끊어져 있어서 $\dot{y}_1 = 0$이라고 가정하고 시작하자. 그리고 회로가 접촉되면 전류 $\dot{y}_1'$가 흐르기 시작한다고 하자.

2차 적분 전류를 정하는 식은

$$R_2 y_2 = - M \dot{y}_1'$$

이다.

회로들을 나란히 같은 방향을 향하도록 배열하면, M은 0보다 크다. 그래서 1차 회로에서 접촉이 이어지면, 2차 회로에서는 음(陰)의 전류가 유도된다.

1차 회로에서 접촉이 끊기면, 1차 전류는 정지하고, 유도된 전류는 y_2인데, 여기서

$$R_2 y_2 = M \dot{y}_1$$

이다.

이 경우에 2차 전류는 0보다 더 크다.

만일 1차 전류가 일정하게 유지되고, 회로들의 형태 또는 상대 위치가 바뀌어서 M이 M'이 된다면, 적분 2차 전류는 y_2인데, 여기서

$$R_2 y_2 = (M - M') \dot{y}_1$$

이다.

두 회로가 같은 방향을 향하면 나란히 놓이면, 두 회로 사이의 거리가 증가하면 M은 감소한다. 그래서 이 거리가 증가하면 유도 전류는 양(陽)이고, 이 거리가 감소하면 유도 전류는 음(陰)이다.

이것이 530절에서 설명한 유도 전류에 대해 초보적인 경우이다.

두 회로 사이의 역학적 작용

583. 회로들의 형태와 상대 위치가 의존하는 기하학적 변수 중 임의의 한 개를 x라고 하면, x를 증가시키려는 전자기 힘은

$$X = \frac{1}{2}\dot{y}_1^{\,2}\frac{dL}{dx} + \dot{y}_1\dot{y}_2\frac{dM}{dx} + \frac{1}{2}\dot{y}_2^{\,2}\frac{dN}{dx}$$

이다.

x의 변화에 대응하는 시스템의 운동이 각 회로가 마치 강체처럼 움직이는 것이라면, L과 N은 x와 무관하고, 방정식은

$$X = \dot{y}_1\dot{y}_2\frac{dM}{dx}$$

과 같이 바뀐다.

그래서 1차 전류의 부호와 2차 전류의 부호가 같다면, 두 회로 사이에 작용하는 힘 X는 M을 증가시키는 방향으로 두 회로를 이동시키려 할 것이다.

회로들이 나란히 놓이고, 전류가 같은 방향으로 흐르면, 회로들을 가까이 가져올수록 M은 증가한다. 그래서 이 경우에 힘 X는 인력이다.

584. 두 회로의 상호 작용으로 나타나는 전체 현상은, 그것이 전류의 유도이건 또는 두 회로 사이의 역학적 힘이건, 상호유도라고 부른 M이라는 양에 의존한다. 회로의 기하학적 관계로부터 이 양을 계산하는 방법이 524절에 나와 있지만, 다음 장(章)의 조사에서는 이 양에 대한 수학적 형태에 대한 지식을 안다고 가정하지 않으려고 한다. 우리는, 예를 들어, 2차 회로를 갑작스럽게 주어진 위치에서 무한히 먼 거리로 이동하거나, 또는 $M = 0$이라고 아는 어떤 위치로라도 이동할 때 적분 전류를 관찰하는 것처럼, 유도에 대한 실험으로부터 추론한 것으로 생각하려 한다.

8장

2차 회로를 이용한 장(場)의 탐구

585. 우리는 582절, 583절, 584절에서 1차 회로와 2차 회로 사이의 전자기 작용은 두 회로의 형태와 상대 위치의 함수인 M이라고 표시하는 양에 의존함을 증명하였다.

비록 이 양 M이 실제로는 두 회로의 퍼텐셜과 같고, 그 퍼텐셜의 수학적 형태와 성질은 423절, 492절, 521절, 539절에서 자기와 전기 현상으로부터 구했다고 하더라도, 여기서는 그런 결과를 조금도 참고하지 않고 단지 7장에서 설명한 동역학 이론의 가정을 제외한 어떤 다른 가정도 없이 새로운 기초로부터 다시 시작할 예정이다.

2차 회로의 전기 - 운동 운동량은 두 부분으로(578절) 구성되는데, 한 부분인 Mi_1은 1차 전류 i_1에 의존하는 데 반하여, 다른 부분인 Ni_2는 2차 전류 i_2에 의존한다. 이제 두 부분 중에서 첫 번째 부분을 조사하자. 여기서는 첫 번째 부분을 p라고 쓰면

$$p = Mi_1 \tag{1}$$

이 된다.

우리는 또한 1차 회로는 고정되고, 1차 전류는 변하지 않는다고 가정한

다. 2차 회로의 전기-운동 운동량인 p라는 양은, 이 경우에, 단지 2차 회로의 형태와 위치에만 의존하며, 그래서 2차 회로로 임의의 폐곡선을 취하면, 양(陽)의 방향이라고 정한 이 곡선을 따라가는 방향이 정해지면, 이 폐곡선에 대한 p의 값이 결정된다. 만일 그 반대 방향을 양의 방향이라고 정하면, p라는 양이 부호가 반대로 바뀐다.

586. p라는 양이 회로의 형태와 위치에 의존하므로, 회로의 각 부분이 p의 값에 약간씩 기여하며, 회로의 각 부분에 의해 기여된 값은 단지 그 부분의 형태와 위치에만 의존하며 회로의 다른 부분의 위치에는 의존하지 않는다고 가정할 수 있다.

이 가정은 정당한데, 그 이유는 우리가 지금은 **전류**에서 그 부분들이 서로 상호작용하지만 그 상호작용을 고려하는 것이 아니라, 단순히 **회로**를, 다시 말하면 전류가 흐르는 수도 있는 폐곡선을 고려하며, 이 폐곡선은 순전히 기하학적인 도형이며, 그 도형의 부분들은 서로 간에 어떤 물리적 작용을 한다고도 생각할 수 없기 때문이다.

그러므로 회로의 요소 ds가 이바지하는 부분을 Jds라고 가정할 수 있으며, 여기서 J는 요소 ds의 위치와 방향에 의존하는 양이다. 그래서 p의 값은 다음 선적분

$$p = \int Jds \tag{2}$$

로 표현될 수 있으며, 여기서 적분은 회로를 한 바퀴 돌아서 수행한다.

587. 다음으로 J라는 양의 형태를 정하자. 첫째, 만일 ds의 방향이 반대로 되면, J도 부호를 바꾼다. 그래서 두 회로 $ABCE$와 $AECD$에서 갈래 AEC가 공동으로 포함되어 있지만, 두 회로에서 방향이 반대라고 계산하면, 두 회로 $ABCE$와 $AECD$에 대한 p 값은 두 회로를 합하여 구성되는 회로 $ABCD$에 대한 p 값과 같아진다.

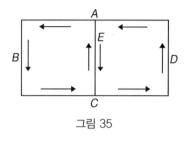

그림 35

선적분에서 갈래 AEC에 의존하는 두 부분이 두 개의 부분 회로에서 크기가 같으나 부호가 반대이므로, 둘을 합할 때는 서로 상쇄되며, 선적분에서는 단지 회로의 외부 경계를 이루는 $ABCD$에 의존하는 부분만 남는다.

같은 방법으로 폐곡선이 경계인 표면을 많은 수의 부분들로 나누면, 그리고 이 부분들 하나하나의 경계가 하나의 회로라고 생각하면, 각 회로의 양(陽) 방향이 외부의 폐곡선의 양 방향과 같을 때, 폐곡선에 대한 p 값은 모든 회로의 p 값을 다 더한 것과 같다. 483절을 보라.

588. 이제 표면의 일부를 고려하는데, 그 크기는 표면의 주 곡률 반지름보다 아주 작아서 이 부분 내에서 표면의 수선(垂線) 방향은 별로 변하지 않아서 그런 변화는 무시할 수 있다고 하자. 또 임의의 매우 작은 회로가 이 표면의 한 부분에서 다른 부분으로 회로 자신에 평행하게 이동되어도, 그 작은 회로에 대한 p 값은 감지할 만큼 바뀌지 않는다고 가정하자. 표면의 이 부분의 크기가 1차 회로에서부터 거리에 비해 매우 작으면 이 가정은 성립할 것이 명백하다.

표면의 이 부분에 폐곡선을 어떻게 그리더라도, p 값은 폐곡선의 넓이에 비례한다.

왜냐하면 어떤 두 회로의 넓이라도 모두 같은 크기로 같은 p 값을 갖는 작은 요소들로 나눌 수 있기 때문이다. 두 회로의 넓이는 각 회로에 포함된 이 요소들의 수에 비례하며, 두 회로에 대한 p 값도 역시 같은 비례관계를 갖는다.

그래서, 표면의 임의의 요소 dS의 경계를 이루는 회로에 대한 p 값은

$$IdS$$

와 같은 형태이며, 여기서 I는 dS의 위치와 법선의 방향에 의존하는 양이다. 그러므로 p에 대한 새로운 표현으로

$$p = \iint I\,dS \tag{3}$$

를 얻으며, 여기서 이중적분은 회로가 경계인 표면 전체에 걸쳐서 수행된다.

589. $ABCD$가 회로로, 이 회로 중에서 AC는 아주 작아서 직선이라고 고려될 수 있는 기본이 되는 부분이라고 하자. APB와 CQB는 같은 평면에서 작은 같은 넓이라고 하면, 작은 두 회로 APB와 CQB에 대한 p 값은 같아서

$$p(APB) = p(CQB)$$

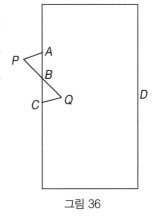

그림 36

가 된다. 그래서

$$\begin{aligned} p(APBQCD) &= p(ABQCD) + p(APB) \\ &= p(ABQCD) + p(CQB) \\ &= p(ABCD) \end{aligned}$$

가 되어서, 회로의 넓이가 감지될 만큼 바뀌지 않는다면, 직선 AC 대신 구부러진 선 $APQC$를 이용하더라도 p 값은 바뀌지 않는다. 이것은 실제로 앙페르의 두 번째 실험(506절)으로 수립된 원리이며, 거기서 구부러진 부분이 직선 부분으로부터 감지될 만큼 멀지 않는 한, 회로의 구부러진 부분은 직선 부분과 동등함이 증명되었다.

그러므로 요소 ds 대신에 세 작은 요소 dx, dy, dz를 요소 ds의 처음부터 끝까지 연속된 경로를 이루도록 차례로 그려서 대체하면, 그리고 Fdx, Gdy, Hdz가 각각 dx, dy, dz에 대응하는 선적분 요소를 표시한다면,

$$J\,ds = F\,dx + G\,dy + H\,dz \tag{4}$$

이다.

590. 이제 우리는 J라는 양이 요소 ds의 방향에 의존하는 방식을 정할 수 있다. 왜냐하면, (4) 식에 의해

$$J = F\frac{dx}{ds} + G\frac{dy}{ds} + H\frac{dz}{ds} \tag{5}$$

이기 때문이다.

이것은 한 벡터를 ds의 방향으로 분해한 부분에 대한 표현이며, x, y, z의 축 방향으로 분해된 성분이 각각 F, G, H이다.

그 벡터를 $\mathfrak{A}$라고 표시하고, 원점에서 회로 위의 한 점까지 벡터를 ρ, 회로의 요소가 $d\rho$라고 표시하면, J에 대한 4원수 표현은

$$-4\mathfrak{A}d\rho$$

가 된다.

이제 (2) 식을

$$p = \int \left(F\frac{dx}{ds} + G\frac{dy}{ds} + H\frac{dz}{ds} \right) ds \tag{6}$$

형태로, 즉

$$p = -\int S\mathfrak{A}d\rho \tag{7}$$

라고 쓸 수 있다.

벡터 $\mathfrak{A}$와 그 성분 F, G, H는 장(場)에서 ds의 위치에 의존하며, ds를 그린 방향에는 의존하지 않는다. 그래서 그것들은 ds의 좌표인 x, y, z의 함수이지만 ds의 방향 코사인인 l, m, n의 함수는 아니다.

벡터 $\mathfrak{A}$는 방향과 크기에서 1차 전류가 갑자기 흐르지 않게 된다면 점 (x, y, z)에 놓인 입자가 경험하는 기전력의 시간 적분을 대표한다. 그래서 우리는 그 벡터를 점 (x, y, z)에서 전기-운동 운동량이라고 부르려고 한다. 이 양은 405절에서 자기 유도의 벡터 퍼텐셜이라는 이름으로 조사한 것과 똑같은 양이다.

유한한 선(線) 또는 회로의 전기-운동 운동량은 같은 선이나 회로의 각 점에서 전기-운동 운동량의 분해된 부분을 선 또는 회로에 따라 적분한 선

적분이다.

591. 다음으로 두 변이 dy와 dz이고, 양(陽) 방향은 y 축에서 z 축을 향하는 방향인 기본 직사각형 $ABCD$에 대한 p 값을 정하자.

이 요소의 무게 중심인 O의 좌표가 x_0, y_0, z_0이고, 이 점에서 G와 H의 값이 G_0와 H_0라고 하자.

직사각형의 첫 번째 변의 중앙점인 A 의 좌표는 y_0와 $z_0 - \frac{1}{2}dz$이다. 대응하는 G 값은

$$G = G_0 - \frac{1}{2}\frac{dG}{dz}dz + \text{등등} \tag{8}$$

이며, p 값 중에서 변 A로부터 발생하는 부분은 대략

$$G_0 dy - \frac{1}{2}\frac{dG}{dz}dy\,dz \tag{9}$$

이다.

비슷하게, B에 대해서는

$$H_0 + \frac{1}{2}\frac{dH}{dy}dy\,dz$$

이다.

C에 대해서는

$$-G_0 dy - \frac{1}{2}\frac{dG}{dz}dy\,dz$$

이다.

D에 대해서는

$$-H_0 dz + \frac{1}{2}\frac{dH}{dy}dy\,dz$$

이다.

이 네 양을 모두 더하면, 직사각형에 대한 p 값으로

$$p = \left(\frac{dH}{dy} - \frac{dG}{dz} \right) dy\, dz \qquad (10)$$

를 얻는다.

이제 다음과 같이

$$\left. \begin{aligned} a &= \frac{dH}{dy} - \frac{dG}{dz} \\ b &= \frac{dF}{dz} - \frac{dH}{dx} \\ c &= \frac{dG}{dx} - \frac{dF}{dy} \end{aligned} \right\} \qquad (A)$$

로 주어지는 새로운 양 a, b, c를 가정하고, 이러한 세 양이 새로운 벡터 $\mathfrak{B}$를 만든다고 생각하자. 그러면 24절의 정리 IV에 의해서, 임의의 회로에 대한 $\mathfrak{A}$의 선적분을 그 회로가 경계인 표면에 대한 $\mathfrak{B}$의 면적분으로

$$p = \int \left(F\frac{dx}{ds} + G\frac{dy}{ds} + H\frac{dz}{ds} \right) ds = \iint (la + mb + nc)\, dS \qquad (11)$$

즉

$$p = \int T\mathfrak{A} \cos \epsilon\, ds = \iint T\mathfrak{B} \cos \eta\, dS \qquad (12)$$

라고 표현할 수 있는데, 여기서 ϵ은 $\mathfrak{A}$와 ds 사이의 사잇각이며, η는 $\mathfrak{B}$와 방향 코사인이 l, m, n인 dS의 법선 사이의 사잇각이고, $T\mathfrak{A}$와 $T\mathfrak{B}$는 $\mathfrak{A}$와 $\mathfrak{B}$의 크기이다.

이 결과를 (3) 식과 비교하면, (3) 식에 포함된 I라는 양은 $\mathfrak{B} \cos \eta$, 즉 dS와 수직인 부분으로 분해된 $\mathfrak{B}$의 성분과 같다.

592. 우리는 회로에서 전자기 힘과 유도에 관한 현상은 패러데이 이론에 의해서 그 회로를 통과하는 자기(磁氣) 유도선의 변화에 의존하는 것(490절과 541절)을 이미 보았다. 이제 이 선들의 수는 그 회로가 경계인 임의의 표면을 통과하는 자기 유도의 면적분에 의해 수학적으로 표현된다. 그래서, 벡터 $\mathfrak{B}$와 그 성분 a, b, c를 이미 자기 유도와 그 성분으로 이미 구한 것을 대표한다고 보아야 한다.

현재 조사에서 우리는 이 벡터의 성질을 실험에는 가능한 한 의존하지 않으면서 오직 지난 마지막 장(章)에서 설명한 동역학 원리들로부터 추론하자고 제안한다.

수학적 연구의 결과로 나타난 이 벡터가, 자석에 대한 실험에서 그 성질을 알게 된 자기(磁氣) 유도임을 알게 되었다고 해서 우리는 이 방법에서 벗어나지 않으려고 하는데, 그 이유는 우리가 그 이론에 새로운 사실을 도입하지 않고 단지 수학적 양에 명칭을 부여할 뿐이기 때문이며, 그렇게 하는 것이 얼마나 적절한지는 수학적 양들 사이의 관계와 그 이름으로 표시된 물리적 양의 관계가 얼마나 잘 일치하느냐로 판단된다.

벡터 $\mathfrak{B}$는 면적분에 나타나므로 13절에서 설명된 선속(線束)의 범주에 속하는 것은 분명하다. 반면에 벡터 $\mathfrak{A}$는 선적분에 나타나므로 힘의 범주에 속한다.

593. 이제 일부는 23절에서 논의되었던 양(陽)의 양과 음(陰)의 양 그리고 방향에 대한 관습에 대해 상기해야 한다. 우리는 오른손 시스템을 채택하는데, 그래서 x 축 방향으로 오른나사를 놓으면, 그리고 이 나사를 양(陽)의 방향 회전으로 돌리면, 즉 y 축 방향에서 z 축 방향으로 돌리면, 나사는 x의 양의 방향으로 진행한다.

우리는 또한 유리 같은 전하와 남쪽을 향하는 자기(磁氣)를 양(陽)이라고 취한다. 전류의 양 방향 또는 전기 유도선의 양 방향은 양전하가 움직이거나 움직이려는 방향이며, 자기 유도선의 양 방향은 자기 유도에 놓은 나침반 바늘 끝이 북쪽을 향하는 방향이다. 498절의 그림 24와 501절의 그림 25를 보라.

학생은 이 방향에 대한 관습을 잘 기억하기 위해 자기에게 가장 효과적인 방법을 선택하기를 추천한다. 왜냐하면 전에는 달랐던 두 진술 중에서 어떤 규칙을 이용할지 기억하는 것이 많은 진술 중에서 한 방법을 선택하는 규칙을 기억하는 것보다 훨씬 더 어렵기 때문이다.

594. 다음에는 동역학 원리로부터 자기장을 통과하는 전류를 나르는 도선에 작용하는 전자기 힘에 대한 표현과 자기장에서 움직이는 물체에 포함된 전하에 작용하는 기전력에 대한 표현을 도출하자. 우리가 채택한 수학적 방법을 도선을 이용하여 장(場)을 탐구하면서 패러데이가 채택한 실험적 방법[33] 그리고 실험에 기초한 방법에 따라 우리가 이미 490절에서 했던 방법과 비교해 볼 수 있다. 지금 우리가 하려는 것은 주어진 2차 회로 형태의 변화가 원인으로 2차 회로의 전기 - 운동 운동량인 p의 값에 어떤 효과를 미치는지 정하는 것이다.

평행한 두 직선 도체 AA'과 BB'의 한쪽은 아무렇게나 생긴 도체 연결 고리 C로 이어져 있고, 다른 쪽은 도체 레일 AA'과 BB'을 따라 미끄러질 수 있는 직선 도체 AB로 연결된다고 하자.

이렇게 구성된 회로가 2차 회로라고 하고, ABC의 방향이 그 주위를 회전하는 양(陽) 방향이라고 가정하자.

미끄러지는 직선 도체는 자신에 평행하게 위치 AB에서 위치 $A'B'$로 이동한다고 하자. 이제 미끄러지는 직선 도체의 변위가 원인으로 생기는 이 회로의 전기 - 운동 운동량인 p의 변화를 구해야 한다.

2차 회로는 ABC에서 $A'B'C'$로 바뀌며, 그래서 587절에 의해

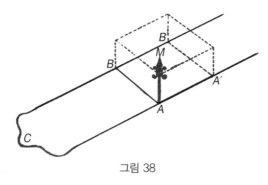

그림 38

$$p(A'B'C) - p(ABC) = p(AA'B'B) \qquad (13)$$

이다.

그래서 우리는 평행 사변형 $AA'B'B$에 대한 p 값을 정하였다. 만일 이 평행 사변형이 아주 작아서 그 평면의 서로 다른 점에서 자기 유도의 방향과 크기가 변하는 것을 무시할 수 있다면, p 값은 591절에 의해 $\mathfrak{B}\cos\eta \cdot AA'B'B$인데, 여기서 $\mathfrak{B}$는 자기 유도이고 η는 자기 유도가 평행 사변형 $AA'B'B$의 법선의 양(陽) 방향 사이의 각이다.

이 결과를 밑면이 평행 사변형 $AA'B'B$이고 모서리 중 하나가 자기 유도 $\mathfrak{B}$의 방향과 크기를 대표하는 선 AM인 평행육면체의 부피에 의해 기하학적으로 대표할 수 있다. 그 평행 사변형이 종이 면에 놓인다면, 그리고 AM을 종이에서 위로 그린다면, 평행육면체의 부피를 양(陽)이라고 취할 수 있는데, 좀 더 일반적으로는, 회로 AB의 방향과 자기 유도 AM의 방향 그리고 변위 AA'의 방향이 지금 말한 순서일 때 오른손 시스템을 형성한다.

이 평행육면체의 부피는 미끄러지는 직선 도체가 AB에서 $A'B'$로 이동하는 변위가 원인으로 생기는 2차 회로에 대한 p 값의 증가를 대표한다.

미끄러지는 직선 도체에 작용하는 기전력

595. 미끄러지는 직선 도체의 운동 때문에 2차 회로에서 발생하는 전자기 힘은, 579절에 의해

$$F = -\frac{dp}{dt} \qquad (14)$$

이다.

만일 AA'가 단위 시간 동안에 변위라고 가정하면, AA'는 속도를 대표하고, 평행육면체는 $\frac{dp}{dt}$를 대표하며, 그러므로 (14) 식에 의해, 음(陰) 방향 BA에서 기전력을 대표한다.

그래서, 자기장을 통과하는 그 운동의 결과로 미끄러지는 직선 도체 AB

에 작용하는 기전력은 그 모서리가 방향과 크기에서 속도, 자기 유도, 그리고 미끄러지는 직선 도체 자체인 평행육면체의 부피로 대표되며, 이러한 세 방향이 오른손 순환 순서이면 양(陽)이다.

미끄러지는 직선 도체에 작용하는 전자기 힘

596. 2차 회로에서 양 방향인 ABC 방향으로 흐르는 전류를 i_2라고 표시하자. 그러면 AB가 위치 AB에서 $A'B'$로 미끄러지는 동안 전자기 힘이 AB에 한 일은 $(M'-M)i_1i_2$인데, 여기서 M과 M'는 AB의 처음 위치와 마지막 위치에서 M_{12}의 값이다. 그러나 $(M'-M)i_1$은 $p'-p$와 같고, 이것은 AB, AM, 그리고 AA'로 이루어진 평행육면체의 부피로 대표된다. 그래서, $AB \cdot i_2$를 대표하기 위해 AB에 평행한 선을 그리면, 이 선 AM에 포함된 평행육면체는 자기 유도이며, 변위인 AA'에 포함된 평행육면체는 이 변위가 일어나는 동안 한 일을 대표한다.

변위의 거리가 정해지면 변위가 두 변이 AB와 AM인 평행 사변형에 수직일 때 이 일이 최대이다. 그러므로 전자기 힘은 AB와 AM으로 이루어진 평행 사변형의 넓이를 i_2로 곱한 것으로 대표되며, 그리고 이 평행 사변형의 법선 방향을 향하는데, 법선 방향은 AB와 AM 그리고 법선이 오른손 순환 순서이도록 정한다.

자기 유도선의 네 가지 정의

597. 미끄러지는 직선 도체의 운동이 발생하는 방향 AA'가 자기 유도의 방향 AM과 일치하면, AB가 어떤 방향을 향하는지에 관계없이 미끄러지는 직선 도체의 운동에는 기전력이 작용하지 않으며, AB에 전류가 흐르더라도 AA'를 따라 미끄러지려는 경향이 나타나지 않는다.

다시 한 번 더, 미끄러지는 직선 도체인 AB의 방향이 자기 유도의 방향인 AM과 일치하면, AB가 어떤 운동을 하더라도 기전력은 작용하지 않으며, AB를 따라 흐르는 전류 때문에 AB에 어떤 역학적 힘도 작용하지 않는다.

그래서 자기 유도선(線)을 네 가지 서로 다른 방법으로 정의할 수 있다. 자기 유도선이란 다음과 같은 성질을 갖는 선이다.

(1) 도체가 자신과 평행한 방향으로 이동해도 기전력을 경험하지 않는다.

(2) 전류가 흐르는 도체가 자기 유도선을 따라 자유롭게 움직일 수 있지만, 그 도체는 그런 경향을 전혀 경험하지 않는다.

(3) 자기 유도선의 방향과 일치하는 방향으로 놓인 선형 도체가 어떤 방향으로든 자신과 평행하게 움직이는데, 그 길이 방향으로 어떤 기전력도 경험하지 않는다.

(4) 자기 유도선 방향과 일치하는 방향으로 놓인 전류가 흐르는 선형 도체가 어떤 역학적 힘도 느끼지 않는다.

기전력에 대한 일반 방정식

598. 2차 회로에 작용하는 유도가 원인인 기전력 E는 p가

$$p = \int \left(F\frac{dx}{ds} + G\frac{dy}{ds} + H\frac{dz}{ds} \right) ds \tag{1}$$

일 때 $-\dfrac{dp}{dt}$와 같음을 보았다.

E의 값을 구하기 위해, 만일 2차 회로가 움직이고 있으면 x, y, z가 시간의 함수임을 기억하면서 적분 기호 안에 들어 있는 양을 t에 대해 미분하자. 그러면

$$E = -\int \left(\frac{dF}{dt}\frac{dx}{ds} + \frac{dG}{dt}\frac{dy}{ds} + \frac{dH}{dt}\frac{dz}{ds} \right) ds$$
$$- \int \left(\frac{dF}{dx}\frac{dx}{ds} + \frac{dG}{dx}\frac{dy}{ds} + \frac{dH}{dx}\frac{dz}{ds} \right) \frac{dx}{dt} ds$$

$$-\int \left(\frac{dF}{dy}\frac{dx}{ds}+\frac{dG}{dy}\frac{dy}{ds}+\frac{dH}{dy}\frac{dz}{ds}\right)\frac{dy}{dt}ds$$

$$-\int \left(\frac{dF}{dz}\frac{dx}{ds}+\frac{dG}{dz}\frac{dy}{ds}+\frac{dH}{dz}\frac{dz}{ds}\right)\frac{dz}{dt}ds$$

$$-\int \left(F\frac{d^2x}{dsdt}+G\frac{d^2y}{dsdt}+H\frac{d^2z}{dsdt}\right)ds \tag{2}$$

를 얻는다.

이제 적분의 두 번째 항에서 591절의 (A) 식으로부터 $\frac{dG}{dx}$와 $\frac{dH}{dx}$ 값을 대입하자. 그러면 이 항은

$$-\int \left(c\frac{dy}{ds}-b\frac{dz}{ds}+\frac{dF}{dx}\frac{dx}{ds}+\frac{dF}{dy}\frac{dy}{ds}+\frac{dF}{dz}\frac{dz}{ds}\right)\frac{dx}{dt}ds$$

가 되며, 이것을

$$-\int \left(c\frac{dy}{ds}-b\frac{dz}{ds}+\frac{dF}{ds}\right)\frac{dx}{dt}ds$$

라고 쓸 수 있다.

세 번째 항과 네 번째 항도 같은 방법으로 처리하고,

$$\int \left(\frac{dF}{ds}\frac{dx}{dt}+F\frac{d^2x}{ds}dt\right)ds = F\frac{dx}{dt} \tag{3}$$

이므로 폐곡선을 따라 적분을 수행하면 그 적분은 0임을 기억하면서 항들을 $\frac{dx}{ds}$, $\frac{dy}{ds}$, $\frac{dz}{dz}$ 로 모으면,

$$E = \int \left(c\frac{dy}{dt}-b\frac{dz}{dt}-\frac{dF}{dt}\right)\frac{dx}{ds}ds$$

$$+\int \left(a\frac{dz}{dt}-c\frac{dx}{dt}-\frac{dG}{dt}\right)\frac{dy}{ds}ds$$

$$+\int \left(b\frac{dx}{dt}-a\frac{dy}{dt}-\frac{dH}{dt}\right)\frac{dz}{ds}ds \tag{4}$$

가 된다.

이 표현은 다음과 같은 형태로

$$E = \int \left(P\frac{dx}{ds}+Q\frac{dy}{ds}+R\frac{dz}{ds}\right)ds \tag{5}$$

라고 쓸 수도 있는데, 여기서

$$P = c\frac{dy}{dt} - b\frac{dz}{dt} - \frac{dF}{dt} - \frac{d\Psi}{dx}$$
$$Q = a\frac{dz}{dt} - c\frac{dx}{dt} - \frac{dG}{dt} - \frac{d\Psi}{dy} \left.\right\} \text{ 기전력에 대한 식} \qquad\text{(B)}$$
$$R = b\frac{dx}{dt} - a\frac{dy}{dt} - \frac{dY}{dt} - \frac{d\Psi}{dz}$$

이다.

새로운 양 Ψ를 포함하는 항들은 P, Q, R에 대한 표현에 일반성을 줄 목적으로 도입되었다. 그 항들은 폐회로를 따라 적분하면 없어진다. 그래서 Ψ라는 양은 우리 바로 앞에 놓인 문제에 대해서만큼은 규정해지지 않으며, 우리 문제에서는 회로를 한 바퀴 돌아서 작용하는 총기전력이 구할 양이다. 그런데 문제에 대한 모든 조건을 다 알면 Ψ에 확실한 값을 부여할 수 있고, 정해진 정의에 따라 Ψ가 점 x, y, z에서 전기 퍼텐셜을 대표함을 알게 된다.

(5) 식의 적분 기호 아래 나오는 양은 회로의 요소 ds에 작용하는 기전력을 대표한다.

P와 Q 그리고 R가 합성된 값을 $T\mathfrak{E}$라고 쓰고, 이 합의 방향과 요소 ds의 방향 사이의 사잇각을 ϵ이라고 쓰면, (5) 식을

$$E = \int T\mathfrak{E} \cos\epsilon\, ds \qquad\text{(6)}$$

라고 쓸 수 있다.

벡터 $\mathfrak{E}$는 움직이는 요소 ds에서 기전력이다. 이 벡터의 방향과 크기는 ds의 위치와 운동에 의존하며, 자기장의 변화에 의존하지만, ds의 방향에는 의존하지 않는다. 그래서 이제 ds가 회로의 부분을 형성하는 상황을 고려하지 않아도 되며, ds를 단순히 기전력 $\mathfrak{E}$가 작용하는 움직이는 물체의 한 부분이라고 생각하면 된다. 한 점에서 기전력은 68절에서 이미 정의되었다. 기전력은 또한 합성 전기력이라고도 부르는데, 그 점에 놓은 단위 양전하가 경험하는 힘이다. 이제 우리는 변하는 전기 시스템이 원인으로 생긴 자기장에서 움직이는 물체의 경우에 이 양에 대한 가장 일반적인 값을

구했다.

그 물체가 도체이면, 기전력은 전류를 흐르게 한다. 그 물체가 유전체이면, 기전력은 단지 전기 변위만을 발생하게 한다.

한 점에서, 또는 한 입자에 작용하는 기전력은 곡선의 원호를 따라서 작용하는 기전력과 조심스럽게 구분해야 한다. 후자로 구한 양은 전자로 구한 양의 선적분이다. 69절을 보라.

599. 성분이 (B) 식으로 정의된 기전력은 세 가지 상황에 의존한다. 세 상황 중 첫 번째는 자기장 내에서 움직이는 입자의 운동이다. 힘 중에서 이 운동에 의존하는 부분은 각 식의 우변의 처음 두 항에 의해 표현된다. 이 부분은 자기 유도선을 가로지르며 움직이는 입자의 속도에 의존한다. 속도를 대표하는 벡터가 $\mathfrak{G}$이고 자기 유도를 대표하는 다른 벡터가 $\mathfrak{B}$이면, 기전력 중에서 운동에 의존하는 부분이 $\mathfrak{E}_1$일 때

$$\mathfrak{E}_1 = V \cdot \mathfrak{G} \ \mathfrak{B} \tag{7}$$

로, 즉 기전력은 자기 유도와 속도의 곱 중에서 벡터 부분인데, 다시 말하면 기전력의 크기는 두 변이 속도와 자기 유도로 대표되는 평행 사변형의 넓이로 대표되며, 기전력의 방향은 이 평행 사변형에 수직으로, 속도와 자기 유도 그리고 기전력이 오른손 순환 순서가 되도록 그 수직 방향을 정한다.

(B)의 각 식에 나오는 세 번째 항은 자기장의 시간 변화에 의존한다. 그렇게 되는 이유는 1차 회로의 전류가 시간에 대해 변하기 때문이거나, 또는 1차 회로가 움직이기 때문이다. 이 항들에 의존하는 기전력의 부분을 $\mathfrak{E}_2$라고 하자. 그 성분은

$$-\frac{dF}{dt}, \quad -\frac{dG}{dt}, \quad \text{그리고} \quad -\frac{dH}{dt}$$

이며 이것들은 벡터 $-\dfrac{d\mathfrak{A}}{dt}$ 또는 $\dot{\mathfrak{A}}$이다. 그래서

$$\mathfrak{E}_2 = -\dot{\mathfrak{A}} \tag{8}$$

이다.

(B)의 각 식에 나오는 마지막 항은 장(場)의 서로 다른 부분에서 함수 Ψ의 변화가 원인으로 생긴다. 이 원인으로 생기는 기전력의 세 번째 부분을

$$\mathfrak{E}_3 = -\nabla\Psi \tag{9}$$

라고 쓸 수 있다.

그러므로 (B) 식으로 정의된 기전력은 4원수 형태로

$$\mathfrak{E} = V.\,\mathfrak{G}\mathfrak{B} - \mathfrak{A} - \nabla\Psi \tag{10}$$

라고 쓸 수 있다.

기전력을 기술하는 좌표축이 공간에서 움직일 때 기전력에 대한 식의 수정에 대하여

600. 공간에서 움직이는 직각 좌표계로 기술되는 한 점의 좌표가 x', y', z' 라고 하고, 고정된 축에서 같은 점의 좌표가 x, y, z 라고 하자.

움직이는 좌표계의 원점의 속도 성분이 u, v, w이고, 고정된 좌표계에서 각속도의 성분이 ω_1, ω_2, ω_3라고 하자. 그리고 어떤 주어진 순간에 움직이는 좌표계 축과 일치하는 고정된 좌표계 축을 고르자. 그러면 두 좌표축에 대해 차이가 나는 양은 단지 시간에 대해 미분한 것들뿐이다. $\frac{\delta x}{\delta t}$ 는 움직이는 축과 단단히 연결된 점의 성분 속도를 표시한다면, 그리고 $\frac{dx}{dt}$ 와 $\frac{dx'}{dt}$ 는 각각 고정된 축과 움직이는 축에서 구한 순간적인 위치가 같은 임의의 움직이는 점의 속도이면,

$$\frac{dx}{dt} = \frac{\delta x}{\delta t} + \frac{dx'}{dt} \tag{1}$$

이고, 다른 성분도 비슷한 식으로 표현된다.

변하지 않는 형태를 보이는 물체의 운동 이론에 의해

$$\left.\begin{array}{l} \dfrac{\delta x}{\delta t} = u + \omega_2 z - \omega_3 y \\[2mm] \dfrac{\delta y}{\delta t} = v + \omega_3 x - \omega_1 z \\[2mm] \dfrac{\delta z}{\delta t} = w + \omega_1 y - \omega_2 x \end{array}\right\} \qquad (2)$$

이다.

F는 방향을 갖는 양의 x에 평행한 성분이므로, $\dfrac{dF'}{dt}$가 움직이는 축에서 표현한 $\dfrac{dF}{dt}$의 값이면

$$\frac{dF'}{dt} = \frac{dF}{dx}\frac{\delta x}{\delta t} + \frac{dF}{dy}\frac{\delta y}{\delta t} + \frac{dF}{dz}\frac{\delta z}{\delta t} + G\omega_2 - H\omega_2 + \frac{dF}{dt} \qquad (3)$$

이다.

$\dfrac{dF}{dy}$와 $\dfrac{dF}{dz}$에도 자기 유도에 대한 (A) 식에서 도출한 값을 대입하고, (2) 식에 의해

$$\frac{d}{dx}\frac{\delta x}{\delta t} = 0, \qquad \frac{d}{dx}\frac{\delta y}{\delta t} = \omega_3, \qquad \frac{d}{dx}\frac{\delta z}{\delta t} = -\omega_2 \qquad (4)$$

임을 기억하면

$$\frac{dF'}{dt} = \frac{dF}{dx}\frac{\delta x}{\delta t} + F\frac{d}{dx}\frac{\delta x}{\delta t} + \frac{dG}{dx}\frac{\delta y}{\delta t} + G\frac{d}{dy}\frac{\delta y}{\delta t} + \frac{dH}{dx}\frac{\delta z}{\delta t} + H\frac{d}{dx}\frac{\delta z}{\delta t}$$
$$- c\frac{\delta y}{\delta t} + b\frac{\delta z}{\delta t} + \frac{dF}{dt} \qquad (5)$$

이다.

이제

$$-\Psi = F\frac{\delta x}{\delta t} + G\frac{\delta y}{\delta t} + H\frac{\delta z}{\delta t} \qquad (6)$$

라고 놓으면

$$\frac{dF'}{dt} = -\frac{d\Psi}{dx} - c\frac{\delta y}{\delta t} + b\frac{\delta z}{\delta t} + \frac{dF}{dt} \qquad (7)$$

가 된다.

기전력 중에서 x에 평행한 성분인 P에 대한 식은 고정된 축에 대해 표현하면 (B) 식에 의해

$$P = c\frac{dy}{dt} - b\frac{dz}{dt} - \frac{dF}{dt} - \frac{d\Psi}{dx} \tag{8}$$

이다. 움직이는 축에서 표현된 양으로 대입하면 움직이는 축에서 표현한 P에 대한 값으로

$$P' = c\frac{dy'}{dt} - b\frac{dz'}{dt} - \frac{dF'}{dt} - \frac{d(\Psi + \Psi')}{dx} \tag{9}$$

를 얻는다.

601. 이로부터 도체의 운동을 고정된 축에서 나타내든 공간에서 움직이는 축에서 나타내든 상관없이, 기전력은 같은 형태의 공식으로 표현되고 두 공식에서 유일한 차이는 움직이는 축의 경우에 전기 퍼텐셜 Ψ를 $\Psi + \Psi'$로 바꿔야 한다는 것처럼 보인다.

전도(傳導) 회로에서 전류가 발생하는 모든 경우에, 기전력은 곡선을 따라 취한 다음 선적분

$$E = \int \left(P\frac{dx}{ds} + Q\frac{dy}{ds} + R\frac{dz}{ds} \right) ds \tag{10}$$

이다. 이 적분에서는 Ψ 값은 없어지며, 그래서 Ψ'의 도입이 기전력의 값에 영향을 주지 않는다. 그러므로 폐회로와 폐회로에 흐르는 전류와 관계되는 모든 현상에서, 시스템을 기술할 좌표축이 정지해 있는지 움직이고 있는지는 관계가 없다. 668절을 보라.

자기장을 통과하는 전류가 흐르는 도체에 작용하는 전자기 힘에 대하여

602. 일반적인 조사에 대한 583절에서 x_1은 2차 회로의 위치와 형태를 정하는 변수 중 하나이고, X_1은 이 변수를 증가시키려고 2차 회로에 작용하는 힘이라면

$$X_1 = \frac{dM}{dx_1} i_1 i_2 \tag{1}$$

임을 보았다.

i_1은 x_1과 상관없으므로,

$$M\dot{i}_1 = p = \int \left(F\frac{dx}{ds} + G\frac{dy}{ds} + H\frac{dz}{ds} \right) ds \tag{2}$$

라고 쓸 수 있으며, X_1 값은

$$X_1 = i_2 \frac{d}{dx_1} \int \left(F\frac{dx}{ds} + G\frac{dy}{ds} + H\frac{dz}{ds} \right) ds \tag{3}$$

가 된다.

이제 변위가 회로의 모든 점을 x 방향으로 거리 δx 만큼 이동시킨 것으로 구성된다고 가정하자. 여기서 δx 는 s 의 연속함수이어서 회로의 각 부분은 다른 부분과는 독립적으로 이동하지만 회로 자체는 연속적이고 폐곡선인 채로 유지된다.

또한 X가 회로에서 $s=0$에서 $s=s$까지 부분에 x 방향으로 작용하는 전체 힘이라고 하자. 그러면 요소 ds에 대응하는 부분은 $\frac{dX}{ds}ds$가 된다. 그러면 변위가 일어나는 동안 그 힘이 한 일에 대한 표현은

$$\int \frac{dX}{ds}\delta x\,ds = i_2 \int \frac{d}{d\delta x}\left(F\frac{dx}{ds} + G\frac{dy}{ds} + H\frac{dz}{ds} \right)\delta x\,ds \tag{4}$$

가 되는데, 여기서 δx 는 s 의 임의의 함수임을 기억하면서 적분은 폐곡선을 따라서 수행된다. 그러므로

$$\frac{dx}{d\delta x} = 1, \qquad \frac{dy}{d\delta x} = 0, \qquad \frac{dz}{d\delta x} = 0 \tag{5}$$

임을 기억하면, 598절에서 t 에 대해 미분했던 것과 똑같은 방법으로 δx 에 대한 미분을 수행할 수 있다.

그래서

$$\int \frac{dX}{dx}\delta x\,ds = i_2 \int \left(c\frac{dy}{ds} - b\frac{dz}{ds} \right)\delta x\,ds + \int \frac{d}{ds}(F\delta x)\,ds \tag{6}$$

를 얻는다.

이 식의 마지막 항은 폐곡선에 대해 적분이 수행되면 0이 되며, 이 식은 함수 δx의 모든 형태에 대해 성립해야 하므로

$$\frac{dX}{ds} = i_2 \left(c\frac{dy}{ds} - b\frac{dz}{ds} \right) \tag{7}$$

이 되어야 하는데, 이 식은 회로의 임의의 요소에서 x에 평행하게 작용하는 힘을 준다. y에 평행한 힘과 z에 평행한 힘은

$$\frac{dY}{ds} = i_2 \left(a\frac{dz}{ds} - c\frac{dx}{ds} \right) \tag{8}$$

$$\frac{dZ}{ds} = i_2 \left(b\frac{dx}{ds} - a\frac{dy}{dz} \right) \tag{9}$$

이다.

그 요소에 작용하는 합성 힘은 4원수 표현인 $i_2 V d\rho \mathfrak{B}$로 주어지며, 여기서 i_2는 전류를 측정한 값이고, $d\rho$와 $\mathfrak{B}$는 회로의 요소와 자기 유도를 대표하는 벡터이며, 곱하기는 해밀턴의 방법으로 이해되어야 한다.

603. 도체가 선(線)이 아니라 물체로 취급된다면, 단위 부피당 힘을 표시하는 기호와 단위 넓이당 전류를 표시하는 기호를 이용하여, 힘은 길이 요소에, 그리고 전류는 전체 단면을 통과한 것으로 표현되어야 한다.

이제 X, Y, Z가 단위 부피로 기술되는 힘의 성분을 대표하고, u, v, w는 넓이 단위로 기술되는 전류의 성분을 대표한다고 하자. 그러면, 작다고 가정한 도선의 단면을 S로 대표할 때, 요소 ds의 부피는 $S\,ds$이고 $u = \frac{i_2}{S}\frac{dx}{ds}$이다. 그래서 (7) 식은

$$\frac{XSds}{ds} = S(vc - wb) \tag{10}$$

가 되어서 다음 식을 구할 수 있으며, 비슷하게 다른 성분들도 함께 쓰면

$$\left. \begin{array}{l} X = vc - wb \\ Y = wa - uc \\ Z = ub - va \end{array} \right\} \quad \text{(전자기 힘에 대한 식)} \tag{C}$$

가 된다.

여기서 X, Y, Z는 도체에 작용하는 전자기 힘의 성분을 그 요소의 부피로 나눈 것이고, u, v, w는 단위 넓이로 기술된 요소를 통과하는 전류의 성분이며, a, b, c는 역시 단위 넓이로 기술된 요소에서 자기 유도의 성분이다.

벡터 $\mathfrak{F}$가 도체의 단위 부피에 작용하는 힘의 크기와 방향을 대표하고, $\mathfrak{C}$가 그 도체에 흐르는 전류를 대표하면

$$\mathfrak{F} = V \cdot \mathfrak{C}\mathfrak{B} \qquad (11)$$

이다.

9장

전자기장에 대한 일반 방정식

604. 우리는 전기 동역학의 이론에 대한 논의를 전개하면서, 전류를 나르는 회로 시스템이 동역학적 시스템으로, 그 시스템에서 전류는 속도처럼 취급될 수 있으며, 그 시스템에서 그 속도에 대응하는 좌표는 식에 포함되는 전류가 아님을 가정하고 시작하였다. 이 가정으로부터 시스템의 운동 에너지는 전류에 의존하는 한 전류에 대한 동차 2차 함수임이 성립하며, 그 함수에서 계수는 단지 회로의 형태와 상대적 위치에만 의존한다. 그 계수들이 시험 또는 다른 방법으로 알려져 있다고 가정하고, 순수하게 동역학적 추론을 이용하여 전류의 유도 법칙과 전자기 인력에 대한 법칙을 도출하였다. 이 연구에서 우리는 전류들의 시스템이 갖는 전기 - 운동 에너지와 회로의 전기 - 자기 운동량, 그리고 두 회로의 상호 퍼텐셜이라는 개념을 도입하였다.

그다음에 우리는 다양한 2차 회로 배열을 이용하여 장(場)에 대한 탐구를 진행하였고, 그렇게 해서 장 내의 임의의 점에서 정해진 크기와 방향을 갖는 벡터 𝔄라는 개념으로 인도되었다. 우리는 이 벡터를 그 점에서 전자기 운동량이라고 불렀다. 이 양은 장에서 모든 전류를 갑자기 제거하면 그 점에서 발생하는 기전력의 시간 적분이라고 간주해도 좋다. 이 양은 405절에서 이미 조사된 자기 유도의 벡터 퍼텐셜과 똑같은 양이다. 이 양이 x, y, z에 평행한 성분은 F, G, H이다. 회로의 전자기 운동량은 그 회로를 따라서 적분한 $\mathfrak{A}$의 선적분이다.

우리는 그다음에 24절의 정리 IV를 이용해서 $\mathfrak{A}$의 선적분을 성분이 a, b, c인 다른 벡터 $\mathfrak{B}$의 면적분으로 변환하고, 도체의 운동이 원인인 유도 현상과 전자기 힘 현상을 $\mathfrak{B}$로 표현할 수 있음을 알았다. 우리는 $\mathfrak{B}$에 자기 유도라는 이름을 부여했는데, 그 이유는 그 성질이 패러데이가 조사한 자기 유도선의 성질과 똑같기 때문이다.

우리는 또한 세 가지 유형의 식을 만들었는데, 첫 번째 유형인 (A)는 자기 유도에 대한 식으로 자기 유도를 전자기 운동량으로 표현한다. 두 번째 유형인 (B)는 기전력에 대한 식으로, 자기 유도선을 가로지르는 도체의 운동과 전자기 운동량이 변화하는 비율로 표현한다. 세 번째 유형인 (C)는 전자기 힘에 대한 식으로, 전류와 자기 유도로 표현한다.

이 모든 경우에 전류는 전도(傳導) 전류뿐 아니라 전기 변위의 변화가 원인인 전류까지 포함한 실제 전류로 이해되어야 한다.

자기 유도 $\mathfrak{B}$는 400절에서 이미 고려했던 양이다. 자기화되지 않은 물체에서 자기 유도는 단위 자극(磁極)에 작용하는 힘과 같지만, 물체가 영구 자기화 되었든 자기 유도에 의해 자기화되었든 간에 자기화되었으면, 자기 유도는 물체 내부에 만든 벽이 자기화 방향과 수직인 작은 틈에 놓은 단위 자극에 작용하는 힘이다. $\mathfrak{B}$의 성분은 a, b, c이다.

a, b, c를 정의한 (A) 식으로부터

$$\frac{da}{dx} + \frac{db}{dy} + \frac{dc}{dz} = 0$$

이 성립한다.

이 식은 자기 유도의 성질임을 403절에 증명해 놓았다.

605. 우리는 자석 내부에서 자기력을, 자기 유도와 구분해서, 자기화와 평행한 방향으로 잘라낸 좁은 틈에 놓인 단위 자극에 작용하는 힘으로 정의하였다. 이 양을 $\mathfrak{H}$로 표시하고, 그 성분은 α, β, γ로 표시한다. 398절을 보라.

자기화의 세기가 $\mathfrak{J}$이고 그 성분이 A, B, C이면, 400절에 의해

$$\left.\begin{array}{l} a = \alpha + 4\pi A \\ b = \beta + 4\pi B \\ c = \gamma + 4\pi C \end{array}\right\} \quad \text{(자기화에 대한 식)} \tag{D}$$

가 된다.

이 식들을 자기화 방정식이라고 불러도 좋으며, 이 식들은 전자기 시스템에서 벡터라고 생각한 자기 유도 $\mathfrak{B}$가 해밀턴의 의미로 보면 자기력 $\mathfrak{H}$와 4π를 곱한 자기화 $\mathfrak{J}$를 더한 두 벡터의 합이어서

$$\mathfrak{B} = \mathfrak{H} + 4\pi\mathfrak{J}$$

임을 가리킨다. 어떤 물질에서는, 자기화가 자기력에 의존하며, 이것은 426절과 435절에서 일련의 자기 유도에 대한 식으로 표현된다.

606. 우리 조사에서 지금까지는 전기 또는 자기에 관한 정량적인 실험은 전혀 참고하지 않고 모든 것을 순전히 동역학적 관점에서만 도출하였다. 실험 지식에서 우리가 유일하게 이용한 것은 이론에서 도출한 추상적인 양들이 실험에서 발견한 구체적인 어떤 양들과 일치하는지 확인하고, 그 양들이 어떻게 수학적으로 발생했는지보다는 물리적으로 어떤 관계인지를 가리키는 이름을 그 양들에게 부여한 것뿐이었다.

이런 방법으로, 공간의 한 부분에서 다른 부분으로 가면 방향과 크기가 바뀌는 벡터인 자기 운동량 $\mathfrak{A}$가 존재함을 지적했으며, 이로부터 수학적 과정을 통하여 수학으로 얻은 벡터인 자기 유도 $\mathfrak{B}$를 도출하였다. 그렇지만 우리는 장(場) 내의 전류 분포로부터 $\mathfrak{A}$는 물론 $\mathfrak{B}$를 정할 수 있는 자료를 얻지는 못하였다. 이 목적으로 이 양들과 전류 사이의 수학적 연결을 찾아내

야 한다.

우리는 서로 간에 상호작용이 에너지 보존 원리를 만족하는 영구 자석이 존재한다고 인정하는 것으로 시작한다. 우리는 자기력에 관한 법칙에 대해서는 에너지 보존 원리를 만족하는 가정으로 자극(磁極)에 작용하는 힘은 퍼텐셜로부터 유도될 수 있어야 한다는 것을 제외한 어떤 가정도 하지 않는다.

그다음에 우리는 전류와 자석 사이의 작용을 관찰하고, 전류가 자석에 작용하는 것이 그 전류의 세기와 형태 그리고 위치를 잘 조절하면 마치 다른 자석이 그 자석에 작용하는 것과 똑같고, 자석이 전류에 작용하는 것도 다른 전류가 그 전류에 작용하는 것과 똑같음을 알았다. 이런 관찰은 실제로 힘을 관찰해야만 얻을 수 있다고 가정할 필요는 없다. 그래서 이 관찰 결과를 수치(數値) 자료를 제공하는 것으로 간주할 수는 없고, 단지 우리 고려 사항에 질문을 제시하는 데 유용할 뿐이다.

이런 관찰이 제시하는 질문으로는, 전류가 만드는 자기장이 많은 점에서 영구 자석이 만드는 자기장과 비슷한 만큼, 퍼텐셜과 연관되어서도 역시 비슷한지 묻는 것이 있다.

전기 회로가 그 회로 부근의 공간에 만드는 자기 효과가 그 회로가 경계인 자기 껍질이 만드는 효과와 정확히 같다는 증거에 대해서는 이미 482-485절에서 설명하였다.

우리는 자기 껍질의 경우에 껍질을 만드는 물질 외부의 모든 점에 확실한 값을 갖는 퍼텐셜이 존재하지만, 껍질의 맞은편에 놓인 두 인접한 점에서 퍼텐셜 값은 유한한 양만큼 다름을 알고 있다.

전류 주위의 자기장이 자기 껍질 주위의 자기장과 비슷하면, 자기력에 대한 선적분에 의해 구한 자기 퍼텐셜은, 전류를 횡단하지 않는 연속적인 이동으로 한 경로에서 다른 경로로 변환할 수 있다면, 적분하는 임의의 두 경로에 대해서 같을 것이다.

그렇지만, 전류를 가로지르지 않고 한 적분 경로에서 다른 적분 경로로 변환될 수는 없으므로, 한 경로를 통한 자기력의 선적분은 전류의 세기에 의존하는 양만큼 다른 경로를 통한 선적분과 다르다. 그러므로 전류가 원인인 자기 퍼텐셜은 공통 차이를 갖는 값들의 무한급수가 포함된 함수이며, 구체적인 값은 선적분의 경로에 의존한다. 도체를 구성하는 물질 내부에서는 자기 퍼텐셜이라는 것이 존재하지 않는다.

607. 전류의 자기적 작용이 이런 종류의 자기 퍼텐셜을 갖는다고 가정하고, 이 결과를 수학적으로 표현하려고 한다.

우선, 어떤 폐곡선이든지 한 바퀴 돌면서 자기력을 선적분하면, 폐곡선이 전류를 둘러싸지 않는 한 선적분 값은 0이다.

다음으로, 전류가 한 번, 그리고 오직 한 번만 폐곡선을 양(陽)의 방향으로 지나가면, 선적분은 확정된 값을 가지며, 그것은 전류의 세기를 측정하는 데 이용될 수도 있다. 왜냐하면 폐곡선이 전류를 지나가지 않으면서 연속적인 방식으로 어떻게든 형태를 바꾸더라도 선적분 값은 변하지 않기 때문이다.

전자기 측정에서, 폐곡선을 한 바퀴 돌아 자기력을 선적분한 값은 폐곡선을 통과하는 전류에 4π를 곱한 것과 같다.

폐곡선으로 두 변이 dy와 dz인 평행 사변형을 취하면, 그 평행 사변형을 한 바퀴 돌아서 자기력을 선적분한 값은

$$\left(\frac{d\gamma}{dy} - \frac{d\beta}{dz}\right)dydz$$

이며, u, v, w가 전하 흐름의 성분이라면, 평행 사변형을 통과하는 전류는

$$u\,dy\,dz$$

이다.

이것을 4π와 곱하고, 그 결과를 선적분과 같다고 놓으면 다음 첫 번째 식과 비슷하게 다음 식들도 구하는데, 그 식들은

$$4\pi u = \frac{d\gamma}{dy} - \frac{d\beta}{dz}$$
$$4\pi v = \frac{d\alpha}{dz} - \frac{d\gamma}{dx} \left.\right\} \quad \text{(전류에 대한 식)} \qquad \text{(E)}$$
$$4\pi w = \frac{d\beta}{dx} - \frac{d\alpha}{dy}$$

인데, 모든 점에서 자기력을 주면 이 식들이 전류의 크기와 방향을 결정한다.

전류가 존재하지 않으면, 이 식들은 다음과 같은 조건

$$\alpha\,dx + \beta\,dy + \gamma\,dz = - D\Omega$$

와 같아서 전류가 존재하지 않으면 자기력은 장(場) 내의 모든 점에서 자기 퍼텐셜로부터 구할 수 있다.

(E) 식을 각각 x, y, z에 대해 미분하고, 그 결과를 합하면 다음 식

$$\frac{du}{dx} + \frac{dv}{dy} + \frac{dw}{dz} = 0$$

을 얻는데, 이것은 성분이 u, v, w인 전류가 비압축성 유체의 운동이 만족하는 조건 아래 놓이며 전류는 반드시 폐회로를 따라 흘러야 함을 가리킨다.

u, v, w가 실제 전도 전류뿐 아니라 전기 변위의 변화에 의한 전기 흐름의 성분들로 취하는 경우에만 오직 이 식이 성립한다.

우리는 유전체에서 전기 변위의 변화가 원인인 전류의 직접적인 전자기 작용과 관련된 실험적 증거는 거의 갖고 있지 못하지만, 전기 변위의 변화가 원인인 일시적인 전류의 존재를 인정해야 하는 많은 원인 중 하나가 바로 폐회로가 아니면 전류가 존재하는 것은 전자기 법칙과 양립하기가 지극히 어렵다는 점이다. 그런 점들의 중요성은 나중에 빛의 전자기 이론을 다룰 때 다시 논의하게 된다.

608. 우리는 지금까지 외르스테드와 앙페르 그리고 패러데이가 발견한 현상들과 관계된 주요 양들 사이의 관계를 구하였다. 그런 관계를 이 책의 앞부분에서 설명한 현상들과 연결 짓기 위해서 몇 가지 추가적인 관계가

필요하다.

기전력이 물질로 된 물체에 작용할 때, 기전력은 물체 내부에 패러데이 유도와 전도라고 부르는 두 전기 효과를 만드는데, 첫 번째는 유전체에서 가장 잘 나타나고 두 번째는 도체에서 가장 잘 나타난다.

이 책에서는, 정전(靜電) 유도는 우리가 전기 변위라고 부른, 방향을 갖는 양으로 벡터인 $\mathfrak{D}$로 표시하며 성분이 f, g, h인 양으로 측정한다.

등방성 물질에서, 변위는 그 변위를 만드는 기전력과 같은 방향이며, 적어도 기전력이 작은 값이면 기전력에 비례한다. 이것을 식으로 표현하면

$$\mathfrak{D} = \frac{1}{4\pi} K \mathfrak{E} \quad \text{(전기 변위에 대한 식)} \tag{F}$$

가 되는데, 여기서 K는 그 물질의 유전 용량이다. 69절을 보라.

등방성이 아닌 물질에서는, 전기 변위 $\mathfrak{D}$의 성분 f, g, h는 기전력 $\mathfrak{E}$의 성분인 P, Q, R의 선형함수이다.

전기 변위에 대한 식의 형태는 298절에 나온 전도(傳導)에 대한 식의 형태와 비슷하다.

이 관계들을 등방성 물체에서는 K가 스칼라양이지만, 그것이 선형이고 벡터 함수로 벡터 $\mathfrak{E}$에 작용한다고 말하는 것으로 표현할 수 있다.

609. 기전력의 다른 효과는 전도(傳導)이다. 기전력의 결과로써 전도의 법칙은 옴에 의해 수립되었으며, 이 책의 두 번째 부분인 241절에 설명되어 있다. 그 법칙들은 다음 식

$$\mathfrak{K} = C \mathfrak{E} \quad \text{(전도에 대한 식)} \tag{G}$$

으로 정리되는데, 여기서 $\mathfrak{E}$는 그 점에서 기전력의 세기이고, $\mathfrak{K}$는 성분이 p, q, r인 전도 전류의 밀도이고, C는 그 물질의 전도도로, 등방성 물질의 경우 전도도는 간단한 스칼라양이지만, 등방성이 아닌 물질에서는 벡터 $\mathfrak{E}$에 작용하는 선형이고 벡터인 함수가 된다. 카테지안 좌표계에서 이 함수

의 형태가 298절에 나와 있다.

610. 이 책의 주요한 특징 중 하나는 전자기 현상이 의존하는 실제 전류 $\mathfrak{C}$ 가 전도 전류인 $\mathfrak{K}$과 같은 것이 아니고, 전기 변위 $\mathfrak{D}$의 시간 변화가 전하의 전체 움직임을 계산하는 데 고려되어야 해서, 반드시

$$\mathfrak{C} = \mathfrak{K} + \frac{d}{dt}\mathfrak{D} \quad \text{(실제 전류에 대한 식)} \tag{H}$$

라고 쓰거나, 성분으로는

$$\left.\begin{aligned} u - p + \frac{df}{dt} \\ v = q + \frac{dg}{dt} \\ w = r + \frac{dh}{dt} \end{aligned}\right\} \tag{H*}$$

라고 써야 한다는 주장을 원칙으로 한다는 점이다.

611. $\mathfrak{K}$과 $\mathfrak{D}$ 모두 기전력 $\mathfrak{E}$에 의존하므로, 실제 전류 $\mathfrak{C}$를 기전력으로 표현할 수 있고, 그래서

$$\mathfrak{C} = \left(C + \frac{1}{4\pi}K\frac{d}{dt} \right)\mathfrak{E} \tag{I}$$

이고, C와 K가 상수면

$$\left.\begin{aligned} u = CP + \frac{1}{4\pi}K\frac{dP}{dt} \\ v = CQ + \frac{1}{4\pi}K\frac{dQ}{dt} \\ w = CR + \frac{1}{4\pi}K\frac{dR}{dt} \end{aligned}\right\} \tag{I*}$$

가 된다.

612. 임의의 점에서 자유 전하의 부피 밀도는 전기 변위의 성분으로부터 다음 식

$$\rho = \frac{df}{dx} + \frac{dg}{dy} + \frac{dh}{dz} \tag{J}$$

에 의해 구한다.

613. 전하의 표면 밀도는

$$\sigma = lf + mg + nh + l'f' + m'g' + n'h' \tag{K}$$

인데, 여기서 l, m, n은 표면에서 변위의 성분이 f, g, h인 매질로 그린 법선의 방향 코사인이고, l', m', n'는 표면에서 성분이 f', g', h'인 매질로 그린 법선의 방향 코사인이다.

614. 매질의 자기화가 전적으로 그 매질에 작용하는 자기력에 의해 유도될 때, 유도 자기화에 대한 식을

$$\mathfrak{B} = \mu \mathfrak{H} \tag{L}$$

라고 쓸 수 있는데, 여기서 μ는 매질이 등방성인지 또는 아닌지에 따라 스칼라양 또는 선형이고 벡터 함수로 $\mathfrak{H}$에 작용한다고 간주하는 자기 투자율 계수이다.

615. 이것들이 우리가 고려한 양들 사이의 중요 관계라고 생각할 수 있다. 이 양들이 결합하여 그중에서 어떤 것을 소거할 수도 있지만, 현재 우리 목적은 간결한 수학적 표현을 얻는 것이 아니고 우리가 조금이라도 알고 있는 모든 것의 관계를 표현하는 것이다. 유용한 생각을 표현하는 양을 소거하면 우리 조사에서 얻는 것보다 잃는 것이 더 많다.

　그렇지만 (A) 식과 (E) 식을 결합하여 얻는 한 가지 결과는 대단히 중요하다.

　자기력과 자기 유도가 자기화된 물질에서만 서로 다른 값을 갖기 때문에, 만일 장(場)에 전류의 형태를 제외하고는 어떤 자석도 존재하지 않는다고 가정하면, 지금까지 우리가 유지했던 자기력과 자기 유도 사이의 구분이 사라진다.

833절에서 설명할 예정인 앙페르의 가설에 따르면, 우리가 자기화된 물질이라고 부르는 것의 성질은 분자의 전기 회로 때문에 생기며, 그래서 커다란 질량으로 된 물질을 고려할 때만 우리 자기화 이론을 적용할 수 있는데, 만일 우리의 수학적 방법이 개별적인 분자들 내부에서 진행되는 것도 설명할 수 있다고 가정하면, 우리 방법이 찾는 것은 전기 회로일 뿐이고 우리는 결국 자기력과 자기 유도가 모든 곳에서 똑같음을 알게 될 것이다. 그렇지만 정전(靜電) 시스템 또는 전자기 시스템을 원하는 대로 이용할 수 있기 위해서는 전자기 시스템에서 계수 μ 값이 1임을 기억하면서 그 계수 값을 알아야 한다.

616. 자기 유도의 성분은 591절의 (A) 식에 의해

$$\left. \begin{array}{l} a = \dfrac{dH}{dy} - \dfrac{dG}{dz} \\[2mm] b = \dfrac{dF}{dz} - \dfrac{dH}{dx} \\[2mm] c = \dfrac{dG}{dx} - \dfrac{dF}{dy} \end{array} \right\}$$

이다.

전류의 성분은 607절의 (E) 식에 의해

$$\left. \begin{array}{l} 4\pi u = \dfrac{d\gamma}{dy} - \dfrac{d\beta}{dz} \\[2mm] 4\pi v = \dfrac{d\alpha}{dz} - \dfrac{d\gamma}{dx} \\[2mm] 4\pi w = \dfrac{d\beta}{dx} - \dfrac{d\alpha}{dy} \end{array} \right\}$$

이다.

우리 가설에 따르면 a, b, c는 각각 $\mu\alpha$, $\mu\beta$, $\mu\gamma$와 똑같다. 그러므로

$$4\pi\mu u = \frac{d^2 G}{dx\,dy} - \frac{d^2 F}{dy^2} - \frac{d^2 F}{dz^2} + \frac{d^2 H}{dz\,dx} \tag{1}$$

를 얻는다.

이제 다음과 같이

$$J = \frac{dF}{dx} + \frac{dG}{dy} + \frac{dH}{dz} \tag{2}$$

라고 쓴다면, 그리고

$$\nabla^2 = -\left(\frac{d^2}{dx^2} + \frac{d^2}{dy^2} + \frac{d^2}{dz^2}\right) \tag{3}$$

이므로[34] (1) 식을 다음과 같이, 그리고 다른 식도 비슷하게

$$\left. \begin{aligned} 4\pi\mu u &= \frac{dJ}{dx} + \nabla^2 F \\ 4\pi\mu v &= \frac{dJ}{dy} + \nabla^2 G \\ 4\pi\mu w &= \frac{dJ}{dz} + \nabla^2 H \end{aligned} \right\} \tag{4}$$

라고 쓸 수 있다.

다음과 같이

$$\left. \begin{aligned} F' &= \frac{1}{\mu} \iiint \frac{u}{r} dx\, dy\, dz \\ G' &= \frac{1}{\mu} \iiint \frac{v}{r} dx\, dy\, dz \\ H' &= \frac{1}{\mu} \iiint \frac{w}{r} dx\, dy\, dz \end{aligned} \right\} \tag{5}$$

라고 쓰면

$$\chi = \frac{4\pi}{\mu} \iiint \frac{J}{r} dx\, dy\, dz \tag{6}$$

가 되는데, 여기서 r는 요소 $x\, y\, z$로부터 준 점까지 거리이며, 적분은 모든 공간에 대해 취한다. 그러면

$$\left. \begin{aligned} F &= F' + \frac{d\chi}{dx} \\ G &= G' + \frac{d\chi}{dy} \\ H &= H' + \frac{d\chi}{dz} \end{aligned} \right\} \tag{7}$$

가 된다.

χ라는 양은 (A) 식에서 없어지며, 이 양은 어떤 물리적 현상과도 관계가 없다. 만일 그 양이 모든 곳에서 0이라고 가정하면, J도 역시 모든 곳에서 0가 되며, (5) 식은, 강조 표시를 지우면, $\mathfrak{A}$의 성분의 실제 값을 준다.

617. 그러므로 𝕬의 정의로 전류의 벡터 퍼텐셜임을 사용할 수 있는데, 이 것은 스칼라 퍼텐셜을 만드는 물질에 대응하는 역할을 전류가 벡터 퍼텐셜 에서 하며, 지금까지 설명된 것처럼 스칼라 퍼텐셜을 적분으로 구하듯이 벡터 퍼텐셜도 적분으로 구한다.

주어진 점에서 전류의 주어진 요소의 크기와 방향을 대표하는 벡터를 그 려놓고, 그 주어진 점에서 요소까지 거리로 그 벡터를 나누자. 이런 작업을 전류의 모든 요소에 대해 수행하자. 그렇게 구한 모든 벡터의 합성은 전체 전류의 퍼텐셜이다. 전류는 벡터양이므로, 전류의 퍼텐셜 역시 벡터이다. 422절을 보라.

전류 분포가 주어질 때, 𝕬는 한 값으로 된 분포가 존재하는데, 오직 한 경 우만 존재하여, 𝕬는 모든 곳에서 유한하고 연속적이며, 다음 식

$$\nabla^2 \mathfrak{A} = 4\pi\mu\mathfrak{C}, \qquad S \cdot \nabla \mathfrak{A} = 0$$

을 만족하고, 전기 시스템에서 무한히 먼 거리에서는 0이 된다. 이 값은 (5) 식으로 준 것이며

$$\mathfrak{A} = \frac{1}{\mu} \iiint \mathfrak{C} \frac{1}{r} \, dx \, dy \, dz$$

라고 쓸 수도 있다.

전자기 식들에 대한 4원수 표현

618. 이 책에서 우리는 독자가 4원수 해석의 지식을 가져야 이해할 수 있 는 과정은 피하려고 노력하였다. 동시에 우리는 벡터에 대한 개념을 도입 할 필요가 있을 때는 전혀 망설이지 않았다. 벡터를 기호로 표시해야 할 상 황일 때 우리는 독일 문자를 사용했는데, 서로 다른 벡터의 수가 너무 많아 서 해밀턴이 즐겨 쓰던 기호들은 바로 바닥이 나버렸다. 그래서 독일 문자 가 사용될 때 그것은 언제나 해밀턴의 벡터이고 단지 그 벡터가 크기뿐 아 니라 방향도 함께 가리킨다. 벡터의 성분은 로마 문자나 그리스 문자로 표

시된다.

우리가 고려해야 하는 주요 벡터들은 다음과 같다.

	벡터의 기호	성분
한 점의 반지름 벡터 ……………………	ρ	$x\ y\ z$
한 점에서 전자기 운동량 ………………	$\mathfrak{A}$	$F\ G\ H$
자기 유도 ……………………………………	$\mathfrak{B}$	$a\ b\ c$
(전체) 전류 …………………………………	$\mathfrak{C}$	$u\ v\ w$
전기 변위 ……………………………………	$\mathfrak{D}$	$f\ g\ h$
기전력 ………………………………………	$\mathfrak{E}$	$P\ Q\ R$
역학적 힘 ……………………………………	$\mathfrak{F}$	$X\ Y\ Z$
한 점의 속도 ……………………	$\mathfrak{G}$ 또는 $\dot{\rho}$	$\dot{x}\ \dot{y}\ \dot{z}$
자기력 ………………………………………	$\mathfrak{H}$	$\alpha\ \beta\ \gamma$
자기화의 세기 ……………………………	$\mathfrak{J}$	$A\ B\ C$
전도 전류 ……………………………………	$\mathfrak{K}$	$p\ q\ r$

또한 다음과 같은 스칼라 함수도 나온다.

전기 퍼텐셜 Ψ

자기 퍼텐셜(존재하는 곳에만) Ω

전하 밀도 e

자기 물질의 밀도 m

이 양들에 더해서 각 점에서 매질의 물리적 성질을 가리키는 다음 양들도 있다.

C, 전류에 대한 전도도

K, 유전 유도 용량

μ, 자기 유도 용량

등방성 매질에서 이 양들은 단순히 ρ의 스칼라 함수이지만, 일반적으로는 이 양들을 적용하는 대상인 벡터 함수에 작용하는 선형 벡터 연산자이다.

K와 μ는 확실히 언제나 자체 켤레이고, C는 아마도 역시 자체 켤레이다.

619. 자기 유도에 대한 (A) 식 중에서 첫 번째인

$$\alpha = \frac{dH}{dy} - \frac{dG}{dz}$$

를 이제

$$\mathfrak{B} = V \nabla \mathfrak{A}$$

라고 쓸 수 있는데 여기서 ∇은 연산자

$$i\frac{d}{dx} + j\frac{d}{dy} + k\frac{d}{dz}$$

이고 V는 이 연산의 결과에서 벡터 부분을 취함을 가리킨다.

　$\mathfrak{A}$는 $S\nabla\mathfrak{A} = 0$라는 조건을 만족해야 하므로, $\nabla\mathfrak{A}$는 순수한 벡터이고, 기호 V는 필요하지 않다.

　기전력에 대한 (B) 식 중에서 첫 번째인

$$P = c\dot{y} - b\dot{z} - \frac{dF}{dt} - \frac{d\Psi}{dt}$$

는

$$\mathfrak{E} = V\mathfrak{G}\mathfrak{B} - \frac{d}{dt}\mathfrak{A} - \nabla\Psi$$

가 된다.

　역학적 힘에 대한 (C) 식의 첫 번째인

$$X = cv - bw - e\frac{d\Psi}{dz} - m\frac{d\Omega}{dx}$$

는

$$\mathfrak{F} = V\mathfrak{C}\mathfrak{B} - e\nabla\Psi - m\nabla\Omega$$

가 된다.

　자기화에 대한 (D) 식의 첫 번째인

$$\alpha = a + 4\pi A$$

는

$$\mathfrak{B} = \mathfrak{H} + 4\pi\mathfrak{I}$$

가 된다.

　전류에 대한 (E) 식의 첫 번째인

$$4\pi u = \frac{d\gamma}{dy} - \frac{d\beta}{dz}$$

는

$$4\pi \mathfrak{C} = V \nabla \mathfrak{H}$$

가 된다.

전도 전류에 대한 식은, 옴의 법칙에 의해

$$\mathfrak{K} = C\mathfrak{E}$$

이다.

전기 변위에 대해 대응하는 식은

$$\mathfrak{D} = \frac{1}{4\pi} K\mathfrak{E}$$

이다.

전도뿐 아니라 전기 변위의 변화로부터 발생하는 전체 전류에 대한 식은

$$\mathfrak{C} = \mathfrak{K} + \frac{d}{dt} \mathfrak{D}$$

이다.

자기 유도로부터 자기화가 발생하면

$$\mathfrak{B} = \mu \mathfrak{H}$$

이다.

또한 전기 부피 - 밀도는

$$e = S \nabla \mathfrak{D}$$

에 의해 정한다.

자기 부피 - 밀도는

$$m = S \nabla \mathfrak{J}$$

로 정한다.

자기력은 퍼텐셜로부터

$$\mathfrak{H} = -\nabla \Omega$$

와 같이 유도할 수 있다.

10장
전기 단위의 차원

620. 전자기 양은 모두 길이, 질량, 시간의 기본 단위에 의해 정의될 수 있다. 65절에서 설명된 전하의 단위에 대한 정의에서 시작하면, 전하량이 함께 포함된 식들 덕분으로 어떤 다른 전자기 양도 단위에 대한 정의를 구할 수 있다. 이처럼 구한 단위계를 정전(靜電) 단위계라고 부른다.

반면에, 374절에서 설명된 자극(磁極)의 단위에 대한 정의에서 시작하면, 같은 종류의 양달에 대해 다른 단위계를 얻는다. 이 단위계는 앞에서 구한 정전 단위계와 일치하지 않고, 전자기 단위계라고 부른다.

두 단위계 모두에서 다 똑같이 사용되는 단위 중에서 서로 다른 단위 사이의 관계를 살펴보는 것으로 시작하고, 그다음에 각 단위계를 따라 단위들의 차원에 대한 표를 만들자.

621. 이제 쌍으로 고려해야 하는 주요 양들을 정리하자. 첫 번째 세 쌍에서, 각 쌍의 두 양을 곱한 것은 에너지 또는 일이다. 두 번째 세 쌍에서, 각 쌍의 두 양을 곱한 것은 단위 부피에서 말한 에너지의 양이다.

첫 번째 세 쌍

정전(靜電) 쌍
기호
(1) 전하량 ·· e
(2) 기전력의 선적분, 즉 전기 퍼텐셜 ·· E

자기(磁氣) 쌍
(3) 자유 자기 양, 즉 자극의 세기 ·· m
(4) 자기(磁氣) 퍼텐셜 ··· Ω

전기-운동 쌍
(5) 회로의 전기-운동 운동량 ·· p
(6) 전류 ··· C

두 번째 세 쌍

정전 쌍
(7) (면 밀도에 의해 측정한) 전기 변위 ······································ $\mathfrak{D}$
(8) 한 점에서 기전력 ·· $\mathfrak{E}$

자기 쌍
(9) 자기(磁氣) 유도 ··· $\mathfrak{B}$
(10) 자기력 ·· $\mathfrak{H}$

전기-운동 쌍
(11) 한 점에서 전류 세기 ·· $\mathfrak{C}$
(12) 전류의 벡터 퍼텐셜 ··· $\mathfrak{A}$

622. 이 양들 사이에는 다음 관계가 존재한다. 첫째, 에너지의 차원은 $\left[\dfrac{L^2 M}{T^2}\right]$ 이고, 단위 부피마다 에너지의 차원은 $\left[\dfrac{M}{L T^2}\right]$ 이므로, 다음과 같은 차원 식을 얻는다.

$$[\,eE\,] = [\,m\Omega\,] = [\,pC\,] = \left[\dfrac{L^2 M}{T^2}\right] \tag{1}$$

$$[\mathfrak{D}\mathfrak{E}] = [\mathfrak{B}\mathfrak{H}] = [\mathfrak{G}\mathfrak{A}] = \left[\dfrac{M}{L T^2}\right] \tag{2}$$

둘째, e, p, $\mathfrak{A}$는 각각 C, E, $\mathfrak{E}$의 시간 적분이므로

$$\left[\dfrac{e}{C}\right] = \left[\dfrac{p}{E}\right] = \left[\dfrac{\mathfrak{A}}{\mathfrak{E}}\right] = [\,T\,] \tag{3}$$

이다.

셋째, E, Ω, p는 각각 $\mathfrak{E}$, $\mathfrak{H}$, $\mathfrak{A}$의 선적분이므로,

$$\left[\dfrac{E}{\mathfrak{E}}\right] = \left[\dfrac{\Omega}{\mathfrak{H}}\right] = \left[\dfrac{p}{\mathfrak{A}}\right] = [\,L\,] \tag{4}$$

이다.

마지막으로, e, C, m은 각각 $\mathfrak{D}$, $\mathfrak{C}$, $\mathfrak{B}$의 면적분이므로,

$$\left[\dfrac{e}{\mathfrak{D}}\right] = \left[\dfrac{C}{\mathfrak{C}}\right] = \left[\dfrac{m}{\mathfrak{B}}\right] = [\,L^2\,] \tag{5}$$

이다.

623. 이 열다섯 개의 식이 서로 독립이지는 않고, 관계된 열두 개의 단위의 차원을 구하기 위해서는, 추가로 식 하나가 더 필요하다. 그렇지만, e 또는 m 둘 중 하나를 독립인 단위로 취하면, 둘 중 하나에 의해서 나머지의 차원을 끌어낼 수 있다.

(1)	$[e]$	$= [e]$		$= \left[\dfrac{L^2 M}{m\,T}\right]$
(2)	$[E]$	$= \left[\dfrac{L^2 M}{e\,T^2}\right]$		$= \left[\dfrac{m}{T}\right]$
(3)과 (5)	$[p] = [m]$	$= \left[\dfrac{L^2 M}{e\,T}\right]$		$= [m]$
(4)와 (6)	$[c] = [\Omega]$	$= \left[\dfrac{e}{T}\right]$		$= \left[\dfrac{L^2 M}{m\,T^2}\right]$

(7)	[𝔇]	$= \left[\dfrac{e}{L^2} \right]$	$= \left[\dfrac{M}{mT} \right]$
(8)	[𝔈]	$= \left[\dfrac{LM}{eT^2} \right]$	$= \left[\dfrac{m}{LT} \right]$
(9)	[𝔅]	$= \left[\dfrac{M}{eT} \right]$	$= \left[\dfrac{m}{L^2} \right]$
(10)	[ℌ]	$= \left[\dfrac{e}{LT} \right]$	$= \left[\dfrac{LM}{mT^2} \right]$
(11)	[ℭ]	$= \left[\dfrac{e}{L^2 T} \right]$	$= \left[\dfrac{M}{mT^2} \right]$
(12)	[𝔄]	$= \left[\dfrac{LM}{eT} \right]$	$= \left[\dfrac{m}{L} \right]$

624. 이 양들 중에서 처음 열 개의 관계는 다음과 같은 배열로 나타낼 수
있다.

e	𝔇	ℌ	C와 Ω	E	𝔈	𝔅	m과 p
m과 p	𝔅	𝔈	E	C와 Ω	ℌ	𝔇	e

첫 번째 줄에 나온 양들을 e로부터 구한 방법이 두 번째 줄에 나온 양들을
m으로부터 구한 방법과 똑같다. 첫 번째 줄에 나온 양들의 순서는 두 번째
줄에 나온 양들의 순서와 정확하게 반대이다. 각 줄의 처음 네 개는 분자의
처음 기호를 갖는다. 각 줄의 두 번째 네 개는 분모에 처음 기호를 갖는다.
위에 열거한 모든 관계든 어떤 단위계를 사용하든 다 옳다.

625. 임의의 과학적 값에 대한 유일한 단위계는 정전 단위계와 전자기 단
위계이다. 정전 단위계는 전하의 단위의 정의에 기초하며, 41절과 42절, 임
의의 점에서 거리 L에 놓인 전하량 e에 의해 작용하는 합성력 𝔈는 e를 L^2
으로 나누어 구한다는 다음 식

$$\mathfrak{E} = \dfrac{e}{L^2}$$

으로부터 도출할 수 있다. 차원 식 (1)과 (8)을 대입하면

$$\left[\frac{LM}{eT^2}\right] = \left[\frac{e}{L^2}\right], \qquad \left[\frac{m}{LT}\right] = \left[\frac{M}{mT}\right]$$

을 구하는데, 왜냐하면 정전 단위계로

$$[e] = \left[L^{\frac{3}{2}}M^{\frac{1}{2}}T^{-1}\right], \qquad m = \left[L^{\frac{1}{2}}M^{\frac{1}{2}}\right]$$

이기 때문이다.

전자기 단위계는 자극의 세기의 단위의 정의에 정확하게 유사한 방법에 기초하며, 374절, 다음 식

$$\mathfrak{H} = \frac{m}{L^2}$$

을 얻는데, 왜냐하면

$$\left[\frac{e}{LT}\right] = \left[\frac{M}{eT}\right], \qquad \left[\frac{LM}{mT^2}\right] = \left[\frac{m}{L^2}\right]$$

이 성립하고 전자기 단위계로

$$[e] = \left[L^{\frac{1}{2}}M^{\frac{1}{2}}\right], \qquad [m] = \left[L^{\frac{3}{2}}M^{\frac{1}{2}}T^{-1}\right]$$

이기 때문이다. 이 결과로부터 다른 양들의 차원을 구한다.

626. 차원 표

	기호	정전 단위계 차원	전자기 단위계 차원
전하량	e	$\left[L^{\frac{3}{2}}M^{\frac{1}{2}}T^{-1}\right]$	$\left[L^{\frac{1}{2}}M^{\frac{1}{2}}\right]$
기전력의 선적분	E	$\left[L^{\frac{1}{2}}M^{\frac{1}{2}}T^{-1}\right]$	$\left[L^{\frac{3}{2}}M^{\frac{1}{2}}T^{-2}\right]$
자기의 양 회로의 전기 – 운동 운동량 $\Big\}$	$\left\{\begin{matrix}m\\p\end{matrix}\right\}$	$\left[L^{\frac{1}{2}}M^{\frac{1}{2}}\right]$	$\left[L^{\frac{3}{2}}M^{\frac{1}{2}}T^{-1}\right]$
전류 자기퍼텐셜 $\Big\}$	$\left\{\begin{matrix}C\\\Omega\end{matrix}\right\}$	$\left[L^{\frac{3}{2}}M^{\frac{1}{2}}T^{-2}\right]$	$\left[L^{\frac{1}{2}}M^{\frac{1}{2}}T^{-1}\right]$
전기 변위 $\Big\}$ 면밀도	$\mathfrak{D}$	$\left[L^{-\frac{1}{2}}M^{\frac{1}{2}}T^{-1}\right]$	$\left[L^{-\frac{1}{2}}M^{\frac{1}{2}}\right]$
한 점에서 기전력	$\mathfrak{E}$	$\left[L^{-\frac{1}{2}}M^{\frac{1}{2}}T^{-1}\right]$	$\left[L^{\frac{1}{2}}M^{\frac{1}{2}}T^{-2}\right]$

자기 유도 ··················	$\mathfrak{B}$	$\left[L^{-\frac{1}{2}}M^{\frac{1}{2}}\right]$	$\left[L^{-\frac{1}{2}}M^{\frac{1}{2}}T^{-1}\right]$
자기력 ··················	$\mathfrak{H}$	$\left[L^{\frac{1}{2}}M^{\frac{1}{2}}T^{-2}\right]$	$\left[L^{-\frac{1}{2}}M^{\frac{1}{2}}T^{-1}\right]$
한 점에서 전류의 세기 ·····	$\mathfrak{C}$	$\left[L^{-\frac{1}{2}}M^{\frac{1}{2}}T^{-2}\right]$	$\left[L^{-\frac{3}{2}}M^{\frac{1}{2}}T^{-1}\right]$
벡터 퍼텐셜 ··················	$\mathfrak{A}$	$\left[L^{-\frac{1}{2}}M^{\frac{1}{2}}\right]$	$\left[L^{\frac{1}{2}}M^{\frac{1}{2}}T^{-1}\right]$

627. 우리는 이미 이 양들의 쌍에 나오는 두 양 사이의 곱은 그 양들이 나온 순서대로 고려하였다. 쌍에 나오는 두 양의 비도 어떤 경우에는 중요하다. 그래서 다음에 싣는다.

		기호	정전 단위계	전자기 단위계
$\dfrac{e}{E}=$ 축전기의 용량 ··················		q	$[L]$	$\left[\dfrac{T^2}{L}\right]$
$\dfrac{p}{C}=\left\{\begin{array}{c}\text{회로의 자체유도 계수}\\\text{또는 전자기 용량}\end{array}\right\}$ ······		L	$\left[\dfrac{T^2}{L}\right]$	$[L]$
$\dfrac{\mathfrak{D}}{\mathfrak{E}}=$ 유전체의 비유도 용량 ··········		K	$[0]$	$\left[\dfrac{T^2}{L^2}\right]$
$\dfrac{\mathfrak{B}}{\mathfrak{H}}=$ 자기 유도 용량 ··················		μ	$\left[\dfrac{T^2}{L^2}\right]$	$[0]$
$\dfrac{E}{C}=$ 도체의 저항 ··················		R	$\left[\dfrac{T}{L}\right]$	$\left[\dfrac{L}{T}\right]$
$\dfrac{\mathfrak{E}}{\mathfrak{C}}=$ 물질의 비저항 ··················		r	$[T]$	$\left[\dfrac{L^2}{T}\right]$

628. 만일 길이, 질량, 시간의 단위가 두 단위계에서 같다면, 1 전자기 단위에 포함된 전하량의 정전 단위 값은 어떤 속도와 같으며, 그 속도의 절댓값은 사용하는 기본 단위의 크기에 의존하지 않는다. 속도는 중요한 물리량으로, 앞으로 속도를 기호 v로 표시하려고 한다.

전자기 단위에서 정전 단위 값

e, C, Ω, $\mathfrak{D}$, $\mathfrak{H}$, $\mathfrak{C}$의 값 ·· v

m, p, E, $\mathfrak{B}$, $\mathfrak{E}$, $\mathfrak{A}$의 값 ·· $\dfrac{1}{v}$

정전 용량, 유전 유도 용량, 그리고 전도도에 대한 값은 v^2이다.

전자기 용량, 자기 유도 용량, 그리고 저항에 대한 값은 $\dfrac{1}{v^2}$이다.

속도 v를 정하는 몇 가지 방법이 768-780절에서 설명될 예정이다.

정전 단위계에서 공기의 비(specific)유전 유도 용량은 1이라고 가정한다. 그래서 이 양은 전자기 단위계에서 $\dfrac{1}{v^2}$으로 대표된다.

전기 단위의 실용 단위계

629. 두 단위계 중에서, 전신(電信) 사업에 종사하는 실제 전기 기사들에게 는 전자기 단위계가 더 많이 사용된다. 그렇지만 길이, 시간과 질량의 단위 가 미터 또는 센티미터, 초, 그램처럼 다른 과학 작업에서 흔히 사용되는 단 위라면, 저항의 단위와 기전력의 단위는 너무 작아서 실제로 사용되는 양 을 표현하려면 매우 큰 숫자가 사용되어야 하고, 전하량과 전기용량의 단 위는 너무 커서, 그 단위의 단지 아주 작은 일부만 실제로 이용할 수 있다. 그래서 실제 전기 기사들은 큰 길이 단위와 작은 질량 단위로부터 만든 전 자기 단위계에서 도출되는 단위를 사용한다.

이런 목적으로 이용되는 길이의 단위는 1,000만 미터 또는 대략 지구 자 오선의 4분의 1 정도의 길이이다.

시간의 단위는 전과 마찬가지로 1초이다.

질량의 단위는 10^{-11}그램, 즉 밀리그램의 1억 분의 1이다.

이런 기본 단위로부터 구한 전기 단위는 전기 관련 유명한 발명가들의 이름을 따왔다. 그래서 저항의 실용 단위는 옴이라고 부르며, 340절에서 설명한 대로, 영국 연합에서 발행한 저항 코일로 대표된다. 이 단위는 전자기 단위계에서 매초 1,000만 미터의 속도로 표현된다.

기전력의 실용 단위를 볼트라고 부르며, 다니엘 전지에서 기전력과 크게 다르지 않다. 최근에 클라크*는 기전력이 거의 정확하게 1.457볼트로 매우 일정한 전지를 발명하였다.

전기용량의 실용 단위를 패러드라고 부른다. 1초 동안에 기전력 1볼트를 받는 1옴의 저항을 통하여 흐른 전하량은 기전력 1볼트에 의해서 전기용량이 1패러드인 축전기에서 발생한 전하량과 같다.

이런 이름을 사용하는 것이 다른 단위가 기반을 둔 특정한 기초 단위들을 추가하면서 '전자기 단위'라고 끊임없이 반복하는 것보다 훨씬 편리하다.

매우 큰 양이 측정될 때는 원래 단위에 100만을 곱하고 원래 이름 앞에 접두어 메가를 붙여서 큰 단위를 만든다.

비슷한 방식으로 접두어 마이크로를 붙여서 원래 단위의 100만 분의 1인 작은 단위를 만든다.

다음 표는 여러 시대에 사용되었던 서로 다른 시스템의 실용 단위계의 값을 제공한다.

기본 단위	실용 단위계	영국연합 보고서 1863	톰슨	베버
길이	자오선의 4분의 1	미터	센티미터	밀리미터
시간	초	초	초	초
질량	10^{-11} 그램	그램	그램	밀리그램
저항	옴	10^7	10^9	10^1
기전력	볼트	10^5	10^8	10^{11}
전기용량	패러드	10^{-7}	10^{-9}	10^{-10}
전하량	(1볼트로 충전된) 패러드	10^{-2}	10^{-1}	10

* 클라크(Josiah Latimer Clark, 1822-1898)는 영국의 전기 기술자로 해저 케이블에서 전류의 전파에 대한 실험과 표준 전지를 발명한 것으로 알려진 사람이다.

11장

전자기장에서 에너지와 변형력에 대하여

정전 에너지

630. 시스템의 에너지는 퍼텐셜 에너지와 운동 에너지로 나눌 수 있다.

전기가 원인인 퍼텐셜 에너지는 85절에서 이미 다루었다. 퍼텐셜 에너지를

$$W = \frac{1}{2} \sum (e\Psi) \tag{1}$$

라고 쓸 수 있는데, 여기서 e는 전기 퍼텐셜이 Ψ인 곳에 전기의 전하이고, 더하기는 전하가 있는 모든 곳에서 수행된다.

f, g, h가 전기 변위의 성분이면, 부피 요소 $dx\,dy\,dz$에서 전하의 양은

$$e = \left(\frac{df}{dx} + \frac{dg}{dy} + \frac{dh}{dz}\right)dx\,dy\,dz \tag{2}$$

이며

$$W = \frac{1}{2}\iiint\left(\frac{df}{dx} + \frac{dg}{dy} + \frac{dh}{dz}\right)\Psi dx\,dy\,dz \tag{3}$$

인데 적분은 모든 공간에 대해 수행된다.

631. 유한한 대전된 시스템의 한 점으로부터 거리 r가 무한히 커지면 퍼텐셜은 r^{-1}의 크기로 무한히 작아지며 f, g, h는 r^{-2}의 크기로 무한히 작아지는 것을 기억하면서 이 표현을 부분 적분으로 적분하면, 적분에 대한 표현은

$$W = - \iiint \left(f \frac{d\Psi}{dx} + g \frac{d\Psi}{dy} + h \frac{d\Psi}{dz} \right) \Psi \, dx \, dy \, dz \tag{4}$$

가 되는데, 여기서 적분은 모든 공간에서 수행된다.

이제 기전력의 성분을 $-\dfrac{d\Psi}{dx}, -\dfrac{d\Psi}{dy}, -\dfrac{d\Psi}{dz}$ 대신 P, Q, R라고 쓰면

$$W = \frac{1}{2} \iiint (Pf + Qg + Rh) \, dx \, dy \, dz \tag{5}$$

임을 알게 된다.

그래서 전체 장(場)의 정전(靜電) 에너지는 자유 전하가 발견되는 장소에 국한되어 있는 것 대신, 전기력과 전기 변위가 발생하는 장의 모든 부분에 상존한다고 가정하더라도 같을 것이다.

부피의 단위로 에너지는 기전력과 전기 변위의 곱을 이 두 벡터를 포함하는 각의 코사인으로 곱한 것의 절반이다.

4원수 언어로 이것은 $-\dfrac{1}{2}S\mathfrak{E}\mathfrak{D}$이다.

자기 에너지

632. 자기화(磁氣化)가 원인인 에너지도 비슷하게 취급할 수 있다. A, B, C가 자기화의 성분이고 α, β, γ는 자기력의 성분이면, 자석들의 시스템의 퍼텐셜 에너지는, 389절에 의해,

$$-\frac{1}{2} \iiint (A\alpha + B\beta + C\gamma) \, dx \, dy \, dz \tag{6}$$

인데 적분은 자기화된 물질이 차지한 공간에서 수행된다. 그렇지만 에너지의 이 부분은 우리가 지금 구하려고 하는 형태에서는 운동 에너지에 포함

되어 있다.

633. 전류가 존재하지 않으면, 이 표현을 다음 방법에 따라 변환할 수 있다.

우리는

$$\frac{d\alpha}{dx} + \frac{d\beta}{dy} + \frac{d\gamma}{dz} = 0 \tag{7}$$

임을 알고 있다.

그래서 97절에 의해, 전류가 존재하지 않는 자기 현상에서는 항상 성립하는 조건으로 만일

$$\alpha = -\frac{d\Omega}{dx}, \qquad \beta = -\frac{d\Omega}{dy}, \qquad \gamma = -\frac{d\Omega}{dz} \tag{8}$$

이면

$$\iiint (a\alpha + b\beta + c\gamma)\, dx\, dy\, dz = 0 \tag{9}$$

이며, 적분은 모든 공간에서 수행되고, 또는

$$\iiint \{(\alpha + 4\pi A)\alpha + (\beta + 4\pi B)\beta + (\gamma + 4\pi C)\gamma\}\, dx\, dy\, dz = 0 \tag{10}$$

이다.

그래서 자기 시스템이 원인인 에너지는

$$-\frac{1}{2} \iiint (A\alpha + B\beta + C\gamma)\, dx\, dy\, dz$$

$$= \frac{1}{8\pi} \iiint (\alpha^2 + \beta^2 + \gamma^2)\, dx\, dy\, dz$$

$$= -\frac{1}{8\pi} \iiint \mathfrak{H}^2\, dx\, dy\, dz \tag{11}$$

이 된다.

전기-운동 에너지

634. 우리는 578절에서 이미 전류들의 시스템의 운동 에너지를

$$T = \frac{1}{2} \sum (pi) \tag{12}$$

의 형태로 표현했는데, 여기서 p는 회로의 전자기 운동량이고, i는 회로를 따라 흐르는 전류의 세기이고, 더하기는 모든 회로에서 수행된다.

그런데 우리는 590절에서 p가 선적분 형태로

$$p = \int \left(F\frac{dx}{ds} + G\frac{dy}{ds} + H\frac{dz}{ds} \right) ds \tag{13}$$

와 같이 표현할 수 있음을 증명했으며, 여기서 F, G, H는 점 $(x\,y\,z)$에서 전자기 운동량 $\mathfrak{A}$의 성분이며, 적분은 폐회로 s 주위에서 수행된다. 그러므로

$$T = \frac{1}{2} \sum i \int \left(F\frac{dx}{ds} + G\frac{dy}{ds} + H\frac{dz}{ds} \right) ds \tag{14}$$

임을 알 수 있다.

전도(傳導) 회로 위의 임의의 점에서 전류 밀도의 성분이 u, v, w이고, S가 그 회로의 단면이라면

$$i\frac{dx}{ds} = uS, \qquad i\frac{dy}{ds} = vS, \qquad i\frac{dz}{ds} = wS \tag{15}$$

라고 쓸 수 있으며, 또한 부피를

$$S ds = dx\,dy\,dz$$

라고 쓸 수 있으므로 이제

$$T = \frac{1}{2} \iiint (Fu + Gv + Hw)\,dx\,dy\,dz \tag{16}$$

임을 알 수 있는데, 여기서 적분은 전류가 존재하는 공간의 모든 부분에서 수행된다.

635. 이제 u, v, w를 607절에서 전류에 대한 (E) 식에서 준 것으로 자기력의 성분 α, β, γ로 대입하자. 그러면

$$T = \frac{1}{8\pi} \iiint \left\{ F\left(\frac{d\gamma}{dy} - \frac{d\beta}{dz}\right) + G\left(\frac{d\alpha}{z} - \frac{d\gamma}{dx}\right) + H\left(\frac{d\beta}{dx} - \frac{d\alpha}{dy}\right) \right\} dx\,dy\,dz \tag{17}$$

을 얻는데, 여기서 적분은 모든 전류를 포함한 공간에서 수행된다.

이것을 부분 적분으로 적분하고, 시스템에서 아주 먼 곳에서는 α, β, γ가 r^{-3} 정도의 크기임을 기억하면, 적분이 전 공간에서 수행될 때, 이 표현은

$$T = \frac{1}{8\pi} \iiint \left\{ \alpha \left(\frac{dH}{dy} - \frac{dG}{dz} \right) + \beta \left(\frac{dF}{dz} - \frac{dH}{dx} \right) + \gamma \left(\frac{dG}{dx} - \frac{dF}{dy} \right) \right\} dx\, dy\, dz \quad (18)$$

로 바뀌는 것을 알게 된다.

591절의 자기 유도에 대한 (A) 식에 의해, 작은 괄호 안의 양들을 자기 유도의 성분 a, b, c로 치환할 수 있고, 그러면 운동 에너지를

$$T = \frac{1}{8\pi} \iiint (a\alpha + b\beta + c\gamma) dx\, dy\, dz \quad (19)$$

라고 쓸 수 있는데, 이 적분은 자기력과 자기 유도가 0이 아닌 값을 갖는 공간의 모든 부분에서 수행된다.

이 표현의 괄호 안에 든 양은 자기 유도를 자신의 방향으로 분해한 자기력으로 곱한 것이다.

4원수 언어로는 이것을 좀 더 간단히

$$-S \cdot \mathfrak{B}\mathfrak{H}$$

라고 쓸 수 있는데, 여기서 $\mathfrak{B}$는 성분이 a, b, c인 자기 유도이고 $\mathfrak{H}$는 성분이 α, β, γ인 자기력이다.

636. 그러므로 시스템의 전기-운동 에너지는 전류가 존재하는 곳에서 취한 적분으로 표현될 수 있거나, 또는 자기력이 존재하는 장(場)의 모든 부분에서 취한 적분으로 표현될 수 있다. 그렇지만 첫 번째 적분은 전류가 접촉하지 않는 각각의 다른 전류에 직접 작용한다고 가정한 당연한 이론의 표현인 데 반하여, 두 번째 적분은 전류들의 작용은 그 전류들 사이의 공간에 어떤 매개 작용을 통하여 일어난다고 설명하려는 이론에 적당하다. 이 책에서 우리는 후자의 조사 방법을 채택했으므로, 우리는 자연스럽게 운동 에너지에 대한 가장 중요한 형태를 만드는 데 두 번째 표현을 이용한다.

우리 가설에 따르면, 자기력이 있는 곳이면 어디나, 다시 말하면 일반적으로 장 내의 모든 부분에서, 운동 에너지가 존재한다고 가정한다. 단위 부피당 이 에너지의 양은 $-\frac{1}{8\pi}\mathfrak{S}\mathfrak{B}\mathfrak{H}$이며, 이 에너지는 공간의 모든 부분에서 일종의 물질 운동 형태로 존재한다.

편광된 빛에 자기가 어떤 효과를 주는지에 대한 패러데이의 발견을 고려할 때가 되면, 자기력선이 존재하는 것이면 어디이건 그 선들을 따라 물질의 회전 운동이 존재한다고 믿는 원인에 대해 지적하게 될 것이다. 821절을 보라.

자기 에너지와 전기-운동 에너지의 비교

637. 우리는 423절에서 각각 세기가 ϕ와 ϕ'이며 폐곡선 s와 s'가 경계인 두 자기 껍질의 상호 퍼텐셜 에너지가, ϵ은 ds와 ds' 방향 사이의 사잇각이며, 둘 사이의 거리가 r일 때

$$-\phi\phi' \iint \frac{\cos\epsilon}{r} ds\, ds'$$

인 것을 알았다.

우리는 또한 521절에서 각각 전류 i와 i'가 흐르는 두 회로 s와 s'의 상호 에너지는

$$ii' \iint \frac{\cos\epsilon}{r} ds\, ds'$$

인 것을 알았다.

만일 i, i'가 각각 ϕ, ϕ'와 같으면, 두 자기 껍질 사이의 역학적 작용은 같은 방향으로 전류가 흐르는 대응하는 전기 회로 사이의 역학적 작용과 같다. 자기 껍질의 경우에 힘은 둘의 상호 퍼텐셜 에너지를 감소시키려 하고, 회로의 경우에는 이 에너지가 운동에 관한 에너지이므로 힘이 두 회로 사이의 상호 에너지를 증가시키려 한다.

자기화된 물질을 어떻게 배열하더라도, 모든 면에서 전기 회로에 대응하

는 시스템을 만드는 것은 불가능하다. 왜냐하면 자기 시스템의 퍼텐셜은 공간의 모든 점에서 단 하나의 값만을 갖지만, 전기 시스템에서 퍼텐셜은 여러 값을 갖기 때문이다.

그러나 무한히 작은 전기 회로를 알맞게 배열해서 모든 면에서 어떤 자기 시스템과도 대응하는 시스템을 만드는 것은, 퍼텐셜을 계산할 때 따라가는 선적분 경로가 작은 전기 회로 중 어느 것도 통과하지 않도록 방지하기만 한다면, 항상 가능하다. 이것은 833절에서 더 충분히 설명할 예정이다.

접촉하지 않는 자석의 작용은 전류의 작용과 완벽히 일치한다. 그러므로 우리는 같은 이유로 두 가지를 모두 설명하려고 하는데, 자석을 이용해서는 전류를 설명할 수 없으므로, 나머지 다른 선택지인 분자의 전류를 이용해서 자석을 설명하는 방법을 이용할 수밖에 없다.

638. 이 책의 3부에서 자기 현상을 논의하면서 접촉하지 않는 자기적 작용을 고려하려고 시도하지는 않았으나, 그 작용을 경험의 기초적 사실로 취급하였다. 그래서 자기 시스템의 에너지는 퍼텐셜 에너지이고, 이 에너지는 시스템의 부분들이 그 부분들에 작용하는 자기력의 영향 아래 놓이면 **감소**한다고 가정하였다.

그렇지만 만일 자석의 성질을 자석을 이루는 분자들 내에서 회전하는 전류로부터 유도할 수 있다고 생각하면, 자석의 에너지는 운동으로부터 나오고, 전류의 세기가 일정하게 유지된다고 가정하면 자석 사이의 힘은 운동에너지가 **증가**하는 방향으로 자석을 이동하게 할 것이다.

자기를 설명하는 이런 방식은 또한 자석을 연속적이고 균질인 물체이고, 그 물체의 가장 작은 부분은 전체적으로 같은 종류의 자기적 성질을 갖는다고 생각한 3부에서 택했던 방법을 포기하도록 요구한다.

이제 우리는 자석을 비록 매우 크지만 유한한 많은 수의 전류를 포함하고, 그래서 자석은 연속적인 구조를 갖는 것과는 달리 실질적으로 분자로 이루어졌다고 생각해야 한다.

우리의 수학적 기반 설비가 너무 성겨서 선적분 경로가 분자 회로를 통과하는 실을 꿰지 못하고, 한 부피 요소에 매우 많은 수의 자기 분자들이 포함되어 있다고 가정하더라도, 여전히 3부에서 도달한 결과와 같은 결과에 도달할 것이지만, 우리 기반 설비가 더 미세하고 분자의 내부에서 진행되는 모든 것을 조사할 수 있다고 가정하면, 우리는 자기에 대한 이전 이론을 포기하고 전류로 구성된 것을 제외한 어떤 자석도 인정하지 않는 앙페르의 이론을 채택해야 한다.

또한 자기 에너지와 전자기 에너지를 모두 운동 에너지라고 생각해야 하고, 그 운동 에너지에 635절에서 설명한 제대로 된 부호를 부여해야 한다.

다음에 나오는 내용 중에 비록 때때로 639절 등등에서와 같이 자기에 대한 이전 이론을 수행하려고 시도하기도 하겠지만, 644절에서와 같이 오직 그 이전 이론을 포기하고 분자 전류에 대한 앙페르의 이론을 채택하는 한 경우에만 완벽하게 일관된 시스템을 얻을 수 있음을 알게 될 것이다.

그러므로 장(場)의 에너지는 단 두 부분만으로 구성되며, 정전 에너지, 즉 퍼텐셜 에너지는

$$W = \frac{1}{2} \iiint (Pf + Qg + Rh)\, dx\, dy\, dz$$

이고, 전자기 에너지, 즉 운동 에너지는

$$T = \frac{1}{8\pi} \iiint (a\alpha + b\beta + c\gamma)\, dx\, dy\, dz$$

이다.

전자기장에 놓인 물체의 요소에 작용하는 힘

자기 요소에 작용하는 힘

639. 성분이 A, B, C인 세기로 자기화되고 성분이 α, β, γ인 자기력 장에 놓인 물체의 요소 $dx\,dy\,dz$의 퍼텐셜 에너지는

$$-(A\alpha + B\beta + C\gamma)\,dx\,dy\,dz$$

이다.

그래서 그 요소를 회전시키지 않고 x 방향으로 이동시키려는 힘은 $X_1 dx\,dy\,dz$이면 X_1은

$$X_1 = A\frac{d\alpha}{dx} + B\frac{d\beta}{dx} + C\frac{d\gamma}{dx} \tag{1}$$

이며, 그 요소를 x 축 주위로 y 축에서 z 축을 향해 회전시키려는 커플의 모멘트가 $Ldx\,dy\,dz$이면 L은

$$L = B\gamma - C\beta \tag{2}$$

이다.

y 축과 z 축에 대응하는 힘과 모멘트도 적절하게 바꿔 쓰면 바로 구할 수 있다.

640. 자기화된 물체가 성분이 u, v, w인 전류를 나르면, 603절의 (C) 식에 의해 성분이 X_2, Y_2, Z_2인 추가의 전자기 힘이 존재하며, 그중에 X_2는

$$X_2 = vc - wb \tag{3}$$

이다.

그래서 분자를 통과하는 전류뿐 아니라 그 분자의 자기에서까지 발생하는 전체 힘 X는

$$X = A\frac{d\alpha}{dx} + B\frac{d\beta}{dx} + C\frac{d\gamma}{dx} + vc - wb \tag{4}$$

이다.

이 세 양 a, b, c는 자기 유도의 성분이며 자기력의 성분인 α, β, γ와는 400절에서 설명한 식들인

$$\left.\begin{aligned} a &= \alpha + 4\pi A \\ b &= \beta + 4\pi B \\ c &= \gamma + 4\pi C \end{aligned}\right\} \tag{5}$$

에 의해 연결된다.

전류의 성분인 u, v, w는 607절의 식

$$\left.\begin{aligned} 4\pi u &= \frac{d\gamma}{dy} - \frac{d\beta}{dz} \\ 4\pi v &= \frac{d\alpha}{dz} - \frac{d\gamma}{dx} \\ 4\pi w &= \frac{d\beta}{dx} - \frac{d\alpha}{dy} \end{aligned}\right\} \tag{6}$$

에 의해 α, β, γ로 표현될 수 있다.

그래서

$$\begin{aligned} X &= \frac{1}{4\pi}\left\{ (a-\alpha)\frac{d\alpha}{dx} + (b-\beta)\frac{d\beta}{dx} + (c-\gamma)\frac{d\gamma}{dx} + b\left(\frac{d\alpha}{dy} - \frac{d\beta}{dx}\right) + c\left(\frac{d\alpha}{dz} - \frac{d\gamma}{dx}\right) \right\} \\ &= \frac{1}{4\pi}\left\{ a\frac{d\alpha}{dx} + b\frac{d\alpha}{dy} + c\frac{d\alpha}{dz} - \frac{1}{2}\frac{d}{dx}(\alpha^2 + \beta^2 + \gamma^2) \right\} \end{aligned} \tag{7}$$

이다.

403절에 의해

$$\frac{da}{dx} + \frac{db}{dy} + \frac{dc}{dz} = 0 \tag{8}$$

이다.

이 (8) 식을 α로 곱하고 4π로 나눈 다음 그 결과를 (7) 식에 더하면

$$X = \frac{1}{4\pi}\left\{ \frac{d}{dx}\left[a\alpha - \frac{1}{2}(\alpha^2 + \beta^2 + \gamma^2)\right] + \frac{d}{dy}[b\alpha] + \frac{d}{dz}[c\alpha] \right\} \tag{9}$$

임을 알게 되고, 또한 (2) 식에 의해

$$L = \frac{1}{4\pi}((b-\beta)\gamma - (c-\gamma)\beta) \tag{10}$$

$$= \frac{1}{4\pi}(b\gamma - c\beta) \tag{11}$$

인데, 여기서 X는 x 축 방향으로 단위 부피에 작용하는 힘이고 L은 이 축에 대한 힘의 모멘트이다.

변형력 상태에서 매질이 존재하는 가설에 의한 힘의 설명에 대하여

641. 단위 넓이에 대한 어떤 종류의 변형력이든 P_{hk} 형태의 기호로 표시하자. 여기서 첫 번째 첨자 $_h$는 변형력이 작용한다고 가정한 표면의 법선이 h 축에 평행한 것을 가리키고, 두 번째 첨자 $_k$는 표면 양(陽) 쪽 방향에 있는 물체의 부분이 음(陰) 쪽 방향에 있는 물체의 부분에 작용하는 변형력의 방향이 k 축에 평행한 것을 가리킨다.

h 방향과 k 방향이 같을 수도 있으며, 그 경우에는 변형력은 법선 변형력이다. h 방향과 k 방향이 서로에 대해 비스듬할 수도 있으며, 그 경우에 변형력은 사선(斜線) 변형력이며, 또한 두 방향은 서로 수직일 수도 있으며, 그 경우에 변형력은 접선 변형력이다.

변형력이 물체의 요소 부분에 회전시키려는 경향을 전혀 보이지 않을 조건은

$$P_{hk} = P_{kh}$$

이다.

그런데 자기화된 물체의 경우, 그렇게 회전시키려는 경향이 존재하며, 그러므로 보통의 변형력 이론에서 성립하는 이 조건이 충족되지 않는다.

좌표계의 원점을 물체의 무게 중심으로 정하고, 물체의 요소 부분 $dx\, dy\, dz$의 여섯 면에 대한 변형력의 효과를 고려하자.

x 값이 $\frac{1}{2}dx$ 인 양(陽)의 면 $dy\,dz$ 에 작용하는 힘은

x에 평행, $\left(P_{xx}+\frac{1}{2}\frac{dP_{xx}}{dx}dx\right)dy\,dz = X_{+z}$

y에 평행, $\left(P_{xy}+\frac{1}{2}\frac{dP_{xy}}{dx}dx\right)dy\,dz = Y_{+z}$ $\qquad$ (12)

z에 평행, $\left(P_{xz}+\frac{1}{2}\frac{dP_{xz}}{dx}dx\right)dy\,dz = Z_{+z}$

이다.

건너편 쪽에 작용하는 힘들인 $-X_{-z}, -Y_{-z}, -Z_{-z}$는 이 식에서 dx의 부호를 바꾸면 구할 수 있다. 같은 방법으로 이 요소의 다른 면들 하나하나에 작용하는 세 힘도 구할 수 있는데, 힘의 방향은 대문자로, 그리고 그 힘이 작용하는 면은 아래 첨자로 표시한다.

$Xdx\,dy\,dz$가 이 요소에 작용하는 x 축에 평행한 전체 힘이면

$$Xdx\,dy\,dz = X_{+x}+X_{+y}+X_{+z}+X_{-x}+X_{-y}+X_{-z}$$
$$= \left(\frac{dP_{xx}}{dx}+\frac{dP_{yx}}{dx}+\frac{dP_{zx}}{dx}\right)dx\,dy\,dz$$

이므로

$$X = \frac{d}{dx}P_{xx}+\frac{d}{dy}P_{yx}+\frac{d}{dz}P_{zx} \qquad (13)$$

이다.

$L\,dx\,dy\,dz$가 이 요소를 y 축에서 z 축 방향으로 돌리려는 x 축 주위의 힘의 모멘트라면

$$L\,dx\,dy\,dz = \frac{1}{2}dy(Z_{+y}-Z_{-y})-\frac{1}{2}dz(Y_{+z}-Y_{-z}) = (P_{yz}-P_{zy})dx\,dy\,dz$$

이므로

$$L = P_{yz}-P_{zy} \qquad (14)$$

이다.

(9) 식과 (11) 식으로 준 X와 L의 값을 (13) 식과 (14) 식으로 준 X와 L 값과 비교할 때

$$P_{xx} = \frac{1}{4\pi}\left(a\alpha - \frac{1}{2}(\alpha^2 + \beta^2 + \gamma^2)\right)$$

$$P_{yy} = \frac{1}{4\pi}\left(b\beta - \frac{1}{2}(\alpha^2 + \beta^2 + \gamma^2)\right)$$

$$P_{zz} = \frac{1}{4\pi}\left(c\gamma - \frac{1}{2}(\alpha^2 + \beta^2 + \gamma^2)\right)$$

$$P_{yz} = \frac{1}{4\pi}b\gamma, \quad P_{zy} = \frac{1}{4\pi}c\beta$$

$$P_{zx} = \frac{1}{4\pi}c\alpha, \quad P_{xz} = \frac{1}{4\pi}a\gamma$$

$$P_{xy} = \frac{1}{4\pi}a\beta, \quad P_{yz} = \frac{1}{4\pi}b\alpha$$

$$(15)$$

라고 놓는다면, 이것들이 성분인 변형력들로부터 발생하는 힘은 물체의 가요소에 대한 효과에서 자기화와 전류에서 발생하는 힘과 동등하다.

642. 이것들이 성분인 변형력의 본성은, x 축이 자기력의 방향과 자기 유도의 방향 사이의 각을 이등분하게 만들고, 이 두 방향이 만드는 평면에서 y 축을 취하면 쉽게 구할 수 있고, 자기력 쪽을 향해서 쉽게 측정될 수 있다.

자기력의 수치를 $\mathfrak{H}$라고 놓고, 자기 유도의 수치를 $\mathfrak{B}$라고 놓으며, 자기력 방향과 자기 유도 방향 사이의 각을 2ϵ이라고 놓으면

$$\alpha = \mathfrak{H}\cos\epsilon, \quad \beta = \mathfrak{H}\sin\epsilon, \quad \gamma = 0$$
$$a = \mathfrak{B}\cos\epsilon, \quad b = -\mathfrak{B}\sin\epsilon, \quad c = 0$$

$$(16)$$

이고

$$P_{xx} = \frac{1}{4\pi}(\mathfrak{B}\mathfrak{H}\cos^2\epsilon - \frac{1}{2}\mathfrak{H}^2)$$

$$P_{yy} = \frac{1}{4\pi}(-\mathfrak{B}\mathfrak{H}\sin^2\epsilon - \frac{1}{2}\mathfrak{H}^2)$$

$$P_{zz} = \frac{1}{4\pi}(-\frac{1}{2}\mathfrak{H}^2)$$

$$P_{yz} = P_{zx} = P_{zy} = P_{xz} = 0$$

$$P_{xy} = \frac{1}{4\pi}\mathfrak{B}\mathfrak{H}\cos\epsilon\sin\epsilon$$

$$P_{yx} = -\frac{1}{4\pi}\mathfrak{B}\mathfrak{H}\cos\epsilon\sin\epsilon$$

$$(17)$$

이다.

그래서 변형력 상태는 다음 것들의 합성이라고 생각할 수 있다.

(1) 모든 방향에서 같은 압력 $= \dfrac{1}{8\pi}\mathfrak{H}^2$

(2) 자기력의 방향과 자기 유도의 방향 사이의 사잇각을 이등분하는 선을 따라 작용하는 장력

$$= \dfrac{1}{4\pi}\mathfrak{B}\mathfrak{H}\cos^2\epsilon$$

(3) 자기력 방향과 자기 유도 방향 사이의 둔각을 이등분한 선을 따라 작용하는 압력

$$= \dfrac{1}{4\pi}\mathfrak{B}\mathfrak{H}\sin^2\epsilon$$

(4) 두 방향이 만드는 평면에서 물질의 모든 요소를 자기 유도의 방향에서 자기력의 방향으로 돌리려는 커플

$$= \dfrac{1}{4\pi}\mathfrak{B}\mathfrak{H}\sin2\epsilon$$

유체와 자기화되지 않은 고체에서는 항상 그렇듯이, 자기 유도 방향이 자기력 방향과 같을 때는 $\epsilon = 0$이고, x 축을 자기력 방향과 일치하게 만들면

$$P_{xx} = \dfrac{1}{4\pi}\left(\mathfrak{B}\mathfrak{H} - \dfrac{1}{2}\mathfrak{H}^2\right), \qquad P_{yy} = P_{zz} = -\dfrac{1}{8\pi}\mathfrak{H}^2 \tag{18}$$

이고, 접선 변형력은 없어진다.

그러므로 이 경우에 변형력은 움직이지 않는 유체의 압력 $\dfrac{1}{8\pi}\mathfrak{H}^2$과 힘 선의 방향을 따라 작용하는 세로 장력 $\dfrac{1}{4\pi}\mathfrak{B}\mathfrak{H}$의 합성이다.

643. 자기화가 없어서 $\mathfrak{B} = \mathfrak{H}$이면, 변형력은 여전히 더 간단해져서 힘 선을 따라 작용하는 크기가 $\dfrac{1}{8\pi}\mathfrak{H}^2$인 장력과 힘 선에 수직인 모든 방향으로 작용하는 크기가 $\dfrac{1}{8\pi}\mathfrak{H}^2$인 압력의 합성이다. 이 중요한 경우에 변형력의 성분은

$$P_{xx} = \frac{1}{8\pi}(\alpha^2 - \beta^2 - \gamma^2)$$
$$P_{yy} = \frac{1}{8\pi}(\beta^2 - \gamma^2 - \alpha^2)$$
$$P_{zz} = \frac{1}{8\pi}(\gamma^2 - \alpha^2 - \beta^2)$$
$$P_{yz} = P_{zy} = \frac{1}{4\pi}\beta\gamma \qquad (19)$$
$$P_{zx} = P_{xz} = \frac{1}{4\pi}\gamma\alpha$$
$$P_{xy} = P_{yx} = \frac{1}{4\pi}\alpha\beta$$

이다.

단위 부피로 언급한 매질의 요소에 대한 이 변형력에서 발생한 힘은

$$X = \frac{d}{dx}P_{xx} + \frac{d}{dy}P_{yx} + \frac{d}{dz}P_{zx}$$
$$= \frac{1}{4\pi}\left\{\alpha\frac{d\alpha}{dx} - \beta\frac{d\beta}{dx} - \gamma\frac{d\gamma}{dx}\right\} + \frac{1}{4\pi}\left\{\alpha\frac{d\beta}{dy} + \beta\frac{d\alpha}{dy}\right\} + \frac{1}{4\pi}\left\{\alpha\frac{d\gamma}{dz} - \gamma\frac{d\alpha}{dz}\right\}$$
$$= \frac{1}{4\pi}\alpha\left(\frac{d\alpha}{dx} + \frac{d\beta}{dy} + \frac{d\gamma}{dz}\right) + \frac{1}{4\pi}\gamma\left(\frac{d\alpha}{dz} - \frac{d\gamma}{dx}\right) - \frac{1}{4\pi}\beta\left(\frac{d\beta}{dx} - \frac{d\alpha}{dy}\right)$$

이다.

이제

$$\frac{d\alpha}{dx} + \frac{d\beta}{dy} + \frac{d\gamma}{dz} = 4\pi m$$

$$\frac{d\alpha}{dz} - \frac{d\gamma}{dx} = 4\pi v$$

$$\frac{d\beta}{dx} - \frac{d\alpha}{dy} = 4\pi w$$

이며 여기서 m은 단위 부피에 적용된 남쪽 자기 매질의 밀도이며, v와 w는 각각 y에 수직이고 z에 수직인 단위 넓이에 적용된 전류의 성분이다. 그래서 비슷하게

$$\begin{aligned} X &= am + v\gamma - w\beta \\ Y &= \beta m + w\alpha - u\gamma \\ Z &= \gamma m + u\beta - v\alpha \end{aligned} \qquad \text{(전자기 힘에 대한 식)} \qquad (20)$$

가 된다.

644. 자성(磁性) 물체와 반자성(反磁性) 물체의 본성에 관한 앙페르와 베버의 이론을 채택하고, 자성 극성(極性)과 반자성 극성은 분자 전류가 원인이라고 가정하면, 가상의 자성 물질을 제거하고 모든 곳에서 $m = 0$이며

$$\frac{d\alpha}{dx} + \frac{d\beta}{dy} + \frac{d\gamma}{dz} = 0 \tag{21}$$

이어서 전자기 힘에 대한 식은

$$\left. \begin{array}{l} X = v\gamma - w\beta \\ Y = w\alpha - u\gamma \\ Z = u\beta - v\alpha \end{array} \right\} \tag{22}$$

가 됨을 알게 된다.

이것이 물질의 단위 부피에 적용되는 역학적 힘의 성분이다. 자기력의 성분은 α, β, γ이며, 전류의 성분은 u, v, w이다. 이 식은 앞에서 이미 수립한 식과 같다(603절의 (C) 식).

645. 매질에서 변형력의 상태를 이용하여 전자기 힘을 설명하면서, 우리는 단지 자기력선은 스스로 짧아지려고 하고, 나란히 놓이면 서로 밀어낸다는 패러데이의 개념[35]을 충실히 따른 것뿐이다.

우리가 한 것이라고는 선을 따른 장력의 값과, 그 선에 수직인 압력의 값을 수학의 언어로 표현하고, 매질에 존재한다고 그렇게 가정한 변형력 상태가 전류를 나르는 도체들에 작용하는 관찰된 힘들을 실제로 만들어 낼 것임을 증명한 것이 전부이다.

우리는 아직 이 변형력 상태가 어떤 방식으로 처음 생겨나고 매질에서 유지되는지를 아무것도 주장하지 않았다. 우리는 단지 접촉하지 않고도 직접 즉시 작용하는 것 대신에, 전류들 사이에 주위 매질에 존재하는 특별한 종류의 변형력에 의존하는 상호 작용을 생각하는 것이 가능함을 보였을 뿐이다.

매질의 운동이나 다른 방법으로 변형력 상태에 대해 추가로 더 깊이 설

명하는 것은, 우리의 현재 입장에는 아무런 영향을 주지 않는, 이 이론에서 별개의 독립적인 부분으로 생각해야 한다. 832절을 보라.

이 책의 1부 108절에서, 우리는 관찰된 정전기력이 주위 매질에서 변형력 상태의 개입을 통해 동작한다고 생각할 수 있음을 보였다. 이제 우리는 전자기힘에 대해서도 똑같은 작업을 하며, 이런 변형력 상태를 지지하는 능력을 지닌 매질이라는 개념이 다른 알려진 현상과 양립되는지, 아니면 별 쓸모가 없다고 접어야 하는지 확인할 일만 남아 있다.

정전(靜電) 작용과 전자기 작용이 발생하는 장(場)에서, 1부에서 설명된 정전 변형력은 지금 고려하고 있는 전자기 변형력과 중첩되어야 한다.

646. 영국에서 거의 그렇듯이, 총(總)지자기력이 10 영국 단위(그레인, 피트, 초)라고 가정하면, 힘 선에 수직인 장력은 제곱피트의 넓이마다 0.128그레인 무게이다. 전자석을 이용하여 영국 물리학자 줄이 만든[36] 가장 큰 자기 장력은 제곱 인치의 넓이에 약 140파운드 무게였다.

12장
전류 시트

647. 전류 시트는 무한히 얇은 도체 판으로 판의 양면이 모두 절연 매질로 분리되어서, 전류는 시트에서만 흐를 수 있고, 전류가 시트로 들어오거나 나가는 전극이라고 부르는 정해진 점을 제외하고는 전류가 시트 바깥으로 나갈 수 없다.

유한한 전류를 전달시키려면, 실제 시트는 유한한 두께를 가지고 있어야 하며, 그러므로 그 도체는 입방체여야 한다. 그렇지만 많은 경우에 실제로 도체로 된 시트, 다시 말하면 위에서 정의된 전류 시트의 층에서 코일로 감긴 도선의 얇은 층의 전기적 성질을 도출하는 것이 사실상 편리하다.

그러므로 어떤 형태의 표면이든지 전류 시트라고 간주할 수 있다. 이 표면의 한쪽을 양(陽)의 쪽이라고 정하면, 우리는 항상 표면에 그린 선은 그 표면의 양의 쪽에서 본 것이라고 가정한다. 폐곡면의 경우에, 바깥쪽을 양이라고 정한다. 그런데 294절에서는 전류의 방향이 시트의 음(陰)의 쪽에서 본 것으로 정의된다.

전류 함수

648. 평면 위의 한 고정점 A를 원점으로 정하고, 표면 위에서 A부터 다른 점 P까지 선을 그리자. 단위 시간 동안 이 선을 왼쪽에서 오른쪽으로 지나가는 전하의 양을 ϕ라고 하면, ϕ를 점 P에서 전류 함수라고 부른다.

전류 함수는 오직 점 P의 위치에만 의존하며, A에서 P까지 그린 선이, 전극을 통화하지 않고 연속적으로 어떤 다른 형태의 선으로 바꾸더라도 이 함수는 변하지 않는다. 왜냐하면 두 가지 형태의 선이 전극이 없는 표면을 둘러싸는데, 그 표면 내부에는 전극이 없고, 그러므로 한 선을 지나 이 표면으로 들어온 같은 양의 전하가 반드시 다른 선을 지나 표면 밖으로 나가야 하기 때문이다.

선 AP의 길이를 s로 표시하면, ds를 왼쪽에서 오른쪽으로 지나가는 전류는 $\dfrac{d\phi}{ds}ds$이다.

임의의 곡선에 대해 ϕ가 상수이면, 그 선을 지나가는 전류는 없다. 그런 곡선을 전류-선 또는 흐름-선이라고 부른다.

649. 시트의 임의의 점에서 전기 퍼텐셜을 ψ라고 하면, 한 곡선의 임의의 요소 ds를 따라 기전력은, 퍼텐셜의 차이에서 발생하는 것을 제외하고는 어떤 다른 기전력도 존재하지 않는다는 조건 아래,

$$-\frac{d\psi}{ds}ds$$

이다.

어떤 곡선에 대해 ψ가 상수이면, 이 곡선을 등전위선이라고 부른다.

650. 이제 시트 위의 점의 위치를 그 점에서 ϕ 값과 ψ 값으로 정의한다고 가정할 수 있다. 두 전류 선 ϕ와 $\phi+d\phi$ 사이에서 등전위선 ψ가 잘린 요소의

길이를 ds_1이라고 하고, 두 등전위선 ψ와 $\psi + d\psi$ 사이에서 전류선 ϕ가 잘린 요소의 길이를 ds_2라고 하자. ds_1와 ds_2를 시트의 요소 $d\phi \, d\psi$의 두 변이라고 생각해도 좋다. ds_2의 방향으로 기전력 $-d\psi$는 ds_1을 지나가는 전류 $d\phi$를 만든다.

시트 중에서 길이가 ds_2이고 폭이 ds_1인 부분의 저항이

$$\sigma \frac{ds_2}{ds_1}$$

이라고 하자. 여기서 σ는 단위 넓이에 적용된 시트의 비저항이다. 그러면

$$d\psi = \sigma \frac{ds_2}{ds_1} d\phi$$

가 성립하며 그래서

$$\frac{ds_1}{d\phi} = \sigma \frac{ds_2}{d\psi}$$

가 된다.

651. 시트가 모든 방향으로 똑같이 잘 전도(傳導)시키는 물질로 만든 것이라면, ds_1은 ds_2에 수직이다. 저항이 균일한 시트의 경우에는 σ가 상수이고, $\psi' = \sigma\psi$라면

$$\frac{ds_1}{ds_2} = \frac{d\phi}{d\psi'}$$

를 얻고, 흐름 선과 등전위선은 표면에 작은 정사각형들을 자르게 될 것이다.

이로부터 ϕ_1과 ψ_1'가 ϕ와 ψ'의 켤레 함수이면(183절), 곡선 ϕ_1은 시트에서 흐름 선이 될 수 있고, 그 흐름 선에 대해 곡선 ψ_1'는 대응하는 등전위선이다. 물론 $\phi_1 = \psi'$이고 $\psi_1' = -\phi$인 한 경우가 존재한다. 이 경우에 등전위선은 전류 선이 되고, 전류 선은 등전위선이 된다.[37]

어떤 특별한 경우에서든 형태와 관계없이 균일한 시트에서 전류 분포에 대한 풀이를 구했다면, 190절에서 설명한 방법에 따라 켤레 함수의 적절한 변환을 통하여 어떤 다른 경우에서든 간에 전류 분포를 도출할 수 있다.

652. 다음으로 전류가 전전으로 시트에 한정되었으면 전류 시트의 자기 작용을 구해야 한다.

이 경우 전류 함수 ϕ는 모든 점에서 확실한 값을 가지며, 비록 한 흐름 선이 교차할 수는 있지만 다른 흐름 선들은 서로 교차하지 않는 폐곡선이다.

두 흐름 선 ϕ와 $\phi + \delta\phi$ 사이의 고리 모양 부분을 생각하자. 시트에서 이 부분은 ϕ가 주어진 값보다 더 큰 양(陽) 방향으로 세기가 $\delta\phi$인 전류가 회전하며 흐르는 전도(傳導) 회로이다. 이 회로의 자기 효과는 자기 껍질의 물질이 포함되지 않은 어떤 점에서든 세기가 $\delta\phi$인 자기 껍질의 자기 효과와 같다. 그 자기 껍질이 전류 시트 중에서 ϕ의 값이 주어진 흐름 선에서 값보다 더 큰 전류 시트의 일부와 일치한다고 가정하자.

ϕ 값이 가장 큰 흐름 선에서 시작하여 ϕ 값이 가장 작은 흐름 선에서 끝날 때까지, 모든 연이은 흐름 선들을 그리면, 전류 시트를 일련의 회로들로 나누게 된다. 회로마다 각각 대응하는 자기 껍질로 바꾸면, 전류 시트의 두께에 포함되지 않은 임의의 점에서 전류 시트의 자기 효과는, C가 상수일 때 임의의 점에서 세기가 $C + \phi$인 복합된 자기 껍질의 자기 효과와 같은 것을 알게 된다.

전류 시트의 크기가 유한하면, 경계가 되는 곡선에서는 $C + \phi = 0$이 되어야 한다. 전류 시트가 폐곡면이거나 또는 무한히 넓은 표면이면, 상수 C 값을 정할 방법이 없다.

653. 전류 시트의 양쪽 어디서나 임의의 점에서 자기 퍼텐셜은, 415절에서와 마찬가지로 다음 표현

$$\Omega = \iint \frac{1}{r^2} \phi \cos\theta \, dS$$

로 주어지는데, 여기서 r는 표면의 요소 dS에서 주어진 점까지 거리이고, θ는 r의 방향과 dS의 양 방향으로 그린 법선의 방향 사이의 사잇각이다.

이 표현은 전류 시트의 두께에 포함되지 않은 모든 점에서 자기 퍼텐셜을 알려주며, 전류를 나르는 도체 내부의 점에서는 자기 퍼텐셜과 같은 것이 존재하지 않는다.

Ω 값이 전류 시트에서는 불연속인데, 왜냐하면 Ω_1이 전류 시트 바로 안쪽 점에서 값이고 Ω_2는 첫 번째 점과 가까우나 전류 시트 바로 바깥쪽 점에서 값일 때

$$\Omega_2 = \Omega_1 + 4\pi\phi$$

이기 때문인데, 여기서 ϕ는 시트의 그 점에서 전류 함수이다.

자기력에서 시트에 수직인 성분 값은 시트의 양쪽에서 모두 같아서 연속이다. 자기력에서 전류 선에 평행한 성분도 역시 연속인데, 그러나 전류 선에 수직인 접선 성분은 시트에서 불연속이다. s가 시트에 그린 곡선의 길이이면, 자기력에서 ds 방향 성분은, 음(陰)의 쪽에서는 $\dfrac{d\Omega_1}{ds}$이고, 양(陽)의 쪽에서는 $\dfrac{d\Omega_2}{ds} = \dfrac{d\Omega_1}{ds} + 4\pi\dfrac{d\phi}{ds}$이다.

그러므로 양의 쪽에서 자기력의 성분은 음의 쪽에서 자기력 성분보다 $4\pi\dfrac{d\phi}{ds}$만큼 더 크다. ds가 전류 서에 수직이면 그 점에서 이 양이 최대이다.

전도도가 무한히 큰 시트에서 전류의 유도에 대하여

654. 어떤 회로에서나, E가 작용한 기전력이고 p는 회로의 전기-운동 운동량, R는 회로의 저항, 그리고 i는 그 회로에 흐르는 전류일 때

$$E = \frac{dp}{dt} + Ri$$

임을 579절에서 보았다. 만일 작용한 기전력이 없고, 저항도 없으면 $\dfrac{dp}{dt} = 0$으로 p가 상수이다.

이제 회로의 전기-운동 운동량이 p는 회로를 통과하는 자기 유도에 대한 면적분으로 측정된다는 것을 588절에서 알았다. 그래서 저항이 없는 전

류 시트의 경우에, 표면에 그린 임의의 폐곡선을 통과하는 자기 유도에 대한 면적분은 상수여야 하고, 이것은 전류 시트의 모든 점에서 자기 유도의 법선 성분이 일정하게 유지됨을 암시한다.

655. 그래서 자석의 운동에 의하거나 주위 전류의 변화로 자기장이 어떤 방법으로든 변하면, 전류 시트에는 전류가 흐르기 시작한다. 그 전류의 자기 효과는 장(場) 내의 자석의 효과 또는 전류의 효과와 결합해서 시트의 모든 점에서 자기 유도의 법선 성분을 그대로 유지하게 된다. 만일 처음에는 어떤 자기 작용도 존재하지 않고 시트에 전류가 없으면, 자기 유도의 법선 성분은 시트의 모든 점에서 항상 0이 된다.

그래서 자기 유도는 시트를 침투하지 못한다고 생각해도 좋으며, 자기 유도선이 시트를 만나면 휘어지는 모습이 전류의 흐름 선이 무한히 크고 균일한 도체 덩어리에서 무한히 큰 저항을 지닌 물질로 만든 같은 형태의 시트를 도입하면 휘어지는 모습과 정확히 같다.

시트가 폐곡면이거나 무한히 넓은 표면이면, 시트의 한쪽에서 발생하는 어떤 자기 작용도 다른 쪽에 자기 효과를 만들어내지 못한다.

평면 전류 시트 이론

656. 우리는 전류 시트의 외부 자기 작용이 임의의 점에서 세기가 전류 함수인 ϕ와 같은 자기 껍질의 자기 작용과 같음을 보았다. 그 시트가 평면이면, 전자기 효과를 결정하는 데 필요한 모든 양을 단 하나의 함수 P로 표현할 수 있는데, 이 함수는 면 밀도가 ϕ인 평면 위에 가상적으로 퍼져 있는 물질이 만드는 퍼텐셜이다. 물론 P 값은

$$P = \iint \frac{\phi}{r} dx' dy' \tag{1}$$

이며, 여기서 r는 P가 계산되는 점 (x, y, z)에서 요소 $dx'\,dy'$를 취한 시트의 평면의 점 x', y'까지의 거리이다.

자기 퍼텐셜을 구하려면, 자기 껍질이 xy 평면에 평행인 두 표면으로 구성되는데, 첫 번째는 표면의 식이 $z = \dfrac{1}{2}c$이며 면 밀도가 $\dfrac{\phi}{c}$이고, 두 번째는 표면의 식이 $z = -\dfrac{1}{2}c$이고 면 밀도는 $-\dfrac{\phi}{c}$이다.

이 두 표면에 의한 퍼텐셜은 각각

$$\frac{1}{c}P_{\left(z - \frac{c}{2}\right)} \qquad \text{그리고} \qquad -\frac{1}{c}P_{\left(z + \frac{c}{2}\right)}$$

이며, 여기서 아래 첨자는 첫 번째 표현에서는 z 값으로 $z - \dfrac{c}{2}$를, 그리고 두 번째는 z 값으로 $z + \dfrac{c}{2}$를 가리킨다. 이 두 표현을 테일러 정리에 따라 전개한 다음에 서로 더하고, 그다음에 c를 무한히 작게 만들면, 시트 외부의 임의의 점에 대한 자기 퍼텐셜로

$$\Omega = -\frac{dP}{dz} \tag{2}$$

를 얻는다.

657. P라는 양은 시트가 만드는 평면에 대해 대칭이며, 그래서 z 대신 $-z$를 대입하더라도 같다.

자기 퍼텐셜인 Ω는 z 대신 $-z$를 대입하면 부호를 바꾼다.

시트의 양(陽) 쪽 표면에서

$$\Omega = -\frac{dP}{dz} = 2\pi\phi \tag{3}$$

이다.

시트의 음(陰) 쪽 표면에서는

$$\Omega = -\frac{dP}{dz} = -2\pi\phi \tag{4}$$

이다.

시트 내부에서는, 자기 효과가 시트를 만드는 물질의 자기화에서 발생한다면, 자기 퍼텐셜은 양(陽) 쪽 표면에서 $2\pi\phi$로부터 음 쪽 표면의 $-2\pi\phi$까

지 연속적으로 변한다.

시트가 전류를 포함하면, 시트 내부의 자기력은 퍼텐셜을 가질 조건을 만족하지 않는다. 그렇지만 시트 내부에서 자기력은 완벽히 정해진다.

법선 성분인

$$\gamma = -\frac{d\Omega}{dz} = \frac{d^2 P}{dz^2} \tag{5}$$

은 시트의 양쪽 모두에서 그리고 시트를 만드는 물질 전체를 통하여 다 같다.

α와 β가 양(陽)의 표면에서 x와 y에 평행한 성분이고, α'와 β'은 음(陰)의 표면에서 그러한 성분이라면

$$\alpha = -2\pi \frac{d\phi}{dx} = -\alpha' \tag{6}$$

$$\beta = -2\pi \frac{d\phi}{dy} = -\beta' \tag{7}$$

이다.

시트 내부에서는 그 성분들이 α와 β에서 α'와 β'까지 연속적으로 변한다.

다음 식들

$$\left.\begin{array}{l} \dfrac{dH}{dy} - \dfrac{dG}{dz} = -\dfrac{d\Omega}{dx} \\[2mm] \dfrac{dF}{dz} - \dfrac{dH}{dx} = -\dfrac{d\Omega}{dy} \\[2mm] \dfrac{dG}{dx} - \dfrac{dF}{dy} = -\dfrac{d\Omega}{dz} \end{array}\right\} \tag{8}$$

는 전류 시트가 만드는 벡터 퍼텐셜의 성분 F, G, H를 스칼라 퍼텐셜 Ω와 연결하는데, 이 식들은

$$F = \frac{dP}{dy}, \qquad G = -\frac{dP}{dx}, \qquad H = 0 \tag{9}$$

라고 놓으면 성립한다.

또한 직접 적분으로 이 값을 얻을 수도 있으며, 그래서 F에 대해서는

$$F = \iint \frac{u}{r} dx' dy' = \iint \frac{1}{r} \frac{d\phi}{dy} dx' dy'$$

$$= \int \frac{\phi}{r} dx' - \iint \phi \frac{d}{dy'} \frac{1}{r} dx' \, dy'$$

이다.

이 적분은 무한히 넓은 평면 시트에서 수행되므로, 그리고 첫 번째 항은 무한대에서 0이 되므로, 이 표현에서는 두 번째 항만 남고, 다음과 같이

$$-\frac{d}{dy'} \frac{1}{r} \quad \text{대신} \quad \frac{d}{dy} \frac{1}{r}$$

을 치환하고, ϕ는 x'와 y'에 의존하지만 x, y, z에는 의존하지 않는 것을 기억하면 (1) 식에 의해

$$F = \frac{d}{dy} \iint \frac{\phi}{r} dx' \, dy' = \frac{dP}{dy}$$

를 얻는다.

Ω'는 시트 외부의 어떤 자기 또는 전기 시스템이 원인인 자기 퍼텐셜이라면

$$P' = -\int \Omega' dz \tag{10}$$

라고 쓸 수 있고, 그러면 이 시스템에 대한 벡터 퍼텐셜의 성분으로

$$F' = \frac{dP'}{dy}, \quad G' = -\frac{dP'}{dx}, \quad H' = 0 \tag{11}$$

을 얻는다.

658. 이제 시트는 고정되어 있다고 가정하고, 시트의 임의의 점에서 기전력을 구하자.

X와 Y가 각각 x와 y에 평행한 기전력 성분이라고 하면, 598절에 의해

$$X = -\frac{d}{dt}(F + F') - \frac{d\psi}{dx} \tag{12}$$

$$Y = -\frac{d}{dt}(G + G') - \frac{d\psi}{dy} \tag{13}$$

를 얻는다.

시트의 전기저항이 균일하고 σ와 같으면

$$X = \sigma u, \quad Y = \sigma v \tag{14}$$

이며, 여기서 u와 v는 전류의 성분이고, ϕ가 전류 함수이면

$$u = \frac{d\phi}{dy}, \qquad v = -\frac{d\phi}{dx} \qquad (15)$$

이다.

그러나 전류 시트의 양(陽) 쪽 표면에서는 (3) 식에 의해

$$2\pi\phi = -\frac{dP}{dz}$$

이다. 그래서 (12) 식과 (13) 식을

$$-\frac{\sigma}{2\pi}\frac{d^2P}{dy\,dz} = -\frac{d^2}{dy\,dt}(P+P') - \frac{d\psi}{dx} \qquad (16)$$

$$\frac{\sigma}{2\pi}\frac{d^2P}{dx\,dz} = \frac{d^2}{dx\,dt}(P+P') - \frac{d\psi}{dy} \qquad (17)$$

라고 쓸 수도 있으며, 여기서 이 표현의 값은 시트의 양(陽) 쪽 표면에 대응하는 값이다.

이 두 식 중에서 첫 번째 식을 x에 대해 미분하고, 두 번째 식을 y에 대해 미분한 다음 그 결과를 더하면

$$\frac{d^2\psi}{dx^2} + \frac{d^2\psi}{dy^2} = 0 \qquad (18)$$

을 얻는다.

이 식을 만족하는 유일한 ψ 값은 평면의 모든 점에서 유한하고 연속적이며 무한히 먼 곳에서 없어져서

$$\psi = 0 \qquad (19)$$

이다.

그래서 균일한 전도도의 무한히 넓은 평면 시트에서 전류의 유도(誘導)는 시트의 서로 다른 부분에서 전기 퍼텐셜의 차이를 가져오지 않는다.

ψ에 이 값을 대입하고, (16) 식과 (17) 식을 적분하면

$$\frac{\sigma}{2\pi}\frac{dP}{z} - \frac{dP}{dt} - \frac{dP'}{dt} = f(z, t) \qquad (20)$$

을 얻는다.

시트에서 전룻값은 x 또는 y로 미분하여 구하므로, z와 t의 임의의 함수

는 사라진다. 그래서 그것은 고려하지 않는다.

또한 일종의 속도를 대표하는 $\dfrac{\sigma}{2\pi}$ 를 하나의 기호 R로 쓰면, P와 P' 사이의 식은

$$R\frac{dP}{dz} = \frac{dP}{dt} + \frac{dP'}{dt} \tag{21}$$

가 된다.

659. 우선 전류 시트에 작용하는 외부 자기(磁氣) 시스템이 존재하지 않는다고 가정하자. 그래서 $P' = 0$이라고 가정할 수 있다. 그러면 이 경우는 홀로 남겨진 시트에서 전류 시스템이 서로 상호유도로 작용하는데, 동시에 시트의 저항 때문에 에너지를 잃는 경우가 된다. 그 결과는 다음 식

$$R\frac{dP}{dz} = \frac{dP}{dt} \tag{22}$$

로 표현되며, 이 식의 풀이는

$$P = f(x, y, (z + Rt)) \tag{23}$$

이다.

그래서 시트의 양(陽) 쪽에서 좌표가 x, y, z인 임의의 점에서 시간 t 때 P의 값은 $x, y, (z+Rt)$인 점에서 시간이 $t = 0$ 때 P의 값과 같다.

그러므로 무한히 넓은 균일한 평면 시트에서 흐르기 시작하는 전류 시스템을 그대로 놓아두면, 시트의 양 쪽 임의의 점에서 자기 효과는 마치 시트에서 전류 시스템이 일정하게 유지되면서, 시트가 음(陰) 쪽의 법선 방향을 향해 일정한 속도 R로 움직이는 것과 같게 된다. 실제로는 전류가 약해져서 발생하는 전자기력의 감쇠는, 가상의 경우에 거리가 증가한 이유로 그 힘이 약해진 것으로 정확하게 대표된다.

660. (21) 식을 시간에 대해 적분하면

$$P + P' = \int R\frac{dP}{dz} dt \tag{24}$$

를 얻는다.

처음에는 P와 P'가 모두 0이라고 가정하고, 자석 또는 전자석이 갑자기 자기화되거나 무한히 먼 곳에서 가져와 P' 값을 갑자기 0에서 P'로 바꾼다면, (24) 식의 우변에 있는 시간 적분은 시간과 함께 없어지므로, 처음 순간에 시트의 표면에서

$$P = -P'$$

여야 한다.

그래서, P'가 도달하기로 되어 있는 시스템이 갑자기 도입되면 시트에 흐르기 시작하는 전류 시스템은, 그 시트의 표면에서 이 시스템의 자기 효과를 정확하게 상쇄시킨다.

그러므로 시트의 표면에서, 그리고 결과적으로 시트의 음(陰) 쪽 모든 점에서, 최초 전류 시스템은 양(陽) 쪽에서 자기 시스템의 자기 효과와 정확히 크기는 같고 부호는 반대인 효과를 만든다. 이것을 전류의 효과는 원래 시스템과 위치가 같으나 자기화의 방향과 전류의 방향에 대해서는 반대인 자기 시스템의 상(像)의 효과와 동등하다고 말하는 것으로 표현할 수 있다. 그런 상을 **부호가 음(陰)**인 상이라고 말한다.

시트의 양 쪽 점에서 전류의 효과는, 시트의 음 쪽에서 자기 시스템의 부호가 양인 상의 효과와 동등하며, 이 시트는 대응하는 두 점을 연결하는 선들을 수직으로 둘로 나눈다.

그러므로 시트의 양쪽 어디서나 시트의 전류가 원인으로 한 점에서 작용은, 그 점에서 시트의 반대쪽에 있는 자기 시스템의 상이 원인인 작용이라고 생각해도 좋은데, 이 상은 그 점이 시트가 양 쪽인지 음 쪽인지에 따라 부호가 양인 상이거나 부호가 음인 상이다.

661. 시트의 전도도가 무한대이면 $R = 0$이고, (24) 식의 두 번째 항은 0이며, 그래서 이 상(像)은 어떤 시간에서나 그 시트에서 전류의 효과를 대표한다.

실제 시트의 경우에, 저항 R는 어떤 유한한 값을 갖는다. 그래서 방금 설

명한 상은 단지 자기 시스템을 갑자기 도입한 뒤 처음 순간 동안의 전류의 효과를 대표한다. 전류는 즉시 줄어들기 시작하고, 만일 두 상이 원래 위치에서 시트에 그린 법선 방향으로 일정한 속도 R로 움직인다고 가정하면, 이렇게 줄어드는 효과는 정확하게 대표될 것이다.

662. 이제 우리는 시트의 양(陽) 쪽에, 위치나 세기는 어떤 방식으로 변하든 상관없는 자석 또는 전자석으로 된 임의의 시스템 M에 의해 시트에 유도된 전류 시스템을 조사할 준비가 되었다.

전과 마찬가지로, P'는 (3) 식, (9) 식 등등에 의해 이 시스템의 직접적인 작용을 도출하는 함수라고 하면, $\frac{dP'}{dt}\delta t$는 $\frac{dM}{dt}\delta t$에 의해 대표되는 시스템에 대응하는 함수가 된다. 시간 δt 동안에 M의 증분(增分)인 이 양은 직접 자기 시스템을 대표한다고 생각해도 좋다.

시간이 t일 때 시스템 $\frac{dM}{dt}\delta t$의 부호가 양인 상(像)이 시트의 음(陰)의 쪽에 형성된다고 가정하면, 이 상이 원인으로 생긴 시트의 양의 쪽에 놓인 임의의 점에서 자기 작용은, M의 변화 때문에, 그 변화 후 처음 순간 동안에 시트에서 흐르기 시작한 전류가 원인인 자기 작용과 동등하며, 이 상은 만일 그 상이 형성되자마자 일정한 속도 R로 z의 음(陰)의 방향으로 움직이기 시작하면, 시트에 흐르는 전류와 계속해서 동등하게 된다.

연이은 시간 요소들 하나하나마다 이런 종류의 상이 형성되면, 그리고 그 상이 형성되자마자 곧 속도 R로 시트로부터 멀어지기 시작하면, 우리는 상들의 흔적이라는 개념을 얻는데, 그 흔적의 마지막 것은 형성이 진행 중이지만, 나머지 모든 상은 마치 강체처럼 속도 R로 시트로부터 멀어진다.

663. P'가 종류와 관계없이 자기 시스템의 작용으로부터 발생하는 어떤 함수라면, 상들의 흔적 이론을 단순히 기호로 표현한 것인 다음 과정에 의해서, 시트에 흐르는 전류에서 발생하는 대응하는 함수 P를 구할 수 있다.

P_r가 위치가 $(x, y, z + R\tau)$인 점에서 시간이 $t-\tau$인 순간에 (시트에 흐르는 전류에서 발생하는 함수인) P의 값을 표시하고, P_r'가 위치가 $(x, y, -(z+R\tau))$인 점에서 시간이 $t-\tau$인 순간에 (자기 시스템에서 발생하는 함수인) P'의 값을 표시한다고 하자. 그러면

$$\frac{dP_r}{d\tau} = R\frac{dP_r}{dz} - \frac{dP_r}{dt} \tag{25}$$

이며 (21) 식은

$$\frac{dP_r}{d\tau} = \frac{dP_r'}{dt} \tag{26}$$

가 된다. 그리고 $\tau = 0$에서 $\tau = \infty$까지 τ에 대해 적분하면, 함수 P의 값으로

$$P = \int_0^\infty \frac{dP_r'}{dt} d\tau \tag{27}$$

를 얻는데, 그래서 (3) 식, (9) 식 등등에서처럼, 미분에 의해 전류 시트의 모든 성질을 구한다.

664. 여기서 시사하는 과정의 예로, 직선 위를 일정한 속도로 움직이는 세기가 1인 단 하나의 자극(磁極)의 경우를 생각하자.

시간이 t일 때 그 자극의 좌표가

$$\xi = \mathbf{u}t, \qquad \eta = 0, \qquad \zeta = c + \mathbf{w}t$$

라고 하자.

시간이 $t-\tau$일 때 형성된 이 자극의 상(像)의 좌표는

$$\xi = \mathbf{u}(t-\tau), \qquad \eta = 0, \qquad \zeta = -(c + \mathbf{w}(t-\tau) + R\tau)$$

이며, 점 (x, y, z)에서 이 상(像)까지 거리가 r이면

$$r^2 = (x - \mathbf{u}(t-\tau))^2 + (z + c + \mathbf{w}(t-\tau) + R\tau)^2$$

이다.

상의 흔적이 만드는 퍼텐셜을 구하기 위해서는

$$\frac{d}{dt} \int_0^\infty \frac{dr}{r}$$

를 계산해야 한다.

이제 $Q^2 = \mathbf{u}^2 + (R-\mathbf{w})^2$이라고 쓰면

$$\int_0^\infty \frac{d\tau}{r} = \frac{1}{Q} \log\{Qr + \mathbf{u}(x - \mathbf{u}t) + (R-\mathbf{w})(z + c + \mathbf{w}t)\}$$

인데, 이 표현에서 r의 값은 $r=0$이라고 놓고 구한다.

이 표현을 t에 대해 미분하고, $t=0$이라고 놓으면, 상(像)들의 흔적이 원인인 자기 퍼텐셜을

$$\Omega = \frac{1}{Q} \frac{Q\dfrac{\mathbf{w}(z+c) - \mathbf{u}x}{r} - \mathbf{u}^2 - \mathbf{w}^2 + R\mathbf{w}}{Qr + \mathbf{u}x + (R-\mathbf{w})(z+c)}$$

와 같이 구한다.

이 표현을 x 또는 z에 대해 미분하면, 임의의 점에서 각각 x 또는 z에 평행한 자기력 성분을 구하며, 이 표현들에서 $x=0$, $z=c$, $r=2c$라고 놓으면 움직이는 자극 자체에 작용하는 힘의 다음 성분 값

$$X = -\frac{1}{4c^2} \frac{\mathbf{u}}{Q+R-\mathbf{w}}\left\{1 + \frac{\mathbf{w}}{Q} - \frac{\mathbf{u}^2}{Q(Q+R-\mathbf{w})}\right\}$$

$$Z = -\frac{1}{4c^2}\left\{\frac{\mathbf{w}}{Q} - \frac{\mathbf{u}^2}{Q(Q+R-\mathbf{w})}\right\}$$

을 구한다.

665. 이 표현들에서 우리는 시간을 고려하기 전에 운동은 무한히 긴 시간 동안 계속되고 있었다고 가정하는 것을 잊어서는 안 된다. 그래서 $\mathbf{w}$를 양(陽)인 양으로 취하면 안 되는데, 그 이유는 만일 그렇다면 자극(磁極)은 유한한 시간 이내에 시트를 통과했어야 하기 때문이다.

$\mathbf{u}=0$이라고 놓고 $\mathbf{w}$는 음수이며 $X=0$이라고 놓으면,

$$Z = \frac{1}{4c^2} \frac{\mathbf{w}}{R+\mathbf{w}}$$

인데, 이것은 자극이 시트에 접근할 때 자극은 시트로부터 밀쳐짐을 의미한다.

이제 $w = 0$이라고 놓으면, $Q^2 = u^2 + R^2$이고

$$X = -\frac{1}{4c^2}\frac{uR}{Q(Q+R)} \quad \text{그리고} \quad Z = \frac{1}{4c^2}\frac{u^2}{Q(Q+R)}$$

이다.

성분 X는 자극에 자신의 운동 방향과 반대 방향으로 작용하는 억제력을 대표한다. 주어진 R 값에 대해 $u = 1.27R$일 때 X가 최대이다.

시트가 부도체이면 $R = \infty$이고 $X = 0$이다.

시트가 완전한 도체이면 $R = 0$이고 $X = 0$이다.

성분 Z는 시트가 자극에 작용하는 척력을 대표한다. 속도가 증가하면 Z도 증가하며, 속도가 무한대일 때 마침내 $\frac{1}{4c^2}$이 된다. Z는 R가 0일 때 같은 값을 갖는다.

666. 자극(磁極)이 시트와 평행한 곡선을 움직일 때, 계산이 더 복잡해지지만, 상(像)들의 흔적 중 가장 가까운 부분의 효과는 자극의 운동 방향과 반대인 방향으로 자극에 작용하는 힘을 만드는 것임을 쉽게 알 수 있다. 상들의 흔적 중에서 가장 가까운 것의 바로 뒤에 있는 부분의 효과는 축이 조금 전 자극의 운동 방향과 평행한 자석의 효과와 같은 종류이다. 이 자석의 가장 가까운 자극은 움직이는 자극과 같은 이름을 갖는 것이므로, 그 힘은 부분적으로는 척력과 부분적으로는 운동의 이전 방향과 평행하나 뒤쪽을 향하는 힘으로 구성된다. 이 힘은 억제력과 움직이는 자석의 경로 중에서 오목한 쪽을 향하는 힘으로 분해될 수 있다.

667. 우리 조사는 전도(傳導) 시트의 불연속 또는 경계의 이유로 전류 시스템이 완벽히 형성되지 못하는 경우를 풀 수 있도록 해주지 못한다.

그렇지만 자극이 시트의 가장자리에 평행하게 움직이면, 가장자리 옆쪽 전류는 약해질 것임을 알기는 어렵지 않다. 그래서 이런 전류가 원인인 힘

은 더 적어지고, 단지 더 작은 억제력이 존재할 뿐 아니라, 가장자리 바로 옆쪽에서 척력이 최소이므로, 자극은 가장자리 쪽으로 끌려가게 된다.

아라고*의 회전 원판 이론

668. 아라고는, 비록 원판이 움직이지 않으면 자석과 원판 사이에는 아무런 작용도 존재하지 않지만, 회전하는 금속 원판 가까이 놓인 자석은 원판의 운동을 따라가게 만드는 힘을 받는다는 것을 발견하였다.[38]

회전하는 원판에 대한 이런 작용은, 패러데이[39] 자기력 장에서 운동하는 원판에 유도된 전류를 이용하여 설명하기 전까지, 새로운 종류의 유도(誘導) 자기화 때문에 일어난다고 생각하였다.

이런 유도 전류의 분포와 그리고 자석에 대한 그 유도 전류의 효과를 정하기 위해, 움직이는 자석이 작용하는 정지한 도체 시트에 대해 이미 발견한 결과를 이용하면, 움직이는 좌표축에 적용한 전자기와 관련된 식들을 취급하기 위해 600절에서 설명한 방법을 활용할 수도 있다. 그렇지만 이 경우가 특별히 중요하므로, 우리는 이 경우를 자석의 극들이 원판의 가장자리에서 아주 멀리 있어서 도체 시트의 제한된 효과는 무시할 수 있는 직접 방식으로 취급하려 한다.

앞에서 설명에 사용한 표기법과 같은 표기법을 이용하면(656-667절), 각각 x와 y에 평행한 기전력 성분으로

$$\left.\begin{array}{l} \sigma u = \gamma \dfrac{dy}{dt} - \dfrac{d\psi}{dx} \\[2mm] \sigma v = -\gamma \dfrac{dx}{dt} - \dfrac{d\psi}{dy} \end{array}\right\} \tag{1}$$

를 구하는데, 여기서 γ는 원판에 수직으로 분해된 자기력 부분이다.

---

* 아라고(François Arago, 1786-1853)는 프랑스의 물리학자로서, 광선이 횡파임을 주장하고 아라고의 회전 원판이라고 부르는 맴돌이 전류 현상을 발견했다.

이제 u와 v를 전류 함수인 ϕ로 표현하면,

$$u = \frac{d\phi}{dy}, \qquad v = -\frac{d\phi}{dx} \tag{2}$$

가 되며, 원판이 z 축 주위로 각속도 ω로 회전하면

$$\frac{dy}{dt} = \omega x, \qquad \frac{dx}{dt} = -\omega y \tag{3}$$

이다.

(1) 식에 이 값들을 대입하면

$$\sigma \frac{d\phi}{dy} = \gamma \omega x \quad \frac{d\psi}{dx} \tag{4}$$

$$-\sigma \frac{d\phi}{dx} = \gamma \omega y - \frac{d\psi}{dy} \tag{5}$$

를 얻는다.

(4) 식을 x로 곱하고 (5) 식을 y로 곱해서 더하면

$$\sigma \left(x \frac{d\phi}{dy} - y \frac{d\phi}{dx} \right) = \gamma \omega (x^2 + y^2) - \left(x \frac{d\psi}{dx} + y \frac{d\psi}{dy} \right) \tag{6}$$

를 얻는다.

(4) 식을 y로 곱하고 (5) 식을 $-x$로 곱해서 더하면

$$\sigma \left(x \frac{d\phi}{dx} + y \frac{d\phi}{dy} \right) = x \frac{d\psi}{dy} - y \frac{d\psi}{dx} \tag{7}$$

를 얻는다.

이제

$$x = r\cos\theta, \qquad y = r\sin\theta \tag{8}$$

를 이용하여 이 식들을 r와 θ로 표현하면

$$\sigma \frac{d\phi}{d\theta} = \gamma \omega r^2 - r \frac{d\psi}{dr} \tag{9}$$

$$\sigma r \frac{d\phi}{dr} = \frac{d\psi}{d\theta} \tag{10}$$

가 된다.

r와 θ의 임의의 함수 χ를 가정하고

$$\phi = \frac{d\chi}{d\theta} \tag{11}$$

$$\psi = \sigma r \frac{d\chi}{dr} \tag{12}$$

라고 놓으면 (10) 식을 만족한다.

이 값들을 (9) 식에 대입하면, (9) 식은

$$\sigma \left(\frac{d^2\chi}{d\theta^2} + \frac{d}{dr} \left(r \frac{d\chi}{dr} \right) \right) = \gamma \omega r^2 \tag{13}$$

이 된다.

이 식을 σr^2으로 나누고 좌표 x와 y를 다시 살리면, 이 식은

$$\frac{d^2\chi}{dx^2} + \frac{d^2\chi}{dy^2} = \frac{\omega}{\sigma} \gamma \tag{14}$$

가 된다.

이 식이 이 이론의 기본 방정식이며 함수 χ와 원판에 수직으로 분해된 자기력의 성분 γ 사이의 관계를 표현한다.

Q가 원판의 양(陽) 쪽 임의의 점에서 면 밀도 χ로 원판에 분포된 가상의 물질이 원인인 퍼텐셜이라고 하자.

원판의 양(陽) 쪽 표면에서

$$\frac{dQ}{dz} = -2\pi\chi \tag{15}$$

이다.

그래서 (14) 식의 좌변은

$$\frac{d^2\chi}{dx^2} + \frac{d^2\chi}{dy^2} = -\frac{1}{2\pi} \frac{d}{dz} \left(\frac{d^2Q}{dx^2} + \frac{d^2Q}{dy^2} \right) \tag{16}$$

가 된다.

그러나 Q는 원판 외부의 모든 점에서 라플라스 방정식을 만족하므로

$$\frac{d^2Q}{dx^2} + \frac{d^2Q}{dy^2} = -\frac{d^2Q}{dz^2} \tag{17}$$

이며 (14) 식은

$$\frac{\sigma}{2\pi}\frac{d^3Q}{dz^3}=\omega\gamma \tag{18}$$

이 된다.

다시 한 번 더, Q는 분포 χ가 원인인 퍼텐셜이므로, 분포 ϕ 또는 $\dfrac{d\chi}{d\theta}$가 원인인 퍼텐셜은 $\dfrac{dQ}{d\theta}$가 될 것이다. 이로부터 원판의 전류가 만드는 자기 퍼텐셜로

$$\Omega_1 = -\frac{d^2Q}{d\theta\,dz} \tag{19}$$

를 구하고, 전류가 만드는 자기력의 원판에 수직인 성분은

$$\gamma_1 = -\frac{d\Omega}{dz}=\frac{d^2Q}{d\theta\,dz^2} \tag{20}$$

이다.

Ω_2는 외부 자석이 원인인 자기 퍼텐셜이면,

$$P= -\int \Omega_2 dz \tag{21}$$

라고 쓸 때, 자석이 만드는 자기력의 원판에 수직인 성분은

$$\gamma_2 = \frac{d^2P}{dz^2} \tag{22}$$

이 된다.

이제

$$\gamma = \gamma_1 + \gamma_2$$

인 것을 기억하면서 (18) 식을 쓰면

$$\frac{\sigma}{2\pi}\frac{d^3Q}{dz^3}-\omega\frac{d^3Q}{d\theta\,dz^2}=\omega\frac{d^2P}{dz^2} \tag{23}$$

이다.

z에 대해 두 번 적분하고 $\dfrac{\sigma}{2\pi}$ 대신 R라고 쓰면

$$\left(R\frac{d}{dz}-\omega\frac{d}{d\theta}\right)Q= \omega P \tag{24}$$

이다.

P와 Q 값을 r, θ, ζ로 표현하면

$$\zeta = z - \frac{R}{\omega}\theta \qquad (25)$$

일 때, ζ에 대해 적분해서 (24) 식은

$$Q = \int \frac{\omega}{R} P d\zeta \qquad (26)$$

이 된다.

669. 이 표현의 형태는 원판에 흐르는 전류의 자기 작용이 나선형으로 된 자기 시스템의 상들의 흔적의 자기 작용과 동등함을 보여준다.

자기 시스템이 세기가 1인 단 하나의 자극으로 구성된다면, 나선은 원판의 축이 축이고 자극을 통과하는 원통에 놓인다. 그 나선은 원판에서 자극의 광학적 상의 위치인 곳에서 시작할 것이다. 나선의 인접한 코일 사이에 축과 평행한 거리는 $2\pi\frac{R}{\omega}$이다. 흔적의 자기 효과는 마치 이 나선이 모든 곳에서 축에 수직인 방향으로 원통의 표면에서 접선 방향으로 자기화된 것과 같을 것인데, 이때 임의의 작은 부분의 자기 모멘트 값은 원판에 투영한 그 부분의 길이와 같다.

자극에 대한 효과를 계산하기는 복잡하지만, 그 효과에는 다음과 같은 것들이 포함되어 있음을 알기는 어렵지 않다.

(1) 원판의 운동 방향과 평행한 방향으로 끄는 힘.

(2) 원판으로부터 작용하는 척력.

(3) 원판의 축을 향하는 힘.

자극이 원판의 가장자리에 가까우면, 이 힘들 중 세 번째 힘은, 667에서 지적된 것처럼, 원판의 가장자리를 향하는 힘에 굴복된다.

아라고는 이 힘들을 모두 다 관찰했으며, 그는 1826년에 *Annales de Chimie et de Physique**에서 힘들에 관해 설명했다. 또한 Felici, in Tortolini's

---

* 이 책은 1789년 프랑스 파리에서 설립된 과학 저널이다.

Annals, iv, p. 173(1853)과 v. p. 35 또한 E. Jochmann, in *Crelle's Journal*, lxiii, pp. 158과 329, 그리고 Pogg. *Ann.* cxxii, p. 214(1864)를 보라. 나중 논문에서 전류 자체의 유도를 정하는 데 필요한 식들이 설명되어 있지만, 작용에서 이 부분은 이어지는 결과에 대한 계산에서는 생략되었다. 여기서 설명한 상(像) 방법은 *Proceedings of the Royal Society*(1872. 2. 15)에 발표되었다.

구형 전류 시트

670. ϕ를 구형(球形) 전류 시트의 임의의 점 Q에서 전류 함수라고 하고, P는 주어진 점에서 구 표면 위에 면 밀도 ϕ로 분포된 가상 물질의 시트가 원인인 퍼텐셜이고, 전류 시트의 자기 퍼텐셜과 벡터 퍼텐셜을 P로 구해야 한다고 하자.

a는 구의 반지름을 표시하고, r는 중심으로부터 준 점까지 거리이고, p는 전류 함수가 ϕ인 구에서 점 Q로부터 준 점까지 거리의 역수이다.

전류 시트를 구성하는 물질에 속하지 않는 임의의 점에서 전류 시트의 작용은 임의의 점에서 세기 값이 전류 함수와 같은 자기 껍질의 작용과 완벽히 똑같다.

자기 껍질과 점 P에 놓인 단위 자극 사이의 상호 퍼텐셜은, 410절에 의해

$$\Omega = \iint \phi \frac{dp}{da} dS$$

이다.

p는 r와 a에서 차수가 -1인 동차 함수이므로

$$a\frac{dp}{da} + r\frac{dp}{dr} = -p$$

즉

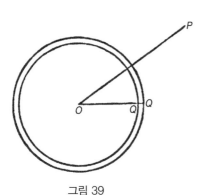

그림 39

$$\frac{dp}{da} = -\frac{1}{a}\frac{d}{dr}(pr)$$

그리고

$$\Omega = -\iint \frac{\phi}{a}\frac{d}{dr}(pr)dS$$

이다.

면적분을 하는 동안 r와 a는 상수이므로

$$\Omega = -\frac{1}{a}\frac{d}{dr}\left(r\iint \phi p\, dS\right)$$

이다.

그러나 면 밀도가 ϕ인 가상 물질로 된 시트가 원인인 퍼텐셜이 P라면

$$P = \iint \phi p\, dS$$

이고, 전류 시트의 자기 퍼텐셜 Ω는 P로

$$\Omega = -\frac{1}{a}\frac{d}{dr}(Pr)$$

와 같은 형태로 표현될 수 있다.

671. 벡터 퍼텐셜의 x 성분인 F를 416절에 나온 표현으로부터

$$F = \iint \phi\left(m\frac{dp}{d\zeta} - n\frac{dp}{d\eta}\right)dS$$

라고 정할 수 있는데, 여기서 ξ, η, ζ는 요소 dS의 좌표이고, l, m, n은 법선의 방향 코사인이다.

시트가 구(球) 모양이므로, 법선의 방향 코사인은

$$l = \frac{\xi}{a}, \qquad m = \frac{\eta}{a}, \qquad n = \frac{\zeta}{a}$$

이다.

그러나

$$\frac{dp}{d\zeta} = (z - \zeta)p^3 = -\frac{dp}{dz}$$

이고

$$\frac{dp}{d\eta} = (y-\eta)p^3 = -\frac{dp}{dy}$$

이어서

$$m\frac{dp}{d\zeta} - n\frac{dp}{d\eta} = (\eta(z-\zeta) - \zeta(y-\eta))\frac{p^3}{a}$$

$$= (z(\eta-y) - y(\zeta-z))\frac{p^3}{a}$$

$$= \frac{z}{a}\frac{dp}{dy} - \frac{y}{a}\frac{dp}{dz}$$

이며, $\phi\, dS$로 곱하고 구의 표면에 대해 적분하면

$$F = \frac{z}{a}\frac{dP}{dy} - \frac{y}{a}\frac{dP}{dz}$$

임을 알게 된다. 비슷하게

$$G = \frac{x}{a}\frac{dP}{dz} - \frac{z}{a}\frac{dP}{dx}$$

$$H = \frac{y}{a}\frac{dP}{dx} - \frac{x}{a}\frac{dP}{dy}$$

이다.

성분이 F, G, H인 벡터 $\mathfrak{A}$는 반지름 벡터 r와 수직이며, 성분이 $\dfrac{dP}{dx}$, $\dfrac{dP}{dy}$, $\dfrac{dP}{dz}$인 벡터에도 수직인 것은 명백하다. 반지름이 r인 구의 표면이 등차수열로 주어지는 P의 값에 대응하는 일련의 등전위 면들과 교차하는 선을 구하면, 이 선들의 방향이 $\mathfrak{A}$의 방향을 알려주고, 그 선들이 얼마나 빽빽한지가 $\mathfrak{A}$의 크기를 알려준다.

4원수 언어를 이용하면

$$\mathfrak{A} = \frac{1}{a}V\rho\nabla P$$

이다.

672. Y_i가 차수가 i인 구 조화함수일 때, 구 내부에서 P 값이

$$P = A\left(\frac{r}{a}\right)^i Y_i$$

라고 가정하면, 구 외부에서는

$$P' = A \left(\frac{a}{r} \right)^{i+1} Y_i$$

이다.

전류 함수 ϕ는

$$\phi = \frac{2i+1}{4\pi} \frac{1}{a} A Y_i$$

이다.

자기 퍼텐셜은 구 내부에서는

$$\Omega = -(i+1) \frac{1}{a} A \left(\frac{a}{r} \right)^i Y_i$$

이고 구 외부에서는

$$\Omega' = i \frac{1}{a} A \left(\frac{a}{r} \right)^{i+1} Y_i$$

이다.

예를 들어, 구 껍질 형태가 되도록 도선을 코일로 감아서 구 내부에 균일한 자기력 M을 만들어야 한다고 하자. 이 경우에 구 껍질 내부에서 자기 퍼텐셜은 형태가

$$\Omega = Mr \cos \theta$$

인 차수가 1인 고체 조화함수로, 여기서 M은 자기력이다. 그래서 $A = -\frac{1}{2} a^2 M$이고

$$\phi = \frac{3}{8\pi} Ma \cos \theta$$

이다.

그러므로 전류 함수는 구의 적도 평면에서 거리에 비례하고, 그러므로 임의의 두 개의 작은 원 사이에 도선을 감은 수는 이 두 원이 놓인 두 평면 사이의 거리에 비례해야 한다.

N이 코일을 감은 전체 수이고 γ는 코일 하나에 흐르는 전류의 세기이면

$$\phi = \frac{1}{2} N\gamma \cos \theta$$

이다.

그래서 코일 내부의 자기력은

$$M = \frac{4\pi}{3}\frac{N\gamma}{a}$$

이다.

673. 다음으로 구 내부에 차수가 2인 고체 띠 조화함수의 형태인 자기 퍼텐셜

$$\Omega = A\frac{r^2}{a^2}\left(\frac{3}{2}\cos^2\theta - \frac{1}{2}\right)$$

을 만들기 위해 도선을 감는 방법을 구하자. 여기서

$$\phi = \frac{5}{12\pi}A\left(\frac{3}{2}\cos^2\theta - \frac{1}{2}\right)$$

이다.

코일의 전체 감은 수가 N이면, 한쪽 극과 극각이 θ인 곳 사이에 감은 수는 $\frac{1}{2}N\sin^2\theta$이다.

위도가 45°에서 감긴 곳이 가장 가깝다. 적도에서는 감긴 곳의 방향이 바뀌며, 건너편 반구에서는 감긴 곳이 반대 방향이다.

도선에서 전류의 세기가 γ이면, 구 껍질 내부에서

$$\Omega = \frac{4\pi}{5}N\gamma\frac{r^2}{a^2}\left(\frac{3}{2}\cos^2\theta - \frac{1}{2}\right)$$

이다.

이제 구 껍질 내부 아무 데나 구의 축에 수직인 평면에 놓인 폐곡선 형태의 도체를 생각하자. 그 도체의 유도 계수를 구하기 위해서는 $\gamma = 1$이라고 놓고, 그 곡선이 경계인 평면에 대해 $\frac{d\Omega}{dz}$의 면적분을 구해야 한다.

이제

$$\Omega = \frac{4\pi}{5a^2}N\left(z^2 - \frac{1}{2}(x^2 + y^2)\right)$$

이고

$$\frac{d\Omega}{dz} = \frac{8\pi}{5a^2}Nz$$

이다.

그래서 S가 폐곡선의 넓이이면, 그 폐곡선의 유도 계수는

$$M = \frac{8\pi}{5a^2} NSz$$

이다.

이 도체에 흐르는 전류가 γ'이면, 583절에 의해 이 도체를 z 방향으로 미는 힘 Z가 존재하는데, 여기서

$$Z = \gamma\gamma' \frac{dM}{dz} = \frac{8\pi}{5a^2} NS\gamma\gamma'$$

이고, 이것은 x, y, z와 무관하므로, 이 힘은 이 회로가 구 껍질의 어디에 위치해 있거나 다 똑같다.

674. 세기가 I이고 z 방향으로 균일하게 자기화되었다고 가정된 물체를 그 물체의 표면의 형태를 보이고 전류 함수가

$$\phi = Iz \tag{1}$$

인 전류 시트에 대입하여, 푸아송이 제안하고 437절에서 설명한 방법을 전류 시트에 적용할 수 있다. 시트에 흐르는 전류는 xy 평면과 평행한 평면에 존재하며, 두께가 dz인 조각 둘레를 따라 흐르는 전류의 세기는 Idz이다.

이 전류 시트가 원인으로 생긴, 시트 외부의 임의의 점에서 자기 퍼텐셜은

$$\Omega = -I\frac{dV}{dz} \tag{2}$$

이다.

시트 내부의 임의의 점에서 자기 퍼텐셜은

$$\Omega = -4\pi Iz - I\frac{dV}{dz} \tag{3}$$

이다.

벡터 퍼텐셜의 성분은

$$F = -I\frac{dV}{dy}, \qquad G = I\frac{dV}{dx}, \qquad H = 0 \tag{4}$$

이다.

이 결과는 실제로 발생하는 몇 경우에 적용할 수 있다.

675. (1) 형태는 어떻든 평면 전류.

V가 형태는 어떻든 평면 시트가 원인이고 평면 시트의 면 밀도가 1인 퍼텐셜이라고 하자. 그러면 이 시트 대신 세기가 I인 자기 껍질을 대입하거나 그 껍질의 경계를 따라 흐르는 세기가 I인 전류를 대입하면, Ω 값과 F, G, H 값이 위에서 준 것이 된다.

(2) 반지름이 a인 고체 구에 대해, r가 a보다 더 크면

$$V = \frac{4\pi}{3}\frac{a^3}{r} \tag{5}$$

이고 r가 a보다 더 작으면

$$V = \frac{2\pi}{3}(3a^2 - r^2) \tag{6}$$

이다.

그래서 구(球)가 세기가 I이고 z에 평행하고 자기화되면, 자기 퍼텐셜은, 구 외부에서는

$$\Omega = \frac{4\pi}{3}I\frac{a^3}{r^3}z \tag{7}$$

이고 구 내부에서는

$$\Omega = \frac{4\pi}{3}Iz \tag{8}$$

이다.

자기화되는 대신, 구에 간격이 같은 원으로 도선을 감고, 두 작은 원이 놓인 평면 사이의 거리가 1일 때 전류의 총(總)세기가 I이면, 구 외부에서 Ω 값은 전과 같지만, 구 내부에서는

$$\Omega = -\frac{8\pi}{3}Iz \tag{9}$$

가 된다. 이것은 672절에서 이미 논의된 것이다.

(3) 주어진 선에 평행한 방향으로 균일하게 자기화된 타원체의 경우는 437절에 논의되었다.

그 타원체가 거리가 같고 평행한 평면에 도선으로 감기면, 타원체 내부

에서 자기력은 균일하게 된다.

(4) 원통형 자석 또는 솔레노이드

676. 단면은 어떤 형태이든지 물체가 원통이고 원통의 모선(母線)에 수직인 평면이 경계이면, 그리고 V_1이 점 (x, y, z)에서 솔레노이드의 양(陽) 쪽과 일치하는 면 밀도가 1인 평면 넓이가 원인인 퍼텐셜이고, V_2는 같은 점에서 솔레노이드의 음(陰) 쪽과 일치하는 면 밀도가 1인 평면 넓이가 원인인 퍼텐셜이면, 점 (x, y, z)에서 퍼텐셜은

$$\Omega = V_1 - V_2 \tag{10}$$

가 된다.

원통이 자기화된 물체인 것 대신에, 도선으로 균일하게 감겨서, 단위길이에 도선이 n번 감겨 있다면, 그리고 전류 γ가 도선을 통해 흐른다면, 솔레노이드 외부에서 자기 퍼텐셜은 전과 마찬가지로

$$\Omega = n\gamma(V_1 - V_2) \tag{11}$$

이지만, 솔레노이드가 경계인 내부 공간과 양쪽 평면인 끝에서는

$$\Omega = n\gamma(4\pi z + V_1 - V_2) \tag{12}$$

이다.

솔레노이드의 평면인 끝에서는 자기 퍼텐셜이 불연속적이지만, 자기력은 연속적이다.

각각 점 (x, y, z)에서 양의 끝 평면의 관성 중심까지와 음의 끝 평면의 관성 중심까지 거리인 r_1과 r_2가 솔레노이드의 가로 크기에 비하여 매우 크면

$$V_1 = \frac{A}{r_1}, \qquad V_2 = \frac{A}{r_2} \tag{13}$$

라고 쓸 수 있는데, 여기서 A는 두 단면 각각의 넓이이다.

그래서 솔레노이드 외부에서 자기력은 매우 작고, 솔레노이드 내부에서 자기력은 근사적으로 $4\pi n\gamma$와 같고 축에 평행이며 양(陽) 방향을 향한다.

솔레노이드의 단면이 반지름이 a인 원이면, V_1과 V_2의 값을 톰슨과 테이트의 *Natural Philosophy*(546절, Ex. II)에 나오는 구 조화함수의 급수로 $r < a$이면

$$V = 2\pi \left\{ -rQ_1 + a + \frac{1}{2}\frac{r^2}{a}Q_2 - \frac{1}{2}\frac{1}{4}\frac{r^4}{a^3}Q_4 + \frac{1}{2}\frac{1}{4}\frac{3}{6}\frac{r^6}{a^5}Q_6 + \text{등등} \right\} \quad (14)$$

과 같이 표현할 수 있고, $r > a$이면

$$V = 2\pi \left\{ \frac{1}{2}\frac{a^2}{r} - \frac{1}{2}\frac{1}{4}\frac{r^4}{r^3}Q_2 + \frac{1}{2}\frac{1}{4}\frac{3}{6}\frac{a^6}{r^5}Q_4 - \text{등등} \right\} \quad (15)$$

과 같이 표현할 수 있다.

이 두 표현에서 r는 솔레노이드의 원 모양인 두 끝 중 하나의 중심에서 점 (x, y, z)까지 거리이고, 띠 조화함수 Q_1, Q_2 등등은 r가 원통의 축과 만드는 각 θ에 대응하는 띠 조화함수들이다.

두 식 중 첫 번째는 $\theta = \frac{\pi}{2}$에서 불연속이지만, 솔레노이드 내부에서는 이 표현으로 도출된 자기력에 세로 힘 $4\pi n\gamma$를 더해야 한다는 것을 기억해야 한다.

677. 이제 아주 길어서 우리가 고려하는 공간의 부분에서 양 끝에서 거리에 의존하는 항들은 무시할 수 있는 솔레노이드를 고려하자.

솔레노이드 내부에서 그린 임의의 폐곡선을 통과하는 자기 유도는 $4\pi n\gamma A'$인데, 여기서 A'는 그 폐곡선을 솔레노이드의 축에 수직인 평면에 투영한 넓이이다.

폐곡선을 솔레노이드 외부에 그리면, 그 폐곡선이 솔레노이드를 포함하면, 폐곡선을 통과하는 자기 유도는 $4\pi n\gamma A$인데, 여기서 A는 솔레노이드의 단면의 넓이이다. 폐곡선이 솔레노이드를 둘러싸지 않으면, 그 폐곡선을 통과하는 자기 유도는 0이다.

솔레노이드에 도선이 n'번 감겨 있으면, 그 도선과 솔레노이드 사이의

유도 계수는

$$M = 4\pi nn' A \tag{16}$$

이다.

이렇게 감은 수가 솔레노이드의 감은 수인 n과 일치한다고 가정하면, 솔레노이드의 단위길이의 자체 유도 계수는, 양쪽 끝에서 충분히 먼 거리에서 취할 때

$$L = 4\pi n^2 A \tag{17}$$

이다.

솔레노이드의 양쪽 끝 부근에서는 솔레노이드의 평면 끝에서 자기의 가상 분포에 의존하는 항들을 고려해야 한다. 이 항들의 효과는 솔레노이드와 솔레노이드를 둘러싸는 회로 사이의 유도 계수를 $4\pi nA$ 값보다 더 작게만드는 것인데, 이 값은 회로가 아주 긴 솔레노이드의 양쪽 끝에서 아주 먼거리에 있을 때 갖는 값이다.

길이가 l로 같은 두 개의 동축 솔레노이드의 경우를 보자. 바깥쪽 솔레노이드의 반지름이 c_1이고, 이 솔레노이드를 단위길이마다 n_1번 도선으로 감았다고 하자. 안쪽 솔레노이드의 반지름은 c_2이고, 단위길이마다 이 솔레노이드를 n_2번 도선으로 감았다고 하면, 두 솔레노이드 사이의 유도 계수는, 양쪽 끝의 효과를 무시하면

$$M = Gg \tag{18}$$

인데, 여기서

$$G = 4\pi n \tag{19}$$

이고

$$g = \pi c_2^2 l\, n_2 \tag{20}$$

이다.

678. 솔레노이드의 양(陽) 쪽 끝의 효과를 구하려면 안쪽 솔레노이드의 끝

을 만드는 원판에 의해 바깥쪽 솔레노이드에 미치는 유도 계수를 계산해야 한다. 이를 위해서 (15) 식으로 준 V에 대한 두 번째 표현을 취하고, 그것을 r에 대해 미분한다. 그렇게 하면 반지름 방향의 자기력을 얻는다. 그다음에 이 표현을 $2\pi r^2 d\mu$로 곱하고, $\mu = 0$에서 $\mu = \dfrac{z}{\sqrt{z^2 + c_1^2}}$ 까지 μ에 대해 적분한다. 그렇게 하면 양(陽) 쪽 끝에서 거리가 z에 있는 바깥쪽 솔레노이드의 한 번 감긴 것에 대한 유도 계수를 얻는다. 그런 다음에 얻은 결과를 dz로 곱하고, $z = l$에서 $z = 0$까지 z에 대해 적분한다. 마지막으로 얻은 결과를 $n_1 n_2$로 곱하면 유도 계수를 감소시키는 데 이바지하는 양쪽 끝에서 한쪽 끝의 효과를 얻는다.

이처럼 두 원통 사이의 상호유도 계수 값이

$$M = 4\pi^2 n_1 n_2 c_2^2 (l - 2c_1 a) \tag{21}$$

임을 알게 되는데, 여기서

$$a = \frac{1}{2}\frac{c_2 + l - r}{c_2} + \frac{1}{2}\frac{3}{4}\frac{1}{2}\frac{1}{3}\frac{c_2^2}{c_1^2}\left(1 - \frac{c_1^3}{r^3}\right)$$

$$+ \frac{1}{2}\frac{3}{4}\frac{5}{6}\frac{1}{4}\frac{1}{5}\frac{c_2^4}{c_1^4}\left(\frac{5}{12} - \frac{2}{3}\frac{c_1^3}{r^3} + 4\frac{c_1^5}{r^5} - \frac{15}{4}\frac{c_1^7}{r^7}\right) + 등등 \tag{22}$$

이고, 간단히 하기 위해 $\sqrt{l^2 + c_1^2}$ 을 r라고 놓았다.

이 결과로부터, 두 개의 동축 솔레노이드의 상호유도를 계산하는데, (20) 식의 표현에서 실제 길이 l 대신에, 양쪽 끝 각각에서 ac_1 과 같은 부분을 잘라내어, 보정된 길이 $l - 2c_1 a$를 사용해야 되는 것처럼 보인다. 솔레노이드가 외부 반지름에 비해 매우 길면

$$a = \frac{1}{2} + \frac{1}{10}\frac{c_2^2}{c_1^2} + \frac{5}{768}\frac{c_2^4}{c_1^4} + 등등 \tag{23}$$

이 된다.

679. 솔레노이드가 그런 지름의 도선 여러 층으로 구성되어서 단위길이

당 n개의 층이 있을 때, 두께 dr에 포함된 층의 수는 $n\,dr$이며,

$$G = 4\pi \int n^2 dr \quad \text{그리고} \quad g = \pi l \int n^2 r^2 dr \tag{24}$$

가 된다.

도선의 두께가 일정하면, 그리고 유도는 바깥쪽과 안쪽 반지름이 각각 x와 y인 외부 코일과, 바깥쪽과 안쪽 반지름이 각각 y와 z인 내부 코일 사이에서 발생하면, 양 끝의 효과를 무시하면

$$Cg = \frac{4}{3}\pi^2 l\, n_1^2 n_2^2 (x-y)(y^3 - z^3) \tag{25}$$

이 성립한다.

그러면 x와 z가 주어지고, y는 변할 수 있으면 이것은

$$x = \frac{4}{3}y - \frac{1}{3}\frac{z^3}{y^2} \tag{26}$$

에서 최대이다.

이 식은 철심을 사용하지 않는 유도(誘導) 기계에 대해 제1코일의 깊이와 제2코일의 깊이 사이의 가장 좋은 관계를 제공한다.

만일 반지름이 z인 철심을 넣는다면, G는 전과 마찬가지로 유지되지만, 그러나

$$g = \pi l \int n^2 (r^2 + 4\pi \kappa z^2)\, dr \tag{27}$$

$$= \pi l\, n^2 \left(\frac{y^3 - z^3}{3} + 4\pi \kappa z^2 (y-z) \right) \tag{28}$$

이 된다. y가 주어진다면, g 값을 최대로 만드는 z 값은

$$z = \frac{2}{3}y\,\frac{18\pi\kappa}{18\pi\kappa + 1} \tag{29}$$

이다. 철의 경우처럼, κ가 큰 수일 때는 z는 거의 $z = \frac{2}{3}y$이다.

이제 x를 상수로 만들고, y와 z는 변할 수 있으면,

$$x : y : z :: 4 : 3 : 2 \tag{30}$$

일 때 Gg가 최댓값을 갖는다.

바깥쪽과 안쪽 반지름이 x와 y이고, 반지름이 z인 긴 철심을 갖는 긴 솔레노이드의 자체 유도 계수는

$$L = \frac{2}{3}\pi^2 l\, n^4 (x-y)^2 (x^2 + 2xy + 3y^2 + 24\pi\kappa z^2) \tag{31}$$

이다.

680. 우리는 지금까지 도선은 균일한 두께로 되어 있다고 가정하였다. 이제 제1코일 또는 제2코일의 정해진 저항값에 대해 상호유도 계수 값이 최대가 될 수 있도록, 층이 다르면 두께도 일정하지 않은 법칙을 구하자.

솔레노이드의 단위길이에 도선이 감긴 수가 n이면, 도선의 단위길이당 저항은 ρn^2이라고 하자.

전체 솔레노이드의 저항은

$$R = 2\pi l \int n^4 r\, dr \tag{32}$$

이다.

저항값 R가 주어질 때 G가 최대일 조건은 $\dfrac{dG}{dr} = C\dfrac{dR}{dr}$인데 여기서 C는 어떤 상수이다.

그래서 n^2은 $\dfrac{1}{r}$에 비례하는데, 즉 바깥쪽 코일을 만드는 도선의 지름은 그 반지름의 제곱근에 비례해야 한다.

그렇게 되려면, R 값이 주어질 때, g는

$$n^2 = C\left(r + 4\pi\kappa\frac{z^2}{r}\right) \tag{33}$$

이면 최대가 될 수도 있다. 그래서 철심이 없으면, 안쪽 코일을 만드는 도선의 지름은 반지름의 제곱근에 반비례해야 하지만, 높은 자기화 용량의 철심이 있으면, 도선의 지름은 층의 반지름의 제곱근에 거의 좀 더 정비례해야 한다.

무한히 긴 솔레노이드

681. 넓이가 A인 평면을, 평면을 지나가지는 않으나 자신의 평면에 놓인 축 주위로 회전시키면 입체가 만들어지고, 그 입체는 고리의 형태가 된다. 이 고리에 도선을 감아서 코일을 만들고, 코일의 감긴 부분들이 고리의 축을 지나가는 평면에 놓이면, n이 전체 감긴 수일 때, 도선의 각 층에 대한 전류 함수는 $\phi = \frac{1}{2\pi}n\gamma\theta$이며, 여기서 θ는 고리의 축 주위로 잰 방위각이다.

Ω가 고리 내부에서 자기 퍼텐셜이고, Ω'는 고리 외부에서 자기 퍼텐셜이면,

$$\Omega - \Omega' = 4\pi\phi + C = 2n\gamma\theta + C$$

가 성립한다. 고리 바깥에서는 Ω'가 반드시 라플라스 방정식을 만족해야 하고, 무한히 먼 곳에서는 0이 되어야 한다. 문제가 갖는 이런 성질로부터 자기 퍼텐셜은 오직 θ만의 함수이어야 한다. 이러한 조건을 만족하는 Ω'의 유일한 값은 0뿐이다. 그래서

$$\Omega' = 0, \qquad \Omega = 2n\gamma\theta + C$$

이다.

고리 내부의 임의의 점에서 자기력은 축을 통하여 지나가는 평면에 수직이며, $2n\gamma\frac{1}{r}$이 같은데, 여기서 r는 축까지의 거리이다. 고리 바깥에는 자기력이 존재하지 않는다.

폐곡선의 형태가 경로를 따라가는 점의 좌표 z, r, θ로 주어지면, 이 좌표들이 어떤 고정 점에서 그 점까지 거리인 s의 함수로 주어지면, 폐곡선을 통과하는 자기 유도는

$$2n\gamma\int_0^s \frac{z}{r}\frac{dr}{ds}ds$$

이고, 곡선 모두가 고리 내부에 있다는 조건 아래 곡선을 한 바퀴 돌면서 적분을 수행한다. 곡선이 모두 고리 외부에 있지만 고리를 둘러싸고 있다면,

폐곡선을 통과하는 자기 유도는

$$2\pi\gamma\int_0^r \frac{z'}{r'}\frac{dr'}{ds'}ds' = 2\pi\gamma a$$

인데, 여기서 윗점을 찍은 좌표는 폐곡선에 속하지 않고, 솔레노이드에서 한 번 감긴 도선에 속한다.

그러므로 고리를 둘러싸는 어떤 폐곡선이든 그 폐곡선을 통과하는 자기 유도는 모두 똑같고 그 값은 $2n\gamma a$인데, 여기서 a는 선형 양으로 $\int_0^{s'} \frac{z'}{r'}\frac{dr'}{ds'}ds'$ 이다. 폐곡선이 고리를 둘러싸지 않으면, 그런 고리를 통과하는 자기 유도는 0이다.

고리에 두 번째 도선을 어떤 방식으로든 감는데, 반드시 고리와 접촉하지 않아도 되며, 그러면 고리를 n'번 안게 된다. 이 도선을 통과하는 유도는 $2nn'\gamma a$이며, 그래서 한 코일이 다른 코일에 만드는 유도 계수 M은 $M = 2nn'a$가 된다.

이런 유도 계수는 두 번째 도선이나 도선들의 어떤 특정한 형태 또는 위치에는 상당히 독립적이므로, 전류가 흐르더라도 두 코일 사이에 작용하는 역학적 힘을 느끼지는 못한다. 두 번째 도선을 첫 번째 도선과 나란히 지나가게 만들면 고리 모양의 코일에 대한 자체 유도 계수를 얻는데, 그 값은

$$L = 2n^2a$$

이다.

13장

평행 전류

원통형 도체

682. 대단히 중요한 전기적 배열에서 거의 균일한 단면을 갖는 둥근 도선을 따라, 직선이거나 또는 도선의 단면의 반지름에 비해 도선의 축 중심의 곡률이 매우 큰 모양의 도선에서 전류가 전달된다. 그런 배열을 수학적으로 다루기 위한 준비로, 평행으로 놓인 매우 긴 도선 두 개와 양쪽 끝에서 두 도선을 연결하는 부품으로 이루어진 회로의 경우를 먼저 다루자. 그리고 회로 중에서 두 도체의 양쪽 끝으로부터 아주 먼 부분만을 대상으로 하는데, 도선이 무한히 길지는 않다는 사실이 힘의 분포에 어떤 감지될 만한 변화도 초래하지 않는다.

두 도체의 방향과 평행한 방향을 z 축으로 취하면, 배열의 대칭성으로부터 장(場)에서 우리가 고려하는 부분에서는 모든 것이 벡터 퍼텐셜에서 z 축에 평행한 성분인 H에 의존할 것이다.

자기 유도의 성분은, (A) 식에 의해

$$a = \frac{dH}{dy} \qquad (1)$$

$$b = -\frac{dH}{dx} \qquad (2)$$

$$c = 0$$

가 된다.

일반성을 기하기 위해 자기 유도의 계수가 μ라고 가정하면 $a = \mu\alpha$, $b = \mu\beta$가 되는데, 여기서 α와 β는 자기력의 성분이다.

607절의 전류에 대한 (E) 식으로부터

$$u = 0, \qquad v = 0, \qquad 4\pi w = \frac{d\beta}{dx} - \frac{d\alpha}{dy} \qquad (3)$$

가 된다.

683. 만일 전류가 z 축으로부터 거리인 r의 함수이고,

$$x = r\cos\theta, \qquad \text{그리고} \qquad y = r\sin\theta \qquad (4)$$

라고 쓰며, z 축을 통과하는 평면에 수직하게 측정된 θ 방향으로 작용하는 자기력이 β이면

$$4\pi w = \frac{d\beta}{dr} + \frac{1}{r}\beta = \frac{1}{r}\frac{d}{dr}(\beta r) \qquad (5)$$

를 얻는다.

xy 평면에 그린 중심이 원점이고 반지름이 r인 원이 경계인 단면을 통하여 흐르는 전체 전류가 C라면

$$C = \int_0^r 2\pi r w \, dr = \frac{1}{2}\beta r \qquad (6)$$

이다.

그러므로 공동 축이 z 축인 원통형 층들에 배열된 전류 때문에 주어진 점에 생기는 자기력은 단지 축과 주어진 점 사이에 놓인 층에 흐르는 전류의 전체 세기에만 의존하고, 다른 원통형 층들의 전류 분포에는 의존하지 않는다.

예를 들어, 도체가 반지름이 a인 균일한 도선이고, 그 도체를 통해 흐르

는 전체 전류가 C라고 하면, 전류가 단면의 모든 부분에 균일하게 분포되어 있을 때, w는 상수가 되고 그 값은

$$C = \pi w a^2 \tag{7}$$

이다.

r가 a보다 더 작을 때, 반지름이 r인 원형 단면을 통해 흐르는 전류는 $C' = \pi w r^2$이다. 그러므로 도선 내부 어디서나

$$\beta = \frac{2C'}{r} = 2C\frac{r}{a^2} \tag{8}$$

이고 도선 외부에서는

$$\beta = 2\frac{C}{r} \tag{9}$$

이다.

도선을 만드는 물질 내부에는 자기 퍼텐셜이 존재하지 않는데, 왜냐하면 전류를 나르는 도체 내부에서는 자기력이 퍼텐셜을 갖는다는 조건을 만족하지 않기 때문이다.

도선 외부에서는 자기 퍼텐셜이

$$\Omega = 2C\theta \tag{10}$$

이다.

도선 대신 도체가 외부 반지름과 내부 반지름이 각각 a_1과 a_2인 금속관이라고 가정하면, 관 모양의 도체를 통해 흐르는 전류가 C일 때

$$C = \pi w (a_1^2 - a_2^2) \tag{11}$$

이다. 관 내부에서 자기력은 0이다. 관을 만든 금속 내부에서는, r가 a_1과 a_2 사이에 있을 때

$$\beta = 2C\frac{1}{a_1^2 - a_2^2}\left(r - \frac{a_2^2}{r}\right) \tag{12}$$

이며, 관의 외부에서는

$$\beta = 2\frac{C}{r} \tag{13}$$

인데, 이것은 전류가 속이 비지 않은 도선을 흐를 때와 같다.

684. 자기 유도는 어떤 점에서나 $b = \mu\beta$이며, (2) 식에 의해

$$b = -\frac{dH}{dr} \tag{14}$$

이므로

$$H = -\int \mu\beta \, dr \tag{15}$$

이다.

관 외부에서 H 값은

$$A - 2\mu_0 C \log r \tag{16}$$

인데, 여기서 μ_0는 관 외부 공간에서 μ 값이며, A는 그 값이 돌아오는 전류의 위치에 의존하는 상수이다.

관을 만드는 물질 내부에서는

$$H = A - 2\mu_0 C \log a_1 + \frac{\mu C}{a_1^2 - a_2^2}\left(a_1^2 - r^2 + 2a_2^2 \log \frac{r}{a_1}\right) \tag{17}$$

이다.

관 내부 공간에서 상수인 H 값은

$$H = A - 2\mu_0 C \log a_1 + \mu C\left(1 + \frac{2a_2^2}{a_1^2 - a_2^2} \log \frac{a_2}{a_1}\right) \tag{18}$$

이다.

685. 첫 번째 도체에 평행한 관 또는 도선을 통해 돌아오는 전류에 의해 회로가 완성되었다고 하자. 두 전류의 축 사이의 거리는 b이다. 시스템의 운동 에너지를 구하려면 다음 적분

$$T = \frac{1}{2}\iiint Hw \, dx \, dy \, dz \tag{19}$$

를 계산해야 한다.

시스템에서 도체의 축에 수직인 두 평면 사이에 놓인 부분으로 우리 관심을 제한하면, 두 평면 사이의 거리가 l일 때 운동 에너지에 대한 이 표현은

$$T = \frac{1}{2} l \iint Hw \, dx \, dy \qquad (20)$$

가 된다.

돌아오는 전류에 관한 양을 대표하는 문자에 강조 표시 $'$를 붙이면 이 식은

$$\frac{2T}{l} = \iint Hw' \, dx' \, dy' + \iint H'w \, dx \, dy + \iint Hw \, dx \, dy$$
$$+ \iint H'w' \, dx' \, dy' \qquad (21)$$

가 된다.

관 외부의 임의의 점에 대한 전류의 작용은 같은 전류가 관의 축에 다 모여서 흐르는 경우와 똑같아서, 돌아오는 전류의 단면에 대한 H의 평균값은 $A - 2\mu_0 C \log b$이고, 양(陽)의 전류의 단면에 대한 H'의 평균값은 $A' - 2\mu_0 C' \log b$이다.

그래서, T에 대한 표현 중 처음 두 항을

$$AC' - 2\mu_0 CC' \log b, \quad \text{그리고} \quad A'C - 2\mu_0 CC' \log b$$

라고 쓸 수 있다.

나중 두 항을 평소와 같은 방법으로 적분하고, $C + C' = 0$을 기억하면서 그 결과를 더하면 운동 에너지 T에 대한 값을 얻는다. 두 도체로 이루어진 시스템의 자체 유도 계수가 L일 때 이것을 $\frac{1}{2} LC^2$이라고 쓰면. 시스템의 단위길이당 L 값으로

$$\frac{L}{l} = 2\mu_0 \log \frac{b^2}{a_1 a_1{'}} + \frac{1}{2} \mu \frac{a_1^2 - 3a_2^2}{a_1^2 - a_2^2} + \frac{4a_2^4}{(a_1^2 - a_2^2)^2} \log \frac{a_1}{a_2}$$
$$+ \frac{1}{2} \mu' \frac{a_1{'}^2 - 3a_2{'}^2}{a_1{'}^2 - a_2{'}^2} + \frac{4a_2{'}^4}{(a_1{'}^2 - a_2{'}^2)^2} \log \frac{a_1}{a_2{'}} \qquad (22)$$

을 얻는다.

도체가 속이 찬 도선이어서 a_2와 $a_2{'}$이 0이면

$$\frac{L}{l} = 2\mu_0 \log \frac{b^2}{a_1 a_1{'}} + \frac{1}{2} (\mu + \mu') \qquad (23)$$

이다.

자체 유도를 계산하는 데 자기 유도를 고려해야 하는 것은 철로 된 도선뿐이다. 다른 경우에는 μ_0, μ, μ' 을 모두 1과 같다고 놓아도 좋다. 도선의 반지름이 더 작을수록, 그리고 두 도선 사이의 거리가 더 멀수록, 자체 유도는 더 커진다.

도선의 두 부분 사이의 척력 X 구하기

686. 580절에 의해 b를 증가시키려는 힘을 구하면

$$X = \frac{1}{2}\frac{dL}{db}C^2 = 2\mu_0 \frac{l}{b}C^2 \tag{24}$$

인데, 이것은 공기에서처럼 $\mu_0 = 1$이면 앙페르의 공식과 일치한다.

687. 두 도선의 길이가 그들 사이의 거리보다 매우 길면, 전류의 작용으로 발생하는 도선들의 장력을 구하는 데 자체 유도 계수를 사용할 수 있다.

Z가 그 장력이면

$$Z = \frac{1}{2}\frac{dL}{dl}C^2 = C^2\left\{\mu_0 \log\frac{c^2}{a_1 a_1'} + \frac{\mu}{2}\right\} \tag{25}$$

이다.

앙페르의 실험 중 하나에서, 서로 평행인 두 도체는 수은이 담긴 두 개의 용기와 위로 떠서 다리 역할을 하는 도선이 두 용기를 연결한다. 전류를 두 용기 중 하나의 끝으로 들여보내서, 전류는 떠 있는 도선의 한쪽 끝에 도달하고, 떠 있는 다리를 통해 다른 용기로 전달된 다음, 두 번째 용기로 돌아오는데, 이때 떠 있는 사다리는 용기를 따라 움직여서 전류가 흐르는 수은 부분의 길이를 더 짧게 만들 수도 있다.

테이트 교수는 도선을 수은으로 채운 떠 있는 유리 사이펀으로 교체해서 이 실험의 전기적 조건을 간단하게 만들었다. 그래서 전류는 이동하는 경로 전체에서 수은을 통해 전달된다.

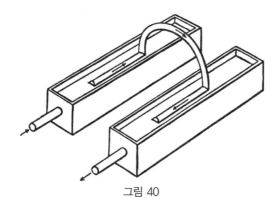

그림 40

이 실험은 같은 곧은 선(線)상을 흐르는 전류의 두 요소는 서로 밀쳐내고, 그래서 같은 선상의 두 요소 사이에 그런 척력이 존재함을 가리키는 앙페르 공식이, 직선 위의 두 요소 사이에는 아무런 작용도 하지 않는다는 그라스만의 공식보다 더 옳음을 보여주기 위해 종종 제시된다.

그러나 앙페르의 공식과 그라스만 공식이 모두 폐회로에 대해서는 같은 결과를 내고, 우리 실험에서는 단지 폐회로만 이용하므로, 이 실험의 어떤 결과도 두 이론 중 하나가 다른 하나보다 더 옳다고 편을 들 수 없다.

실제로, 두 공식 모두 척력으로 앞에서 이미 설명한 것과 아주 똑같은 값에 이르게 하는데, 그 실험에서는 평행한 두 도체 사이의 거리인 b가 중요한 요소인 것처럼 보인다.

두 도체의 길이가 그들이 떨어진 거리와 비교하여 매우 크지 않으면, L의 값의 형태는 훨씬 더 복잡해진다.

688. 두 도체 사이의 거리가 가까워지면, L 값도 줄어든다. 이런 감소의 극한값은 두 도선이 접촉하거나 또는 $b = a_1 + a_2$일 때이다. 이 경우에

$$L = 2l \log\left(\frac{(a_1 + a_2)^2}{a_1 + a_2} + \frac{1}{2}\right) \tag{26}$$

이다. 이것은 $a_1 = a_2$일 때 최솟값이며, 그 경우에는

$$L = 2l\left(\log 4 + \frac{1}{2}\right) = 2l(1.8863) = 3.7726\,l \qquad (27)$$

이다.

이것이 이중(二重)으로 감고, 도선의 전체 길이가 $2l$인 둥근 도선의 가장 작은 자체 유도 값이다. 도선의 두 부분이 서로 절연되어야 하므로, 자체 유도가 실제로는 결코 이 한곗값에 도달할 수는 없다. 둥근 도선 대신에 폭이 크고 평평한 금속 띠를 사용하면, 자체 유도는 끝없이 감소할 수 있다.

원통형 도체를 따라서 세기가 변화하는 전류를 만드는 데 요구되는 기전력에 대하여

689. 도선에 흐르는 전류의 세기가 변하면, 전류 자신에 대한 전류의 유도에서 발생하는 기전력은 도선의 서로 다른 부분에서 서로 다르며, 일반적으로 시간의 함수일 뿐 아니라 도선의 축으로부터 거리의 함수이기도 하다. 원통형 도체가 한 꾸러미의 도선으로 구성되어 모두 같은 회로의 부분을 형성하면, 전류는 꾸러미 단면의 모든 부분에서 균일한 세기가 같도록 강제되고, 우리가 지금까지 사용한 계산 방법을 엄격하게 적용할 수 있다. 그렇지만 원통형 도체가 속이 꽉 찬 질량으로 전류는 기전력이 시키는 대로 자유롭게 흐르면, 원통의 축으로부터 거리가 다른 곳에서는 전류의 세기도 같지 않고, 기전력 자신도 도선에서 서로 다른 원통형 층에 전류가 어떻게 분포되었는지에 의존하게 된다.

벡터 퍼텐셜 H와 전류의 밀도 w, 그리고 임의의 점에서 기전력이 시간의 함수이고 또한 도선의 축으로부터 거리의 함수임을 고려해야 한다.

도선의 단면을 통과하는 전체 전류 C와, 회로를 돌아가며 작용하는 기전력 E는 모두 변수로 취급해야 하며, 그들 사이의 관계를 우리가 찾아내야 한다.

H의 값이

$$H = S + T_0 + T_1 r^2 + 등등 + T_n r^{2n} \tag{1}$$

이라고 가정하자. 여기서 S, T_0, T_1 등등은 시간의 함수이다.

그러면 다음 식

$$\frac{d^2 H}{dr^2} + \frac{1}{r}\frac{dH}{dr} = -4\pi w \tag{2}$$

로부터

$$-\pi w = T_1 + 등등 + n^2 T_n r^{2n-2} \tag{3}$$

임을 알게 된다.

ρ가 단위 부피마다 물질의 비저항을 표시한다면, 임의의 점에서 기전력은 ρw이고, 598절의 (B) 식에 의해, 이것을 전기 퍼텐셜과 벡터 퍼텐셜 H로

$$\rho w = -\frac{d\Psi}{dz} - \frac{dH}{dt} \tag{4}$$

표현하거나 또는

$$-\rho w = \frac{d\Psi}{dz} + \frac{dS}{dt} + \frac{dT_0}{dt} + \frac{dT_1}{dt} r^2 + 등등 + \frac{dT_n}{dt} r^{2n} \tag{5}$$

으로 표현할 수 있다.

(3) 식과 (5) 식에서 r의 멱수가 같은 항의 계수를 비교하면

$$T_1 = \frac{\pi}{\rho}\left(\frac{d\Psi}{dx} + \frac{dS}{dt} + \frac{dT_0}{dt}\right) \tag{6}$$

$$T_2 = \frac{\pi}{\rho}\frac{dT_1}{dt} \tag{7}$$

$$T_n = \frac{\pi}{\rho}\frac{1}{n^2}\frac{dT_{n-1}}{dt} \tag{8}$$

가 된다.

그러므로

$$\frac{dS}{dt} = -\frac{d\Psi}{dz} \tag{9}$$

$$T_0 = T, \quad T_1 = \frac{\pi}{\rho}\frac{dT}{dt}, \quad \cdots \quad T_n = \frac{\pi^n}{\rho^n}\frac{1}{(n)^2}\frac{d^n T}{dt^n} \tag{10}$$

라고 쓸 수 있다.

690. 전체 전류 C를 구하려면, 반지름이 a인 도선의 단면에 대해 w를

$$C = 2\pi \int_0^a wr\, dr \qquad (11)$$

와 같이 적분해야 한다.

(3) 식을 이용하여 πw 값을 대입하면

$$C = -(T_1 a^2 + 등등 + n T_n a^{2n}) \qquad (12)$$

을 얻는다.

도선 외부의 임의의 점에서 H의 값은 단지 총전류 C에만 의존하며, 도선 내부에서 전류가 분포된 방식에는 의존하지 않는다. 그래서 도선이 표면에서 H값은 AC라고 가정해도 좋은데, 여기서 A는 회로의 일반적인 형태로부터 계산으로 정해야 하는 상수이다. $r = a$일 때 $H = AC$라고 놓으면

$$AC = S + T_0 + T_1 a^2 + 등등 + T_n a^{2n} \qquad (13)$$

을 얻는다.

이제 α는 도선의 단위길이의 전도성 값이라고 하고 $\dfrac{\pi a^2}{\rho} = \alpha$ 라고 놓자. 그러면

$$C = -\left(\alpha \frac{dT}{dt} + \frac{2\alpha^2}{1^2 2^2} \frac{d^2 T}{dt^2} + 등등 + \frac{n\alpha^n}{(n)^2} \frac{d^n T}{dt^n} + 등등 \right) \qquad (14)$$

$$AC - S = T + \alpha \frac{dT}{dt} + \frac{\alpha^2}{1^2 2^2} \frac{d^2 T}{dt^2} + 등등 + \frac{\alpha^n}{(n)^2} \frac{d^n T}{dt^n} + 등등 \qquad (15)$$

을 얻는다.

이 두 식에서 T를 소거하면

$$\alpha\left(A\frac{dC}{dt} - \frac{dS}{dt} \right) + C + \frac{1}{2}\alpha\frac{dC}{dt} - \frac{1}{12}\alpha^2\frac{d^2 C}{dt^2} + \frac{1}{48}\alpha^3\frac{d^3 C}{dt^3}$$
$$- \frac{1}{180}\alpha^4\frac{d^4 C}{dt^4} + 등등 = 0 \qquad (16)$$

을 얻는다.

l을 회로의 전체 길이, R를 회로의 저항, E는 전류의 자신에 대한 유도를 제외한 다른 원인에 의해 생긴 기전력이면,

$$\frac{dS}{dt} = -\frac{E}{l}, \qquad \alpha = \frac{l}{R} \tag{17}$$

$$E = RC + l\left(A + \frac{1}{2}\right)\frac{dC}{dt} - \frac{1}{12}\frac{l^2}{R}\frac{d^2C}{dt^2} + \frac{1}{48}\frac{l^3}{R^2}\frac{d^3C}{dt^3} - \frac{1}{180}\frac{d^4C}{dt^4} + \text{등등} \tag{18}$$

이 된다.

이 식의 우변의 첫째 항인 RC는 옴의 법칙에 따라 저항을 극복하는 데 필요한 기전력을 표현한다.

두 번째 항인 $l\left(A + \frac{1}{2}\right)\frac{dC}{dt}$는 전류가 도선 단면의 모든 점에서 균일한 세기를 갖는다는 가정 아래 회로의 전기 - 운동 운동량을 증가시키는 데 사용되는 기전력을 표현한다.

나머지 항들은 이 값의 보정을 표현하는데, 그 보정은 도선의 축으로부터 거리가 다르면 전류의 세기도 같지 않다는 사실을 반영한다. 실제 전류들의 시스템에서는, 단면 전체에서 전류의 세기가 균일하다는 조건을 부여한 가상의 시스템보다 더 많은 자유도를 갖는다. 그래서 전류의 세기가 빨리 바뀌는 데 필요한 기전력은 가상의 시스템에서 요구되는 것보다 약간 더 작다.

기전력에 대한 시간 적분과 전류에 대한 시간 적분 사이의 관계는

$$\int E dt = R \int C dt + l\left(A + \frac{1}{2}\right)C - \frac{1}{12}\frac{l^2}{R}\frac{dC}{dt} + \text{등등} \tag{19}$$

이다.

이 시간이 시작하기 전에 전류가 일정한 값 C_0라면, 그리고 이 시간 동안에 전류는 값 C_1까지 올라가고, 그 값으로 일정하게 유지된다면, C의 미분 계수와 관계되는 항들은 양쪽 한곗값에서 모두 0이고

$$\int E dt = R \int C dt + l\left(A + \frac{1}{2}\right)(C_1 - C_0) \tag{20}$$

가 되며, 마치 전류가 도선 전체에 균일한 경우의 기전력 충격과 같은 값이다.

평면에 놓인 두 도형의 기하 평균에 대하여[40]

691. 임의의 단면을 갖는 직선 도체에 흐르는 전류가 그와 평행이면 역시 임의의 단면을 갖는 다른 도체에 흐르는 전류에 미치는 전자기 작용을 계산하기 위해, 다음 적분

$$\iint \iint \log r \, dx \, dy \, dx' \, dy'$$

을 구해야 하는데, 여기서 $dx \, dy$는 첫 번째 단면의 넓이 요소이고 $dx' \, dy'$는 두 번째 단면의 넓이 요소이며 r는 두 요소 사이의 거리인데, 이 적분은 처음에는 첫 번째 단면의 모든 요소에 대해 수행하고, 그다음에 두 번째 단면의 모든 요소에 대해 수행한다.

이제 이 적분이

$$A_1 A_2 \log R$$

과 같도록 선(線) R를 정하자. 여기서 A_1과 A_2는 두 단면의 넓이이고, R의 길이는 어떤 길이 단위를 사용하든, 그리고 어떤 시스템의 로가리듬을 사용하든 같게 된다. 두 단면을 똑같은 크기의 요소들로 나눈다고 가정하면, R의 로그를 요소 쌍의 수로 곱하면 요소들의 모든 쌍의 거리의 로그를 더한 것과 같아진다. 여기서 R를 요소들 쌍 사이의 모든 거리의 기하 평균이라고 생각해도 좋다. R 값은 가장 큰 r 값과 가장 작은 r 값 사이의 중간값이어야 한 것은 명백하다.

R_A와 R_B가 세 번째 도형 C로부터 두 도형 A와 B까지 평균 거리라면, 그리고 R_{A+B}는 C로부터 두 도형 모두까지 평균 거리라면

$$(A+B) \log R_{A+B} = A \log R_A + B \log R_B$$

가 성립한다.

이 관계식으로부터 도형의 부분들에 대한 R를 알면 복합된 도형의 R도 구할 수 있다.

692. 예제

(1) 점 O에서 선 AB까지 평균 거리를 R라고 하자. OP가 AB와 수직이면

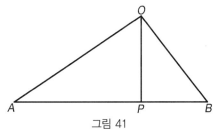

그림 41

$$AB(\log R+1) = AP\log OA + PB\log OB + OP\widehat{AOB}$$

이다.

(2) 길이가 c인 선의 끝에 수직으로 길이가 a이고 b인 두 선을 같은 방향으로 그리면 다음이 성립한다(그림 42).

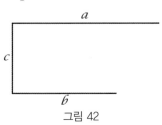

그림 42

$$\begin{aligned}
ab(2\log R+3) &= (c^2-(a-b)^2)\log\sqrt{c^2+(a-b)^2} \\
&\quad + c^2\log c + (a^2-c^2)\log\sqrt{a^2+c^2} + (b^2-c^2)\log\sqrt{b^2+c^2} \\
&\quad - c(a-b)\tan^{-1}\frac{a-b}{c} + ac\tan^{-1}\frac{a}{c} + bc\tan^{-1}\frac{b}{c}
\end{aligned}$$

(3) 두 선 PQ와 RS의 연장선이 O에서 교차하면 다음을 만족한다(그림 43).

$$\begin{aligned}
PQ.RS(2\log R+3) &= \log PR(2OP.OR\sin^2 O - PR^2\cos O) \\
&\quad + \log QS(2OQ.OS\sin^2 O - QS^2\cos O) \\
&\quad - \log PS(2OP.OS\sin^2 O - PS^2\cos O) \\
&\quad - \log QR(2OQ.OR\sin^2 O - QR^2\cos O) \\
&\quad - \sin O\{OP^2.\widehat{SPR} - OQ^2.\widehat{SQR} \\
&\quad + OR^2.\widehat{PRQ} - OS^2.\widehat{PSQ}\}
\end{aligned}$$

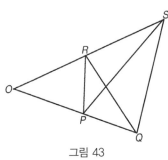

그림 43

(4) 점 O와 직사각형 $ABCD$에서(그림 44), OP, OQ, OR, OS가 O로부터 네 변에 그린 수선이라고 하면, 다음이 성립한다.

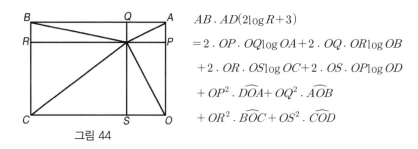

$$AB \cdot AD(2\log R + 3)$$
$$= 2 \cdot OP \cdot OQ \log OA + 2 \cdot OQ \cdot OR \log OB$$
$$+ 2 \cdot OR \cdot OS \log OC + 2 \cdot OS \cdot OP \log OD$$
$$+ OP^2 \cdot \widehat{DOA} + OQ^2 \cdot \widehat{AOB}$$
$$+ OR^2 \cdot \widehat{BOC} + OS^2 \cdot \widehat{COD}$$

그림 44

(5) 두 도형이 달라야 할 필요는 없다. 왜냐하면 같은 도형에서도 쌍을 이루는 모든 점들 사이의 거리의 기하 평균을 구할 수 있기 때문이다. 그래서 길이가 a인 직선에 대해

$$\log R = \log a - \frac{3}{2}$$

또는 $$R = ae^{-\frac{3}{2}}$$

$$R = 0.22313\,a$$

가 성립한다.

(6) 양변의 길이가 a와 b인 직사각형에서

$$\log R = \log \sqrt{a^2 + b^2} - \frac{1}{6}\frac{a^2}{b^2}\sqrt{1 + \frac{b^2}{a^2}} - \frac{1}{6}\frac{b^2}{a^2}log\sqrt{1 + \frac{a^2}{b^2}}$$
$$+ \frac{2}{3}\frac{a}{b}tan^{-1}\frac{b}{a} + \frac{2}{3}\frac{b}{a}tan^{-1}\frac{a}{b} - \frac{25}{12}$$

가 성립한다.

이 직사각형이 한 변의 길이가 a인 정사각형이면

$$\log R = \log a + \frac{1}{2}log2 + \frac{\pi}{3} - \frac{25}{12}$$

$$R = 0.44705a$$

이다.

(7) 한 점에서 원형 선까지의 기하 평균 거리는 원의 중심에서 그 점까지 거리와 원의 반지름 중 더 큰 것과 같다.

(8) 그래서 두 개의 동심원이 경계인 고리로부터 어떤 도형까지의 기하

평균 거리는, 그 도형이 모두 고리의 밖에 있다면 원의 중심으로부터 기하 평균 거리와 같지만, 만일 도형이 완벽히 고리 속에 포함되어 있다면

$$\log R = \frac{a_1^2 \log a_1 - a_2^2 \log a_2}{a_1^2 - a_2^2} - \frac{1}{2}$$

인데, 여기서 a_1와 a_2는 고리의 바깥쪽 반지름과 안쪽 반지름이다. 이 경우에 R는 고리에 포함된 도형의 형태와는 무관하다.

(9) 고리에서 점들의 모든 쌍의 기하 평균 거리는 다음 식

$$\log R = \log a_1 - \frac{a_2^4}{(a_1^2 - a_2^2)^2} \log \frac{a_1}{a_2} + \frac{1}{4} \frac{3a_2^2 - a_1^2}{a_1^2 - a_2^2}$$

으로부터 구한다.

반지름이 a인 원형 넓이에서 이것은

$$\log R = \log a - \frac{1}{4}$$

$$또는 \quad R = a e^{-\frac{1}{2}}$$

$$R = 0.7788a$$

이다.

원형 선에 대해서는 이것이

$$R = a$$

가 된다.

693. 곡률 반지름이 가로 단면의 크기에 비해 매우 크고 균일한 단면을 갖는 코일의 자체 유도 계수를 계산하려면, 먼저 앞에서 설명한 방법을 이용하여 단면의 점들의 모든 쌍의 거리의 기하 평균을 구하고, 그다음에 그렇게 구한 거리만큼 떨어진 곳에 놓은 두 개의 선형 도체 사이의 상호유도 계수를 계산한다.

이것이 코일에 흐르는 총전류가 1이고, 단면의 모든 점에서 전류가 균일하게 흐를 때 자체 유도 계수이다.

그러나 코일에 도선이 n번 감겨 있으면, 앞에서 구한 계수에 n^2을 곱해야 하며, 그러면 도선이 코일의 모든 단면을 다 감았다는 가정 아래 자체 유도 계수를 구한 것이다.

그런데 도선은 원통 모양이고 절연 물질로 겉을 덮었으므로, 전류는 단면에 고르게 분포되는 대신, 단면의 일부에 더 밀집되어 있으며, 이것이 자체 유도 계수를 높인다. 그 외에도, 가까이 놓인 도선에 흐르는 전류가 주어진 도선에 흐르는 전류에, 균일하게 분포된 전류처럼, 같게 작용하지 않는다.

이러한 고려 상황들로부터 발생하는 보정(補正)은 기하 평균 거리 방법에 따라 정해질 수 있다. 그런 보정은 코일에 감긴 도선의 전체 길이에 비례하고, 숫자로 된 양으로 표현할 수 있으며, 자체 유도 계수에 대한 보정 값을 구하기 위해서는 도선의 길이에 앞에서 구한 숫자로 된 양을 곱해야 한다.

도선의 지름이 d라고 하자. 도선은 절연체로 덮여서 코일로 감는다. 도선의 단면은 그림 45에서처럼 평방 순서로 되어 있고, 각 도선의 축과 그 다음 도선의 축 사이의 거리가, 옆으로든, 밑으로든, D라고 가정하자. D는 명백히 d보다 더 크다.

먼저 한 변의 길이가 D인 정사각형 도선의 단위길이당 자체 유도에 비해 지름이 d인 원통형 도선의 단위 길이당 자체 유도가 얼마나 더 큰지 정하자. 즉

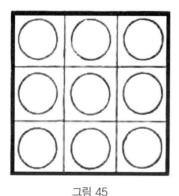

그림 45

$$2\log \frac{R(정사각형)}{R(원형)}$$
$$= 2\left(\log \frac{D}{d} + \frac{4}{3}\log 2 + \frac{\pi}{3} - \frac{11}{6}\right)$$
$$= 2\left(\log \frac{D}{d} + 0.1380606\right)$$

이 된다.

가장 가까운 여덟 개의 원형 도선이 관심 대상인 도선에 미치는 유도 작용

은, 중심에 놓인 사각형 도선에 대응하는 여덟 개의 사각형 도선이 미치는 유도 작용보다 $2 \times (.01971)$만큼 더 작다.

더 먼 곳에 놓인 도선들에 의한 보정은 무시해도 좋으며, 전체 보정을

$$2\left(\log_e \frac{D}{d} + 0.11835\right)$$

라고 쓸 수 있다.

그래서 자체 유도의 마지막 값은

$$L = n^2 M + 2l\left(\log_e \frac{D}{d} + 0.118325\right)$$

인데, 여기서 코일이 n은 감긴 수이고, l은 도선의 길이이며, M은 거리 R 만큼 떨어진 평균 도선 코일 형태의 두 회로의 상호유도로, 이때 R는 단면의 점들의 쌍 사이의 평균 기하 거리이다. D는 바로 옆 도선들 사이의 거리이고, d는 도선의 지름이다.

14장
원형 전류

원형 전류에 의한 자기 퍼텐셜

694. 단위 전류가 흐르는 회로가 주어진 점에 만드는 자기 퍼텐셜 값은 그 점에서 회로를 대하는 고체각과 같다. 409절과 485절을 보라.

회로가 원형이면, 고체각은 2차 원뿔의 고체각이고, 주어진 점이 원의 축 위에 있다면 그 원뿔은 직원뿔이다. 그 점이 원의 축 위에 있지 않으면, 원뿔은 타원형 원뿔이고, 그 고체각은 반지름이 1인 구를 지나가는 구형 타원의 넓이와 같다.

이 넓이는 제3타원 적분에 의해 유한한 수의 항으로 표현될 수 있다. 이 것을 구 조화함수의 무한급수 형태로 전개하면 더 편리해짐을 알게 된다. 왜냐하면, 그런 급수에서 일반적인 항에 수학 연산을 시행하는 기능이 실 용적인 정확도를 기하는 데 충분하도록 여러 항을 계산하는 어려움을 상쇄 하고 남기 때문이다.

일반성을 잃지 않기 위해서, 원의 축 위의, 다시 말하면 원의 중심을 지나 가 원의 면에 수직인 선위의 임의의 점을 원점으로 정하자.

(그림 46에서) O가 원의 중심이라고 하고, C를 축 위에서 원점으로 정한 점이며, H는 원 위의 한 점이라고 하자.

C가 중심이고 CH가 반지름인 구를 그리자. 앞에서 말한 원은 이 구 위에 놓이며, 각 반지름이 α인 구의 작은 원을 형성한다.

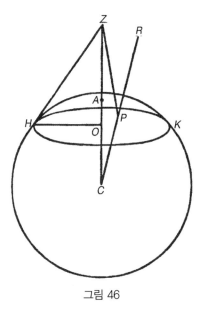

그림 46

이제

$$CH = c$$
$$OC = b = c\cos\alpha$$
$$OH = a = c\sin\alpha$$

라고 하자.

R는 공간의 임의의 점이고, $CR = r$, $ACR = \theta$라고 하자.

P는 CR가 구를 지나가는 점이다.

원형 전류가 만드는 자기(磁氣) 퍼텐셜은 전류가 경계이고 세기가 1인 자기 껍질이 만드는 자기 퍼텐셜과 같다. 껍질의 경계가 원인 것만 제외하고 껍질의 표면 형태가 어떤지는 무관하므로 껍질 표면이 구의 표면과 일치한다고 가정해도 좋다.

우리는 670절에서 작은 원 안에 포함된 구 표면에 단위 면 밀도로 펼쳐진 물질 층이 만드는 퍼텐셜이 P라면, 세기가 1이고 같은 원이 경계인 자기 껍질이 만드는 퍼텐셜은

$$\omega = \frac{1}{c}\frac{d}{dr}(rP)$$

임을 증명하였다.

그래서 무엇보다 먼저 P를 구해야 한다.

주어진 점이 원의 축 위의 Z에 있다고 하자. 그러면 Z에서 퍼텐셜 중 구

표면에서 z 주위의 요소 dS가 만드는 퍼텐셜은

$$\frac{dS}{ZP}$$

이다.

이것은 두 개의 구 조화함수 급수

$$\frac{dS}{c}\left\{Q_0 + Q_1\frac{z}{c} + 등등 + Q_i\frac{z^i}{c^i} + 등등\right\}$$

또는

$$\frac{dS}{z}\left\{Q_9 + Q_1\frac{c}{z} + 등등 + Q_i\frac{c^i}{z^i} + 등등\right\}$$

중 하나로 전개할 수 있는데, 첫 번째 급수는 z가 c보다 더 작을 때 수렴하며, 두 번째는 z가 c보다 더 클 때 수렴한다.

이제 다음

$$dS = -c^2 d\mu\, d\phi$$

라고 쓰고, 한곗값 0와 2π 사이에서 ϕ에 대해 적분하고, $\cos\alpha$와 1 사이에서 μ에 대해 적분하면

$$P = 2\pi c\left\{\int_\mu^2 Q_0 d\mu + 등등 + \frac{z^i}{c^i}\int_\mu^1 Q_i d\mu\right\} \tag{1}$$

또는

$$P' - 2\pi\frac{c^2}{z}\left\{\int_\mu^1 Q_0 d\mu + 등등 + \frac{c^i}{z^i}\int_\mu^1 Q_i d\mu\right\} \tag{1'}$$

가 된다.

Q_i의 특성 방정식에 의해

$$i(i+1)Q_i + \frac{d}{d\mu}\left[(1-\mu^2)\frac{dQ_i}{d\mu}\right] = 0$$

이 성립한다.

그래서

$$\int_\mu^1 Q_i d\mu = \frac{1-\mu^2}{i(i+1)}\frac{dQ_i}{d\mu} \tag{2}$$

가 된다.

이 표현은 $i=0$이면 성립하지 않지만, $Q_0=1$이므로

$$\int_\mu^1 Q_9 d\mu = 1-\mu \tag{3}$$

이 된다.

함수 $\dfrac{dQ_i}{d\mu}$가 이 연구의 모든 부분에서 나오므로, 이것을 간단히 기호 $Q_i{'}$로 표시하자. 몇 가지 i 값에 대응하는 $Q_i{'}$ 값이 698절에 나와 있다.

우리는 이제 축 위의 한 점뿐 아니라 축 위가 아닌 임의의 점 R에서, z 대신 r를 쓰고, 각 항에 같은 차수의 θ에 대한 띠 조화함수를 곱하는 방법을 이용해서, P의 값이 얼마인지 쓸 수 있게 되었다. 왜냐하면 P는 반드시 알맞은 계수를 갖는 θ에 대한 띠 조화함수의 급수로 전개될 수 있어야 하기 때문이다. $\theta=0$이면 각각의 띠 조화함수가 모두 1이 되며, 점 R는 축 위에 놓인다. 그래서 계수는 축 위의 점에 대해 P를 전개한 항들이다. 이처럼 두 급수

$$P = 2\pi c \left\{ 1 - \mu + 등등 + \frac{1-\mu^2}{i(i+1)} \frac{r^i}{c^i} Q_i{'}(a) Q_i(\theta) \right\} \tag{4}$$

또는

$$P{'} = 2\pi \frac{c^2}{r} \left\{ 1 - \mu + 등등 + \frac{1-\mu^2}{i(i+1)} \frac{c^i}{r^i} Q_i{'}(a) Q_i(\theta) \right\} \tag{4'}$$

를 얻는다.

695. 이제 670절의 방법을 이용하여 다음 식

$$\omega = \frac{1}{c} \frac{d}{dr}(Pr) \tag{5}$$

로부터 회로의 자기 퍼텐셜 ω를 구하자.

그렇게 하면 두 급수

$$\omega = -2\pi \left\{ 1 - \cos\alpha + 등등 + \frac{\sin^2\alpha}{i} \frac{r^4}{c^4} Q_i{'}(\alpha) Q_i(\theta) + 등등 \right\} \tag{6}$$

또는

$$\omega{'} = 2\pi\sin^2\alpha \left\{ \frac{1}{2} \frac{c^2}{r^2} Q_1{'}(\alpha) Q_1(\theta) + 등등 + \frac{1}{i+1} \frac{c^{i+1}}{r^{i+1}} Q_i{'}(\alpha) Q_i(\theta) \right\} \tag{6'}$$

를 얻는다.

급수 (6)은 r가 c보다 작은 모든 값에서 수렴하며, 급수 (6′)는 r가 c보다 더 큰 모든 값에서 수렴한다. 구의 표면인 $r = c$에서는 θ가 α보다 더 크면, 즉 자기 껍질이 없는 점에서는 두 급수가 똑같은 ω 값을 주며, θ가 α보다 더 작을 때는, 즉 자기 껍질 위의 점에서는

$$\omega' = \omega + 4\pi \tag{7}$$

가 된다.

원의 중심 O를 좌표계의 원점으로 정하면, 반드시 $\alpha = \dfrac{\pi}{2}$여야 하며, 그러면 급수는

$$\omega = -2\pi\left\{1 + \frac{r}{c}Q_1(\theta) + \text{등등} + (-)^s\frac{1 \cdot 3 \cdot (2s-1)}{2 \cdot 4 \cdot 2s}\frac{r^{2s+1}}{c^{2s+1}}Q_{2s+1}(\theta)\right\} \tag{8}$$

$$\omega' = 2\pi\left\{\frac{1}{2}\frac{c^2}{r^2}Q_1(\theta) + \text{등등} + (-)^s\frac{1 \cdot 3 \cdots (2s+1)}{2 \cdot 4 \cdots (2s+2)}\frac{c^{2s+2}}{r^{2s+2}}Q_{2s+1}(\theta)\right\} \tag{8'}$$

가 되며, 여기서 모든 조화함수들의 차수는 홀수이다.[41]

두 개의 원형 전류의 퍼텐셜 에너지에 대하여

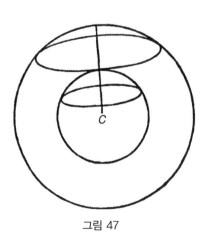

그림 47

696. 두 전류와 동등한 두 자기 껍질이 반지름이 c_1과 c_2인데 둘 중 c_1이 더 큰 두 동심 구(球)의 일부라고 가정하는 것으로 시작하자(그림 47). 또한 두 껍질의 축은 일치하고, 중심 C에서, α_1는 첫 번째 껍질의 반지름에 대하는 각이고 α_2는 두 번째 껍질의 반지름에 대하는 각이라고 가정하자.

ω_1은 첫 번째 껍질이 그 껍질 내부의 임의의 점에 만드는 퍼텐셜이라면, 두 번째 껍질을 무한히 먼 거리까지 이동시키는 데 필요한 일은 다음 면적분

$$M = -\iint \frac{d\omega_1}{dr} dS$$

의 값과 같은데, 적분은 두 번째 껍질에 대해 수행한다. 그래서

$$M = \int_{\mu_2}^{1} \frac{d\omega_1}{dr} 2\pi c_2^2 \, d\mu_2$$

$$4\pi^2 \sin^2\alpha_1 c_2^2 \left\{ \frac{1}{c_1} Q'(\alpha_1) \int_{\mu_2}^{2} Q(\alpha_2) d\mu_2 + 등등 + \frac{c_2^{i-1}}{c^4} Q_i'(\alpha_1) \int_{\mu_2}^{1} Q(\alpha_2) d\mu_2 \right.$$

이거나, 또는 694절의 (2) 식으로부터 적분 값을 대입하면

$$M = 4\pi^2 \sin^2\alpha_1 \sin^2\alpha_2 c_2^2 \left\{ \frac{1}{2} \frac{c_2}{c_1} Q_1'(\alpha_1) Q_1'(\alpha_2) + 등등 \right.$$
$$\left. + \frac{1}{i(i+1)} \frac{c_2^i}{c_1^i} Q_1'(\alpha_1) Q_1'(\alpha_2) \right\}$$

가 된다.

697. 다음으로 두 껍질 중 하나의 축이 중심인 C 주위로 회전해서 이제 이 축이 다른 껍질의 축과 각 θ를 만든다고 가정하자(그림 48). 그렇게 하기 위해서는 단지 M에 대한 표현에 θ의 띠 조화함수만 도입하면 되며, M의 좀 더 일반적인 값으로

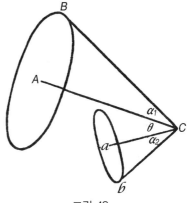

그림 48

$$M = 4\pi^2 \sin^2\alpha_1 \sin^2\alpha_2 c_2 \left\{ \frac{1}{2} \frac{c_2}{c_1} Q_1'(\alpha_1) Q_1'(\alpha_2) Q_1(\theta) + 등등 \right.$$
$$\left. + \frac{1}{i(i+1)} \frac{c_2^i}{c_1^i} Q_1'(\alpha_1) Q_1'(\alpha_2) Q_1(\theta) \right\}$$

를 얻는다.

이것이 원의 중심에서 세운 법선이 점 C에서 각 θ로 만나며, 점 C에서 두 원의 둘레까지 거리가 c_1과 c_2이고 그중에 c_1이 더 크며, 세기가 1인 두 원형 전류의 상호 작용이 만드는 퍼텐셜 에너지 값이다.

만일 어떤 변위 dx가 M 값을 바꾸면, 이 변위 방향으로 작용하는 힘은 $X = \dfrac{dM}{dx}$ 이다.

예를 들어, 두 껍질 중 하나의 축이 점 C 주위로 자유롭게 회전할 수 있어서 θ가 변하게 할 수 있다면, θ를 증가시키려고 하는 힘의 모멘트는 Θ로 $\Theta = \dfrac{dM}{d\theta}$ 이다.

미분을 수행하고, Q_i'가 앞의 식에서와 같은 의미라고 할 때

$$\frac{dQ_i(\theta)}{d\theta} = -\sin\theta\, Q_i'(\theta)$$

임을 기억하면,

$$\Theta = -4\pi^2 \sin^2\alpha_1 \sin^2\alpha_2 \sin\theta\, c_2 \left\{ \frac{1}{2}\frac{c_2}{c_1} Q_1'(\alpha_1) Q_1'(\alpha_2) Q_1'(\theta) + 등등 \right.$$
$$\left. + \frac{1}{i(i+1)}\frac{c_2^i}{c_1^i} Q_i'(\alpha_1) Q_i'(\alpha_2) Q_i'(\theta) \right\}$$

가 된다.

698. 이러한 계산에서는 Q_i'의 값이 빈번하게 나오므로, 처음 6차까지 값을 실은 표가 유용할 것이다. 이 표에서 μ는 $\cos\theta$를 의미하고, ν는 $\sin\theta$를 의미한다.

$$Q_1' = 1$$
$$Q_2' = 3\mu$$
$$Q_3' = \frac{3}{2}(5\mu^2 - 1) = 6\left(\mu^2 - \frac{1}{4}\nu^2\right)$$
$$Q_3' = \frac{3}{2}(5\mu^2 - 1) = 6\left(\mu^2 - \frac{1}{4}\nu^2\right)$$
$$Q_4' = \frac{5}{2}\mu(7\mu^2 - 3) = 10\mu\left(\mu^2 - \frac{3}{4}\nu^2\right)$$

$$Q_5' = \frac{15}{8}(21\mu^4 - 14\mu^2 + 1) = 15\left(\mu^4 - \frac{3}{2}\mu^2\nu^2 + \frac{1}{8}\nu^4\right)$$

$$Q_6' = \frac{21}{8}\mu(33\mu^4 - 30\mu^2 + 5) = 21\mu\left(\mu^4 - \frac{3}{2}\mu^2\nu^2 + \frac{5}{8}\nu^4\right)$$

699. M에 대한 급수를 다음과 같이 선형(線形) 양들로 표현하는 것이 때로는 편리하다.

a가 더 작은 회로의 반지름이라 하고, b는 원점에서 작은 회로가 놓인 면까지 거리이고, $c = \sqrt{a^2 + b^2}$ 이라고 하자.

A, B, C는 더 큰 회로에 대해 대응하는 양들이라고 하자.

그러면 M에 대한 급수를

$$M = 1 \cdot 2 \cdot \pi^2 \frac{A^2}{C^3} a^2 \cos\theta$$

$$+ 2 \cdot 3 \cdot \pi^2 \frac{A^2 B}{C^5} a^2 b\left(\cos^2\theta - \frac{1}{2}\sin^2\theta\right)$$

$$+ 3 \cdot 4 \cdot \pi^2 \frac{A^2\left(B^2 - \frac{1}{4}A^2\right)}{C^7} a^2\left(b^2 - \frac{1}{4}a^2\right)\left(\cos^3\theta - \frac{3}{2}\sin^2\theta\cos\theta\right)$$

$$+ \text{등등}$$

과 같이 쓸 수 있다.

만일 $\theta = 0$라고 놓으면, 두 원은 서로 평행하고 같은 축 위에 놓인다. 두 원 사이의 인력을 구하려면, M을 b에 대해 미분하면 된다. 그러면

$$\frac{dM}{db} = \pi^2 \frac{A^2 a^2}{C^4}\left\{2 \cdot 3 \frac{B}{C} + 2 \cdot 3 \cdot 4 \frac{B^2 - \frac{1}{4}A^2}{C^3} b + \text{등등}\right\}$$

을 얻는다.

700. 단면이 직사각형인 코일의 효과를 계산하기 위해서는 우리가 이미 구한 표현을 코일의 반지름인 A와 원점에서 코일의 평면까지 거리인 B에 대해 적분하고, 그 적분을 코일의 폭과 깊이에 대해 확정해야 한다.

일부 경우에는 직접 적분하는 것이 가장 편리하지만, 다음과 같은 근사 방법이 더 유용한 결과를 가져오는 다른 예도 있다.

P가 x와 y의 임의의 함수라고 하고

$$\overline{P}_{xy} = \int_{-\frac{1}{2}x}^{+\frac{1}{2}x} \int_{-\frac{1}{2}y}^{+\frac{1}{2}y} P dx \, dy$$

인 $\overline{P}$의 값을 구한다고 하자.

이 표현에서 $\overline{P}$는 적분 한계 내에서 P의 평균값이다.

P_0가 $x = 0$이고 $y = 0$일 때 P 값이라고 하고, P를 테일러 정리에 따라 전개하면

$$P = P_0 + x \frac{dP_0}{dx} + y \frac{dP_0}{dy} + \frac{1}{2} x^2 \frac{d^2 P_0}{dx^2} + \text{등등}$$

이 된다.

이 표현을 두 한계 사이에서 적분하고, 결과를 xy로 나누면 $\overline{P}$ 값을

$$\overline{P} = P_0 + \frac{1}{24} \left(x^2 \frac{d^2 P_0}{dx^2} + y^2 \frac{d^2 P_0}{dy^2} \right)$$
$$+ \frac{1}{960} \left(x^4 \frac{d^4 P_0}{dx^4} + y^4 \frac{d^4 P_0}{dy^4} \right) + \frac{1}{576} x^2 y^2 \frac{d^4 P_0}{dx^2 dy^2} + \text{등등}$$

과 같이 구한다.

코일의 경우에, 바깥쪽 반지름과 안쪽 반지름을 각각 $A + \frac{1}{2}\xi$와 $A - \frac{1}{2}\xi$ 라고 하고, 원점으로부터 감은 평면까지 거리가 $B + \frac{1}{2}\eta$와 $B - \frac{1}{2}\eta$ 사이라고 하면, 코일의 폭은 η이고 깊이는 ξ이며, 이 양들은 A 또는 C에 비해 매우 작다.

그런 코일의 자기 효과를 계산하기 위하여, 급수에 연달아 나오는 항들을 다음과 같이 쓰면 좋다.

$$G_0 = \pi \frac{B}{C} \left(1 + \frac{1}{24} \frac{2A^2 - B^2}{C^4} \xi^2 - \frac{1}{8} \frac{A^2}{C^4} \eta^2 \right)$$
$$G_1 = 2\pi \frac{A^2}{C^3} \left(1 + \frac{1}{24} \left(\frac{2}{A^2} - 15 \frac{B^2}{C^4} \right) \xi^2 + \frac{1}{8} \frac{4B^2 - A^2}{C^4} \eta^2 \right)$$

$$G_2 = 3\pi \frac{A^2 B}{C^5}\left(1 + \frac{1}{24}\left(\frac{2}{A^2} - \frac{25}{C^2} + \frac{35A^2}{C^4}\right)\xi^2 + \frac{5}{24}\frac{4B^2 - 3A^2}{C^4}\eta^2\right)$$

$$G_3 = 4\pi \frac{A^2\left(B^2 - \frac{1}{4}A^2\right)}{C^7} + \frac{\pi}{24}\frac{\xi^2}{C^{11}}\left\{C^4(8B^2 - 12A^2) + 35A^2B^2(4B^2 - A^2)\right\}$$

$$+ \frac{\pi}{24}\frac{\eta^2}{C^{11}}\left\{3A^2C^2(5A^2 - 44B^2) + 63A^2B^2(4B^2 - A^2)\right\}$$

등등

$$g_1 = \pi a^2 \qquad\qquad\qquad + \frac{1}{12}\pi\xi^2$$

$$g_2 = 2\pi a^2 b \qquad\qquad\qquad + \frac{1}{6}\pi b\xi^2$$

$$g_3 = 3\pi a^2\left(b^2 - \frac{1}{4}a^2\right) + \frac{1}{8}\pi\xi^2(2b^2 - 3a^2) + \frac{1}{4}\pi\eta^2 a^2$$

등등

G_0, G_1, G_2 등등은 큰 코일에 속한다. r가 C보다 더 작은 점에서 ω 값은

$$\omega = -2\pi + 2G_0 - G_1 r Q_1(\theta) - G_2 r^2 Q_2(\theta) - 등등$$

이다.

g_1, g_2 등등은 작은 코일에 속한다. r가 c보다 더 큰 점에서 ω' 값은

$$\omega' = g_1\frac{1}{r^2}Q_1(\theta) + g_2\frac{1}{r^3}Q_2(\theta) + 등등$$

이다.

각 코일의 단면에 흐르는 전체 전류가 1일 때 한 코일의 다른 코일에 대한 퍼텐셜은

$$M = G_1 g_1 Q_1(\theta) + G_2 g_2 Q_2(\theta) + 등등$$

이다.

타원 적분을 이용하여 M 구하기

701. 두 원의 둘레 사이의 거리가 더 작은 원의 반지름에 비해 적당하면, 이미 주어진 급수는 신속하게 수렴하지 않는다. 그렇지만 모든 경우에 타

원 적분을 이용하면 평행한 두 원에 대한 M 값을 구할 수 있다.

왜냐하면 두 원의 중심을 잇는 선의 길이가 b라고 하고, 이 선이 두 원이 놓인 평면에 수직이라고 하고, A와 a가 두 원의 반지름이라고 하면

$$M = \iint \frac{\cos\epsilon}{r} ds\, ds'$$

이기 때문인데, 이 적분은 두 곡선 모두에 걸쳐서 수행된다.

이 경우에

$$r^2 = A^2 + a^2 + b^2 - 2Aa\cos(\phi - \phi')$$

$$\epsilon = \phi - \phi', \qquad ds = a\, d\phi, \qquad ds' = A\, d\phi'$$

$$M = \int_0^{2\pi} \int_0^{2\pi} \frac{Aa\cos(\phi - \phi')d\phi\, d\phi'}{\sqrt{A^2 + a^2 + b^2 - 2Aa\cos(\phi - \phi')}}$$

$$= 2\pi\sqrt{Aa}\left\{\left(c - \frac{2}{c}\right)F + \frac{2}{c}E\right\}$$

인데 여기서

$$c = \frac{\sqrt{Aa}}{\sqrt{(A+a)^2 + b^2}}$$

이며, F와 E는 모수(母數) c에 대한 완전 타원 적분이다.

이 결과를 b에 대해 미분하고, c는 b의 함수임을 기억하면

$$\frac{dM}{db} = \frac{4\pi b c^{\frac{1}{2}}}{\sqrt{Aa(1-c^2)^2}}\left\{E(1+c^2) - F(1-c^2)\right\}$$

을 얻는다.

r_1과 r_2가 r의 최댓값과 최솟값을 표시하면

$$r_1^2 = (A+a)^2 + b^2, \qquad r_2^2 = (A-a)^2 + b^2$$

이고, 각 γ를 $\cos\gamma = \dfrac{r_2}{r_1}$ 이 되도록 취하면

$$\frac{dM}{db} = \pi \frac{b\sin\gamma}{\sqrt{Aa}}\left\{2F_\gamma - (1 + \sec^2\gamma)E_\gamma\right\}$$

가 되는데, 여기서 F_r과 E_r은 모수가 $\sin\gamma$인 제1종 완전 타원 적분과 제2종

완전 타원 적분이다.

만일 $A = a$라면 $\cot\gamma = \dfrac{b}{2a}$이고

$$\frac{dM}{db} = 2\pi\cos\gamma\left\{2F_\gamma - (1 + \sec^2\gamma)E_\gamma\right\}$$

가 된다.

$\dfrac{dM}{db}$라는 양은 세기가 1인 전류가 흐르는 평행한 두 원형 전류 사이의 인력을 대표한다.

M에 대한 두 번째 표현

$c_1 = \dfrac{r_1 - r_2}{r_1 + r_2}$라고 놓으면 때로는 M에 대해 좀 더 편리한 표현을 얻는데, 이 경우에

$$M = 4\pi\sqrt{Aa}\,\frac{1}{\sqrt{c_1}}(F_{c_1} - E_{c_1})$$

이 된다.

원형 전류에 대한 자기력선 그리기

702. 자기력선은 원의 축을 지나가는 평면에 놓이는 것은 명백하고, 각각의 자기력선에서는 M 값이 일정하다.

르장드르 표를 이용하여 충분히 많은 수의 θ 값에 대해 $K_\theta = \dfrac{\sin\theta}{(F_{\sin\theta} - E_{\sin\theta})}$ 값을 계산하자.

종이 위에 직각 좌표의 x 축과 z 축을 그려놓고, $x = \dfrac{1}{2}a(\sin\theta + \operatorname{cosec}\theta)$ 인 점이 중심이고 반지름이 $\dfrac{1}{2a}(\operatorname{cosec}\theta - \sin\theta)$인 원을 그리자. 이 원의 모든 점에 대해 c_1 값은 $\sin\theta$가 된다. 그래서 이 원의 모든 점에 대해서

$$M = 4\pi\sqrt{Aa}\,\frac{1}{\sqrt{K_\theta}}, \quad \text{그리고} \quad A = \frac{1}{16\pi^2}\frac{M^2 K_\theta}{a}$$

이다.

이제 A가 M의 값을 구하는 데 이용된 x 값이다. 그래서 $x = A$인 선을 그리면, 그 선은 주어진 M 값을 갖는 두 점에서 원을 지나간다.

등차 수열에 나오는 값들을 M에 부여하면, A의 값은 제곱인 수들의 급수가 된다. 그러므로 A에 대해 구한 x 값을 갖도록 z에 평행한 선들을 그리면, 이 선들이 원과 만나는 점들은 대응하는 자기력선이 원과 만나는 점이 된다.

$m = 4\pi a$이고 $M = nm$이라고 놓으면

$$A = x = n^2 K_\theta a$$

가 된다. 여기서 n을 자기력선의 지수(指數)라고 부를 수 있다.

이 선들의 형태는 제2권의 끝에 나오는 그림 XVIII에 그려져 있다. 그 그림은 '소용돌이 운동'에 대한 W. 톰슨 경의 논문[42]에 나온 그림을 복사한 것이다.

703. 축이 주어진 원의 위치가 그 축의 고정점에서 원의 중심까지 거리인 b와 원의 반지름인 a로 정의된다면, 자석 또는 전류로 구성된 임의의 시스템에 대한 원의 유도(誘導) 계수 M은 다음 식

$$\frac{d^2 M}{da^2} + \frac{d^2 M}{db^2} - \frac{1}{a}\frac{dM}{da} = 0 \tag{1}$$

의 지배를 받는다.

이것을 증명하기 위해, a 또는 b가 변할 수 있을 때, 원을 지나가는 자기력선의 수(數)를 생각하자.

(1) a는 $a + \delta a$가 되고 b는 일정하게 유지된다고 하자. 이렇게 바뀌는 동안, 점점 더 커지는 원은 원이 놓인 평면에서 폭이 δa인 고리 모양의 표면을 쓸고 지나간다.

V가 임의의 점에서 자기 퍼텐셜이라면, 그리고 y 축이 원의 축과 평행하다면, 그 고리가 놓인 평면에 수직인 자기력은 $\frac{dV}{dy}$이다.

고리 모양의 표면을 지나가는 자기 유도를 구하기 위해서는 다음 적분

$$\int_0^{2\pi} a\, \delta a \frac{dV}{dy} d\theta$$

를 해야 하는데, 여기서 θ는 고리 위의 한 점의 각(角) 위치이다.

그런데 이 양은 a의 변화라 만드는 M의 변화, 즉 $\frac{dM}{da}\delta a$를 대표한다. 그래서

$$\frac{dM}{da} = \int_0^{2\pi} a\frac{dV}{dy}d\theta \tag{2}$$

이다.

(2) 이번에는 b가 $b+\delta b$가 되고 a는 일정하게 유지된다고 하자. 이 변화 동안에 원은 반지름이 a이고 길이가 δb인 원통의 표면을 쓸고 지나간다.

임의의 점에서 이 표면에 수직인 자기력은 $\frac{dV}{dr}$인데, 여기서 r는 축으로부터 거리이다. 그래서

$$\frac{dM}{db} = -\int_0^{2\pi} a\frac{dV}{dr}d\theta \tag{3}$$

이다.

(2) 식을 a에 대해 미분하고, (3) 식을 b에 대해 미분하면

$$\frac{d^2M}{da^2} = \int_0^{2\pi} \frac{dV}{dy}d\theta + \int_0^{2\pi} a\frac{d^2V}{dr\,dy}d\theta \tag{4}$$

$$\frac{d^2M}{db^2} = -\int_0^{2\pi} a\frac{d^2V}{dr\,dy}d\theta \tag{5}$$

이므로 (2) 식에 의해

$$\frac{d^2M}{da^2} + \frac{d^2M}{db^2} = \int_0^{2\pi} \frac{dV}{dy}d\theta = \frac{1}{a}\frac{dM}{da} \tag{6}$$

가 된다. 마지막 항을 좌변으로 이동시키면 (1) 식을 얻는다.

원호들 사이의 거리가 두 원 중 어느 하나의 반지름에 비해 서도 작을 때 두 개의 평행한 원의 유도 계수

704. 이 경우에 모수(母數)가 거의 1과 같을 때 이미 알고 있는 타원 적분의 전개로부터 M 값을 도출할 수 있다. 그렇지만 다음 방법이 전기적 원리를 더 직접 적용한 것이다.

첫 번째 근사(近似)

두 원의 반지름이 A와 a라고 하고, 두 원이 놓인 평면 사이의 거리가 b라고 하자. 그러면 원호들 사이에 가장 가까운 거리는

$$r = \sqrt{(A-a)^2 + b^2}$$

이다.

r가 A 또는 a에 비해 작다는 가정 아래, a에 흐르는 단위 전류가 원 A를 통해 만드는 자기 유도 M_1을 구해야 한다.

c가 a에 비해 작은 양이라고 할 때, a가 놓인 평면에서 반지름이 $a-c$인 원을 통과하는 자기 유도를 계산하는 것부터 시작하자(그림 49).

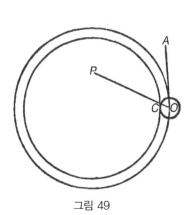

원 a에서 작은 요소 ds를 보자. ds의 중간으로부터 거리가 ρ인, 원이 놓인 평면의 한 점에서, ds와 각 θ를 이루는 방향에서 측정한, ds가 만드는 자기력은 그 평면에 수직이고 크기는

$$\frac{1}{\rho^2} \sin\theta \, ds$$

와 같다.

이제 원 a의 내부에 놓인 공간이지

그림 49

만, 중심이 ds이고 반지름이 c인 원의 외부에서 이 힘에 대한 면적분을 계산하면

$$\int_0^\pi \int_c^{2a\sin\theta} \frac{1}{\rho^2}\sin\theta \, ds \, d\theta \, d\rho = \{\log 8a - \log c - 2\}ds$$

임을 알게 된다.

c가 작다면, 작은 원 c의 외부에 있는 고리 모양의 공간 부분에 대한 면적분은 무시해도 좋다.

그러면 ds에 대해 적분하는 방법으로 반지름이 $a-c$인 원을 통과하는 유도(誘導)를 구하면, c가 a에 비해 매우 작다는 조건 아래

$$M_{ac} = 4\pi a\{\log 8a - \log c - 2\}$$

을 얻는다.

곡선으로 된 도선으로부터 거리고 곡률 반지름에 비해 작은 임의의 점에서 자기력은 마치 도선이 직선인 것처럼 거의 똑같으므로, 반지름이 $a-c$인 원을 통과하는 유도(誘導)와 원 A를 통과하는 유도 사이의 차이를 다음 공식

$$M_{cA} - M_{ac} = 4\pi a\{\log c - \log r\}$$

에 의해 계산할 수 있다.

그래서 A와 a 사이의 유도 값은, r가 a에 비해 작다면, 근사적으로

$$M_{Aa} = 4\pi a(\log 8a - \log r - 2)$$

를 얻는다.

705. 같은 코일에 겹쳐서 감긴 두 도선 사이의 상호유도는 실험 결과를 계산하는 데 매우 중요한 양이므로, 이제 이 경우에 M의 값을 어떤 원하는 정도의 정확도로라도 근사적으로 구하는 방법에 관해 설명하려고 한다.

M의 값은 다음

$$M = 4\pi\left\{ A\log\frac{8a}{r} + B \right\}$$

의 형태라고 가정하자. 여기서

$$A = a + A_1 x + A_2\frac{x^2}{a} + A_2{}'\frac{y^2}{a} + A_3\frac{x^3}{a^2} + A_3{}'\frac{xy^2}{a^2} + 등등$$

이고, 그리고

$$B = -2a + B_1 x + B_2\frac{x^2}{a} + B_2{}'\frac{y^2}{a} + B_3\frac{x^3}{a^2} + B_3{}'\frac{xy^2}{a^2} + 등등$$

인데, 여기서 a와 $a+x$는 두 원의 반지름이고, y는 두 원이 놓인 평면들 사이의 거리이다.

그러면 두 계수 A와 B의 값을 구하자. 이 양들에는 단지 y의 멱수가 짝수인 경우만 나타나는 것은 분명한데, 왜냐하면 y의 부호가 거꾸로 되더라도 M 값은 변하지 않아야 하기 때문이다.

1차 회로로 어떤 원을 취하든지 변하지 않고 그대로 유지되는 유도 계수의 상반(相反) 성질로부터 또 다른 일련의 조건을 얻는다. 그래서 위의 표현에서 a 대신 $a+x$를 대입하고 x 대신 $-x$를 대입하더라도, M의 값은 변하지 않고 그대로 유지되어야 한다.

그러면 x와 y의 조합이 같은 항들을 같다고 놓는 방법으로 다음

$$A_1 = 1 - A_1, \qquad\qquad B_1 = 1 - 2 - B_1$$
$$A_3 = -A_2 - A_3, \qquad\qquad B_3 = \frac{1}{3} - \frac{1}{2}A_1 + A_2 - B_2 - B_3$$
$$A_3{}' = -A_2{}' - A_3{}', \qquad\qquad B_3{}' = A_2{}' - B_2{}' - B_3{}'$$
$$(-)^n A_n = A_2 + + (n-2)A_3 + \frac{(n-2)(n-3)}{1\cdot 2}A_4 + 등등 + A_n$$
$$(-)^n B_n = -\frac{1}{n} + \frac{1}{n-1}A_1 - \frac{1}{n-2}A_2 + 등등 + (-)^n A_{n-1}$$
$$+ B_2 + (n-2)B_3 + \frac{(n-2)(n-3)}{1\cdot 2}B_4 + 등등 + B_n$$

과 같은 상반(相反) 조건을 얻는다.

703절에서 설명한 M에 대한 다음 일반 식

$$\frac{d^2 M}{dx^2} + \frac{d^2 M}{dy^2} - \frac{1}{a+x}\frac{dM}{dx} = 0$$

로부터, 또 다른 조건들

$$2A_2 + 2A_2{'} = A_1$$

$$2A_2 + 2A_2{'} + 6A_3 + 2A_3{'} = 2A_2$$

$$n(n-1)A_n + (n+1)nA_{n+1} + 1 \cdot 2A_n{'} + 1 \cdot 2A_{n+1}{'} = nA_n$$

$$(n-1)(n-2)A_n{'} + n(n-1)A_{n+1}{'} + 2 \cdot 3A_n{''} + 2 \cdot 3A_{n+1}{''} = (n-2)A_n{'}$$

등등

$$4A_2 + A_1 = 2B_2 + 2B_2{'} - B_1 = 4A_2{'}$$

$$6A_3 + 3A_2 = 2B_2{'} + 6B_3 + 2B_3{'} = 6A_3{'} + 3A_2{'}$$

$$(2n-1)A_n + (2n+2)A_{n+1}$$
$$= n(n-2)B_n + (n+1)nB_{n+1} + 1 \cdot 2B_n{'} + 1 \cdot 2B_{n+1}{'}$$

를 얻는다.

이 식들을 풀고 계수 값을 대입하면 M에 대한 급수는

$$M = 4\pi a \log\frac{8a}{r}\left\{1 + \frac{1}{2}\frac{x}{a} + \frac{x^2 + 3y^2}{16a^2} - \frac{x^3 + 3xy^2}{32a^3} + 등등\right\}$$
$$+ 4\pi a\left\{-2 - \frac{1}{2}\frac{x}{a} + \frac{3x^2 - y^2}{16a^2} - \frac{x^3 - 6xy^2}{48a^3} + 등등\right\}$$

이 된다.

도선의 전체 길이와 두께가 정해져 있을 때 자체 유도 계수가 최대인 코일의 형태 구하기

706. 705절의 보정 항을 생략하면, 673절에 의해서

$$L = 4\pi n^2 a\left(\log\frac{8a}{R} - 2\right)$$

를 얻는데, 여기서 n은 도선을 감은 수(數)이고, a는 코일의 평균 반지름이

며, R는 코일의 가로 단면이 코일 자신으로부터 기하 평균 거리이다. 690절을 보라. 이 단면이 언제나 자신과 비슷하다면, R는 코일의 선형 크기에 비례하고, n은 R^2처럼 변한다.

도선의 전체 길이는 $2\pi a n$이므로, a는 n에 반비례한다. 그래서

$$\frac{dn}{n} = 2\frac{dR}{R}, \quad \text{그리고} \quad \frac{da}{a} = -2\frac{dR}{R}$$

이며, L이 최대일 조건은

$$\log\frac{8a}{R} = \frac{7}{2}$$

임을 알게 된다.

코일의 가로 단면이 반지름이 c인 원형이면 692절에 의해

$$\log\frac{R}{c} = -\frac{1}{4}, \quad \text{그리고} \quad \log\frac{8a}{c} = \frac{13}{4}$$

인데, 그래서

$$a = 3.22c$$

로 다시 말하면 코일의 평균 반지름은, 그런 코일의 자체 유도 계수가 최대가 되려면, 코일의 가로 단면의 반지름의 3.22배여야 한다. 이 결과는 가우스가 발견하였다.[43]

코일이 감긴 채널의 가로 단면이 정사각형이면, 코일의 평균 지름은 정사각형 단면의 한 변의 길이의 3.7배여야 한다.

15장

전자기 계기

검류계

707. 검류계는 자기적 작용으로 전류를 표시하거나 측정하는 계기이다.

이 계기가 미미(微微)한 전류의 존재를 나타내는 목적일 때는, 이 계기를 민감한 검류계라고 부른다.

이 계기가 전류를 표준 단위로 가장 정확하게 측정하는 것이 목적일 때는, 이 계기를 표준 검류계라고 부른다.

검류계는 모두 다 슈바이거* 증배관의 원리를 기초로 만든다. 슈바이거 증배관에서는 전류가 흐르는 도선을 코일로 감아서 도선이 빈 공간을 여러 번 지나가도록 만들고, 그 내부에 자석을 매달아 빈 공간에서 자기력이 발생하고 자석이 그 자기력의 세기를 표시한다.

---

*   슈바이거(Johan Salomo Christoph Schweigger, 1779-1857)는 독일의 화학자, 물리학자, 수학자로서, 외르스테드가 전기와 자기 사이의 관계를 발견한 직후 최초로 슈바이거 승수(Schweigger multiplier)라고 부르게 된 검류계를 제작하였다.

민감한 검류계에서는 코일에 감은 도선의 위치를 자석에 미치는 영향이 최대가 되도록 조정한다. 그래서 도선을 빽빽하게 감아서 자석에 가깝게 만든다.

표준 검류계는 모든 고정된 부분의 크기와 상대적인 위치를 정확하게 알 수 있도록, 그리고 움직일 수 있는 부분의 위치에 대한 작은 불확실성이라도 계산하는 데 가장 작은 오차가 발생하도록 제작된다.

민감한 검류계를 제작할 때는 자석을 매달아 놓은 전자기력 장(場)을 가능한 한 세게 만드는 것이 목표이다. 표준 검류계를 설계할 때는 매달아 놓은 자석 주위의 전자기력 장이 가능한 한 균일하게 만들고, 전류의 세기로 그 전자기력 장의 세기를 정확하게 알기를 원한다.

표준 검류계에 대하여

708. 표준 검류계에서는 매달린 자석에 작용하는 힘으로부터 전류의 세기를 구해야 한다. 이제 자석 내부에서 자기의 분포와 매달려 있을 때 자석 중심의 위치를 아주 정확하게 결정할 수는 없다. 그래서 매달아 놓은 자석이 움직이며 차지하는 공간 전부에 걸쳐서 전자기력 장이 매우 균일해지도록 코일을 배치하는 것이 필요하다. 그러므로 일반적으로 코일의 크기가 자석의 크기에 비해 훨씬 더 커야 한다.

몇 개의 코일을 적절하게 배치하면 단지 코일 하나만 이용할 때보다 전자기력 장을 훨씬 더 균일하게 만들 수 있으며, 그래서 계기의 크기를 줄이고 민감도를 올릴 수 있다. 그렇지만 작은 계기를 이용한 선형(線形) 측정에서 발생하는 오차는 큰 계기를 이용할 때보다 전기 상수의 값에 더 큰 불확실성을 가져온다. 그러므로 작은 계기의 전기 상수를 정하려면, 그 크기를 직접 측정하기보다는, 크기가 더 정확하게 알려진 큰 표준 계기와 전기적으로 비교하여 정하는 것이 최선이다. 752절을 보라.

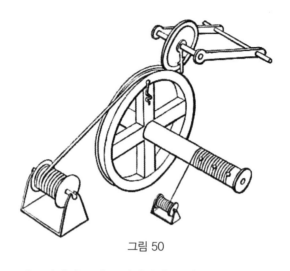

그림 50

　모든 표준 검류계에서 코일은 원형이다. 코일을 감을 채널을 조심스럽게 돌린다. 채널의 폭은 피복을 입힌 도선의 지름의 어떤 정수배 n과 같다. 채널의 옆에 구멍을 뚫고, 그 구멍으로 도선이 들어가며, 피복을 입힌 도선의 한쪽 끝이 이 구멍을 통해 나와서 코일과 안쪽에서 연결된다. 채널은 선반(旋盤) 위에 놓고, 나무 축을 연결한다. 그림 50을 보라. 원의 둘레에서 도선이 들어간 곳과 같은 부분에 있는 나무 축에 긴 줄의 끝을 못으로 박아놓는다. 그다음에 전체가 회전하면서 채널이 n번 감은 도선으로 완벽히 덮일 때까지 도선을 막힘 없이 규칙적으로 채널의 바닥 쪽으로 감는다. 이 과정 동안에 줄은 나무 축에 n번 감기고, n번째 돌릴 때 못을 박는다. 감은 줄은 쉽게 셀 수 있도록 노출되어 있어야 한다. 그러면 감긴 첫 번째 층의 외부 둘레를 측정하고, 새로운 층을 시작하는데, 층의 수가 적당할 때까지 그런 식으로 감기를 계속한다. 줄은 감긴 수를 세기 위해 사용한다. 무슨 이유에서든지 코일 일부에 감긴 것을 풀어야 하면, 줄도 역시 풀어서, 코일에 실제로 감긴 수가 얼마인지를 계속 알고 있어야 한다. 못은 층마다 감긴 수를 구별하는 데 쓰인다.

　각 층의 둘레를 측정하면 코일을 얼마나 규칙적으로 감았는지를 검사할 수 있으며, 코일의 전기(電氣) 상수를 계산할 수 있게 해준다. 왜냐하면 채널의 둘레와 바깥쪽 층에 대한 산술 평균을 취하고, 그 산술 평균에 모든 중간 층의 둘레를 더한 다음에, 그 합을 층들의 수(數)로 나누면, 평균 둘레를 구하는데, 그 평균 둘레로부터 코일의 평균 반지름을 도출할 수 있다. 각 층의 둘레는 줄자를 이용해 측정할 수도 있고, 더 좋게는 눈금이 있는 바퀴를 사용하여 측정할 수도 있다. 코일을 감는 과정에서 코일이 회전하면 눈금이 있는 바퀴도 함께 돌아간다. 줄자 또는 바퀴의 눈금값은 반드시 막대 자와 비교하여 확인해야 한다.

709. 코일에 흐르는 단위 전류가 매달린 장치에 작용하는 힘의 모멘트는 다음 급수

$$G_1 g_1 \sin\theta + G_2 g_2 \sin\theta\, Q_2'(\theta) + \text{등등}$$

으로 표현될 수 있으며, 여기서 계수 G는 코일에 속하고, 계수 g는 매달린 장치에 속하며, θ는 코일의 축과 매달린 장치의 축 사이의 각이다. 700절을 보라.

매달린 장치가 가늘고 균일하며 세로로 자기화된 길이가 $2l$이며 세기가 1로 가운데에서 매달린 막대 자이면

$$g_1 = 2l, \qquad g_2 = 0, \qquad g_3 = 2l^3 \qquad \text{등등}$$

이다. 길이가 $2l$이고 어떤 다른 방법으로든 자기화된 자석의 계수 값은 그 자석이 균일하게 자기화된 때의 계수 값보다 더 작다.

710. 장치를 탄젠트 검류계로 이용할 때는, 코일은 코일의 평면이 수직으로 놓이고 지자기력의 방향과 평행하고 고정된다. 이 경우에 자석이 평형이 되기 위해 만족할 식은

$$mg_1 H \cos\theta = m\gamma \sin\theta \{ G_1 g_1 + G_2 g_2\, Q_1'(\theta) + \text{등등} \}$$

인데, 여기서 mg_1은 자석의 자기 모멘트이고, H는 지자기력의 수평 성분이

며, γ는 코일에 흐르는 전류의 세기이다. 자석의 길이가 코일의 반지름에 비해 작으면 G와 g에서 첫 번째 항 다음의 항들은 무시할 수 있고 그러면

$$\gamma = \frac{H}{G_1} \cot \theta$$

임을 알게 된다.

흔히 측정하는 각은 자석이 방향을 바꾸는 각 δ인데, 이 각은 θ를 보완해서 $\cot \theta = \tan \delta$이다.

이처럼 전류는 편향각의 탄젠트에 비례하며, 그래서 이 계기를 탄젠트 검류계라고 부른다.

또 다른 방법은 전체 장치가 수직축 주위로 움직일 수 있도록 만들고, 자석의 축이 코일이 놓인 평면에 평행인 축과 평형을 이룰 때까지 전체 장치를 회전시키는 것이다. 코일이 놓인 평면과 자기(磁氣) 자오선 사이의 각이 δ이면, 평형 식은

$$mg_1 H \sin\delta = M\gamma \frac{1}{g} \left\{ G_1 g_1 - \frac{3}{2} G_3 g_3 + \text{등등} \right\}$$

이고, 그래서

$$\gamma = \frac{H}{(G_1 - \text{등등})} \sin\delta$$

이다.

전류를 편향각의 사인에 의해 측정하므로, 이 장치는 이런 방법으로 사용될 때 사인 검류계라고 불린다.

사인을 취하는 방법은 단지 전류가 매우 한결같아서 장치를 조정하고 자석이 평형에 이르게 하는 시간 동안 전류를 일정하다고 생각할 수 있을 때만 적용할 수 있다.

711. 다음으로 표준 검류계의 코일에 대한 배치를 생각해야 한다.

가장 간단한 형태는 코일이 하나만 있고 그 코일의 중앙에 자석이 매달려 있는 경우이다.

A가 코일의 평균 반지름이고, ξ는 코일의 깊이이며, η는 코일의 폭, 그리고 n은 코일을 감은 수라고 하자. 그러면 계수 값들은

$$G_1 = \frac{2\pi n}{A}\left\{1 + \frac{1}{12}\frac{\xi^2}{A^2} - \frac{1}{8}\frac{\eta^2}{A^2}\right\}$$

$$G_2 = 0$$

$$G_3 = -\frac{\pi n}{A^3}\left\{1 + \frac{1}{2}\frac{\xi^2}{A^2} - \frac{5}{8}\frac{\eta^2}{A^2}\right\}$$

$$G_4 = 0$$

등등

이다.

가장 중요한 보정은 G_3에서 발생하는 보정이다. 다음 급수

$$G_1 g_1 + G_3 g_3 Q_3'(\theta)$$

는 다음

$$G_1 g_1\left(1 - \frac{3}{2}\frac{1}{A^2}\frac{g_3}{g_1}\left(\cos^2\theta - \frac{1}{4}sin^2\theta\right)\right)$$

와 같이 된다.

보정 인자는 자석이 균일하게 자기화되고 $\theta = 0$일 때 1에서 가장 많이 벗어난다. 이 경우에 보정 인자는 $1 - \frac{1}{2}\frac{l^2}{A^2}$ 이 된다. 보정 인자는 $\tan\theta = 2$일 때, 즉 편향각이 $\tan^{-1}\frac{1}{2}$ 또는 26° 34′일 때 0이 된다. 그러므로 일부 관찰자들은 관찰된 편향각을 가능한 한 이 각과 가깝게 되도록 실험을 배열한다. 그렇지만 가장 좋은 방법은 코일의 반지름에 비해 자석의 길이가 충분히 짧은 자석을 사용해서 보정을 전적으로 무시할 수 있는 것이다.

매단 자석을 조심스럽게 조정해서 자석의 중심이 코일의 중심과 가능한 한 가까이 일치하도록 해야 한다. 그런데 이런 조정이 완전하지 않으면, 그리고 코일의 중심을 기준으로 자석의 중심의 좌표가 x, y, z면, z가 코일의 축에 평행하게 측정될 때, 보정 인자는

$$\left(1 + \frac{3}{2}\frac{x^2 + y^2 - 2z^3}{A^2}\right)$$

이다.

코일의 반지름이 크고, 자석의 조정을 조심스럽게 끝내면, 이 보정은 감지할 수 없을 정도라고 가정할 수 있다.

고갱의 배열

712. 고갱*은 G_3에 의존하는 보정 항을 제거할 수 있는 검류계를 제작했다. 그 검류계에서는 자석을 코일의 중심에 매달지 않고, 그 중심으로부터 코일의 반지름의 절반과 같은 거리를 지나가는 축의 한 점에 매달았다. G_3의 형태는

$$G_3 = 4\pi \frac{A^2\left(B^2 - \frac{1}{4}A^2\right)}{C^7}$$

이며, 이 배열에서는 $B = \frac{1}{2}A$이므로 $G_3 = 0$이다.

매단 자석의 중심이 정확하게 그렇게 정의된 점이라고 확신할 수만 있다면, 이 배열은 첫 번째 형태를 개선한 것이 될 수 있다. 그렇지만 자석 중심의 위치는 언제나 확실하지 않으며, 이런 불확실성이 G_2에 의존하고 $\left(1 - \frac{6}{5}\frac{z}{A}\right)$ 형태인 알려지지 않은 보정 인자가 들어오게 되는데, 여기서 z는 코일이 놓인 평면으로부터 자석의 중심까지 거리 중 알려지지 않은 초과량이다. 이 보정 인자는 $\frac{z}{A}$의 1승에 의존한다. 그래서 중심을 달리해서 매달린 자석을 포함한 고갱 코일은 이전 형태보다 훨씬 더 큰 불확실성을 갖는다.

헬름홀츠의 배열

713. 헬름홀츠는 첫 번째 코일과 똑같은 두 번째 코일을 자석의 건너편 같은

---

* 고갱(Jean-Mothée Gaugain, 1810-1880)은 프랑스의 물리학자로서 초기 검류계 설계에 기여하였다.

거리에 놓는 방법으로 고갱의 검류계를 신뢰할 만한 장치로 개조하였다.

자석의 양쪽 모두에 코일을 대칭으로 설치해서 차수가 짝수인 모든 항을 단번에 제거한다.

두 코일 모두의 평균 반지름을 A라고 하고, 두 코일의 평균 평면 사이의 거리가 A와 같게 만들고, 두 코일의 공동 축의 중간 지점에 자석을 매단다. 그러면 계수는

$$G_1 = \frac{16\pi n}{5\sqrt{5}} \frac{1}{A}\left(1 - \frac{1}{60}\frac{\xi^2}{A^2}\right)$$

$$G_2 = 0$$

$$G_3 = 0.0512\frac{\pi n}{3\sqrt{5}}\frac{1}{A^5}\left(31\xi^2 - 36\eta^2\right)$$

$$G_4 = 0$$

$$G_5 = -0.73728\frac{\pi n}{\sqrt{5}}\frac{1}{A^5}$$

인데, 여기서 n은 두 코일 모두를 합쳐서 감은 수를 표시한다.

이 결과로부터 코일의 단면이 깊이가 ξ이고 폭이 η인 직사각형이라면, 단면이 유한한 크기인 것에 대한 보정을 한 후에 G_3는 작고, 만일 ξ와 η 사이의 비가 36대 31이라면 G_3는 0이 되는 것처럼 보인다.

그래서 일부 계기 제작자들이 한 것처럼, 원뿔 표면에 코일을 감으려고 시도하는 것은 전혀 필요하지 않은데, 왜냐하면 꼭지각이 둔각인 원뿔에 코일을 감는 것보다 훨씬 더 좋은 정확도로 직사각형 단면의 코일을 제작하면 필요한 조건들을 다 만족할 수 있기 때문이다.

헬름홀츠의 이중 검류계에 코일의 배열은 725절의 그림 54에 나와 있다.

제2권의 끝에 실은 그림 XIX에는 이중 코일이 만든 자기력 장(場)의 단면이 그려져 있다.

코일이 네 개인 검류계

714. 코일 네 개를 결합하면 다음 계수들 G_2, G_3, G_4, G_5, G_6를 제거할 수 있다. 왜냐하면 어떤 대칭 조합이든지 차수가 짝수인 계수를 제거한다. 네 개의 코일이 같은 구(球)에 속한 평행한 원들로 다음 각 θ, ϕ, $\pi - \phi$, $\pi - \theta$에 대응한다고 하자.

첫 번째 코일과 네 번째 코일에 감은 수가 n이라고 하고, 두 번째 코일과 세 번째 코일에 감은 수가 pn이라고 하자. 그러면 이런 조합에서 $G_3 = 0$일 조건으로부터

$$n \sin^2\theta \; Q_3'(\theta) + pn \sin^2\phi \; Q_3'(\phi) = 0 \tag{1}$$

을 얻고, $G_5 = 0$일 조건으로부터

$$n \sin^2\theta \; Q_5'(\theta) + pn \sin^2\phi \; Q_5'(\phi) = 0 \tag{2}$$

을 얻는다.

이제 다음과 같이

$$\sin^2\theta = x, \qquad \text{그리고} \qquad \sin^2\phi = y \tag{3}$$

라고 놓고(698절) 이 양들로 Q_3'와 Q_5'를 표현하면 (1) 식과 (2) 식은

$$4x - 5x^2 + 4py - 5py^2 = 0 \tag{4}$$

$$8x - 28x^2 + 21x^3 + 8py - 28py^2 + 21py^3 = 0 \tag{5}$$

이 된다.

(5) 식에서 (4) 식의 2배를 빼고 그 결과를 3으로 나누면

$$6x^2 - 7x^3 + 6py^2 - 7py^3 = 0 \tag{6}$$

을 얻는다.

그래서 (4) 식과 (6) 식으로부터

$$p = \frac{x}{y} \frac{5x - 4}{4 - 5y} = \frac{x^2}{y^2} \frac{7x - 6}{6 - 7y}$$

이 되고

$$y = \frac{4}{7}\frac{7x-6}{5x-4}, \qquad p = \frac{32}{49x}\frac{7x-6}{(5x-4)^3}$$

을 얻는다.

x와 y 모두 각의 사인을 제곱한 것이므로 그 값이 0과 1 사이여야 한다. 그래서 x가 0과 $\frac{4}{7}$ 사이이면, 이 경우에 y는 $\frac{6}{7}$과 1 사이이고, p는 ∞와 $\frac{49}{32}$ 사이이다. 또는 x가 $\frac{6}{7}$과 1 사이이면, 이 경우에 y는 0과 $\frac{4}{7}$ 사이이고, p는 0과 $\frac{32}{49}$ 사이이다.

코일이 세 개인 검류계

715. 가장 편리한 배열은 $x=1$인 배열이다. 그러면 코일 중 두 개는 겹쳐 지고 반지름이 C인 대원을 형성한다. 이런 복합체에서 코일을 감은 수는 64이다. 다른 두 코일은 그 구의 작은 원을 형성한다. 두 원 각각의 반지름은 $\sqrt{\frac{4}{7}}\,C$이다. 첫 번째 코일이 놓인 평면에서 둘 중 하나까지 거리는 $\sqrt{\frac{3}{7}}\,C$ 이다. 이 두 코일 각각에 감긴 코일의 수는 49이다.

G_1 값은 $\frac{120}{C}$이다.

코일의 이러한 배열은 그림 51에 나와 있다.

코일이 세 개인 검류계에서 G_1 다음에 유한한 값을 갖는 첫 번째 항이 G_7 이므로, 표면에 코일이 놓인 구의 큰 부분에서 상당히 균일한 힘의 장(場)이 형성된다.

만일 627절에서 설명한 것처럼 구 표면 전체에 도선을 감을 수 있다면, 완벽하게 균일한 힘 장을 구할 수 있다. 그렇지만 그런 코일에 반대가 없다 고 할지라도, 그런 코일은 닫힌 표면이 되어서 그 내부로 접근할 수 없으며, 구 표면에 매우 정확하게 감은 도선을 분포시키는 것이 현실적으로 불가능 하다.

중간 코일을 회로 바깥에 놓고, 양쪽 옆의 두 코일에 반대 방향으로 전류

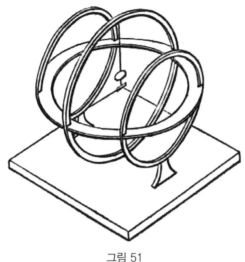

그림 51

를 흐르게 하면, 내부에 코일의 축과 일치하는 축을 갖는 매달린 자석 또는 코일에 축의 방향으로 거의 균일한 작용을 하는 힘의 장을 얻는다. 673절을 보라. 왜냐하면 이 경우에 차수가 홀수인 모든 계수는 사라지며,

$$\mu = \sqrt{\frac{3}{7}}$$

이므로

$$Q_4' = \frac{5}{2}\mu(7\mu^2 - 3) = 0$$

이 된다.

그래서 코일의 중심 부근에서 자기 퍼텐셜에 대한 표현은

$$\omega = \sqrt{\frac{3}{7}}\,\pi n\gamma \left\{ 3\frac{r^2}{C^2}Q_2(\theta) + \frac{11}{7}\frac{r^6}{C^6}Q_6(\theta) + \text{등등} \right\}$$

이 된다.

외부 저항이 주어질 때 검류계 도선의 적당한 굵기에 대하여

716. 검류계 코일을 감을 채널의 형태가 주어졌다고 하자. 채널을 길고 가

느다란 도선으로 채울지 아니면 더 짧고 굵은 도선으로 채울지 정해야 한다고 하자.

도선의 길이가 l이고, 그 도선의 비저항이 ρ이며, 단위길이의 도선당 G 값을 g라고 하고, 검류계와 무관한 부분의 저항이 r라고 하자.

검류계 도선의 저항은

$$R = \frac{\rho}{\pi}\frac{l}{y^2}$$

이다.

코일의 부피는

$$V = 4l(y+b)^2$$

이다.

전자기력은 γG인데, 여기서 γ는 전류의 세기이고

$$G = gl$$

이다.

저항이 $R+r$인 회로에 작용하는 기전력이 E이면

$$E = \gamma(R+r)$$

이다.

이 기전력이 만드는 전자기력은

$$E\frac{G}{R+r}$$

인데, y와 l을 변화시켜서 이 전자기력을 최대로 만들어야 한다.

이 분수의 역수를 구하면

$$\frac{\rho}{\pi g}\frac{1}{y^2} + \frac{r}{gl}$$

가 되는데, 이것을 최소로 만들어야 한다. 그래서

$$2\frac{\rho}{\pi}\frac{dy}{y^3} + \frac{r\,dl}{l^2} = 0$$

을 만족해야 한다.

만일 코일의 부피는 일정하게 유지된다면

$$\frac{dl}{l} + 2\frac{dy}{y+b} = 0$$

이 성립해야 한다.

이 식에서 dl과 dy를 소거하면

$$\frac{\rho}{\pi}\frac{y+b}{y^3} = \frac{r}{l} \qquad \text{또는} \qquad \frac{r}{R} = \frac{y+b}{y}$$

를 얻는다.

그래서 검류계 도선의 굵기는 외부 저항과 검류계 코일의 저항 사이의 비가 피복을 입힌 도선의 지름과 도선 자체의 지름 사이의 비와 같아야 한다.

민감한 검류계에 대하여

717. 민감한 검류계의 제작에서, 배열의 각 부분의 목적은 코일의 두 전극 사이에 작용하는 주어진 작은 기전력을 이용하여 자석을 가능한 한 가장 크게 편향시키는 것이다.

도선을 따라 흐르는 전류는 매달린 자석과 가능한 한 가장 가까이 있을 때 가장 큰 효과를 낸다. 그렇지만 자석은 자유롭게 진동할 수 있도록 내버려 두어야 하며, 그래서 코일 내부에 비어 있는 공간이 확보되어야 한다. 이것이 코일의 내부 경계를 정의한다.

이 공간 바깥에서는 감은 코일 하나하나가 자석에 가능한 한 가장 큰 효과를 주도록 위치해야 한다. 코일을 감은 수가 증가하면, 가장 유리한 위치부터 먼저 채워지며, 마지막에는 새로 감은 코일의 저항이 이전에 감은 코일에 흐르는 전류의 효과를 감소시키는 정도가 새로 감은 코일이 추가시키는 효과보다 더 크게 된다. 바깥쪽에 감은 도선의 굵기를 안쪽에 감은 도선의 굵기보다 더 두껍게 하면, 주어진 기전력으로부터 가장 큰 자기 효과를 얻는다.

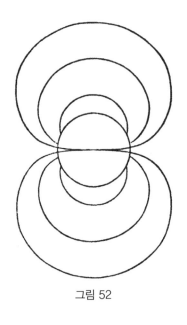

그림 52

718. 검류계에 감은 코일이 원이고, 검류계의 축이 이 원들의 중심을 원이 놓인 평면에 수직이게 지나간다고 가정하자.

이러한 원 중에서 하나의 반지름이 $r\sin\theta$라고 하고, 검류계의 중심으로부터 원의 중심까지 거리가 $r\cos\theta$라고 하자. 그러면 이 원과 일치하는 도선 부분의 길이가 l이고, 도선에 흐르는 전류가 γ이면, 검류계의 중심에서 축의 방향으로 분해된 자기력의 성분은

$$\gamma l\,\frac{\sin\theta}{r^2}$$

이다.

이제 다음과 같이

$$r^2 = x^2\sin\theta \tag{1}$$

라고 쓰면, 이 표현은 $\gamma\dfrac{l}{x^2}$이 된다.

그래서 그림 52에서 대표된 단면과 유사하게 표면을 제작하면, 그것의 극좌표 식은

$$r^2 = x_1^2\sin\theta \tag{2}$$

가 되는데, 여기서 x_1은 임의의 상수이고, 원호의 형태로 구부린 주어진 길이의 도선은 이 표면 위에 놓일 때가 이 표면 바깥에 놓일 때보다 더 많은 자기 효과를 낸다. 이 결과로부터 어떤 도선 층이라도 바깥쪽 표면은 일정한 값 x를 가져야 한다는 것이 성립하는데, 왜냐하면 만일 한 장소에서 x 값이 다른 장소에서보다 더 크다면, 도선의 일부를 첫 번째 장소에서 두 번째 장소로 옮겨서 검류계 중앙에서 힘을 증가시킬 수 있기 때문이다.

코일이 만드는 전체 힘은 γG이며, 여기서

$$G = \int \frac{dl}{x^2} \qquad (3)$$

로, 이 적분은 도선의 전체 길이에 대해 수행되고, x는 l의 함수라고 생각한다.

719. 도선의 반지름이 y이라고 하자. 그러면 도선의 가로 단면의 넓이는 πy^2이다. 단위 부피에 적용하는, 도선을 만든 물질의 비저항을 ρ라고 하면, 길이가 l인 도선의 저항은 $\frac{l\rho}{\pi y^2}$이고, 코일의 전체 저항은

$$R = \frac{\rho}{\pi} \int \frac{dl}{y^2} \qquad (4)$$

인데, 여기서 y가 l의 함수라고 생각한다.

축을 지나가는 평면이 코일의 네 인접한 도선들을 자른 단면이 네 모서리인 사변형의 넓이를 Y^2이라고 하자. 그러면 Y^2l은 코일에서 길이가 l인 도선과 도선의 절연 피복, 그리고 코일에 감은 도선들 사이에 어쩔 수 없이 남겨진 빈 공간을 포함한 부분이 차지하는 부피이다. 그래서 코일의 전체 부피는

$$V = \int Y^2 dl \qquad (5)$$

인데, 여기서 Y는 l의 함수라고 생각한다.

그런데 코일은 회전체 모습이기 때문에

$$V = 2\pi \iint r^2 \sin\theta \, dr \, d\theta \qquad (6)$$

이거나 또는 (2) 식에 의해 r를 x로 표현하면

$$V = 2\pi \iint x^2 (\sin\theta)^{\frac{5}{2}} dx \, d\theta \qquad (7)$$

가 된다.

이제 $2\pi \int_0^\pi (\sin\theta)^{\frac{5}{2}} d\theta$는 숫자로 주어지는 양이므로, 그 숫자를 N이라고

부르면

$$V = \frac{1}{3} Nx^3 - V_0 \tag{8}$$

인데, 여기서 V_0는 자석을 위해 남겨둔 내부 공간의 부피이다.

이제 표면 x와 $x + dx$ 사이에 포함된 코일의 층을 생각하자.

이 층의 부피는

$$dV = Nx^2 dx = Y^2 dl \tag{9}$$

인데, 여기서 dl은 이 층에서 도선의 길이이다.

이것이 dl을 dx로 표현하게 해준다. 이것을 (3) 식과 (4) 식에 대입하면

$$dG = N \frac{dx}{Y^2} \tag{10}$$

$$dR = N \frac{\rho}{\pi} \frac{x^2 dx}{Y^2 y^2} \tag{11}$$

가 되는데, 여기서 dG와 dR는 G 값과 R 값 중 코일의 이 층에 해당하는 부분을 대표한다.

이제 E가 주어진 기전력이라면

$$E = \gamma(R + r)$$

인데, 여기서 r는 검류계와는 무관한 회로의 외부 부분의 저항이며, 중심에서 힘은

$$\gamma G = E \frac{G}{R + r}$$

이다.

그래서 각 층에서 도선의 단면을 알맞게 조절하여 $\frac{G}{R+r}$ 가 최대가 되도록 만들어야 한다. Y는 y에 의존하기 때문에 이것은 또한 어쩔 수 없이 Y의 변화도 고려해야 한다.

주어진 층을 계산에서 제외할 때 G의 값과 $R + r$의 값을 각각 G_0와 R_0라고 하자. 그러면

$$\frac{G}{R + r} = \frac{G_0 + dG}{R_0 + dR} \tag{12}$$

이 되며, 주어진 층에서 y 값을 조정하여 이것을 최대로 만들기 위해

$$\frac{\frac{d}{dy} \cdot dG}{\frac{d}{dy} \cdot dR} = \frac{G}{R+r} \tag{13}$$

이 만족되어야 한다.

dx는 매우 작고 궁극적으로 0이 될 것이므로, $\frac{G_0}{R_0}$는 현저하게, 그리고 궁극적으로 정확하게, 어떤 층이 제외되든 똑같으며, 그래서 $\frac{G_0}{R_0}$를 상수로 취급해도 좋다. 그러므로 (10) 식과 (11) 식에 의해서

$$\frac{x^2}{y^2}\left(1+\frac{Y}{y}\frac{dy}{dY}\right) = \frac{\rho}{\pi}\frac{R+r}{G} = \text{상수} \tag{14}$$

를 얻는다.

도선이 두껍거나 가늘거나 관계없이, 도선에 피복 입히는 방법이나 도선을 감는 방법이 도선의 금속이 차지하는 공간과 도선 사이의 빈 공간 사이의 비가 일정하게 유지되도록 한다면

$$\frac{Y}{y}\frac{dy}{dY} = 1$$

이고, y와 Y 모두를 x에 비례하도록, 다시 말하면 어떤 층에서나 도선의 지름은 층의 선형 크기에 비례하도록 해야 한다.

만일 절연 피복체의 두께가 일정해서 b와 같고, 도선들은 평방 순서로 배열된다면

$$Y = 2(y+b) \tag{15}$$

이며, 그래서 조건은

$$\frac{x^2(2y+b)}{y^3} = \text{상수} \tag{16}$$

가 된다.

이 경우에 도선의 지름은 그 도선이 일부를 차지하는 층의 지름과 함께 증가하지만, 그 비율은 그렇게 높지 않다.

만일 이러한 두 가설 중에서, 도선 자체가 전체 공간을 거의 채운다면 거의 옳은 첫 번째를 사용한다면,

$$y = \alpha x, \qquad Y = \beta y$$

라고 놓을 수 있는데, 여기서 α와 β는 상수인 양이고

$$G = N \frac{1}{\alpha^2 \beta^2} \left(\frac{1}{a} - \frac{1}{x} \right)$$
$$R = N \frac{\rho}{\pi} \frac{1}{\alpha^4 \beta^2} \left(\frac{1}{a} - \frac{1}{x} \right)$$

인데, 여기서 a는 코일 내부에 남겨놓은 자유 공간의 크기와 형태에 의존하는 상수이다.

그래서 외부 크기가 내부 크기의 큰 배수가 된 다음에는 도선의 두께가 x와 같은 비율로 변하도록 하더라도, 코일의 외부 크기를 증가시킨다고 해서 큰 이득을 보지는 못한다.

720. 외부 저항이 검류계의 저항에 비해 훨씬 큰 경우처럼, 저항을 증가시키는 것이 결함으로 간주하지 않거나, 또는 유일한 목적이 강한 힘 장(場)을 만들어내는 것이라면, y와 Y를 상수로 만들 수도 있다. 그러면

$$G = \frac{N}{Y^2} (x - a)$$
$$R = \frac{1}{3} \frac{N}{Y y^2} \frac{\rho}{\pi} (x^3 - a_1^3)$$

이 되는데, 여기서 a는 코일 내부의 빈 공간에 의존하는 상수이다. 이 경우에 G 값은 코일의 크기가 커질수록 균일하게 증가하며, 그래서 코일을 만드는 노동과 경비를 제외하면 G 값에는 어떤 한계도 없다.

매단 코일에 대하여

721. 보통 검류계에서는 고정된 코일이 매단 자석에 작용한다. 그러나 만

일 코일도 매우 섬세하게 매달 수
있다면, 평형 위치에서 매단 코일
의 편향으로부터 자석이나 다른 코
일이 매단 코일에 어떻게 작용하는
지 정할 수 있다.

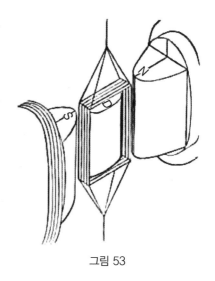

그림 53

그렇지만 배터리의 전극과 코일
의 도선의 전극 사이가 금속으로
연결되지 않으면 코일에 전류가 흐
르게 할 수 없다. 이러한 연결은 2선
현수(懸垂)에 의하는 것과 반대 방
향의 도선에 의하는 것 두 가지 서
로 다른 방법으로 만들 수 있다.

2선 현수는 이미 459절에서 자석에 적용한 것이 설명되었다. 매단 위쪽
부분의 배열은 그림 55에 나와 있다. 코일에 적용할 때는, 두 가닥의 섬유가
더는 명주실이 아니고 금속이며, 코일을 떠받치고 전류를 전달할 수 있는 금
속 도선의 비틀림이 명주실의 비틀림보다 훨씬 더 크므로, 이 점은 특별히
고려해야 한다. 이런 매달기는 베버가 제작한 장치에서 크게 완벽해졌다.

매다는 또 다른 방법은 코일의 한쪽 끝에 연결한 한 줄의 도선을 이용하
는 것이다. 코일의 다른 쪽 끝은 아래로 늘어뜨린 첫 번째 도선과 같은 수직
직선에 놓인 다른 도선에 연결되어 729절의 그림 57에 보인 수은이 담긴 컵
으로 늘어뜨린다. 어떤 경우에는 두 도선의 끝을 연결하여 팽팽하게 잡아
당기는 것이 편리한데, 이때 이 도선들의 선이 코일의 무게 중심을 통과하
도록 주의해야 한다. 축이 수직 방향이 아닐 때는 이런 형태의 장치가 이용
될 수도 있다. 그림 53을 보라.

722. 매단 코일을 지극히 민감한 검류계로 이용할 수 있다. 왜냐하면 코일

을 매단 장(場)에서 자기력의 세기를 증가시키면, 코일에 흐르는 아주 약한 전류에 의한 힘이 코일을 더 크게 만들지 않고서도 상당히 많이 증가할 수 있기 때문이다. 이런 목적의 자기력은 영구 자석을 이용하거나 보조 전류로 활성화된 전자석을 이용해서 만들어낼 수 있으며, 연철로 된 보강 철재를 이용하여 매단 코일에 강력하게 집중시킬 수 있다. 그래서 그림 53에 보인 W. 톰슨 경의 녹음 장치에는 코일이 전자석의 두 반대 극인 N과 S 사이에 매달려 있으며, 자기력선을 코일의 수직 면 쪽에 집중시키기 위해, 자석들의 극 사이에 연철 D가 고정되어 있다. 이 철은 유도(誘導)로 자기화되어서, 자신과 두 자석 사이에 매우 강력한 힘 장을 만들고, 그 힘 장에서 코일의 수직 면이 자유롭게 움직여서, 비록 코일에 흐르는 전류가 매우 작더라도, 수직축 주위로 회전시키는 상당히 강력한 힘을 받는다.

723. 매단 코일을 응용하는 또 다른 방법이 탄젠트 검류계와 비교하는 방법으로 지자기의 수평 성분을 구하는 것이다.

코일을 매달이 코일의 면이 자기 자오선과 평행할 때 안정 평형에 있게 한다. 코일에 전류 γ를 흐르게 해서 코일이 새로운 평형 위치로 편향되어서 자기(磁氣) 자오선과 각 θ를 이룬다. 두 줄에 의해 매달았으면, 이 편향을 만든 커플의 모멘트는 $F \sin\theta$이고, 이것은 $H\gamma g \cos\theta$와 같아야 하는데, 여기서 H는 지자기의 수평 성분이고, γ는 코일에 흐르는 전류이고, g는 코일을 감은 전체 넓이이다. 그래서

$$H\gamma = \frac{F}{g}\tan\theta$$

가 된다.

A가 매단 축 주위로 코일의 관성 모멘트이면, 그리고 T가 한 번 진동한 시간이면

$$FT^2 = \pi^2 A$$

가 성립하고, 그래서

$$H\gamma = \frac{\pi^2 A}{T^2 g}\tan\theta$$

를 얻는다.

만일 같은 전류가 탄젠트 검류계의 코일에 흐르면, 그리고 자석을 각 ϕ 만큼 편향시키면

$$\frac{\gamma}{H} = \frac{1}{G}\tan\phi$$

가 성립하는데, 여기서 G는 탄젠트 검류계의 주 상수이다. 710절을 보라.

이 두 식으로부터

$$H = \frac{\pi}{T}\sqrt{\frac{AG\tan\theta}{g\tan\phi}}, \qquad \gamma = \frac{\pi}{T}\sqrt{\frac{A\tan\theta\tan\phi}{Gg}}$$

를 얻는다. 이 방법은 F. 콜라우시에 의한 것이다.[44]

724. 윌리엄 톰슨 경은 하나의 장치를 제작했는데, 그 장치 하나로 H와 γ 를 같은 관찰자가 동시에 구할 수 있게 하였다.

코일은 자기 자오선에서 자신의 평면이 평형이 되도록 매달려 있고, 코일에 전류가 흐르면 이 위치로부터 편향된다. 아주 작은 자석이 코일의 중앙에 매달려 있으며, 코일에 흐르는 전류에 의해 코일이 편향한 방향과 반대 방향으로 편향한다. 코일의 편향각이 θ이고, 자석의 편향각이 ϕ이면, 이 시스템의 에너지는

$$H\gamma g\sin\theta + m\gamma G\sin(\theta-\phi) - Hm\cos\phi - F\cos\theta$$

이다.

θ와 ϕ에 대해 미분하면, 각각 코일의 평형 식과 자석의 평형 식을 얻는데

$$H\gamma g\cos\theta + m\gamma G\cos(\theta-\phi) + F\sin\theta = 0$$
$$-m\gamma G\cos(\theta-\phi) + Hm\sin\phi = 0$$

이다.

이 식들로부터 H 또는 γ를 소거하면 γ 또는 H를 구할 수 있는 2차 방정

식을 얻는다. 만일 매단 자석의 자기(磁氣) 모멘트 m이 매우 작으면, 다음과 같은 근삿값

$$H = \frac{\pi}{T}\sqrt{\frac{-AG\sin\theta\cos(\theta-\phi)}{g\cos\theta\sin\phi}} - \frac{1}{2}\frac{mG}{g}\frac{\cos(\theta-\phi)}{\cos\theta}$$

$$\gamma = \frac{\pi}{T}\sqrt{\frac{-A\sin\theta\sin\phi}{Gg\cos\theta\cos(\theta-\phi)}} - \frac{1}{2}\frac{m}{\cos\theta}\frac{\sin\phi}{\cos\theta}$$

를 얻는다.

이 두 표현에서 G와 g는 코일의 주 전기 상수이며, A는 코일의 관성 모멘트, T는 코일의 진동 시간, m은 자석의 자기 모멘트, H는 자기력의 수평 성분의 세기, γ는 전류의 세기, θ는 코일의 편향, ϕ는 자석의 편향이다.

코일의 편향은 자석의 편향과 반대 방향이므로, H 값과 γ 값은 항상 실수이다.

베버의 전기력계

725. 이 장치에는 고정된 더 큰 코일의 내부에 작은 코일이 두 줄에 의해 매달려 있다. 두 코일 모두에 전류가 흐르면, 매달린 코일은 스스로 고정된 코일과 평행으로 되려고 한다. 이런 경향은 매단 두 줄에서 발생하는 힘의 모멘트에 의해 해소되며, 매달린 코일에 작용하는 지자기의 작용으로도 또한 영향을 받는다.

이 장치를 평소 이용할 때는 두 코일의 평면이 서로에 대해 거의 수직을 이루며, 그래서 두 전류의 상호작용은 최대가 되고 매달린 코일의 평면은 자기 자오선과 거의 수직이어서, 지자기의 작용이 가능한 한 가장 작게 된다.

고정된 코일의 자기 방위각이 α이고, 매달린 코일의 축이 고정된 코일의 평면과 만드는 각이 $\theta+\beta$라고 하자. 여기서 β는 코일이 평형 상태이고 전류가 흐르지 않을 때 이 각의 값이며, θ는 전류에 의해 편향된 각이다. 평형 방정식은

$$Gg\gamma_1\gamma_2\cos(\theta+\beta) - Hg\gamma_2\sin(\theta+\beta+\alpha) - F\sin\theta = 0$$

이다.

α와 β가 모두 매우 작고 $Hg\gamma_2$는 F에 비해 작도록 이 장치를 조정했다고 가정하자. 그럴 때는 근사적으로

$$\tan\theta = \frac{Gg\gamma_1\gamma_2\cos\beta}{F} - \frac{Hg\gamma_2\sin(\alpha+\beta)}{F} - \frac{HGg^2\gamma_1\gamma_2^2}{F^2} - \frac{G^2g^2\gamma_1^2\gamma_2^2\sin\beta}{F^2}$$

이 성립한다.

만일 γ_1과 γ_2의 부호가 아래처럼 바뀔 때 편향각이 다음

θ_1 $\quad$ γ_1은 $+$, γ_2는 $+$일 때

θ_2 $\quad$ γ_1은 $-$, γ_2는 $-$일 때

θ_3 $\quad$ γ_1은 $+$, γ_2는 $-$일 때

θ_4 $\quad$ γ_1은 $-$, γ_2는 $+$일 때

와 같다면

$$\gamma_1\gamma_2 = \frac{1}{4}\frac{F}{Gg\cos\beta}(\tan\theta_1 + \tan\theta_2 - \tan\theta_3 - \tan\theta_4)$$

가 됨을 알 수 있다. 만일 두 코일 모두에 같은 전류가 흐른다면, $\gamma_1\gamma_2 = \gamma^2$이라고 놓을 수 있고, 그래서 γ 값을 구할 수 있다.

전류가 매우 일정하지 않을 때는 이 방법을 사용하는 것이 가장 좋은데, 이 방법을 탄젠트 방법이라고 부른다.

전류가 아주 일정해서 장치의 비틀림-머리의 각인 β를 조정할 수 있으면, 우리는 즉시 사인 방법을 이용하여 지자기에 의한 보정을 제거할 수 있다. 이 방법에서는 편향각이 0이 될 때까지 β를 조정하고, 그러면

$$\theta = -\beta$$

이다.

만일 γ_1과 γ_2의 부호가 전과 마찬가지로 β의 첨자로 표시되면,

$$F\sin\beta_1 = -F\sin\beta_2 = -Gg\gamma_1\gamma_2 + Hg\gamma_2\sin\alpha$$

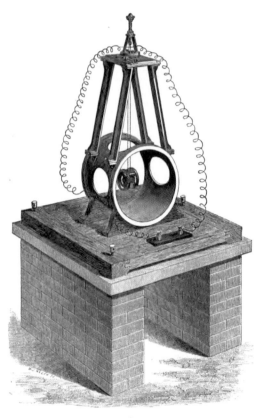

그림 54

$$F\sin\beta_2 = -F\sin\beta_4 = -Gg\gamma_1\gamma_2 - Hg\gamma_2\sin\alpha$$

이고,

$$\gamma_1\gamma_2 = -\frac{F}{4Gg}(\sin\beta_1 + \sin\beta_2 - \sin\beta_3 - \sin\beta_4)$$

이다.

이것은 라티머 클라크가 영국 연합의 전기 위원회에서 제작한 장치를 사용하면서 이용한 방법이다. 고정된 코일과 매단 코일 모두에 두 코일에 대한 헬름홀츠 배열을 이용한 그림 54의 전기력계를 그려준 클라크 씨에게 감사한다.[45] 이 장치에서 매단 두 줄을 조정하는 비틀림 머리가 그림 55에

그림 55

나와 있다. 매단 도선의 장력이 같은지는 두 도선의 끝을 바퀴를 지나가는 명주실에 연결하여 거리를 조절하는 두 개의 바퀴로 확인하는데, 두 바퀴는 알맞은 거리로 조정할 수 있다. 매단 코일은 바퀴에 작용하는 나사를 돌려서 수직 방향으로 이동시킬 수 있으며, 수평 방향으로는 그림 55의 바닥에 보인 이동 장치에 의해서 양 방향으로 움직일 수 있다. 이 장치의 방위각은 비틀림-나사를 이용하여 조절하는데, 이 나사는 수직축을 중심으로 비틀림-머리를 회전시킨다(459절을 보라). 매단 코일의 방위각은 매단 코일의 축 바로 아래 보인 거울의 눈금자가 반사된 것을 측정하여 확인한다.

베버가 처음 제작한 장치는 그의 논문 *Elektrodynamische Maasbestimmungen*에 설명되어 있다. 이 장치는 작은 전류를 측정하는 것이 목적이고, 그래서 고정된 코일과 매단 코일 모두의 코일 감은 수가 많으며, 매단 코일은 고정된 코일 내부에서 주로 표준 도구로 사용될 목적으로 만들었으며, 더 민감한 장치와 비교할 영국 연합에서 만든 장치보다 더 큰 부분을 차지한다. 이 장치로 베버가 수행한 실험은 닫힌 전류에 적용된 앙페르 공식이 얼마나 정확한지를 증명해 줄 가장 완전한 실험적 증거를 제공하며, 베버가 전기와 관련된 양들을 정확도에 관한 한 매우 높은 수준으로 달성한 정량적 연구의 중요한 부분을 차지한다.

수직축 주위로 회전시키려는 커플의 작용을 받는, 한 코일 내부에 다른 코일이 포함된 베버의 전기력계의 형태는 아마도 절대적 측정을 하는 데 가장 적절하다. 그런 배열의 상수들을 계산하는 방법이 697절에 나와 있다.

726. 그렇지만 만일 얼마 되지 않는 미미한 전류로 상당한 전자기력을 만들기를 원하면, 매단 코일을 고정된 코일과 평행하게 놓아서, 매단 코일이 고정된 코일에 다가가거나 멀리 가게 만드는 것이 더 좋다.

줄 박사의 전류 측정기인 그림 56에서 매단 코일은 수평으로 놓여 있으며 수직 운동이 가능하고, 매단 코일과 고정 코일 사이에 작용하는 힘은 매단 코일에 얹은 무게 추에 의해 결정한다. 그 무게 추는 매단 코일이 전류가 흐르지 않을 때 고정 코일과 높이가 같을 때까지 얹는다.

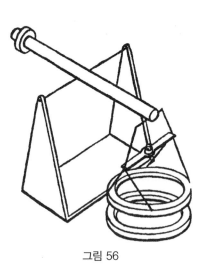

매단 코일은 또한 비틀림 진자의 수평 팔이 갈 수 있는 끝까지 잡아당길 수도 있으며, 그림 57에 보인 것과 같이 하나는 잡아당기고 하나는 밀치는 두 개의 고정 코일 사이에 놓을 수도 있다.

코일들을 729절에 설명한 대로 배열하면, 매단 코일에 작용하는 힘은 평형 위치의 작은 거리 내에서 거의 균일하게 만들 수 있다.

비틀림 진자 팔의 다른 쪽 끝에

그림 56

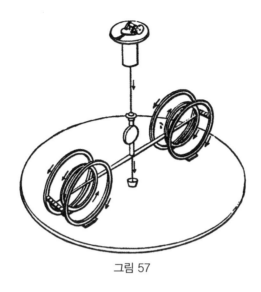

그림 57

또 하나의 코일을 붙여서 두 개의 고정 코일 사이에 장치할 수 있다. 만일 두 매단 코일에 크기는 비슷하나 방향이 반대인 전류가 흐르면, 비틀림 진자의 팔에 작용하는 지자기의 효과는 완벽히 상쇄될 것이다.

727. 매단 코일의 형태가 긴 솔레노이드라면, 그리고 더 큰 축이 같은 솔레노이드로 된 고정된 코일의 안에서 솔레노이드의 축 방향으로 움직일 수 있다면, 두 솔레노이드에 흐르는 전류의 방향이 같을 때, 두 코일의 양 끝이 가까이 있지 않은 이상, 매단 코일은 고정된 코일로 빨려 들어간다.

728. 훨씬 더 큰 크기의 두 같은 코일 사이에 놓인 한 작은 코일에 균일한 세로 힘을 받게 만들기 위해서는, 큰 코일의 지름과 두 코일의 평면 사이의 거리의 비를 2대 $\sqrt{3}$ 으로 만들어야 한다. 두 코일에 같은 세기의 전류를 반대 방향으로 흐르게 하면, ω에 대한 표현에서 r의 홀수 멱수는 모두 없어지며, $\sin^2 a = \frac{4}{7}$ 이고 $\cos^2 a = \frac{3}{7}$ 이기 때문에, r^4을 포함한 항도 역시 없어지고, 남는 것은

$$\omega = \frac{8}{7}\sqrt{\frac{3}{7}}\,\pi n\gamma\left\{3\frac{r^2}{c^2}\,Q_2(\theta) + \frac{11}{7}\frac{r^6}{c^6}\,Q_6(\theta) + \text{등등}\right\}$$

인데 이것은 작은 매단 코일에는 거의 균일한 힘이 작용함을 알려준다. 이 경우에 코일의 배열은 715절에서 설명한 것처럼 세 코일로 된 검류계에서 두 개의 바깥쪽 코일과 같다. 그림 51을 보라.

729. 아주 가까이 놓여서 서로 작용하는 도선 사이의 거리가 코일의 반지름에 비해 작은 두 코일 사이에 매단 코일을 놓으려면, 바깥쪽 코일 중 하나의 반지름을 가운데 놓은 코일의 반지름보다 중간 코일 면과 바깥 코일 면 사이의 거리의 $\dfrac{1}{\sqrt{3}}$ 배보다 더 크게 만드는 것이다.

16장
전자기 현상의 관찰

730. 전기적 양(量)에 대한 아주 많은 측정이 진동하는 물체의 관찰에 의존하므로, 그런 운동에 관해 관심을 기울이고, 그런 운동을 가장 잘 관찰하는 방법을 생각하자.

안정된 평형 위치 부근에서 물체의 작은 진동은 일반적으로 한 점에 고정 점에서 거리에 정비례하는 힘이 작용할 때 그 점의 운동과 비슷하다. 우리 실험에서 진동하는 물체의 경우에 공기의 점성이나 매단 줄의 저항과 같은 각종 원인에 의존하는, 운동에 대한 저항도 또한 존재한다. 많은 전기적 도구에서는 또 다른 저항이 존재하는데, 말하자면 진동하는 자석 가까이 놓인 전도(傳導) 회로에 유도된 전류의 반사 작용 같은 것이다. 이런 전류는 자석의 운동 때문에 유도되며, 자석에 대한 전류의 작용은, 렌츠 법칙에 따르면, 언제나 그 운동을 거스르는 방향이다. 이것이 많은 경우에 저항의 주된 부분이다.

때로는 댐퍼라고 부르는 금속 회로를 진동을 억제할 목적으로 자석 주위에 놓는다. 그래서 이런 종류의 저항을 앞으로 댐핑이라고 부르기로 한다.

쉽게 관찰되는 것과 같은 느린 진동의 경우, 원인이 무엇이든 전체 저항

은 속도에 비례하는 것처럼 보인다. 저항이 속도의 제곱에 비례하는 증거
는 단지 전자기 도구의 보통 진동에 비해 속도가 훨씬 빠른 경우일 뿐이다.

그러므로 거리에 따라 변하는 인력을 받고 속도에 비례하는 저항을 받는
물체의 운동을 조사해야 한다.

731. 테이트 교수[46]가 호도그래프(속도도)의 원리를 응용한 다음 예가 등
각도 나선을 이용하여 매우 간단한 방식으로 이런 종류의 운동을 조사할
수 있도록 해준다.

한 극을 중심으로 균일한 각속도로 대수(代數) 또는 등각도 나선 운동을
하는 입자의 가속도를 구하라는 문제를 받았다고 하자.

이 나선의 성질은 탄젠트 PT가 반지름 벡터 PS와 일정한 각 α를 이룬
다는 것이다.

점 P의 속도가 v이면

$$v \cdot \sin\alpha = \omega \cdot SP$$

가 된다. 그래서 PT와 평행하고 SP와 같도록 SP'를 그리면, P에서 속도
는 크기와 방향 모두에서

$$v = \frac{\omega}{\sin\alpha} SP'$$

로 주어진다. 그래서 P'는 호도그래프에서 한 점이 된다. 그러나 SP'는 SP
를 일정한 각 $\pi - \alpha$로 회전한 것이므로, P'가 그리는 호도그래프는 원래 나
선을 그 극을 중심으로 각 $\pi - \alpha$만큼 회전시킨 것과 같다.

P의 가속도는 크기와 방향 모두에서 P'의 속도에 같은 인자 $\frac{\omega}{\sin\alpha}$를 곱
한 것으로 대표된다.

그래서 SP'에 각 $\pi - \alpha$만큼 SP''의 위치로 회전시키는 연산을 작용하
면, P의 가속도는 크기와 방향 모두에서

$$\frac{\omega^2}{\sin^2\alpha} SP''$$

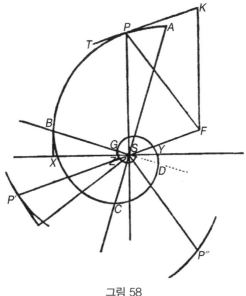

그림 58

와 같게 되는데, 여기서 SP'' 는 각 $2\pi - 2\alpha$ 만큼 회전시킨 SP 와 같다.

SP'' 와 크기가 같고 나란하게 PF 를 그리면, 가속도는 $\dfrac{\omega^2}{\sin^2\alpha}PF$ 이며, 이것을 분해하면

$$\frac{\omega^2}{\sin^2\alpha}PS \quad 그리고 \quad \frac{\omega^2}{\sin^2\alpha}PK$$

가 된다.

이 두 성분 중에서 첫 번째는 거리에 비례하는 S 를 향하는 중심 힘이다.

두 번째는 속도와 반대 방향을 향하며,

$$PK = 2\cos\alpha\,P'S = -2\frac{\sin\alpha\cos\alpha}{\omega}v$$

이므로, 이 힘을

$$-2\frac{\omega\cos\alpha}{\sin\alpha\,v}$$

라고 쓸 수 있다.

그러므로 이 입자의 가속도는 두 부분으로 되어 있는데, 첫 부분은 S 를 향하는 인력 μr 이고, 거리에 비례하며, 두 번째 힘은 $-2kv$ 로 속도에 비례

하는 저항력이며, 여기서

$$\mu = \frac{\omega^2}{\sin^2\alpha} \qquad 그리고 \qquad k = \omega\frac{\cos\alpha}{\sin\alpha}$$

이다.

이 표현에서 $\alpha = \frac{\pi}{2}$ 라고 놓으면, 궤도는 원이 되며 $\mu_0 = \omega_0^2$ 그리고 $k = 0$ 이 된다.

그래서 인력 법칙이 $\mu = \mu_0$ 로 똑같이 유지되며,

$$\omega = \omega_0 \sin\alpha$$

즉 같은 인력 법칙을 갖는 서로 다른 나선에서 각속도가 나선의 각의 사인에 비례한다.

732. 이제 수평선 XY에서 움직이는 점 P의 투영인 점의 운동을 고려하면, S로부터 그 점까지 거리와 그 점의 속도는 P의 S로부터 그 P까지의 거리와 속도의 수평 성분임을 알게 된다. 그래서 이 점의 가속도도 또한 S를 향한 인력에 의한 것으로 μ에 S로부터 거리를 곱한 것과 같고, 그와 함께 k에 속도를 곱한 저항력과 같다.

그러므로 고정 점에서 거리에 비례하는 인력과 속도에 비례하는 저항력을 받는 점의 직선 운동을 완전하게 구성한다. 그런 점의 운동은 단순히 대수(代數) 나선에서 균일한 각속도로 움직이는 다른 점의 수평 성분이다.

733. 나선의 식은

$$r = Ce^{-\phi\cot\alpha}$$

이다.

수평 운동을 구하려면

$$\phi = \omega t, \qquad x = \alpha + r\sin\phi$$

라고 놓는데, 여기서 α는 평형점에서 x 값이다.

수직선과 각 α를 만드는 BSD를 그리면, 탄젠트 BX, DY, GZ 등등은 수

직선이 되며, X, Y, Z 등등은 연이은 진동의 끝점이 된다.

734. 진동하는 물체에서는 다음과 같은 관찰을 한다.

(1) 정지한 점에서 측정자 읽기. 이것을 늘어난 길이라고 한다.

(2) 측정자에서 정한 구분을 양 또는 음의 방향으로 지나가는 시간.

(3) 정해진 시간에 측정자 읽기. 주기가 긴 진동을 제외하고는 이러한 관찰을 자주 하지는 않는다.[47]

정해야 할 양들은 다음과 같다.

(1) 평형 위치에서 측정자 읽기.

(2) 진동의 대수(代數) 감소.

(3) 진동 시간.

세 번의 연이은 늘어남에서 평형 위치 눈금 정하기

735. x_1, x_2, x_3가 늘어남 X, Y, Z에 대응하는 관찰된 측정자 눈금이라고 하고, a가 평형 위치 S에서의 눈금이라고 하며, r_1이 SB 값이라고 하면

$$x_1 - a = r_1 \sin \alpha$$
$$x_2 - a = -r_1 \sin \alpha \, e^{-\pi \cot \alpha}$$
$$x_3 - a = r_1 \sin \alpha \, e^{-2\pi \cot \alpha}$$

이다.

이 값들로부터

$$(x_1 - a)(x_3 - a) = (x_2 - a)^2$$

임을 알고 그래서

$$a = \frac{x_1 x_3 - x_2^2}{x_1 + x_3 - 2x_2}$$

이다.

x_3가 x_1과 크게 다르지 않으면, 근사 공식으로

$$a = \frac{1}{4}(x_1 + 2x_2 + x_3)$$

를 이용할 수 있다.

대수 감소 정하기

736. 진동의 진폭과 다음 번 진동의 진폭 사이의 비의 대수(代數)를 대수 감소라고 부른다. 이 비를 ρ라고 쓰면

$$\rho = \frac{x_1 - x_2}{x_3 - x_2}, \qquad L = \log_{10}\rho, \qquad \lambda = \log_e\rho$$

이다. L을 상용 대수 감소, 그리고 λ를 자연 대수 감소라고 부른다. 이로부터 분명히

$$\lambda = L\log_e 10 = \pi\cot\alpha$$

가 된다.

그래서

$$a = \cot^{-1}\frac{\lambda}{\pi}$$

인데, 이것이 대수(代數) 나사의 각을 결정한다.

λ를 특별히 정하기 위해, 물체가 상당히 많은 수의 진동을 하도록 기다린다. 첫 번째 진동의 진폭이 c_1이고, n 번째 진동의 진폭이 c_n이면

$$\lambda = \frac{1}{n-1}log_e\left(\frac{c_1}{c_n}\right)$$

이다.

관찰의 정확도가 진동이 클 때나 작을 때나 같다고 가정하면, λ의 가장 좋은 값을 구하기 위해, c_1과 c_n의 비가 자연 대수의 밑인 e와 가장 가까울 때까지 기다려야 한다. 그러면 n이 $\frac{1}{\lambda}+1$과 가장 가까운 정수가 된다.

그렇지만 대부분 경우에 시간도 귀중하므로, 진폭의 감소가 너무 멀리 가기 전에 두 번째 관찰 자료를 구해놓는 것이 좋다.

737. 어떤 경우에는 평형 위치를 두 개의 연이은 확장으로부터 정해야 할 수도 있어서 대수(代數) 감소를 특별한 실험으로 구해야 한다. 그러면

$$a = \frac{x_1 + e^\lambda x_2}{1 + e^\lambda}$$

이다.

진동 시간

738. 평형 점의 측정자 눈금을 정했으면, 측정자의 그 점이나 가능한 한 가장 가까운 점에 잘 보이는 표시를 하고, 몇 번의 연이은 진동에서 이 표시를 지나가는 시간을 측정한다.

이 표시가 알려지지는 않았으나 평형점의 양(陽)의 방향으로 매우 작은 거리 x이고, t_1이 그 표시를 양의 방향으로 최초로 지나가는 시간이며, t_2, t_3 등등은 그다음 연이은 지나가는 시간이라고 가정하자.

T가 진동 시간이고, P_1, P_2, P_3 등등이 실제 평형점의 지나가는 시간이라면

$$t_1 = P_1 + \frac{x}{v_1}, \qquad t_2 = P_2 + \frac{x}{v_2}$$

인데, 여기서 v_1, v_2 등등은 연이어서 지나가는 속도로, 매우 작은 거리 x에서는 모두 균일하다고 가정한다.

ρ가 처음 진동의 진폭과 그다음 진동의 진폭 사이의 비라면

$$v_2 = -\frac{1}{\rho} v_1 \qquad \text{그리고} \qquad \frac{x}{v_2} = -\rho \frac{x}{v_1}$$

이다.

세 번 지나가는 것이 시간 t_1, t_2, t_3에 관찰되었다면

$$\frac{x}{v_1} = \frac{t_1 - 2t_2 + t_3}{(\rho + 1)^2}$$

이다.

그러므로 진동의 주기는

$$T = \frac{1}{2}(t_3 - t_1) - \frac{1}{2}\frac{\rho-1}{\rho+1}(t_1 - 2t_2 + t_3)$$

이다.

실제 평형 점을 두 번째로 지나가는 시간은

$$P_2 = \frac{1}{4}(t_1 + 2t_2 + t_3) - \frac{1}{4}\frac{(\rho-1)^2}{(\rho+1)^2}(t_1 - 2t_2 + t_3)$$

이다.

이 세 양을 정하는 데는 세 번 지나가는 시간이면 충분하지만, 어떤 더 많은 수라도 최소 제곱법으로 결합할 수 있다. 그래서 다섯 번 지나간다면

$$T = \frac{1}{10}(2t_5 + t_4 - t_2 - 2t_1) - \frac{1}{10}(t_1 - 2t_2 + 2t_3 - 2t_4 + t_5)\frac{\rho-1}{\rho+1}\left(2 - \frac{\rho}{1+\rho^2}\right)$$

이다.

세 번째 지나가는 시간은

$$P_3 = \frac{1}{8}(t_1 + 2t_2 + 2t_3 + 2t_4 + t_5) - \frac{1}{8}(t_1 - 2t_2 + 2t_3 - 2t_4 + t_5)\frac{(\rho-1)^2}{(\rho+1)^2}$$

이다.

739. 같은 방법을 연이어 몇 번의 진동이 일어난 경우로든 확장할 수 있다. 진동이 너무 빨라서 매번 진동 시간을 기록할 수 없으면, 연이어 지나가는 방향은 반대임을 주의하면서 세 번째마다 또는 다섯 번째마다 지나가는 시간을 기록할 수도 있다. 진동이 긴 시간 동안 규칙적으로 일어나면, 전체 시간 내내 관찰할 필요는 없다. 진동 주기 T를 근사적으로 정하기 위해 충분히 많은 횟수 동안 지나가는 것을 관찰하고, 지나가는 방향이 양(陽)인지 음(陰)인지를 확인하면서 중간 지나가는 시간 P를 관찰한다. 그러면 지나가는 시간을 매번 기록하지 않고 진동의 횟수만 세거나, 또는 장치를 관찰하지 않고 그냥 두어도 된다. 그다음에 두 번째 지나가는 자료를 구하고, 진동 시간 T'를 도출하고, 이번 지나가는 방향을 주목하면서 중간 지나가는

시간 P'를 도출한다.

두 관찰 자료로부터 도출한 진동 주기 T와 T'가 거의 같으면, 두 관찰 자료를 결합하여 더 정확한 주기를 얻을 수도 있다.

$P' - P$를 T로 나누면, 그 비는 거의 자연수에 매우 가까워야 하며, P와 P'가 같은 방향인지 반대 방향인지에 따라 짝수이거나 홀수가 된다. 만약 그렇지 않으면, 관찰 자료는 별 쓸모가 없지만, 결과가 정수 n에 상당히 가까우면, $P' - P$를 n으로 나누고 그렇게 해서 전체 진동에 대해 평균 T를 구한다.

740. 이렇게 구한 진동 시간 T는 실제 평균 진동 시간이며, 그 결과로부터 무한히 작은 원호에서 댐핑이 없는 진동 시간을 구하고 싶으면 보정을 해야 한다.

관찰된 시간으로부터 무한히 작은 원호의 시간을 구하려면, 진폭 a의 진동 시간은 일반적으로

$$T = T_1(1 + \kappa c^2)$$

의 형태임을 주목하는데, 여기서 κ는 계수로 보통 진자에서는 $\frac{1}{64}$이다. 이제 연이은 진동의 진폭이 $c, c\rho^{-1}, c\rho^{-2}, \cdots, c\rho^{1-n}$이어서 n번 진동의 전체 시간이

$$nT = T_1\left(n + \kappa \frac{\rho^2 c_1^2 - c_n^2}{\rho^2 - 1}\right)$$

인데, 여기서 T는 관찰로부터 도출된 시간이다.

그래서 무한히 작은 원호에서 시간 T_1을 구하면, 근사적으로

$$T_1 = T\left\{1 - \frac{\kappa}{n}\frac{c_1^2\rho^2 - c_n^2}{\rho^2 - 1}\right\}$$

이 된다.

댐핑이 없는 경우 시간인 T_0를 구하면

$$T_0 = T_1 \sin \alpha = T_1 \frac{\pi}{\sqrt{\pi^2 + \lambda^2}}$$

이 된다.

741. 고정점에서 잡아당기며 속도에 비례하는 저항력을 받는 물체의 직선 운동에 대한 식은

$$\frac{d^2x}{dt^2} + 2k\frac{dx}{dt} + \omega^2(x-a) = 0 \tag{1}$$

인데, 여기서 x는 시간 t 때 물체의 좌표이며, a는 평형점의 좌표이다.

이 식을 풀기 위해서

$$x - a = e^{-kt}y \tag{2}$$

라고 놓으면

$$\frac{d^2y}{dt^2} + (\omega^2 - k^2)y = 0 \tag{3}$$

이 되고, 이 식의 풀이는 k가 ω보다 더 작으면

$$y = C\cos(\sqrt{\omega^2 - k^2}\,t + \alpha) \tag{4}$$

이고, k가 ω와 같으면

$$y = A + Bt \tag{5}$$

이며, k가 ω보다 더 크면

$$y = C'\cosh(\sqrt{k^2 - \omega^2}\,t + \alpha') \tag{6}$$

이다.

x의 값은 (2) 식을 이용하여 y 값으로부터 얻을 수 있다. k가 ω보다 더 작을 때는, 이 운동은 무한이 연결되는 진동으로 구성되며, 주기는 일정하지만, 진폭은 계속해서 감소한다. k가 증가하면, 주기는 점점 더 길어지며, 진폭의 감소는 더 빨라진다.

(저항 계수의 절반인) k가 (평형점에서 단위 거리의 가속도의 제곱근인) ω와 같거나 또는 더 커지면, 운동은 더는 진동이 아니고, 전체 운동하는 동안에 물체는 단 한 번 평형 점을 지나갈 수 있으며, 그 뒤에는 최대로 늘어난

점에 도달하고 그다음에 평형점으로 돌아오는데, 계속해서 접근하나 결코 평형점에 도달하지는 못한다.

검류계의 저항이 아주 커서 운동이 이런 종류이면 **직진(直進)식** 검류계라고 부른다. 이런 검류계는 많은 실험에서 유용하지만, 특별히 자유 진동이 존재하면 관찰된 운동을 매우 다르게 바꾸는 전신(傳信) 신호에서는 특별히 중요하다.

k 값과 ω 값이 무엇이든 간에, 평형점에서 측정자의 눈금인 a 값은 다섯 번의 같은 시간 간격으로 측정한 다섯 개의 측정자 눈금 p, q, r, s, t로부터 다음 공식

$$a = \frac{q(rs - qt) + r(pt - r^2) + s(qr - ps)}{(p - 2q + r)(r - 2s + t) - (q - 2r + s)^2}$$

으로부터 구할 수 있다.

검류계를 이용한 측정에 대하여

742. 탄젠트 검류계를 이용하여 일정한 전류를 측정하려면, 검류계 코일의 면이 자기 자오선에 평행하도록 장치를 조정하고 눈금의 0 점을 정해야 한다. 그다음에 전류가 코일을 통과하도록 하고, 자석의 새로운 평형 위치에 대응하는 편향을 관찰한다. 그것이 ϕ라고 표시된다고 하자.

그러면 H가 수평 자기력이고, G가 검류계의 계수이며, γ가 전류의 세기일 때

$$\gamma = \frac{H}{G} \tan \phi \tag{1}$$

이다.

매단 줄의 비틀림 계수가 τMH이면(452절을 보라), 다음 보정된 공식

$$\gamma = \frac{H}{G}(\tan \phi + \tau \phi \sec \phi) \tag{2}$$

를 이용해야 한다.

편향의 최적값

743. 어떤 검류계에서는 전류가 흐르는 코일의 감은 수를 마음대로 바꿀 수 있다. 다른 검류계에서는 전류의 알려진 비율이 션트라고 부르는 도체에 의해 검류계에서 다른 곳으로 흐르게 만들 수 있다. 어떤 경우에서나 자석에 대한 단위 전류의 효과인 G의 값을 바꿀 수 있다.

편향을 관찰하는 데 전류의 세기를 도출하면서 오차를 가장 작게 만드는 G의 값을 결정하자.

(1) 식을 미분하면

$$\frac{d\gamma}{d\phi} = \frac{H}{G} \sec^2 \phi \tag{3}$$

를 얻는다.

G를 소거하면

$$\frac{d\phi}{d\gamma} = \frac{1}{2} \gamma \sin 2 \phi \tag{4}$$

가 된다.

이것이 편향이 45°일 때 주어진 γ 값에 대한 최대이다. 그러므로 G의 값은 $G\gamma$가 가능한 한 H와 거의 같도록 조정되어야 하며, 그래서 강한 전류에서는 너무 민감한 검류계를 사용하지 않는 것이 더 좋다.

전류를 적용하는 가장 좋은 방법에 대하여

744. 관찰자가 열쇠를 이용하여 어떤 순간이든지 회로를 연결하거나 끊는 것이 가능할 때는, 자석이 평형 위치에 가능한 한 가장 느린 속도로 도달하도록 열쇠를 동작시키는 것이 바람직하다. 가우스는 이런 목적으로 다음과 같은 방법을 고안하였다.

자석이 평형 위치에 있고 전류가 흐르지 않는다고 가정하자. 관찰자는 이제 짧은 시간 동안에 접촉을 시켜서 자석이 새로운 평형 위치로 움직이도록 하려고 한다. 관찰자는 그다음에 접촉을 끊는다. 이제 힘은 원래의 평형 위치를 향하여 작용하고 운동은 느려진다. 이런 행동이 자석이 정확히 새로운 평형 위치에서 정지하도록 이루어졌다면, 그리고 관찰자는 다시 그 순간에 다시 접촉하고 접촉을 유지한다면, 자석은 새로운 위치에서 움직이지 않고 그대로 있게 된다.

저항의 효과와 또한 새로운 위치와 이전 위치에 작용하는 전체 힘이 같지 않다는 것을 무시하면, 회로가 끊긴 동안 원래 힘이 소멸하는데, 새로운 힘이 처음 작용할 때 가능한 한 많은 운동 에너지를 발생시키기를 원하기 때문에, 전류가 처음 작용하는 것을 자석이 처음 위치에서 두 번째 위치까지 거리의 절반 이상을 갈 때까지 늘려야 한다. 그다음에 자석이 자기 경로의 나중 절반을 가는 동안에 원래 힘이 작용하면, 그 힘은 자석을 정확하게 정지시키게 된다. 이제 가장 많이 늘어난 점에서 평형점까지 절반을 지나는 데 필요한 시간은 전체 주기의 6분의 1, 즉 한 번 진동하는 시간 3분의 1이다.

그러므로 이전에 한 번 진동하는 시간을 확인한 운영자는 그 시간의 3분의 1 동안 접촉을 시키며, 같은 시간의 다른 3분의 1 동안은 끊고, 그다음에 나머지 실험하는 동안 접촉을 계속한다. 그러면 자석은 정지해 있거나, 아니면 진동이 아주 작아서 진동이 다 잦아들 때까지 더 기다리지 않고 관찰을 즉시 시행할 수 있다. 이 목적을 위해서 시간을 재는 메트로놈을 조정하여 자석이 한 번 진동할 때마다 세 번 소리를 내도록 만들어도 좋다.

고려해야 할 저항이 상당히 크면 규칙은 더 복잡해지지만, 이 경우에는 진동이 아주 빨리 잦아들어서 규칙에 더는 수정을 가할 필요는 없다.

자석을 원래 위치로 복원해 놓아야 하면, 회로를 진동의 3분의 1 동안 끊어 놓고, 다음 3분의 1 동안 접촉하고, 마지막으로 끊는다. 이렇게 하면 자석은 이전 위치에서 정지해 있다.

한 방향으로 측정한 다음에 즉시 반대 방향의 눈금을 읽어야 한다면, 회로를 한 번 진동하는 시간 동안 끊어놓고 그다음에 반대 방향으로 연결한다. 그러면 자석이 거꾸로 된 위치에 정지해 있게 된다.

첫 번째 흔들림에서 측정하기

745. 한 번보다 더 많은 관찰을 할 시간이 없으면, 자석이 첫 번째 흔들리고 가장 멀리 갔을 때 전류를 측정할 수 있다. 저항이 없다면, 영구적 편향 ϕ는 가장 많이 늘어난 길이의 절반이다. 한 진동과 그다음 진동의 비가 ρ이도록 저항이 존재하면, 그리고 θ_0가 0점의 눈금이고, θ_1이 첫 번째 진동에서 가장 많이 늘어난 경우이면, 평형점에 대응하는 편향 ϕ는

$$\phi = \frac{\theta_0 + \rho\theta_1}{1 + \rho}$$

이다.

이런 방법으로 자석이 평형 위치에서 정지할 때까지 기다리지 않고도 편향을 계산할 수 있다.

관찰 자료 만들기

746. 일정한 전류에 대해 상당히 많은 수의 측정 자료를 만드는 가장 좋은 방법은 전류가 양(陽)의 방향에 있을 때 세 번의 늘어남을 측정하고, 자석이 반대 방향으로 편향하도록 한 진동 시간만큼 회로를 끈 다음에, 전류를 반대 방향으로 흐르게 하고 음(陰)의 방향에서 세 번의 늘어남을 측정하고, 그다음에 한 진동 동안 접촉을 끊은 다음에, 다시 양의 방향에서 관찰을 반복하는 식으로, 충분히 많은 양의 자료가 도달하기까지 계속한다. 이런 방법으로 관찰하는 동안에 지자기의 방향이 변하는 것 때문에 발생할 수도 있는 오차를 제거할 수 있다. 운영자는 접촉하는 시간과 끊는 시간을 주의 깊게 측정하여 진동의 정도를 어렵지 않게 조정할 수 있으며, 그래서 진동은

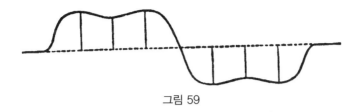

그림 59

희미해서 구분하지 못하지 않으면서도 매우 작게 만들 수 있다. 자석의 운동이 그림 59에 그래프로 대표되어 있는데, 여기서 세로축은 시간을, 그리고 가로축은 자석의 편향을 나타낸다. $\theta_1 \cdots \theta_6$이 관찰된 늘어남이면, 편향은 다음 식

$$8\phi = \theta_1 + 2\theta_2 + \theta_3 - \theta_4 - 2\theta_5 - \theta_6$$

으로 주어진다.

곱하기 방법

747. 검류계 자석의 편향이 매우 작은 어떤 경우에는 자석의 흔들리는 운동을 시작하기 위하여 적당한 간격마다 전류의 방향을 거꾸로 해서 보이는 효과를 증대시키는 것이 바람직할 수 있다. 이런 목적으로, 자석이 한 번 진동하는 시간 T를 확인한 다음에, 시간 T 동안 전류를 양(陽)의 방향으로 보내고, 그다음에 같은 시간 동안 반대 방향으로 보내고, 그런 식으로 계속한다. 자석의 운동이 보이기 시작할 때, 가장 멀리 늘어날 때까지 관찰된 시가에 전류를 반대 방향으로 바꿀 수 있다.

자석이 양(陽)의 방향으로 θ_0만큼 늘어나 있다고 하고, 코일에 전류를 음(陰)의 방향으로 흐르게 하자. 그러면 평형점은 $-\phi$이고, 자석은 음(陰)의 늘어남 θ로 흔들려서

$$-\rho(\phi + \theta_1) = (\theta_0 + \phi) \quad 즉 \quad -\rho\theta_1 = \theta_0 + (\rho + 1)\phi$$

가 된다.

비슷하게, 전류가 이제 양(陽)의 방향으로 흐르고 그동안에 자석은 θ_2로 흔들리면

$$\rho\theta_2 = -\theta_1 + (\rho+1)\phi \qquad \text{또는} \qquad \rho^2\theta_2 = \theta_0 + (\rho+1)^2\phi$$

가 되고, 전류가 연이어 n번 방향이 바뀌면

$$(-)^n\theta_n = \rho^{-n}\theta_0 + \frac{\rho+1}{\rho-1}(1-\rho^{-n})\phi$$

가 되어 ϕ가 다음 형태

$$\phi = (\theta_n - \rho^{-n}\theta_0)\frac{\rho-1}{\rho+1}\frac{1}{1-\rho^{-n}}$$

이 되는 것을 알 수 있다.

n이 아주 큰 수이면 ρ^{-n}을 무시할 수 있으며, 이 표현은

$$\phi = \theta_n\frac{\rho-1}{\rho+1}$$

이 된다. 정확한 측정에 이 방법을 적용하려면 자석이 경험하는 저항 아래서 자석의 한 번 진동과 그다음 진동 사이의 비인 ρ를 정확히 알아야 한다. ρ의 값에서 불규칙성을 피하는 어려움으로부터 발생하는 불확정성은 일반적으로 큰 각 늘어남의 장점보다 더 크다. 이 방법이 진가를 발휘하는 것은 매우 작은 전류로 바늘의 움직임이 눈에 보이도록 원할 때뿐이다.

일시적인 전류 측정에 대하여

748. 검류계 자석의 진동 시간 중 매우 작은 비율 동안만 전류가 계속될 때는, 전류에 의해 전달되는 전하의 전체 양이 전류가 지나가는 동안 자석에 전달되는 각속도에 의해 측정될 수 있으며, 이것을 자석의 첫 번째 진동의 늘어남으로부터 정해질 수 있다.

자석의 진동을 눅눅하게 만드는 저항을 무시하면, 이 조사는 매우 간단해진다.

임의의 순간에 전류의 세기가 γ이고, 전류가 전달하는 전하량이 Q라면

$$Q = \int \gamma\, dt \qquad (1)$$

이다. M이 자석의 자기 모멘트이고, A가 자석과 매단 장치의 관성 모멘트라면

$$A\frac{d^2\theta}{dt^2} + MH\sin\theta = MG\gamma\cos\theta \qquad (2)$$

이다. 전류가 전달된 시간이 매우 작으면, 이 짧은 시간 동안 θ가 바뀌지 않는다고 생각하고 이 식을 시간에 대해 적분할 수 있으며

$$A\frac{d\theta}{dt} = MG\cos\theta_0 \int \gamma\, dt + C = MGQ\cos\theta_0 + C \qquad (3)$$

를 얻는다. 이것은 전하량 Q의 통과가 자석에 각운동량 $MGQ\cos\theta_0$를 발생시키는 것을 알려주는데, 여기서 θ_0는 전류가 통과하는 순간에 θ 값이다. 자석이 처음에 평형 상태이면, $\theta_0 = 0$라고 놓을 수 있다.

그러면 자석은 자유롭게 흔들려서 늘어남 θ_1에 도달한다. 저항이 없다면, 이렇게 흔들리는 동안 자기력에 저항해서 한 일은 $MH(1-\cos\theta_1)$이다.

전류에 의해 자석에 전달된 에너지는

$$\frac{1}{2}A\left.\overline{\frac{d\theta}{dt}}\right|^2$$

이다. 이 양들이 같다고 놓으면

$$\left.\overline{\frac{d\theta}{dt}}\right|^2 = 2\frac{MH}{A}(1-\cos\theta_1) \qquad (4)$$

를 얻는데, 그래서 (3) 식에 의해

$$\frac{d\theta}{dt} = 2\sqrt{\frac{MH}{A}}\sin\frac{1}{2}\theta_1 = \frac{MG}{A}Q \qquad (5)$$

가 된다.

그러나 T가 자석이 한 번 진동한 시간이면

$$T = \pi\sqrt{\frac{A}{MH}} \qquad (6)$$

이며 그래서

$$Q = \frac{H}{G}\frac{T}{\pi}2\sin\frac{1}{2}\theta_1 \tag{7}$$

을 얻는데, 여기서 H는 수평 자기력이고, G는 검류계의 계수이며, T는 한 번 진동하는 시간이고, θ_1은 자석의 첫 번째 늘어남이다.

749. 많은 실제 실험에서 늘어남은 작은 각이며, 그러면 저항의 효과를 고려하는 것이 쉬운데, 왜냐하면 운동 방정식을 선형 방정식으로 취급할 수 있기 때문이다.

자석이 평형 위치에 정지해 있고, 자석에 순간적으로 각속도 v가 전달되고, 자석의 첫 번째 늘어남이 θ_1이라고 하자.

운동 방정식은

$$\theta = Ce^{-\omega_1 t\tan\beta}\sin\omega_1 t \tag{8}$$

$$\frac{d\theta}{dt} = C\omega_1\sec\beta e^{-\omega_1 t\tan\beta}\cos(\omega_1 t + \beta) \tag{9}$$

이다.

$t = 0$일 때 $\theta = 0$이고, $\dfrac{d\theta}{dt} = C\omega_1 = v$ 이다.

$\omega_1 t + \beta = \dfrac{\pi}{2}$ 일 때

$$\theta = Ce^{-\left(\frac{\pi}{2}-\beta\right)\tan\beta}\cos\beta = \theta_1 \tag{10}$$

이다. 그래서

$$\theta_1 = \frac{v}{\omega_1}e^{-\left(\frac{\pi}{2}-\beta\right)\tan\beta}\cos\beta \tag{11}$$

이다.

이제

$$\frac{MH}{A} = \omega^2 = \omega_1^2\sec^2\beta \tag{12}$$

이면

$$\tan\beta = \frac{\lambda}{\pi}, \qquad \omega_1 = \frac{\pi}{T_1} \tag{13}$$

$$v = \frac{MG}{A}Q \tag{14}$$

이다. 그래서

$$\theta_1 = \frac{QG}{H} \frac{\sqrt{\pi^2 + \lambda^2}}{T_1} e^{-\frac{\lambda}{\pi} tan^{-1}\frac{\pi}{\lambda}} \tag{15}$$

이며 그리고

$$Q = \frac{H}{G} \frac{T_1}{\sqrt{\pi^2 + \lambda^2}} e^{\frac{\lambda}{\pi} tan^{-1}\frac{\pi}{\lambda}} \theta_1 \tag{16}$$

인데, 이것이 첫 번째 늘어남을 일시적 전류에서 통과한 전하량으로 표현하게 해주며 그 역도 성립하는데, 여기서 T_1은 댐핑의 실제 저항의 영향을 받은 한 번의 진동을 관찰한 시간이다. λ가 작으면 근사적인 공식

$$Q = \frac{H}{G} \frac{T}{\pi} \left(1 + \frac{1}{2}\lambda\right) \theta_1 \tag{17}$$

을 이용할 수 있다.

반동(反動) 방법

750. 위에서 설명한 방법은 코일에 일시적인 전류가 흐를 때 자석은 평형점에서 정지해 있다고 가정한다. 실험을 반복하려면, 자석이 그다음에 정지할 때까지 기다려야 한다. 그렇지만 같은 세기의 일시적인 전류를 만들 수 있고, 어떤 원하는 순간에도 그렇게 할 수 있는 어떤 경우에는 베버[48]가 설명한 다음 방법이 일련의 연속으로 관찰하는 데 가장 편리하다.

값이 Q_0인 일시적인 전류에 의해서 자석을 흔들리게 했다고 가정하자. 간단히 하기 위해

$$\frac{G}{H} \frac{\sqrt{\pi^2 + \lambda^2}}{T_1} e^{-\frac{\lambda}{\pi} tan^{-1}\frac{\pi}{\lambda}} = K \tag{18}$$

라고 쓰면 첫 번째 늘어남은

$$\theta_1 = KQ_0 = \alpha_1 \quad \text{(말하자면)} \tag{19}$$

이다.

시작할 때 자석에 순간적으로 전달된 속도는

$$v_0 = \frac{MG}{A} Q_0 \qquad (20)$$

이다. 자석이 평형점을 지나서 음의 방향으로 돌아왔을 때 자석의 속도는

$$v_1 = -ve^{-\lambda} \qquad (21)$$

가 된다. 그리고 다음 번 늘어남은

$$\theta_2 = -\theta_1 e^{-\lambda} = b_1 \qquad (22)$$

이 된다. 자석이 평형점에 돌아오면, 자석의 속도는

$$v_2 = v_0 e^{-2\lambda} \qquad (23)$$

가 된다.

이제 자석이 0점에 있을 때 전체 양이 $-Q$인 순간 전류가 코일을 통해서 전달된다고 하자. 그러면 그 전류는 속도를 v_2에서 $v_2 - v$로 바꾸는데 여기서

$$v = \frac{MG}{A} Q \qquad (24)$$

이다. Q가 $Q_0 e^{-2\lambda}$보다 더 크면, 새로운 속도는 음(陰)이고

$$-\frac{MG}{A}\left(Q - Q_0 e^{-2\lambda}\right)$$

와 같다.

그래서 자석의 운동은 반대 방향으로 바뀌며 다음 번 늘어남도 음(陰)이고

$$\theta_3 = -K\left(Q - Q_0 e^{-2\lambda}\right) = c_1 = -KQ + \theta_1 e^{-2\lambda} \qquad (25)$$

이다. 그다음에 자석은 양(陽)인 늘어남으로 오게 되며

$$\theta_4 = -\theta_3 e^{-\lambda} = d_1 = e^{-\lambda}\left(KQ - a_1 e^{-2\lambda}\right) \qquad (26)$$

이고 자석이 다시 평형점에 도달할 때 그 양이 Q인 양(陽) 방향 전류가 전달된다. 이것이 자석을 다시 양 방향에서 양의 늘어남으로

$$\theta_5 = KQ - \theta_3 e^{-2\lambda} \qquad (27)$$

가 되는데, 네 번의 다음 번 자료의 첫 번째 늘어남이라고 부르고

$$a_2 = KQ(1 - e^{-2\lambda}) + a_1 e^{-4\lambda} \tag{28}$$

가 된다.

이런 식으로 진행하고, 두 늘어남 +와 −를 관찰한 다음에, 양(陽)의 전류를 보내고 두 번의 늘어남 −와 +를 관찰하고, 그다음에 양의 전류를 보내고, 그런 식으로 계속하면, 네 번의 늘어남으로 된 급수를 얻는데, 각각에서

$$\frac{d-b}{a-c} = e^{-\lambda} \tag{29}$$

이고, 그리고

$$KQ = \frac{(a-b)e^{-2\lambda} + d - c}{1 + e^{-\lambda}} \tag{30}$$

이다.

n개의 늘어남이 관찰되면, 다음 식

$$\frac{\Sigma(d) - \Sigma(b)}{\Sigma(a) - \Sigma(c)} = e^{-\lambda} \tag{31}$$

로부터 대수(代數) 감소를 구하며 다음 식으로부터

$$KQ(1 + e^{-\lambda})(2n-1) = \Sigma_n(a - b - c + d)(1 + e^{-2\lambda}) - (a_1 - b_1)$$
$$- (d_n - c_n)e^{-2\lambda} \tag{32}$$

Q를 구한다.

반동(反動) 방법에서 자석의 운동을 그림 60에 그래프로 그려놓았는데, 여기서 가로축은 시간을 그리고 세로축은 그 시간에 자석의 편향을 나타낸다. 760절을 보라.

곱하기 방법

751. 자석이 0점을 통과할 때마다 매번 일시적인 전류를 흐르게 하면, 그래서 항상 자석의 속도를 증가시키도록 하면, θ_1, θ_2 등등이 연이은 늘어남이라고 할 때

$$\theta_2 = -KQ - e^{-\lambda}\theta_1 \tag{33}$$

$$\theta_3 = -KQ - e^{-\lambda}\theta_2 \tag{34}$$

가 된다.

아주 많은 진동이 지나간 뒤에 늘어남이 다가가는 궁극적인 값은, $\theta_n = -\theta_{n-1}$이라고 놓으면

$$\theta = \pm\frac{1}{1-e^{-\lambda}}KQ \tag{35}$$

가 된다.

λ가 작으면, 궁극적 늘어남은 클 수 있지만, 이것은 오랜 지속된 실험과 연관이 있으므로, λ를 조심스럽게 결정하고, λ에서 작은 오차가 Q를 정하는 데 큰 오차를 유발하므로, 이 방법은 수치 결정을 얻는데 드문 경우에만 유용할 뿐이며, 직접 측정하기에는 너무 작은 전류가 존재하는지 아니면 존재하지 않는지에 대한 증거를 얻는 데만 이용하도록 유보되어야 한다.

검류계의 움직이는 자석에 일시적인 전류가 작용하도록 하는 모든 실험에서, 자석의 거리가 0점에서부터 전체 늘어남의 작은 비율에 지나지 않은 가까운 곳에서 전체 전류가 모두 통과하는 것이 필수적이다. 그러므로 진동 시간은 전류를 생산하는 데 걸리는 시간에 비해 길어야 하며, 운영자는 자석의 운동에 눈을 떼지 않아서, 자석이 평형점을 통과하는 순간에 동시에 전류가 순간적으로 흐르도록 조정해야 한다. 적절한 순간에 전류를 발생시키지 못한 운영자의 실패 때문에 도입된 오차를 추산하려면, 늘어남을

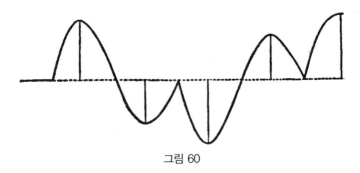

그림 60

증가시키는 데 힘의 효과는

$$e^{\phi\tan\beta}\cos(\phi+\beta)$$

처럼 변하고, 이것의 최댓값은 $\phi=0$일 때임을 눈여겨보아야 한다. 그래서 시간을 잘못 정해서 발생하는 오차는 항상 이 값의 과소평가로 이어지며, 오차의 양은 전류가 통과하는 시간에 진동의 위상의 코사인을 1과 비교해서 추정할 수 있다.

17장
코일의 비교

코일의 전기 상수를 실험으로 정하기

752. 민감한 검류계에서 코일의 반지름은 작아야 하고 도선을 감은 수가 커야 한다는 것을 717절에서 보았다. 코일에 감은 도선 하나하나를 측정하는 것이 가능하다고 할지라도 코일의 형태나 크기를 직접 측정해서 코일의 전기(電氣) 상수를 구하기는 지극히 어렵다. 그러나 실제로는 감은 수 중에서 대단히 많은 부분은 가장 바깥쪽에 감은 도선에 의해 완벽히 가려져 있을 뿐 아니라, 도선을 감은 다음에 안쪽에 감은 도선이 바깥쪽 도선의 압력에 의해 형태가 바뀌지 않았는지 확인할 수 없다.

그러므로 코일의 전기 상수를 구하는 데 그런 전기 상수를 이미 알고 있는 표준 코일과 직접 전기적으로 비교하는 방법이 더 좋다.

표준 코일의 크기는 실제 측정으로 정해져야 하므로, 표준 코일은 어느 정도 크게 만들어야 지름이나 둘레를 측정하는 데 따라오는 오차를 측정해야 할 양에 비하여 가능한 한 작게 줄일 수 있다. 코일이 감긴 채널의 단면은 직사각형이어야 하며, 단면의 크기는 코일의 반지름에 비하여 작아야 한다. 이것은 단면의 크기에 대한 보정을 감소하기 위해서라기보다는 코일의 외부에 감은 도선에 의해 숨겨진 코일의 위치에 대한 어떤 불확실성이라도 방지하기 위해 더 필요하다.[49)]

정해야 할 주된 상수(常數)들은 다음과 같다.

(1) 단위 전류에 의해 코일의 중앙에서 작용하는 자기력. 이것은 700절에서 G_1이라고 표시된 양이다.

(2) 단위 전류에 의한 코일의 자기 모멘트. 이것이 g_1이라는 양이다.

753. G_1 정하기

사용하는 검류계의 코일은 표준 코일보다 훨씬 더 작아서, 검류계를 표준 코일 내부에 놓아서, 두 코일의 중심을 일치시키고, 두 코일의 평면을 지자기력과 수직이고 서로 평행하게 만든다. 이렇게 미분 검류계를 만들면, 검류계 코일 중 하나는 표준 코일이 되는데, 그 코일에 대해서 G_1의 값을 알고, 정하려고 하는 다른 코일의 값이 G_1'이다.

검류계 코일의 중앙에 매단 자석은 두 코일 모두에 흐르는 전류로부터 힘을 작용받는다. 표준 코일에 흐르는 전류의 세기가 γ이고, 검류계 코일에 흐르는 전류의 세기가 γ'이면, 이 두 전류가 반대 방향으로 흐르면서 자석에 편향 δ를 발생시키면

$$H \tan \delta = G_1' \gamma' - G_1 \gamma \tag{1}$$

인데, 여기서 H는 수평 지자기력이다.

편향이 일어나지 않도록 전류가 조정되면, 다음 식

$$G_1' = \frac{\gamma}{\gamma'} G_1 \tag{2}$$

에 의해 G_1'를 구할 수 있다. γ와 γ' 사이의 비는 몇 가지 방법으로 정할 수 있다. 일반적으로 G_1 값이 표준 코일에서보다 검류계 코일에서 더 크므로, 표준 코일에 전체 전류 γ가 흐르도록 조절하고, 그다음에 합성 저항이 R_1

인 검류계 코일과 저항 코일에 전류 γ'가 나누어서 흐르도록 하고, 그동안에 나머지 $\gamma-\gamma'$가 합성 저항이 R_2인 다른 저항의 조합에 흐르도록 한다.

그러면 276절에 의해

$$\gamma' R_1 = (\gamma-\gamma') R_2 \tag{3}$$

즉

$$\frac{\gamma}{\gamma'} = \frac{R_1 + R_2}{R_2} \tag{4}$$

그리고

$$G_1' = \frac{R_1 + R_2}{R_2} G_1 \tag{5}$$

을 얻는다.

혹시 검류계 코일의 실제 저항에 (말하자면 코일의 온도나 그런 것 때문에) 약간이라도 불확실성이 존재하면, 저항 코일을 추가해서 검류계 자체의 저항을 형성하지만 그러나 R_1의 작은 부분이도록 하면, 마지막 결과에 단지 약간의 불확실성만 더하게 된다.

754. g_1 정하기

단위 전류가 흐르는 작은 코일의 자기 모멘트인 g_1을 구하려면, 자석은 여전히 표준 코일의 중앙에 매달려 있지만, 작은 코일은 두 코일의 공동 축에 평행하게 이동해서, 두 코일에 같은 세기의 전류가 반대 방향으로 흐르면, 자석은 더는 편향되지 않는다. 두 코일의 중심 사이의 거리가 r이면, 이제

$$G_1 = 2\frac{g_1}{r^3} + 3\frac{g_2}{r^4} + 4\frac{g_3}{r^5} + \text{등등} \tag{6}$$

을 얻는다.

표준 코일의 반대편에 작은 코일을 두고 실험을 반복하고, 작은 코일의 위치를 측정하면, 자석의 중심과 작은 코일 중심의 위치를 결정하는 데 불확실한 오차를 제거하고, g_2, g_4 등등의 항을 제거한다.

표준 코일을 적절히 배열해서, 감은 수의 절반에만 전류를 보내서 다른

G_1 값을 얻게 한다면, 새로운 r 값을 정할 수 있고, 그래서 454절에서와 같이, g_3이 포함된 항을 제거할 수 있다.

그렇지만 때로는 직접 측정에 의해서 g_3을 매우 정확하게 정하는 것이 가능한데, 그렇게 해서 g_1 값에 대한 보정 값을 계산하는 데 다음 식

$$g_1 = \frac{1}{2} G_1 r^3 - 2\frac{g_3}{r^2} \tag{7}$$

에 이용할 수 있으며, 여기서 700절에 의해 $g_3 = -\frac{1}{8}\pi a^2 (6a^2 + 3\xi^2 - 2\eta^2)$ 이다.

유도 계수의 비교

755. 회로의 형태와 위치로부터 유도(誘導) 계수에 대한 직접 계산이 쉽게 수행될 수 있는 경우는 단 몇 가지뿐이다. 충분한 정확도를 얻기 위해서는, 두 회로 사이의 거리가 정확히 측정될 수 있는 것이 필요하다. 그러나 두 회로 사이의 거리가 결과에 큰 오차를 도입할 정도의 측정 오차를 방지하기 위해 충분하다고 할지라도, 유도 계수 자체는 필연적으로 그 크기가 매우 많이 축소된다. 이제 많은 실험에서 유도 계수를 크게 만드는 것이 필요하며, 두 회로를 서로 가까이 가져오는 것만이 그렇게 할 수 있는데, 그래서 직접 측정이 불가능해지고, 유도 계수를 정하기 위해서는, 직접 측정과 계산에 의해서 유도 계수를 구할 수 있도록 배열된 한 쌍의 코일과 측정 대상 회로를 비교해야 한다.

이것을 다음과 같이 할 수 있다.

A와 a가 표준 쌍의 코일이고, B와 b가 비교할 대상인 쌍의 코일이라고 하자. 한 회로에서 A와 B를 연결하고, 검류계 G의 전극을 P와 Q에 설치해서, PAQ의 저항이 R이고, QBP의 저항이 S이며, K가 검류계의 저항이라고 하자. 한 회로에서는 a와 b를 배터리와 연결한다.

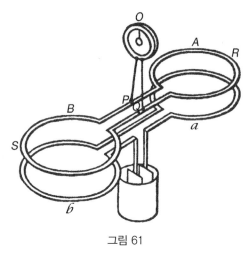

A에서 전류를 $\dot{x}$, B에서 전류를 $\dot{y}$, 검류계의 전류를 $\dot{x}-\dot{y}$, 그리고 배터리 회로에서 전류를 γ라고 하자.

그러면 M_1이 A와 a 사이의 유도 계수이고, M_2가 B와 b 사이의 유도 계수이면, 배터리 회로를 끊을 때 검류계를 통과하는 필수 유도 전류는

그림 61

$$x - y = \gamma \frac{\dfrac{M_1}{R} - \dfrac{M_2}{S}}{1 + \dfrac{K}{R} + \dfrac{K}{S}} \tag{8}$$

이다.

검류계 회로를 연결하거나 끊을 때 검류계에 전류가 흐르지 않도록 저항 R과 S를 조절하는 방법으로, S와 R 사이의 비를 측정하여 M_2와 M_1 사이의 비를 정할 수 있다.

자체 유도 계수와 상호유도 계수의 비교

756. 휘트스톤 브리지의 AF가지에 코일을 삽입하고, 그 코일의 자체 유도 계수를 구하려고 한다고 하자. 자체 유도 계수를 L이라고 부르자. A와 배터리를 연결하는 도선에 다른 코일을 삽입한다. 이 코일과 AF에 삽입된 코일 사이의 상호유도 계수는 M이다. 이 상호유도 계수는 755절에서 설명된 방법으로 측정될 수 있다.

A에서 F로 흐르는 전류가 x이고, A에서 H로 흐르는 전류는 y이며, B

를 거쳐서 Z에서 A로 흐르는 전류는 $x+y$이다. A에서 F까지 외부 기전력은

$$A-F= Px + L\frac{dx}{dt} + M\left(\frac{dx}{dt} + \frac{dy}{dt}\right) \quad (9)$$

이다.

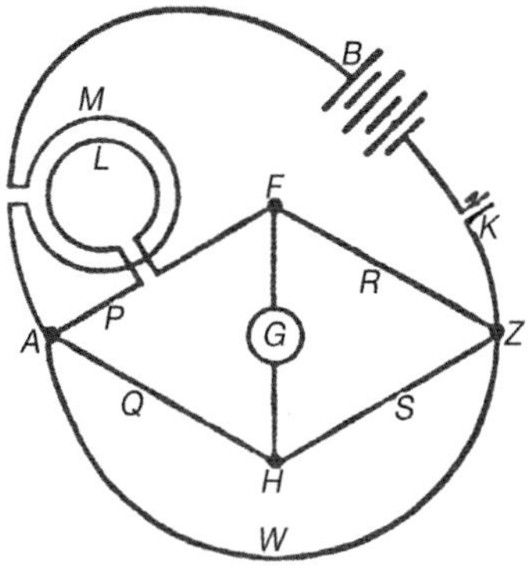

AH를 따라 작용하는 외부 기전력은

$$A-H = Qy \quad (10)$$

이다.

그림 62

F와 H 사이에 놓인 검류계가 일시적인 전류건 정상 전류건 어떤 전류도 흐르지 않는다고 표시하면, $H-F=0$이므로, (9) 식과 (10) 식에 의해

$$Px = Qy \quad (11)$$

이고, 그리고

$$L\frac{dx}{dt} + M\left(\frac{dx}{dt} + \frac{dy}{dt}\right) = 0 \quad (12)$$

이며, 그래서

$$L = -\left(1 + \frac{P}{Q}\right)M \quad (13)$$

이다.

L은 항상 양이므로, M은 음이어야 하며, 그러므로 P와 B에 놓인 코일에 흐르는 전류는 서로 반대 방향으로 흘러야 한다. 실험하면서, 정상 전류는 존재할 수 없다는 조건인

$$PS = QR \quad (14)$$

가 만족하도록 미리 조정하고 그다음에 배터리를 연결하거나 끊을 때 검류계에 일시적인 전류가 더는 흐른다는 표시가 없을 때까지 코일 사이의 거리를 조정한 다음에 시작하거나, 거리를 조정할 수 없는 형편이라면, Q와 S의 비가 일정하도록 Q와 S의 저항을 조정하여 일시적인 전류를 제거한

다음에 실험을 시작해야 한다.

혹시 이렇게 이중으로 조정하는 것이 너무 곤란하다면, 세 번째 방법을 택할 수도 있다. 상호유도가 만드는 일시적 전류보다 유도 전류가 만드는 일시적 전류가 약간 더 많도록 배열을 하고 시작해서, A와 Z 사이에 저항이 W인 도체를 삽입해서 둘 사이의 차이를 제거할 수 있다. W를 삽입하더라도 검류계에 정상 전류가 흐르지 않을 조건은 바뀌지 않는다. 그래서 W 하나만의 저항을 조절해서 일시적 전류를 제거할 수 있다. 그렇게 한 다음에 L 값은

$$L = -\left(1 + \frac{P}{Q} + \frac{P+R}{W}\right)M \tag{15}$$

이다.

두 코일의 자체 유도 계수의 비교

757. 휘트스톤 브리지의 서로 이웃한 두 가지에 코일을 삽입한다. P와 R에 삽입된 코일의 자체 유도 계수가 각각 L과 N이라고 하면, 검류계에 전류가 흐르지 않을 조건은

$$\left(Px + L\frac{dx}{dt}\right)Sy = Qy\left(Rx + N\frac{dx}{dt}\right) \tag{16}$$

이며, 그래서

$$\text{정상 전류에 대해} \quad PS = QR \tag{17}$$

그리고

$$\text{일시적 전류에 대해} \quad \frac{L}{P} = \frac{N}{R} \tag{18}$$

이다.

그래서 저항을 적절하게 조절하면, 정상 전류와 일시적 전류 모두를 제거할 수 있으며, 그러면 저항을 비교하여 L과 N 사이의 비를 정할 수 있다.

18장
저항의 전자기 단위

전자기 측정에서 코일의 저항을 정하기에 대하여

758. 도체의 저항은 기전력 값을 기전력이 그 도체에 만드는 전룻값으로 나눈 것으로 정의된다. 전자기(電磁氣) 측정에서 전류값의 결정은 지자기력의 값을 알면 표준 검류계를 이용해서 이루어질 수 있다. 기전력의 값을 정하는 것이 더 어려운데, 기전력의 값을 직접 계산할 수 있는 경우는 알려진 자기 시스템에 대해 회로의 상대적인 운동으로 발생하는 기전력 값을 계산하는 것뿐이다.

759. 키르히호프[*]가 전자기 측정에서 도선의 저항을 최초로 구했다.[50)] 그는 알려진 형태의 두 코일 A_1과 A_2를 이용하고, 두 코일의 형태와 위치의

---

[*] 키르히호프(Gustav Robert Kirchhoff, 1824-1887)는 독일의 물리학자로서 전기 회로, 분광학, 흑체복사 등의 분야에 크게 공헌하였다. 회로에 흐르는 전류를 구하는 법칙인 키르히호프 법칙으로 유명하다.

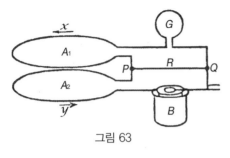

그림 63

기하학적 자료로부터 두 코일의 상호유도 계수를 계산하였다. 이 두 코일이 검류계 G와 배터리 B 그리고 회로의 두 점으로, 코일 사이의 점 P와 배터리와 검류계 사이의 점 Q를 저항이 R인 도선으로 연결하여 측정하였다.

전류가 일정하게 흐르면 전류는 도선과 검류계 회로로 나뉘며, 검류계에 어떤 계속되는 편향을 발생시킨다. 이제 A_2에서 코일 A_1을 신속히 떼어내서 A_1과 A_2 사이의 상호유도 계수가 0인 위치에 갖다 놓으면(538절), 두 회로 모두에 유도 전류가 발생하고, 검류계 바늘이 어떤 일시적 편향을 일으키는 충격력을 받는다.

도선의 저항 R는 정상 전류가 만드는 계속되는 편향과 유도 전류가 만드는 일시적 편향을 비교하여 도출된다.

QGA_1P의 저항이 K이고, PA_2BQ의 저항은 B이며, PQ의 저항은 R라고 하자.

L, M, N은 A_1과 A_2의 유도 계수들이다.

$\dot{x}$는 G에서 전류이고, $\dot{y}$는 B에서 전류라고 하면, P에서 Q로 흐르는 전류는 $\dot{x}-\dot{y}$이다.

배터리의 기전력이 E이면

$$(K+R)\dot{x} - R\dot{y} + \frac{d}{dt}(L\dot{x}+M\dot{y}) = 0 \tag{1}$$

$$R\dot{x} + (B+R)\dot{y} + \frac{d}{dt}(M\dot{x}+N\dot{y}) = E \tag{2}$$

가 성립한다.

일정한 전류가 흐를 때는, 모든 것이 정지해 있으며

$$(K+R)\dot{x} - R\dot{y} = 0 \tag{3}$$

이다.

이제 A_1과 A를 분리해서 M이 갑자기 0이 되면, t에 대해 적분해서

$$(K+R)x - Ry - M\dot{y} = 0 \tag{4}$$

$$-Rx + (B+R)y - M\dot{x} = \int E\,dt = 0 \tag{5}$$

이 성립하고, 그래서

$$x = M\frac{(B+R)\dot{y} + R\dot{x}}{(B+R)(K+R) - R^2} \tag{6}$$

이 된다.

(3) 식으로부터 $\dot{x}$로 $\dot{y}$ 값을 대입하면

$$\frac{x}{\dot{x}} = \frac{M}{R}\frac{(B+R)(K+R) + R^2}{(B+R)(K+R) - R^2} \tag{7}$$

$$= \frac{M}{R}\left\{1 + \frac{2R^2}{(B+R)(K+R)} + \text{등등}\right\} \tag{8}$$

이 된다.

키르히호프의 실험에서처럼, B와 K가 모두 R에 비해 크면, 이 식은

$$\frac{x}{\dot{x}} = \frac{M}{R} \tag{9}$$

으로 바뀐다. 이 양 중에서, x는 유도 전류가 만드는 검류계의 이동을 이용하여 구한다. 768절을 보라. 계속되는 전류 $\dot{x}$는 정상 전류가 만드는 검류계의 계속되는 편향으로부터 구한다. 746절을 보라. M은 기하학적 자료로부터 직접 계산으로 구하거나, 또는 이 계산을 시작한 한 쌍의 코일을 비교해서 구한다. 755절을 보라. 이들 세 양으로부터 전자기 측정에서 R를 정할 수 있다.

이런 방법들은 검류계 자석의 진동 주기를 정하는 것을 포함하며, 진동의 대수(代數) 감소를 정하는 것도 포함한다.

일시적 전류에 의한 베버의 방법[51]

760. 축 위에 상당히 큰 크기의 코일을 올려놓아서 수직 방향의 지름 주위

로 회전할 수 있도록 한다. 이 코일의 도선은 탄젠트 검류계와 연결되어 하나의 회로를 형성한다. 이 회로의 저항을 R라고 하자. 큰 코일의 양(陽)의 앞면이 자기 자오선과 수직으로 위치하고, 그 코일이 신속하게 반 회전만큼 돌아간다고 하자. 그러면 지자기력이 만드는 유도 전류가 생기고, 전자기 측정에서 이 전류에 의한 전체 전하량은

$$Q = \frac{2g_1 H}{R} \tag{1}$$

인데, 여기서 g_1은 단위 전류에 대한 코일의 자기 모멘트로, 큰 코일의 경우 코일의 크기를 측정하고 감은 코일이 차지하는 넓이의 합을 계산해서 직접 정할 수 있다. H는 지자기력의 수평 성분이고, R는 코일과 검류계가 함께 구성하는 회로의 저항이다. 이 전류가 검류계의 자석을 움직이도록 만든다.

자석이 처음에는 정지해 있었으면, 그리고 코일의 운동이 자석의 진동 시간의 작은 일부밖에 차지하지 않으면, 자석의 운동에 대한 저항을 무시한다고 할 때, 748절에 의해

$$Q = \frac{H}{G} \frac{T}{\pi} 2 \sin \frac{1}{2} \theta \tag{2}$$

를 얻으며, 여기서 G는 검류계의 상수이며, T는 자석의 진동 시간이고, θ는 관찰된 늘어남이다. 이 식들로부터

$$R = \pi G g \frac{1}{T \sin \frac{1}{2} \theta} \tag{3}$$

을 얻는다.

H의 값은 코일의 위치에서와 검류계의 위치에서 그 값이 같기만 하면, 이 결과에 나오지 않는다. 이것이 항상 성립한다고 가정되어서는 안 되고, 같은 자석의 진동 시간을 처음에는 둘 중 하나의 위치에서, 그리고 다음에는 다른 것의 위치에서 측정해 비교하는 방법으로 확인해야 한다.

761. 일련의 관찰을 수행하기 위하여, 베버는 자기 자오선과 평행한 코일

을 가지고 시작하였다. 그는 그다음에 코일의 양(陽)의 앞면을 북쪽으로 돌리고, 음(陰)의 전류가 만드는 첫 번째 늘어남을 관찰하였다. 그는 그다음에 자유롭게 흔들거리는 자석의 두 번째 늘어남을 관찰하고, 자석이 평형점을 거쳐서 돌아올 때, 코일의 양의 앞면을 남쪽으로 돌렸다. 이것이 자석을 양의 쪽으로 반동하게 했다. 이런 일련의 실험은 750절에서와 같이 계속되었으며, 그 결과를 저항에 대해 바로잡았다. 이런 방법으로 코일과 검류계를 결합한 회로의 저항의 값이 확인되었다.

모든 그런 실험에서, 충분히 큰 편향을 얻기 위하여 구리로 만든 도선을 이용하는 것이 필요한데, 구리는 가장 좋은 도체인 금속이지만, 온도가 변하면 저항이 상당히 변하는 단점도 가지고 있다. 또한 장치의 모든 부분의 온도를 확인하기도 매우 어려운 일이다. 그래서 그런 실험으로부터 영속적인 값을 갖는 결과를 구하기 위해서, 각 실험을 시작하기 전과 끝난 다음에 실험하는 회로의 저항을 조심스럽게 제작된 저항 코일의 저항과 반드시 비교해야 한다.

자석 진동의 감소를 관찰하는 베버의 방법

762. 자기 모멘트가 상당히 큰 자석이 검류계 코일의 중앙에 매달려 있다. 진동의 주기와 진동의 대수(代數) 감소를, 처음에는 검류계 회로를 열고 관찰하고, 그다음에는 회로를 닫고 관찰하며, 자석의 운동이 그 운동을 저항하는 데 유도된 전류의 효과로부터 검류계 코일의 전도도(傳導度)를 도출한다.

관찰된 한 번 진동 시간을 T, 매번의 진동에 대한 자연 대수 감소를 λ라고 하면,

$$\omega = \frac{\pi}{T} \tag{1}$$

그리고

$$\alpha = \frac{\lambda}{T} \qquad (2)$$

라고 쓸 때, 자선의 운동 방정식은

$$\phi = Ce^{-\alpha t}\cos(\omega t + \beta) \qquad (3)$$

의 형태가 된다. 이것은 관찰로 얻은 운동의 성질을 표현한다. 이것을 동역학적 운동 방정식과 비교해야 한다.

검류계 코일과 매단 자석 사이의 유도 계수를 M이라고 하자. 유도 계수는

$$M = G_1 g_1 Q_1(\theta) + G_2 g_2 Q_2(\theta) + \text{등등} \qquad (4)$$

의 형태로, 여기서 G_1, G_2 등등은 코일에 속한 계수들이고, g_1, g_2 등등은 자석에 속한 계수들이며, $Q_1(\theta)$, $Q_2(\theta)$ 등등은 코일의 축과 자석 사이의 각의 띠 조화함수들이다. 700절을 보라. 검류계 코일을 적절하게 배열하면, 그리고 몇 개의 자석을 적절한 간격으로 나란히 놓은 매단 자석을 세우는 방법으로, M의 모든 항 중에서 첫 번째 항을 제외한 나머지 항들을 첫 번째 항과 비교해서 무시할 수 있을 정도로 만들 수 있다. 또한 $\phi = \frac{\pi}{2} - \theta$라고 놓으면

$$M = Gm \sin\phi \qquad (5)$$

라고 쓸 수 있으며, 여기서 G는 검류계의 주(主) 계수이고, m은 자석의 자기 모멘트이며, ϕ는 자석의 축과 코일의 면 사이의 각인데, 이 실험에서는 항상 작은 각이다.

코일의 자체 유도 계수가 L이고, 코일의 저항이 R이며, 코일에 흐르는 전류가 γ이면

$$\frac{d}{dt}(L\gamma + M) + R\gamma = 0 \qquad (6)$$

또는

$$L\frac{d\gamma}{dt} + R\gamma + Gm\cos\phi\frac{d\phi}{dt} = 0 \qquad (7)$$

이다. 전류 γ가 자석에 작용하는 힘의 모멘트는 $\gamma\dfrac{dM}{d\phi}$, 즉 $Gm\gamma\cos\phi$이다. 이 실험에서 각 ϕ는 아주 작아서, $\cos\phi = 1$이라고 가정해도 좋다.

회로가 열려 있을 때 자석의 운동 방정식이

$$A\frac{d^2\phi}{dt^2} + B\frac{d\phi}{dt} + C\phi = 0 \tag{8}$$

이라고 가정하자. 여기서 A는 매단 장치의 관성 모멘트이며, $B\frac{d\phi}{dt}$ 는 공기와 매단 줄 등등의 점성에서 발생하는 저항을 표현하며, $C\phi$는 지자기와 매단 장치 등등의 비틀림에서 자석을 평형 위치로 되돌려 놓으려고 발생하는 힘의 모멘트를 표현한다.

전류의 영향에 의한 운동 방정식은

$$A\frac{d^2\phi}{dt^2} + B\frac{d\phi}{dt} + C\phi = Gm\gamma \tag{9}$$

이다.

자석의 운동을 정하려면, 이 식을 (7) 식과 결합하여 γ를 소거해야 한다. 그 결과는

$$\left(R + L\frac{d}{dt}\right)\left(A\frac{d^2}{dt^2} + B\frac{d}{dt} + C\right)\phi + G^2m^2\frac{d\phi}{dt} = 0 \tag{10}$$

으로 선형 3차 미분 방정식이다.

그렇지만 우리는 이 식을 풀 이유가 없는데, 왜냐하면 문제의 자료는 자석의 운동에 대한 관찰된 요소들이며, 그로부터 R의 값을 정해야 하기 때문이다.

회로가 열려 있을 때 식 (2)에서 α와 ω 값이 α_0와 ω_0라고 하자. 이 경우에 R는 무한대이고, 방정식은 (8) 식의 형태로 바뀐다. 그래서

$$B = 2A\alpha_0, \qquad C = A(\alpha_0^2 + \omega_0^2) \tag{11}$$

을 얻는다.

R에 대해 (10) 식을 풀고

$$\frac{d}{dt} = -(\alpha + i\omega), \qquad \text{여기서} \;\; i = \sqrt{-1} \tag{12}$$

라고 쓰면

$$R = \frac{G^2m^2}{A} \frac{\alpha + i\omega}{\alpha^2 - \omega^2 + 2i\alpha\omega - 2\alpha_0(\alpha + i\omega) + \alpha_0^2 + \omega_0^2} + L(\alpha + i\omega) \tag{13}$$

를 얻는다.

일반적으로 ω의 값이 α의 값보다 무척 더 크기 때문에, R의 가장 좋은 값은 $i\omega$에 있는 항들을 같다고 놓으면 구하는데 그 결과는

$$R = \frac{G^2 m^2}{2A(\alpha - \alpha_0)} + \frac{1}{2}L\left(3\alpha - \alpha_0 - \frac{\omega^2 - \omega_0^2}{\alpha - \alpha_0}\right) \tag{14}$$

이다.

i를 포함하지 않는 항들이 같다고 놓고서도 역시 R를 구할 수 있지만, 그 것은 그 항들은 작기 때문에, 단지 관찰이 정확한지를 시험하는 방법으로 만 유용할 뿐이다. 이 식들로부터 다음과 같은 시험 방정식

$$G^2 m^2 \{\alpha^2 + \omega^2 - \alpha_0^2 - \omega_0^2\}$$
$$= LA\{(\alpha - \alpha_0)^4 + 2(\alpha - \alpha_0)^2(\omega^2 + \omega_0^2) + (\omega^2 - \omega_0^2)^2\} \tag{15}$$

을 얻는다.

$LA\omega^2$은 $G^2 m^2$과 비교하며 매우 작아서, 이 식은

$$\omega^2 - \omega_0^2 = \alpha_0^2 - \alpha^2 \tag{16}$$

이 되며 (14) 식을

$$R = \frac{G^2 m^2}{2A(\alpha - \alpha_0)} + 2L\alpha \tag{17}$$

라고 쓸 수 있다.

이 표현에서 검류계 코일을 선형 측정하거나, 더 좋게는, 표준 코일과 비 교하여, 753절의 방법에 따라 G를 정할 수 있다. A는 자석과 매단 장치의 관성 모멘트로 적절한 동역학적 방법으로 구해야 한다. ω, ω_0, α, α_0는 실험 에서 주어진다.

매단 자석의 자기 모멘트인 m 값을 구하는 것이 이 조사에서 가장 어려 운 부분인데, 그 이유는 자기 모멘트가 온도에 의해서, 자기자력에 의해서, 그리고 역학적 격렬함에 의해서 영향을 받기 때문으로, 그래서 이 양을 측 정할 때는 자석이 진동하는 동안 지극히 같은 환경에 있도록 세심한 주의

를 취해야 한다.

R에 대한 식의 두 번째 항으로 L을 포함하는 항은 덜 중요한데, 그 이유는 일반적으로 그 항이 첫 번째 항보다 더 작기 때문이다. L의 값은 코일의 알려진 형태로부터 계산으로 구하거나, 또는 유도의 추가 전류에 대한 실험으로 구할 수 있다. 756절을 보라.

회전하는 코일에 의한 톰슨의 방법

763. 이 방법은 전기 표준에 대한 영국 연합 위원회에 톰슨이 제안한 것으로, 발포어 스튜어트*와 플리밍 젠킨, 그리고 저자(著者)가 1863년에 실험을 수행하였다.[52]

수직축 주위로 원형 코일을 균일한 속도로 회전시킨다. 코일의 중앙에는 명주실에 의해 작은 자석이 매달려 있다. 지자기와 또한 매단 자석에 의해 코일에 전류가 유도된다. 각 회전의 서로 다른 부분 동안에 이 전류는 주기적으로 코일의 도선을 통하여 반대 방향으로 흐르지만, 이 전류가 매단 자석에 미치는 효과는 코일이 회전하는 방향으로 자기 자오선으로부터 편향을 발생시키는 것이다.

764. 지자기의 수평 성분을 H라고 하자.

다음과 같이 정한다.

γ는 코일에 흐르는 전류의 세기이다.

g는 감긴 모든 도선에 의해 포함된 전체 넓이이다.

G는 코일의 중앙에 단위 전류가 만드는 자기력이다.

---

* 스튜어트(Balfour Stewart, 1828-1887)는 스코틀랜드 출신의 영국 물리학자이자 기상학자로 복사열 분야에서 큰 업적을 남겼으며 영국의 큐 천문대 국장을 역임하였다.

L은 코일의 자체 유도 계수이다.

M은 매단 자석의 자기(磁氣) 모멘트이다.

θ는 코일의 평면과 자기(磁氣) 자오선 사이의 각이다.

ϕ는 매단 자석의 축과 자기(磁氣) 자오선 사이의 각이다.

A는 매단 자석의 관성 모멘트이다.

MHr는 매단 줄의 비틀림 계수이다.

α는 비틀림이 없을 때 자석의 방위각이다.

R는 코일의 저항이다.

이 시스템의 운동 에너지는

$$T = \frac{1}{2}L\gamma^2 - Hg\gamma\sin\theta - MG\gamma\sin(\theta-\phi) + MH\cos\phi + \frac{1}{2}A\dot\phi^2 \qquad (1)$$

이다.

첫 번째 항인 $\frac{1}{2}L\gamma^2$은 코일 자체에 의존하는 전류의 에너지를 표현한다. 두 번째 항은 전류와 지자기 사이의 상호 작용에 의존하며, 세 번째 항은 전류와 매단 자석의 자기의 상호 작용에 의존하며, 네 번째 항은 매단 자석의 자기와 지자기의 상호 작용에 의존하고, 마지막 항은 자석과 그리고 자석과 함께 움직이는 매단 장치를 구성하는 물질의 운동 에너지를 표현한다.

줄의 비틀림에서 발생하는 매단 줄의 퍼텐셜 에너지는

$$V = \frac{MH}{2}\tau(\phi^2 - 2\phi\alpha) \qquad (2)$$

이다.

전류의 전자기 모멘트는

$$p = \frac{dT}{d\gamma} = L\gamma - Hg\sin\theta - MG\gamma\sin(\theta-\phi) \qquad (3)$$

이고, R가 코일의 저항일 때, 전류에 대한 방정식은

$$R\gamma + \frac{d^2T}{d\gamma\,dt} = 0 \qquad (4)$$

인데,

$$\theta = \omega t \tag{5}$$

이므로

$$\left(R + L\frac{d}{dt}\right)\gamma = Hg\omega\cos\theta + MG(\omega - \dot{\phi})\cos(\theta - \phi) \tag{6}$$

가 된다.

765. 자석의 방위각인 ϕ는 두 종류의 주기적 변화를 겪는다는 것은 ϕ에 대해 이론과 실험 모두에서 공통으로 얻는 결과이다. 그 둘 중 하나는 자유 진동으로, 그 주기는 지자기의 세기에 의존하며, 실험에 의하면 수 초에 달한다. 다른 하나는 강제 진동으로, 그 주기는 회전하는 코일의 주기의 절반이며, 그 진동의 진폭은, 앞으로 보겠지만, 감지하기가 어렵다. 그래서, γ를 정하는 데, ϕ를 상수로 취급해도 좋다.

그래서

$$\gamma = \frac{Hg\omega}{R^2 + L^2\omega^2}(R\cos\theta + L\omega\sin\theta) \tag{7}$$

$$+ \frac{Mg(\omega - \dot{\phi})}{R^2 + L^2(\omega - \dot{\phi})^2}(R\cos(\theta - \phi) + L(\omega - \dot{\phi})\sin(\theta - \phi)) \tag{8}$$

$$+ Ce^{-\frac{R}{L}t} \tag{9}$$

를 얻는다.

이 표현의 마지막 항은 회전이 균일하게 계속되면 곧 없어진다.

매단 자석의 운동 방정식은

$$\frac{d^2 T}{d\dot{\phi}\, dt} - \frac{dT}{d\phi} + \frac{dV}{d\phi} = 0 \tag{10}$$

이기 때문에

$$A\ddot{\phi} - MG\gamma\cos(\theta - \phi) + MH(\sin\phi + \tau(\phi - \alpha)) = 0 \tag{11}$$

가 된다.

γ 값을 대입하고, θ의 곱에 따라 항들을 정리하여

$$\phi = \phi_0 + be^{-lt}\cos nt + c\cos 2(\theta - \beta) \tag{12}$$

을 보면, 여기서 ϕ_0는 ϕ의 평균값이고, 두 번째 항은 점차로 줄어드는 자유 진동을 표현하고, 세 번째 항은 굴절하는 전류의 변화로부터 발생하는 강제 진동을 표현한다.

(12) 식에서 n의 값은 $\dfrac{HM}{A}\sec\phi$이다. 강제 진동이 진폭인 c의 값은 $\dfrac{1}{4}\dfrac{n^2}{\omega^2}\sin\phi$이다. 그래서, 자석이 한 번 진동하는 동안에 코일은 여러 번 진동할 때, 자석의 강제된 진동의 진폭은 매우 작으며, (11) 식에서 c를 포함하는 항들을 무시해도 좋다.

(11) 식에서 θ를 포함하지 않는 식들로부터 시작하면

$$\frac{MHGg\omega}{R^2+L^2\omega^2}(R\cos\phi_0+L\omega\sin\phi_0)+\frac{M^2G^2(\omega-\dot\phi)}{R^2+L^2(\omega-\dot\phi)^2}R$$

$$=MH(\sin\phi_0+\tau(\phi_0-\alpha)) \qquad (13)$$

를 얻는다.

$\dot\phi$는 작고 L은 일반적으로 Gg에 비해 작다는 것을 기억하면, R의 충분히 근사적인 값으로

$$R=\frac{Gg\omega}{2\tan\phi_0\left(1+\tau\dfrac{\phi-\alpha}{\sin\phi}\right)}\left\{1+\frac{GM}{gH}\sec\phi-\frac{2L}{gG}\left(\frac{2L}{Gg}-1\right)\tan^2\phi\right\} \qquad (14)$$

를 얻는다.

766. 전자기 측정에서 저항은 이처럼 속도 ω와 편차 ϕ로 정해진다. 수평 지자기력인 H는 실험하는 동안 변하지 않은 채로 유지되면 정할 필요가 없다.

$\dfrac{M}{H}$를 정하려면, 454절에서 설명된 것처럼, 자기력계의 자석을 움직이도록 매단 자석을 이용해야 한다. 이 실험에서 이러한 보정이 별로 중요하지 않도록 M이 작아야 한다.

이 실험에서 필요한 다른 보정에 대해서는 *Report of the British Association for 1863*(168쪽)을 보라.

줄의 열량 측정 방법

767. 저항이 R인 도체를 지나가는 전류 γ가 발생하는 열은, 242절이 줄의 법칙에 의해

$$h = \frac{1}{J} \int R\gamma^2 dt \tag{1}$$

인데, 여기서 J는 사용된 열의 단위의 동역학적 기준에서 등량이다.

그래서, 실험 동안 R가 일정하면, 그 값은

$$R = \frac{Jh}{\int \gamma^2 dt} \tag{2}$$

이다.

이 방법으로 R를 정하려면 주어진 시간에 전류가 발생한 열인 h와 전류의 세기의 제곱인 γ^2을 정해야 한다.

줄의 실험[53]에서는, 도체 도선이 잠겨 있는 용기에 담긴 물의 상승 온도로부터 h를 구했다. 그 값은 도선에 전류가 흐르지 않는 도선을 이용한 교대 실험을 이용하여 방사능 등등의 효과에 대해 보정되었다.

전류의 세기는 탄젠트 검류계를 이용해 측정되었다. 이 방법은 지자기의 세기를 정하는 것도 포함하는데, 457절에 설명된 방법을 이용하였다. 이런 측정들은 γ^2을 직접 측정하는 726절에서 설명한 전류 계량기에 의해서도 역시 조사되었다. 그렇지만 $\int \gamma^2 dt$를 측정하는 가장 직접적인 방법은 γ^2에 비례하는 군금을 제공하는 측정자를 갖춘 스스로 작용하는 동력 전류계를 통하여 전류를 보내고(725절), 전체 실험 과정 동안에 도구가 진동하는 끝점마다 눈금 읽기를 시행하는 식으로 일정한 시간 간격으로 근사적인 측정을 한다.

19장
정전 단위와 전자기 단위의 비교

한 전자기 단위에서 전하의 정전 단위 수를 정하기

768. 두 단위계에서 전기(電氣) 단위의 절대적 크기는 우리가 취하는 길이, 시간, 질량의 단위에 의존하며, 그 크기가 길이, 시간, 질량의 단위에 의존하는 방식이 두 단위계에서 달라서, 전기 단위들의 비가 길이와 시간의 다른 단위에 따라 다른 수에 의해 표현된다.

628절에 나오는 크기의 표로부터, 하나의 전자기 단위에서 전하의 정전(靜電) 단위 수는 우리가 사용하는 길이 단위의 크기에 반비례하며, 시간 단위의 크기에 정비례한다.

그러므로 이 숫자로 속도 값을 정하면, 길이와 시간에 대해 새로운 단위를 사용하더라도, 이 속도를 대표하는 숫자는 여전히 새로운 측정 시스템에 따라 한 가지 전자기(電磁氣) 단위에서 전하의 정전 단위의 숫자와 같다.

그러므로 정전 현상과 전자기 현상 사이의 관계를 표시하는 이 속도가 정해진 크기의 자연스러운 양이며, 이 양의 측정은 전기에서 가장 중요한 연구의 하나이다.

우리가 찾는 양이 진정으로 속도임을 보이기 위하여, 두 개의 평행한 전류의 경우 둘 중 하나의 길이 a가 경험하는 인력은 686절에 따라

$$F = 2CC'\frac{a}{b}$$

임을 관찰할 수 있는데, 여기서 C, C'는 전자기 측정에서 전륫값이며, b는 두 전류 사이의 거리이다. $b = 2a$로 만들면 $F = CC'$가 된다.

이제 시간 t 동안에 전류 c에 의해 전달된 전하의 양은 전자기 측정에서 Ct이며, n이 하나의 전자기 단위에서 정전 단위의 수이면 정전 단위에서는 nCt이다.

두 개의 작은 도체가 시간 t 동안 두 전류에 의해 전달된 전하의 양으로 대전되고, 그 두 도체를 서로 거리가 r인 곳에 놓는다고 하자. 두 도체 사이의 척력은

$$F' = \frac{CC'n^2t^2}{r^2}$$

이다.

이 거리 r를 조정하여 이 척력이 두 전류 사이의 인력과 같도록 하면

$$\frac{CC'n^2t^2}{r^2} = CC'$$

가 된다. 그래서

$$r = nt$$

로, 거리 r는 시간 t에 대해 비율 n으로 증가해야 한다. 그래서 n은 속도이며, 이 속도의 절대적 크기는 어떤 단위를 이용하든 같다.

769. 이 속도에 대한 물리적 개념을 얻기 위하여, 정전 면전하 밀도 σ로 대전된 평면으로 된 표면이 자신의 표면에서 속도 v로 움직이는 것을 상상하자. 이렇게 움직이는 대전된 표면은 면전하 전류에 해당하며, 표면의 단위 폭을 통하여 흐르는 전류는 정전 측정으로 σv이고, n이 한 전자기 단위당 정전 단위의 수면, 전자기 단위로는 $\frac{1}{n}\sigma v$이다. 첫 번째 평면과 평행한 다른 평면이 면전하 밀도 σ'로 대전되어서, 같은 방향으로 속도 v'로 움직인다

면, 이것은 두 번째 면전류에 해당한다.

두 대전된 표면 사이에 정전 척력은, 124절에 의해 서로 반대되는 표면의 매 단위 넓이마다 $2\pi\sigma\sigma'$이다.

두 면전류 사이에 전자기 인력은, 653절에 의해, u와 u'이 전자기 측정에서 전류의 면 밀도이면, $2\pi u u'$이다.

그러나 $u = \dfrac{1}{n}\sigma v$, 그리고 $u' = \dfrac{1}{n}\sigma' v'$이며, 그래서 그 인력은

$$2\pi\sigma\sigma' \frac{vv'}{n^2}$$

이다.

인력과 척력 사이의 비는 vv'과 n^2 사이의 비와 같다. 그래서, 인력과 척력은 같은 종류의 양이므로, n은 반드시 v와 같은 종류의 양이어야 하며, 그것이 바로 속도이다. 이제 각각의 움직이는 평면의 속도가 n과 같다고 가정하면, 인력은 척력과 같게 될 것이고, 두 평면 사이에는 어떤 역학적 작용도 존재하지 않을 것이다. 그래서 전기 단위의 비를 두 개의 대전된 표면이 이 속도로 같은 방향으로 움직이면서 서로 아무런 상호작용도 하지 않는 이 속도라고 정의할 수 있다. 이 속도는 매초 약 28만 8,000킬로미터이므로, 위에서 설명한 것과 같은 실험을 하는 것은 불가능하다.

770. 면전하 밀도와 속도가 아주 커서 자기력을 측정할 수 있을 정도라고 한다면, 적어도 움직이는 대전된 물체가 전류와 동등하다는 가정을 증명할 수 있다.

57절에 따르면, 공기 중에서 대전된 표면은 전기력 $2\pi\sigma$의 값이 130에 도달하면 저절로 방전하기 시작하는 것처럼 보인다. 그런 면전류가 만드는 자기력은 $2\pi\sigma\dfrac{v}{n}$이다. 영국에서 수평 자기력은 약 0.175이다. 그래서 가장 높은 수준으로 대전된 표면이 매초 100미터의 속도로 움직이면 지구의 수평 자기력의 약 4,000분의 1 정도의 힘으로 자석에 작용하며, 이 양은 측정할 수 있다. 대전된 표면은 자기 자오선 면에서 회전하는 부도체로 된 원판

일 수 있고, 자석은 금속 스크린을 이용해서 정전(靜電) 작용을 보호하면서, 원판에서 올라가거나 내려오는 부분에 가까이 위치시킬 수 있다. 지금까지 그런 실험이 시도되었다는 것을 나는 알지 못한다.

I. 전하 단위의 비교

771. 전하의 전자기 단위와 정전 단위 사이의 비가 속도로 대표되므로, 앞으로 그 비를 기호 v로 표시하려고 한다. 이 속도의 값을 최초로 정한 사람은 베버와 콜라우시이다.[54]

그들의 방법은 같은 전하량을 처음에는 정전 측정으로, 그리고 그다음에는 전자기 측정으로 측정한 것에 기초하였다.

측정된 전하량은 레이던병의 전하였다. 그 전하를 레이던병의 전기용량과 레이던병의 두 도금 사이의 퍼텐셜 차이의 곱으로 정전 측정에서 측정하였다. 레이던병의 전기용량은 다른 물체에서 상당히 떨어진 열린 공간에서 매달린 구의 전기용량과 비교하여 결정되었다. 그런 구의 전기용량은 정전 측정에서 그 구의 반지름으로 표현된다. 레이던병의 전기용량을 그렇게 구할 수 있으며, 어떤 길이로 표현된다. 227절을 보라.

레이던병의 두 도금 사이의 퍼텐셜 차이는 상수를 자세히 정해서 전기계의 전극을 두 도금에 연결해서 측정하였고, 그렇게 해서 정전 측정에서 퍼텐셜의 차이 E가 정해졌다.

퍼텐셜의 차이에 레이던병의 전기용량인 c를 곱해서, 레이던병의 전하가 정전 단위로 표현되었다.

전자기 측정에서 전하 값을 정하기 위해, 레이던병은 검류계의 코일을 통해 방전되었다. 검류계 자석에 대한 일시적 전류의 효과가 자석에 약간의 각속도를 전달하였다. 그런 다음에 자석은 약간의 편차만큼 흔들리고, 지자기의 반대 작용으로 완벽히 사라졌다.

자석의 최대 편차를 측정하면, 전류의 전하량은 748절에서처럼 다음 공식

$$Q = \frac{H}{G} \frac{T}{\pi} 2 \sin \frac{1}{2} \theta$$

에 의해 정할 수 있는데, 여기서 Q가 전자기 측정에서 전하량이다. 그러므로 다음 양들을 정해야 한다.

H는 지자기의 수평 성분 세기로 456절을 보라.

G는 검류계의 주(主) 상수로 700절을 보라.

T는 자석의 한 번 진동 시간이다.

θ는 일시적 전류가 만드는 편차이다.

베버와 콜라우시가 구한 v 값은

$$v = 310740000 \text{ m/s}$$

이었다.

전기 흡수라는 이름이 부여된, 고체로 된 유전체의 성질은 레이던병의 전기용량을 정확하기 계산하기 힘들게 한다. 겉보기 전기용량은 레이던병을 충전하고 방전하며 퍼텐셜을 측정하는 사이에 지나간 시간에 따라 변하며, 그 시간이 길수록 레이던병의 전기용량 값이 더 커진다.

그래서, 전기계의 눈금을 읽는 데 걸리는 시간이 검류계를 통해 방전이 일어나는 시간에 비하여 더 오래 걸리므로, 정전 측정에서 구한 값이 너무 크고, 그로부터 유도된 v의 값이 아마도 너무 클 가능성이 있다.

II. 저항으로 표현된 v

772. v를 정하는 데 두 가지 다른 방법이 그 값을 주어진 도체의 저항으로 표현하게 해주는데, 그것이 전자기 시스템에서도 역시 속도와 같은 표현이다.

윌리엄 톰슨 경의 실험 형태에서, 저항이 큰 도선에 일정한 전류가 흐르

도록 한다. 도선으로 전류를 보내는 기전력은 217절과 218절과 같이 도선의 양쪽 끝을 절대 전기계의 전극으로 연결하는 방법으로 정전(靜電)적으로 측정된다. 도선에 흐르는 전류의 세기는 725절과 같이 그 전류가 흐르는 전기력계에 매단 코일의 편향에 의한 전자기 측정에서 측정된다. 회로의 저항은 전자기 측정에서 표준 코일 즉 옴과 비교하여 알려진다. 전류의 세기를 도선의 저항으로 곱하면, 전자기 측정에서 기전력을 구하며, 이것과 정전 측정에서 구한 기전력의 값을 비교하여 v 값을 구한다.

이 방법은 각각 전기계와 전기력계를 이용하여 두 힘을 동시에 정하도록 요구하며, 결과에 나타나는 것은 단지 이 두 힘의 비일 뿐이다.

773. 두 힘을 따로따로 측정하는 대신에, 두 힘이 서로 반대 방향을 향하게 하는 다른 방법을 현재 저자가 사용하였다. 큰 저항 코일의 양쪽 끝이 두 개의 평행 원판과 연결되며, 그중 하나는 움직이는 것이 가능하다. 큰 저항에 전류를 보내는 퍼텐셜 차이와 같은 퍼텐셜 차이가 역시 두 원판 사이의 인력의 원인도 된다. 동시에, 실제 실험에서는 주(主) 전류와 다른 전류를 두 코일로 보내며, 하나는 고정된 원판의 뒤쪽으로, 그리고 다른 하나는 움직일 수 있는 원판의 뒤쪽으로 보낸다. 이 두 코일을 통해 전류는 반대 방향으로 흐르며, 그래서 서로 밀친다. 두 원판 사이의 거리를 조절하여, 인력은 척력과 정확히 평형을 이루며, 그와 동시에 또 다른 관찰자가 션트가 있는 미분 검류계를 이용하여, 1차 전류와 2차 전류의 비를 구한다.

이 실험에서는 물질 표준과 관련된 유일한 측정은 큰 저항에 대한 측정인데, 그 저항은 옴과 비교하여 절대적 측정으로 정해져야 한다. 다른 측정은 단지 비를 정하기 위해서만 필요하며, 그러므로 어떤 임의의 단위로 정해지더라도 상관없다.

그래서 두 힘의 비는 같은 양들의 비이다.

두 전류의 비는 미분 검류계에 편향이 없을 때 저항을 비교해서 구한다.

인력은 원판의 지름과 두 원판 사이의 거리의 비의 제곱에 의존한다.

척력은 코일의 지름과 두 코일 사이의 거리의 비에 의존한다.

그러므로 v의 값은 저항을 옴의 저항과 비교한 큰 코일의 저항으로 직접 표현할 수 있다.

톰슨의 방법으로 구한 v의 값은 28.2옴이었으며,[55] 맥스웰의 방법으로 구한 값은 28.8옴이었다.[56]

III. 전자기 측정에서 정전 전기용량

774. 축전기의 전기용량은 전하를 발생시키는 기전력과 방전 전류의 전하량을 비교하여 전자기 측정으로 확인할 수 있다. 볼타 배터리를 이용하여 큰 저항을 갖는 코일을 포함하는 회로를 통하여 전류가 계속 흐르게 한다. 저항 코일의 전극을 축전기의 전극과 연결하여 축전기를 충전한다. 코일을 따라 흐르는 전류는 그 전류가 검류계에 만드는 편향으로 측정한다. 그 편향이 ϕ라면, 전류는 742절에 의해

$$\pi = \frac{H}{G} \tan \phi$$

이며, 여기서 H는 지자기의 수평 성분이고, G는 검류계의 주(主) 상수이다.

전류가 흐르는 코일의 저항이 R이면, 코일의 양 끝 사이의 퍼텐셜 차이는

$$E = R\gamma$$

이며, 전자기 측정에서 전기용량이 C인 축전기에 발생하는 전하량은

$$Q = EC$$

가 된다.

이제 축전기의 전극을 회로에서 끊고, 그다음에는 검류계의 전극을 회로에서 끊자. 그리고 검류계의 자석이 자신의 평형 위치에서 정지하도록 하자. 그다음에 축전기의 전극을 검류계의 전극과 연결하자. 그러면 일시적

인 전류가 검류계에 흐르며, 자석이 최대 편차 θ까지 흔들리게 된다. 그러면 748절에 의해, 방전이 전하량

$$Q = \frac{H}{G}\frac{T}{\pi}2\sin\frac{1}{2}\theta$$

와 같게 된다.

이처럼 전자기 측정에서 축전기의 전기용량으로

$$C = \frac{T}{\pi}\frac{1}{R}\frac{2\sin\frac{1}{2}\theta}{\tan\phi}$$

를 얻는다.

그래서 축전기의 전기용량은 다음과 같은 양들로 정해진다.

T는 검류계의 자석이 정지에서 정지까지 진동하는 시간.

R은 코일의 저항.

θ는 방전이 만든 흔들림의 최대 한계.

ϕ는 코일 R에 흐르는 전류가 만드는 일정한 편향.

이 방법은 플리밍 젠킨 교수가 전자기 측정에서 축전기의 전기용량을 구하는 데 사용하였다.[57]

c가 기하적 자료로부터 전기용량을 계산한 축전기와 비교하여 구한, 정전 측정에서 같은 축전기의 전기용량이면

$$c = v^2 C$$

이다.

그래서

$$v^2 = \pi R\frac{c}{T}\frac{\tan\phi}{2\sin\frac{1}{2}\theta}$$

이다.

그러므로 v라는 양은 이런 방법으로 구할 수 있다. 그렇게 구하는 것은 전자기 측정에서 R를 정하는 것에 의존하지만, 그것이 단지 R의 제곱근과만 관련되기 때문에, 이런 결정에서 오차가 772절과 773절의 방법에서처럼 그렇게 많이 v의 값에 영향을 주지는 않을 것이다.

간헐적인 전류

775. 배터리 회로의 도선을 임의의 한 점에서 끊고, 끊긴 끝에 축전기의 전극을 연결하면, 축전기로 전류가 흐르는데, 그 전류의 세기는 축전기의 퍼텐셜 차이가 증가하면 감소하고, 그래서 축전기가 도선에 작용하는 기전력에 해당하는 전체 전하를 받으면 전류는 완벽히 흐르지 않는다.

이제 축전기의 전극을 도선의 양 끝과 끊고 그 전극을 다시 반대 순서로 연결하면, 축전기는 스스로 도선을 통하여 방전하고 그다음에는 반대 방향으로 재충전되어서, 도선에는 일시적인 전류가 흐르고, 그 전류의 전체 전하량은 축전기의 두 번의 전하와 같게 된다.

(흔히 정류자(整流子) 또는 wippe라고 불리는) 일종의 메커니즘을 이용하면, 축전기의 연결을 거꾸로 바꾸는 동작을 각 간격을 T와 같도록 정한 일정한 시간 간격으로 반복할 수 있다. 만일 이 간격이 축전기의 완전 방전을 허용할 정도로 매우 길면, 매번의 간격마다 도선에 의해 전달된 전하량은 $2EC$인데, 여기서 E는 기전력이고 C는 축전기의 전기용량이다.

회로에 포함된 검류계의 자석에 추를 얹어서, 자석이 한 번 자유 진동하는 시간에 축전기에 발생하는 방전이 아주 여러 번 일어날 수 있도록 자석이 충분히 천천히 흔들거리도록 하면, 연이은 방전은 자석에 마치 세기가

$$\frac{2EC}{T}$$

인 정상 전류가 흐르는 것처럼 작용한다.

이제 축전기를 제거하고, 축전기 대신에 저항 코일을 삽입한 다음에, 검류계에 발생하는 편향이 연이은 방전에서 편향과 같도록 조정하면, 그렇게 되었을 때 전체 회로의 저항이 R이면

$$\frac{E}{R} = \frac{2EC}{T} \tag{1}$$

즉

$$R = \frac{T}{2C} \qquad (2)$$

가 된다.

이처럼 작동하는 정류자를 갖춘 축전기를 알려진 전기저항을 갖는 도선과 비교할 수 있고, 그 저항을 측정하기 위해서는 345절에서 357절까지에서 설명한 대로 저항을 측정하는 서로 다른 방법들을 사용할 수 있다.

776. 이 목적으로는 346절의 미분 검류계 방법에서 어느 한 도선을 대신할 수도 있고, 또는 347절의 휘트스톤 브리지의 한 도선에 정류자를 갖춘 축전기를 대신할 수도 있다. 두 경우 중에서 어떤 경우에나 검류계의 0 편향을 얻었는데, 그 자리에 처음에는 정류자를 갖는 축전기가, 그리고 그다음에는 저항이 R인 코일이 있었다고 하자. 그러면 코일 R_1이 한 부분이며, 배터리를 포함한 나머지 전도 시스템에 의해 완성되는 회로의 저항 때문에 $\frac{T}{2C}$라는 양이 측정될 것이다. 그래서 계산으로 구할 저항 R는, 저항 코일의 양단이 시스템의 전극으로 취할 때, 코일의 저항인 R_1과 그리고 (배터리를 포함한) 나머지 시스템의 저항인 R_2의 합과 같아진다.

미분 검류계와 휘트스톤 브리지의 경우에, 축전기 대신에 저항 코일을 대신 연결한 제2실험을 수행할 필요는 없다. 이 목적으로 필요한 저항의 값은 시스템의 다른 알려진 저항들로부터 계산으로 구할 수 있다.

347절의 표기법을 사용하고, 휘트스톤 브리지에서 도체 AC 대신 축전기와 정류기를 삽입하고, 도체 OA에는 검류계를 삽입하고, 검류계의 편향이 0이라고 가정하면, AC에 위치한 코일의 저항은 편향이 0일 것이므로

$$b = \frac{c\gamma}{\beta} R_1 \qquad (3)$$

이다. 저항의 다른 부분인 R_2는 두 점 A와 C를 전극으로 생각하고 도체들 AO, OC, AB, BC, 그리고 OB로 이루어진 시스템의 저항이다. 그래서

$$R_2 = \frac{\beta(c+a)(\gamma+\alpha) + ca(\gamma+\alpha) + \gamma\alpha(c+a)}{(c+a)(\gamma+\alpha) + \beta(c+a+\gamma+\alpha)} \qquad (4)$$

이다. 이 표현에서 a는 배터리와 그 연결 부분들의 내부 저항을 표시하는데, 그 값은 확실히 알 수 없지만, 그것을 다른 저항들에 비해서 작게 만드는 방법으로, 이로 인한 불확실성은 R_2 값에 단지 약간만 영향을 주게 된다.

전자기 측정에서 축전기의 전기용량 값은

$$C = \frac{t}{2(R_1 + R_2)} \tag{5}$$

이다.

777. 축전기의 전기용량이 매우 크고, 정류자는 매우 빠르게 동작하면, 축전기는 매번 방향을 바꿀 때마다 충분히 방전하지 못할 수도 있다. 방전하는 동안 전류에 대한 식은

$$Q + R_2 C \frac{dQ}{dt} + EC = 0 \tag{6}$$

이며, 여기서 Q는 전하이고, C는 축전기의 전기용량, R_2는 축전기의 전극 사이에 연결된 시스템의 나머지 부분의 저항, 그리고 E는 배터리와 연결된 부분의 기전력이다.

그래서

$$Q = (Q_0 + EC)e^{-\frac{t}{R_2 C}} - EC \tag{7}$$

인데, 여기서 Q_0는 Q의 처음 값이다.

매번 방전할 때마다 접촉이 유지되는 시간을 τ라고 하면, 방전마다 방전되는 양은

$$Q = 2EC \frac{1 - e^{-\frac{\tau}{R_2 C}}}{1 + e^{-\frac{\tau}{R_2 C}}} \tag{8}$$

이다.

(4) 식에서 c와 γ를 β, a, 또는 α와 비교하여 크게 만들면, $R_2 C$로 대표되는 시간은 τ에 비해 아주 작아서, 멱수에 포함된 값을 계산하는 데 (5) 식에서 C 값을 이용할 수 있다. 그래서

$$\frac{\tau}{R_2 C} = 2\frac{R_1 + R_2}{R_2}\frac{\tau}{T} \tag{9}$$

를 얻는데, 여기서 R_1은 동등한 효과를 얻기 위해서 축전기 대신 삽입해야 하는 저항이다. R_2는 시스템의 나머지 부분의 저항이며, T는 방전이 시작되고 다음 방전이 시작되는 사이의 간격이며, τ는 매 방전마다 접촉이 계속되는 시간이다. 그래서 전자기 측정에서 C의 보정된 값으로

$$C = \frac{1}{2}\frac{T}{R_1 + R_2}\frac{1 + e^{-2\frac{R_1 + R_2}{R_2}\frac{\tau}{T}}}{1 - e^{-2\frac{R_1 + R_2}{R_2}\frac{\tau}{T}}} \tag{10}$$

을 얻는다.

IV. 축전기의 정전 전기용량과 코일의 자체 유도의 전자기 용량 사이의 비교

778. 그 사이의 저항이 R인 전도(傳導)회로의 두 점이 전기용량이 C인 전극과 연결되면, 회로에 기전력이 작용할 때, 전류 중에 일부는 저항 R를 지나가지 않고 축전기를 충전하는 데 사용된다. 그러므로 R를 통과하는 전류는 0에서 마지막 값까지 점진적으로 증가한다. 수학적 이론에 의하면, R을 지나가는 전류가 0에서 시작해서 마지막 값까지 증가하는 방식이, 일정한 기전력에 의해 전자석의 코일을 통하여 흐르는 전류의 값을 표현하는 방식과 정확히 같은 종류의 공식으로 표현된다.

그래서 휘트스톤 브리지의 검류계를 통과하는 전류가 심지어 배터리 회로를 연결하거나 끊는 순간까지 포함하여 항상 0이 되도록 휘트스톤 브리지의 서로 반대편 가지에 축전기와 전자석을 넣을 수 있다.

그림 64에서, P, Q, R, S가 각각 휘트스톤 브리지의 네 개의 구성 요소인 저항들이라고 하자. 자체 유도 계수가 L인 코일이 저항이 Q인 구성 요소 AH의 일부가 되며, 전기용량이 C인 축전기의 전극이 두 끝이 F와 Z인 작

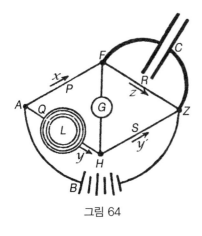

은 저항체들에 연결된다고 하자. 간단히 하기 위해, 전극이 F와 H에 연결된 검류계에는 전류가 흐르지 않는다고 가정할 것이다. 그러므로 F에서 퍼텐셜이 H에서 퍼텐셜과 같게 할 조건을 정하는 일만 남았다. 이 조건이 충족되지 않을 때 검류계를 통과하는 전류를 계산하기를 원하는 경우는 단지 이 방법이 얼마나 정확

그림 64

한지 확인하기를 원할 때뿐이다.

x가 시간이 t일 때 구성 요소 AF를 지나가는 전체 전하량이고, z는 구성 요소 FZ를 지나가는 전체 전하량이라고 하면, $x-z$가 축전기의 전하가 된다. 축전기의 전극 사이에 작용하는 기전력은, 옴의 법칙에 의해 $R\dfrac{dz}{dt}$이므로, 축전기의 전기용량이 C이면

$$x - z = RC\frac{dz}{dt} \tag{1}$$

가 성립한다.

구성 요소 AH를 지나간 전체 전하량이 y라고 하자. A에서 H까지의 기전력은 A에서 F까지 기전력과 같아야 해서

$$Q\frac{dy}{dt} + L\frac{d^2y}{dt^2} = P\frac{dx}{dt} \tag{2}$$

가 성립한다.

검류계를 통과하는 전류는 없으므로, HZ를 지나가는 전하량도 역시 y이어야 하고

$$S\frac{dy}{dt} = R\frac{dz}{dt} \tag{3}$$

을 얻는다.

(2) 식에 (1) 식에서 유도한 x의 값을 대입하고 (3) 식과 비교하면, 검류계

에 전류가 지나가지 않을 조건으로

$$RQ\left(1+\frac{L}{Q}\frac{d}{dt}\right)=SP\left(1+RC\frac{d}{dt}\right) \qquad (4)$$

를 얻는다.

마지막 전류가 0일 조건은, 휘트스톤 브리지의 평소 형태에서처럼

$$QR=SP \qquad (5)$$

이다.

배터리를 연결하고 끊을 때 전류가 0일 조건은

$$\frac{L}{Q}=RC \qquad (6)$$

이다.

여기서 $\frac{L}{Q}$와 RC는 각각 구성 요소 Q와 R의 시간 상수이고, 만일 Q 또는 R를 변화시켜서, 회로를 닫든 열든 또는 전류가 일정하게 흐르든, 검류계가 전류가 흐르지 않는다고 표시할 때까지 휘트스톤 브리지의 구성 요소들을 조정할 수 있으면, 코일의 시간 상수는 축전기의 시간 상수와 같음을 알 수 있다.

자체 유도 계수 L은 전자기 측정에서 기하학적 자료가 알려진 두 회로의 상호유도 계수를 비교하여 정할 수 있다(756절). 자체 유도 계수는 차원이 길이인 양이다.

축전기의 전기용량은 정전 측정에서 기하학적 자료를 아는 축전기와 비교해서 정할 수 있다(229절). 이 양도 역시 길이인 c이다. 전자기 측정에서 전기용량은

$$C=\frac{c}{v^2} \qquad (7)$$

이다.

이 값을 (6) 식에 대입하면, v^2의 값으로

$$v^2=\frac{c}{L}QR \qquad (8)$$

를 얻는데, 여기서 c는 정전 측정에서 축전기의 전기용량이고, L은 전자기

측정에서 코일의 자체 유도 계수이고, Q와 R는 전자기 측정에서 저항들이다. 이 방법으로 정한 v의 값은 772절과 773절에서 설명한 두 번째 방법에서와 같이 저항의 단위를 어떻게 정하느냐에 의존한다.

V. 축전기의 정전 전기용량과 코일의 자체 유도 전자기 전기용량의 결합

779. 표면을 저항이 R인 도선과 연결한 축전기의 전기용량이 C라고 하자. 이 도선에 코일 L과 L'를 삽입한다고 하고, L이 자체 유도 전기용량의 합을 표시한다고 하자. 코일 L'는 두 줄로 매달려 있으며, 수직 면에서 두 개의 코일로 구성되고, 그 사이에는 자석 M이 연결된 수직축이 지나가며, 그 축은 두 코일 L'와 L 사이의 수평면에서 회전한다. 고정된 코일 L의 자체 유도 계수는 크다. 매단 코일 L'는 회전 부분은 속이 빈 상자에 담아서 자석이 회전이 초래하는 공기의 흐름으로부터 보호한다.

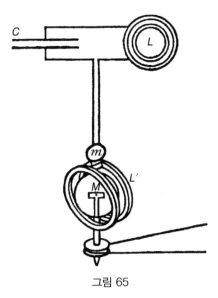

자석의 운동은 코일에 흐르는 유도 전류의 원인이 되며, 자석이 유도 전류에 작용하여 매단 코일의 평면이 자석이 회전하는 방향으로 편향된다. 유도 전류의 세기와 매단 코일 편향의 크기를 정하자.

축전기 C의 위쪽 표면에 전하량을 x라고 하면, 이 전하를 발생시킨 기전력이 E일 때, 축전기 이론에 따라서

$$x = CE \tag{1}$$

를 얻는다.

그림 65

또한 전류 이론에 따라서

$$R\dot{x} + \frac{d}{dt}(L\dot{x} + M\cos\theta) + E = 0 \qquad (2)$$

이 성립하는데, 여기서 M은 자석의 축이 코일의 평면과 수직일 때 회로 L'의 전자기 운동량이며, θ는 자석의 축과 이 수직선 사이의 각이다.

그러므로 x를 정하기 위한 식은

$$CL\frac{d^2x}{dt^2} + CR\frac{dx}{dt} + x = CM\sin\theta\frac{d\theta}{dt} \qquad (3)$$

이다.

코일이 평형의 위치에 있으면, 그리고 자석이 균일하게 회전하면, 각속도가 n일 때

$$\theta = nt \qquad (4)$$

이다.

전류에 대한 표현은 두 부분으로 구성되며, 그중 하나는 이 식의 우변에 나오는 항에 무관하고, 시간에 대해 지수 함수에 따라서 감소한다. 강제 전류라고 부를 수도 있는 다른 항은 전적으로 θ에 나오는 항에 의존하며

$$x = A\sin\theta + B\cos\theta \qquad (5)$$

라고 쓸 수 있다.

(3) 식에 대입하여 A의 값과 B의 값을 구하면

$$x = MCn\frac{RCn\cos\theta - (1 - CLn^2)\sin\theta}{R^2C^2n^2 + (1 - CLn^2)^2} \qquad (6)$$

를 얻는다.

자석이 전류 $\dot{x}$가 흐르는 코일 L'에 작용하는 힘의 모멘트는

$$\Theta = \dot{x}\frac{d}{d\theta}(M\cos\theta) = M\sin\theta\frac{dx}{dt} \qquad (7)$$

이다.

이 표현을 시간에 대해 적분하고, t로 나누면, Θ의 평균값으로

$$\overline{\Theta} = \frac{1}{2}\frac{M^2RC^2n^3}{R^2c^2n^2 + (1 - CLn^2)^2} \qquad (8)$$

를 얻는다.

코일이 상당히 큰 관성 모멘트를 가지면, 코일의 강제 진동은 매우 작게 되고, 그 평균 편향은 $\overline{\Theta}$에 비례하게 된다.

자석의 각속도가 n_1, n_2, n_3에 대응하는 관찰된 편향이 D_1, D_2, D_3라고 하면, 일반적으로

$$P\frac{n}{D} = \left(\frac{1}{n} - CLn\right)^2 + R^2 C^2 \tag{9}$$

이고 여기서 P는 상수이다.

이런 형태의 세 식으로부터 P와 R를 소거하면

$$C^2 L^2 = \frac{1}{n_1^2 n_2^2 n_3^2} \cdot \frac{\dfrac{n_1^3}{D_1}(n_2^2 - n_3^2) + \dfrac{n_2^3}{D_2}(n_3^2 - n_1^2) + \dfrac{n_3^3}{D_3}(n_1^2 - n_2^2)}{\dfrac{n_1}{D_1}(n_2^2 - n_3^2) + \dfrac{n_2}{D_2}(n_3^2 - n_1^2) + \dfrac{n_3}{D_3}(n_1^2 - n_2^2)} \tag{10}$$

을 얻는다.

n_2가 $CLn_2^2 = 1$을 만족하면, 이렇게 정해진 n 값에 대해 $\dfrac{n}{D}$의 값이 최소이다. n의 다른 값들도 하나는 n_2보다 더 크게, 그리고 다른 하나는 n_2보다 더 작게 취해야 한다.

이 식에서 정한 CL 값은 시간의 제곱 차원이다. 이것을 τ^2이라고 부르자.

C_s를 정전 측정으로 구한 축전기의 전기용량이라면, 그리고 L_m은 전자기 측정으로 구한 코일의 자체 유도라면, C_s와 L_m의 차원이 모두 길이이며, 그 곱은

$$C_s L_m = v^2 C_s L_s = v_2 C_m L_m = v^2 \tau^2 \tag{11}$$

이고, 그래서

$$v^2 = \frac{C_s L_m}{\tau^2} \tag{12}$$

으로, 여기서 τ^2은 이 실험에서 정한 $C^2 L^2$의 값이다. 여기서 v를 정하는 방법으로 제안된 실험은 W. R. 그로브 경이 *Phil. Mag.*(1868. 3, 184쪽)에서 설명한 실험과 같은 성질이다. 또한 1868년 5월호에서 이 책의 저자가 그 실

험에 관해 쓴 논평을 보라.

VI. 저항의 정전 측정(355절을 보라)

780. 전기용량이 C인 축전기가 저항이 R인 도선을 통해 방전된다고 하자. 그러면 x가 임의의 순간의 전하일 때

$$\frac{x}{C} + R\frac{dx}{dt} = 0 \tag{1}$$

이 성립한다. 그래서

$$x = x_0 e^{-\frac{t}{RC}} \tag{2}$$

이다.

만일 어떤 방법으로든 시간 t 동안에 도체를 통해서 전류가 흐르르 수 있도록 정확히 알 수 있는 짧은 시간 동안 접촉을 만들 수 있다면, 축전기와 접촉하기 전과 후에 전기계의 눈금이 E_0와 E_1이면

$$RC(\log_e E_0 - \log_e E_1) = t \tag{3}$$

가 성립한다.

정전 측정에서 길이 양인 C를 알고, 이 식으로부터 R를 정전 측정에서 속도의 역수로 구할 수 있다.

R_2가 그렇게 정한 저항의 값이고, R_m이 전자기 측정에서 구한 저항의 값이면

$$v^2 = \frac{R_m}{R_s} \tag{4}$$

이다.

이 실험에서는 R가 매우 클 필요가 있으므로, 그리고 763절 등등에서 전자기 실험에서는 R가 작아야 하므로, 실험들은 서로 다른 도체를 이용해서 수행해야 하고, 그 도체들의 저항을 보통 방법으로 비교해야 한다.

20장
빛의 전자기 이론

781. 이 책의 여러 부분에서 전자기(電磁氣) 현상을 역학적 작용이 한 물체에서 다른 물체로 두 물체 사이에 놓인 공간을 차지하고 있는 매질을 따라 전달되는 것으로 설명하려고 시도하였다. 빛의 파동 이론 또한 매질의 존재를 가정한다. 이제 우리는 전자기 매질의 성질이 빛 매질의 성질과 똑같음을 보여야 한다.

새로운 현상을 설명해야 할 때마다 모든 공간을 새로운 매질로 채워야 한다면, 그것은 어떤 의미로도 철학적이지 않지만, 두 개의 서로 다른 과학 분야에 관한 연구가 서로 독립적으로 매질이라는 아이디어를 제안하고, 전자기 현상을 설명하기 위하여 그 매질에 속해야 하는 성질이, 빛에 대한 성질을 설명해야 하는 빛의 매질에 속하는 성질과 같은 종류라면, 그 매질이 실제로 존재해야 한다는 증거가 상당히 강화된다고 할 것이다.

그러나 물체의 성질은 정량적인 측정이 가능하다. 그러므로 전자기 실험으로 구할 수 있고, 또한 빛도 직접 관찰할 수 있는, 매질을 통하여 교란이 전달되는 속도와 같은 매질의 어떤 성질에 대해 숫자로 된 값을 구한다. 전자기적 교란이 전달되는 속도가 빛의 속도와 같다는 것이 발견된다면, 그

것이 그리고 단지 공기 중에서뿐 아니라 다른 투명한 매질에서도 그렇다면, 빛이 전자기적 현상이라고 믿는 강력한 이유를 갖게 되는 것이며, 광학적이고 전기적 증거의 결합은, 감각에 대한 결합한 증거로부터, 다른 물질의 경우에도 우리가 구한 것과 유사한 매질이 실제로 존재한다는 확신을 만들어낼 것이다.

782. 빛이 방출되면 발광체로부터 어느 정도의 에너지가 소비되며, 그 빛이 다른 물체에 의해 흡수되면 그 물체는 뜨거워지는데, 그것은 이 물체가 외부로부터 에너지를 받았다는 증거이다. 빛이 첫 번째 물체를 떠나고 두 번째 물체에 도착하기 전 사이의 시간 동안에, 그것은 그사이 공간에서 에너지로 존재해야 한다.

방출 이론에 따르면, 에너지의 전달은 빛을 내는 물체에서 빛을 받는 물체로 운동 에너지와 함께 받을 수 있는 다른 에너지를 나르는 빛 - 입자들의 실제 전달로 이루어진다.

파동 이론에 따르면 두 물체 사이에는 공간을 채우는 물질 매질이 존재하며, 에너지가 전달되는 것은 한 부분에서 다른 부분으로 빛을 받는 물체에 도달할 때까지 이 매질의 연속적인 부분들의 작용에 의한 것이다.

그러므로 빛의 매질은, 빛이 그 매질을 통과하는 동안에, 에너지의 용기이다. 하위헌스,* 프레넬,** 영,*** 그린 등등이 발전시킨 파동 이론에서, 이 에너지는 부분적으로는 퍼텐셜 에너지이고 부분적으로는 운동 에너지라

---

* 하위헌스(Christiaan Huygens, 1629-1695)는 네덜란드의 수학자, 물리학자, 천문학자로서 모든 시대에서 가장 위대한 과학자로 꼽히며 광학과 역학에 기본이 되는 큰 공헌을 하였다.
** 프레넬(Augustin-Jean Fresnel, 1788-1827)은 프랑스의 물리학자로서 파동 광학의 이론적 연구와 등대용의 프레넬 렌즈의 발명 등으로 유명하다.
*** 영(Thomas Young, 1773-1829)은 영국의 의사, 물리학자, 언어학자로서, 박학다식한 천재로 유명하다. 이중 슬릿 실험으로 빛이 파동인 확실한 증거를 최초로 내놓은 것으로 잘 알려져 있다.

고 가정된다. 퍼텐셜 에너지는 매질의 기본 요소가 변형되어 생긴다고 가정된다. 그러므로 매질은 탄성을 가지고 있다고 간주해야 한다. 운동 에너지는 매질의 진동 운동 때문에 생긴다고 가정된다. 그러므로 매질은 유한한 밀도를 갖는다고 간주해야 한다.

이 책에서 사용하는 전기와 자기의 이론에서, 정전(靜電) 에너지와 전기-운동 에너지(630절과 636절을 보라)의 두 가지 에너지 형태가 존재한다고 생각하며, 이 두 형태의 에너지는 단순히 대전(帶電)되거나 자기화(磁氣化)된 물체에만 존재하는 것이 아니라, 전기력과 자기력이 작용한다고 관찰되는 주위 공간의 모든 부분에 존재한다. 그래서 우리 이론은 두 가지 형태의 에너지의 용기가 되는 매질의 존재를 가정하는 데 파동 이론과 의견을 같이한다.58)

783. 다음으로 정지해 있다고 가정하는, 다시 말하면 전자기 교란과 관계된 움직임 이외에는 운동하지 않는, 균일한 매질을 통하여 전자기 교란이 전파되는 조건을 정하자.

C가 매질의 비(非)전도도이고, K가 매질의 정전(靜電) 유도 비(非)전기용량이며, μ가 매질의 '투자율'이라고 하자.

전자기 교란에 대한 일반 방정식을 구하기 위해, 실제 전류 $\mathfrak{C}$를 벡터 퍼텐셜 $\mathfrak{A}$와 전기 퍼텐셜 $\mathit{\Psi}$로 표현할 것이다.

실제 전류 $\mathfrak{C}$는 전도 전류 $\mathfrak{K}$과 전기 변위의 변분 $\dot{\mathfrak{D}}$로 구성되며, 이 두 가지가 모두 기전력 $\mathfrak{E}$에 의존하므로, 611절에서처럼

$$\mathfrak{C} = \left(C + \frac{1}{4\pi} K \frac{d}{dt} \right) \mathfrak{E} \tag{1}$$

를 얻는다.

그러나 매질에는 운동이 존재하지 않으므로, 599절에서처럼 기전력을

$$\mathfrak{E} = -\dot{\mathfrak{A}} - \nabla \mathit{\Psi} \tag{2}$$

라고 표현할 수 있다.

그래서

$$\mathfrak{C} = -\left(C + \frac{1}{4\pi}K\frac{d}{dt}\right)\left(\frac{d\mathfrak{A}}{dt} + \nabla\Psi\right) \tag{3}$$

이다.

그러나 $\mathfrak{C}$와 $\mathfrak{A}$ 사이의 관계를 616절에 보인 것과 같이, 다른 방법으로도 정할 수 있는데,

$$4\pi\mu\mathfrak{C} = \nabla^2\mathfrak{A} + \nabla J \tag{4}$$

라고 쓸 수도 있는 (4) 식에서

$$J = \frac{dF}{dx} + \frac{dG}{dy} + \frac{dH}{dz} \tag{5}$$

이다.

(3) 식과 (4) 식을 결합하면

$$\mu\left(4\pi C + \dot{K}\frac{d}{dt}\right)\left(\frac{d\mathfrak{A}}{dt} + \nabla\Psi\right) + \nabla^2\mathfrak{A} + \nabla J = 0 \tag{6}$$

을 얻는데, 이것을 세 식으로 다음

$$\left.\begin{array}{l} \mu\left(4\pi C + K\frac{d}{dt}\right)\left(\dfrac{dF}{dt} + \dfrac{d\Psi}{dx}\right) + \nabla^2 F + \dfrac{dJ}{dx} = 0 \\[2mm] \mu\left(4\pi C + K\frac{d}{dt}\right)\left(\dfrac{dG}{dt} + \dfrac{d\Psi}{dy}\right) + \nabla^2 G + \dfrac{dJ}{dy} = 0 \\[2mm] \mu\left(4\pi C + K\frac{d}{dt}\right)\left(\dfrac{dH}{dt} + \dfrac{d\Psi}{dz}\right) + \nabla^2 H + \dfrac{dJ}{dz} = 0 \end{array}\right\} \tag{7}$$

과 같이 쓸 수 있다. 이 식들은 전자기 교란에 대한 일반 방정식이다.

이 식들을 각각 x, y, z에 대해 미분하고 더하면

$$\mu\left(4\pi C + K\frac{d}{dt}\right)\left(\frac{dJ}{dt} - \nabla^2\Psi\right) = 0 \tag{8}$$

을 얻는다.

매질이 부도체여서 $C = 0$이면, 자유 전하의 부피 밀도에 비례한 $\nabla^2\Psi$가 시간 t에 무관하게 된다. 그래서 J는 t에 대한 선형함수이거나 상수이거나 0이어야 하며, 그러므로 주기적인 교란을 고려하는 데 J와 Ψ를 고려하지 않아도 된다.

비-전도성 매질에서 파동의 전파

784. $C = 0$인 경우에, 식들은

$$\left. \begin{array}{l} K\mu \dfrac{d^2 F}{dt^2} + \nabla^2 F = 0 \\[2ex] K\mu \dfrac{d^2 G}{dt^2} + \nabla^2 G = 0 \\[2ex] K\mu \dfrac{d^2 H}{dt^2} + \nabla^2 H = 0 \end{array} \right\} \qquad (9)$$

로 된다.

이 형태의 식들은 탄성 고체의 운동을 다루는 식들과 비슷하며, 초기 조건을 알 때는 푸아송이 제공하고[59] 회절 이론에 스토크스*가 적용한[60] 형태로 풀이가 표현된다.

이제

$$V = \frac{1}{\sqrt{K\mu}} \qquad (10)$$

라고 쓰자.

F, G, H의 값과 $\dfrac{dF}{dt}$, $\dfrac{dG}{dt}$, $\dfrac{dH}{dt}$ 값을 그 시대 ($t = 0$) 공간의 모든 점에서 안다면, 그 뒤를 따르는 임의의 시간 t에 그 값을 다음과 같이 결정할 수 있다.

O가 시간이 t일 때 F의 값을 정하려고 하는 점이라고 하자. O를 중심으로 하고, 반지름이 Vt인 구를 그린다. 그 구 표면의 모든 점에서 F의 초기 값을 구하고, 그 모든 값의 **평균** $\overline{F}$를 취한다. 또한 구 표면의 모든 점에서 $\dfrac{dF}{dt}$의 초기 값을 구하고, 그 값들의 평균이 $\overline{\dfrac{dF}{dt}}$ 라고 하자.

그러면 점 O에서 시간 t 때 F 값과, 그리고 비슷하게 G 값과 H 값이

---

* 스토크스(George Gabriel Stokes, 1819-1903)는 영국의 수학자이며 물리학자로 케임브리지 대학의 루커스 석좌교수와 영국 왕립협회 회장을 역임하고 수학과 물리학 분야에 크게 기여한 사람이다.

$$F = \frac{d}{dt}(\overline{F}t) + t\overline{\frac{dF}{dt}}$$
$$G = \frac{d}{dt}(\overline{G}t) + t\overline{\frac{dG}{dt}}$$
$$H = \frac{d}{dt}(\overline{H}t) + t\overline{\frac{dH}{dt}}$$

$$(11)$$

이다.

785. 그러므로 임의의 순간에 점 O에 있는 무엇의 조건은 시간 간격 t 이전에 거리 Vt에 있는 무엇의 조건에 의존하는 것처럼 보이며, 그래서 어떤 교란도 매질을 통하여 속도 V로 전파된다.

t가 0일 때 두 양 $\mathfrak{A}$와 $\frac{d}{dt}\mathfrak{A}$가 어떤 공간 S 외부에서는 0이라고 가정하자. 그러면 중심이 O이고 반지름이 Vt로 그린 구 표면이 모두 다 또는 일부라도 공간 S에 포함되지 않는 이상, 시간 t에 O에서 그 값은 0일 것이다. O가 공간 S의 외부에 존재하면, Vt가 O에서 공간 S까지 최단 거리와 같아질 때까지는 O에는 교란이 존재하지 않는다. 그다음에 공간 O에서 교란이 시작하며, 그 교란은 Vt가 O에서 S의 어떤 부분까지든 최대 거리와 같아질 때까지 계속될 것이다. 그 이후에는 O에서 교란은 영원히 계속되지 않을 것이다.

786. 비전도 매질에서 전자기 교란의 전파 속도를 표현하는, 793절의 V라는 양은 (9) 식에 따라 $\frac{1}{\sqrt{K\mu}}$와 같다.

매질이 공기이면, 그리고 정전 측정을 사용하면, $K = 1$이고 $\mu = \frac{1}{v^2}$이어서 $V = v$, 즉 전파 속도는 1 전자기 단위에서 정전 단위의 수와 같다. 전자기 단위계를 사용하면 $K = \frac{1}{v^2}$이고 $\mu = 1$이어서 $V = v$라는 식은 여전히 성립한다.

빛이 다른 전자기 작용이 전달되는 매질과 같은 매질을 통하여 전파되는 전자기 교란이라는 이론에서, V는 몇 가지 방법으로 구해지는 값을 갖는 빛의 속도여야 한다. 반면에, v는 1 전자기 단위가 갖는 정전 단위의 수(數)이며, 지난 마지막 장에서 이 양을 정하는 방법이 설명되었다. 그 방법들은 빛의 속도를 구하는 방법과는 아주 무관하다. 그래서 V 값과 v 값이 일치하는지 일치하지 않는지는 빛의 전자기 이론의 시험이 된다.

787. 다음 표에서, 공기를 통과하거나 행성들 사이의 공간을 통과한 빛의 속도를 직접 관찰한 주요 결과가, 전기 단위의 비에 대한 주요 결과와 비교되어 있다.

빛의 속도(m/s)		전기 단위의 비	
피조*	314000000	베버	310740000
광행차 등등과 태양의 시차(視差)	308000000	맥스웰	288000000
푸코**	298360000	톰슨	282000000

빛의 속도와 단위의 비는 크기가 같은 정도임은 분명하다. 이들 중 어느 것도 아직 하나가 다른 하나보다 더 크거나 작다고 확신할 정도로 정확하게 결정할 수 없다고 말할 수 있다. 추가 실험을 통하여 두 양의 크기 사이의 관계가 더 정확하게 정해지기만 희망해 볼 뿐이다.

그동안에, 이 둘이 같다고 주장하고 이것이 같아야 한다는 이론적 근거를 제공하는 우리 이론은 이 결과가 있는 그대로 비교하더라도 전혀 모순되지는 않는다.

788. 공기가 아닌 다른 매질에서는, 속도 V가 유전(誘電) 유도 용량과 자

---

* 피조(Armand Hippolyte Louis Fizeau, 1819-1896)는 프랑스의 물리학자로서, 톱니바퀴를 이용하여 최초로 빛의 속도를 측정한 것으로 유명하다.

** 푸코(Jean Bernard Léon Foucault, 1819-1868)는 프랑스의 물리학자로서, 지구의 자전을 최초로 실험으로 증명하고, 회전하는 거울을 이용하여 빛의 속도를 측정하였다.

기 유도 용량의 곱의 제곱근에 반비례한다. 파동 이론에 따르면, 서로 다른 매질에서 빛의 속도는 매질의 굴절률에 반비례한다.

자기 전기용량이 공기보다 매우 낮은 비율로라도 더 큰 투명 매질은 존재하지 않는다. 그래서 이런 매질들 사이의 차이의 주된 부분은 그 매질의 유전 전기용량으로부터 나온다. 우리 이론에 따르면, 그러므로, 투명한 매질의 유전 전기용량은 그 매질 굴절률의 제곱과 같아야 한다.

그러나 굴절률 값은 더 빨리 진동하는 빛에 대해 더 큰 것과 같이 다른 빛에서는 다르다. 그러므로 가장 긴 주기의 파동에 대응하는 굴절률을 선택해야 하는데, 그 운동을 유전 전기용량을 정하려는 느린 과정과 비교할 운동이 그런 파동이기 때문이다.

789. 지금까지 전기용량을 매우 정확하게 결정한 유전체는 파라핀이며, 그것을 깁슨과 바클레이가

$$K = 1.975 \tag{12}$$

라고 구했다.[61]

글래드스톤 박사는 A 선과 D 선 그리고 H 선에 대한 녹은 파라핀 sp. g. 0.779의 굴절률 값이 다음

온도	A	D	H
54°C	1.4306	1.4357	1.4499
57°C	1.4294	1.4343	1.4493

과 같다고 구했으며, 이 값들로부터 나는 무한한 길이의 파동에 대한 굴절률이 약 1.422이라고 구했다. K의 제곱근은 1.405이다.

이 숫자들의 차이는 관찰에서 생기는 오차로 설명할 수 있는 것보다 더 크며, 물체의 전기적 성질로부터 광학적 성질을 도출할 수 있기 위해서는 물체의 구조에 대한 우리 이론이 훨씬 더 개선되어야 함을 보여준다. 동시에, 만일 상당히 많은 종류의 물질에 대해 광학적 성질로부터 유도된 숫자와

전기적 성질로부터 유도된 숫자가 더 큰 차이를 더는 보이지 않으면, 이 숫자의 일치는 K의 제곱근이 비록 그것이 굴절률에 대한 완전한 표현은 아닐지라도 적어도 그 안에 중요한 요소가 있다는 의미라고 나는 생각한다.

평면파

790. 이제 우리 관심을 앞면이 z 축에 수직이라고 가정한 평면파에 집중하자. 변화가 그런 파동을 구성하는 모든 양은 단지 z와 t만의 함수이며 x와 y에는 의존하지 않는다. 그래서 591절의 자기 유도에 대한 식 (A)는

$$ a = -\frac{dG}{dz}, \qquad b = \frac{dF}{dz}, \qquad c = 0 \tag{13} $$

으로 되며, 자기 교란은 파동의 평면에 놓인다. 이것은 빛을 구성하는 교란에 대해 우리가 아는 것과 일치한다.

a, b, c에 각각 $\mu\alpha$, $\mu\beta$, $\mu\gamma$를 대입하면, 607절의 전류에 대한 식은

$$ \left. \begin{aligned} 4\pi\mu u &= -\frac{db}{dz} = -\frac{d^2 F}{dz^2} \\[6pt] 4\pi\mu v &= \frac{da}{dz} = -\frac{d^2 G}{dz^2} \\[6pt] 4\pi\mu w &= 0 \end{aligned} \right\} \tag{14} $$

이 된다. 그래서 전기 교란도 또한 파동의 평면에 놓이며, 만일 자기 교란이 x 방향과 같은 한 방향에 제한되면, 전기 교란은 y 방향과 같이 그것에 수직인 방향에 제한된다.

그런데 전기 교란을 다른 방법으로도 계산할 수 있는데, 그래서 f, g, h가 비전도(非傳導) 매질에서 전기 변위의 성분이면

$$ u = \frac{df}{dt}, \qquad v = \frac{dg}{dt}, \qquad w = \frac{dh}{dt} \tag{15} $$

이다. P, Q, R가 기전력의 성분이면

$$f = \frac{K}{4\pi} P, \qquad g = \frac{K}{4\pi} Q, \qquad h = \frac{K}{4\pi} R \tag{16}$$

이 성립하며, 매질에는 어떤 운동도 존재하지 않으므로, 598절의 (B) 식은

$$P = -\frac{dF}{dt}, \qquad Q = -\frac{dG}{dt}, \qquad R = -\frac{dH}{dt} \tag{17}$$

가 된다. 그래서

$$u = -\frac{K}{4\pi} \frac{d^2F}{dt^2}, \qquad v = -\frac{K}{4\pi} \frac{d^2G}{dt^2}, \qquad w = -\frac{K}{4\pi} \frac{d^2F}{dt^2} \tag{18}$$

이다. 이 값들을 (14) 식으로 준 값들과 비교하면

$$\left. \begin{array}{c} \dfrac{d^2F}{dz^2} = K\mu \dfrac{d^2F}{dt^2} \\[2mm] \dfrac{d^2G}{dz^2} = K\mu \dfrac{d^2G}{dt^2} \\[2mm] 0 = K\mu \dfrac{d^2H}{dt^2} \end{array} \right\} \tag{19}$$

를 얻는다.

이 식의 첫 번째와 두 번째는 평면파가 전파되는 식이며 그 풀이는 잘 알려진 형태로

$$\left. \begin{array}{l} F = f_1(z - Vt) + f_2(z + Vt) \\ G = f_3(z - Vt) + f_4(z + Vt) \end{array} \right\} \tag{20}$$

이다.

세 번째 식의 풀이는

$$K\mu H = A + Bt \tag{21}$$

인데, 여기서 A와 B는 z의 함수이다. 그러므로 H는 상수이거나 시간에 정비례한다. 어떤 경우에도 H가 파동의 전파에는 참여하지 않는다.

791. 이로부터 자기 교란과 전기 교란 모두의 방향이 파동의 평면에 놓이는 것처럼 보인다. 그러므로 교란의 수학적 형태는 전파되는 방향과 수직인 빛을 구성하는 교란의 형태와 일치한다.

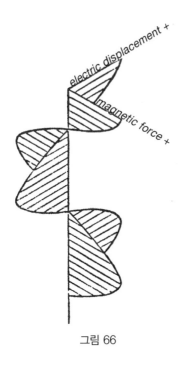

electric displacement +

magnetic force +

그림 66

$G = 0$이라고 가정하면, 교란은 빛의 평면 편광된 광선에 대응한다.

이 경우에 자기력은 y 축에 평행하고 $\frac{1}{\mu}\frac{dF}{dz}$와 같으며, 기전력은 x 축에 평행하고 $-\frac{dF}{dt}$와 같다. 그러므로 자기력은 전기력을 포함하는 평면에 수직인 평면에 놓인다.

한 평면에서 간단한 조화 교란일 때, 주어진 순간에 광선의 여러 점에서 전기력과 자기력의 값이 그림 66에 나와 있다. 이것은 평면-편광된 빛의 광선에 해당하지만, 편광의 평면이 자기 교란의 평면에 해당하는지, 또는 전기 교란의 평면에 해당하는지는 아직 확인되지 않았다. 797절을 보라.

방사선의 에너지와 변형력

792. 비전도 매질의 임의의 점에서 단위 부피당 정전 에너지는

$$\frac{1}{2}fP = \frac{K}{8\pi}P^2 = \frac{K}{8\pi}\overline{\frac{dF}{dt}}\bigg|^2 \tag{22}$$

이다. 같은 점에서 전기-운동 에너지는

$$\frac{1}{8\pi}b\beta = \frac{1}{8\pi\mu}b^2 = \frac{1}{8\pi\mu}\overline{\frac{dF}{dz}}\bigg|^2 \tag{23}$$

이다. (8) 식 덕분에 두 표현은 같고, 그래서 파동의 모든 점에서 매질의 고유 에너지는 절반은 정전 에너지이고 절반은 전기-운동 에너지이다.

이 두 양 중의 하나 값이, 즉 정전 에너지든지 전기-운동 에너지든지 그

값이 p라고 하면, 매질의 정전 상태 덕분에, x와 평행하게 존재하는 크기가 p인 장력이, y와 z에 평행한, 역시 p와 같은 압력과 결합한다. 107절을 보라.

매질의 전기-운동 상태의 덕분으로는, y와 평행인 크기가 p와 같은 장력이 x 그리고 z와 평행인 방향으로 p와 같은 압력과 결합한다. 643절을 보라.

그래서 정전 변형력과 전기-운동 변형력의 결합된 효과는 파동이 전파되는 방향으로 $2p$와 같은 **압력**이다. 이제 $2p$는 또한 단위 부피당 전체 에너지를 표현한다.

그래서 파동이 전파되는 매질에서 파동에 수직인 방향으로 압력이 존재하며, 그 압력의 값은 단위 부피에서 에너지와 같다.

793. 이와 같이, 강렬한 햇빛 아래서, 1제곱피트의 넓이에 떨어지는 빛의 에너지가 매초 83.4피트-파운드라면, 햇빛 1세제곱피트의 평균 에너지는 약 0.0000000882피트-파운드이며, 1제곱피트의 넓이에 대한 평균 압력은 0.0000000882파운드 무게이다. 햇빛에 노출된 평평한 물체는 단지 햇빛을 비추는 쪽에서만 이 압력을 경험하며, 그러므로 빛이 떨어지는 쪽에서 미는 힘을 받는다. 방사선의 훨씬 더 큰 에너지가 전기 전등의 집중된 광선으로 얻는 것도 가능할 수 있다. 진공 중 조심스럽게 매단 얇은 금속 원판에 떨어지는 그런 광선이 어쩌면 관찰이 가능한 역학적 효과를 발생시킬 수도 있다. 시간에 따라 변하는 각의 사인 또는 코사인을 포함하는 항들로 구성된 어떤 종류의 교란이든 존재할 때는, 최대 에너지는 평균 에너지의 2배이다. 그래서 빛이 전파하는 동안에 P가 이용되는 최대 기전력이고, β가 이용되는 최대 자기력이면,

$$\frac{K}{8\pi}P^2 = \frac{\mu}{8\pi}\beta^2 = \text{단위 부피에서 평균 에너지} \qquad (24)$$

이다.

톰슨이 *Trans. R. S. E.*(1854)에서 인용한 햇빛의 에너지에 대한 푸이에[*]의 자료에 따르면, 전자기 측정에서 이것은

$P = 60000000$ 또는 미터당 약 600개의 다니엘 전지

$\beta = 0.193$ 또는 영국의 수평 자기력의 10분의 1 이상

이다.

결정체 매질에서 평면파의 전파

794. 보통 전자기 실험에서 제공되는 자료를 이용해, 1초에 100만 번의 100만 번이 발생하는 주기적 교란의 결과로 생기는 전기 현상을 계산하면서, 우리는 심지어 매질이 공기나 진공으로 가정되는 경우까지, 우리 이론을 아주 철저하게 조사하였다. 그러나 우리 이론을 밀(密)한 매질로까지 확장하려고 시도하려면, 단지 분자 이론의 모든 통상적인 어려움에 봉착할 뿐만 아니라, 분자가 전자기 매질과 갖는 관계의 더 깊은 수수께끼 문제에 부딪힌다.

이런 어려움을 피하고자, 어떤 매질에서는 정전(靜電) 유도의 비(非)전기 용량이 서로 다른 방향에서 같지 않고 다르다고, 다시 말하면 전기 변위가 기전력과 같은 방향이고 비례하지 않는 대신 297절에서 설명한 것과 비슷한 선형 방정식의 시스템에 의해 관계된다고 가정할 것이다. 436절에서와 같이 계수의 시스템이 대칭적이어서, 축을 적절하게 선택하면, 그 방정식들은

$$f = \frac{1}{4\pi}K_1 P, \qquad g = \frac{1}{4\pi}K_2 Q, \qquad h = \frac{1}{4\pi}K_3 R \qquad (1)$$

---

[*] 푸이에(Claude Servais Pouillet, 1790-1868)는 프랑스의 물리학자로서 태양에 대한 상수들을 최초로 구하였고 푸이에 효과로 유명하다.

과 같이 되는 것을 보일 텐데, 여기서 K_1, K_2, K_3는 매질의 주(主) 유도 전기 용량이다. 그러므로 교란이 전파되는 방정식은

$$
\left.
\begin{aligned}
\frac{d^2F}{dy^2} + \frac{d^2F}{dz^2} - \frac{d^2G}{dx\,dy} - \frac{d^2H}{dz\,dx} &= K_1\mu\left(\frac{d^2F}{dt^2} - \frac{d^2\Psi}{dx\,dt}\right) \\
\frac{d^2G}{dz^2} + \frac{d^2G}{dx^2} - \frac{d^2H}{dy\,dz} - \frac{d^2F}{dx\,dy} &= K_2\mu\left(\frac{d^2G}{dt^2} - \frac{d^2\Psi}{dy\,dt}\right) \\
\frac{d^2H}{dx^2} + \frac{d^2H}{dy^2} - \frac{d^2F}{dz\,dx} - \frac{d^2G}{dy\,dz} &= K_3\mu\left(\frac{d^2H}{dt^2} - \frac{d^2\Psi}{dz\,dt}\right)
\end{aligned}
\right\}
\tag{2}
$$

이다.

795. 파면의 수선(垂線)에 대한 방향 코사인이 l, m, n이고 파동의 속도가 V이면, 그리고

$$
lx + my + nz - Vt = w
\tag{3}
$$

이면, 그리고 F, G, H, Ψ의 w에 대한 2차 미분 계수가 각각 F'', G'', H'', Ψ'' 이면, 그리고 a, b, c가 전파의 세 주(主) 속도일 때

$$
K_1\mu = \frac{1}{a^2}, \qquad K_2\mu = \frac{1}{b^2}, \qquad K_3\mu = \frac{1}{c^2}
\tag{4}
$$

이라고 놓으면, 이 식들은

$$
\left.
\begin{aligned}
\left(m^2 + n^2 - \frac{V^2}{a^2}\right)F'' - lm\,G'' - nl\,H'' - V\Psi''\frac{l}{a^2} &= 0 \\
-lm\,F'' + \left(n^2 + l^2 - \frac{V^2}{b^2}\right)G'' - mn\,H'' - V\Psi''\frac{m}{b^2} &= 0 \\
-nl\,F'' - mn\,G'' + \left(l^2 + m^2 - \frac{V^2}{c^2}\right)H'' - V\Psi''\frac{n}{b^2} &= 0
\end{aligned}
\right\}
\tag{5}
$$

가 된다.

796. 이제

$$\frac{l^2}{V^2 - a^2} + \frac{m^2}{V^2 - b^2} + \frac{n^2}{V^2 - c^2} = U \tag{6}$$

라고 놓으면, 이 식들로부터

$$\left.\begin{array}{l} VU(VF'' - l\Psi'') = 0 \\ VU(VG'' - m\Psi'') = 0 \\ VU(VH'' - n\Psi'') = 0 \end{array}\right\} \tag{7}$$

을 얻는다. 그래서 $V = 0$이면 파동은 전혀 전파되지 않으며, $U = 0$이면 프레넬이 구한 V에 대한 식이 되고, 괄호 속의 양이 0이면 성분이 F'', G'', H''인 벡터가 파면에 수직이고 전기 부피 밀도에 비례하게 된다. 매질이 비전도성이기 때문에, 임의의 점에서 전기 밀도는 상수이고, 그러므로 이 식들이 가리키는 교란은 주기적이지 않으며 파동을 구성할 수 없다. 그러므로 파동에 관한 연구에서 $\Psi'' = 0$을 고려할 수 있다.

797. 그러므로 파동이 전파하는 속도는 식 $U = 0$, 즉

$$\frac{l^2}{V^2 - a^2} + \frac{m^2}{V^2 - b^2} + \frac{n^2}{V^2 - c^2} = 0 \tag{8}$$

으로부터 완벽히 정해진다. 그러므로 파면의 주어진 방향에 대응해서 V^2의 값은 두 개, 그리고 단 두 개만 존재한다.

λ, μ, ν가 성분이 u, v, w인 전류의 방향 코사인이면

$$\lambda : \mu : \nu :: \frac{1}{a^2}F'' : \frac{1}{b^2}G'' : \frac{1}{c^2}H'' \tag{9}$$

가 성립하고, 그러면

$$l\lambda + m\mu + n\nu = 0 \tag{10}$$

이 성립해서 전류는 파면의 평면에 놓이며, 파면에서 전류의 방향은 다음 식

$$\frac{l}{\lambda}(b^2 - c^2) + \frac{m}{\mu}(c^2 - a^2) + \frac{n}{\nu}(a^2 - b^2) = 0 \tag{11}$$

에 의해서 정해진다.

편광(偏光)의 면을 전기 교란의 면에 수직인 광선을 통과하는 평면으로 정의하면 이 식들은 프레넬이 구한 식과 똑같다.

이중 굴절에 대한 전자기 이론에 따르면, 보통 이론에서 주된 어려움을 구성하는 것 중 하나인 수직 교란 파동은 존재하지 않으며, 결정체의 주(主) 평면에서 편광된 광선이 보통 방식으로 굴절한다는 사실을 설명하기 위하여 새로운 가정이 필요하지는 않다.[62]

전기 전도성과 불투명성 사이의 관계

798. 완전한 절연체인 대신에, 매질이 단위 부피당 전도성이 C인 도체이면, 교란은 단지 전기 변위들로만 구성되지 않고 전기 에너지가 열로 변환되는 전도(傳導) 전류로도 구성된다.

교란이 원형 함수로 표현되면

$$F = e^{-pz}\cos(nt - qz) \tag{1}$$

라고 쓸 수 있는데, 왜냐하면 이것이 다음 식

$$\frac{d^2F}{dz^2} = \mu K \frac{d^2F}{dt^2} + 4\pi\mu C \frac{dF}{dt} \tag{2}$$

를 만족하기 때문이다. 다만, 다음 조건

$$q^2 - p^2 = \mu K n^2 \tag{3}$$

과 그리고

$$2pq = 4\pi\mu Cn \tag{4}$$

을 만족해야 한다.

전파의 속도는

$$V = \frac{n}{q} \tag{5}$$

이며, 흡수 계수는

$$p = 2\pi\mu CV \tag{6}$$

이다.

R가 전자기 측정에서 길이가 l이고, 폭이 b이며 두께가 z인 판의 저항이라면

$$R = \frac{l}{bzC} \tag{7}$$

이다. 입사한 빛이 이 판을 투과하는 비율은

$$e^{-2pz} = e^{-4\pi\mu\frac{l}{b}\frac{V}{R}} \tag{8}$$

이다.

799. 대부분의 투명한 고체 물체는 좋은 절연체이며, 좋은 도체는 모두 불투명하다. 그렇지만 물체의 불투명도가 더 클수록 그 물체의 전도성이 더 커진다는 법칙에는 많은 예외가 있다.

전해질은 전류가 통과할 수 있지만, 전해질 중 많은 것들이 투명하다. 그렇지만 빛이 전파되는 동안에 활동하기 시작하는 신속하게 변화를 반복하는 힘들의 경우에, 기전력이 한 방향으로 작용하는 시간이 너무 짧아서 결합한 분자를 완벽히 분리하는 효과를 얻는 것이 불가능하다고 가정할 수도 있다. 진동의 다른 절반 동안 기전력이 반대 방향으로 작용할 때, 기전력은 처음 절반 동안에 한 것을 단순히 되돌려 놓을 수밖에 없다. 이처럼 전해질을 통해서는 실제 전도가 존재하지 않으며, 전기 에너지의 손실이 없고, 그래서 결과적으로 빛의 흡수도 없다.

800. 금, 은, 백금은 좋은 도체이지만, 매우 얇은 판의 형태가 되면, 그들은 빛을 통과시키도록 허용한다. 금박을 이용해서 내가 수행한 실험으로부터, 호킨이 그 금박의 저항을 구했는데, 그 금박의 투명성은, 빛 변화의 매 반주기에 기전력이 거꾸로 될 때마다 에너지 손실이 기전력이, 우리 보통 실험

처럼 상당한 시간 동안 작용할 때보다 더 작다고 가정하지 않는 한, 우리 이론과 일치하기에는 너무 많이 더 컸다.

801. 다음으로 전도성이 유도 전기용량에 비례해서 큰 매질의 경우를 고려하자.

이 경우에는 783절의 식들에서 K를 포함하는 항을 제외시킬 수 있으며, 그러면 그 식들은

$$
\left.\begin{array}{l}
\nabla^2 F + 4\pi\mu C \dfrac{dF}{dt} = 0 \\[2mm]
\nabla^2 G + 4\pi\mu C \dfrac{dG}{dt} = 0 \\[2mm]
\nabla^2 H + 4\pi\mu C \dfrac{dH}{dt} = 0
\end{array}\right\} \tag{1}
$$

과 같이 된다. 이 식의 하나하나는 모두 푸리에*의 *Traité de Chaleur*에 나오는 열의 확산 방정식과 같은 형태이다.

802. 이 중에서 첫 번째 식을 예로 택하면, 벡터 퍼텐셜의 성분 F는, 초기 조건과 표면 조건이 두 경우에 해당하도록 정해지고, $4\pi\mu C$라는 양의 값이 물질의 열전도성의 역수와 같을 때, 다시 말하면 한 표면은 열을 통과시키지 않는, 온도가 1도 차이 나는 두 마주 보는 표면 사이의 물질의 단위 부피를 통과하는 열에 의해 온도가 1도 상승하는 물질의 부피 값과 같을 때, 균일한 고체의 온도가 시간과 위치에 따라 변하는 방법과 같은 방법으로 시간과 위치에 따라 변하게 될 것이다.[63]

F, G, H는 벡터의 성분들이지만, 푸리에 문제에서 온도는 스칼라양임

---

* 푸리에(Jean-Baptiste Joseph Fourier, 1768-1830)는 프랑스의 수학자이자 물리학자로서, 고체 내의 열전도에 관한 연구로 푸리에 방정식이라 부르는 열전도 방정식을 만들었고, 푸리에 해석이라 부르는 이론을 전개하였다.

을 기억하면서, 푸리에가 풀이를 구한, 열(熱)전도에서 다른 문제들을 전자기 양들에 대한 확산 문제로 변환시킬 수 있다.

초기 상태를 아는 무한 매질에 대해 푸리에가 완전 풀이를 구한 경우 중 하나[64]를 고려하자.

시간이 t일 때 매질의 임의의 점에서 상태는 매질의 모든 부분 상태의 평균을 취해서 구하며, 평균을 취할 때 각 부분에 부여하는 가중치는

$$e^{-\frac{\pi\mu Cr^2}{t}}$$

으로 여기서 r는 고려하는 점에서 그 점까지 거리이다. 벡터양의 경우에 이 평균은 벡터의 각 성분을 따로 고려하면 가장 편리하게 취한다.

803. 우선 이 문제에서 푸리에의 매질의 열전도성은 우리 매질의 전기 전도성에 반비례한다는 점을 지적해야 하는데, 그래서 확산 과정에서 부여된 단계에 도달하는 데 걸리는 시간이 전기 전도성이 더 클수록 더 크다. 전도성이 무한대인 매질은 자기력이 확산하는 과정에 대해 완전한 장벽을 형성한다는 655절의 결과를 기억한다면 이 진술이 모순으로 보이지는 않을 것이다.

다음으로, 확산 과정에서 부여된 단계를 발생하는 데 필요한 시간은 시스템의 선형 크기의 제곱에 비례한다.

확산의 속도라고 정의할 수 있는 어떤 정해진 속도도 존재하지 않는다. 교란이 처음 시작한 곳으로부터 정해진 거리에 정해진 양의 교란을 만드는 데 필요한 시간을 확인하여 이 속도를 측정하려고 시도하면, 교란이 선택된 값이 더 작을수록 속도는 더 큰 것처럼 보임을 알게 되는데, 왜냐하면 아무리 거리가 멀든 시간이 적든 간에 교란의 값은 수학적으로 0과 다르기 때문이다.

확산의 이런 이상한 점이 교란을 정해진 속도로 발생하는 파동의 전파와

구별한다. 파동이 한 점에 도착하기 전까지는 어떤 교란도 그 점에서 발생하지 않으며, 파동이 지나가면, 더는 교란이 영원히 존재하지 않는다.

804. 이제 유한한 전기 전도성을 갖는 매질이 둘러싼 선형 회로를 통하여 전류가 흐르기 시작하고 계속 흐르는 것이 발생하는 과정을 조사하자(660절과 비교하라).

전류가 흐르기 시작하면, 그 전류의 첫 번째 효과는 도선에 가까운 매질의 부분에 유도 전류를 발생시키는 것이다. 이 전류의 방향은 원래 전류의 방향과 반대 방향이고, 가장 처음 순간에 유도 전류의 전체 양은 원래 전류의 전체 양과 같아서, 매질에서 좀 더 멀리 있는 부분에 대한 전자기 효과는 처음에는 0이고, 전자기 효과는 단지 매질의 전기저항 때문에 유도 전류가 사라지면서 그 마지막 값까지 증가한다.

그러나 도선에 가까운 부분에서 유도 전류가 사라지면서 그다음 부분에서 새로운 유도 전류가 발생하고, 그래서 유도 전류의 세기는 계속해서 줄어드는 동안 유도 전류가 차지한 공간은 끊임없이 점점 더 넓어진다.

이런 확산과 유도 전류의 소멸은 처음에는 나머지 부분과 더 뜨겁거나 더 차가운 매질의 부분으로부터 열이 확산하는 것과 정확히 유사하다. 그렇지만 전류는 벡터양이므로, 그리고 회로에서 회로의 반대편에서는 전류가 반대 방향으로 흐르므로, 유도 전류의 어떤 한 성분을 계산하는데, 뜨거운 양과 차가운 양이 같은 경우에 주위 장소로부터 확산하는 문제와 비교해야 하고, 그럴 때는 더 먼 경우에 효과의 정도의 크기가 소수점 한자리 정도 더 작다는 점을 기억해야 한다.

805. 선형 회로에서 전류가 일정하게 유지되면, 상태의 처음 변화에 의존하는 유도 전류는 점차 확산하여 사라지고, 매질은 그 매질의 원래 정상 상태로 남겨놓는데, 이것은 열의 흐름의 원래 정상 상태와 비슷하다. 그런 상

태에서는, 회로가 차지하는 부분을 제외한 전체 매질에 대해

$$\nabla^2 F = \nabla^2 G = \nabla^2 H = 0 \tag{2}$$

이 성립하며, 회로가 차지한 부분에서는

$$\left. \begin{array}{l} \nabla^2 F = 4\pi u \\ \nabla^2 G = 4\pi v \\ \nabla^2 H = 4\pi w \end{array} \right\} \tag{3}$$

가 성립한다. 매질 전체에서 F, G, H 값을 정하는 데 이 식들이면 충분하다. 이 식들은 회로를 제외하면 전류가 존재하지 않으며, 자기력은 단순히 보통 이론에 따라서 회로에 흐르는 전류가 만드는 것뿐임을 가리킨다. 이런 정상 상태가 수립되는 빠르기는 너무 빨라서, 아마도 구리와 같이 전도성이 매우 큰 매질에서 질량이 매우 큰 경우를 제외하고는, 우리의 실험적 방법으로 측정할 수 없다.

참고사항

포겐도르프(Poggendorff)의 *Annalen*(1867.6)에 출판된 논문에서, 로렌츠는 어떤 실험 결과에도 영향을 미치지 않는 항들을 추가한, 전류에 대한 키르히호프의 방정식으로부터(Pogg. *Ann.* cii. 1856), 전자기장(場)에서 힘의 분포는 인접한 요소들 사이의 상호 작용으로부터 발생하며, 가로 전류로 구성되는 파동은 비전도 매질에서 빛의 속도와 견줄 만한 속도로 전파될 수도 있는 것을 암시할 수 있는 일련의 식들을 도출하였다. 그러므로 로렌츠는 빛을 구성하는 교란이 이런 전류와 똑같다고 간주하고, 그는 전도성(傳導性) 매질은 그런 방사선에 불투명함을 보였다.

이런 결론들은 비록 완벽히 다른 방법으로 구했으나 이 장(章)의 결과와 유사하다. 이 장(章)에서 전개된 이론은 1865년에 *Phil. Trans.*에 최초로 출판되었다.

21장
빛의 자기 작용

806. 전기(電氣)와 자기(磁氣) 현상과 빛 현상 사이의 관계를 수립하는 데 가장 중요한 단계는 한 현상이 다른 현상에 영향을 주는 어떤 경우를 발견하는 것임이 틀림없다. 그런 현상을 찾으면서 우리가 비교하려고 원하는 양들과 수학적 형태 또는 기하적 형태에 관하여 이미 구할 수 있는 어떤 지식에 의해서라도 인도되는 것이 바람직하다. 그래서 만일 빛을 이용해 바늘을 자기화시키려는 노력에서 서머빌 부인*이 그랬던 것처럼, 자석의 자기적(磁氣的) 북쪽과 남쪽의 구별은 단지 방향의 문제이며, 만일 수학 부호의 사용에 관한 몇 가지 약속을 거꾸로 하면 즉시 반대로 된다는 것을 기억해야 한다. 자기에서는 전기 분해의 현상에서처럼 전지의 한 극에서는 산소가 나타나고 다른 극에서는 수소가 나타나서 양전하로부터 음전하를 구별하는 것에 대응하는 어떤 것도 존재하지 않는다.

---

* 서머빌(Mary Somerville, 1780-1872)은 영국의 과학자이자 작가로서, 철학자인 밀이 여성에게 투표권을 주자는 청원을 했을 때 청원서에 첫 번째로 서명한 여성으로 알려졌다. 빛과 자기(磁氣) 사이의 관계에 관한 연구로 첫 번째 논문을 발표하였다.

그래서 빛이 바늘의 어느 한쪽 끝에 떨어진다고 하더라도, 그 끝이 어떤 이름의 극이 된다고 기대하지 않아야 하는데, 두 극은 마치 빛이 어두움과 다르듯 다르지 않기 때문이다.

혹시 원형으로 편광된 빛을 바늘에 떨어뜨리면 더 좋은 결과를 기대할 수도 있는데, 오른손으로 편광된 빛이 바늘의 한쪽 끝에 떨어지고 왼손으로 편광된 빛이 다른 쪽 끝에 떨어지면, 어떤 면에서는 이런 종류의 빛이 자석의 극에서 서로 간에 관계되는 것 같은 방법으로 관계될 수도 있다. 그렇지만 이 유사성은 심지어 여기서도 불완전한데, 왜냐하면 그 두 광선이 결합한다고 해도 서로 간에 중화된 빛으로 결합하지 않고 평면으로 편광된 광선을 만들기 때문이다.

투명한 고체에서 편광된 빛을 이용하여 만든 변형에 관해 연구하는 방법에 대해 잘 알고 있는 패러데이는 전해질 전도(傳導)나 유전(誘電) 유도가 존재하는 매질을 통하여 편광된 빛이 통과하면 어떤 작용이 발생하는지를 검출하려는 희망으로 많은 실험을 수행하였다.[65] 그렇지만 패러데이는 장력이나 전기력 또는 전류의 방향이 빛의 방향과 수직이거나 또는 편광 평면과 45도일 때 그 효과를 발견하기가 가장 적절한 방법으로 실험을 준비했지만, 어떤 그런 종류의 작용도 검출할 수 없었다. 패러데이는 이런 실험을 다양한 방법으로 변화시켰으나 전해질 전류 또는 정전(靜電) 유도에 의해 빛에 어떤 작용이 일어나는 것도 발견하지 못하였다.

그렇지만 패러데이는 빛과 자기 사이의 관계를 수립하는 데는 성공했으며, 패러데이가 그렇게 하는 데 이용한 실험에 대해서는 그의 *Experimental Researches*의 열아홉 번째 시리즈에 설명되어 있다. 자기의 본성에 대해 더 연구하는 데 패러데이의 발견을 출발점으로 하고, 우리가 관찰한 현상을 설명하려고 한다.

807. 평면 편광된 광선은 투명한 반자성(反磁性) 매질을 통하여 전달되며,

광선이 매질에서 나올 때, 그 광선의 편광 평면은 광선이 나올 때 분광기가 그 광선을 자를 때의 위치를 관찰해서 확인된다. 그러면 자기력을 투명한 매질 내부에서 그 힘의 방향이 광선의 방향과 일치하게 작용하도록 만든다. 그러면 빛이 즉시 다시 나타나지만, 만일 분광기를 일정한 각으로 돌리면 그 빛은 다시 차단된다. 이것은 자기력의 효과가 광선을 축으로 광선 주위로 어떤 정해진 각으로 편광 평면을 회전시키는 것이며, 그 각은 빛을 차단하는 데 분광기를 돌리는 각과 같다.

808. 편광 평면이 회전되는 각은 다음에 비례한다.

(1) 매질 내부에서 광선이 진행한 거리. 그래서 편광 평면은 광선이 입사할 때 위치로부터 방출할 때 위치까지 계속해서 변화한다.

(2) 광선의 방향으로 분해된 자기력의 부분의 세기.

(3) 회전하는 양은 매질이 무엇이냐에 의존한다. 매질이 공기이거나 어떤 다른 기체일 때는 아직 회전이 관찰되지 않았다.

이런 세 진술은 회전의 값은 광선이 매질에 입사하는 점에서 광선이 매질을 떠나가는 점까지 자기 퍼텐셜이 증가하는 양에 반자성 매질에서는 일반적으로 양(陽)인 계수를 곱한 값과 숫자 값이 같다는, 하나의 좀 더 일반적인 진술에 포함된다.

809. 반자성 물질에서는, 편광의 평면이 회전하는 방향이, 원래 매질에 실제로 존재한 자기력을 만들어내기 위해서 양(陽)의 전류가 회전해야 하는 방향과 같다.

그렇지만 베르데*는, 예를 들어 메탄올 또는 에테르에 녹인 과염화 철의

---

* 베르데(Marcel Émile Verdet, 1824-1866)는 프랑스의 물리학자로서, 프레넬의 논문을 편집하면서 자기와 광학에 대해 연구했으며 프랑스에서 에너지 보존원리의 발전에 이바지했다.

강한 용액과 같은, 일부 강자성(强磁性) 매질에서는, 그 회전이 그러한 자기력을 발생시키는 전류가 회전하는 방향과 반대 방향임을 발견하였다.

이것은 강자성 물질과 반자성 물질 사이의 차이는 단순히 '자기 투과율'이 첫 번째 경우에는 공기에서 자기 투과율보다 더 크고 두 번째 경우에 그보다 더 작아서 발생하는 것이 아니라, 두 부류의 물체의 성질이 실제로 정반대이기 때문에 발생함을 보여준다.

자기력의 작용을 받는 물질이 빛의 편광 평면을 회전시키면서 얻는 능력이 그 물질의 반자성(反磁性) 또는 강자성 자기화능(磁氣化能)에 정확하게 비례하는 것은 아니다. 실제로 반자성 물질에 대해서는 회전이 양(陽)이고 강자성 물질에 대해서는 회전이 음(陰)이라는 규칙에도 예외가 존재하는데, 왜냐하면 탄산칼륨의 중성 크로뮴산염은 반자성이지만 음의 회전을 발생하기 때문이다.

810. 자기력의 작용과는 무관하게, 빛이 물질을 통해 진행하면, 편광 평면이 오른쪽 또는 왼쪽으로 회전하게 만드는 다른 물질도 존재한다. 일부 그런 물질에서는 이 성질이 석영(quartz)에서와 같이 축과 관련된다. 테레빈유나 설탕 용액 등등과 같은 다른 물질에서는, 이 성질은 매질에서 광선이 진행하는 방향과 무관하다. 그렇지만 이 모든 물질에서, 어떤 광선의 편광 평면이 매질 내에서 마치 오른나사처럼 비틀어진다고 할 때, 그 매질에서 빛이 반대 방향으로 전달된다고 하더라도 여전히 그 평면은 오른나사처럼 비틀어진다. 광선의 경로에 분광기를 설치한 다음에 광선이 보이지 않도록 관찰자가 분광기를 회전해야 하는 방향은 그 광선이 관찰자에서 북쪽에서부터 오든 남쪽에서부터 오든 그 관찰자에 대해 같은 방향이다. 물론 광선의 방향이 거꾸로 바뀌면 공간에서 회전 방향도 거꾸로 바뀌어야 한다. 그런데 자기적 작용이 회전을 만들 때, 공간에서 회전의 방향은 광선이 북쪽으로 가든 남쪽으로 가든 똑같다. 매질이 양(陽)의 부류에 속하면 회전은 항

상 장(場)의 실제 자기 상태를 만들거나 만들려고 하는 전류의 방향과 같은 방향이며, 매질이 음(陰)의 부류에 속하면 그 반대이다.

이로부터 매질을 북쪽에서 남쪽으로 통과한 다음에 빛의 광선이 거울에 반사되어 매질을 남쪽에서 북쪽으로 통과한다면, 그것이 자기 작용의 결과로 나타난 것일 때는 회전이 2배로 되는 것을 알 수 있다. 테레빈유 등등에 서처럼 회전이 단지 매질의 성질 하나에만 의존할 때는, 매질을 통해 반사할 때 광선은 그 매질에 입사할 때 평면과 같은 평면으로 매질을 빠져나가는데, 매질을 첫 번째 통과하는 동안에 회전이 두 번째 통과하는 동안에는 정확하게 거꾸로 된다.

811. 이 현상을 물리적으로 설명하자면 상당히 어렵고, 자기 회전에 대해서도 또한 일부 매질이 스스로 나타내는 회전에 대해서도 이 어려움은 지금까지 극복되었다고 말할 수는 없다. 그렇지만 관찰된 사실을 분석함으로써 그런 설명을 위한 방법을 준비할 수는 있다.

진폭이 같고 주기도 같고 같은 평면에서 일어나지만 반대 방향으로 회전하는 두 가지 균일한 원형 진동은 그 둘을 결합하면 선형 진동과 같아진다는 것은 운동학에서 잘 알려진 정리(定理)이다. 이렇게 결합한 선형 진동의 주기는 원형 진동의 주기와 같으며, 그 진폭은 2배가 되고, 그 선형 진동의 방향은 같은 원을 따라서 반대 방향으로 원형 회전을 그리는 두 입자가 만나는 점을 잇는 선의 방향과 같다. 그래서 두 원형 진동 중에서 하나의 위상이 점점 더 빨라지면, 선형 진동의 방향은 원형 진동의 방향과 같은 방향을 향하여, 위상이 가속된 각의 절반에 해당하는 각으로 회전하게 될 것이다.

또한 직접 수행하는 광학 실험으로서, 세기는 같고 서로 반대 방향으로 원형 편광된 두 광선이 합해진 다음에는 평면 편광된 광선이 되고, 어떤 방법으로든 원형 편광된 광선 중 하나가 가속된다면, 합성된 광선의 편광 평면은 위상이 가속된 각의 절반에 해당하는 각만큼 회전되는 것을 증명할 수 있다.

812. 그러므로 편광 평면의 회전에 대한 현상을 다음과 같은 방식으로 표현할 수 있다. 평면 편광된 광선이 매질로 떨어진다. 이렇게 평면 편광된 광선은 하나는 오른손으로 그리고 다른 하나는 왼손으로 원형 편광된 두 개의 광선과 (관찰자에 대해서는) 동등하다. 매질을 통과한 다음에는 광선은 여전히 평면 편광되어 있지만, 편광 평면은, 예를 들어 (관찰자에 대해) 오른쪽으로 회전한다. 그래서 광선이 매질을 통과하는 중에 두 개의 원형 편광된 광선 중에서, 오른손으로 편광된 광선의 위상이 다른 광선에 대하여 가속되어야 한다.

다시 말하면, 오른손 광선은 더 많은 수의 진동을 했고, 그러므로 매질 내에서 같은 주기를 갖는 왼손 광선에 비해 더 짧은 파장을 갖는다.

무슨 일이 벌어지는지 이런 식으로 이야기하는 것은 어떤 광학 이론과도 전혀 무관한데, 왜냐하면 비록 우리 마음속에서 어떤 특정한 형태의 파동 이론과 관계될 수 있는 파장이나 원형 편광과 같은 용어를 사용하기는 했지만, 그 추론(推論)은 그런 관계와는 무관하고, 단지 실험으로 증명된 사실에만 의존하기 때문이다.

813. 다음으로 주어진 순간에 세 광선 중 하나의 배열에 대해 생각하자. 각 점에서 운동이 원형인 어떤 파동도 나선 또는 나사에 의해 대표될 수 있다. 나사를 그 축 주위로 어떤 세로의 움직임도 없이 회전한다면 각 입자는 원을 그리고, 동시에 파동의 전파는 나사 줄에서 비슷하게 위치한 부분들의 겉보기 세로 운동으로 대표될 수 있다. 나사가 오른손 나사이면, 그리고 관찰자는 파동이 진행하는 방향의 끝에 위치하면, 나사의 운동이 관찰자에게는 왼손으로 보이는데, 다시 말하면 시계 방향과 반대 방향이다. 그런 이유로, 처음에는 프랑스 작가들에 의해서, 그러나 지금은 모든 과학자 세계에

서, 그런 광선을 왼손 원형 편광된
광선이라고 부른다.

오른손 원형 편광된 광선은 비
슷한 방식으로 왼손 나선형에 의
해 대표된다. 그림 67에서 그림의
오른쪽에 오른손 나선 A가 왼손
광선을 대표하며, 그림의 왼쪽에
왼손 나선 B가 오른손 광선을 대
표한다.

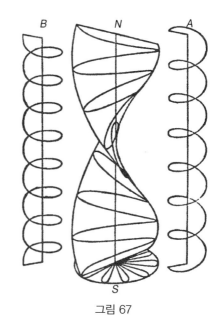

그림 67

814. 이제 매질에서 같은 파장을
갖는 두 개의 그런 광선을 생각하
자. 두 광선은 마치 거울에서 본 자
신의 상(像)과 같이 하나가 다른 하나의 **도착**(倒錯)**된 모습**이라는 점만 제외
하면, 모든 면에서 기하학적으로 유사하다. 그렇지만 둘 중에서 예를 들어
A라는 하나는 다른 하나보다 회전 주기가 더 짧다. 만일 운동이 전적으로
변위 때문에 작용하기 시작한 힘이 만든다면, 이것은 같은 변위 때문에 A
와 배열이 같을 때가 B와 배열이 같을 때보다 더 큰 힘이 작용하기 시작함
을 보여준다. 그래서 이 경우에 왼손 광선은 오른손 광선보다 더 가속되며, 광
선이 N에서 S로 진행하는지 또는 S에서 N으로 진행하는지가 이런 경우
에 해당하게 될 것이다.

그러므로 이것은 테레핀유 등등에 의해 발생하는 것과 같은 현상에 대한
설명이 된다. 이런 매질에서는 원형 편광된 광선이 원인인 변위가, B와 같
은 배열에서보다는 A와 같은 배열에서 더 큰 복원력을 이용한다. 이처럼
힘은 운동의 방향이 아니라 배열 하나에만 의존한다.

그러나 SN 방향을 향하는 자기의 작용을 받는 반자성 매질에서는, 두 나사 A와 B 중에서 S에서 N으로 보는 눈으로 관찰할 때 그 운동이 항상 가장 큰 속도로 회전하는 나사의 방향이 시계의 방향처럼 나타난다. 그래서 S에서 N으로 가는 광선에 대해서는 오른손 광선 B가 가장 빠르게 진행하지만, N에서 S로 가는 광선에 대해서는 왼손 광선 A가 가장 빠르게 진행한다.

815. 단 한 광선으로만 관심을 제한하면, 나선 B는 S에서 N으로 가는 광선을 대표하든 N에서 S로 가는 광선을 대표하든, 정확하게 같은 배열을 한다. 그러나 첫 번째 경우에 광선은 더 빨리 진행하며, 그러므로 나선은 더 빨리 회전한다. 그래서 나선이 어떤 한 방향으로 회전할 때가 다른 방향으로 회전할 때보다 더 큰 힘이 이용된다. 그러므로 힘은 오로지 광선의 배열에만 의존하는 것은 아니고, 광선의 개별적인 부분 운동의 방향에도 역시 의존한다.

816. 빛을 구성하는 교란은, 그 교란의 물리적 실체가 무엇이든 간에, 광선의 방향과 수직인 벡터의 성질을 갖는다. 이것은 어떤 조건에서는 어두움을 발생시키는 두 광선의 간섭에서 나온 사실과 서로에 대해 수직인 평면에서 편광된 두 광선에서는 간섭이 일어나지 않는다는 사실이 결합한 것으로부터 증명된다. 왜냐하면 간섭은 편광의 평면이 위치한 각에 의존하므로 교란은 방향을 갖는 양, 즉 벡터여야 하며, 편광 표면이 서로 수직이면 간섭이 더는 일어나지 않기 때문에, 교란을 대표하는 벡터는 이 두 평면의 교선, 즉 광선이 진행하는 방향에 수직이어야 하기 때문이다.

817. 벡터인 교란은 광선이 진행하는 방향이 x, y, z에 평행한 성분으로 분해될 수 있다. ξ와 η가 그러한 성분이라고 하면, 순수하게 원형 편광된 빛으로 된 광선의 경우에

$$\xi = r\cos\theta, \qquad \eta = r\sin\theta \tag{1}$$

인데, 여기서

$$\theta = nt - qz + \alpha \tag{2}$$

이다.

이 표현에서 r는 벡터의 크기를 표시하고, θ는 벡터가 x 축의 방향과 만드는 각을 표시한다.

교란의 주기 τ는

$$n\tau = 2\pi \tag{3}$$

를 만족한다.

교란의 파장 λ는

$$q\lambda = 2\pi \tag{4}$$

를 만족한다.

전파 속도는 $\dfrac{n}{q}$이다.

t와 z가 모두 0일 때 교란의 위상은 α이다.

원형으로 편광된 빛은 q가 음인지 양인지에 따라 오른손이거나 왼손이 된다.

이 교란은 n이 양인지 음인지에 따라 (xy) 평면에서 양의 방향 또는 음의 방향으로 진동한다.

빛은 n과 q가 서로 같은 부호인지 또는 반대 부호인지에 따라 z 축의 양 방향 또는 음 방향으로 전파된다.

모든 매질에서 q가 변할 때 n도 변하며, $\dfrac{dn}{dq}$의 부호는 항상 $\dfrac{n}{q}$의 부호와 같다.

그래서 n의 값이 정해지면 $\dfrac{n}{q}$의 값은 n이 음일 때보다 양일 때가 더 크며, q의 크기와 부호가 모두 정해지면 n의 양의 값이 음의 값보다 더 커진다.

이제 이것이 z의 방향으로 자기력 γ가 작용한 반자성(反磁性) 매질에서 관찰된 것이다. 주기가 정해진 두 개의 원형으로 편광된 광선 중에서, (xy) 평면에서 회전의 방향이 양(陽)인 것이 가속된다. 그래서 매질 내부에서 파장이 같고 모두 왼손인 두 개의 원형 편광된 광선에서, xy 평면에서 회전의 방향이 양인 것이, 즉 z의 양의 방향인 남쪽에서 북쪽으로 전파되는 것이, 가장 짧은 주기를 갖는다. 그러므로 시스템에 대한 방정식에서 q와 r가 주어지면, 하나는 양이고 다른 하나는 음인 두 n 값이 그 방정식을 만족하는데, 양인 n 값의 크기가 음인 n 값의 크기보다 더 크다는 사실을 설명해야 한다.

818. 매질의 퍼텐셜 에너지와 운동 에너지를 고려하면 운동 방정식을 얻을 수 있다. 시스템의 퍼텐셜 에너지 V는 배열, 다시 말하면 시스템의 부분들의 상대 위치에 의존한다. 퍼텐셜 에너지가 원형 편광된 빛이 원인인 교란에 의존하는 한, 퍼텐셜 에너지는 단지 진폭 r와 비틀림 계수 q의 함수여야 한다. 퍼텐셜 에너지는 크기는 같더라도 q가 양의 값을 갖는지 음의 값을 갖는지에 따라 다를 수 있으며, 스스로 편광 평면을 회전시키는 매질의 경우에는 바로 그럴 가능성이 있다.

시스템의 운동 에너지 T는 시스템의 속도들의 2차인 동차 함수로, 서로 다른 항들의 계수는 좌표의 함수이다.

819. 광선이 일정한 세기로 될 수 있는, 다시 말하면 r가 상수일 수 있는 동역학적 조건에 대해 고려하자.

r에서 힘에 대한 라그랑주 방정식은

$$\frac{d}{dt}\frac{dT}{d\dot{r}} - \frac{dT}{dr} + \frac{dV}{dr} = 0 \tag{5}$$

이 된다. r가 상수이므로 이 식의 첫 항이 0이다. 그러므로 이 식은

$$-\frac{dT}{dt} + \frac{dV}{dr} = 0 \tag{6}$$

이고 여기서 q는 주어진다고 가정하고, 각속도 $\dot{\theta}$를 정해야 하는데, 이것은 그 실제 값 n으로 표시해도 좋다.

운동 에너지 T에는 n^2을 포함하는 항 하나도 있는데, 다른 항들은 n과 다른 속도들의 곱을 포함할 수 있으며, 그 나머지 항들은 n과 무관하다. 퍼텐셜 에너지 V는 전적으로 n과 무관하다. 그러므로 이 식은

$$An^2 + Bn + C = 0 \tag{7}$$

의 형태이다. 이 식은 2차 방정식이므로 두 개의 n 값을 제공한다. 실험으로부터 두 값이 모두 실수이며 하나는 양이고 다른 하나는 음이며, 양인 값의 크기가 음인 값의 크기보다 더 큰 것처럼 보인다. 그래서 n_1과 n_2는 다음 식

$$A(n_1 + n_2) + B = 0 \tag{8}$$

의 근이므로, 만일 A가 양이면 B와 C는 모두 음이다. 그러므로 매질에 자기력이 작용할 때는 적어도 계수 B는 0이 아니다. 그러므로 교란의 각속도인 n의 1차 함수를 포함하는 운동 에너지의 부분인 Bn에 대한 표현을 생각해야 한다.

820. T에 속하는 모든 항은 속도에 대한 제곱이다. 그래서 n을 포함하는 항들은 어떤 다른 속도도 포함해야 한다. 우리가 고려하는 경우는 r와 q가 상수이기 때문에, 그 속도가 $\dot{r}$ 또는 $\dot{q}$일 수는 없다. 그래서 그것은 빛을 구성하는 운동과는 무관하며 매질에 존재하는 속도이다. 그것은 또한 그것을 n으로 곱하면 그 결과는 스칼라양인 방식으로 n과 연결되는 속도여야 하는데, 그 이유는 오직 스칼라양만 자체가 스칼라인 T의 값에 항으로 존재할 수 있기 때문이다. 그래서 이 속도는 n과 같은 방향이거나, 또는 n의 방향과 반대 방향이어야 하며, 그래서 그것은 z 축을 중심으로 하는 **각속도**여야 한다.

다시 한 번 더, 이 속도는 자기력과 무관할 수 없는데, 왜냐하면 그것이 매질에서 고정된 방향과 관계된다면 매질을 거꾸로 돌린다고 할 때 그 현상이 달라질 텐데, 그렇지 않기 때문이다.

그러므로 이 속도는 편광 평면의 자기 회전을 보여주는 그런 매질에서 자기력을 변함없이 수반하는 것이라는 결론에 도달한다.

821. 지금까지 우리는 파동 이론을 설명하면서 할 수 없이 아마도 운동에 대한 보통 가설을 너무 연상시키는 언어를 사용했다. 그런데 우리 결과를 그런 가설과는 무관한 형태로 진술하는 것도 어렵지 않다.

빛이 무엇이든 간에, 공간의 각 점에는 변위나 회전, 또는 아직 상상하지 못한 것이든 관계없이 무엇인가가 진행되고 있지만, 그것은 확실하게 벡터의 성질, 즉 방향을 갖는 양이며, 그것의 방향은 광선의 진행과 수직이다. 이 것은 간섭 현상에 의해 완벽히 증명되었다.

원형 편광된 빛의 경우, 이 벡터의 크기는 항상 일정하게 유지되지만 그 방향은 광선이 진행하는 방향 주위로 회전하며, 파동의 주기마다 한 회전을 완성한다. 이 벡터가 편광 평면에 놓이는지 또는 편광 평면에 수직인지에 대해 존재하는 불확실성이 오른손으로 편광된 빛과 왼손으로 편광된 빛에서 각각 그 벡터가 회전하는 방향에 대한 우리 지식을 확장시키지는 않는다. 비록 이 벡터의 물리적 실체와 주어진 순간에 이 벡터의 절대적 방향은 불확실하다고 하더라도, 이 벡터의 방향과 각속도는 완벽히 알려져 있다.

원형 편광된 빛이 자기력의 작용 아래서 매질에 떨어질 때, 매질 내부에서 빛의 전파는 빛의 회전 방향과 자기력의 방향 사이의 관계에 영향을 받는다. 821절의 추론에 따라서, 이로부터 매질에서는 자기력의 작용 아래서, 자기력의 방향이 회전축인 어떤 회전 운동이 진행되며, 빛의 진동성 회전의 방향과 매질의 자기 회전 방향이 같을 때, 원형 편광된 빛이 전파하는 비율은 그 방향이 서로 반대일 때 전파하는 비율과 다르다고 결론짓는다.

원형 편광된 빛이 전파하면서 통과하는 매질과, 자기력선이 지나가는 매질 사이에 존재하는 유일한 유사점은, 그 두 가지 모두에 한 축에 대한 회전이 존재한다는 사실이다. 그러나 유사점은 더는 계속되지 않는데, 그 이유는 광학 현상에서 회전은 교란을 대표하는 벡터의 회전이기 때문이다. 이 벡터는 항상 광선의 방향에 수직이며, 광선 주위를 매초 정해진 횟수만큼 회전한다. 자기 현상에서는, 회전하는 것이 그 옆면과 구분될 수 있는 어떤 성질도 갖지 않으며, 그래서 매초 몇 번 회전하는지를 결정할 수 없다.

그러므로 자기 현상에는 광학 현상에서 파장과 파동의 전파에 대응하는 무엇도 존재하지 않는다. 일정한 자기력이 작용하는 매질은, 그 힘이 작용한 결과로, 마치 빛이 매질을 통해 전파하듯이, 한 방향을 따라 진행하는 파동으로 채워질 수 없다. 자기 현상과 광학 현상 사이에 존재하는 유일한 유사점은 매질의 각 점에 자기력이 방향인 축에 대하여 각속도의 성질을 갖는 무엇인가가 존재한다는 것뿐이다.

분자 소용돌이 가설에 대하여

822. 앞에서 본 것처럼, 편광된 빛에 자기가 작용하는 것을 고려하면, 자기력이 작용하는 매질에서는 자기력의 방향이 축인 각속도와 같은 수학적 부류에 속하는 무엇인가가 그 현상의 일부를 형성한다는 결론에 이르게 된다.

이 각속도는 전체가 회전하는 감지할 만한 크기를 갖는 매질의 어떤 부분의 각속도 될 수 없다. 그러므로 그 회전은 매질의 아주 작은 부분이 각자 자신의 축에서 수행되는 회전을 상상해야 한다. 이것이 분자 소용돌이 가설이다.

우리가 앞에서 보인 것처럼(575절), 비록 소용돌이 운동이 큰 물체에서 보일 수 있는 운동에 감지할 정도의 영향을 주지는 않더라도, 파동 이론에 따르면 소용돌이 운동이 빛이 전파하는 주체인 진동 운동에 영향을 줄 수도 있다. 빛이 전파하는 동안에 매질의 변위는 소용돌이 교란을 발생시키며, 그렇게 교란된 소용돌이들은 광선의 전파 방식에 영향을 주도록 매질에 반응할 수도 있다.

823. 현재 우리는 소용돌이가 무엇인지에 대해 전혀 모르고 있으므로, 매질의 변위를 소용돌이의 변화와 연결하는 법칙의 형태를 부여하는 것이 불가능하다. 그러므로 매질의 변위로 만들어진 소용돌이의 변화는 헬름홀츠가 소용돌이 운동에 대한 자신의 위대한 논문[66]에서 완전한 액체 소용돌이의 변화를 조정한다고 증명한 것과 같은 조건 아래 놓인다고 가정하려고 한다.

헬름홀츠의 법칙은 다음과 같이 말할 수 있다. P와 Q가 소용돌이 축에서 인접한 두 입자라면, 유체의 운동 결과로 두 입자가 $P'\, Q'$에 도달한다고 할 때 선 $P'Q'$는 소용돌이의 새로운 축의 방향을 대표할 것이며, 그 소용돌이의 세기는 $P'Q'$와 PQ의 비만큼 바뀔 것이다.

그래서 $\alpha,\ \beta,\ \gamma$가 소용돌이의 세기의 성분을 표시하고 $\xi,\ \eta,\ \zeta$가 매질의 변위를 표시하면, α의 값은

$$\left. \begin{aligned} \alpha' &= \alpha + \alpha\frac{d\xi}{dx} + \beta\frac{d\xi}{dy} + \gamma\frac{d\xi}{dz} \\ \beta' &= \beta + \alpha\frac{d\eta}{dx} + \beta\frac{d\eta}{dy} + \gamma\frac{d\eta}{dz} \\ \gamma' &= \gamma + \alpha\frac{d\zeta}{dx} + \beta\frac{d\zeta}{dy} + \gamma\frac{d\eta}{dz} \end{aligned} \right\} \tag{1}$$

가 될 것이다.

이제 매질의 작은 변위에서 $\alpha,\ \beta,\ \gamma$가 보통 소용돌이의 세기의 성분을 대표하는 것이 아니라 자기력의 성분을 대표하는 동안에 같은 조건을 만족한다고 가정하자.

824. 매질의 요소에서 각속도의 성분은

$$\left. \begin{aligned} \omega_1 &= \frac{1}{2}\frac{d}{dt}\left(\frac{d\zeta}{dy} - \frac{d\eta}{dz}\right) \\ \omega_2 &= \frac{1}{2}\frac{d}{dt}\left(\frac{d\xi}{dz} - \frac{d\zeta}{dx}\right) \\ \omega_3 &= \frac{1}{2}\frac{d}{dt}\left(\frac{d\eta}{dx} - \frac{d\xi}{dy}\right) \end{aligned} \right\} \tag{2}$$

이다.

우리 가설에서 다음 단계는 매질의 운동 에너지가 다음 형태와 같은 항들

$$2C(\alpha\omega_1 + \beta\omega_2 + \gamma\omega_3) \tag{3}$$

을 포함한다는 것이다. 이것은 빛이 전파하는 동안에 매질의 요소가 획득하는 각속도가 자기 현상을 설명할 운동에 결합하도록 포함되는 양이라고 가정하는 것과 똑같다.

매질의 운동에 대한 방정식의 형태를 정하기 위해서, 운동 에너지를 성분이 ξ, η, ζ인 매질의 부분들의 속도로 표현해야 한다. 그러므로 부분 적분에 의해 적분하면

$$2C\iiint (\alpha\omega_1 + \beta\omega_2 + \gamma\omega_3) dx\,dy\,dz$$
$$= C\iint (\gamma\dot{\eta} - \beta\dot{\zeta})dy\,dz + C\iint (\alpha\dot{\zeta} - \gamma\dot{\xi})dz\,dx + C\iint (\beta\dot{\xi} - \alpha\dot{\eta})dx\,dy$$
$$+ C\iiint \left\{ \dot{\xi}\left(\frac{d\gamma}{dy} - \frac{d\beta}{dz}\right) + \dot{\eta}\left(\frac{d\alpha}{dz} - \frac{d\gamma}{dy}\right) + \dot{\zeta}\left(\frac{d\beta}{dx} - \frac{d\alpha}{dy}\right) \right\} dx\,dy\,dz \tag{4}$$

를 얻는다. 여기서 이중 적분은 무한히 먼 거리에 있다고 가정해도 좋은 경계를 이루는 표면에 대한 것이다. 그러므로 매질의 내부에서 발생하는 것을 조사하는 한 삼중 적분에만 관심을 제한해도 좋다.

825. 이 삼중 적분으로 표현된, 단위 부피에서 운동 에너지 부분은

$$4\pi C(\dot{\xi}n + \dot{\eta}v + \dot{\zeta}w) \tag{5}$$

라고 표현할 수 있으며, 여기서 u, v, w는 607절에서 (E) 식으로 준 전류의 성분들이다.

이로부터 우리 가설은 성분이 ξ, η, ζ인 매질 입자의 속도가 성분이 u, v, w인 전류와의 결합에 들어올 수 있는 양이라고 가정하는 것과 동등하다고 보인다.

826. (4) 식에서 삼중 적분 기호 아래 써 있는 표현으로 돌아오면, (1) 식에

서 준 α', β', γ' 값으로 α, β, γ 값을 대입하고

$$\alpha \frac{d}{dx} + \beta \frac{d}{dy} + \gamma \frac{d}{dz} \quad \text{자리에} \quad \frac{d}{dh} \tag{6}$$

를 쓰면 적분 기호 아래 표현은

$$C \left\{ \dot{\xi} \frac{d}{dh} \left(\frac{d\zeta}{dy} - \frac{d\eta}{dz} \right) + \dot{\eta} \frac{d}{dh} \left(\frac{d\xi}{dz} - \frac{d\zeta}{dx} \right) + \dot{\zeta} \frac{d}{dh} \left(\frac{d\eta}{dx} - \frac{d\xi}{dy} \right) \right\} \tag{7}$$

가 된다. z 축과 수직인 평면에 놓인 파동의 경우에 변위는 단지 z와 t만의 함수이며, 그래서 $\frac{d}{dh} = \gamma \frac{d}{dz}$ 이고, 이 표현은

$$C\gamma \left(\frac{d^2\xi}{dz^2} \dot{\eta} - \frac{d^2\eta}{dz^2} \dot{\xi} \right) \tag{8}$$

로 바뀐다.

아직은 단위 부피마다 운동 에너지가 변위의 속도에 의존하므로 이제 운동 에너지를

$$T = \frac{1}{2} \rho (\dot{\xi}^2 + \dot{\eta}^2 + \dot{\zeta}^2) + C\gamma \left(\frac{d^2\xi}{dz^2} \dot{\eta} - \frac{d^2\eta}{dz^2} \dot{\xi} \right) \tag{9}$$

라고 쓸 수 있으며, 여기서 ρ는 매질의 밀도이다.

827. 단위 부피에 대해 작용한 힘의 성분인 X와 Y는 이로부터 564절의 라그랑주 방정식을 이용하여 도출할 수 있으며

$$X = \rho \frac{d^2\xi}{dt^2} - C\gamma \frac{d^3\eta}{dz^2 dt} \tag{10}$$

$$Y = \rho \frac{d^2\eta}{dt^2} + C\gamma \frac{d^3\xi}{dz^2 dt} \tag{11}$$

이다.

이 힘들은 매질의 나머지 부분의 고려하는 요소에 대한 작용으로부터 발생하며, 등방성 매질의 경우에 코시가 지적한 형태인

$$X = A_0 \frac{d^2\xi}{dz^2} + A_1 \frac{d^4\xi}{dz^4} + \text{등등} \tag{12}$$

$$Y = A_0 \frac{d^2\eta}{dz^2} + A_1 \frac{d^4\eta}{dz^4} + \text{등등} \tag{13}$$

이어야 한다.

828. 이제

$$\xi = r\cos(nt - qz), \qquad \eta = r\sin(nt - qz) \tag{14}$$

인 원형 편광된 광선의 경우를 보면, 단위 부피의 운동 에너지는

$$T = \frac{1}{2}\rho r^2 n^2 - C\gamma r^2 q^2 n \tag{15}$$

이고 단위 부피의 퍼텐셜 에너지는

$$V = r^2(A_0 q^2 - A_1 q^4 + 등등) = r^2 Q \tag{16}$$

임을 알게 되는데, 여기서 Q는 q^2의 함수이다.

820절에서 설명된 광선이 자유 전파될 조건은

$$\frac{dT}{dr} = \frac{dV}{dr} \tag{17}$$

이며, 이 조건은

$$\rho n^2 - 2C\gamma q^2 n = Q \tag{18}$$

가 되는데, 그래서 n 값을 q로 구할 수 있다

그러나 자기력이 작용하는 파동 주기가 주어진 광선의 경우에, 정해야 할 것은 n이 상수이면 $\frac{dq}{d\gamma}$ 의 값이고, γ가 상수이면 $\frac{dq}{dn}$ 의 값이다. (18) 식을 미분하면

$$(2\rho n - 2C\gamma q^2)dn - \left(\frac{dQ}{dq} + 4C\gamma qn\right)dq - 2Cq^2 n\, d\gamma = 0 \tag{19}$$

을 얻는다. 그래서

$$\frac{dq}{d\gamma} = -\frac{Cq^2 n}{\rho n - C\gamma q^2}\frac{dq}{dn} \tag{20}$$

를 얻는다.

829. λ가 공기 중에서 파장이고, i는 매질에서 대응하는 굴절률이면

$$q\lambda = 2\pi i, \qquad n\lambda = 2\pi v \tag{21}$$

이다.

자기 작용 때문에 생기는 q 값의 변화는 모든 경우에 원래 값에 비해 지극히 작은 비율에 지나지 않아서,

$$q = q_0 + \frac{dq}{d\gamma}\gamma \tag{22}$$

라고 쓸 수 있는데, 여기서 q_0는 자기력이 0일 때 q 값이다. 두께가 c인 매질을 통과하면서 편광 평면이 회전하는 각 θ는 qc의 양의 값과 음의 값의 합의 절반인데, 이 결과의 부호는 (14) 식에서 q의 부호가 음이어서 바뀐다. 그래서

$$\theta = -c\gamma \frac{dq}{d\gamma} \tag{23}$$

$$= \frac{4\pi C}{v\rho} c\gamma \frac{i^2}{\lambda^2}\left(i - \lambda\frac{di}{d\lambda}\right)\frac{1}{1 - 2\pi C\gamma\dfrac{i^2}{v\rho\lambda}} \tag{24}$$

을 얻는다.

이 비의 분모의 두 번째 항은 근사적으로 두께가 파장의 절반과 같은 매질을 통과하는 동안 편광 평면의 회전각과 같다. 그러므로 모든 실제 경우에 그것은 1과 비교해서 무시해도 좋은 양이다.

다음과 같이

$$\frac{4\pi C}{v\rho} = m \tag{25}$$

이라고 쓰면, m을 매질에 대한 자기 회전 계수라고 불러도 좋으며, 그 값은 실험으로 정해야 하는 양(量)이다. m은 대부분의 반자성 매질에 대해서는 양(陽)이고 일부 상자성 매질에 대해서는 음(陰)임이 알려져 있다. 그러므로 우리 이론의 마지막 결과로

$$\theta = mc\gamma\frac{i^2}{\lambda^2}\left(i - \lambda\frac{di}{d\lambda}\right) \tag{26}$$

를 얻는데, 여기서 θ는 편광 평면의 회전각이고, m은 매질에 대한 실험으로부터 구하는 상수이고, γ는 광선 방향으로 분해된 자기력의 세기이며, c는 매질에 포함된 광선의 길이이며, λ는 공기 중에서 빛의 파장이고, i는 매

질에서 빛의 굴절률이다.

830. 지금까지 이 이론에 부여했던 유일한 시험은 같은 자기력이 작용하는 같은 매질에서 서로 다른 빛이 통과할 때 θ의 값을 비교하는 것이다.

이런 시험은 베르데[67]가 상당히 많은 수의 매질에 대해 수행했으며, 그는 다음과 같은 결과를 얻었다.

(1) 서로 다른 색깔의 관선의 편광 평면의 자기 회전은 대략 파장의 제곱에 반비례하는 법칙을 따른다.

(2) 이 현상의 정확한 법칙은 항상 회전각에 파장의 제곱을 곱한 것이 스펙트럼에서 굴절이 가장 작은 것에서 가장 큰 것으로 가면서 증가한다.

(3) 이러한 증가가 가장 민감한 물질은 또한 가장 큰 분산능을 갖는 물질이다.

그는 또한 자체적으로 편광 평면의 회전을 발생시키는 주석산 용액에서 자기 회전은 자연스러운 회전과 전혀 비례하지 않음을 발견하였다.

같은 논문의 보정판[68]에서, 베르데는 파장의 역제곱 법칙을 따르지 않는 것이 매우 분명한 두 물질인 탄소 이황화물과 크레오소트에 대한 매우 조심스러운 실험에 관한 결과를 발표하였다. 그는 또한 이 결과를 다음 세 가지 서로 다른 공식인

$$(\text{I}) \ \ \theta = mc\gamma \frac{i^2}{\lambda^2}\left(i - \lambda \frac{di}{d\lambda}\right)$$

$$(\text{II}) \ \ \theta = mc\gamma \frac{1}{\lambda^2}\left(i - \lambda \frac{di}{d\lambda}\right)$$

$$(\text{III}) \ \ \theta = mc\gamma\left(i - \lambda \frac{di}{d\lambda}\right)$$

로 구한 숫자와도 비교하였다. 이 식들의 첫 번째인 (I)은 앞에서 이미 구한 829절의 (26) 식이다. 두 번째인 (II)는 826절의 운동 방정식인 (10) 식과 (11) 식에 $\frac{d^3\eta}{dz^2 dt}$와 $-\frac{d^3\xi}{dz^2 dt}$ 대신에 $\frac{d^3\eta}{dt^3}$ 과 $-\frac{d^3\xi}{dt^3}$ 의 형태인 항을 대입해서 얻는

결과이다. 식들의 이런 형태가 어떤 물리적인 이론으로 제안된 것인지에 대해서는 나는 알지 못한다. 세 번째 공식인 (III)은 운동 방정식이 $\frac{d\eta}{dt}$와 $-\frac{d\xi}{dt}$ 같은 항을 포함하는 노이만[69]의 물리적 이론의 결과로 나왔다.[70]

공식 (III)으로 정해지는 θ 값은 파장의 제곱에 반비례한다는 법칙에 근사적으로조차 부합하지 않는 것은 명백하다. 공식 (I)과 (II)에 의해 정해지는 θ 값은 이 조건을 만족하고 중간 정도의 분산능을 갖는 매질에서 관찰된 값과 어느 정도 일치한다. 그렇지만 탄소 이황화물과 크레오소트에 대해서는 (II) 식으로 얻는 값이 관찰된 값과 매우 다르다. (I)에 의해 구한 값이 관찰된 값과 더 잘 일치하지만, 탄소 이황화물에 대해서는 일치하는 정도가 어느 정도 가깝지만, 크레오소트에 대해 구한 숫자는 실험의 어떤 오차로도 설명될 수 있는 것보다 훨씬 더 큰 양으로 차이가 난다.

편광 평면의 자기 회전(베르데가 구함)

Bisulphide of Carbon at 24.9°C

Lines of the spectrum	C	D	E	F	G
Observed rotation	592	768	1000	1234	1794
Calculated by I.	589	760	1000	1234	1713
Calculated by II.	606	772	1000	1216	1640
Calculated by III.	943	967	1000	1034	1091

Rotation of the ray $E = 25° 28'$

Creosote at 24.3°C

Lines of the spectrum	C	D	E	F	G
Observed rotation	573	758	1000	1241	1723
Calculated by I.	617	780	1000	1210	1603
Calculated by II.	623	789	1000	1200	1565
Calculated by III.	976	993	1000	1017	1041

Rotation of the ray $E = 21° 58'$

물체를 구성하는 분자에 대한 자세한 내용에 대해서는 너무 몰라서, 분자들이 관계되는 작용에 의존한다고 알려진 가시적(可視的)인 현상에 의존하는 많은 수의 서로 다른 경우에 근거한 유도 때문에 관찰된 사실에 대한 조건을 만족하기 위해 분자에 속한다는 것이 분명한 성질에 대해 좀 더 분명한 무엇을 알게 될 때까지, 빛에 대한 자기 작용과 같은 구체적인 현상과 관계되는 어떤 만족할 만할 이론이라도 수립할 가능성은 별로 없다.

바로 앞에서 제안된 이론은 분자 소용돌이의 정체와 분자 소용돌이가 매질의 변위 때문에 영향 받는 방식과 관계된, 증명되지 않은 가설에 근거하기 때문에 유보적인 종류임이 명백하다. 그러므로 관찰된 사실과 조금이라도 일치하는 것은 편광 평면의 자기 회전의 이론에 과학적 가치가 있다고 판단하는 것이, 비록 매질의 전기 성질에 관해 가설을 포함하고 있지만 매질이 분자로 구성된다고 가정하지 않는 빛에 대한 전자기 이론에서 인정하는 과학적 가치와 비견된다고 생각하지 않아야 한다.

831. 참고사항

이 장(章) 전체를 *Proceedings of Royal Society*(1856. 6)에서 윌리엄 톰슨 경이 피력한 다음과 같은 대단히 중요한 논평을 확장한 것으로 생각해도 좋다.

"패러데이가 발견한 빛에 대한 자기의 영향은 움직이는 입자의 운동 방향에 의존한다. 예를 들어, 그런 운동을 하는 매질에서, 자기력선에 평행한 직선에서 이 직선을 축으로 나선을 따라 둥글게 이동되고, 그다음에 원을 그린 속도로 접선 방향으로 던져진 입자들은 그들의 운동이 원 주위로 (자기화시키는 코일에서 발생하는 전류의 명목상의 방향과 같은) 한 방향인지, 아니면 그 반대 방향인지에 따라 서로 다른 속도를 갖게 된다. 그러나 매질의 탄성 반작용은 입자의 속도와 방향이 무엇이든 간에, 같은 변위에 대해 같아야 한다. 다시 말하면, 눈에 보이는 운동은 같지 않아도 원운동의 원심력과 평형을 이루는 힘들은 같다. 그러므로 절대적인 원운동은 같거나,

아니면 같은 원심력을 최초에 고려한 입자에 전달하기 위해서는 눈에 보이는 운동이 전체 운동 중 단지 한 성분뿐이어야 하고, 한 방향에서 덜 보이는 성분은 빛을 방출하지 않을 때 매질에 존재하는 운동과 결합하여, 반대 방향으로는 같은 눈에 보이지 않는 운동과 결합하여 더 큰 눈에 보이는 운동의 성분과 같은 합성력을 부여한다. 나는 자기화 힘 선에 평행하게 자기화(磁氣化)된 유리를 통해 전파되는 원형 편광된 빛의 경로가 북쪽 자극(磁極)이 그려진 방향을 향해 가는지 또는 그 반대 방향을 향해 가는지에 따라 그 빛이 서로 다른 비율로 전파된다는 사실에 대해 이런 동역학적 설명을 제외한 어떤 다른 것도 고려할 수 없다고 생각할 뿐 아니라, 그 사실에 대한 어떤 다른 설명도 가능하다고 증명할 수 없다고 믿는다. 그래서 패러데이의 광학적 발견은 자기의 궁극적인 본질에 대한 앙페르의 설명이 진정으로 의미하는 바를 증명할 수 있는 것처럼 보이며, 열(熱)의 동역학적 이론에서 자기화(磁氣化)의 정의를 제공한다. 운동량의 모멘트 원리를 ('면적 보존'을) '분자 소용돌이'에 대한 랭킨의 가설을 역학적으로 취급하도록 도입한 것은, 자기화된 물체의 자기 축인, 열운동의 합성된 회전 운동량의 평면에 ('불변 평면'에) 수직인 선을 가리키고, 이러한 운동의 합성 관성 모멘트가 '자기 모멘트'를 측정하는 정해진 기준이라고 제안하는 것처럼 보인다. 전자기(電磁氣) 인력 또는 척력, 그리고 전자기 유도의 모든 현상에 대한 설명은 그야말로 그 운동이 열을 구성하는 물질의 관성과 압력에서 찾아져야 한다. 이 물질이 전하(電荷)인지 아닌지, 이것이 분자 핵들 사이의 공간에 스며든 연속적인 유체인지 아니면 그 자체가 그룹으로 모인 분자들인지, 또는 모든 물질은 연속적이고 분자적 혼성은 유한한 소용돌이에 또는 다른 물체의 연속된 부분들의 상대운동에 존재하는지, 이런 것들을 정하는 것은 불가능하며, 과학의 현재 상태에서는 아마도 추측하는 것도 소용없을 것이다."

내가 상당히 자세하게 연구한 분자 소용돌이에 대한 이론이 *Phil. Mag.* (1861. 3·4·5, 1862. 1·2)에 실렸다.

나는 자기장에는 회전과 연관된 어떤 현상이 진행되고 있으며, 이 회전은 물질을 구성하는 아주 많은 수의 매우 작은 부분들에 의해, 각 부분이 자신의 축 주위로 회전하고, 이 축은 자기장의 방향에 평행하며, 이런 서로 다른 소용돌이들의 회전은 그 소용돌이들은 연결하는 어떤 종류의 메커니즘에 의해 서로서로 의존하며 수행되고 있다는 견해에 대해 좋은 증거를 갖고 있다고 생각한다.

내가 당시에 이 메커니즘의 동작하는 모형이라고 생각하고 시도한 것은, 그 메커니즘이 전자기장(場)의 부분들을 실제로 연결하는 것과 동등한 역학적 연결을 발생시킬 수 있으리라 상상한 것에 대한 증명 이상은 아니었다. 어떤 시스템에 속한 부분들의 운동 사이의 연결이 어떤 종류인지를 수립하는 데 필요한 메커니즘을 정하는 문제는 항상 무한히 많은 수의 풀이를 허용한다. 그 풀이 중에서 일부는 아마도 다른 일부보다 좀 더 세련되지 못하거나 좀 더 복잡하지만, 모든 풀이는 일반적으로 메커니즘에서 요구하는 조건을 만족해야 한다.

그렇지만 이 이론의 다음 결과가 더 높은 가치를 갖는다.

(1) 자기력은 소용돌이의 원심력의 효과이다.

(2) 전류의 전자기 유도는 소용돌이의 속도가 변화하고 있을 때 이용되기 시작하는 힘의 효과이다.

(3) 기전력은 연결하는 메커니즘 사이의 변형력에서 발생한다.

(4) 전기 변위는 연결하는 메커니즘의 탄성 굴복에서 발생한다.

22장
분자 전류로 설명한 강자성과 반자성

자기의 전자기 이론에 대하여

832. 앞에서(380절) 두 자석 사이에 작용은 '자기(磁氣) 물질'이라 부르는 가상의 물질 사이의 인력과 척력에 의해 정확하게 대표될 수 있음을 보았다. 왜 이 자기 물질이 자석의 한 부분에서 감지될 만큼의 거리를 지나서 다른 부분으로 이동한다고 가정하는 것이, 막대자석을 자기화할 때는 처음 볼 때는 그렇게 되는 것 같았는데, 가능하지 않은 것에 대한 이유를 제시하였고, 자기 물질은 자성(磁性) 물질의 한 분자에 엄격하게 가두어져 있어서, 자기화된 분자는 서로 반대되는 자기 물질이 분자의 반대 극을 향하여 어느 정도 분리되어 있지만, 두 부분 중 어느 것도 실제로 분자로부터 분리될 수는 없다는 푸아송이 가설에 도달하였다(430절).

이런 논의는 자기화(磁氣化)가 철의 큰 질량에 의한 현상이 아니라 분자들의, 다시 말하면, 너무 작아서 어떤 역학적 방법으로도 북극과 남극을 분리하기 위해 그것을 둘로 자를 수 없도록 작은 부분의 현상이라는 사실을 완벽히 밝힌다. 그러나 자기 분자의 정체는 추가의 조사가 없으면 어떤 방법으로도 정해지지 않는다. 앞에서(442절) 자기화시키는 철 또는 강철의 작용이 구성 분자들에게 자기화를 전달로 구성되지는 않지만, 그 분자들은 심지어 자기화되지 않은 철에서도, 이미 자성이 있으나 단지 그 축이 모든 방향으로 아무렇게나 놓인 것이며, 자기화의 작용은 그 분자들을 회전시켜서 그 축이 모두 한 방향으로 평행하게 되거나, 또는 적어도 그 방향으로 구부러진 것이라고 믿을 강력한 이유가 있음을 보였다.

833. 그렇지만 여전히 자기 분자의 정체에 대해서는 어떤 설명에도 도달하지 못하였다. 다시 말하면, 자기 분자가 우리가 더 알고 있는 다른 어떤 것과 어떻게 비슷한지 깨닫지 못하고 있다. 그러므로 분자의 자기는 분자 내부에서 어떤 닫힌 경로를 따라 끊임없이 회전하는 전류가 만든다는 앙페르의 가설을 고려해야 한다.

그래서 바깥쪽 표면에 적절하게 분포된 면전류를 이용하여 자석이 외부의 점들에 미치는 작용을 정확하게 모방하도록 만들 수 있어야 한다. 그러나 자석이 내부의 점들에 미치는 작용은 그 점에 미치는 전류의 작용과는 아주 다르다. 그래서 앙페르는 자기가 전류에 의해 설명되려면, 이 전류는 자석의 분자 내부에서 회전 운동을 해야 하며, 한 분자에서 다른 분자로 흐르면 안 된다고 결론지었다. 분자 내부의 점에서 자기의 작용을 실험으로 측정하는 것이 불가능하므로, 이 가설이 성립하지 않는다고 증명될 수는 없으며, 같은 방법으로 자석 내부에서 전류가 감지할 만한 범위를 갖는다는 가설도 성립하지 않는다고 증명할 수 없다.

그 외에도, 전류가 도체의 한 부분에서 다른 부분으로 흐르는 동안에 저항과 만나고 열을 발생함을 알고 있는데, 그래서 상당한 크기의 자석 일부에 보통 종류의 원형 전류가 존재한다면, 그 원형 전류를 유지하기 위해서는 에너지의 소비가 계속 발생해야 하며, 자석은 영속하는 열원(熱源)이 될 것이다. 회로를 저항에 대해서는 무엇도 알려지지 않은 분자들로 제한하면, 모순될 염려를 하지 않고서도, 분자 내부에서 회전하는 전류가 저항과 만나지는 않는다고 주장해도 좋다.

그러므로 앙페르의 이론에 따르면, 자기에 관한 모든 현상은 전류 때문에 발생하며, 만일 자기 분자 내부에서 자기력을 관찰할 수만 있다면 그 자기력은 정확하게 어떤 다른 전기 회로로 둘러싸인 영역에서 그 힘이 만족하는 법칙을 따를 것임을 발견하게 되어야 한다.

834. 자석의 내부에서 힘을 취급하면서 395절에서 자석의 물질 내부에 도려낸 작은 틈에서 측정이 이루어져야 한다고 가정하였다. 그래서 모두를 자기 물질을 제거한 공간에서 관찰한다고 가정한 자기력과 자기 유도의 두 가지 서로 다른 양을 고려하게 되었다. 자기 분자의 내부로 침투해서 그 내부에서 힘을 관찰하는 것이 가능하다고 가정할 수는 없었다.

앙페르 이론을 이용하면, 자석을 연속된 물체가 아니고, 그 물질의 자기화는 어떤 어렵지 않게 고안할 수 있는 법칙에 따라 점에서마다 변하지만, 각각의 내부에서 전류들의 시스템이 원운동을 하는 분자들의 모임인데, 그 전류들이 지극히 복잡한 자기력의 분포를 발생시키고, 분자 내부에서 그 힘의 방향은 일반적으로 분자 주위에서 평균 힘의 방향과 반대이고, 자기 퍼텐셜은, 만일 그것이 존재한다면, 자석에 분자들이 존재하는 만큼 복잡한 많은 차수의 함수라고 생각한다.

835. 그러나 이런 겉보기 복잡한데도, 자기는 수많은 더 간단한 부분들의 공존 때문에 발생하며, 자기에 대한 수학적 이론은 앙페르 이론을 사용하고, 우리 수학적 시야를 분자의 내부까지 확장하면 지극히 간단해진다는 것을 알게 될 것이다.

우선, 자기력에 대한 두 가지 정의는 하나로 바뀌고, 자석 외부의 공간에서 자기력과 같이 둘이 같아진다. 다음으로, 모든 곳에서 자기력의 성분은 유도에 대한 조건이 만족하는 식, 구체적으로

$$\frac{d\alpha}{dx} + \frac{d\beta}{dy} + \frac{d\gamma}{dz} = 0 \qquad (1)$$

을 만족한다.

다시 말하면, 자기력의 분포는 비압축성 유체의 속도의 분포와 같은 종류로, 즉 25절에서 표현했던 것과 같이, 자기력은 컨버전스를 갖지 않는다.

마지막으로, 전자기 운동량, 자기력, 전류의 세 가지 벡터 함수는 서로 사이에 더 간단히 연결된다. 세 함수는 모두 다 컨버전스를 갖지 않는 벡터 함수이고, 해밀턴이 기호 ∇로 표시한 공간 변화를 취하는 같은 과정에 의해서 하나는 차례로 그다음 것으로부터 유도된다.

836. 그러나 이제 우리는 자기를 물리적 관점에서 보고 있으며, 분자 전류의 물리적 성질을 조사해야 한다. 전류가 분자 내부에서 회전하고 그러는 사이 전류는 저항을 만나지 않는다고 가정하자. L이 분자 회로의 자체 유도 계수이고, 이 회로와 어떤 다른 회로 사이의 상호유도 계수가 M이면, γ가 분자에 흐르는 전류이고 γ'가 다른 회로에 흐르는 전류일 때 전류 γ에 대한 식은

$$\frac{d}{dt}(L\gamma + M\gamma') = -R\gamma \qquad (2)$$

이며, 저항이 없다고 가정했으므로, $R = 0$이고, 이 식을 적분하면

$$L\gamma + M\gamma' = \text{상수} = \text{말하자면} \quad L\gamma_0 \qquad (3)$$

을 얻는다.

분자 회로를 분자의 축에 수직인 평면에 투영한 넓이가 A라고 가정하자. 이 축은 이 투영한 넓이가 최대인 평면에 수직인 선으로 정의된다. 다른 전류의 작용이 분자의 축에서 θ만큼 기운 방향으로 자기력 X를 만든다면, $M\gamma'$라는 양은 $XA\cos\theta$가 되고, 전류에 대한 식으로

$$L\gamma + XA\cos\theta = L\gamma_0 \qquad (4)$$

를 얻는데, 여기서 γ_0는 $X = 0$일 때 γ 값이다.

그러므로 분자 전류의 세기는 전적으로 그 전류의 원래 값 γ_0과 다른 전류에 의한 자기력의 세기에 의존하는 것처럼 보인다.

837. 원래 전류가 존재하지 않았고, 전류는 전적으로 유도에 의한 것이라고 가정하면

$$\gamma = -\frac{XA}{L}\cos\theta \tag{5}$$

가 된다.

음(陰) 부호는 유도 전류의 방향이 유도하는 전류의 방향과 반대임을 보여주며, 유도 전류의 자기 작용은 회로의 내부에서 자기력의 방향과 반대 방향으로 작용한다는 것이다. 다시 말하면, 분자 전류는 그 축이 유도하는 자석이 지닌 같은 이름의 극을 향하여 회전된 작은 자석처럼 행동한다.

이제 이것은 거꾸로 하면 자기 작용 아래 철 분자의 작용이 되는 작용이다. 그러므로 철에서 분자 전류는 유도로 발생하지 않는다. 그러나 반자성(反磁性) 물질에서는 이론 종류의 작용이 관찰되며, 실제로 이것이 베버가 최초로 제안했던 반자성 극성(極性)에 대한 설명이다.

반자성에 대한 베버의 이론

838. 베버의 이론에 따르면, 반자성 물질의 분자에는 저항 없이 전류가 회전할 수 있는 어떤 채널이 존재한다. 그런 채널이 모든 방향에서 분자를 가로지른다고 가정하면 이것은 분자를 완전한 도체로 만드는 것임은 분명하다.

분자에 선형 회로의 가정으로부터 시작해서, 전류의 세기는 (5) 식으로 표현된다.

이 전류의 자기 모멘트는 전류의 세기를 회로의 넓이로 곱한 것, 즉 γA이

며, 이 모멘트를 자기화시키는 힘의 방향으로 분해한 성분은 $\gamma A \cos\theta$, 즉
(5) 식에 의해

$$-\frac{XA^2}{L}\cos^2\theta \tag{6}$$

이다. 단위 부피에 존재하는 그런 분자의 수가 n이면, 그리고 그 분자들의
축이 모든 방향으로 아무렇게나 있다면, $\cos^2\theta$의 평균값은 $\frac{1}{2}$이고, 이 물질
의 자기화(磁氣化)의 세기는

$$-\frac{1}{2}\frac{nXA^2}{L} \tag{7}$$

이다. 그러므로 자기화의 노이만 계수는

$$\kappa = -\frac{1}{3}\frac{nA^2}{L} \tag{8}$$

이다.

그러므로 이 물질의 자기화는 자기화시키는 힘의 방향과 반대 방향이어
서, 다시 말하면 이 물질은 반자성 물질이다. 자기화는 또는 자기화시키는
힘에 정확하게 비례하며, 보통 자기 유도의 경우에서처럼 유한한 한곗값으
로 수렴하지 않는다. 442절 등등을 보라.

839. 분자 채널의 축의 방향이 모든 방향에 아무렇게나 배열된 것이 아니
라, 어떤 정해진 방향으로 더 많은 수가 정렬되었다면, 모든 분자들을 포함
하여 수행되는 다음 합

$$\sum\frac{A^2}{L}\cos^2\theta$$

의 값은 θ를 측정한 선의 방향에 따라서 다른 값을 얻고, 서로 다른 방향에
대한 이 값들의 분포는, 같은 점을 통과하는 서로 다른 방향의 축 주위의 관
성 모멘트의 값의 분포와 비슷해진다.

그런 분포는 패러데이가 마그네 결정 현상이라고 부르고, 플뤼커*가 설
명한 물체에서 축과 관련된 자기 현상을 설명하게 된다. 435절을 보라.

840. 이제 전류가 분자 내부의 어떤 채널로 국한되는 대신에 전체 분자가 완전 도체라고 가정하면 어떤 효과가 나타날지를 생각하자.

물체의 형태가 비순환적인, 다시 말하면 고리나 구멍이 난 형태가 아닌 물체의 경우에서 시작하고, 이 물체의 모든 부분이 완전한 전도성(傳導性) 물질로 만든 얇은 껍질로 둘러싸여 있다고 가정하자.

앞의 654절에서 어떤 형태로든 완전한 전도성 물질의 닫힌 껍질은, 처음에 전류가 없었다면 외부 자기력에 노출될 때, 그 내부의 모든 점에서 자기력을 0으로 만드는 작용을 하는 전류 시트가 된다는 것이 증명되었다.

그런 물체의 주위에서 자기력의 분포는 같은 형태의 침투될 수 없는 물체 주위에서 비압축성 유체의 속도 분포와 유사함을 알면 이 경우를 이해하기에 큰 도움이 될 수 있다.

다른 도체 껍질이 처음 도체 껍질 내부에 놓이면, 그 두 껍질은 자기력에 노출되지 않으므로, 그 물체들에 전류가 발생하지 않는 것은 분명하다. 그래서 완전 도체 물질로 된 고체 내부에서, 자기력의 효과는 그 물체의 표면에 완벽히 국한된 전류의 체계를 발생시키는 것이다.

841. 전도성 물체가 반지름이 r인 구 형태이면, 그 물체의 자기 모멘트는

$$-\frac{1}{2}r^3 X$$

이며, 매질에 많은 수의 그런 구들이 분포되면, 그래서 단위 부피에서 전도성 물질의 부피가 k'이면, 314절의 (17) 식에서 $\mu_1 = 1$ 그리고 $\mu_2 = 0$이라고 놓을 때 자기 투과율 계수로

$$\mu = \frac{2 - 2k'}{2 + k'} \tag{9}$$

---

* 플뤼커(Julius Plücker, 1801-1868)는 독일의 수학자이자 물리학자로 해석기하학과 음극선 연구에 크게 기여한 사람이다.

를 얻는데, 그래서 푸아송의 자기 계수로

$$k = -\frac{1}{2}k'$$ (10)

를 얻고, 유도에 의한 자기화의 노이만 계수로

$$\kappa = -\frac{3}{4\pi}\frac{k'}{2+k'}$$ (11)

를 얻는다.

완전 전도성 물체에 대한 수학적 개념은 보통의 도체에서 관찰할 수 있는 어떤 현상과도 굉장히 다른 결과로 이어지므로, 이 주제를 좀 더 깊이 추구하자.

842. 836절에서처럼, 넓이가 A인 폐곡선 형태인 전도성 채널의 경우로 돌아오면, 각 θ를 증가시키려는 전자기력의 모멘트에 대한 식으로

$$\gamma\gamma'\frac{dM}{d\theta} = -\gamma XA\sin\theta$$ (12)

$$= \frac{X^2A^2}{L}\sin\theta\cos\theta$$ (13)

를 얻는다.

이 힘은 θ가 90도보다 더 작은지, 아니면 더 큰지에 따라 양이기도 하고 음이기도 하다. 그래서 완전한 전도성 채널에 대한 자기력의 효과는 자기력선에 수직인 축을 갖는 그 채널을 회전시키는 것, 다시 말하면, 채널의 평면이 자기력선에 평행해지도록 회전시키는 것이다.

비슷한 종류의 효과를 전자석의 양쪽 극 사이에 동전이나 구리로 만든 고리를 가져다 놓으면 볼 수도 있다. 자석이 동작하는 순간에, 고리는 자기 평면을 축의 방향으로 회전시키지만, 이 힘은 구리의 저항으로 전류가 흐르지 않게 되면 즉시 0이 된다.[71]

843. 지금까지는 단지 분자 전류가 전적으로 외부 자기력에 의해 발생하는 경우만 고려하였다. 다음으로 분자 전류의 자기-전기 유도에 대한 베버

의 이론이 보통 자기에 대한 앙페르의 이론에 어떤 영향을 주었는지 생각하자. 앙페르와 베버에 의하면, 자기 물질에서 분자 전류는 외부 자기력에 의해 발생하는 것이 아니라 이미 거기에 존재하며, 분자 자체가 전류가 흐르는 전도 회로에 대한 자기력의 전자기 작용으로 작용하고 방향을 바꾼다. 앙페르가 이 가설을 고안했을 때, 전류의 유도는 아직 알려지지 않았고, 앙페르는 분자 전류의 존재를 설명하거나 분자 전류의 세기를 결정하는 어떤 가설도 세우지 않았다.

그렇지만 이제 베버가 반자성 분자에 그의 전류를 적용할 때와 같은 법칙을 그런 전류에 적용하게 된 것이다. 우리는 단지 자기력이 작용하지 않을 때 원래 존재하던 전류 γ의 값이 0이 아니라 γ_0라고 가정하기만 하면 된다. 자기력 X가 축이 자기력선에 대해 θ만큼 기울어진 축을 갖고, 넓이가 A인 분자 전류에 작용할 때 전류의 세기는

$$\gamma = \gamma_0 - \frac{XA}{L}\cos\theta \tag{14}$$

이며, 이 분자를 회전하여 θ를 증가시키려는 커플의 모멘트는

$$-\gamma_0 XA\sin\theta + \frac{X^2 A^2}{2L}\sin 2\theta \tag{15}$$

이다.

그래서 443절에 나온 연구에서

$$A\gamma_0 = m, \qquad \frac{A}{L\gamma_0} = B \tag{16}$$

라고 놓으면, 평형 방정식은

$$X\sin\theta - BX^2\sin\theta\cos\theta = D\sin(\alpha - \theta) \tag{17}$$

가 된다.

X의 방향으로 분해된 전류의 자기 모멘트의 성분은

$$\gamma A\cos\theta = \gamma_0 A\cos\theta - \frac{XA^2}{L}\cos^2\theta \tag{18}$$
$$= m\cos\theta(1 - BX\cos\theta) \tag{19}$$

이다.

844. 이런 조건들은 계수 B를 포함하는 항에서 자기 유도에 대한 베버의 이론에서 조건들과 다르다. BX가 1에 비해 작으면, 결과는 근사적으로 베버의 자기 이론의 결과에 근사(近似)해진다. BX가 1에 비해 크면, 결과는 베버의 반자성 이론의 결과에 근사해진다.

이제 분자 전류의 원래 값인 γ_0가 크면 더 클수록 B는 더 작아지며, L도 또한 크면 그것도 역시 B를 작게 만든다. 이제 전류가 고리 채널을 흐르면 L의 값은 $\log \dfrac{R}{r}$에 의존하는데, 여기서 R는 채널의 평균선의 반지름이며 r는 채널 단면의 반지름이다. 그러므로 채널의 단면이 채널의 넓이보다 더 작으면 자체 유도 계수인 L은 더 커지고, 이 현상은 베버의 원래 이론과 더 가까이 일치하게 된다. 그렇지만 자기화시키는 힘 X가 증가하면 일시적인 자기 모멘트는 단지 최대에 도달하는 것뿐 아니라, 그다음에는 X가 증가할수록 감소한다는 차이가 존재한다.

어떤 물질이라도 일시적인 자기화가 처음에는 증가하고 그다음에는 자기화시키는 힘이 계속 증가하더라도 감소하는 것을 누군가가 실험적으로 증명하려고 한다면, 내 생각에 이런 분자 전류의 존재에 대한 증거는 거의 실증(實證) 정도의 차원으로 올라가야 할 것이다.

845. 반자성 물질에서 분자 전류가 정해진 채널로 국한되면, 그리고 반자성 물질의 분자가 자성 물질의 분자처럼 회전할 수 있다면, 자기화시키는 힘이 증가하면 반자성 극성(極性)은 언제든지 증가하지만, 힘이 세면 자기화시키는 힘처럼 그렇게 빨리 증가하지는 않는다. 그렇지만 반자성 계수의 절대적 값이 작다는 것은 개별 분자가 회전하도록 작용하는 힘이 자기 분자에 작용하는 힘에 비해 작아야 함을 보여주며, 그래서 이런 편향이 만드는 어떤 결과도 감지(感知)될 가능성이 희박하다.

반면에 반자성 물체에서 분자 전류는 분자의 전체 물질을 통해 자유롭게 흐르고, 반자성 극성은 자기화시키는 힘에 엄격하게 비례하며, 그것은 완전한 전도성을 갖는 질량이 차지한 전체 공간을 정하는 것에 이르게 하고, 만일 분자의 수(數)를 알면 각 공간의 크기도 정하게 한다.

23장

접촉하지 않은 작용에 대한 이론

앙페르 공식에 대한 가우스와 베버의 설명

846. 세기가 i와 i'인 전류를 나르는 두 회로의 요소 ds와 ds' 사이의 인력은 앙페르 공식에 의해

$$-\frac{ii'\,ds\,ds'}{r^2}\left(2\cos\epsilon + 3\frac{dr}{ds}\frac{dr}{ds'}\right) \tag{1}$$

또는

$$\frac{ii'\,ds\,ds'}{r^2}\left(2r\frac{d^2r}{ds\,ds'} - \frac{dr}{ds}\frac{dr}{ds'}\right) \tag{2}$$

인데, 전류는 전자기 단위로 표현된다. 526절을 보라.

우리가 그 의미를 해석하려고 하는 이 표현에 나오는 양들은

$$\cos\epsilon, \qquad \frac{dr}{ds}\frac{dr}{ds'}, \qquad \text{그리고} \qquad \frac{d^2r}{ds\,ds'}$$

이며, 전류들 사이의 직접 관계에 기반한 해석을 꾀하려고 하는 가장 분명한 현상은 두 요소에서 전하의 상대 속도이다.

847. 그러므로 두 요소 ds와 ds'를 따라 각각 일정한 속도 v와 v'로 움직이는 두 입자의 상대 운동을 생각하자. 이 두 입자의 상대 속도의 제곱은

$$u^2 = v^2 - 2vv'\cos\epsilon + v'^2 \tag{3}$$

이며, 두 입자 사이의 거리를 r라고 표시하면

$$\frac{\partial r}{\partial t} = v\frac{dr}{ds} + v'\frac{dr}{ds'} \tag{4}$$

$$\left(\frac{\partial r}{\partial t}\right)^2 = v^2\left(\frac{dr}{ds}\right)^2 + 2vv'\frac{dr}{ds}\frac{dr}{ds'} + v'^2\left(\frac{dr}{ds'}\right)^2 \tag{5}$$

$$\frac{\partial^2 r}{\partial t^2} = v^2\frac{d^2r}{ds^2} + 2vv'\frac{d^2r}{ds\,ds'} + v'^2\frac{d^2r}{ds'^2} \tag{6}$$

가 성립하는데, 여기서 기호 ∂은 미분된 양에서 입자의 좌표가 시간으로 표현되어야 함을 표시한다.

　그러므로 (3) 식과 (5) 식 그리고 (6) 식에서 vv'와 관계된 항들은 우리가 해석해야 하는 (1) 식과 (2) 식에 나오는 양들을 포함한다. 그래서 (1) 식과 (2) 식을 u^2, $\left.\overline{\dfrac{\partial r}{\partial t}}\right|^2$, $\dfrac{\partial^2 r}{\partial t^2}$로 표현하려고 시도한다. 그러나 그렇게 하기 위해서는 이 표현들 각각에서 첫 번째 항과 세 번째 항을 제거해야 하는데, 왜냐하면 그 항들은 앙페르의 공식에 나오지 않는 양을 포함하기 때문이다. 그래서 전류가 전하를 단지 한 방향으로만 이동하게 한다고 설명할 수는 없고, 각 전류에 두 개의 서로 반대 방향으로 가는 흐름을 결합해야 하는데, 그래서 v^2과 v'^2을 포함하는 항들의 결합한 효과는 0일 수 있다.

848. 그러므로 첫 번째 요소 ds에서 속도 v로 움직이는 하나의 전기(電氣) 입자 e와, 속도 v_1으로 움직이는 다른 입자 e_1이 있고, 같은 방법으로 ds'에는 각각 속도 v'와 v_1'로 움직이는 두 입자 e'와 e_1'가 있다고 하자.

　이 입자들의 결합한 작용에 대한 v^2을 포함한 항은

$$\sum(v^2 ee') = (v^2 e + v_1^2 e_1)(e' + e_1') \tag{7}$$

이다.

비슷하게

$$\sum (v'^2 ee') = (v'^2 e' + v_1'^2 e_1')(e + e_1) \tag{8}$$

그리고

$$\sum (vv'ee') = (ve + v_1 e_1)(v'e' + v_1'e_1') \tag{9}$$

이다.

$\sum (v^2 ee')$가 0이려면 다음

$$e' + e_1' = 0 \qquad \text{또는} \qquad v^2 e + v_1^2 e_1 = 0 \tag{10}$$

중 적어도 하나가 성립해야 한다.

페히너의 가설에 따르면, 전류는 양(陽)의 방향으로 양의 전하와 음(陰)의 방향으로 음의 전하가 결합되고, 두 전류는 그 값의 크기가 정확히 같고, 그 전류들이 움직이고 있는 운동과 속도에서 그 양과 전하가 정확히 같다. 그래서 페히너의 가설은 (10) 식의 두 조건 모두를 만족한다.

그러나 우리 목적으로는 다음 중 하나로 충분하다.

각 요소에서 양전하의 양은 음전하의 양과 그 값이 같거나, 또는

두 종류의 전하의 양이 그들 속도의 제곱에 반비례한다.

이제 두 번째 도선 전체를 충전해서 $e' + e_1'$를 양으로 만들거나 음으로 만들 수 있음을 알고 있다. 그렇게 대전된 도선은, 심지어 전류가 없더라도, 이 공식에 따르면 $v^2 e + v_1^2 e_1$의 값이 0이 아니면서도 전류를 나르는 첫 번째 도선에 작용할 수 있다. 그런 작용은 지금까지 관찰된 적이 없다.

그러므로 $e' + e_1'$이라는 양은 항상 0이지는 않다는 것을 실험으로 증명할 수 있으므로, 그리고 $v^2 e + v_1^2 e_1$이라는 양은 실험으로 조사할 수 없는 양이므로, 이러한 추측에서는 두 번째 양이 항상 0이라고 가정하는 것이 더 좋다.

849. 어떤 가설을 채택하든, 대수 합으로 생각할 때 첫 번째 회로를 통해 이동한 전체 전하량은 다음 식

$$ve + v_1 e_1 = cids$$

에 의해 대표된다는 것은 분명하며, 여기서 c는 단위 시간 동안에 단위 전류에 의해 전달되는 정전하(靜電荷) 단위의 수(數)이며, 그래서 (9) 식을

$$\sum (vv'ee') = c^2 ii'\, ds\, ds' \tag{11}$$

라고 쓸 수도 있다.

그래서 (3) 식과 (5) 식 그리고 (6) 식의 네 값의 합은

$$\sum (ee'u^2) = -2c^2 ii'\, ds\, ds' \cos\epsilon \tag{12}$$

$$\sum \left(ee'\left(\frac{\partial r}{\partial t}\right)^2 \right) = 2c^2 ii'\, ds\, ds'\, \frac{dr}{ds}\frac{dr}{ds'} \tag{13}$$

$$\sum \left(ee'r\frac{\partial^2 r}{\partial t^2} \right) = 2c^2 ii'\, ds\, ds'\, r\frac{d^2 r}{ds\, ds'} \tag{14}$$

가 되며, ds와 ds' 사이의 인력에 대한 두 표현인 (1) 식과 (2) 식을

$$-\frac{1}{c^2}\sum \left[\frac{ee'}{r^2}\left(u^2 - \frac{3}{2}\left(\frac{\partial r}{\partial t}\right)^2 \right) \right] \tag{15}$$

그리고

$$\frac{1}{c^2}\sum \left[ee'\frac{'}{r^2}\left(r\frac{\partial^2 r}{\partial t^2} - \frac{1}{2}\left(\frac{\partial r}{\partial t}\right)^2 \right) \right] \tag{16}$$

라고 쓸 수도 있다.

850. 두 전하를 갖는 입자 e와 e'의 척력에 대해 정전하 이론에서 보통 표현은 $\frac{ee'}{r^2}$이며, 두 요소가 전체로 대전되면 두 요소 사이에 정전 척력에 대한 식은

$$\sum \left(\frac{ee'}{r^2} \right) = \frac{(e+e_1)(e'+e_1')}{r^2} \tag{17}$$

이다.

그래서 두 입자의 척력이 다음 수정된 두 표현

$$\frac{ee'}{r^2}\left[1 + \frac{1}{c^2}\left(u^2 - \frac{3}{2}\left(\frac{\partial r}{\partial t}\right)^2 \right) \right] \tag{18}$$

또는

$$\frac{ee'}{r^2}\left[1+\frac{1}{c^2}\left(r\frac{\partial^2 r}{\partial t^2}-\frac{1}{2}\left(\frac{\partial r}{\partial t}\right)^2\right)\right] \tag{19}$$

중에 하나라면, 두 식으로부터 보통의 정전(靜電) 힘과 앙페르에 의해 결정되는 전류 사이에 작용하는 힘을 모두 도출할 수 있다.

851. 이 표현 중 첫 번째인 (18) 식은 1835년 7월 가우스가 최초로 발견했으며,[72] 전기 작용의 기본 법칙으로 '전하의 두 요소는 상대운동 상태에서 서로 간에 잡아당기거나 밀치지만, 마치 상대적으로 정지 상태인 것과 똑같은 방법으로 작용한다'고 해석하였다. 내가 아는 한 이 발견은 가우스 생전에 발표되지 않았으며, 그래서 W. 베버가 독립적으로 발견한 두 번째 표현이 그의 유명한 *Elektrodynamische Maasbestimmungen*에 발표되었으며,[73] 과학 세계에 알려진 이런 종류의 첫 번째 결과이다.

852. 이 두 표현은 두 전류 사이의 역학적 힘을 정하는데 적용되면 정확하게 똑같은 결과로 이어지며, 이 결과는 앙페르의 결과와도 일치한다. 그러나 그 두 표현이 두 전기 입자들 사이의 작용에 관한 물리적 법칙에 대한 표현으로 생각하면, 두 표현이 자연에서 다른 알려진 사실들과 부합하는지라는 질문을 하게 된다.

이 두 표현 모두 입자들이 상대 속도를 포함한다. 이제, 수학적 추론을 이용하여 에너지 보존이라는 잘 알려진 원리를 수립하는데, 두 입자 사이에 작용하는 힘은 단지 거리만의 함수라고 일반적으로 가정되고, 이것을 흔히 만일 두 입자 사이에 작용하는 힘이 시간이나 입자들의 속도와 같은 어떤 다른 것의 함수이면 그 증명은 성립하지 않는다고 말한다.

그래서 입자들의 속도를 포함하는 전기 작용에 대한 법칙은 때로는 에너지 보존 원리와 모순이라고 가정되기도 하였다.

853. 가우스의 공식은 이 원리와 모순이며, 유한한 시스템에서 물리적 수단에 의해 에너지가 무한히 발생할 수도 있다는 결론에 도달하므로 포기되어야 한다. 이런 반대가 베버의 공식에는 적용되지 않는데, 왜냐하면 그는 두 전기 입자들로 구성된 시스템의 퍼텐셜 에너지를

$$\psi = \frac{ee'}{r}\left[1 - \frac{1}{2c^2}\left(\frac{\partial r}{\partial t}\right)^2\right] \tag{20}$$

이라고 가정하면, 이 양을 r에 대해 미분하고 부호를 바꾸어 구하는, 입자들 사이의 척력은 (19) 식으로 주어진다고 증명했기 때문이다.[74]

그래서 고정된 입자의 척력에 의해 움직이는 입자에 한 일은, ψ_0와 ψ_1이 경로의 처음과 마지막에서 ψ 값일 때, $\psi_0 - \psi_1$이다. 이제 ψ는 단지 거리 r와 r의 방향으로 분해된 속도에만 의존한다. 그러므로 입자가 어떤 닫힌 경로를 그린다면, 그래서 입자의 위치, 속도, 그리고 운동 방향이 경로의 시작과 끝에서 같다면, ψ_1은 ψ_0와 같고, 이 동작이 한 번 완성되는 동안에 입자에 한 전체 일은 0이 된다.

그래서 베버가 가정한 힘의 작용 아래서 주기적인 방식으로 움직이는 입자는 무한히 많은 양의 일을 발생시킬 수 없다.

854. 그러나 헬름홀츠는 '정지한 도체에서 전하의 운동 방정식'에 대한 그의 매우 강력한 논문[75]에서, 베버의 공식은 한 번이 완전한 순환 동작 동안에 한 일에 대해서는, 에너지 보존 원리와 모순이 아니라고 증명하면서도, 베버의 법칙에 따라 움직이는 대전된 두 입자는 처음에는 유한한 속도를 갖더라도, 무한히 큰 운동 에너지를 얻을 수도 있으며, 무한히 큰 양의 일을 할 수도 있다고 지적하였다.

이 지적에 대해 베버[76]는, 헬름홀츠의 예에서 처음 상대 속도는 비록 유한하지만 빛의 속도보다 더 크며, 운동 에너지가 무한대가 되는 거리는 비록 유한하지만 우리가 상상할 수 있는 어떤 크기보다 더 작아서, 두 분자를

그렇게 가까이 가져오는 것은 물리적으로 불가능하다고 답변한다. 그러므로 그 예는 어떤 실험적 방법으로도 시험해 볼 수 없다.

그러므로 헬름홀츠[77]는 실험적 증명을 위해, 거리가 너무 가깝지 않고 속도가 너무 크지 않은 경우에 관해 설명하였다. 반지름이 a인 고정된 비전도(非傳導) 구 표면이 면전하 밀도 σ로 균일하게 대전된다. 질량이 m이고 전하 e를 나르는 입자가 구 내부에서 속도 v로 움직인다. (20) 식으로 구한 전기동역학적 퍼텐셜은

$$4\pi a \sigma e \left(1 - \frac{v^2}{6c^2}\right) \tag{21}$$

이며 이것은 구 내부에서 입자의 위치에 무관하다. 이 V에 다른 힘들에 의한 작용에서 발생하는 퍼텐셜 에너지의 나머지와 입자의 운동 에너지 $\frac{1}{2}mv^2$을 더하면, 에너지에 대한 식으로

$$\frac{1}{2}\left(m - \frac{4}{3}\frac{\pi a \sigma e}{c^2}\right)v^2 + 4\pi a \sigma e + V = 일정 \tag{22}$$

을 얻는다. 이 식 좌변에서 v^2의 계수의 두 번째 항은 면 밀도 σ는 일정하게 유지하면서 구의 반지름인 a를 크게 하면 무한히 커질 수 있기 때문에 v^2의 계수를 음(陰)으로 만들 수도 있다. 그러면 입자 운동의 가속도는 그 입자의 *vis viva**를 감소시키는 것에 대응하며, 닫힌 경로를 따라 그리고 마찰과 같은 힘을 받아서 항상 운동과 반대 방향을 향하여 움직이는 물체는 제한받지 않고 증가하는 속도로 움직일 수 있다. 이런 불가능한 결과는 v^2의 계수가 음인 항을 갖는 퍼텐셜에 대한 공식을 가정한 필연적인 결과이다.

855. 그러나 이제 베버의 이론을 실제로 구현할 수 있는 현상에 적용하는

---

* *vis viva*는 17세기 에너지 보존에 대한 개념이 형성되던 시기에 오늘날 운동 에너지에 해당하는 개념의 이름으로 사용된 역사적 용어이다.

것을 생각해야 한다. 우리는 전류의 두 요소 사이에서 인력에 대한 앙페르의 표현이 어떻게 나왔는지를 보았다. 이 두 요소 중에서 한 요소의 다른 요소에 대한 퍼텐셜은 두 요소에 양 전류와 음 전류의 네 가지 조합에 대한 퍼텐셜 ψ 값의 합을 취해서 구한다. 그 결과는, (20) 식에 의해, $\left.\dfrac{dr}{dt}\right|^2$ 의 네 값의 합을 취해서

$$-ii' \, ds \, ds' \frac{1}{r} \frac{dr}{ds} \frac{dr}{ds'} \tag{23}$$

가 되며, 한 닫힌 전류의 다른 닫힌 전류에 대한 퍼텐셜은

$$-ii' \iint \frac{1}{r} \frac{dr}{ds} \frac{dr}{ds'} ds \, ds' = ii' M \tag{24}$$

인데, 여기서 423절과 524절에서와 같이

$$M = \iint \frac{\cos \epsilon}{r} ds \, ds'$$

이다. 닫힌 전류의 경우에, 이 표현은 이미 구한(524절) 결과와 일치한다.[78]

베버의 전류 유도 이론

856. 두 전류 요소들 사이의 작용에 대한 앙페르 공식으로부터 두 전기 입자들 사이의 작용에 대한 자신의 공식을 유도한 뒤에, 베버는 그의 공식을 자기 - 전기 유도에 의해 전류를 만드는 것에 대한 설명에 적용하였다. 베버는 그렇게 하는 데 대단히 크게 성공했으며, 베버의 공식으로부터 유도 전류 법칙을 구하는 방법을 알아보자. 그런데 앙페르가 발견한 현상으로부터 도출된 법칙도 역시 나중에 패러데이에 의해 발견된 현상을 설명할 수 있다는 환경은 우리가 처음에 가정하려고 하는 법칙이 얼마나 물리적으로 진실인지에 대해 추가로 긍정적인 이바지를 하지 않을 것임도 기억해야 한다.

왜냐하면 헬름홀츠와 톰슨에 의해 만일 앙페르의 현상이 진실이라면, 그리고 에너지 보존 원리를 인정한다면, 패러데이가 발견한 유도 현상은 필

연적으로 성립해야 함이 증명되었기 때문이다(543절을 보라). 이제 전류의 정체가 무엇인지에 대해 갖가지 가정을 포함한 베버의 법칙은 수학적 변환을 거치면 앙페르의 공식에 도달한다. 베버의 법칙은 또한 퍼텐셜이 존재하는 한 에너지 보존 원리에도 맞으며, 헬름홀츠와 톰슨에 의한 원리를 적용하는 데 필요한 것은 이것이 전부이다. 그래서 심지어 이 주제에 대해 어떤 계산을 하기 전이더라도, 베버의 법칙이 전류의 유도를 설명할 것이라고 주장할 수 있다. 그러므로 계산으로 전류의 유도를 설명할 수 있다고 알게 된 사실은 이 법칙이 물리적으로 옳다는 증거를 분명하게 해준다.

반면에 가우스 공식은, 비록 그 공식이 전류의 인력 현상을 설명하지만 에너지 보존 원리와 모순되고, 그러므로 가우스 공식이 유도의 모든 현상을 설명할 것이라고 주장할 수 없다. 실제로 859절에서 보겠지만 가우스 공식은 그런 설명을 하는 데 실패한다.

857. 이제 ds 가 움직일 때, ds 에 흐르는 전류가 변할 수 있으면, ds 의 전류가 원인으로 작용하여 요소 ds' 에 흐르는 전류를 만드는 기전력을 생각해야 한다.

베버에 의하면, ds' 이 요소인 도체를 구성하는 물질에 대한 작용이 그 요소가 나르는 전하에 대한 모든 작용의 **총합**이다. 반면에, ds' 에 존재하는 전하에 대한 기전력은 그 요소에 존재하는 양전하와 음전하에 작용하는 전기력의 **차이**이다. 이 모든 힘이 요소들을 연결하는 선을 따라 작용하므로, ds' 에 작용하는 기전력도 또한 이 선상에서 작용하며, ds' 의 방향으로 작용하는 기전력을 구하기 위해서는 힘을 이 방향으로 분해해야 한다. 베버의 공식을 적용하려면, 요소 ds 가 ds' 에 대해 움직이고 있고 두 요소 모두에서 전류가 시간에 따라 변한다고 가정하고, 그 공식에 포함된 여러 항을 계산해야 한다. 그렇게 구한 표현들은 v^2, vv', v, v와 관계된 항들을 포함하며, v와 v'는 관계되지 않는 항들도 포함하는데, 모든 항은 ee' 로 곱해져 있다. 전에

했던 것처럼 각 항에 대한 네 가지 값을 검토하고 이 네 값의 합으로 발생하는 역학적 힘을 우선 고려하면, 취해야 하는 항은 오로지 $vv'ee'$와 관계된 항뿐임을 알게 된다.

그러면 첫 번째 요소가 두 번째 요소의 양전하와 음전하에 대한 작용의 차이로부터 발생하는 두 번째 요소의 전류를 만들려고 하는 힘을 생각할 때, 검토해야 할 유일한 항은 vee'와 관계된 항이 유일함을 알게 된다. 그래서 $\sum(vee')$에 포함된 네 항을

$$e'(ve+v_1 e_1) \quad \text{그리고} \quad e_1'(ve+v_1 e_1)$$

이라고 쓸 수 있다. 그런데 $e'+e_1'=0$이므로, 이 항들로부터 발생하는 역학적 힘은 0이지만 양전하 e'에 작용하는 기전력은 $(ve+v_1 e_1)$이며, 음전하 e_1'에 작용하는 기전력은 이것과 크기는 같고 방향은 반대이다.

858. 이제 첫 번째 요소 ds가 ds'에 대해 상대적으로 어떤 방향을 향해 속도 V로 움직이고 있다고 가정하고, V의 방향과 ds의 방향 사이의 각을 $\widehat{Vds}$, 그리고 V의 방향과 ds' 방향과 사이의 각을 $\widehat{Vds'}$라고 표시하면, 두 전기 입자의 상대 속도 u의 제곱은

$$u^2 = v^2 + v'^2 + V^2 - 2vv'\cos\epsilon + 2Vv\cos\widehat{Vds} - 2Vv'\cos\widehat{Vds'} \qquad (25)$$

이다. vv'가 나오는 항은 (3) 식과 똑같다. 기전력이 의존하는 v가 나오는 항은

$$2Vv\cos\widehat{Vds}$$

이다.

이 경우에 r의 시간 변화 값으로는 역시

$$\frac{\partial r}{\partial t} = v\frac{dr}{ds} + v'\frac{dr}{ds'} + \frac{dr}{dt} \qquad (26)$$

가 되는데, 여기서 $\frac{\partial r}{\partial t}$는 전기 입자의 운동이 대상이며, $\frac{dr}{dt}$는 물질 도체의 운동이 대상이다. 이 양의 제곱을 취하면, 역학적 힘이 의존하는 vv'와 관계된 항은 (5) 식에서 전과 마찬가지며, 기전력이 의존하는 v와 관계된 항은

$$2v\frac{dr}{ds}\frac{dr}{dt}$$

이다.

(26) 식을 t에 대해 미분하면

$$\frac{\partial^2 r}{\partial t^2} = v^2\frac{d^2 r}{ds^2} + 2vv'\frac{d^2 r}{ds\,ds'} + v'^2\frac{d^2 r}{ds'^2} + \frac{dv}{dt}\frac{dr}{ds} + \frac{dv'}{dt}\frac{dr}{ds'} + v\frac{dv}{ds}\frac{dr}{ds}$$
$$+ v'\frac{dv'}{ds}\frac{dr}{ds'} + \frac{d^2 r}{dt^2} \tag{27}$$

를 얻는다. 여기서 vv'와 관계된 항은 앞에 나온 (6) 식에서와 똑같다. v의 부호와 반대로 바뀌는 항은 $\frac{dv}{dt}\frac{dr}{ds}$ 이다.

859. 이제 첫 번째 요소 ds의 작용으로 발생하는, 두 번째 요소 ds'의 방향에서 전기 합성력을 가우스 공식으로((18) 식) 계산하면,

$$\frac{1}{r^2}ds\,ds'\,i\,V(2\cos\widehat{Vds} - 3\cos\widehat{Vr}\cos\widehat{rds})\cos\widehat{rds'} \tag{28}$$

를 얻는다.

1차 전류의 변화가 2차 회로에 유도 작용을 만드는 것을 알고 있으므로, 이 표현에는 전류 i가 변화하는 비율과 관계된 항이 없어서, 가우스 공식은 전기 입자들 사이의 작용에 대한 제대로 된 표현이라고 받아들일 수 없다.

860. 그렇지만 베버의 공식인 (19) 식을 사용하면

$$\frac{1}{r^2}ds\,ds'\left(r\frac{dr}{ds}\frac{di}{dt} - i\frac{dr}{ds}\frac{dr}{dt}\right)\frac{dr}{ds'} \tag{29}$$

즉

$$\frac{dr}{ds}\frac{dr}{ds'}\frac{d}{dt}\left(\frac{i}{r}\right)ds\,ds' \tag{30}$$

를 얻는다.

이 표현을 s와 s'에 대해 적분하면 2차 회로에 대한 기전력으로

$$\frac{d}{dt}i\iint\frac{1}{r}\frac{dr}{ds}\frac{dr}{ds'}ds\,ds' \tag{31}$$

를 얻는다.

이제 1차 회로가 닫혔으면

$$\int \frac{d^2r}{ds\,ds'}ds = 0$$

이다.

그래서

$$\int \frac{1}{r}\frac{dr}{ds}\frac{dr}{ds'}ds = \int \left(\frac{1}{r}\frac{dr}{ds}\frac{dr}{ds'} + \frac{d^2r}{ds\,ds'}\right)ds = -\int \frac{\cos\epsilon}{r}ds \qquad (32)$$

가 된다.

그러나 423절과 524절에 의해

$$\iint \frac{\cos\epsilon}{r}ds\,ds' = M \qquad (33)$$

이다.

그래서 2차 회로에 대한 기전력을

$$-\frac{d}{dt}(iM) \qquad (34)$$

이라고 쓸 수 있는데, 이것은 앞에서 실험으로 수립한 539절의 것과 일치한다.

한 전기 입자에서 일정한 속도로 움직이는 다른 입자로 전달되는 작용의 결과로 생각되는 베버의 공식에 대하여

861. 가우스는 베버에게 보낸 한 매우 흥미로운 편지에서, 그가 오래전부터 관심을 가졌던 전기-동력학에 대한 추론과, 만일 그 당시 수립할 수 있었으면 발표했을 것인 그가 전기동역학의 진정한 핵심이라고 간주했던 내용으로, 두 전기 입자들 사이의 작용을 순간적이 아니라 빛이 전파되는 것과 비슷하게 시간에 대해 전파되는 작용을 고려하여 운동하는 전기 입자들 사이의 힘을 도출한다는 내용에 대해 언급하였다.[79) 가우스는 그러한 유도에 성공하지 못하고 그의 전기동역학 연구를 포기하였고, 무엇보다 먼저

그러한 전파가 발생하는 방식을 일관적으로 대표하는 형태가 필요하다고 주관적으로 확신했다.

세 명의 저명한 수학자들이 이런 전기동역학의 핵심을 제공하기 위해 노력하였다.

862. 1858년 괴팅겐 왕립 협회에 제출되었지만, 나중에 철회되었고, 저자(著者)가 작고한 뒤에야 1867년 포겐도르프의 *Annalen*에 발표된 논문에서, 베른하르트 리만은 푸아송 방정식의 수정된 형태인

$$\frac{d^2V}{dx^2} + \frac{d^2V}{dy^2} + \frac{d^2V}{dz^2} + 4\pi\rho = \frac{1}{a^2}\frac{d^2V}{dt^2}$$

으로부터 전류를 유도하는 현상을 얻었는데, 여기서 V는 정전 퍼텐셜이고 a는 속도이다.

이 식은 탄성 매질에서 파동과 다른 교란의 전파를 표현하는 식과 같은 형태이다. 그런데 리만은 전파가 발생하는 어떤 매질에 대해서도 구체적인 언급을 피한 것처럼 보인다.

리만이 수행한 수학적 연구는 클라우지우스가 검토했는데,[80] 그는 수학적 과정이 충실하다고 인정하지 않고, 퍼텐셜이 빛처럼 전파된다는 가설이 베버의 공식에 이르지도 않고 당시 알려진 전기동역학의 법칙에도 이르지 않음을 보였다.

863. 클라우지우스는 '전기동역학의 원리'에 대한 C. 노이만의 훨씬 더 정교한 연구도 역시 검토했다.[81] 그런데 노이만은 한 전기 입자에서 다른 전기 입자로 퍼텐셜이 전달되는 것에 대한 그의 이론이 리만이 사용했던 가우스가 제안하고 클라우지우스가 비판했으며, 전파가 마치 빛의 전파처럼 이루어진다는 퍼텐셜 전달 이론과는 아주 다르다고 지적했다.[82] 반면에, 노이만에 의한 퍼텐셜의 전파와 빛의 전파 사이에는 가장 큰 가능한 차이

가 존재한다.

발광체는 그 발광체에만 의존하고 빛을 받는 물체에는 의존하지 않는 세기로, 그리고 모든 방향으로 빛을 보낸다.

반면에 전기 입자는, 퍼텐셜을 내보내는 입자인 단지 e에만 의존하는 것이 아니라 퍼텐셜을 받는 입자인 e'에도 역시 의존하며, 퍼텐셜을 **방출하는 순간**에 두 입자 사이의 거리 r에 의존하는 값인 $\frac{ee'}{r}$로 퍼텐셜을 내보낸다.

빛의 경우에는 발광체에서 더 멀리 전파될수록 빛의 세기가 줄어든다. 방출된 퍼텐셜은 그 최초 값이 조금도 바뀌지 않고 퍼텐셜이 작용하는 물체까지 흐른다.

빛을 쪼인 물체가 받는 빛은 일반적으로 그 물체에 떨어진 빛의 단지 일부분에 지나지 않는다. 끌림을 당하는 물체가 받는 퍼텐셜은 그 물체에 도달한 퍼텐셜이거나 똑같다.

그 밖에도, 퍼텐셜이 전파되는 속도는 빛의 속도처럼 에테르나 공간에 대해 일정하지가 않고, 방출되는 순간에 방출되는 입자의 속도에 대해 상대적으로 일정한 던져진 물체의 속도와 같다.

그러므로 노이만의 이론을 이해하려면, 빛의 전파를 고려하면서 익숙한 방법과는 다른, 퍼텐셜이 전파되는 과정에 대한 매우 다른 표현을 구해야 한다. 가우스에게는 필요해 보이는 전파 과정에 대한 'construirbar Vorstellung'*으로 받아들여질 가능성이 있을지에 대해서 나는 말할 수 없지만, 나 자신이 노이만의 이론에 대한 일관적인 정신적 표현법을 구축할 능력은 없다.

864. 피사 대학의 베티 교수[83])는 이 주제를 다른 방법으로 다루었다. 그는

---

* construirbar Vorstellung는 '일관적인 대표'라는 의미의 독일어로, 가우스가 빛의 전파를 설명하려면 필요하다고 제안했다.

전류가 흐르는 폐회로가 각각이 주기적으로, 즉 같은 시간 간격에 편극된 요소들로 구성된다고 가정한다. 이렇게 편극된 요소들은 서로 간에 마치 그 축이 회로에 접선 방향인 작은 자석들인 것처럼 작용한다. 이런 편극의 주기는 모든 전기 회로에서 똑같다. 베티는 한 편극된 요소가 접촉하지 않고 떨어진 다른 요소에 미치는 작용은, 순간적이 아니라, 두 요소 사이의 거리에 비례하는 시간 뒤에 발생한다고 가정한다. 이런 방법으로 베티는 한 전기 회로가 다른 전기 회로에 미치는 작용에 대한 표현을 구하는데, 그것이 옳다고 알려진 것과 일치한다. 그렇지만 클라우지우스는 이 경우에 대해서도 역시 수학적 계산 중 일부를 비평했는데, 그것에 대해서는 여기서 다루지 않을 예정이다.

865. 이런 탁월한 사람들 마음속에는 빛의 방사선과 열, 그리고 접촉하지 않는 전기 작용의 현상이 발생하는 매질이라는 가설을 인정하지 않는 어떤 편견 또는 **선험적인** 반대가 존재하는 것처럼 보인다. 한때는 물리적 현상의 원인이 무엇인지 추측하는 사람들은 원격에서 일어나는 작용의 종류마다 각각 기능이 그러한 작용을 발생시키는 성질을 갖는 지극히 가볍고 여린 특별한 유체를 이용하여 설명하려고 했던 것도 사실이다. 그 사람들은 단순히 '단지 보이는 현상을 설명'하도록 고안된 성질을 갖는, 서로 다른 에테르로 모든 공간을 삼중(三重) 또는 사중(四重)으로 채웠으며, 그래서 좀 더 이성적인 질문을 제기하는 사람들은 원격적으로 작용하는 인력에 대한 뉴턴의 확실한 법칙뿐 아니라, 원격에서 행동하는 작용은 물질의 주된 성질이며 이 사실보다 더 이치에 맞는 설명은 없다는 코츠[84]의 신조(信條)까지도 흔쾌히 받아들였다. 그래서 빛의 파동 이론은 현상을 설명하는 데 실패했다는 점 때문이 아니라, 빛이 전파되는 매질의 존재를 가정했다는 점 때문에, 많은 반대에 직면하였다.

866. 가우스의 마음에서는 전기동역학 작용에 대한 수학적 표현이 시간에 대해 전기 작용이 전파되는 이론은 전기동역학의 아주 핵심임이 밝혀질 것이라는 확신으로 이르게 했음을 보았다. 이제 우리는 시간에서 전파를 공간을 통한 물질로 된 실체의 비행(飛行)과 같거나, 또는 공간에 이미 존재하고 있는 매질에서 운동 또는 변형력 조건의 전파 같거나, 하지 않은 어떤 다른 것도 상상할 수 없다. 노이만의 이론에서는, 물질적 실체로는 상상할 수 없는 퍼텐셜이라고 부르는 수학적 개념을 매질과는 전혀 상관없는 방식으로, 그리고 노이만 자신이 지적했듯이 빛이 전파하는 방식과는 지극히 다른 방식으로, 한 입자에서 다른 입자로 던진다고 가정한다. 리만의 이론과 베티의 이론은 작용이 어쩌면 빛이 전파되는 것과 더 비슷한 방식으로 전파된다고 가정한다.

그러나 이 이론들 모두에서, 다음과 같은 질문이 자연스럽게 대두된다. 만일 무엇인가가 접촉하지 않은 한 입자에서 다른 입자로 전파된다면, 그것이 첫 번째 입자를 떠난 뒤 두 번째 입자에 도달하기 전까지 그 입자에 대한 조건은 무엇일까? 이 무엇인가가 노이만의 이론에서처럼 두 입자의 퍼텐셜 에너지라면, 한 입자와도 일치하지 않고 다른 입자와도 일치하지 않는 공간의 한 점에 존재하는 에너지를 도대체 어떻게 상상해야 할 것인가? 실제로, 에너지가 시간에 대해 한 물체에서 다른 물체로 전파될 때는 언제나, 에너지가 한 물체를 떠난 뒤로부터 다른 물체에 도달하기 전까지 에너지가 존재할 매질 또는 무슨 실체가 반드시 존재해야 한다. 왜냐하면 토리첼리*가 단언했듯이,[85] 에너지란 '너무나도 감지하기 어려운 본성을 갖는 진수(眞髓)여서 물질로 된 것의 가장 안쪽 실체를 제외한 어떤 용기에도 담

---

* 토리첼리(Evangelista Torricelli, 1608-1647)는 이탈리아의 수학자이자 물리학자로서 갈릴레이의 제자이며, 갈릴레이가 죽을 때까지 함께 연구하였다. 토리첼리 압력계로 가장 유명하고, 광학과 역학 등에서 큰 업적을 남겼다.

을 수 없기' 때문이다. 바로 그런 이유로 이 모든 이론이 전파가 일어나는 매질이라는 개념에 도달하며, 이 매질을 가설로 인정하면, 나는 그 매질이 우리 연구에서 중요한 위치를 차지할 것으로 생각하며, 우리는 그 매질의 작용에 대한 모든 세세한 면을 어떻게 대표할 것인지에 대한 구상을 구축하는 데 노력해야 하고, 이것이 바로 이 책에서 나의 끊임없는 목표였다.

그림

그림 XIV

388절

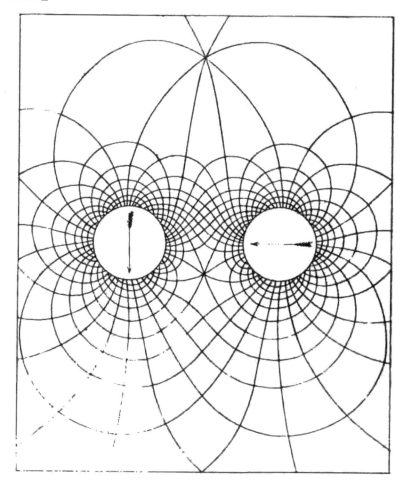

Two Cylinders magnetized transversely.

그림 XV

434절

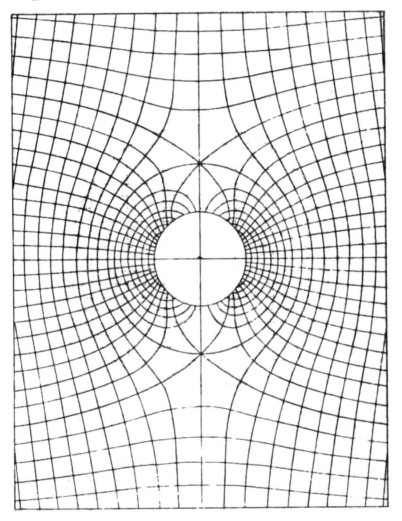

Cylinder magnetized transversely, placed North and South in a uniform magnetic field.

그림 XVI

436절

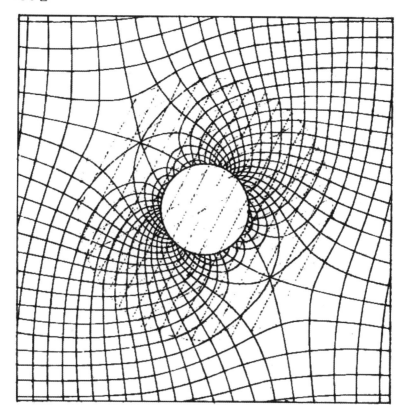

Cylinder magnetized transversely, placed East and West in a uniform magnetic field.

그림 XVII

496절

Uniform magnetic field disturbed by an Electric Current in a straight conductor.

그림 XVIII

487절과 702절

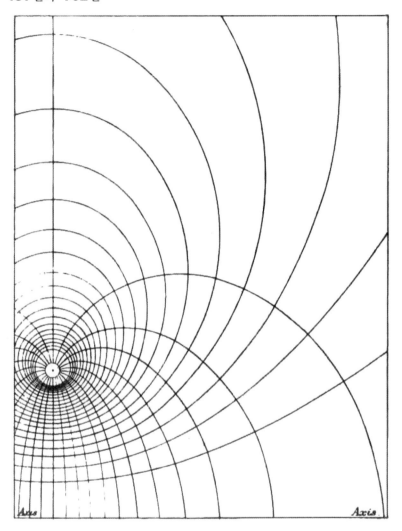

Circular Current.

그림 XIX

713절

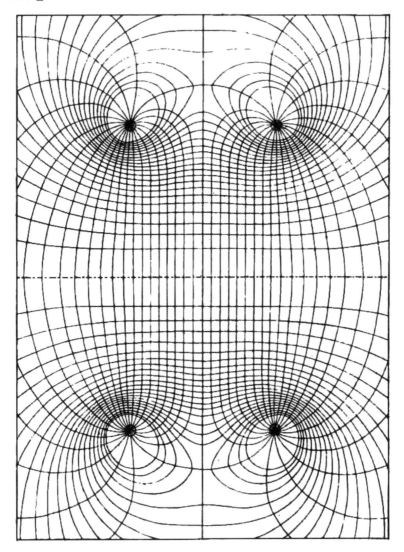

Two Circular Currents.

그림 XX

225절

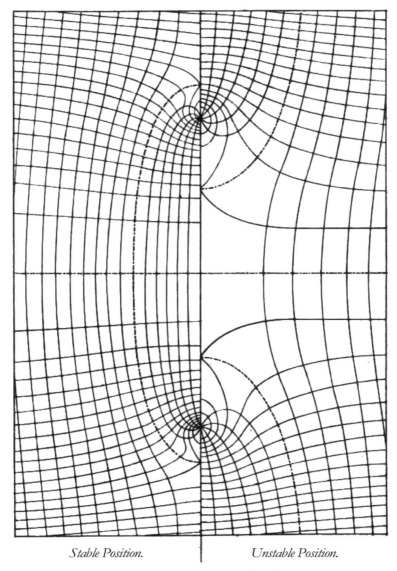

Stable Position.   *Unstable Position.*

Circular Current in uniform field of Force.

3부 · 자기학

1) 비틀림 저울을 이용해 수행한 자기 현상에 대한 쿨롱의 실험들은 *Memoirs of the Academy of Paris*, 1780-9와 Biot's *Traité de Physique*, tom, iii 에 포함되어 있다.

2) 편극이라는 단어가 광학에서 사용되는 편극과 일치하지 않는 의미로 사용되었다. 광학에서는 광선(光線)이 측면과 관련되어 광선의 반대 측면에서도 똑같은 성질을 가질 때 광선이 편극되어 있다고 말한다. 이런 종류의 편극은 쌍극을 갖는 양이라고 부르는 또 다른 방향을 갖는 양을 지칭하며, 이에 반하여 전자(前者)의 편극은 단극을 갖는 양이라고 부른다. 쌍극을 갖는 양이 끝과 끝이 뒤바뀌도록 회전하면, 그 양은 전과 똑같아진다. 고체에서 장력과 압력, 늘리기, 줄이기, 그리고 결정체에 대한 대부분의 광학적, 전기적, 자기적 성질들은 모두 쌍극을 갖는 양이다.

   입사하는 빛의 편극면이 뒤틀리는 투명한 물체에서 자기에 의해 생기는 성질은 자기 자체와 마찬가지로 단극을 갖는 성질이다. 303절에서 언급된 회전성 역시 단극을 갖는 성질이다.

3) 다른 형태의 동공 내부의 힘에 대하여

   (1) 좁은 크레바스. 표면 자기(磁氣)에 의해 생기는 힘은 크레바스 평면에 수직인 방향으로 $4\pi I \cos \epsilon$인데, 여기서 ϵ은 이 법선과 자기화 방향 사이의 사잇각이다. 크레바스가 자기화 방향과 평행이면, 이 힘은 자기력 $\mathfrak{H}$이다. 크레바스가 자기화 방향에 수직이면, 이 힘은 자기 유도 $\mathfrak{B}$이다.

   (2) 가늘고 긴 원통에서, 축이 자기화 방향과 각 ϵ을 이루면, 표면 자기화에 의해 발생하는 힘은 $2\pi I \sin \epsilon$이고, 원통의 축과 자기화 방향을 포함하는 면에 놓인 축에 수직이다.

(3) 구(球)에서는 표면 자기화로부터 발생하는 힘이 자기화 방향으로 $\frac{4}{3}\pi I$이다.

4) *Exp. Rea*, series xxviii.

5) W. 톰슨 경의 "Mathematical Theory of Magnetism," *Phil. Trans.*, 1850을 보라.

6) 이 정리는 Gauss, *General Theory of Terrestrial Magnetism*, §88, Vol. II에 나온다.

7) Thalén, *Nova Acta, Reg. Soc. Sc.*, Upaal., 1863.

8) *Mémoires de l'Institut*, 1824.

9) Thomson and Tait's *Natural Philosophy*, §522를 보라.

10) *Crells*, bd. xxxvii(1848).

11) *Crells*, bd. xlviii(1854).

12) *Annals of Electricity*, iv. p. 131, 1839; *Phil. Mag* [4] ii. p. 316.

13) Pogg., *Ann.* lxxix. p. 337, 1850.

14) Pogg. cxi. 1860.

15) 베버가 쓴 이 적분의 결과인 공식(*Trans. Acad. Sax.* I. p. 572(1852), or Pogg., *Ann,* lxxxvii. p. 167 (1852))에 약간의 잘못이 있으며, 베버는 식의 과정은 쓰지 않았다. 그의 공식은

$$I = mn\frac{X}{\sqrt{X^2+D^2}}\frac{X^4 + \dfrac{7}{6}X^2D^2 + \dfrac{2}{3}D^4}{X^4 + X^2D^2 + D^4}$$ 이다.

16) *Phil. Mag*, 1833.

17) Pog., *Ann.*, 1834.

18) *Ann. de Chimie et de Physique*, 1846.

19) *Phil. Trans.*, 1855, p. 287.

20) *Ann. de Chimie et de Physique*, 1858.

21) Sturgeon's *Annals of Electricity*, vol. viii. p. 219.

22) *Phil. Mag*, 1847.

23) Joule, *Proc. Phil. Soc., Manchester*, Nov. 29, 1864.

24) W. Swan의 'Imperfect Inversion'에 대한 논문인 Trans. *R. S. Edin*, vol. xxi(1855), p. 349를 보라.

25) Airy's *Magnetism*을 보라.

26) *Proc. Phil. S., Maanchester*, March 19, 1867.

27) 프라하 대학의 호른슈타인 교수는 자기 요소(要素)가 주기적으로 변하는 것을 발견했는데, 그 주기는 26.33일로, 적도 근처에서 태양 흑점의 관찰로 구한 태양의 회합 회전의 주기와 거의 정확하게 같다. 나침반 바늘에 미치는 태양의 효과로부터, 태양을 이루는 보이지 않는 고형 물체의 회전 시간을 찾는 이런 방법은 자신이 천문학에 지고 있는 빚을 갚는 첫 번째 분납금이다. *Akad*, Wien, June 15, 1871.
Proc. R. S., Nov. 16, 1871을 보라.

4부 • 전자기학

1) Dr. Bence Jones, *The Life of Faraday*, vol. ii. p. 395에 나오는 한스틴(Hansteen) 교수의 편지에서 외르스테드의 발견에 대한 다른 설명을 보라.

2) *Trans. R. S. Edin.*, vol. xxv. p. 217(1869).

3) Pogg., *Ann.* lxiv. p. 1(1845).

4) *Théorie des Phénomène Eledtrodynamiques*, p. 9.

5) *Exp. Res.*, ii. p. 293; iii. p. 447.

6) Faraday's *Experimental Researches*, Series i and ii.을 보라.

7) Pogg., *Ann.* xxi. 483(1834).

8) *Exp. Res.*, 195.

9) Ib., 200.

10) *Annales de Chimie*, xxxiv. p. 66(1852), 그리고 *Nuovo Cimento*, ix. p. 345(1859).

11) *Exp. Res.*, series i. 60.

12) Ib., series ii. (242).

13) Ib., 3269.

14) Ib., 60, 1114, 1661, 1729, 1733.

15) *Exp. Res.*, 3234.

16) Ib., 3122.

17) Ib., 114.

18) *Exp. Res.*, 238.

19) Ib., 3082, 3087, 3113.

20) Ib., 217 등등.

21) Pogg., *Ann.* xxxi. 483(1834).

22) *Berlin Acad*, 1845 and 1847.

23) 1847년 7월 23일에 베를린 물리학회에서 발표됨. 테일러의 *Scientific Memoirs*에 번역됨.

24) *Trans, Brit, Ass*, 1848, and *Phil. Mag.*, Dec,. 1951. 또한 "Transient Electric Currents," *Phil. Mag.*, 1853에서 그의 논문을 보라.

25) Mechanical Theory of Electrolysis, *Phil. Mag*, Dec., 1851.

26) Nichol's *Cyclopaedia of Physical Science*, ed. 1860, Article "Magentism, Dynamical Relations of," and *Reprint*, §571.

27) *Exp. Res.*, 1077.

28) Faraday, *Exp. Res.*(283).

주석 | 1237

29) Professor Cayley's "Report on Theoretical Dynamics," *British Association*, 1857; 그리고 Thomson and Tait's *Natural Philosophy*를 보라.

30) *Exp. Res.*, 283.

31) *Exp. Res.*, 1648.

32) Nichol's *Cyclopaedia of Physical Science*, ed. 1860, Article, "Magnetism, Dynamical Relations of."

33) *Exp. Res.*, 3082, 3087, 3113.

34) 여기서 음(陰) 부호는 우리 표현이 4원수에서 채택한 것과 일치하도록 하기 위해 붙인 것이다.

35) *Exp. Res.*, 3266, 3267, 3268.

36) Sturgeon's *Annals of Electricity*, vol. v. p.187 (1840) 또는 *Philosophical Magazine*, Dec., 1851.

37) Thomson, *Camb. and Dub. Math. Journ.* vol. iii. p. 286을 보라.

38) *Annales de Chimie et de Physique*, 1826.

39) *Exp. Res.*, 81.

40) *Trans. R. S. Edin.*, 1871-2.

41) 원을 대하는 고체각의 값은 다음과 같이 좀 더 직접 구할 수도 있다. 축 위의 점 Z에서 원을 대하는 고체각은

$$w = 2\pi\left(1 - \frac{Z - \cos\alpha}{HZ}\right)$$

임을 보이는 것은 어렵지 않다. 이 표현을 구 조화함수로 전개하면, Z가 각각 c보다 더 작거나 또는 더 큰 경우에 축 위의 점에 대해 ω를 전개하면

$$\omega = 2\pi\left\{(\cos\alpha - 1) + (Q_1(\alpha)\cos\alpha - Q_0(\alpha))\frac{Z}{c} + \text{등등} \right.$$
$$\left. + (Q_4(\alpha)\cos\alpha - Q_{i-1}(\alpha))\frac{Z^i}{c^i} + \text{등등}\right\}$$
$$\omega' = 2\pi\left\{(Q_0(\alpha)\cos\alpha - Q_i(\alpha))\frac{c}{Z} + \text{등등} \right.$$
$$\left. + (Q_i(\alpha)\cos\alpha - Q_{i+1}(\alpha))\frac{c^{i+1}}{Z^{i+1}} + \text{등등}\right\}$$

이 된다. (제1권의) 132절에 나오는 (42) 식과 (43) 식을 기억하면, 이 식들에서 계수는 여기서 계산하기에 더 편리한 형태로 지금 구한 것과 같다.

42) *Trans. R. S.*, Edin., vol. xxv. p. 217(1869).

43) *Werke*, Göttingen edition, 1867, vol. v. p. 662.

44) Pogg., *Ann.* cxxxviii. Feb. 1869.

45) 실제 장치에서는 두 코일로 들어가고 나가는 전류를 나르는 도선이 그림에 그린 것처럼 퍼져 있지 않고 가능한 한 가까이 모여 있어서 서로 상대 전류에 의한 전자기 작용이 상쇄된다.

46). *Proc. R. S. Edin.*, Dec. 16, 1867.

47) Gauss, *Resultate des Magnetischen Vereins*, 1836. II를 보라.

48) *Resultate des Magnetischen Vereins*, 1838, p. 98.

49) 큰 탄젠트 검류계는 때로는 다른 지지대가 없어도 형태를 유지할 만큼 충분히 단단하고 두께가 상당히 큰 단 하나의 원형 도체 고리로 만들어진다. 이것은 표준 도구를 만드는 데는 좋은 계획이 아니다. 도체 내부에서 전류의 분포는 여러 부분의 상대적 전도성에 의존한다. 그래서 금속의 연속성에서 어떤 숨겨진 결함이라도 원형 고리의 바깥쪽이나 안쪽에 치우쳐서 많은 양의 본류 전기가 흐르는 원인이 된다. 그래서 전류가 흐르는 실제 경로가 불확실해진다. 이것 외에도, 전류가 원을 따라서 단 한 번만 회전하면, 전류가 원으로 들어가거나 나가는 길에 매단 자석에 어떤 작용이라도 피하는 것이 필요한지에 대해 특별한 관심이 필요하다. 왜냐하면 전극에서 전류가 원에서 전류와 같기 때문이다. 많은 도구를 제작할 때, 전류의 이런 부분이 지금까지 전혀 고려되지 않은 것 같다. 가장 완전한 방법은 전극 중 하나를 금속관 형태로 만들고 다른 하나는 절연 물질로 덮은 도선 형태로 만들어서 관과 동심원이 되도록 관의 중심에 위치시키는 것이다. 이렇게 배열하면 전극의 외부 작용은 683절에 의해 0이 된다.

50) "Bestimmung der Constanten von welcher die Intensität inducirter elecktriseher Strome abhängt." Pogg. *Ann*, lxxvi (April 1849).

51) *Elekt. Maash*; or Pogg., Ann. lxxxii, 337 (1851).

52) *Report of the British Association for* 1863을 보라.

53) *Report of the British Association for* 1867.

54) *Elecktrodynamische Maasbestimmungere*, and Pogg. *Ann.* xcix,(Aug. 10, 1856.)

55) *Report of British Association*, 1869, p. 434.

56) *Phil. Trans.* 1868, p. 643;그리고 *Report of British Association*, 1869, p. 436.

57) *Report of British Association*, 1867.

58) "딴 사람은 모르거니와 나로서는, 진공과 자기력 사이의 관계를 생각하면, 그리고 자석 외부에서 자기(磁氣) 현상의 일반적인 성격을 생각하면, 힘의 전달에서는, 자석 외부에, 접촉하지 않고 단순히 인력과 척력이 작용하는 효과 외에도 어떤 작용이 있다는 개념에 더 찬성하는 쪽이다. 그런 작용은 에테르의 기능일 수 있는데, 왜냐하면, 에테르가 존재한다면 단순히 빛을 전달하는 것 말고도 다른 소용도 있어야 하는 것이 말이 안 되는 것은 전혀 아니기 때문이다." Faraday's *Experimental Researches*, 3075.

59) *Mém. de l'Acad.*, tom. iii, p. 130.

60) *Cambridge Transactions*, vol. ix, p. 10 (1850).

61) *Phil. Trans.* 1871, p. 573.

62) Stokes' "Report on Double Refraction"; *Brit. Assoc. Reports*, 1862, p. 255를 보라.

63) Maxwell's *Theory of Heat*, p. 235를 보라.

64) *Traité de la Chaleur*, Ar. 384. 시간 t가 지난 후에 한 점 (x, y, z)에서 온도 v를 다른 점 (α, β, γ)에서 처음 온도인 $f(\alpha, \beta, \gamma)$의 함수로 구하는 식은

$$v = \iiint \frac{d\alpha\, d\beta\, d\gamma}{2^3 \sqrt{k^3 \pi^3 t^3}} e^{-\left(\frac{(\alpha-x)^2 + (\beta-y)^2 + (\gamma-z)^2}{4kt}\right)} f(\alpha, \beta, \gamma)$$

인데, 여기서 k는 열전도성이다.

65) *Experimental Researches*, 951-954 and 2216-2220.

66) *Crelle's Journal*, vol. lv. (1858). Translated by Tait, *Phil. Mag.*, July, 1867.

67) Recherches sur les propriétés optiques développées dans les corps transparents par l'action du magnétisme, 4mo partie. *Comptes Rendus*, t. lvi. p. 630(6 April, 1863).

68) *Comptes Rendus*. lvii. p. 670(19 Oct., 1863).

69) "Explicare tentatur quomodo fiat ut lucis planum polarizationis per vires electricas vel magneticas declinetur." *Halis Saxonum*, 1858.

70) 운동 방정식의 이러한 세 형태는 당시 패러데이가 발견한 현상을 분석하는 수단으로 G. B. 에어리 경이 최초로 제안하였다(*Phil. Mag.*, June 1846). 맥 클라그는 그 이전에 석영에서 관찰되는 현상을 수학적으로 대표하기 위하여 $\frac{d^3}{dz^3}$ 의 형태인 항을 포함하는 식을 제안하였다. 클라그와 에어리가 제안한 이런 식들은 '현상을 역학적으로 설명하려는 것은 아니고 비록 아직 어떤 가정도 나오지는 않았지만, 어떤 설득력 있는 역학적 가정으로부터 도출하는 것이 가능해 보이는 식으로 그 현상을 설명하려는 목적이었다.'

71) Faraday, *Exp. Res.*, 2310 등을 보라.

72) *Werke*(Göttingen edition, 1867), vol. v. p. 616.

73) *Abh. Leibnizerns Ges.*, Leipzig (1846).

74) *Pogg. Ann.*, lxxiii. p. 229 (1848).

75) *Crell's Journal*, 72 (1870).

76) *Elektr. Maasb. inbesodere über das Princip der Erhaltung der Energie.*.

77) *Berlin Monatsbericht*, April 1872; *Phil. Mag.*, Dec. 1872, Sapp.

78) 이 조사의 전체에서 베버는 전기동역학 시스템의 단위를 사용했다. 이 책에서는 전자기 단위계를 항상 사용한다. 전류의 전자기 단위와 전기동역학 단위 사이의 비는 $\sqrt{2}$ 와 1의 비와 같다. 526절을 보라.

79) March 19, 1845, *Werke*, bd. v. 629.

80) Pogg., bd. cxxxv. 612.

81) Tübingen, 1868.

82) *Mathematische Annalen*, I. 317.

83) *Nuovo Cimento*, xxvii (1868).

84) Preface to Newton's *Principia*, 2nd Edition.

85) *Lezioni Accademiche* (Firenze, 1715), p. 25.

지은이

:: 제임스 클러크 맥스웰 James Clerk Maxwell

20세기 물리학에 가장 큰 영향을 준 19세기의 가장 뛰어난 물리학자로, 전자기학을 통합한 맥스웰 방정식을 통하여 전자기파를 이론으로 예언했고, 그의 전자기학은 20세기 상대성이론과 양자역학이 출현하는 데 교두보가 되었다.

맥스웰은 1831년 영국 스코틀랜드 에든버러의 부유한 집안에서 출생했다. 16세에 에든버러 대학에 진학했고 19세가 되던 1850년에 케임브리지 대학의 트리니티 칼리지에 입학하여 특출한 능력을 제대로 인정받으며 1854년 차석으로 졸업했다.

1856년에 고향 스코틀랜드의 매리셜 대학 자연철학 교수로 부임했고, 1860년에 런던의 킹스 칼리지로 옮겼으며, 거기서 일생 중 가장 왕성한 활동을 펼쳤다. 1865년 킹스 칼리지 런던의 교수직을 사임하고 아내와 함께 스코틀랜드의 고향 집으로 내려가 실험과 연구를 수행하며 여러 편의 논문을 작성했고, 불후의 저서 *A Treatise on Electricity and Magnetism*을 비롯한 여러 권의 저서를 집필하는 데 심혈을 기울였다.

한편 케임브리지 대학 물리학과에서 최신 실험을 수행할 연구소에 적임자로 추천되면서 그는 1871년 초대 캐번디시 물리학과 교수로 케임브리지 대학에 부임했으며, 건물 설계에서 실험 장비 구입에 이르기까지 모든 것을 감독하며 케임브리지 대학의 유명한 캐번디시 연구소를 세웠다. 캐번디시 연구소는 그 후 전자(電子)를 발견한 톰슨, 원자핵을 발견한 러더퍼드를 비롯하여 지금까지 물리학과 화학 분야에서 모두 29명의 노벨상 수상자를 배출했다.

케임브리지에서 학생 지도와 연구 그리고 저술 작업에 열중하던 맥스웰은 48세의 젊은 나이인 1879년에 복부암으로 세상을 뜨고 말았다. 물리학에서 뉴턴과 필적할 만한 업적을 세웠으나 영국에서 다른 유명한 과학자들처럼 기사나 다른 작위를 받지도 못했고, 사망 후 국가 차원의 장례식 절차도 없이 고향집 가까운 곳에 묻혔다.

옮긴이

:: 차동우

서울대학교 물리학과를 졸업하고 미국 미시간 주립대학에서 이론 핵물리학 박사 학위를 받았으며, 인하대학교 물리학과 교수를 역임했다. 현재 인하대학교 명예교수이다. 저서로는 『상대성이론』, 『핵물리학』, 『대학기초물리학』 등이 있고, 역서로는 『새로운 물리를 찾아서』, 『물리 이야기』, 『양자역학과 경험』, 『뉴턴의 물리학과 힘』, 『아이작 뉴턴의 광학』, 『러더퍼드의 방사능』 등이 있다.

맥스웰의 전자기학 ❷

1판 1쇄 펴냄 ㅣ 2023년 2월 10일
1판 2쇄 펴냄 ㅣ 2024년 2월 13일

지은이 ㅣ 제임스 클러크 맥스웰
옮긴이 ㅣ 차동우
펴낸이 ㅣ 김정호
펴낸곳 ㅣ 아카넷

출판등록 2000년 1월 24일(제406-2000-000012호)
10881 경기도 파주시 회동길 445-3
전화 ㅣ 031-955-9510(편집) · 031-955-9514(주문)
팩시밀리 ㅣ 031-955-9519
책임편집 ㅣ 박수용
www.acanet.co.kr

Printed in Paju, Korea.

ISBN 978-89-5733-842-1 94560
ISBN 978-89-5733-214-6 (세트)

이 번역서는 2019년 대한민국 교육부와 한국연구재단의 지원을 받아 수행된 연구임
(NRF-2019S1A5A7068700)
This work was supported by the Ministry of Education of the Republic of Korea
and the National Research Foundation of Korea. (NRF-2019S1A5A7068700)